21世纪高等院校创新精品规划教材

高等数学与数学软件
（第二版）

主 编 吴小涛 马 倩 金凌辉

中国水利水电出版社
www.waterpub.com.cn

内 容 提 要

本书作者以"学习数学基本知识，提高应用能力"为宗旨，根据现阶段学生学习特点，吸收国内外优秀教材的优点，将数学软件 MATLAB 融入高等数学，让学生在理解高等数学基本理论的基础上，用 MATLAB 进行复杂的数学计算，以帮助学生提高数学素养、掌握运用数学工具去解决实际问题的能力。

本书内容包括 MATLAB 软件简介、函数、极限、导数与微分、微分中值定理与导数的应用、不定积分、定积分及其应用、微分方程、插值与拟合等内容，书末还附有微积分学的建立及数学家简介、常用的初等数学公式、常用积分公式、习题参考答案。

图书在版编目（ＣＩＰ）数据

高等数学与数学软件 / 吴小涛，马倩，金凌辉主编
. -- 2版. -- 北京：中国水利水电出版社，2011.8（2016.9 重印）
21世纪高等院校创新精品规划教材
ISBN 978-7-5084-8752-6

Ⅰ. ①高… Ⅱ. ①吴… ②马… ③金… Ⅲ. ①
Matlab软件－应用－高等数学－高等学校－教材 Ⅳ.
①013-33②0245

中国版本图书馆CIP数据核字(2011)第128059号

策划编辑：杨 谷　　　责任编辑：杨 谷　　　封面设计：李 佳

书　　名	21世纪高等院校创新精品规划教材 **高等数学与数学软件（第二版）**
作　　者	主 编 吴小涛　马 倩　金凌辉
出版发行	中国水利水电出版社 （北京市海淀区玉渊潭南路 1 号 D 座　100038） 网址：www.waterpub.com.cn E-mail: mchannel@263.net（万水） 　　　　sales@waterpub.com.cn 电话：(010) 68367658（发行部）、82562819（万水）
经　　售	全国各地新华书店和相关出版物销售网点
排　　版	北京万水电子信息有限公司
印　　刷	三河市鑫金马印装有限公司
规　　格	184mm×260mm　16 开本　25.5 印张　636 千字
版　　次	2010 年 6 月第 1 版 2011 年 8 月第 2 版　2016 年 9 月第 5 次印刷
印　　数	9001—10000 册
定　　价	48.00 元

第二版前言

一部好的教材必须经过师生反复施教、施学，不断完善，才能将其打造成一部优秀的教材。本教材自出版以来，对它的使用对象进行了科学的实验和持续的跟踪反馈，为教材的修订做了充分的准备。主要做了如下工作：一是要求编者及使用者在教学过程中，注意发现并收集教材中的不足以及错误的地方；二是编者定期召开教材使用情况汇报研讨会，根据使用者的要求，制定教材的修订原则及修订内容。具体如下：

1．教材的定位进行适当的调整，修订后的教材深广度有所提高，以便适合当前各类高校各层次的学生学习的需要。专科层次的学生学习数学的主要目的是将数学作为工具来解决专业上的一些问题，而本科层次的学生还要学会用数学来分析研究问题。为此，在修订版中对各章节内容进行了补充，包括数学概念的引入，概念的本质涵义和概念之间的内在联系，重要定理和难点内容的详细阐述，特别是如何用数学知识去解决日常生活中常见的数学问题等。

2．教材内容的安排让读者更加易于理解。例如，在介绍极限概念时，首先提出第一个重要极限，并列表分析，让读者先了解这个极限，在后面极限存在性分析时，再严格证明；在积分学中，先介绍定积分和微积分基本定理，再提出不定积分，水到渠成；在微分方程中，将一阶线性微分方程和二阶线性微分方程放在一节内容里，让读者更加清楚的理解线性微分方程的概念以及解法，等等。

3．对第一版中存在的部分不够严谨的定义和定理进行了科学的、严密的订正与改写。目前，为了体现数学的作用，许多教材在编写的过程中使用了通俗性的语言，弱化了数学概念和定理的严谨性，导致定理在某些情况下失效。为了避免上述问题，我们参照国内外经典著作，对教材中的每一个定义和定理进行了字斟句酌的修改，使教材更加科学。

4．教材的习题配置是教材的重要组成部分，是高等数学课程教学中实现教学要求的重要环节。修订时吸收国内外一些优秀教材在习题配置方面的优点，遵循从简单到复杂的原则，增加了大量的习题，特别是增加了一些日常生活中遇到的实际问题。

通过本次修订，本教材将有一次质的飞跃，但是教材的建设是一项长期的工作，还需要我们不断的完善，也欢迎广大专家、同行和读者继续给予批评指正。

编　者
2011 年 6 月

第一版前言

数学是人类文化的一个重要组成部分，其重要性不言而喻。每一个想要成为较高文化素质的现代人，都应当具备一定的数学知识。对于高职高专的学生而言，数学知识也是必不可少的。高职高专培养人才的定位是：实用性人才，即培养动手能力强，又具有一定文化底蕴的适应性强的人才。为了适应高职高专人才培养的新要求，数学教育应当进行改革。

本书编者在吸取国内已出版的许多优秀高职高专教材精华的基础上，参考国外出版的教材，特别是托马斯编著的《微积分》，通过边教学边实践，完成了本书的编写。本书的编写主要从以下两点来考虑：

1. 关于内容的选取。编者认为教材要与中学数学教材相适应，避免跨度太大，做到循序渐进，但也要遵循数学中每一步真正的进展都与更有力的工具和更简单的方法的发现密切联系着的规律，这些工具和方法同时会有助于理解已有的理论并把陈旧的、复杂的东西抛到一边。所以，传统的微积分内容大致在本书中均已保留。同时，我们把数学作为一个学生终生受益的工具和简单的方法予以介绍，只要掌握了这些有力的工具和简单的方法，就有可能在今后的人生道路和终生学习中获得巨大收益。

2. 关于数学实验。教育部高等教育面向 21 世纪教学内容和课程体系改革课题组在 20 世纪 90 年代提出设想，并在 1998 年 10 月教育部数学教育研讨班上正式公布了实施方案，把数学实验作为理科非数学专业课程的一部分。21 世纪的人才必须熟练掌握信息技术，而功能强大的数学软件不但能够提高高职高专学生学习数学的兴趣，而且有助于培养其数学素质，改变传统的教学模式，即教师靠粉笔加黑板，学生靠纸和笔的学习方式，并在有限的教学时数和学习时间内，教师能够传授更多的知识，学生能够获得更多的收益。

基于以上两点考虑，本书一方面保留了传统微积分的逻辑关系，另一方面，通过 MATLAB 数学软件的学习，两者互为支撑，相辅相成，融为一体。这样既避免了学习数学理论的枯燥，又增加了数学的趣味性。几年来，编者按照这一思路在本校学生中进行课堂教学实践，取得了较好的效果，在总结教学经验的基础上，逐渐形成了目前本书的雏形。

本书的第一、二、三、四、十一章及附录部分由马倩编写，第五、六章由金凌辉编写，第七、八、九、十章由吴小涛编写，参与本书编写工作的还有候丽、张丽、李霞、施露芳、杨姣仕、余菲、孙美满，全书由吴小涛统稿。

武汉科技大学城市学院的黄承绪教授在本书的编写过程中提出了许多宝贵的建议，中国水利水电出版社的杨谷编辑为本书的出版给予了大力的支持，在此表示衷心的感谢！

本书难免存在一些纰漏和不如人意之处，欢迎各位读者提出批评和建议。

编　者

2010 年 3 月

目 录

第 1 章　MATLAB 入门

在大学的诸多课程中,《高等数学》是非常重要的一门,它是许多专业必修的一门基础课,其主要特点是集分析和计算于一体. 随着计算机的日益普及, 运用数学软件包可以很轻易地解决许多本来很繁杂的计算. Matlab 是一款功能强大且使用广泛的科学计算软件, 在这一章里, 我们首先介绍关于 Matlab 的一些背景和基本操作.

1.1　MATLAB 简介

1.1.1　Matlab 的由来

Matlab 实际上是矩阵实验室（Matrix Laboratory）的简称, 20 世纪七十年代后期, 时任美国新墨西哥大学计算机科学系主任的 Cleve Moler 教授出于减轻学生编程负担的动机, 为学生设计了一组调用 LINPACK 和 EISPACK 库程序的 "通俗易用" 的接口, 这便是用 FORTRAN 语言编写的萌芽状态的 Matlab.

1983 年春天, Cleve Moler 到 Standford 大学讲学, Matlab 深深地吸引了工程师 John Little. John Little 敏锐地觉察到 Matlab 在工程领域的广阔前景. 同年, 他和 Cleve Moler, Steve Bangert 一起, 用 C 语言开发了第二代专业版. 这一代的 Matlab 语言同时具备了数值计算和数据图示化的功能. 1984 年, Cleve Moler 和 John Little 成立了 MathWorks 公司, 正式把 Matlab 推向市场, 并继续进行 Matlab 的研究和开发.

Matlab 以商品形式出现后, 仅短短几年, 就以其良好的开放性和运行的可靠性, 使原先控制领域里的封闭式软件包（如英国的 UMIST, 瑞典的 LUND 和 SIMNON, 德国的 KEDDC）纷纷淘汰, 而改以 Matlab 为平台加以重建. 在时间进入 20 世纪九十年代的时候, Matlab 已经成为工程技术人员必备的标准计算软件和可靠的帮手.

1.1.2　Matlab 的主要特点

1. 友好的工作平台和编程环境

Matlab 由一系列工具组成, 这些工具方便用户使用 Matlab 的函数和文件, 其中许多工具采用的是图形用户界面. 包括 Matlab 桌面和命令窗口、历史命令窗口、编辑器和调试器、路径搜索和用于用户浏览帮助、工作空间、文件的浏览器. 随着 Matlab 的商业化以及软件本身的不断升级, Matlab 的用户界面也越来越精致, 更加接近 Windows 的标准界面, 人机交互性更强, 操作更简单. 而且新版本的 Matlab 提供了完整的联机查询、帮助系统, 极大的方便了用户的使用. 简单的编程环境提供了比较完备的调试系统, 程序不必经过编译就可以直接运行, 而且能够及时地报告出现的错误并进行出错原因分析.

2. 简单易用的程序语言

Matlab 是一个高级的矩阵/阵列语言, 它包含控制语句、函数、数据结构、输入和输出和面向对象编程等特点．用户可以在命令窗口中将输入语句与执行命令同步，也可以先编写好一个较大的复杂的应用程序（M 文件）后再一起运行．Matlab 程序书写形式自由，利用丰富的库函数避开繁杂的子程序编程任务，压缩了一切不必要的编程工作．由于库函数都由本领域的专家编写，用户不必担心函数的可靠性．新版本的 Matlab 语言是基于最为流行的 C++语言基础上的，因此语法特征与 C++语言极为相似，而且更加简单，更加符合科技工程人员对数学表达式的书写格式，从而更利于非计算机专业的科技人员使用．这种语言可移植性好、可拓展性极强，这也是 Matlab 能够广泛应用于科学研究及工程计算各个领域的重要原因．

3．强大的科学计算机数据处理能力

Matlab 是一个包含大量计算算法的集合．其拥有 600 多个工程中要用到的数学运算函数，可以方便的实现用户所需的各种计算功能．函数中所使用的算法都是科研和工程计算中的最新研究成果，且经过了各种优化和容错处理．在通常情况下，可以用它来代替底层编程语言，如 C 和 C++．在计算要求相同的情况下，使用 Matlab 的编程工作量会大大减少．Matlab 的这些函数集包括从最简单最基本的函数到诸如矩阵，特征向量、快速傅立叶变换的复杂函数．Matlab 软件所能解决的问题大致包括矩阵运算、线性方程组的求解、常微分方程及偏微分方程的求解、符号运算、傅立叶变换和数据的统计分析、工程中的优化问题、稀疏矩阵运算、复数的各种运算、三角函数和其他初等数学运算、多维数组操作以及建模动态仿真等．

4．出色的图形处理功能

Matlab 自产生之日起就具有方便的数据可视化功能，可以将向量和矩阵用图形表现出来，并且可以对图形进行标注和打印．高层次的作图包括二维和三维的可视化、图象处理、动画和表达式作图，可用于科学计算和工程绘图．新版本的 Matlab 对整个图形处理功能作了很大的改进和完善，使它不仅在一般数据可视化软件都具有的功能（例如二维曲线和三维曲面的绘制和处理等）方面更加完善，而且对于一些其他软件所没有的功能（例如图形的光照处理、色度处理以及四维数据的表现等），Matlab 同样表现了出色的处理能力．同时对一些特殊的可视化要求，例如图形对话等，Matlab 也有相应的功能函数，保证了用户不同层次的需求．另外新版本的 Matlab 还着重在图形用户界面（GUI）的制作上作了很大的改善，对这方面有特殊要求的用户也可以得到满足．图形处理功能如图 1-1 所示．

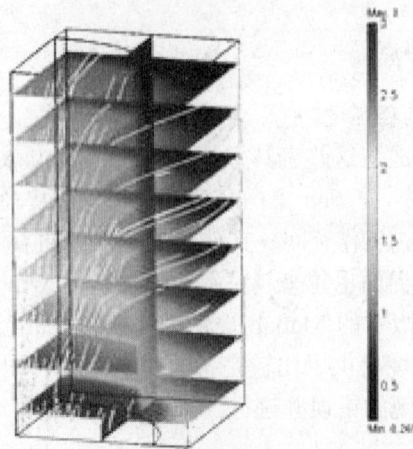

图 1-1 图形处理功能

5.　功能强大的工具箱

Matlab 包含两个部分：核心部分和各种可选的工具箱．核心部分中有数百个核心内部函数．其工具箱又分为两类：功能性工具箱和学科性工具箱．功能性工具箱主要用来扩充其符号计算功能，图示建模仿真功能，文字处理功能以及与硬件实时交互功能．功能性工具箱用于多种学科.而学科性工具箱是专业性比较强的，如 Control Toolbox，Signl Proceessing Toolbox，Commumnication Toolbox 等．这些工具箱都是由该领域内学术水平很高的专家编写的，所以用户无需编写自己学科范围内的基础程序，而直接进行高、精、尖的研究．

6.　源程序的开放性

开放性也许是 Matlab 最受人们欢迎的特点．除内部函数以外，所有 Matlab 的核心文件和工具箱文件都是可读可改的源文件，用户可通过对源文件的修改以及加入自己的文件构成新的工具箱．

7.　MATLAB 编译器

Matlab 的灵活性和平台独立性是通过将 Matlab 代码编译成设备独立的 P 代码，然后在运行时解释 P 代码来实现的．这种方法与微软的 VB 语言相类似．不幸的是，由于 Matlab 是解释性语言，而不是编译型语言，因此产生的程序执行速度较慢．

1.2　MATLAB 的工作界面

在安装好的 Matlab 的计算机上，通过单击 Windows 的"开始"菜单中的相应程序选项或双击桌面上的 Matlab 图标便可启动 Matlab，当 Matlab 程序启动后，会出现 Matlab 桌面的窗口．默认的 Matlab 桌面结构如图 1-2 所示．在 Matlab 集成开发环境下，它集成了管理文件、变量和应用程序的许多编程工具．

图 1-2　MATLAB 桌面（具体桌面布局可能因机器的不同而会有轻微的变化）

在 Matlab 桌面上可以看到和访问的窗口主要有：命令窗口（The Command Window）、命令历史窗口（Command History Window）、启动平台（Launch Pad）、工作空间窗口（Workspace Window）、当前路径窗口（Current Directory Window）. 一般而言，最常用的是命令窗口、命令历史窗口和工作空间窗口，下面对这三个窗口进行重点介绍.

1.2.1　命令窗口（The Command Window）

Matlab 桌面的右边便是命令窗口. 在命令窗口中，用户可以在命令行提示符"＞＞"后输入一系列的命令，这些命令的执行也是在这个窗口中实现的.

例如，用户需要计算一个半径为 2.5m 的圆的面积. 可以在命令窗口中输入：

>> Area=pi*2.5^2

按下回车键，命令窗口便会显示出计算结果：

area =

19.6350

这个结果被存储到一个叫"area"的变量中（其实是一个 1×1 的数组），而且这个变量能进行进一步的计算，即可直接在命令窗口中通过输入"area"来调用半径为 2.5m 的圆的面积的值，如图 1-3 所示.

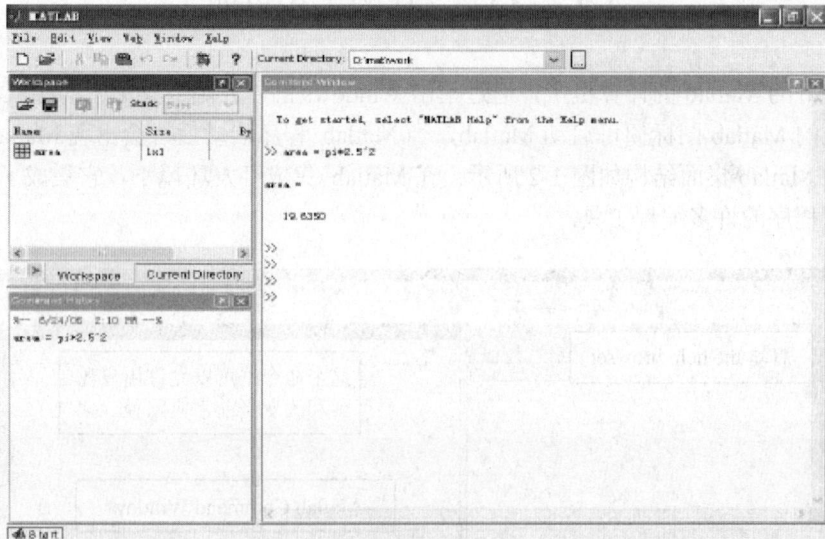

图 1-3

如果一个语句在一行内书写太长，可能要另起一行接着写. 在这种情况下我们需要在第一行末打上半个省略号"…"，再开始第二行的书写.

例如，用户想计算 $1+\dfrac{1}{2}+\dfrac{1}{3}+\dfrac{1}{4}+\dfrac{1}{5}+\dfrac{1}{6}$ 的结果，在命令窗口中输入：

>>x1=1+1/2+1/3+1/4+1/5+1/6

或者：

>>x1=1+1/2+1/3+1/4 …

+1/5+1/6;

所得到的结果是一样的.

1.2.2　历史命令窗口（The History Command Window）

历史命令窗口用于记录用户在命令窗口中所输入的每条命令的历史记录，其顺序是按逆序排列的．即最早的命令排在最下面，最后的命令排在最上面．这些命令会一直存在下去，直到它被人为删除．双击这些命令可使它再次执行．在历史命令窗口删除一个或多个命令，可以先选取要删除的命令，然后单击右键，在弹出的快捷菜单中，选择 Delete Section 便可实行删除．

1.2.3　工作空间窗口（Workspace Window）

工作空间窗口默认出现在 Matlab 桌面的左上角，是 Matlab 的重要组成部分．当命令窗口中输入的内容发生改变时，工作空间窗口的信息也会随之更新．工作空间窗口允许用户改变工作区内的任何一个变量的内容．

典型的工作空间窗口如图 1-4 所示，窗口中显示的是用户曾经定义过，并被计算机存储在内存中的变量．工作空间窗口不仅仅显示变量的名称，而且变量的数学结构、变量的字节数及类型都会出现在窗口中．

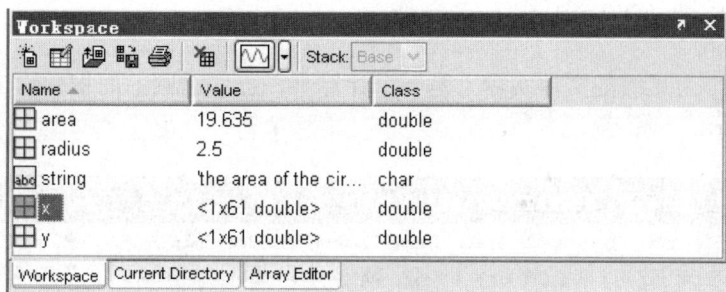

图 1-4　工作空间窗口（Workspace Window）

双击窗口中任一变量可弹出一个数组编辑器，这个编辑器允许用户修改保存在变量中的信息，如图 1-5 所示．

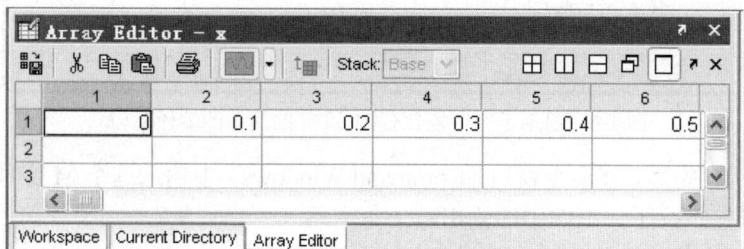

图 1-5　数组编辑器（Array Editor）

工作空间内也可以实现一个或多个变量的删除．先选中要删除的变量，然后按 Delete 键或右击选择 Delete 选项即可．

除了上述 3 个窗口外，还有一些常用的重要窗口在默认状态下并不会出现在 Matlab 桌面上，需要进行相应的操作才能调出，比如编译窗口（The Edit/Debug Window）和图形窗口（Figure Window）．

1.2.4　编译窗口（The Edit/Debug Window）

编译窗口用于创建 M 文件，或者修改已存在的 M 文件．当你打开或修改一个 M 文件，编辑调试器会自动被调用．创建一个 M 文件一般可采用如下两种方法：

（1）使用菜单创建．选择"File→New→M-file"命令．

（2）使用工具栏创建．单击工具栏中的"新建"按钮 ．

而打开一个已存在的 M 文件也有两种方法：

（1）按路径"File→Open"打开．

（2）单击工具栏中的"打开"图标 ．

在编译窗口中，Matlab 语言的一些特性会被不同的颜色表现出来．M 文件中的评论用绿色表示，变量和数字用黑色表示，字符变量用红色表示，语言的关键字用蓝色表示．例如，我们在打开的编译窗口中输入如下命令并以"calc_area.m"为文件名保存：

```
% this m-file calculates the area of a circle,
% and display the result
radius=2.5;
area=pi*2.5^2;
string=['the area of the circle is ' ,num2str(area)];
disp(string);
```

这个以".m"为后缀的文件实际上是一个计算半径已知的圆的面积并输出结果的简单程序，如图 1-6 所示．

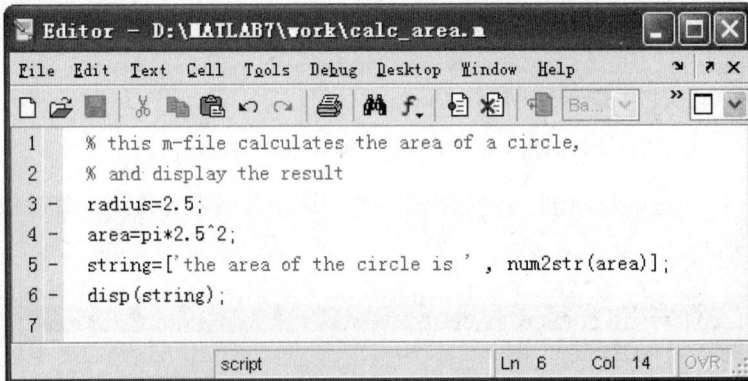

图 1-6　显示了一个包含有 M 文件的简单的编译窗口

当 M 文件保存完后，在命令窗口（Command Windows）中输入这个 M 文件的名字并按回车键，它就可以被执行了，上例中的输出结果为

```
>>calc_area
The area of the circle is 19.635
```

1.2.5　图像窗口（Figure Window）

图像窗口主要是用于显示Matlab 图像.它所显示的图像可以是数据的二维或三维坐标图，图片或用户图形接口．用户可以选择菜单中"File→New→Figure"命令进入图像窗口．下面是一个简单的脚本文件（Script files），它用于计算函数 $\sin x$ 并打印出图象．首先在编译窗口中

新建一个 M 文件并输入以下命令：

```
% this m-file calculates and plots the
% function sin(x) for 0<=x<=6.
x=0:0.1:6;
y=sin(x);
plot(x,y);
```

将文件以"sin_x.m"为文件名保存，然后在命令窗口（Command Window）输入此文件名并按回车键就可以执行文件．当脚本文件（Script files）被编译后，Matlab 将会打开一个图像窗口，并在窗口打印出函数 sin$x$ 的图像．

另外，用户也可直接通过在命令窗口中直接输入绘图指令来创建图像，例如在命令窗口中输入如下命令：

```
>>x=0:0.1:6;
>>y=sin(x);
>>plot(x,y);
```

也可以得到如图 1-7 所示的 sin$x$ 的图像，至于更多的关于 Matlab 绘图的方法，我们将在后面进行介绍．

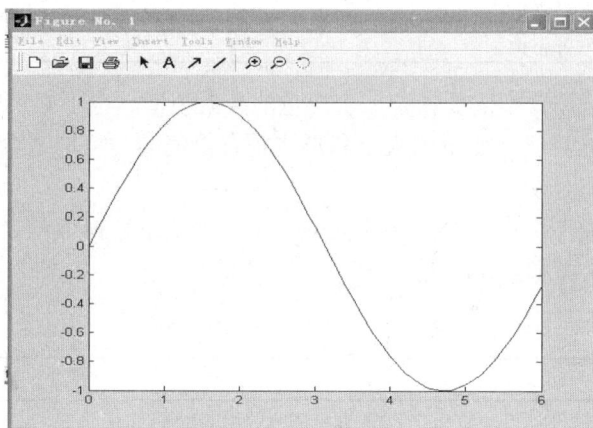

图 1-7　函数 sin$x$ 的图象

1.3　MATLAB 基本操作

每一个软件都有自身的运行特点，Matlab 也不例外．这一节中，我们先介绍 Matlab 中变量命名的规则，再给出一些 Matlab 中常用的数学运算符号及数学函数，以让读者能从本节的内容中初步掌握 Matlab 的一些基本操作．

1.3.1　变量

Matlab 中变量命名的规则是：

（1）变量名必须是不含空格的单个词；

（2）变量名区分大小写；

（3）变量名最多不超过 19 个字符；

（4）变量名必须以字母打头，之后可以是任意字母、数字或下划线，变量名中不允许使用标点符号．

除了上述命名规则，Matlab 还有一些特殊变量，如表 1-1 所示．

表 1-1　特殊变量表

特殊变量	取值
ans	用于结果的缺省变量名
pi	圆周率
eps	计算机的最小数，和 1 相加时产生一个比 1 大的数
flops	浮点运算数
inf	无穷大，如 1/0
NaN	不定量，如 0/0
i，j	$i=j=\sqrt{-1}$
nargin	所用函数的输入变量数目
nargout	所用函数的输出变量数目
realmin	最小可用正实数
realmax	最大可用正实数

在变量使用之前，用户不需要指定一个变量的数据类型，也不必声明变量．Matlab 有许多不同的数据类型，这对决定变量的大小和形式是有价值的，特别适合于混合数据类型、矩阵、细胞矩阵、结构和对象．

对于每一种数据类型，有一个名字相同的、可以把变量转换成与之相同类型的函数．所用的不同的基本数据类型如表 1-2 所示．

表 1-2　数据类型和转换函数

数据类型	说明
double	是一个双精度浮点数，每个存储的双精度数用 64 位
char	用于存储字符，每个存储的字符用 16 位
sparse	用于存储稀疏矩阵，由一个 sparse 使用的内存是 4+（非零元素数*16）
unit8	是一个无符号的 8 位整型数．数学函数并不对使用到的这种数据类型进行定义，如存储图像

如果变量不被删除或重命名，每个被定义的变量将在整个过程中保留．要删除变量，可用命令 clear，其调用格式如表 1-3 所示．

表 1-3　删除变量和合并

调用格式	说明
clear	删除所有变量并恢复除 eps 外的所有预定义变量
clear name	仅删除变量 name
clear name1 name2 …	删除变量 name1、name2 等
clear a*	删除所有 a 开头的变量
clear value	根据 value 给出不同的结果．键入 helpclear 可得到更多的细节

1.3.2　数学运算符号、标点符号及数学函数

运用 Matlab 进行数学运算时，需要注意数学运算符号的使用，我们把常用的一些数学运算符号整理成表 1-4，供读者参考.

表 1-4　数学运算符号表

运算符号	说明
+	加法运算，适用于两个数或两个同阶矩阵相加
−	减法运算
*	乘法运算
.*	点乘运算
/	除法运算
./	点除运算
^	乘幂运算
.^	点乘幂运算
\	反斜杠表示左除

在 Matlab 中，标点符号也都有着特定的含义，具体如下：

（1）Matlab 的每条命令后，若为逗号"，"或无标点符号，则显示命令的结果；若命令后为分号"；"，则禁止显示结果.

（2）百分号"%"后面的所有文字为注释.

（3）省略号"…"表示续行.

作为一款专业的数学软件，Matlab 当然支持数学函数的运用. 表 1-5 中是一些常用的数学函数，这些函数在 Matlab 中都可以直接使用.

表 1-5　常用基本函数表

函数	名称	函数	名称
sin(x)	正弦函数	asin(x)	反正弦函数
cos(x)	余弦函数	acos(x)	反余弦函数
tan(x)	正切函数	atan(x)	反正切函数
abs(x)	绝对值	max(x)	最大值
min(x)	最小值	sum(x)	元素的总和
sqrt(x)	开平方	exp(x)	以 e 为底的指数
log(x)	自然对数	$\log_{10}(x)$	以 10 为底的对数
sign(x)	符号函数	fix(x)	取整

以上的这些函数都是可以在 Matlab 的命令窗口中直接输入进行运算. 比如我们要求 $y = \sin x$ 在 $x = \dfrac{\pi}{5}$ 的值，便可以直接在命令窗口中输入下面的语句并运行，很快便可求出结果：

```
>> y=sin(pi/5)
y =
     0.5878
```

1.3.3 矩阵与数组

我们在前面已经提到，Matlab 实际上是"矩阵实验室"（Matrix Laboratory）的缩写. Matlab 最基本、最重要的功能就是进行实数矩阵或复数矩阵的运算，其所有的数值功能都以矩阵为基本单位来实现. 关于矩阵的更多知识已超出本书的范围，但为了让读者更好地体会 Matlab 的使用，在这里我们需要简单介绍矩阵的基本概念.

定义 1　由 $m \times n$ 个数 a_{ij} ($i = 1, 2, \cdots, m; j = 1, 2, \cdots, n$) 排成的 m 行 n 列的数表

$$
\begin{matrix}
a_{11} & a_{12} & \cdots & a_{1n} \\
a_{21} & a_{22} & \cdots & a_{2n} \\
\vdots & \vdots & & \vdots \\
a_{m1} & a_{m2} & \cdots & a_{mn}
\end{matrix}
$$

称为 m 行 n 列矩阵，简称 $m \times n$ **矩阵**. 为表示它是一个整体，总是加一个括弧，并用大写黑体字母表示它，记作

$$
A = \begin{pmatrix}
a_{11} & a_{12} & \cdots & a_{1n} \\
a_{21} & a_{22} & \cdots & a_{2n} \\
\vdots & \vdots & & \vdots \\
a_{m1} & a_{m2} & \cdots & a_{mn}
\end{pmatrix}
$$

我们把 $m \times n$ 个数 a_{ij} 称为矩阵 A 的**元素**，元素是实数的矩阵式实矩阵，而元素是复数的矩阵则被称为**复矩阵**. 作为元素的行 m 和列 n，它们是可以相等的，当行数和列数都等于 n 时，我们把这样的矩阵称为 n 阶方阵. 特别的，只有一行的矩阵

$$
A = (a_1, a_2, \cdots, a_n)
$$

称为**行矩阵**或**行向量**；而只有一列的矩阵

$$
B = \begin{pmatrix}
a_1 \\
a_2 \\
\vdots \\
a_n
\end{pmatrix}
$$

称为**列矩阵**或**列向量**. 由于矩阵 B 是将矩阵 A 中的元素按列排列所得，我们也将矩阵 B 称为**矩阵 A 的转置**，记为 $B = A^T$.

在 Matlab 中矩阵的生成有多种方式，在命令窗口中直接输入的方式是简单最常用，比较适合创建较小的简单矩阵. 在输入时，把矩阵的元素直接排列到方括号中，每行内的元素用空格或逗号相隔，行与行之间的内容用分号相隔. 例如下面的两个创建矩阵的方式所得结果是一样的：

```
>> A=[1, 1, 1;2, 2, 2;3, 3, 3;4, 4, 4]   %用逗号形式创建
A =
     1      1      1
     2      2      2
```

```
        3      3      3
        4      4      4
>> A=[1 1 1;2 2 2;3 3 3;4 4 4]   %用空格形式创建
A =
        1      1      1
        2      2      2
        3      3      3
        4      4      4
>>
```

如果要求矩阵 A 的转置矩阵，只需要在命令窗口中输入 A' 并运行即可，如：

```
>> A'
ans =
        1      2      3      4
        1      2      3      4
        1      2      3      4
>>
```

当矩阵中的元素按一些特殊的方式排列时，可以得到一些特殊的矩阵．比如矩阵中每个元素都为零的矩阵称为**零矩阵**，每个元素都是 1 的矩阵称为**全 1 矩阵**，对角线上元素为 1 而其余元素都为零的矩阵称为**单位矩阵**等．在 Matlab 中提供了几个建立特殊矩阵的命令：

ones(n)	产生 $n \times n$ 维元素全部是 1 的矩阵
ones(m,n)	产生 $m \times n$ 维元素全部是 1 的矩阵
zeros(n)	产生 $n \times n$ 维元素全部是 0 的矩阵
zeros(m,n)	产生 $m \times n$ 维元素全部是 0 的矩阵
length(A)	取矩阵 A 的行数和列数的最大值
rot90(A)	矩阵 A 的元素逆时针旋转 $90°$
rot90(A,n)	矩阵 A 的元素逆时针旋转 $n \times 90°$
eye(n)	产生 $n \times n$ 维单位矩阵
eye(m,n)	产生 $m \times n$ 维单位矩阵
size(A)	取矩阵 A 的行数和列数

例如，在命令窗口中输入下列语句并运行，便可得到一个 3 行 4 列的全 1 矩阵．

```
>> b=ones(3,4)
b =
        1      1      1      1
        1      1      1      1
        1      1      1      1
>>
```

当两个矩阵 A 和 B 同型，也就是行数和列数都相等时，可以进行加法和减法运算．在 Matlab 中只需在生成矩阵后直接在命令窗口中输入"A+B"并运行即可，例如：

```
>> A=eye(3,3);
>> B=ones(3,3);
>> A+B
ans =
        2      1      1
```

$$\begin{matrix} 1 & 2 & 1 \\ 1 & 1 & 2 \end{matrix}$$

而当 A 的列数等于 B 的行数时，两个矩阵可以进行乘法运算．矩阵乘法运算的规则较为特别，如果用手工去做一般而言相当麻烦．但运用 Matlab 则变得非常简单，只需在生成矩阵后在命令窗口中输入"A*B"并运行即可，例如：

```
>>A=[1 2 3;4 5 6];
>>B=[1 2;3 4;5 6];
>>A*B
ans =
    22    28
    49    64
```

矩阵不存在除法运算，但如果对于 n 阶方阵 A 和 B 有 $A \cdot B = E$ 成立（这里 E 为 n 阶单位矩阵），则称矩阵 A 可逆，并将 B 称为 A 的**逆矩阵**，记为 $B = A^{-1}$．用手工求一个矩阵的逆矩阵一般需要经过较复杂的运算，但使用 Matlab 时，如果矩阵 A 可逆，只需要在生成矩阵 A 后在命令窗口中输入"inv(A)"并运行即可，例如：

```
>>A=[1 2;3 4];
>>inv(A)
ans =
    -2.0000    1.0000
     1.5000   -0.5000
```

在数学定义上，数组和矩阵是两个完全不同的概念．但在 Matlab 中，数组和矩阵在形式上有何多一致之处，但实际上它们遵循不同的运算规则．简单的讲，Matlab 数组运算符由矩阵运算符前面增加一点"."来表示，比如".*"、"./"、".^"等．创建简单的数组有如下的常用方法：

```
x=[a  b  c  d  e  f]           %创建包含指定元素的行向量
x=first: last                  %创建从 first 开始，加 1 计数，到 last 结束的行向量
x=first: increment：last       %创建从 first 开始，加 increment 计数，到 last 结束的行向量
x=linspace(first,last,n）       %创建从 first 开始，到 last 结束，有 n 个元素的行向量
x=logspace(first,last,n）       %创建从 first 开始，到 last 结束，有 n 个元素的对数分隔行向量
```

如果所作运算为数组对标量的加、减、乘、除和平方运算，是指数组的每个元素对该标量施加相应的加、减、乘、除和平方运算．比如设 $a = [a_1, a_2, \dots, a_n]$，$c$ 是标量，则有：

```
a+c=[a1+c,a2+c,...,an+c]
a.*c=[a1*c,a2*c,...,an*c]
a./c= [a1/c,a2/c,...,an/c]（右除）
a.\c= [c/a1,c/a2,...,c/an]（左除）
a.^c= [a1^c,a2^c,...,an^c]
c.^a=[c^a1,c^a2,...,c^an]
```

而如果所作运算为数组与数组的运算，当两个数组有相同维数时，加、减、乘、除、幂运算可按元素对元素方式进行，不过需要指出的是不同大小或维数的数组是不能进行运算的．例如，设 $a = [a_1, a_2, \dots, a_n]$, $b = [b_1, b_2, \dots, b_n]$，则有：

```
a+b= [a1+b1,a2+b2,...,an+bn]
a.*b= [a1*b1,a2*b2,...,an*bn]
a./b= [a1/b1,a2/b2,...,an/bn]
```

a.\b=[b1/a1,b2/a2,…,bn/an]

a.^b=[a1^b1,a2^b2,…,an^bn]

在 Matlab 中运行数组的运算时，只需按以上方式先在命令窗口中生成数组，然后再直接输入需要进行的运算表达式即可．

例 1　定义矩阵 A 和 B，其中 $A = \begin{pmatrix} 1 & 2 & 3 \\ -1 & 4 & 0 \\ 2 & 5 & -2 \end{pmatrix}$，求 $A+B$，$A-B$，ABA'，A^{-1}，A^3 和

$\det A$，AB^{-1}．

解　在上例已经输入矩阵 A、B 的基础上，进行本例计算

（1）在命令窗口命令输入符"＞＞"后输入：

  ＞＞A=[1,2,3;-1,4,0;2,5,-2];

（2）按回车键，再在下一行"＞＞"后输入：

  ＞＞B=[0,-3,6;4,-2,5;3,2,-2];

（3）在输入符"＞＞"后输入：

  ＞＞A+B

（4）不输入分号，直接按回车键，系统将立即显示矩阵 $A+B$ 的情况；

（5）计算 $A-B$，$A*B$ 时的步骤类似于计算 $A+B$，具体如下：

```
>>A+B              %计算矩阵 A、B 的和
ans=               %计算机输出计算结果
1        -1        9
3        2         5
5        7         -4
>>A-B              %计算矩阵 A、B 的差
ans=               %计算机输出计算结果
1        5         -3
-5       6         -5
-1       3         0
>>A*B              %计算矩阵 A、B 的积
ans=               %计算机输出计算结果
17       -1        10
16       -5        14
14       -20       41
>> A′             %计算矩阵 A 的转置
ans=
1        -1        2
2        4         5
3        0         -2
>>inv(A)           %计算矩阵 A 的逆
ans=
0.1569   -0.3725   0.2353
0.0392   0.1569    0.0588
0.2549   0.0196    -0.1176
>>A^3              %计算矩阵 A 的乘方
ans=
```

-26	95	21
-25	31	-9
-1	92	-41

>>detA   %计算矩阵 *A* 的行列式

ans=

-51

>>A/B   %*A* 右除 *B*，相当于 AB^{-1}

ans=

5.46666667	-3.0000000	5.40000000
6.53333333	-5.2000000	6.60000000
5.00000000	-4.0000000	6.00000000

注意：（1）矩阵的乘方运算既可以采用连乘积的形式，也可以直接使用乘方运算符 "^"，表示幂的数字应该放在乘方运算符的后面.

（2）有了乘方运算，矩阵的求逆就是计算矩阵的（-1）次幂，其结果与用求逆函数计算的结果完全一致，读者可以自己验证（注意：前提是矩阵可逆）.

（3）求矩阵的行列式要用到函数 det()，括号内输入矩阵名，系统立刻计算出方阵的行列式.

（4）矩阵的左右除可以看成是矩阵的乘积，即 $A/B = A*B^{-1}$ 和 $B \backslash A = B^{-1}*A$，这一点比普通 "数" 的除法要复杂一些.

1.4　MATLAB 符号运算基础

在早期的 Matlab 版本中，符号运算的功能比较弱，用户在解决比较复杂的符号运算时，使用 Matlab 往往无法完成，这样用户不得不在使用 Matlab 的同时，再借助一门其他的符号运算语言，这就给广大用户带来了很大的不便. 从 Matlab 5.3 开始，符号运算功能得到了很大提高，它采用了全新的数据结构和重载技术，使得符号运算和数值计算在形式和风格上统一. 而 6.5 以后的版本则提供了更为强大的符号运算功能，使得 Matlab 几乎可以完全替代如 Maple 和 Mathematic 等符号运算软件. 这样，用户只要掌握了 Matlab，就可以进行数值运算、图形处理和符号运算三大基本运算. 从而使得 Matlab 成为各种数学语言中最受欢迎的一种.

在 Matlab 语言中，既可以使用它本身开发的函数进行常用的符号运算，还可以通过 maple.m 和 map.m 两个接口和 Maple 相连. 由于本书着重于讨论利用 Matlab 解决高等数学中的计算问题，因此我们主要介绍 Matlab 本身开发的专用于符号运算的函数.

1.4.1　符号变量的生成和使用

在 Matlab 语言中，有两种很重要的数据类型，即字符型数据类型和符号型数据类型. 在前面提到的直接输入矩阵，在系统中被保存为字符型数据类型，而我们要使用 Matlab 来处理高等数学的问题的话，一般需要先生成符号变量，而且计算的结果也将被储存为符号型数据类型.

生成符号型数据变量要使用专门的函数 sym 和 syms.sym 可以生成单个的符号变量，但使用时没有 syms 函数方便，我们可以先通过一个例子来看看 sym 函数的使用，同时读者自己体会一下字符型数据和符号型数据的区别.

例如，用户直接在命令窗口中输入下面的语句并运行，得到的结果是作为字符型数据储存的：

```
>> sqrt(2)
ans =
    1.4142
```

而如果用户在命令窗口中输入下面的语句并运行的话，所得的结果却是作为符号型数据储存的：

```
>> a=sqrt(sym(2))
a =
    2^(1/2)
```

一般在使用符号运算时，涉及到的变量可能不只一个，这时我们可以先用 syms 函数生成符号变量，相对于 sym 函数，syms 函数的功能更为强大，使用上也比 sym 函数方便，它可以一次创建任意多个符号变量. syms 函数的使用格式为 syms var1 var2 var3···. 生成变量后，我们便可直接使用，例如求 $\lim_{x\to 2}(x^2-1)$，我们可以按如下方式操作：

```
>> syms x              %生成符号变量 x
>> limit(x^2-1,x,1)    %求 lim(x²-1) 的极限
                         x→2
ans =
    0
```

再比如，计算积分 $\int_0^{\frac{2\pi}{x}} t\sin(xt)\mathrm{d}t$，这里出现了两个变量 x 和 t，因此我们先用 syms 函数生成这两个符号变量，再运用定积分的计算命令来计算这个定积分，运算过程及结果如下：

```
>> syms x t                      %同时生成符号变量 x 和 t
>> int(t*sin(x*t), t, 0, 2*pi/x) %对变量 t 求 0 到 2π/x 的定积分
ans =
    -2*pi/x^2
```

关于如何使用 Matlab 求积分，在本书后面相应的章节中将有详细介绍，在这里我们主要是让读者体会并掌握 syms 函数的使用，这对于我们后面的学习是很重要的.

1.4.2　符号方程的生成和求解

在 Matlab 中，可以使用 sym 函数来生成符号方程，注意在输入方程时，应该以字符串的形式输入，即在方程两端加上单引号. 我们看一个具体例子，我们在命令窗口中输入以下语句并运行，便可生成一个符号方程 $\sin(x)+\cos(x)=1$.

```
>> equation=sym('sin(x)+cos(x)=1')   %使用 sym 函数生成符号方程
equation =
sin(x)+cos(x)=1
```

运行结束后，可以看到在工作空间（workspace）中已储存了一个以 equation 命名的符号型变量，这便是我们刚才所生成的符号方程，如图 1-8 所示.

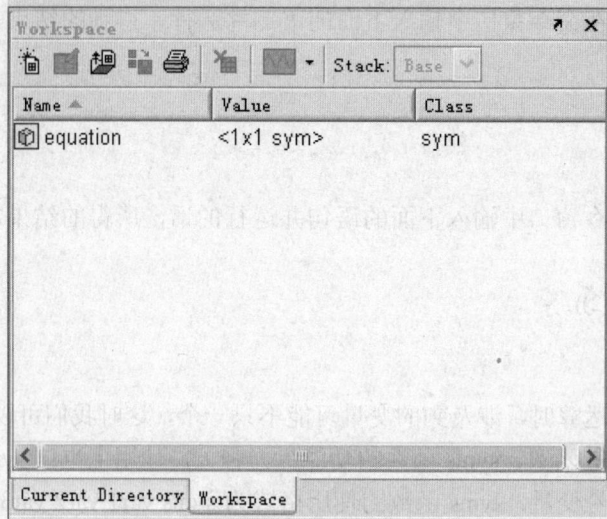

图 1-8 生成的符号方程

生成符号方程后，我们可以通过使用 solve 函数来求解这个符号方程，使用格式为：solve（符号方程名）. 例如，我们在命令窗口中输入以下命令并运行，即为求解刚才所生成的符号方程 $\sin(x) + \cos(x) = 1$.

```
>> solve(equation)
ans =
  1/2*pi
      0
```

运行的结果显示，方程有两个解：$\pi/2$ 和 0. 除了可以运用 sym 函数生成符号方程，再运用 solve 函数求解的方式之外，我们也可以先用 syms 函数生成符号变量，然后再对 solve 函数使用如 solve（'方程'）的格式命令，以达到求解方程的目的. 例如：

```
>> syms p x r            %生成符号变量 p、x、r
>> solve('p*sin(x)=r')   %求解符号方程 p·sin(x) = r
ans =
asin(r/p)
```

这是比较常用的求解方程的模式，而且这个模式还可以用于求解代数方程组，在求解方程组时，先用 syms 函数生成符号变量后，只需在 solve 函数中以字符串的形式输入方程组的每一个方程即可，使用格式为：solve（'方程1'，'方程2'，…）. 注意每个方程间要用逗号隔开，例如：

```
>> syms x y

>> [x,y]=solve('x^2+x*y+y=3','x^2-4*x+3=0')   %求解方程组
```
$\begin{cases} x^2 + xy + y = 3 \\ x^2 - 4x + 3 = 0 \end{cases}$，并将结果以向量的

形式显示

```
x =
  1
  3
y =
    1
```

$$-3/2$$

>>

从运行结果中可以看出，方程组有解 $\begin{cases} x=1 \\ y=1 \end{cases}$ 或 $\begin{cases} x=3 \\ y=-3/2 \end{cases}$，我们在求解命令中输入 $[x,y]$ 的

目的在于要将求解结果以向量形式显示，否则系统只会显示求解结果的变量类型．例如：

>> solve('x^2+x*y+y=3', 'x^2-4*x+3=0')

ans =

　　x: [2x1 sym]

　　y: [2x1 sym]

>>

但用户只需要在工作空间中双击已储存的变量 x，Matlab 会新打开一个窗口，以显示变量 x 的结果，其实也就是方程求解的结果，如图 1-9 所示．

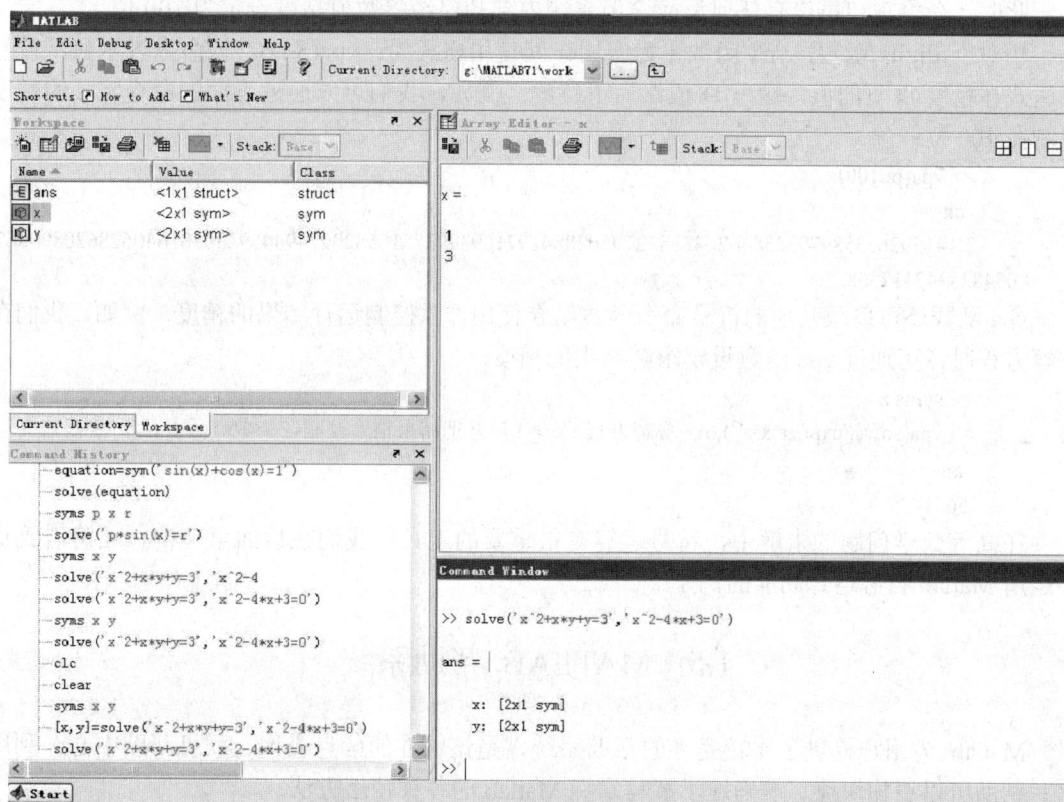

图 1-9　显示变量的结果

1.4.3　符号数的精度控制

在进行符号运算时，Matlab 可以对计算结果进行精度控制，首先我们看一个数值计算的例子，这是以浮点数的精度显示的．

>> y=1/3+2/11+3/19

y =

　　0.6730

我们所得到的运行结果与真实结果是存在误差的，因为系统默认了保留小数点后的位数为 4 位．但是如果我们使用符号运算，就可以得到完全精确的结果，例如：

```
>> y=sym(1/3+2/11+3/19)
y =
 422/627
```

Matlab 提供了 digits 和 vpa 两个函数来实现任意精度的控制，单独使用 digits 命令将在命令窗口中显示当前设定的数值精度．而使用 digits(D)命令则是将数值的精度设置为 D 位，这里要求 D 为正整数．例如：

```
>> digits
 Digits = 32
```

运行结果显示当前的数值精度为 32 位，而如果在命令窗口中输入如下命令并运行：

```
>> digits(100)
```

此时，命令窗口虽没有任何反应，但系统内部却已经将数值精度设定为 100 位．

相对于 digits 函数，vpa 函数更为实用．其使用格式为：vpa(S,D)，该命令表示显示符号表达式在精度 D 下的值，这里 D 依然为正整数．例如，我们可以通过下面的命令将 π 的精度控制在 100 位：

```
>> vpa(pi,100)
 ans =
 3.141592653589793238462643383279502884197169399375105820974944592307816406286208998628034825342117068
```

vpa 函数还可以跟其他的符号命令函数结合使用，以控制运行结果的精度．例如，我们在求解方程时，可通过 vpa 函数设定求解结果的精度．

```
>> syms x
>> vpa(solve('exp(x)*x=1'),6)   %解方程 e^x x=1，并把结果精度控制在小数点后 6 位
 ans =
 .567143
```

在高等数学问题的求解中，符号运算是很重要的工具．我们在后面章节中，还将看到更多运用 Matlab 符号运算功能的例子．

1.5   MATLAB 帮助系统

Matlab 为用户提供了比较完善的帮助系统，是该软件的信息查询、联机帮助中心．利用这些帮助可以更加快捷、准确地了解与掌握 Matlab 的各种使用方法．

1.5.1   帮助窗口（helpbrowser）

进入帮助窗口一般可采用如下 3 种方法：

（1）单击 Matlab 主窗口工具栏中的 Help 按钮．

（2）在命令窗口中输入 helpwin、helpdesk 或 doc．

（3）选择"Help→Matlab Help"选项．

帮助空间窗口如图 1-10 所示．

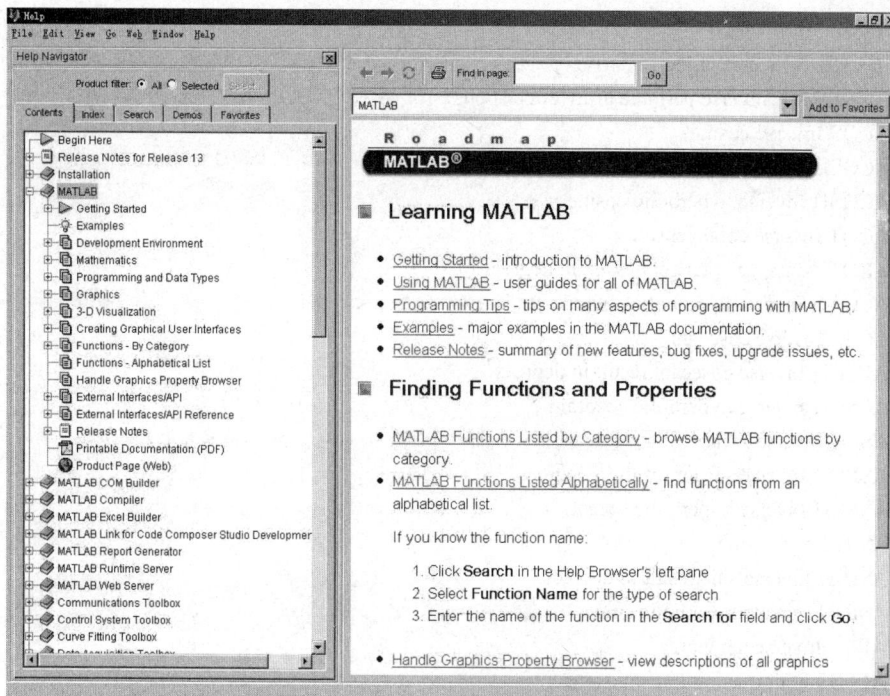

图 1-10 帮助窗口

1.5.2 帮助命令

另外还有两种运用命令行的原始形式来获取帮助.

1. help 命令

在 Matlab 命令窗口(The Command Windows)中输入 help 或 help 和所需要的函数的名字. 如果你在命令窗口（The Command Windows）中只输入 help，Matlab 将会显示一连串的函数. 如果有一个专门的函数名或工具箱的名字包含在内，那么 help 将会提供这个函数或工具箱.

例如，在命令窗口中输入：

>>help size

运行后可以得到下列帮助信息：

SIZE 矩阵的维数

D=SIZE(X)，对于 M×N 的矩阵 X，返回两个元素的行向量 D= [M,N]，其中包含了矩阵中行数和列数. 对于 ND 数组，SIZE(X)返回一个 1×N 数组长度的向量. [M,N]=SIZE(X)返回输出变量中的行数和列数. [M1,M2,M3,...,MN]=SIZE(X)返回 X 中头 N 个数组的长度.

M=SIZE (X,DIM)返回由标量 DIM 指定的数组长度. 例如，SIZE(X,1)返回行的数量.

也可参见 LENGTH、NDIMS.

2. look for 命令

look for 命令与 help 命令不同，help 命令要求与函数名精确匹配，而 look for 只要求与每个函数中的总结信息有匹配. look for 命令比 help 命令运行起来慢得多，但它提高了得到有用信息的机会. 例如，假设你想找到一个求矩阵的逆阵（inverseofmatrix）的函数. 但是 Matlab 中没有叫 inverse 的函数，这时 help 命令就不起作用了，只能用 look for 命令，得到以下结果：

>> lookfor inverse

INVHILB Inverse Hilbert matrix.

IPERMUTE Inverse permute array dimensions.

ACOS Inverse cosine.

ACOSD Inverse cosine,result in degrees.

ACOSH Inverse hyperbolic cosine.

ACOT Inverse cotangent.

ACOTD Inverse cotangent,result in degrees.

ACOTH Inverse hyperbolic cotangent.

ACSC Inverse cosecant.

ACSCD Inverse cosecant,result in degrees.

ACSCH Inverse hyperbolic cosecant.

ASEC Inverse secant.

ASECD Inverse secant,result in degrees.

ASECH Inverse hyperbolic secant.

ASIN Inverse sine.

ASIND Inverse sine,result in degrees.

ASINH Inverse hyperbolic sine.

ATAN Inverse tangent.

ATAN2 Four quadrant inverse tangent.

ATAND Inverse tangent,result in degrees.

ATANH Inverse hyperbolic tangent.

ERFCINV Inverse complementary error function.

ERFINV Inverse error function.

INV Matrix inverse.

PINV Pseudoinverse.

IFFT Inverse discrete Fourier transform.

IFFT2 Two-dimensional inverse discrete Fourier transform.

IFFTN N-dimensional inverse discrete Fourier transform.

IFFTSHIFT Inverse FFT shift.

inverter. m: %% Inverses of Matrices

DRAMADAH Matrix of zeros and ones with large determinant or inverse.

INVHESS Inverse of an upper Hessenberg matrix.

…

通过这个列表我们可以看到我所需的函数名为 inv.

3. 模糊查询

Matlab 6.0 以上的版本提供了一种类似模糊查询的命令查询方法，用户只需要输入命令的前几个字母，然后按 Tab 键，系统就会列出所有以这几个字母开头的命令.

4. doc 命令

doc 和 help 语法相同，但是它会打开 Matlab 自带的网页浏览器，显示更为详细的帮助.

1.5.3 演示系统

在帮助窗口中选择演示系统（Demos）选项卡，然后在其中选择相应的演示模块；或者在命令窗口输入 Demos；或者选择主窗口中的 Help→Demos 命令，均可以打开演示系统.

1.5.4　远程帮助系统

在 MathWorks 公司的主页（http://www.mathworks.com）上可以找到很多有用的信息，国内的一些网站也有丰富的信息资源.

总习题一

1. 用几种不同方式练习进入和退出 Matlab 系统.

2. Matlab 系统最常见的窗口有哪几种？其中工作窗口、编辑窗口与图形窗口的主要功能是什么？你能分别创建一个工作窗口、编辑窗口与图形窗口吗？

3. 打开一个工作窗口与一个编辑窗口，练习将编辑窗口中的部分或全部内容复制到工作窗口中.

4. 设 $a = (1,2,3)$，$b = (2,4,3)$，分别计算 a./b、a.\b、a/b、a\b，分析结果的意义.

5. 已知 $A = \begin{pmatrix} 1 & 3 & 5 \\ 2 & 1 & 4 \\ 1 & 2 & 3 \end{pmatrix}$，$B = \begin{pmatrix} 1 & 2 & -1 \\ 2 & 0 & 1 \\ 3 & 1 & 2 \end{pmatrix}$，求 AB、$AB - BA$、$A'B$.

6. 什么是符号运算？它的主要特征是什么？你能否举出一个简单例子来加以说明.

7. 在 Matlab 工作窗口中练习操作下面的例子：

（1）设 $a = 3$，$b = 4$，$c = 2$，求 $a + b - c$，$a \times b / c$.

（2）已知 $x = [2,4,6]$，$y = [1,3,5]$，试求 $x + y$、$x - y$、$x^2 - y^2$.

（3）已知 $y = \sin x / 3$，计算在 $x = \pi$ 处 y 的值.

8. 已知 $x_1 = \dfrac{\sqrt{5} - 1}{2}$，$x_2 = \dfrac{-\sqrt{5} - 1}{2}$ 为方程 $x^2 + x - 1 = 0$ 的两个根，试先将 x_1 与 x_2 转化为数值形式，再将数值形式转化为符号形式.

9. 利用 Matlab 帮助系统中的在线帮助命令 help 查询一下 inf、plot3、solve 的有关信息.

第2章 函数、图形与模型

初等数学主要研究的是常量及其运算，而高等数学所研究的是变量与变量之间的依赖关系，函数正是这种依赖关系的体现. 本章内容是学习高等数学的基础，包括函数的定义及其表示法、函数的特性、反函数和复合函数、初等函数等内容.

2.1 函数和图形

2.1.1 函数的概念

在现实生活中通常会碰到两种不同的量，一种量在研究过程中始终保持不变，称为**常量**；另一种量在研究过程中取值会发生变化，称为**变量**. 换句话讲，变量是一个可以被赋予任何值的量. 如果它的值是固定的，便称它是常量. 例如，物理学中作自由落体运动的物体的质量始终不变，是一个常量，而其速度越来越大，是一个变量.

观测一个自然现象或社会经济活动时，首先需要了解的是量的变化，一般会有几个变量同时在变化着，这几个变量并不是孤立的在变，而是相互联系并遵循一定的变化规律. 例如，自由落体运动物体的距离 s 与时间 t 之间的关系为 $s = \dfrac{1}{2}gt^2$；圆的面积 A 依赖于圆的半径 r，它们之间的关系为 $A = \pi r^2$. 这两个例子虽然表示的实际意义不同，但它们都表达了两个变量之间的相依关系，这种相依关系给出了一种对应法则，即当其中一个变量在其变化范围内任取一个数值时，另一个变量就有确定的值与之对应. 两个变量间的这种对应关系就是函数概念的本质. 为揭示函数概念的内涵及以后学习需要，先介绍一些概念，为后面学习作铺垫.

1. 实数集、区间与邻域

（1）实数集：由有理数与无理数全体组成的集合，通常用字母 **R** 表示. 从几何观点出发，平面上一条直线，将实数集与该直线一一对应，于是实数与直线上的点是一致的，称该直线为实数轴，可记成：

$$\mathbf{R} = (-\infty, +\infty)$$

区间与邻域是实数集上某一子集合. 区间是指介于某两个实数 a 和 b $(a < b)$ 之间的全体数集，a 和 b 称为**区间的端点**.

（2）有限区间：

实数集 $\{x \mid a < x < b\}$ 称为**开区间**，记作 (a, b)，即 $(a, b) = \{x \mid a < x < b\}$；

实数集 $\{x \mid a \leqslant x \leqslant b\}$ 称为**闭区间**，记作 $[a, b]$，即 $[a, b] = \{x \mid a \leqslant x \leqslant b\}$；

实数集 $\{x \mid a \leqslant x < b\}$ 称为**左闭右开区间**，记作 $[a, b)$，即 $[a, b) = \{x \mid a \leqslant x < b\}$；

实数集 $\{x \mid a < x \leqslant b\}$ 称为**左开右闭区间**，记作 $(a, b]$，即 $(a, b] = \{x \mid a < x \leqslant b\}$.

（3）无限区间：

实数集 $\{x \mid x \geqslant a\}$，记作 $[a, +\infty)$，即 $[a, +\infty) = \{x \mid x \geqslant a\}$；

实数集 $\{x\,|\,x>a\}$，记作 $(a,+\infty)$，即 $(a,+\infty)=\{x\,|\,x>a\}$；

实数集 $\{x\,|\,x\leqslant b\}$，记作 $(-\infty,b]$，即 $(-\infty,b]=\{x\,|\,x\leqslant b\}$；

实数集 $\{x\,|\,x<b\}$，记作 $(b,+\infty)$，即 $(-\infty,b)=\{x\,|\,x<b\}$；

实数集 **R**，记作 $(-\infty,+\infty)$，即 $(-\infty,+\infty)=\{x\,|\,|x|<+\infty\}=\mathbf{R}$．

区间在数轴上的表示如图 2-1 所示：

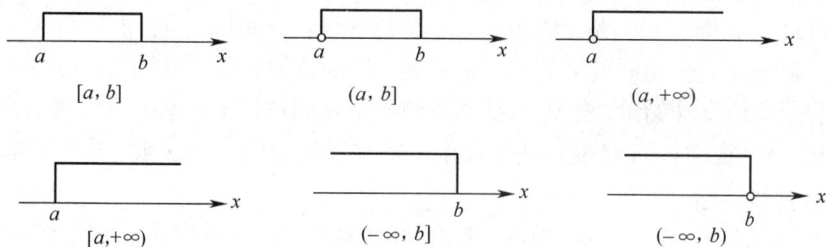

图 2-1　区间在数轴上的表示

（4）邻域：以点 x_0 为中心的任何开区间称为点 x_0 的**邻域**，记作 $U(x_0)$，所有与 x_0 的距离小于 $\delta(\delta>0)$ 的点集称为 $\boldsymbol{x_0}$ **的** $\boldsymbol{\delta}$ **邻域**，记作 $U(x_0,\delta)$．

由定义可见，x_0 的 δ 邻域 $U(x_0,\delta)$ 就是以 x_0 为中心，δ 为半径的开区间，即

$$U(x_0,\delta)=\{x\,|\,|x-x_0|<\delta\}=(x_0-\delta,x_0+\delta)$$

其中，点 x_0 称为**邻域中心**，δ 称为**邻域半径**，如图 2-2 所示．

特别地，不包含邻域中心的邻域称为**去心邻域**，记作 $\overset{\circ}{U}(x_0,\delta)$，如图 2-3 所示，即

$$\overset{\circ}{U}(x_0,\delta)=\{x\,|\,0<|x-x_0|<\delta\}=(x_0-\delta,x_0)\bigcup(x_0,x_0+\delta)$$

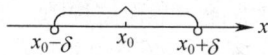

图 2-2　x_0 的 δ 邻域

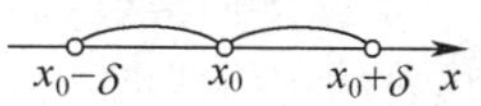

图 2-3　x_0 的 δ 去心邻域

2. 函数的定义

1673 年，莱布尼兹（Leibniz）首次使用"函数"（function）一词，后来他用该词表示曲线上点的横坐标、纵坐标、切线长等曲线上点的有关几何量．与此同时，牛顿在微积分的讨论中，使用"流量"来表示变量间的关系．1718 年约翰·贝努利（Bernoulli Johann）在莱布尼兹函数概念的基础上对函数概念进行了定义："由任一变量和常数的任一形式所构成的量．"他的意思是凡变量 x 和常量构成的式子都称为 x 的函数，并强调函数要用公式来表示．18 世纪，欧拉（L.Euler）曾先后给出函数的三种定义；1837 年狄利克雷（Dirichlet）拓广了函数概念，指出："对于在某区间上的每一个确定的 x 值，y 都有一个或多个确定的值，那么 y 称为 x 的函数．"这个定义以清晰的方式被所有数学家接受，这就是人们常说的经典函数定义．直到 19 世纪 70 年代，康托尔的集合论出现之后，函数便明确地定义为集合间的对应关系，形成了目前一般教科书所用的较为严密的"集合对应"定义．

定义 1　设 $D\subset R$ 是一个非空的实数集合，如果 D 中的每个实数 a 对应（或法则）一个实数 b，则称这种对应（或法则）是由 D 定义的函数．

设 f 是由 D 定义的函数，通过 f 与 $a \in D$ 对应（或法则）的实数 b 称为在 a 处的值，记为 $f(a)$，即 $f(a) = b$．D 称为 f 的**定义域**．f 的值 $f(a)$ 的全体集合 $\{f(a) | a \in D\}$ 称为 f 的**值域**．

函数 f 常用 $f(x)$ 来表示，这里 x 为变量，D 称为 x 的变域，$f(x)$ 称为 x 的函数．以 D 为变域的变量 x，是代表属于 D 的实数符号．把 x 用属于 D 的特定实数 a 替换时，$f(a)$ 表示 a 处的 $f(x)$ 的值．或者说，变量 x 是一个符号，在它的位置上可以代入属于 D 的任何实数 a．为简便起见，把属于 D 的实数和变量用同样的字母 x 表示．

令 $y = f(x)$，我们就说 y 是 x 的函数，x 是自变量，y 是因变量．"自变量"，"因变量" 的术语是把伴随量 x 的变动而变动的量 y 定义为 x 的函数的方便说法而已．可以理解成：基于 y 是随着 x 的变动而变动的量，把属于 D 的实数和变量同样用 x 表示的习惯也是基于 x 是变动的量，于是记 $y = f(x)$ 时，x 是变量还是属于 f 的定义域中的一个实数，这一般通过上下文就可知晓，不会产生混淆．

表示函数的记号是可以任意选取的，除常用的 f 外，还可以用其它的英文字母如 "F"、"g"、"φ" 等，相应地，函数可记作 $y = F(x)$、$y = g(x)$、$y = \varphi(x)$ 等．有时候为了方便，直接用因变量的记号来表示函数，即把函数记作 $y = y(x)$．但在同一个问题中，讨论到几个函数时，为了区别，需要用不同的记号来表示它们．

函数的定义域可以是区间或由若干个区间构成．

3. 函数的两个要素

函数沟通两个实数集，构成函数的要素是定义域 D 和对应法则 f．如果两个函数的定义域相同，对应法则也相同，那么这两个函数就相同，否则是不相同的．

函数的定义域通常按以下两种情形来确定：一种是具有实际背景的函数．其定义域必须由符合实际意义的实数组成．例如，某煤矿每天生产 x 吨煤的总成本函数为：$C(x) = 2000 + 450x + 0.02x^2$，$x \in [0, +\infty)$，这个函数的定义域是区间 $[0, +\infty)$；另一种用抽象的算式表示的函数．约定这种定义域是使得算式有意义的一切实数组成的集合，常称这种函数的定义域为自然定义域．在这种约定俗成的意义下，函数 $y = f(x)$ 的定义域 D 不必写出．例如，$y = \lg(x-1)$ 定义域是 $(1, +\infty)$，$y = \dfrac{1}{1-x^2}$ 的定义域是 $(-\infty, -1) \bigcup (-1, 1) \bigcup (1, +\infty)$ 或 $\{x | x \neq \pm 1\}$．

这里必须强调的是：定义的函数 $y = f(x)$，对每个 $x \in D$，对应的函数值 y 是唯一的．

例 1 已知 $f(x) = x - x^2$，求 $f(4)$ 和 $f(x+h)$．

解 将 4 和 $x+h$ 分别替换函数中的 x，有

$$f(4) = 4 - 4^2 = 4 - 16 = -12$$

$$f(x+h) = (x+h) - (x+h)^2 = x + h - (x^2 + 2xh + h^2)$$
$$= x + h - x^2 - 2xh - h^2.$$

例 2 试讨论下列各组函数是否相同，为什么？

（1）$f(x) = \lg x^2$ 与 $g(x) = 2\lg x$

（2）$f(x) = x$ 与 $g(x) = |x|$

（3）$f(x) = x$ 与 $g(x) = x(\sin^2 x + \cos^2 x)$

（4）$y = f(x)$ 与 $u = f(t)$

解 两个函数当且仅当它们的定义域和对应法则都完全相同时，才能认为是同一函数，

因此：

（1）不同，因为定义域不同，$f(x)$ 的定义域为 $(-\infty,0)\bigcup(0,+\infty)$，而 $g(x)$ 的定义域为 $(0,+\infty)$；

（2）不同，因为对应法则不同，$f(-1)=-1$，而 $g(-1)=1$；

（3）相同，因为定义域都是 $(-\infty,+\infty)$，对应法则也相同：

$$f(x)=x=x\cdot 1=x(\sin^2 x+\cos^2 x)=g(x)$$

（4）相同，因为 $y=f(x)$ 与 $u=f(t)$ 表示的是同一个函数，它们的对应法则同为 f，函数的定义域也相同．由此可见，一个的函数的定义域和对应法则完全确定，与用什么字母表达无关．

例 3　求函数 $y=\sqrt{x^2-x-2}-\lg\dfrac{x}{x-3}$ 的定义域．

解　这是两个函数之差的定义域，须分别求出每个函数的定义域，然后求其公共部分（交集）．$\sqrt{x^2-x-2}$ 的定义域必须满足 $x^2-x-2\geqslant 0$，即

$$(x-2)(x+1)\geqslant 0$$

解得

$$x\geqslant 2\quad 或\quad x\leqslant -1$$

而 $\lg\dfrac{x}{x-3}$ 的定义域必须满足 $\dfrac{x}{x-3}>0$，即

$$x>3\quad 或\quad x<0$$

这两个函数定义域的交集是

$$x>3\quad 或\quad x\leqslant -1$$

所以，所求函数的定义域为 $(-\infty,-1]\bigcup(3,+\infty)$．

4. 函数的表示方法

函数的表示方法实际上是指表述函数中变量之间对应法则的方法，通常有三种表示方法：解析法、列表法和图形法．

（1）解析法：把两个变量之间的函数关系，用一个数学公式表示，这个公式称为函数的解析法（或公式法）．

例如，$s=60t$，$y=\sin x$，$y=(x+2)^2$ 等都是用解析法表示函数关系的．

优点：一是简明、全面地概括了变量之间的关系；二是通过公式可以求出任意一个自变量所对应的函数值．

函数可以分为显函数和隐函数两种：

①**显函数**：因变量 y 由自变量 x 的解析表达式直接表示出来．例如，$y=\sin 3x$，$y=2^x+\ln x$ 都是显函数的例子．

②**隐函数**：函数的自变量 x 与因变量 y 之间的关系由方程

$$F(x,y)=0$$

来确定．即在一定的条件下，当 x 在某区间内任意取定一个值时，相应地总有满足方程的唯一的 y 值与 x 对应，按照函数的定义，方程 $F(x,y)=0$ 确定了一个函数 $y=y(x)$，这个函数称为由方程 $F(x,y)=0$ 确定的隐函数．

例如，方程 $x^2+y^2=1$，如果限定 $y>0$，则对区间 $(-1,1)$ 内任何一点 x，都有确定的 y 值

与之对应.

（2）列表法：把自变量 x 与因变量 y 的一些对应的值用表格列出来.

例 4 人口函数. 据统计，1960 年到 1968 年之间世界人口（单位：百万）增长情况如表 2-1 所示.

表 2-1

年份（t）	1960	1961	1962	1963	1964	1965	1966	1967	1968
人口（n）	2792	3061	3151	3213	3234	3285	3356	3420	3483

在本问题中，人口数量 n 是随年份 t 变化而变化的，对于任何一个 $t \in [1960,1968]$ 的整数，按照表 2-1，就可得到唯一的人口数 n 与之对应，由函数定义知，n 是 t 的函数.

又例如，数学用表中的平方表、平方根表、三角函数表，银行里的利息表，列车时刻表等都是用列表法来表示函数关系的.

优点：不需要计算就可以直接看出一些点的函数值.

（3）图形法：用函数的图形来表示 y 与 x 之间的对应法则.

例如，气象台应用自动记录器描绘温度随时间变化的曲线（见图 2-4），

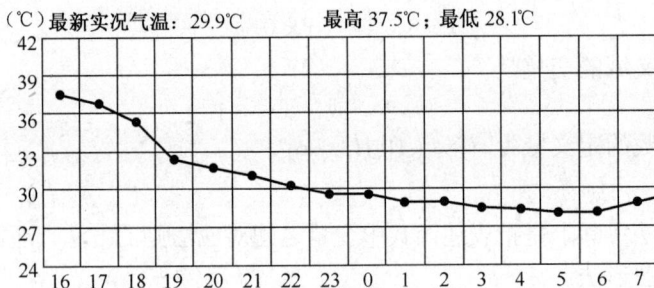

图 2-4

又例如，我国人口出生率变化的曲线，工厂的生产图像，股市走向图等都是用图形法表示函数关系的.

优点：能直观形象地表示出自变量的变化，相应的函数值变化的趋势，这样使得我们可以通过图形来研究函数的某些性质.

今后，我们常常是用解析法表示函数. 但是用解析法表示函数时，有的时候在自变量 x 的不同范围内，因变量 y 与自变量 x 的对应法则要用不同的公式来表示，这类函数称为**分段函数**.

例如，**符号函数**

$$y = \operatorname{sgn} x = \begin{cases} 1, & x > 0 \\ 0, & x = 0 \\ -1, & x < 0 \end{cases}$$

是分段函数，它的定义域是各段自变量取值集合的并集，即 $(-\infty, +\infty)$ ，值域是 $\{-1, 0, 1\}$，图形如图 2-5 所示.

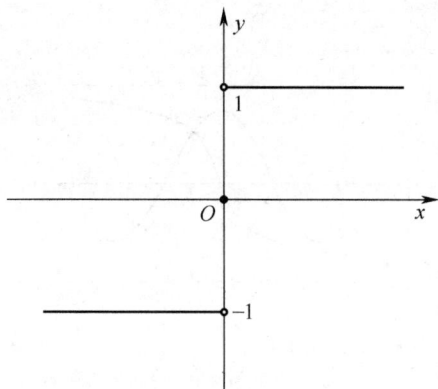

图 2-5

例 5　设函数 $f(x)=\begin{cases}\cos x, & -4\leqslant x<1\\ x^2+1, & 1\leqslant x<3\\ 3x-1, & x\geqslant 3\end{cases}$，求 $f(-\pi)$，$f(1)$，$f(3.5)$ 及 $f(x)$ 的定义域.

解　当 x 取 $[-4,1)$ 内的值时，$f(x)$ 的值由关系式 $f(x)=\cos x$ 来计算；

当 x 取 $[1,3)$ 内的值时，$f(x)$ 的值由关系式 $f(x)=x^2+1$ 来计算；

当 x 取 $[3,+\infty)$ 内的值时，$f(x)$ 的值由关系式 $f(x)=3x-1$ 来计算，所以

$$f(-\pi)=\cos(-\pi)=-1，\quad f(1)=1^2+1=2，\quad f(3.5)=3\times 3.5-1=9.5$$

函数的定义域为 $[-4,+\infty)$.

例 6　火车站收取行李费的规定如下：当行李不超过 50 千克时，按基本运费计算，例如从武汉到北京每千克重量行李收 0.15 元，当重量超过 50 千克时，超过部分按每千克 0.25 元收费. 试建立武汉到北京的行李运费 y（元）与重量 x（千克）之间的函数关系.

解　当 $0\leqslant x\leqslant 50$ 时，$y=0.15x$；

当 $x>50$ 时，$y=7.5+0.25(x-50)=0.25x-5$.

所以，从武汉到北京行李运费 y 与重量 x 之间的函数关系式为：

$$y=\begin{cases}0.15x, & 0\leqslant x\leqslant 50\\ 0.25x-5, & x>50.\end{cases}$$

2.1.2　函数的几种特性

1. 有界性

定义 2　设函数 $y=f(x)$ 在区间 I 上有定义（I 是函数定义域的子集），如果存在一个正数 M，使得对于任意 $x\in I$，恒有 $|f(x)|\leqslant M$，则称函数 $y=f(x)$ 在 I 上是有界的. 如果不存在这样的正数 M，则称 $f(x)$ 在 I 上是无界的.

函数 $y=f(x)$ 在 I 上有界的几何意义是：$y=f(x)$ 的图形在区间 I 内被夹在两条直线 $y=-M$ 和 $y=M$ 之间（见图 2-6）.

如果存在数 M_1，使对每一个 $x\in I$，有 $f(x)\leqslant M_1$，则称函数 $f(x)$ 在 I 上有上界，而称 M_1 为函数 $f(x)$ 在 I 上的一个上界. 图形特点是 $y=f(x)$ 的图形在直线 $y=M_1$ 的下方.

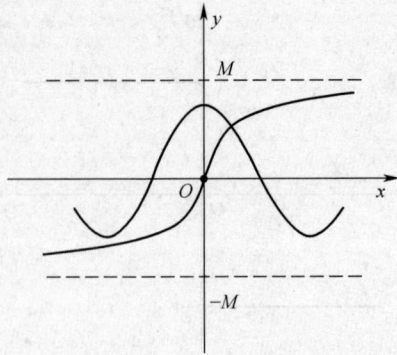

图 2-6

如果存在数 M_2，使对每一个 $x \in I$，有 $f(x) \geqslant M_2$，则称函数 $f(x)$ 在 I 上有下界，而称 M_2 为函数 $f(x)$ 在 I 上的一个下界．图形特点是 $y = f(x)$ 的图形在直线 $y = M_2$ 的上方．

函数 $f(x)$ 在 I 上有界是指它在 I 上既有上界又有下界；函数 $f(x)$ 在 I 上无界，就是说对任何 M，总存在 $x_0 \in I$，有 $|f(x_0)| > M$．

注意：（1）当一个函数在某个区间内有界时，正数 M 的取法不唯一．

例如，$y = \sin x$ 在 $(-\infty, +\infty)$ 上有界，任一 $M(\geqslant 1)$ 都可作为该函数的界．

（2）有界性依赖于区间

例如，函数 $f(x) = \dfrac{1}{x}$ 在区间 $[1,2]$ 上是有界函数，但是它在 $(0,1)$ 内是无界的．因为当 $1 \leqslant x \leqslant 2$ 时，$\dfrac{1}{2} \leqslant \dfrac{1}{x} \leqslant 1$，$f(x)$ 既有下界又有上界，所以是有界函数；而当 $0 < x < 1$ 时，对于任一 $M > 1$，总有 x_0 满足 $0 < x_0 < \dfrac{1}{M} < 1$，使得 $f(x_0) = \dfrac{1}{x_0} > M$，所以 $f(x)$ 在 $(0,1)$ 内无上界，因此是无界函数．

2．单调性

定义 3　设函数 $f(x)$ 的定义域为 D，区间 $I \subset D$．如果对于区间 I 上的任意两点 x_1, x_2，当 $x_1 < x_2$ 时，都有 $f(x_1) < f(x_2)$，则称函数 $f(x)$ 在区间 I 上是单调递增函数；当 $x_1 < x_2$ 时，都有 $f(x_1) > f(x_2)$，则称函数 $f(x)$ 在区间 I 上是单调递减函数．

单调递增函数和单调递减函数统称为**单调函数**，使函数保持单调的区间称为**单调区间**．

从几何直观上看，单调递增函数的图形是沿 x 轴正向逐渐上升的，单调递减函数的图形是沿 x 轴正向逐渐下降的（见图 2-7）．

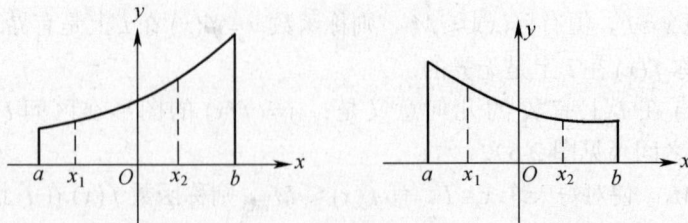

图 2-7

例如，函数 $y = x^3$ 在区间 $(-\infty, +\infty)$ 内是单调增函数（见图 2-8）．又例如，$y = x^2$ 在 $(-\infty, 0)$ 内是单调减函数，在 $(0, +\infty)$ 内是单调增函数（见图 2-9），但在 $(-\infty, +\infty)$ 内不是单调函数．一般地，函数的单调性与自变量 x 的区间有关．

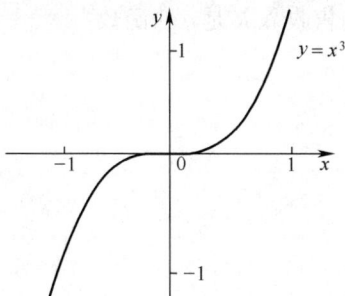

图 2-8

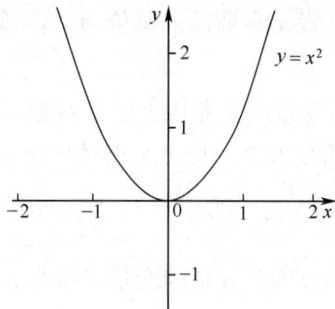

图 2-9

3. 奇偶性

定义 4 设 $y = f(x)$ 的定义域 D 关于原点对称，若对任意 $x \in D$，有 $f(-x) = f(x)$，则称 $y = f(x)$ 为**偶函数**；若对任意 $x \in D$，有 $f(-x) = -f(x)$，则称 $y = f(x)$ 为**奇函数**．

对于偶函数，因为 $f(-x) = f(x)$，所以如果点 $P(x, f(x))$ 在函数图形上，则与它关于 y 轴对称的点 $P'(-x, f(x))$ 也在函数图形上．因此，**偶函数的图形关于 y 轴对称**．

对于奇函数，因为 $f(-x) = -f(x)$，所以如果点 $P(x, f(x))$ 在函数图形上，则与它关于原点对称的点 $P'(-x, -f(x))$ 也在函数图形上．因此，**奇函数的图形关于原点对称**．

例如，函数 $y = \cos x$，$y = x^2$ 等是偶函数，函数 $y = \dfrac{1}{x}$，$y = x^3$ 等是奇函数，而 $y = \sin x + \cos x$ 是非奇非偶函数．

例 7 讨论函数 $f(x) = \dfrac{2^x - 1}{2^x + 1}$ 的奇偶性．

解 因为

$$f(-x) = \frac{2^{-x} - 1}{2^{-x} + 1} = \frac{1 - 2^x}{1 + 2^x} = -f(x)$$

所以函数 $f(x) = \dfrac{2^x - 1}{2^x - 1}$ 是奇函数．

4. 周期性

定义 5 对于函数 $y = f(x)$，如果存在 $T \neq 0$，对于定义域 D 中的任何 x，都有 $x + T \in D$，且 $f(x + T) = f(x)$，则称函数 $y = f(x)$ 为**周期函数**，并称 T 为**周期**．满足以上关系的最小正数称为**最小正周期**．当最小正周期存在时，通常把最小正周期简称为周期．

例如，函数 $y = \sin x$，$y = \cos x$ 都是以 2π 为周期的周期函数；函数 $y = \tan x$，$y = \cot x$ 都是以 π 为周期的周期函数．

注意：并不是所有的周期函数都有最小正周期．例如 $y = C$（C 是常数）是周期函数，以任何非零实数为周期，但它没有最小正周期，因为正实数没有最小值．

2.1.3 反函数

函数关系的实质是从定量分析的角度来描述运动过程中变量之间的相互依赖关系的. 但在研究过程中, 哪个量作为自变量, 哪个量作为因变量（函数）是由具体问题来决定的.

例如, 设某种商品的单价为 p, 销售量为 q, 则销售收入 R 是 q 的函数

$$R = pq$$

这里 q 是自变量, R 是因变量（函数）.

若已知收入 R, 反过来求销售量 q, 则有

$$q = \frac{R}{p}$$

这里 R 是自变量, q 是因变量（函数）.

上面两个式子是同一种关系的两种写法, 但从函数的观点来看, 由于对应法则不同, 它们是两个不同的函数, 常称它们互为反函数.

定义 6 设函数 $y = f(x)$ 的定义域为 D, 值域为 W, 如果对于值域 W 中的每一个 y, 都存在一个确定的且满足 $f(x) = y$ 的 $x \in D$ 与之对应, 其对应法则记作 f^{-1}, 则称这个定义在 W 上的函数 $x = f^{-1}(y)$ 为 $y = f(x)$ 的**反函数**, 或称它们**互为反函数**.

函数 $y = f(x)$, x 为自变量, y 为因变量, 定义域为 D, 值域为 W；

函数 $x = f^{-1}(y)$, y 为自变量, x 为因变量, 定义域为 W, 值域为 D.

习惯上用 x 表示自变量, 用 y 表示因变量, 所以通常把 $x = f^{-1}(y)$ 改写为

$$y = f^{-1}(x)$$

这时我们说 $y = f^{-1}(x)$ 是 $y = f(x)$ 的反函数.

例如, $y = \sin x$ 和 $y = \arcsin x$ 互为反函数.

因为 $y = f(x)$ 与 $y = f^{-1}(x)$ 的关系是 x 与 y 互换, 所以它们的图形关于直线 $y = x$ 对称.

例 8 求函数 $y = \dfrac{2x+3}{x-1}$ （$x \in \mathbf{R}$ 且 $x \neq 1$）的反函数.

解 由 $y = \dfrac{2x+3}{x-1}$, 解得 $x = \dfrac{y+3}{y-2}$, 且 $y \neq 2$

将自变量换成 x, 因变量换成 y 得反函数为

$$y = \frac{x+3}{x-2} \quad (x \in \mathbf{R} \text{ 且 } x \neq 2).$$

注意: 并不是所有的函数 $y = f(x)$ 在其定义域 D 内都存在反函数, 例如, 符号函数 $y = \operatorname{sgn} x$ 没有反函数, 但如果 $y = f(x)$ 在某区间 I 上是单调函数, 则它在这个区间存在反函数, 且反函数也是单调的.

例如, 函数 $y = x^2$ 在 $(-\infty, +\infty)$ 内就不存在反函数. 但函数 $y = x^2$ 在区间 $[0, +\infty)$ 上是单调递增的, 所以当把自变量 x 限制在 $[0, +\infty)$ 上时, $y = x^2$ 就存在反函数 $x = \sqrt{y}$, 而且是单值递增函数.

习题 2.1

1．用区间表示满足下列不等式的所有 x 的集合：

（1）$|x| \leqslant 3$　　　　　　　　　　　　　（2）$|x-2| \leqslant 1$

（3）$|x-a| < \varepsilon$（a 为常数，$\varepsilon > 0$）　　（4）$|x| \geqslant 5$

2．用区间表示下列点集，并在数轴上表示出来：

（1）$A = \{x \mid |x+3| < 2\}$　　　　　　（2）$B = \{x \mid 1 < |x-2| < 3\}$

3．已知函数 $g(x) = x^2 + 3$，求 $g(-1)$、$g(0)$、$g(1)$、$g(5)$、$g(u)$、$g(x+1)$ 和 $g\left(\dfrac{1}{x}\right)$（$x \neq 0$）.

4．下列各题中，函数 $f(x)$ 和 $g(x)$ 是否相同？为什么？

（1）$f(x) = \dfrac{x^2 - 1}{x + 1}$，$g(x) = x - 1$

（2）$f(x) = x$，$g(x) = (\sqrt{x})^2$

（3）$f(x) = \sqrt{1 + \cos 2x}$，$g(x) = \sqrt{2} \cos x$

（4）$f(x) = \sqrt[3]{x^3(1-x)}$，$g(x) = x\sqrt[3]{(1-x)}$

5．求下列函数的定义域：

（1）$y = \dfrac{x^2 + 10}{(x-2)(x+5)}$　　　　　　（2）$y = \dfrac{5}{\sqrt{3x - 6}}$

（3）$y = \sqrt{4 - x^2} + \dfrac{1}{\sqrt{1 - x}}$　　　　（4）$y = \dfrac{\ln(3 - x)}{\sqrt{|x| - 1}}$

（5）$y = 1 - e^{1 - x^2}$　　　　　　　　　　（6）$y = \lg[\lg(\lg x)]$

（7）$y = \sqrt{\lg \dfrac{5x - x^2}{4}}$　　　　　　　（8）$y = \arcsin \dfrac{x - 3}{4}$

6．设 $f(x) = \begin{cases} |\sin x|, & |x| < \dfrac{\pi}{3} \\ 0, & |x| \geqslant \dfrac{\pi}{3} \end{cases}$，求 $f\left(\dfrac{\pi}{6}\right)$，$f\left(-\dfrac{\pi}{4}\right)$，$f(2\pi)$，$f(-2)$，并作出函数 $f(x)$ 在 $[0, 2\pi]$ 上的图形.

7．有一边长为 a 的正方形铁皮，从它的四个角截去边长相等的小正方形，然后折起各边做成一个无盖的小盒子，求小盒子的容积 V 与截去小正方形边长 x 之间的函数关系，并确定其定义域.

8．某工厂生产某产品 1000 吨，定价为 130 元/吨. 销售量在 700 吨以内的部分，按原价出售，超过 700 吨时，超过的部分打九折出售. 试将销售收入 R 表示成销售量 x 的函数，并作出函数的图形.

9．判断下列函数在所给区间上的有界性，并说明理由.

（1）$f(x) = \cos x$　　$(-\infty, +\infty)$　　　　（2）$f(x) = \tan x$　　$\left(0, \dfrac{\pi}{2}\right)$

（3） $f(x) = \dfrac{1}{x+1}$ $[0,1]$ （4） $f(x) = \dfrac{1}{x+1}$ $(-1,0)$

（5） $f(x) = \sin\dfrac{1}{x}$ $(0,+\infty)$ （6） $f(x) = \ln x$ $(0,+\infty)$

10．讨论下列函数在指定区间上的单调性：

（1） $y = \dfrac{x}{1-x}$ $(-\infty,1)$ （2） $y = x^3 - 2$ $(0,+\infty)$

（3） $y = \cos x$ $(0,\pi)$ （4） $y = 2x + \ln x$ $(0,+\infty)$

11．讨论下列函数的奇偶性：

（1） $f(x) = x^2 - x + 3$ （2） $f(x) = x(x-2)(x+2)$

（3） $f(x) = \dfrac{e^x + e^{-x}}{2}$ （4） $f(x) = \dfrac{e^x - e^{-x}}{2}$

（5） $f(x) = \ln\dfrac{1+x}{1-x}$ （6） $f(x) = \ln(x + \sqrt{1+x^2})$

（7） $f(x) = \dfrac{\sin x}{2x} - \cos x$ （8） $f(x) = \tan x - \sec x + 1$

（9） $f(x) + f(-x)$ （10） $f(x) - f(-x)$

12．下列函数中哪些是周期函数？如果是，确定其周期.

（1） $y = \sin(x+3)$ （2） $y = \cos 2x$

（3） $y = 1 + \tan \pi x$ （4） $y = 3x \sin 4x$

（5） $y = \cos^2 x$

13．求下列函数的反函数：

（1） $y = x^3 - 1$ （2） $y = \sqrt{x} + 2$

（3） $y = \dfrac{x+2}{x-2}$ （4） $y = 1 + \lg(x+2)$

2.2 初等函数

初等函数不仅是中学数学学习的主要对象，也是高等数学研究的重要内容. 为此，本节回顾在中学阶段所遇见的初等函数，为后续学习作准备.

2.2.1 基本初等函数

基本初等函数包括常数函数、幂函数、指数函数、对数函数、三角函数和反三角函数六大类. 虽然大部分函数在中学已经学过，这里我们系统地罗列出它们的定义域、值域、图形和性质，读者应该牢固地掌握这些内容.

1．常数函数 $y = C$（ C 为常数，$x \in \mathbf{R}$ ）

常数函数 $y = C$ 是过点 $(0,C)$ ，且平行于 x 轴的一条直线，如图 2-10 所示，该函数是偶函数.

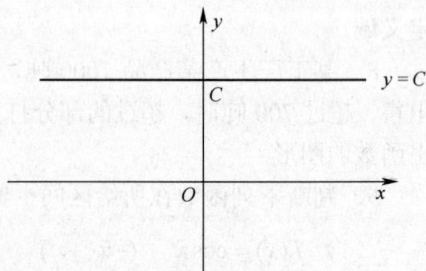

图 2-10

2. 幂函数　$y = x^{\alpha}$（$\alpha \in \mathbf{R}$）

当 α 取不同值时，幂函数的定义域不同．图 2-11 给出了几种不同的幂函数的图形，以便于比较．

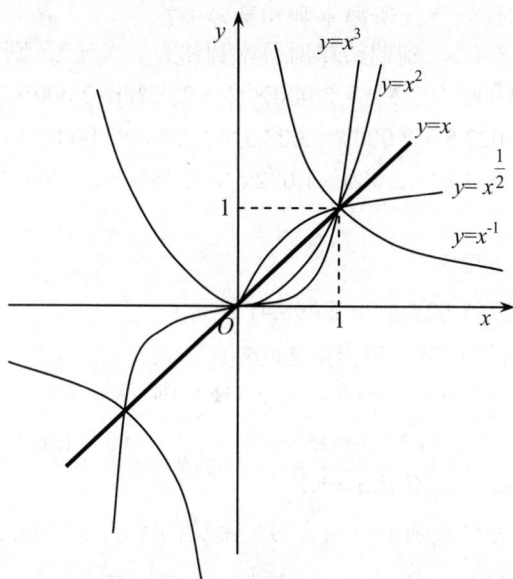

图 2-11

当 $\alpha > 0$ 时，函数的图形通过原点 $(0,0)$ 和点 $(1,1)$，在 $(0,+\infty)$ 内单调递增；

当 $\alpha < 0$ 时，函数的图形不经过原点，但仍通过点 $(1,1)$，在 $(0,+\infty)$ 内单调递减．

幂函数的运算法则：

（1）$x^{\frac{m}{n}} = \sqrt[n]{x^m}$　　（2）$(x^m)^n = x^{mn}$　　（3）$x^m \cdot x^n = x^{m+n}$　　（4）$\dfrac{x^m}{x^n} = x^{m-n}$

3. 指数函数 $y = a^x$（$a > 0$ 且 $a \neq 1$）

结合指数函数的图形可归纳其性质如表 2-2 所示．

表 2-2　指数函数的图形和性质

	$a > 1$	$0 < a < 1$
图形		
性质	定义域：$\mathbf{R}$	定义域：$\mathbf{R}$
	值域：$(0,+\infty)$	值域：$(0,+\infty)$
	单调性：在 $(-\infty,+\infty)$ 上递增	单调性：在 $(-\infty,+\infty)$ 上递减
	奇偶性：非奇非偶	奇偶性：非奇非偶

最为常用的是以 $e = 2.7182818\cdots$ 为底数的指数函数 $y = e^x$.

例 1 某人有现金 2 000 元，存入银行的一年期定期储蓄，到期自动转存（即把本期利息纳入下期本金继续计息，相当于复利计息）. 存储若干年后再结算. 假定一年期的定期储蓄利率为 2.25%. 试问存 10 年后结算，所得本利和是多少？

解 设存款年限为 x（年），到期结算所得本利和为 y（元），则

1 年后， $y = 2\,000 + 2\,000 \times 2.25\% = 2\,000 \times (1 + 2.25\%) = 2\,000 \times 1.022\,5$

2 年后， $y = 2\,000 \times 1.022\,5 + 2\,000 \times 1.022\,5 \times 2.25\% = 2\,000 \times 1.022\,5^2$

3 年后， $y = 2\,000 \times 1.022\,5^2 + 2\,000 \times 1.022\,5^2 \times 2.25\% = 2\,000 \times 1.022\,5^3$

……

x 年后， $y = 2\,000 \times 1.022\,5^x$.

当 $x = 10$ 时， $y = 2\,000 \times 1.022\,5^{10} \approx 2\,498.41$（元）

所以，存入 10 年后结算所得本利和是 2 498.41（元）.

指数函数的运算法则：设 $a > 0, b > 0$ ， $x, y \in \mathbf{R}$ ，则

（1） $a^x \cdot a^y = a^{x+y}$ （2） $(a^x)^y = a^{xy}$ （3） $(ab)^x = a^x \cdot b^x$

4. 对数函数 $y = \log_a x$（ $a > 0$ 且 $a \neq 1$ ）

指数函数的反函数称为对数函数，结合对数函数的图形可归纳其性质如表 2-3 所示.

表 2-3 对数函数的图形和性质

	$a > 1$	$0 < a < 1$
图形		
性质	定义域：$(0, +\infty)$	定义域：$(0, +\infty)$
	值域：$\mathbf{R}$	值域：$\mathbf{R}$
	单调性：在 $(0, +\infty)$ 上递增	单调性：在 $(0, +\infty)$ 上递减
	奇偶性：非奇非偶	奇偶性：非奇非偶

以 $e = 2.7182818\cdots$ 为底的对数函数 $y = \log_e x$ 称为**自然对数函数**，记为 $y = \ln x$.

以 10 为底的对数函数 $\log_{10} x$ 记为 $y = \lg x$.

对数函数的运算法则：

（1）零和负数没有对数；

（2） $\log_a 1 = 0$ ，即 1 的对数等于零；

（3） $\log_a a = 1$ ，即底的对数是 1；

（4） $\log_a x = \dfrac{\ln x}{\ln a}$ ；

（5） $a^{\log_a x} = x$ ， $e^{\ln x} = x$ ；

（6）$\log_a a^x = x$；$\ln e^x = x$；

（7）当 $A > 0, B > 0$ 时，$\ln A + \ln B = \ln AB$，$\ln A - \ln B = \ln \dfrac{A}{B}$，$\ln A^B = B \ln A$.

5. 三角函数

常用的三角函数如下：

正弦函数　$y = \sin x$（见图 2-12）　　　　余弦函数　$y = \cos x$（见图 2-13）

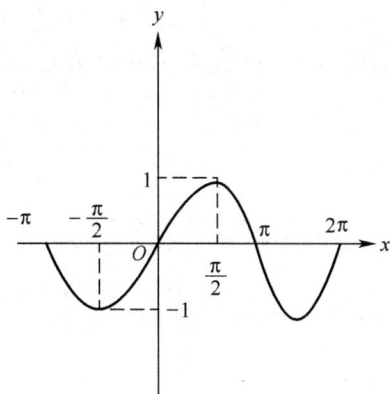

图 2-12

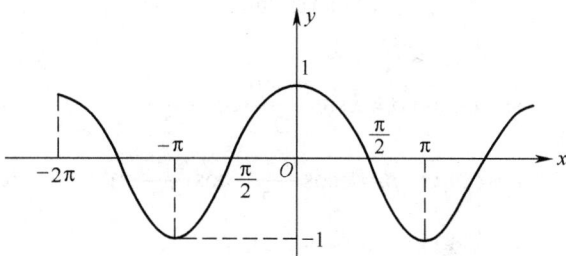

图 2-13

正切函数　$y = \tan x$（见图 2-14）　　　　余切函数　$y = \cot x$（见图 2-15）

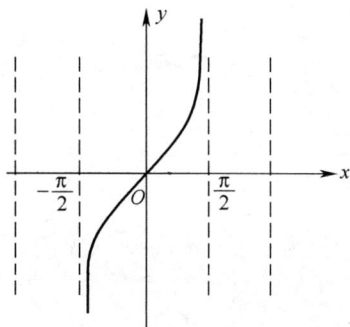

图 2-14

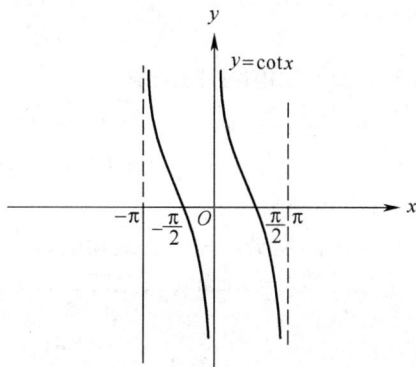

图 2-15

正割函数 $y = \sec x$　　　　　　　　余割函数　$y = \csc x$

正弦函数 $y = \sin x$ 和余弦函数 $y = \cos x$ 都是以 2π 为周期的周期函数，它们的定义域都是 $(-\infty, +\infty)$，值域都是 $[-1,1]$. 正弦函数 $y = \sin x$ 是奇函数，余弦函数 $y = \cos x$ 是偶函数.

正切函数 $y = \tan x$ 的定义域为 $D = \{x \mid x \in \mathbf{R}, x \neq \dfrac{(2k+1)\pi}{2}, k \in Z\}$；余切函数 $y = \cot x$ 的定义域为 $D = \{x \mid x \in \mathbf{R}, x \neq k\pi, k \in Z\}$. 正切函数 $y = \tan x$ 和余切函数 $y = \cot x$ 的值域都是 $(-\infty, +\infty)$，且均以 π 为周期，均是奇函数.

正割函数 $y = \sec x$ 是余弦函数 $y = \cos x$ 的倒数，即 $\sec x = \dfrac{1}{\cos x}$；余割函数 $y = \csc x$ 是正弦

函数 $y = \sin x$ 的倒数，即 $\csc x = \dfrac{1}{\sin x}$，它们都是以 2π 为周期的周期函数，并且在开区间 $(0, \dfrac{\pi}{2})$ 内都是无界函数.

三角函数的运算公式有：

（1）诱导公式

$$\sin(\frac{\pi}{2} - \alpha) = \cos\alpha ; \quad \cos(\frac{\pi}{2} - \alpha) = \sin\alpha ; \qquad \tan(\alpha + \pi) = \tan\alpha ; \quad \cot(\alpha + \pi) = \cot\alpha .$$

（2）和差角公式

$$\sin(\alpha \pm \beta) = \sin\alpha\cos\beta \pm \cos\alpha\sin\beta ; \qquad \cos(\alpha \pm \beta) = \cos\alpha\cos\beta \mp \sin\alpha\sin\beta ;$$

$$\tan(\alpha \pm \beta) = \frac{\tan\alpha \pm \tan\beta}{1 \mp \tan\alpha \cdot \tan\beta} .$$

（3）和差化积公式

$$\sin\alpha + \sin\beta = 2\sin\frac{\alpha+\beta}{2}\cos\frac{\alpha-\beta}{2} ; \qquad \sin\alpha - \sin\beta = 2\cos\frac{\alpha+\beta}{2}\sin\frac{\alpha-\beta}{2} ;$$

$$\cos\alpha + \cos\beta = 2\cos\frac{\alpha+\beta}{2}\cos\frac{\alpha-\beta}{2} ; \qquad \cos\alpha - \cos\beta = -2\sin\frac{\alpha+\beta}{2}\sin\frac{\alpha-\beta}{2} .$$

（4）倍角公式和降幂公式

$$\sin 2\alpha = 2\sin\alpha\cos\alpha ; \quad \cos 2\alpha = 2\cos^2\alpha - 1 = 1 - 2\sin^2\alpha = \cos^2\alpha - \sin^2\alpha ;$$

$$\tan 2\alpha = \frac{2\tan\alpha}{1 - \tan^2\alpha} ;$$

$$\sin^2\alpha = \frac{1 - \cos 2\alpha}{2} ; \quad \cos^2\alpha = \frac{1 + \cos 2\alpha}{2} .$$

（5）同角三角函数的关系

$$\sin\alpha \cdot \csc\alpha = 1 ; \qquad \cos\alpha \cdot \sec\alpha = 1 ; \qquad \tan\alpha \cdot \cot\alpha = 1 ;$$

$$\sin^2\alpha + \cos^2\alpha = 1 ; \qquad 1 + \tan^2\alpha = \sec^2\alpha ; \qquad 1 + \cot^2\alpha = \csc^2\alpha .$$

6. 反三角函数

三角函数的反函数称为**反三角函数**，常用的有：

反正弦函数 $y = \arcsin x$ （见图 2-16）　　　　反余弦函数 $y = \arccos x$ （见图 2-17）

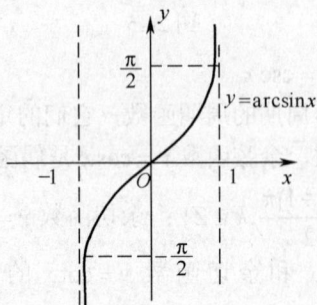

图 2-16

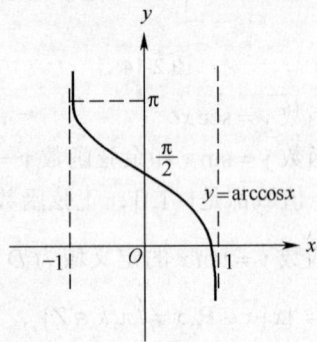

图 2-17

反正切函数 $y = \arctan x$ （见图 2-18）　　　　反余切函数 $y = \text{arc}\cot x$ （见图 2-19）

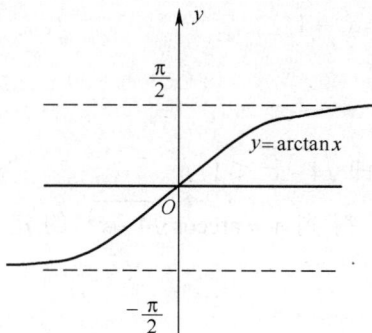

图 2-18

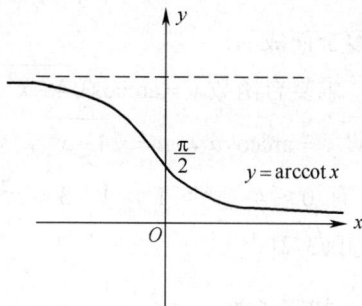

图 2-19

由于三角函数 $y = \sin x$，$y = \cos x$，$y = \tan x$，$y = \cot x$ 都不是单调函数，为了得到它们的反函数，把这些函数限定在某个单调区间内来讨论.

反正弦函数 $y = \arcsin x$ 的定义域为 $[-1,1]$，值域为 $[-\frac{\pi}{2},\frac{\pi}{2}]$，在定义域上是单调递增的.

反余弦函数 $y = \arccos x$ 的定义域为 $[-1,1]$，值域为 $[0,\pi]$，在定义域上是单调递减的.

反正切函数 $y = \arctan x$ 的定义域为 $(-\infty,+\infty)$，值域为 $(-\frac{\pi}{2},\frac{\pi}{2})$，在定义域上是单调递增的.

反余切函数 $y = arc\cot x$ 的定义域为 $(-\infty,+\infty)$，值域为 $(0,\pi)$，在定义域上是单调递减的.

反三角函数的运算公式:

（1）$\arcsin(\sin x) = x$；$\arccos(\cos x) = x$；$\arctan(\tan x) = x$；$arc\cot(\cot x) = x$.

（2）$\arcsin x + \arccos x = \dfrac{\pi}{2}$；$\arctan x + arc\cot x = \dfrac{\pi}{2}$.

2.2.2　复合函数

定义 1　设函数 $y = f(u)$ 的定义域为 D_f，函数 $u = g(x)$ 的定义域 D_g，且其值域 $R_g \subset D_f$，则由下式确定的函数

$$y = f[g(x)]，\quad x \in D_g$$

称为由函数 $u = g(x)$ 与函数 $y = f(u)$ 构成的**复合函数**，它的定义域为 D_g，变量 u 称为中间变量.

例如，由 $y = \lg u$（定义域为 $(0,+\infty)$），$u = 4x^2 + 1$（值域为 $[1,+\infty)$）复合而成的函数是 $y = \lg(4x^2 + 1)$；又例如，由 $y = \sin u$（定义域为 $(-\infty,+\infty)$），$u = 2x - 1$（值域为 $(-\infty,+\infty)$）复合而成的函数是 $y = \sin(2x - 1)$.

注意：（1）不是任何两个函数都可以复合成一个复合函数，例如 $y = \arcsin u$，$u = 2 + x^2$ 就不能复合，因为 $y = \arcsin u$ 的定义域为 $[-1,1]$，而 $u = 2 + x^2 \geq 2$，$2 \notin [-1,1]$，所以不能复合.

（2）复合函数可以由两个和两个以上的函数复合构成.

例如，函数 $y = \ln u$，$u = v^2 + 1$，$v = \sin x$ 复合构成 $y = \ln(\sin^2 x + 1)$，这里 u 和 v 都是中间变量.

例 2　将函数 $y = e^{\sqrt{x^2+1}}$ 分解成较简单函数.

解　函数 $y = e^{\sqrt{x^2+1}}$ 可以看成是由

$$y = e^u, \quad u = \sqrt{v}, \quad v = x^2 + 1$$

三个函数复合而成的.

例3 求复合函数 $y = \arccos\sqrt{4-x^2}$ 的定义域.

解 设 $y = \arccos u$，$u = \sqrt{4-x^2}$，要求 $|u| \leqslant 1$，即 $\sqrt{4-x^2} \leqslant 1$

因此有 $0 \leqslant 4-x^2 \leqslant 1$，即 $3 \leqslant x^2 \leqslant 4$，解之得到 $y = \arccos\sqrt{4-x^2}$ 的定义域为 $[-2, -\sqrt{3}] \cup [\sqrt{3}, 2]$.

2.2.3 初等函数

定义2 凡是由基本初等函数经过有限次的四则运算以及有限次复合步骤而构成，能用一个解析式表达的函数，称为**初等函数**. 在本课程中所讨论的函数绝大多数都是初等函数.

例如，$y = \sqrt[3]{1-x^2}, y = \ln\sin^2 x, y = \cot\dfrac{x}{3}$ 等都是初等函数，要指出的是，形如 $[f(x)]^{g(x)}$（$f(x), g(x)$ 是初等函数，且 $f(x) > 0$）的函数也是初等函数，因为它可以表示为

$$[f(x)]^{g(x)} = e^{g(x)\ln f(x)}$$

称这类函数为**幂指函数**.

初等函数以外的函数都不是初等函数，或称为非初等函数，例如，前面提到的符号函数、绝对值函数等分段函数，都不是初等函数.

习题 2.2

1. 求下列反三角函数的值：

（1）$\arcsin\dfrac{1}{2}$ 　　（2）$\arcsin(-\dfrac{1}{2})$ 　　（3）$\arccos\dfrac{1}{2}$ 　　（4）$\arccos(-\dfrac{\sqrt{3}}{2})$

（5）$\arctan 1$ 　　（6）$\arctan(-\sqrt{3})$ 　　（7）$\text{arc}\cot\dfrac{\sqrt{3}}{3}$ 　　（8）$\text{arc}\cot(-\dfrac{\sqrt{3}}{3})$

（9）$\sin(\arcsin\dfrac{1}{2})$ 　　（10）$\cot[\text{arc}\cot(-\dfrac{\sqrt{3}}{3})]$

2. 求出下列给定函数复合而成的复合函数：

（1）$y = \sqrt{u}$，$u = 2^x$ 　　　　　　　（2）$y = \arctan u$，$u = 1 + x^2$

（3）$y = u^4$，$u = \ln v$，$v = \dfrac{x}{2}$ 　　　（4）$y = \arcsin u$，$u = \sqrt{v}$，$v = x + 2$

3. 指出下列各函数由哪些基本初等函数复合而成：

（1）$y = \sqrt{\tan e^x}$ 　　　　　　　　　（2）$y = \ln[\ln(\ln x)]$

（3）$y = a^{\sin^2 x}$ 　　　　　　　　　　（4）$y = \arctan e^{\sqrt{x}}$

4. 设 $f(x+1) = x^2 + x + 1$，求 $f(x)$，$f(x^2+1)$.

5. 设 $f(x) = 1 + x^3$，$g(x) = \sqrt[3]{x-1}$，求 $f(x^2), f[g(x)], g[f(x)]$.

6. 已知 $f[\varphi(x)] = 1 + \cos x$ ，$\varphi(x) = \sin\dfrac{x}{2}$ ，求 $f(x)$.

7. 已知 $f(x)$ 的定义域为 $[0,1]$ ，求下列函数的定义域：

（1） $f(\lg x)$ （2） $f(\sin x)$

（3） $f(x^2)$ （4） $f(x+a) + f(x-a)$ $(a > 0)$

2.3 函数模型

2.3.1 数学模型的概念

随着科学技术的迅速发展，数学模型这个词汇越来越多的出现在现代人们的生产、工作和社会活动中；电气工程师必须建立所要控制的生产过程的数学模型，用这个模型对控制装置作出相应的设计和计算，才能实现有效的过程控制；气象工作者为了得到准确的天气预报，一刻也离不开根据气象站、气象卫星汇集的气压、雨量、风速等资料建立的数学模型；生理医学专家有了药物浓度在人体内随时间和空间变化的数学模型，就可以分析药物的疗效，有效地指导临床用药；城市工作者需要建立一个包括人口、经济、交通、环境等大系统的数学模型，为领导层对城市发展规划的决策提供科学依据；厂长经理们要是能够很据产品的需求状况、生产条件和成本、贮存费用等消息，筹划出一个合理安排生产和销售的数学模型，一定能获得更大的利益；就是在日常的访友、采购中，人们也在谈论找一个数学模型，优化一下出行线路．对于广大的科研人员和应用数学工作者来说，建立数学模型是摆在他们面前的实际问题与他们掌握的数学工具之间的一座必不可少的桥梁．

1. 原型与模型

原型和模型是一对对偶体．原型指人们在现实世界里关心、研究或者从事生产管理的实际对象．在科技领域通常使用系统、过程等词汇，如机械系统、电力系统、生态系统、生命系统、社会经济系统；又如钢铁冶炼过程、导弹飞行过程、化学反应过程、污染扩散过、生成销售过程、计划决策过程等．我们所讲的现实对象、研究对象、实际问题等均指原型．模型则指为了某个特定的目的将原型的某一部分信息减缩、提炼而构成的原型替代物．模型根据其替代原型的方式可以为物质模型（形象模型）和理想模型（抽象模型）．前者包括直观模型、物理模型，后者包括思维模型、符号模型、数学模型．

2. 数学模型

数学模型对于我们并不陌生，早在学习初等代数的时候就已经用数学模型的方法来解决问题了，只是这些属于简单的数学模型，而真正实际问题的数学模型通常要复杂的多．

数学模型，从广义理解，一切数学概念、数学理论体系、数学公式、方程式和算法系统都可以称为数学模型．从狭义理解，只有那些反应特定问题的数学结构才称为数学模型，即数学模型可以描述为，对于现实世界的一个特定对象，为了一个特定的目的，根据特有的内在规律，作出一些必要的简化假设，运用适当的数学工具，得到的一个数学结构．

下面我们通过例子来了解一下．

例 1 七桥问题：在东普鲁士的小城镇哥尼斯堡，有一条小河从市中心穿过，河中游小岛 A 和 D，河上有连接两个岛和河的两岸 B、C 的桥．如图 2-20 所示．问一个人能否将每座桥既无重复也无遗漏的通过一次？

哥尼斯堡居民提出的问题很长一段时间都没有人给出圆满的解答．最后瑞士的著名数学家欧拉找到了"一笔画"的规律，欧拉并没有亲自去哥尼斯堡，而是把问题做了数学化的处理，如图 2-21 所示，他将这个问题归结为能否一笔画成的问题，即平面上由曲线段构成的一个图形能不能一笔画成，使得在每条线段上都不重复？

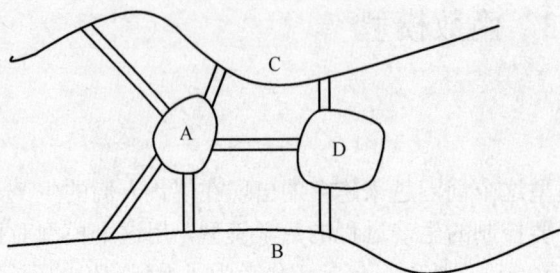
图 2-20

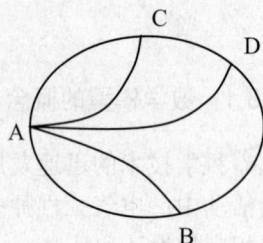
图 2-21

数学家欧拉找到"一笔画"的规律是：

能一笔画的图形首先必须是连通图．连通图就是指一个图形各部分总是有边相连的．能否一笔画是由图的奇、偶点的数目来决定的．与奇数（单数）条边相连的点叫做奇点；与偶数（双数）条边相连的点叫做偶点．所以，

（1）凡是由偶点组成的连通图，一定可以一笔画成．画时可以把任一偶点为起点，最后一定能以这个点为终点画完此图．

（2）凡是只有两个奇点的连通图（其余都为偶点），一定可以一笔画成．画时必须把一个奇点为起点，另一个奇点终点．

（3）其他情况的图都不能一笔画出．

图 2-18 中，A、B、C、D 都是奇数点，则没有符合以上（1）、（2）两种情况，所以不能一笔画成．

因此哥尼斯堡的七桥就不可能一次既无重复也无遗漏地通过每一座桥．

2.3.2　建立数学模型

一般地，数学建模的过程可以分为模型准备、模型假设、模型构成、模型求解、模型分析、模型检验、模型应用几个阶段，并且通过这些阶段完成从现实对象到数学模型，再从数学模型回到现实对象的循环，如图 2-22 所示．

（1）模型准备：了解问题的实际背景，明确建模的目的，搜集建模必需的各种信息．

（2）模型假设：根据对象的特征和建模的目的，对问题进行必要的、合理的简化，用精确的语言作出假设．

（3）建立模型：根据所作的假设分析对象的因果关系，利用对象的内在规律和适当的数学工具，将现实模型抽象成数学模型，

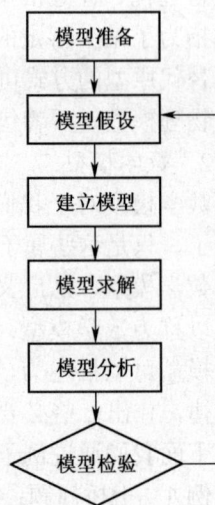
图 2-22

构造出数学表达式.

（4）模型求解：利用数学方法求解上一步得到的数学模型.

（5）模型分析：对模型解答进行数学上的分析.

（6）模型检验：把上一步分析的结果翻译回到实际问题，并用实际的现象、数据与之比较，检验模型的合理性和适用性. 如果模型的结果不符合或者部分不符合实际，问题通常出在模型假设上，则应该修改假设，重新建模，直到检验结果符合要求.

例2 双层玻璃窗的保暖作用

北方有些建筑物使用双层玻璃窗，即窗户上安装了两层玻璃且中间留有一定的空隙，以便在冬天起到保暖的作用. 如图 2-23 所示，设每块玻璃厚度为 d，两块玻璃间的距离为 l，请对这种构造的保暖作用进行定量分析.

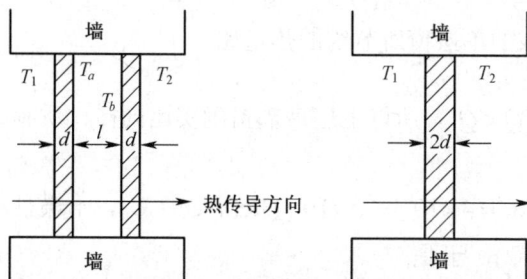

图 2-23

模型准备

需要建立一个数学模型来描述热量通过窗户的传导过程，并与用同质同量材料的单层玻璃进行对比，才能对双层玻璃窗所减少的热量损失作出定量的分析.

模型假设

（1）假设窗户的密封性能很好，两层玻璃之间的空气不流动而且干燥. 这时可以认为热传播方式无对流与辐射，仅有热传导作用.

（2）假设市内温度 T_1 和室外温度 T_2 保持不变，热传导过程已进入稳定状态. 即沿着热传导方向，在单位时间内通过单位面积的热量是常数.

（3）窗户玻璃的材料均匀，热传导系数为常数.

建立模型

根据热传导定理，单位时间内由温度高的一侧向低的一侧通过单位面积的热量

$$Q = \lambda \frac{\Delta T}{d} \tag{2.1}$$

其中，λ 为导热系数，d 为均匀介质厚度，ΔT 为介质两侧的温度差.

设双层玻璃窗的内层玻璃外侧温度为 T_a，外层玻璃内侧温度为 T_b，玻璃的导热系数为 λ_1，空气的导热系数为 λ_2，单位时间内以传导方式通过单位面积的热量（即流失的热量）为 Q，对厚度为 $2d$ 的单层玻璃窗，相应的热量流失为 Q'，则由（2.1）式得

$$Q = \lambda \frac{T_1 - T_a}{d} = \lambda_2 \frac{T_a - T_b}{l} = \lambda_1 \frac{T_b - T_2}{d} \tag{2.2}$$

$$Q' = \lambda_1 \frac{T_1 - T_2}{2d} \tag{2.3}$$

模型求解

由（2.2）式消去 T_a 和 T_b，得

$$Q = \frac{\lambda_1(T_1 - T_2)}{d(s+2)}$$

其中

$$s = h\frac{\lambda_1}{\lambda_2}, \quad h = \frac{l}{d} \tag{2.4}$$

从而

$$\frac{Q}{Q'} = \frac{2}{s+2} \tag{2.5}$$

$$\Delta = 1 - \frac{Q}{Q'} = \frac{s}{s+2} \tag{2.6}$$

表示双层比同样材料制成的单层窗所节约的热量比.

模型分析

（1）由（2.5）式知 $Q < Q'$，所以上层玻璃窗确实比同样材质制成的单层玻璃窗能减少热量损失.

（2）查有关资料知 $\lambda_1 = 4\times10^{-3} \sim 8\times10^{-3}$ (J/cm·cm·℃)，干燥且不流通的空气的导热系数 $\lambda_2 = 2.5\times10^{-3}$ (J/cm•cm•℃)，于是

$$\frac{\lambda_1}{\lambda_2} = 16 \sim 32$$

作最保守的估计取 $\dfrac{\lambda_1}{\lambda_2} = 16$，则由（2.3）、（2.6）式得

$$s = 16h$$

作 $\Delta = \dfrac{16h}{16h+2} = \dfrac{8h}{8h+1}$ 的图形，如图 2-24 所示.

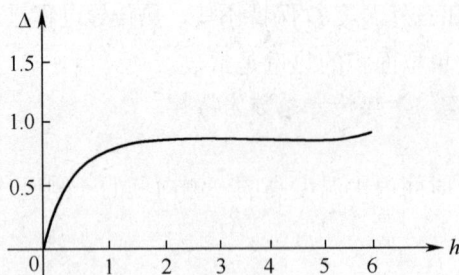

图 2-24

由图上可以看出双层玻璃窗的保暖效果，当 $h = \dfrac{l}{d} = 4$，即被双层玻璃封闭的空气间隔为玻璃厚度的四倍时，可减少热量损失 97%，但 $h>4$ 时 Δ 的增加就十分缓慢，所以 h 不宜选的太大.

将上述分析与实验结果进行对比，可以检验模型是否符合实际.

例3 （生产安排问题）某工厂生产甲、乙两种产品，生产每件产品需要原材料、能源消耗、劳动力及所获利润如表 2-4 所示:

表2-4　甲、乙两种产品生产明细

品种	原材料（千克）	能源消耗（百元）	劳动力（人）	利润（千元）
甲	2	1	4	5
乙	3	6	2	6

现有库存原材料 1400 千克；能源消耗总额不超过 2400 百元；全厂劳动力满员为 2000 人. 试安排生产任务（生产甲、乙产品各多少件），使获得利润最大，并求出最大利润.

这是一个非常简单但很实用的问题，在生活中经常碰到，所以具有很强的实际意义. 这里我们假设生产出来的产品都可以卖出去.

建立模型

设安排生产甲产品 x 件，乙产品 y 件，相应的利润为 S，则此问题的数学模型为

$$\max \quad S = 5x + 6y$$

$$s.t. \quad \begin{cases} 2x + 3y \leqslant 1400 \\ x + 6y \leqslant 2400 \\ 4x + 2y \leqslant 2000 \\ x \geqslant 0, y \geqslant 0, \quad x, y \in Z \end{cases}$$

这是一个整数线性规划问题.

模型求解

这里我们用中学学过的图解法来求解，以后我们可以利用数学软件直接求解.

解得可行域为：由直线

$$l_1 : 2x + 3y = 1400，l_2 : x + 6y = 2400，l_3 : 4x + 2y = 2000 及 x = 0, y = 0$$

组成的凸五边形区域，如图 2-25 所示.

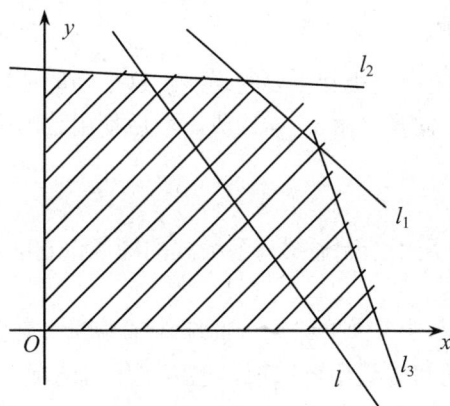

图 2-25

将直线 $l : 5x + 6y = c$ 在此凸五边形区域内平行移动.

易知：当 l 过 l_1 与 l_3 的交点时，S 取最大值.

由 $\begin{cases} 2x + 3y = 1400 \\ 4x + 2y = 2000 \end{cases}$ 解得 $\begin{cases} x = 400 \\ y = 200 \end{cases}$

此时 $S_{\max} = 5 \times 400 + 6 \times 200 = 3200$（千克）

模型分析

在实际生活中，各种资源经常会发生短缺等现象，所以当其中一种资源发生变化时，工厂应该如何来调整生产计划实现利润最大化呢？这是一个值得读者去思考的问题.

从这些例子可以看出，数学建模的关键是根据对象的特点和建模的目的，抓住事物的本质，进行必要的简化. 这不仅要求能够灵活地应用数学知识，还要有敏锐的洞察力和丰富的想象力. 所以，用数学建模的方法，亲自动手解决几个实际问题，对于提高应用能力、创造能力乃至提高综合素质是很有价值的.

习题 2.3

1. 某人平时下班总是按预定时间到达某处，然后他妻子开车接他回家. 有一天，他比平时提早了三十分钟到达该处，于是此人就沿着妻子来接他的方向步行回去并在途中遇到了妻子，这一天，他比平时提前了十分钟到家，问此人共步行了多长时间？

2. 某位登山爱好者早上 8 点从山脚出发，沿一条路径上山，下午 5 点到达山顶并留宿. 次日早上 8 点沿着同一条路径下山，下午 5 点到达山脚. 试着说明他必在两天中的同一时刻经过路径中的同一地点.

3. 三名商人各带一个随从乘船渡河，现此岸有一小船只能容纳两人，由他们自己划行. 随从们预谋，在河的任一岸，一旦随从比商人多，就杀人劫货，但是如何乘船渡河的大权掌握在商人手中. 商人们怎样才能安全过河？

2.4 MATLAB 的绘图功能与初等运算

2.4.1 绘制函数的图像

数据的可视化是 Matlab 一个极其重要的功能. 这个功能使数据画图变得十分简单. 画一个数据图，首先要创建两个向量，由 x、y 构成，然后使用绘图函数. 用于绘制平面图像的函数有 plot、ezplot、polar 等.

1. plot 函数

plot 函数的主要功能是用于绘制显式与参数式的图像，它的调用格式如下：

    plot(x,y,'可选项')

其中，x 为图像上的横坐标，y 为纵坐标，'可选项'中通常包含确定曲线颜色、线型、两坐标轴上的比例等参数. 在绘图时可以选用可选项，也可不用可选项，或者部分使用可选项.如果不用可选项，那么 plot 函数将会自动选用一组默认值，正常地将图像画出.

例如，假设我们要画出函数 $y = x^2 - 6x + 8$ 的图像，定义域为[-2,8]. 只需要 3 个语句就可以画出此图. 第二句用于计算 y 值（注意我们用的是数组运算符，所以可以对 x 的元素一一运算）. 最后打印出此图.

```
>>x = -2:1:8;
>>y = x.^2-6*x+8;
>>plot(x,y);
```

当执行到 plot 函数时，Matlab 调用图像窗口，并显示图像，如图 2-26 所示.

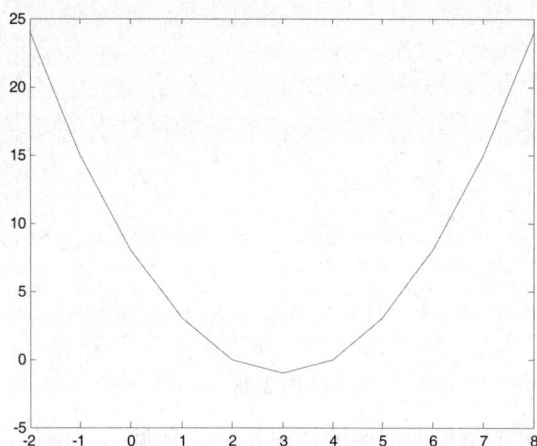

图 2-26

例 1　绘制函数 $y = e^{-ax}\sin bx$ 在区间[-5,5]上的图像，其中 a=0.1，b=3.

解　输入语句如下：

```
>> x=-5:0.1:5;                    %将区间[-5,5]进行分割，步长为 0.1
>> a=0.1;b=3;
>> y=exp(-a*x).*sin(b*x);
>> plot(x,y);
```

运行后图像如图 2-27 所示.

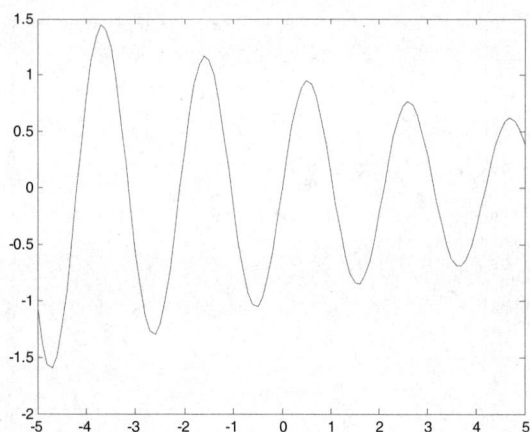

图 2-27

例 2　绘制函数 $x = a\sin mt$ 和 $y = a\cos nt$ 在区间$[0,2\pi]$上的图像，其中 $a=6$，$m=3$，$n=2$.

解　输入语句如下：

```
>> t=0:pi/100:2*pi;
>> a=6;m=3;n=5;
>> y=a*cos(n*t);x=a*sin(m*t);
>> plot(x,y,'r -.');               %可选项选择了曲线的颜色 r(red)与曲线的线型
```

运行后图像如图 2-28 所示.

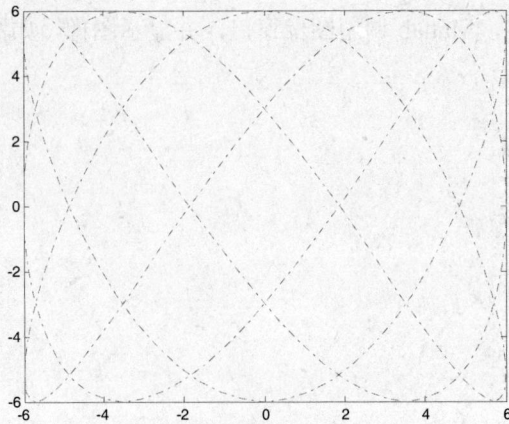

图 2-28

在同一坐标内作出多个函数的图像的情况是十分常见的．例如，要在同一坐标轴内作出 $f(x) = \sin 2x$ 和 $f(x) = 2\sin x$ 的图像．在同一坐标系内显示两个函数，我们必须产生一系列的 x 值和每一个函数分别对应的 y 值．然后利用这些值画出图像，plot 函数的格式如下：

plot（x1,y1, '可选项',x2,y2, '可选项',…）

例如，输入如下语句：

```
>>x = 0:pi/100:2*pi;
>>y1 = sin(2*x);
>>y2 = 2*sin(x);
>>plot (x,y1,x,y2);
```

运行后图像如图 2-29 所示.

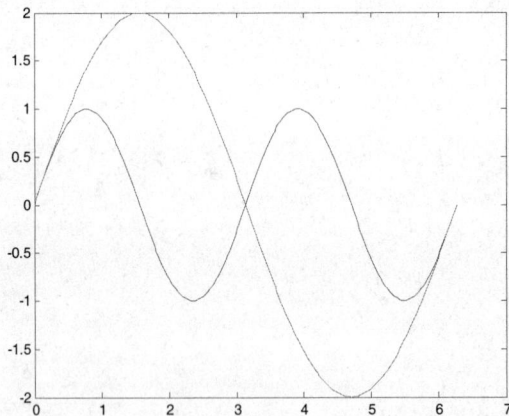

图 2-29

例 3　绘制参数曲线 $x = 2\sin t$，$y = 2\cos t$ 与 $x = 6\sin 2t$，$y = 6\sin 3t$ 在区间 $[0, 2\pi]$ 上的图像.

解　输入语句如下：

```
>> t=o:pi/100:2*pi;
>> x1=2*sin(t);y1=2*cos(t);
>> x2=6*sin(2*t);y2=6*sin(3*t);
>> plot(x1,y1,'bo',x2,y2,'m-')
```

运行后图像如图 2-30 所示.

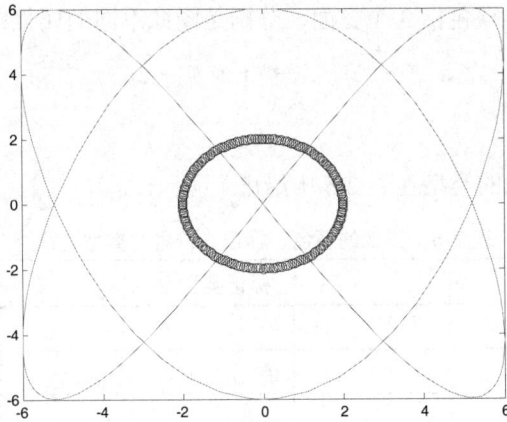

图 2-30

正如我们所看到的，在 Matlab 中画图是十分容易的，但是这还不是最后的结果，因为它还没有标题、坐标轴标签、网格线等.

给图增加标题和坐标轴标签将会用到 title、xlabel、ylabel 函数. 这 3 个函数调用时将会有一个字符串，这个字符串包含了图像标题和坐标轴标签的信息，命令格式为：

title/xlabel/ylabel('字符串');

用 grid 命令可使网格线出现或消失在图像中，grid on 代表在图像中出现网格线，grid off 代表去除网格线.

例如，下面的语句将会产生带有标题、标签和网格线的函数图像，结果如图 2-31 所示.

```
>>x = -2:1:8;
>>y = x.^2-6*x+8;
>>plot(x,y);
>>title ('Plot of y= x.^2-6*x+8');
>>xlabel ('x');
>>ylabel ('y');
>>grid on;
```

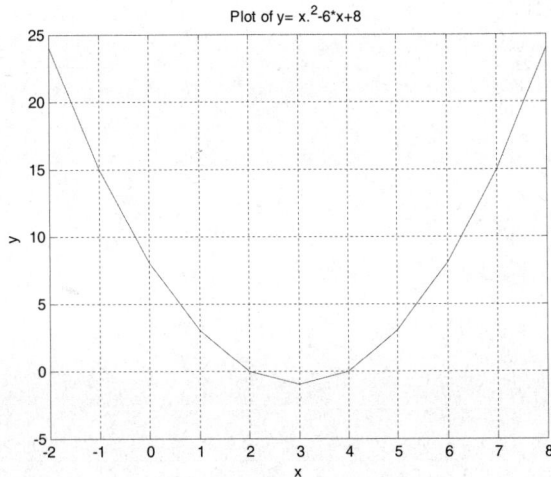

图 2-31 带有网格线、标签的画图

在 plot 函数里面可选项包括 3 个方面，分别是图像不同的属性：

（1）指定轨迹的颜色．

（2）指定符号的类型．

（3）指定线的类型．

各种颜色、符号和线的类型在表 2-5 中给出．

表 2-5　图像的颜色、标记（符号）类型、线型

颜色		标记类型		线型	
y	黄色	.	点	-	实线
m	品红色	o	圈	:	点线
c	青绿色	x	×号	-.	画点线
r	红色	s	正方形	--	虚线
g	绿色	d	菱形	\<none\>	无
b	蓝色	v	倒三角		
w	白色	^	正三角		
k	黑色	>	三角（向右）		
		<	三角（向左）		
		p	五角星		
		h	六线型		
		\<none\>	无		

这些属性可以任意地混合使用．如果有多个函数，每个函数都有它自己的可选项．

例如，函数 $y = x^2 - 10x + 15$ 的图像，曲线为蓝色的虚线，重要的数值用红色的五角星表示，如图 2-32 所示．

```
>>x = -2:1:8;
>>y = x.^2-6*x+8;
>>plot(x,y,'b--',x,y,'rp');
```

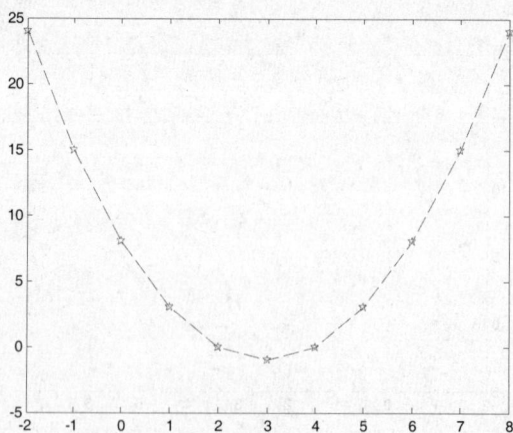

图 2-32

除此之外，还可以用 legend 来制作图例．它的基本的形式如下：

legend('string1','string2',...,pos)

其中 string1、string2 等是曲线的标签名，而 pos 是一个整数，用来指定图例的位置．这些整数所代表的意义在表 2-6 中列出．用 legend off 命令能去除图例．图 2-33 给出了一个完整的图像示例，产生这个图像的语句如下所示：

```
>>x=0:pi/100:2*pi;
>>y1=sin(2*x);
>>y2=2*sin(x);
>>plot(x,y1,'r-',x,y2,'b--');
>>title(' Plot of f(x)=sin(2x) and f(x)=2sin(x) ');
>>xlabel('x');
>>ylabel('y');
>>legend('sin(2x)',' 2sin(x)')
>>grid on;
```

表 2-6　在命令中 pos 的值

值	意义
0	自动寻找最佳位置，至少不与数据冲突
1	在图像的右上角
2	在图像的左上角
3	在图像的左下角
4	在图像的右下角
−1	在图像的右边

图 2-33 在同一坐标系内显示了 $f(x)=\sin 2x$ 和 $f(x)=2\sin x$ 的图像，用红实线代表 $\sin(2x)$，用蓝虚线代表 $2\sin x$．图中有标题、坐标轴标签和网格线．

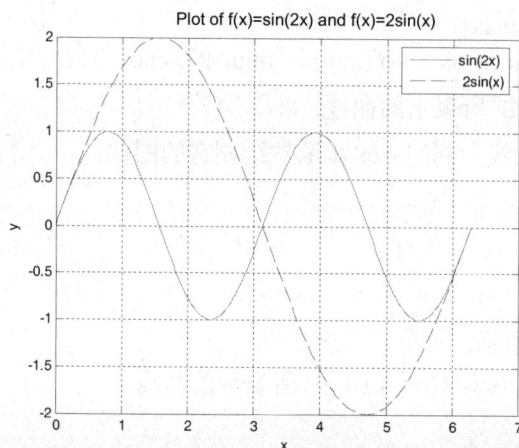

图 2-33

命令 hold on 用来保持当前图像，使得可以在同一幅图中绘制多个图像，而 hold off 用来关闭图像．例如，输入以下语句：

```
>> x=0:0.01:3;
>> e1=exp(-x.^2);
>> e2=(x.^2).*exp(-x.^2);
>> e3=x.*exp(-x.^2);
>> e4=exp(-x);
>> hold on;
>> plot(x,e1,'LineWidth',1);
>> plot(x,e2,'LineWidth',2);
>> plot(x,e3,'LineWidth',3);
>> plot(x,e4,'LineWidth',4);
```

其中，LineWidth 可以用来调节线条的粗细，曲线 e1 线条最细，e4 线条最粗，如图 2-34 所示．

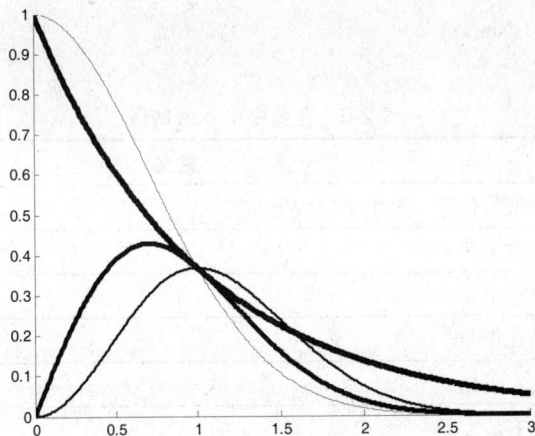

图 2-34

2. ezplot 函数

ezplot 函数的主要功能是用于绘制隐函数 $f(x,y)=0$ 的曲线，它的调用格式如下：

ezplot(F,[xmin, xmax])

式中，F 代表隐函数表达式，即 $F \equiv f(x,y)$，xmin 和 xmax 为自变量 x 的下界和上界．

例4 绘制 $x^4+y^4=3^4$ 所表示的曲线．

解 这是一条隐式曲线，利用 ezplot 函数绘制它的图像．

输入语句如下：

```
>> syms x y;
>> F=x^4+y^4-3^4;
>> ezplot(F,[-3,3]);
```

运行结果如图 2-35 所示．

例5 绘制 $x^4+y^4-8x^2-10y^2+16=0$ 所表示的曲线．

解 输入语句如下：

```
>> syms x y;
>> F=x^4+y^4-8*x^2-10*y^2+16;
>> ezplot(F);          %不易估计 xmin 和 xmax，只好省略，默认区间大致为 [-2π,2π]
```

运行结果如图 2-36 所示．

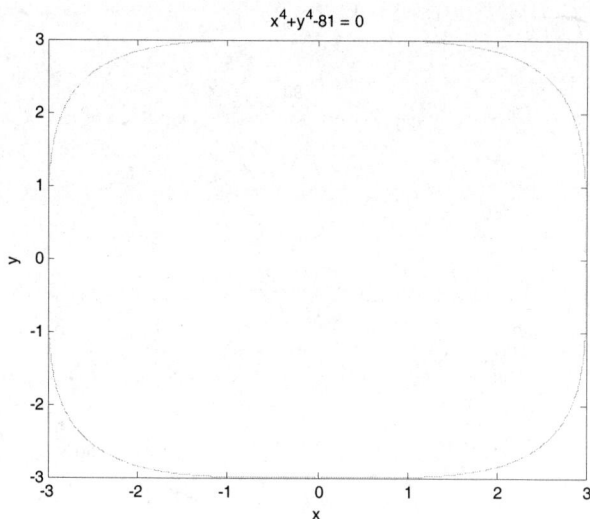

图 2-35

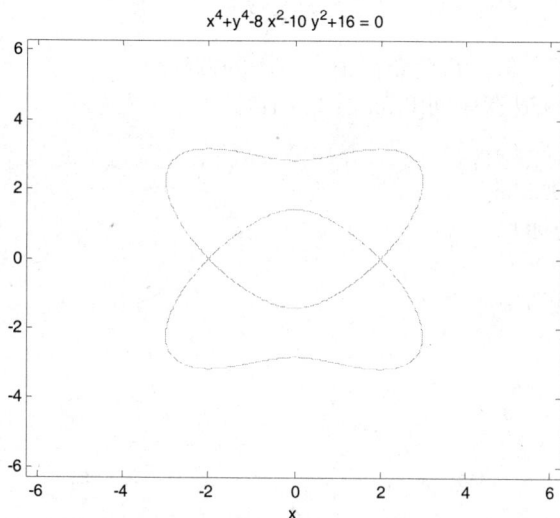

图 2-36

3. polar 函数

polar 函数的主要功能是用于绘制极坐标式 $\rho = \varphi(\theta)$ 的曲线，它的调用格式如下：

  polar(theta,rho,'可选项')

式中，theta（即 θ）为曲线上点的极角，rho（即 ρ）为曲线上点的半径，'可选项'的内容及用法与前面 plot 函数中的完全相同，这里不再赘述.

  例 6　绘制 $\rho = b - a\cos\theta$ 在区间 $[0, 2\pi]$ 上的图像，取 $a = 4$，$b = 6$.

  解　输入语句如下：

```
>> theta=0:pi/100:2*pi;
>> a=6;b=4;
>> rho=b-a*cos(theta);
>> polar(theta, rho);
```

运行结果如图 2-37 所示.

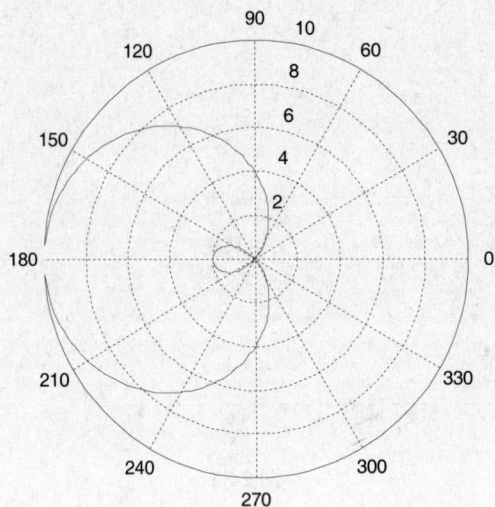

图 2-37

如果改变参数 a、b 的值，将会获得很多有趣的曲线.

例 7　绘制 $\rho = 4\cos 3\theta$ 在区间 $[0, 3\pi]$ 上的图像.

解　输入语句如下：

```
>>Theta = 0:pi/100:3*pi;
>>rho=3*cos(2*theta);
>>polar(theta,rho,'b-.');
```

运行结果如图 2-38 所示.

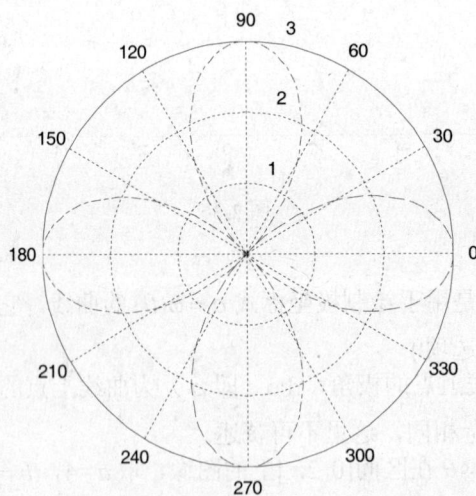

图 2-38

4. 坐标轴与边框的控制

为了使图像达到预期的要求，有时还需要对图像的边框与坐标轴进行控制，常用的函数如表 2-7 所示.

表 2-7 坐标轴与边框控制函数

函数	说明
axis([x1,x2,y1,y2])	利用调整坐标轴刻度来控制图像在 x 轴与 y 轴方向上的范围
axis('字符串')	随着引号中字符串的不同，其功能也随之不同，例如， manual 固定坐标轴刻度，如果当前图像窗口为打开状态，则后面的图像将采用同样的刻度 square 从新定义图像窗口的大小，使窗口为正方形 off 不显示坐标刻度（含直角坐标与极坐标） on 显示坐标刻度（含直角坐标与极坐标）
box on	给图像加上边框
box off	关闭图像边框，即去掉边框

在 Matlab 里提供了比较丰富的坐标轴与边框控制函数，这里只选择最常用的几种介绍，其他的函数可利用 Help 进行查询.

例 8 绘制 $y = x \cdot \sin\dfrac{\pi}{x}$ 在区间[0,3]上的图像，步长取为 h=0.01.

解 输入语句如下：
```
>> x=0:0.01:3;
>> y=x.*sin(pi./x);
>> plot(x,y);
```
运行后图像如图 2-39 所示.

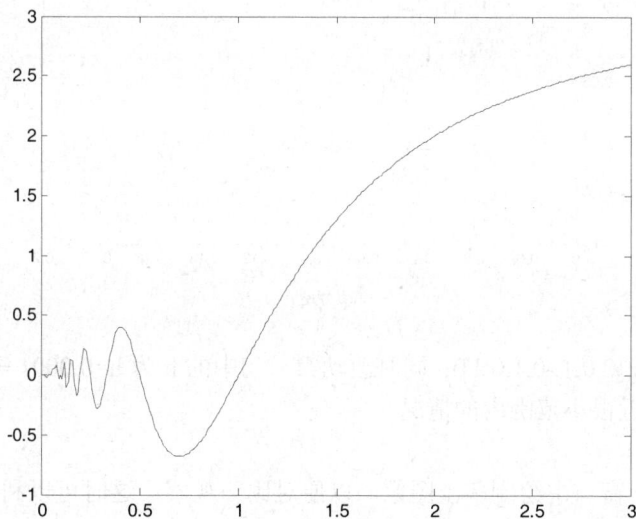

图 2-39

图像在坐标原点 $x = 0$ 附近十分模糊，如果想要看清这部分图像，必须进行局部放大，方法之一是调整坐标轴的刻度，缩小图像的显示范围，这只需在上面输入语句的最后加上一句：

```
axis([0,0.8,-0.8,0.8]);    %将 x 轴与 y 轴范围分别缩小为[0,0.8]与[-0.8,0.8]，还可将显示范围
                           进一步一部缩小，比如 axis([0,0.2,-0.2,0.2]);
```
运行后图像如图 2-40 所示.

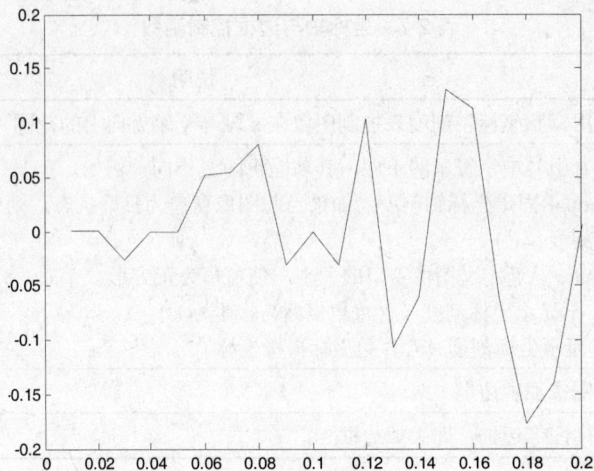

图 2-40

在原点 $x=0$ 附近，图像（曲线）很不光滑，说明分割的步长 h=0.01 取得太大，如要将输入的第一句中的步长改为 h=0.001，则曲线变光滑多了，如图 2-41 所示.

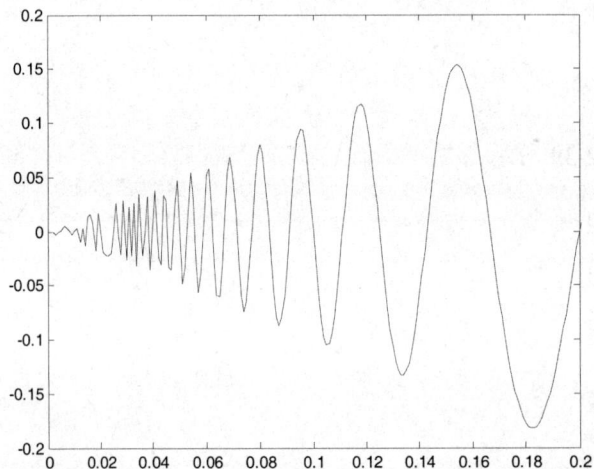

图 2-41

再比如，取 axis([0,0.1,-0.1,0.1])；同时改动第一句中的 h 为 h=0.0001 等，则可比较清楚地看到曲线在 $x=0$ 附近很小范围内的情况.

5. 窗口的分割

有时需要在同一窗口中绘制多个图像，以便对比和观察，这时可以利用 subplot 函数将原窗口进行分割，划分为多个子窗口来实现这一要求，它的调用格式如下：

    subplot(m, n, p)

其功能是将原来的图像窗口分割为 m 行 n 列共 $m \times n$ 个子窗口，并按行从左到右，按列从上到下的顺序进行编号，编号 p 为当前的操作窗口.

例 9　观察 $y = x \log x$ 与 $y = x^2 \log x$ 的图像在原点 $x=0$ 附近的差异.

解　输入语句如下：

```
>> x=0.01:0.1:1.5;
>>subplot(1,2,1)
>> y1=x.*log(x);
>>plot(x,y1,'g-');
>> grid on; title('x*log(x)');
>>subplot(1,2,2);
>>y2=x.*x.*log(x);
>>plot(x,y2,'m-');
>>grid on; title('x*x*log(x)');
```

运行后图像如图 2-42 所示.

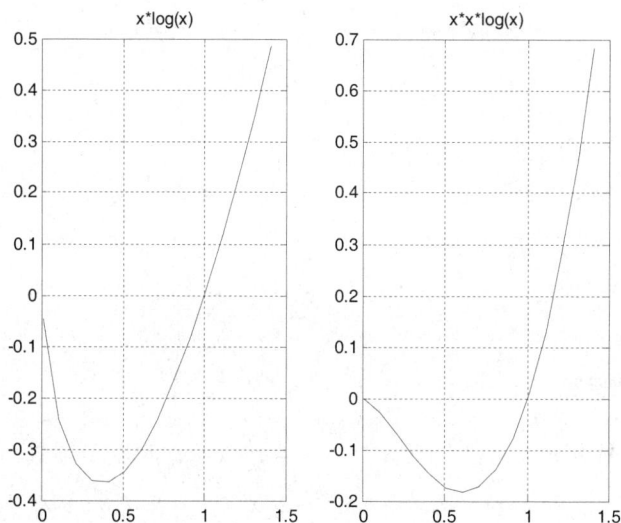

图 2-42

例 10　考察 $f: x^n + y^n = a^n$ 当 $a = 1$, $n = 2, 3, 4, 5$ 时图像的情况.

解　输入语句如下:

```
>> syms x y;                    %首先定义符号变量
>>subplot(2,2,1);
>>n=2;f1=x.^n+y.^n-1;
>>ezplot(f1);                   %绘制隐函数 f 当 n = 2 时的曲线
>> axis([-1,1,-1,1]);           %调整 x 轴与 y 轴的刻度, 使原点附近的图像更清晰
>> subplot(2,2,2);
>>n=3;f2=x.^n+y.^n-1;
>>ezplot(f2);
>> axis([-2,2,-2,2]);
>> subplot(2,2,3);
>>n=4;f3=x.^n+y.^n-1;
>>ezplot(f3);
>> axis([-1,1,-1,1]);
>> subplot(2,2,4);
>> n=5;f4=x.^n+y.^n-1;
```

```
>>ezplot(f4);
>> axis([-2,2,-2,2]);
```

运行后图像如图 2-43 所示.

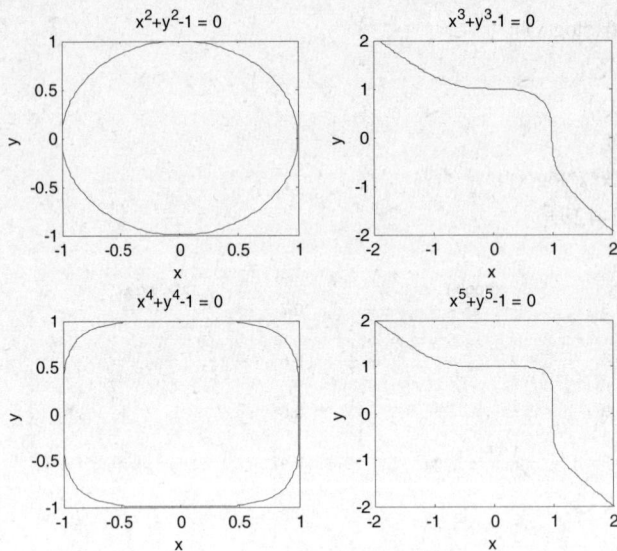

图 2-43

2.4.2 多项式的运算

在数学中，代数式 $a_0x^n + a_1x^{n-1} + a_2x^{n-2} + \cdots + a_{n-1}x + a_n$ 叫做多项式. 函数

$$f(x) = a_0x^n + a_1x^{n-1} + a_2x^{n-2} + \cdots + a_{n-1}x + a_n$$

叫做多项式函数. 在 Matlab 中一个多项式用一个行向量 P 表示，即

$$P=(a_0 \quad a_1 \quad a_2 \quad \cdots \quad a_{n-1} \quad a_n)$$

一个多项式行向量的提取可以使用 poly 函数来完成，缺少项的系数用 0 来代替.

1. 多项式的表示与输入

在 Matlab 中，多项式是用一个向量来表示的，因此多项式的输入可以直接输入向量，系统会自动将各系数按降幂排列分配给各项. 由于列向量是行向量的转置，因此多项式的输入可以是行向量，也可以是列向量. 如果知道多项式的根，也可以由多项式的根生成多项式，这个操作由 poly 函数来完成. 下面分别介绍几种常用的多项式运算的相关命令.

（1）poly 函数.

poly 命令的主要功能是把根转换成为多项式的系数向量. 调用格式为：

P = poly(R)

如果输入的 R 是 n 维向量，R 的元素是方程 $f(x) = 0$ 的根，则运行后输出 $n+1$ 维的行向量 P，其中

$$f(x) = P(1)x^n + P(2)x^{n-1} + \cdots + P(n)x + P(n+1).$$

例 11 已知多项式有根 2、$-1+2i$、$-1-2i$、$2+3i$、$2-3i$，试生成它们的多项式.

解　输入语句如下：

```
>>R=[2  -1+2i  -1-2i  2+3i  2-3i ];        %输入多项式的根向量
>>P=poly(R)                                 %由根向量生成多项式系数向量
```

运行结果为

```
P=
    1   -4   14   -14   53   -130
```

输入语句：

```
>>poly2sym(P)              %将多项式系数向量转成符号多项式
```

运行结果为

```
ans=
x^5-4*x^4+14*x^3-14*x^2+53*x-130
```

（2）poly2sym 函数.

poly2sym 函数的功能是把多项式的系数向量转化为符号多项式，其调用格式如下：

调用格式一：f=poly2sym(C)

如果输入 $n+1$ 维向量 C，其中 C 是多项式函数 $f(x)$ 的系数向量，则运行后输出 $f(x)$ 是以 x 为自变量的 n 次多项式.

例如，输入语句

```
>> f = poly2sym([12   0   -22   -53])
```

运行后输出结果为

```
f =
12*x^3-22*x-53
```

调用格式二：f1 = poly2sym(C,'V')或 f 2 = poly2sym(C,sym('V'))

poly2sym(C,'V')和 poly2sym(C,sym('V'))两者都用于返回以 V 为自变量，系数向量为 C 的符号多项式.

例如，输入语句

```
>> f1 = poly2sym([12   0   -22   -53],'t')
>> f2 = poly2sym([12   0   -22   -53],sym('t'))
```

运行后输出结果为

```
f1=                            f2 =
12*x^3-22*x-53                 12*x^3-22*x-53
```

例 12　用直接输入向量的方法输入多项式 $x^5 - 5x^3 + 7x^2 - 14x + 47$.

解　输入语句如下：

```
>>P=[1   0   -5   7   -14   47];        %输入多项式系数向量
>>poly2sym(P)                           %将多项式系数向量转成符号多项式形式
```

运行结果为

```
ans=
x^5-5*x^3+7*x^2-14*x+47
```

2. 多项式的值与根

求多项式的值即是求当多项式中的 x 为某一标量、某一向量或某一矩阵时，多项式的值为多少. 求多项式的根是指当多项式为 0，即 $p(x)=0$ 时的 x 值. 求多项式值的命令是 polyval 或 polyvalm，求多项式根的命令是 roots，它们的调用格式如表 2-8 所示.

表 2-8　多项式求值求根函数调用格式

函数及调用格式	说明
polyval(p,x)	计算多项式 p 的值. 若 x 是一个标量，则求出多项式在 x 处的值；若 x 是一个向量，则求出多项式在每一个 x 上的值
[y,delta]=polyval(p,x,s)	同 polyval(p,x)，y 是多项式的值，delta 是根据 polyfit 命令给出的矩阵 s 的误差估计向量
Polyvalm(p,A)	对矩阵 A 进行多项式计算，但不是对矩阵 A 中的每一个 x 计算多项式的值，而是计算 $p(A) = a_0A^n + a_1A^{n-1} + a_2A^{n-2} + \cdots + a_{n-1}A + a_n$
roots(p)	计算多项式 p 的根，即 p(x)=0 的解，结果可以为复数

例 13　用 polyval(p,x)函数找出 $x^4 + 2x^3 - 12x^2 - x + 7$ 在 $x = 3$ 处的值：

解　输入语句如下：
```
>> p=[1   2   -12   -1   7];
>> z=polyval(p,3)
```
运行结果为
```
z =
    31
```

例 14　求多项式 $x^5 - 4x^3 + 3x^2 - 8x + 37$ 的根.

解　输入语句如下：
```
>>p=[1   0   -4   3   -8   37];          %输入多项式系数向量
>>roots(p)                               %求多项式的根
```
运行结果为
```
ans=
    -2.7926
    1.8728+0.8644i
    1.8728-0.8644i
    -0.4765+1.6991i
    -0.4765-1.6991i
```

3. conv 函数

conv 函数的功能是计算卷积和多项式的积. 调用格式如下：
```
C=conv(A,B)
```

例 15　求 $P_1(x) = 5x^5 + 3x^3 - x^2 + 4$ 与 $P_2(x) = 3 + 2x^2 - x^3$ 的乘积 $P_3(x)$.

解　输入语句如下：
```
>> P1=[5   0   3   -1   0   4]; P2=[-1   2   0   3];
>> P3=conv(P1,P2)
```
运行结果为
```
P3 =
    -5    10    -3    22    -2    5    5    0    12
```

2.4.3　方程求解

Matlab 中求代数方程的符号解是通过调用 solve 函数实现的，其格式如表 2-9 所示.

表 2-9　solve 函数的调用格式及说明

调用格式	说明
solve(S)	求解代数方程 S=0 的解，其中未知变量为系统默认变量
solve(S,'x')	求解代数方程 S=0 的解，其中未知变量为 x
solve('S$_1$', 'S$_2$',…)	求解由代数方程 S$_1$=0 和 S$_2$=0 等组成的方程组的解，其中未知变量为系统默认变量
solve('S$_1$', 'S$_2$',…,'x$_1$','x$_2$',…)	求解由代数方程 S$_1$=0 和 S$_2$=0 等组成的方程组的解，其中未知变量为 x_1、x_2 等

例 16　求高次方程 $x^4 - 2x^2 + 1 = 0$ 的解.

解　输入语句如下：

```
>>syms x;
>>solve(x^4-2*x^2+1)        %求高次方程的根
```

运行结果为

```
ans =
    -1
    -1
     1
     1
```

例 17　求方程组 $\begin{cases} 3x + 2y - 3 = 0 \\ 2x - 3y + 2 = 0 \end{cases}$ 的解.

解　输入语句如下：

```
>> [x,y]=solve('3*x+2*y-3=0','2*x-3*y+2=0')        %求代数方程组的解
```

运行结果为

```
x =
5/13
y =
12/13
```

习题 2.4

1. 绘制下面显式平面曲线（可选项取默认值）：

（1）$y = x^4 - 3x^3 + 5x^2 + x$, $x \in [-0.5, 1.5]$

（2）$y = x^2 \sin x$，$x \in [-4, 4]$

（3）$y = \sin x + \dfrac{1}{2} \sin 2x + \dfrac{1}{3} \sin 3x$, $x \in [0, 6]$

2. 绘制下面隐式平面曲线（可选项取默认值）：

（1）$x^4 + x^3 = 1, x \in [-1.5, 1.5]$

（2）$y^2 = (x-a)(x-b)(x-c)$, $x \in [0, 3]$，式中取 $a = 0$, $b = 1$, $c = 2$.

3. 绘制下面参数式平面曲线（可选项取默认值）：

（1）$x = t^2 - t + 1$，$y = t^2 + t + 1$，$t \in [-2, 2]$；

（2）$x = at - b\sin t$，$y = a - b\cos t$，$t \in [-\pi, 3\pi]$，可取 $a = 2$，$b = 3$ 或 $a = 3$，$b = 2$．

4．绘制下面极坐标或平面曲线（可选项取默认值）：

（1）$\rho = a \cdot \sin 2\theta$，$\theta \in [0, 2\pi]$，$a = 3$．

（2）$\rho = a \cdot \sin b\theta + b \cdot \cos a\theta$，$\theta \in [0, 2\pi]$，$a = 1$，$b = 2$．

5．已知含参数 n 的显函数 $y = \dfrac{nx}{1 + x^2}$，$x \in [0, 10]$，

（1）分别令 $n = 1, 5, 10$，将所得曲线 c_1、c_2、c_3 放在同一坐标平面上；

（2）用不同颜色或者不同线型将 c_1、c_2、c_3 区分开来；

（3）在 c_1、c_2、c_3 附近加上标注 $n = 1$，$n = 5$，$n = 10$；

（4）将得到的图形加上网格线；

（5）在 x 轴与 y 轴附近加上标注 Ox 与 Oy．

6．求下列多项式的所有的根，并进行验算：

（1）$x^2 + x - 1$

（2）$3x^5 - 4x^2 + 2x - 1$

（3）$5x^{23} - 6x^7 + 8x^6 - 5x^2$

（4）$(2x + 3)^3 - 4$（提示：先用 conv 展开）

7．求下列方程（组）的精确解（或符号解）：

（1）$x^3 - 5x^2 + 3x + 6 = 0$　　　　（2）$x^4 - 4x^2 + 3 = 0$

（3）$\sqrt{x^2 - 1} + \sqrt{x^2 + 1} = c$　　　　（4）$\begin{cases} x - y = m \\ x^2 + y^2 = n \end{cases}$

总习题二

一、填空题

1．函数 $f(x) = \dfrac{1}{\ln(x - 2)} + \sqrt{5 - x}$ 的定义域是_____．

2．函数 $f(x) = \begin{cases} x + 1, & -2 \leqslant x < 0 \\ 2, & x = 0 \\ x^2 + 2, & 0 < x \leqslant 3 \end{cases}$ 的定义域是_____．

3．设 $y = f(x)$ 的定义域为 $[1, 2]$，则 $f(1 - \ln x)$ 的定义域是_____．

4．函数 $f(x) = \sqrt{x^2 + 3}$ 的值域是_____．

5．函数 $y = -x^2 + 1$ 在区间 $(-\infty, 0]$ 内单调_____，在区间 $[0, +\infty)$ 内单调_____．

6．函数 $y = |\sin x|$ 的周期是_____．

7. 设 $f(x) = \begin{cases} \dfrac{x}{2}, & x > 1 \\ x, & x \leqslant 1 \end{cases}$ ，则 $f[f(2)] = $ _____．

8. 若 $f(x) = e^{x-1}$ ，则 $f[\ln f(x)] = $ _____．

9. 函数 $y = \dfrac{1-x}{1+x}$ 的反函数是_____．

10. 函数 $y = e^u$ ，$u = \sin v$ ，$v = 3 + x$ 的复合而成的复合函数是_____．

二、选择题

1. 函数 $f(x) = \dfrac{1}{x(x^2 - 1)}$ 在（ ）所示的区间内有界．

    A. $(-1, 0)$ B. $(0, 1)$ C. $(1, 2)$ D. $(2, 3)$

2. 函数 $y = \ln|\sin \pi x|$ 的值域是（ ）．

    A. $[-1, 1]$ B. $[0, 1]$ C. $(-\infty, 0)$ D. $(-\infty, 0]$

3. 函数 $f(x) = x \dfrac{a^x - 1}{a^x + 1}(a > 0, a \neq 1)$ （ ）．

    A. 是奇函数   B. 是偶函数

    C. 既是奇函数又是偶函数   D. 是非奇非偶函数

4. 设函数 $f(x)$ 的定义域是全体实数，则函数 $f(x) \cdot f(-x)$ 是（ ）．

    A. 单调减函数   B. 有界函数

    C. 偶函数   D. 周期函数

5. 下列函数中（ ）是偶函数．

    A. $|f(x)|$ B. $f(|x|)$

    C. $f^2(x)$ D. $f(x) - f(-x)$

6. 如果奇函数 $f(x)$ 在 $[3,7]$ 上是增函数，且最小值为 5，那么 $f(x)$ 在 $[-7,-3]$ 上是（ ）．

    A. 增函数且最小值为 -5 B. 增函数且最大值为 -5

    C. 减函数且最小值为 -5 D. 减函数且最大值为 -5

7. 已知函数 $f(x)$ 的图象过点，则 $f(4-x)$ 的反函数的图象一定过点（ ）．

    A. $(3, 0)$ B. $(0, 3)$ C. $(4, 1)$ D. $(1, 4)$

8. 若函数 $f(x + \dfrac{1}{x}) = x^2 + \dfrac{1}{x^2}$ ，则 $f(x) = $ （ ）．

    A. x^2 B. $x^2 - 2$ C. $(x-1)^2$ D. $x^2 - 1$

9. 下列函数中不是基本初等函数的是（ ）．

    A. $y = (\dfrac{1}{e})^x$ B. $y = \ln x^2$ C. $y = \dfrac{\sin x}{\cos x}$ D. $y = \sqrt[3]{x^5}$

10. 设函数 $f(x) = \begin{cases} \cos x, & x \leqslant 0 \\ 0, & x > 0 \end{cases}$ ，则下列式子成立的是（ ）．

    A. $f(-\dfrac{\pi}{4}) = f(\dfrac{\pi}{4})$ B. $f(0) = f(2\pi)$

C. $f(0) = f(-2\pi)$ \qquad\qquad D. $f(\dfrac{\pi}{4}) = \dfrac{\sqrt{2}}{2}$

三、解答题

1. 将函数 $y = 5 - |2x-1|$ 用分段函数表示，并作出函数图形.

2. 设 $f(x+1) = \begin{cases} x^2, & 0 \leqslant x \leqslant 1 \\ 2x, & 1 < x \leqslant 2 \end{cases}$，求 $f(x)$，$f(x-1)$.

3. 已知 $f(x) = \sin x$，$f(\varphi(x)) = 1 - x^2$，求 $\varphi(x)$ 的定义域.

4. 设 $F(x) = f(x)(\dfrac{1}{2^x+1} - \dfrac{1}{2})$，已知 $f(x)$ 为奇函数，判断 $F(x)$ 的奇偶性.

5. 拟建一个容积为 V 的长方形开口水池，设它的底为正方形，已知池底所用材料单位面积的造价是四壁单位面积造价的 2 倍，试将总造价 W 表示成水池高度 h 的函数，并确定此函数的定义域.

6. 用铁皮做一个容积为 V 的圆柱形有盖罐头筒，试将它的表面积 S 表示成底半径 r 的函数，并确定此函数的定义域.

第 3 章 导数与微分

函数刻画变量与变量间的对应关系，仅通过函数关系求得函数值还不能满足生产、生活的需要．例如，考察某商品的需求量与商品价格间的关系：$Q = f(p)$，这里 p 是价格，f 是需求关系，试问当价格 p 发生波动时，需求量 Q 将如何变化？这个问题显然比 p 取定值时，简单地计算出 Q 要有意义的多．自然想到问题：对函数 $y = f(x)$，当自变量 x 变化时，函数关系（对应或法则）f 将如何变化？这正是本章要探讨的问题．

考查自变量 x 的变化，引起因变量 y 是如何变化的，就不得不引入极限概念，进而介绍极限的性质，运算法则等，在此基础上，讨论应用最广泛的一类特殊极限——导数或微分，从而为后续学习打好基础．

3.1 函数的极限

3.1.1 函数的极限

极限的思想是由求解某些实际问题的精确解而产生的．例如，战国时期哲学家庄周在《庄子·天下篇》中引用过惠施的一句话："一尺之棰，日取其半，万世不竭."隐含了深刻的极限思想．意思是指，一根一尺长的杖子，今天取其一半，明天取其一半的一半，后天再取其一半的一半的一半，如此"日取其半"，总有一半留下，但是杖子的长度越来越小，越来越接近于零，我们就说其极限是零．

又如，魏晋时期数学家刘徽利用圆内接正多边形来推算圆面积的方法——割圆术，就是极限思想在几何上的应用．我们知道，半径为 r 的圆内接正多边形面积 S_n（n 为正多边的边数），随着边数 n 的无限增加，多边形的面积 S_n 与圆的面积之差越来越小（如图 3-1），多边形面积的极限就是圆的面积．

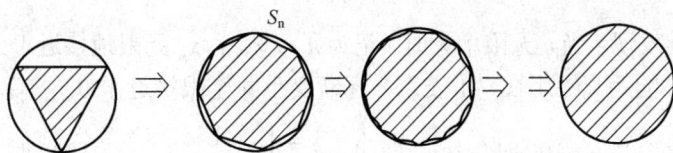

图 3-1

1. 数列的极限

定义 1 设 N 为自然数集，若按某一法则 f，对每个 $n \in N$，对应一个确定的实数 $x_n = f(n)$，这些实数 x_n 按照下标从小到大排列得到一个序列

$$x_1, x_2, \cdots, x_n, \cdots$$

就叫**数列**，记为 $\{x_n\}$．数列中的每一个数叫**数列的项**，x_1 称为**数列的首项**，x_n 称为**数列的通**

项（或一般项）.

例如，$x_n = (\frac{1}{2})^n$ 表示数列：$\frac{1}{2}$，$\frac{1}{4}$，$\frac{1}{8}$，$\frac{1}{16}$，…

$x_n = 1 + \frac{1}{n}$ 表示数列：2，$\frac{3}{2}$，$\frac{4}{3}$，$\frac{5}{4}$，…

由定义 1 可知，数列既可看作是数轴上的一个动点，它在数轴上依次取值 $x_1, x_2, \cdots, x_n, \cdots$（见图 3-2），也可看作是自变量为正整数 n 的函数

$$x_n = f(n)$$

其定义域是全体正整数，当自变量 n 依次取 1，2，3，…时，对应的函数值就排成数列 $\{x_n\}$，如图 3-3 所示. 所以说，数列是一个特殊的函数.

图 3-2

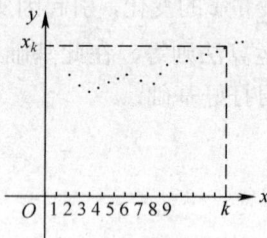

图 3-3

极限的概念最初是在运动观点的基础上，凭借几何直观产生的直觉用自然语言来定性描述的. 下面以横轴表示整标 n，纵轴表示数列取值 x_n，作 $x_n = 1 + \frac{1}{n}$ 的图形，如图 3-4 所示.

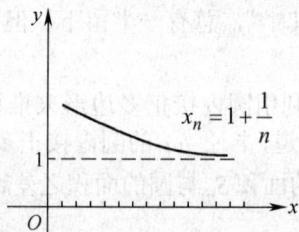

图 3-4

观察上图不难发现，当 n 无限增大时（记为 $n \to \infty$），x_n 无限地接近于 1. 或者说，随着 n 无限增大，x_n 与 1 的距离（用 $|x_n - 1|$ 表示）逐渐变小并无限接近于 0. 实际上，由数列的通项表达式也容易知道，当 $n > 100$ 时，$|x_n - 1| = \left|1 + \frac{1}{n} - 1\right| < \frac{1}{100}$；当 $n > 1000$ 时，$|x_n - 1| < \frac{1}{1000}$；当 $n > 10000$ 时，$|x_n - 1| < \frac{1}{10000}$；…. 根据以上分析，定义数列极限如下：

定义 2 设 $\{x_n\}$ 是一个数列，a 是一个常数. 如果当数列的项数 n 无限增大时，数列的通项 x_n 无限接近于常数 a，即 x_n 与 a 的距离无限接近于 0. 则称 a 为数列 $\{x_n\}$ 当 $n \to \infty$ 时的**极限**，或称数列 $\{x_n\}$ **收敛**于 a，记为

$$\lim_{n \to \infty} x_n = a，\quad 或 \quad x_n \to a (n \to \infty)$$

如果一个数列没有极限，则称这个数列是**发散**的. 例如，当 $n \to \infty$ 时，$x_n = (\frac{1}{2})^n$ 收敛于 0；$y_n = 1 + \frac{1}{n}$ 收敛于 1；而 $z_n = 2n \to \infty$，无极限，所以它是发散的；$w_n = (-1)^n$ 时而取 1，时而取 -1，我们说它是振荡无极限，因而也是发散的.

如果一个数列 $\{x_n\}$：

$$x_n = C, \quad n = 1, 2, \cdots$$

这里 C 是一个常数. 很明显，它的极限是 C，则称这个数列是平凡的.

数列是定义于正整数集合上的函数 $x_n = f(n)$，它的极限可看作一种特殊函数（整标函数）的极限. 若将数列极限概念中自变量 n 和函数 $f(n)$ 的特殊性撇开，可以由此引出函数极限的一般概念：在自变量 x 的某个变化过程中，如果对应的函数值 $f(x)$ 无限接近于某个确定的常数 A，则称 A 为 x 在该变化过程中函数 $f(x)$ 的极限. 显然，极限 A 的值与自变量 x 的变化过程紧密联系，自变量的变化过程不同，函数的极限就有不同的结果. 下面分下列两种情况来讨论：

（1）自变量趋于无穷大$(x \to \infty)$时函数的极限；

（2）自变量趋于有限值$(x \to x_0)$时函数的极限.

2．$x \to \infty$ 时函数的极限

$x \to \infty$ 表示 $|x|$ 无限增大，也就是 x 的取值往实轴的两端无限延伸；当 $x > 0$ 且无限增大时，记为 $x \to +\infty$，表示 x 的取值往实轴的正方向无限延伸；当 $x < 0$ 且无限减小时，记为 $x \to -\infty$，表示 x 的取值往实轴的负方向无限延伸.

观察函数 $y = \frac{1}{x}$ 的图形，如图 3-5 所示. 易见，当 $|x|$ 无限增大时，函数的图形无限接近于 x 轴，在几何上，相当于双曲线 $y = \frac{1}{x}$ 具有水平渐近线 $y = 0$. 显然，随着 $|x|$ 无限增大，双曲线上的点与 x 轴上的点的距离逐渐变小并无限接近于 0. 因此，0 便是函数 $y = \frac{1}{x}$ 当 $x \to \infty$ 时的极限. 一般地，有

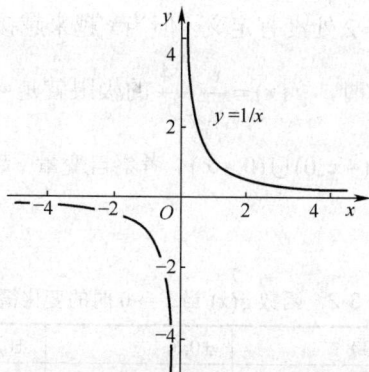

图 3-5

定义 3　设 X 是一个正数，A 为常数，函数 $f(x)$ 当 $x > X$ 时有定义. 如果当 x 无限增大时，对应的函数值 $f(x)$ 无限接近于 A，即 $f(x)$ 与 A 的距离无限接近于 0，则称 A 为函数 $f(x)$

当 $x \to +\infty$ 时的极限. 记为

$$\lim_{x \to +\infty} f(x) = A \text{ 或 } f(x) \to A \quad (x \to +\infty) \text{ 或 } f(+\infty) = A$$

若函数 $f(x)$ 当 $x < -X$ 时有定义, 且当 $|x|$ 无限增大时, 对应的函数值 $f(x)$ 无限接近于 A, 则称 A 为函数 $f(x)$ 当 $x \to -\infty$ 时的极限. 记为

$$\lim_{x \to -\infty} f(x) = A \text{ 或 } f(x) \to A \quad (x \to -\infty) \text{ 或 } f(-\infty) = A$$

更一般地, 若函数 $f(x)$ 当 $|x| > X$ 时有定义, 且当 $|x|$ 无限增大时, 对应的函数值 $f(x)$ 无限接近于 A, 则称 A 为函数 $f(x)$ 当 $x \to \infty$ 时的极限. 记为

$$\lim_{x \to \infty} f(x) = A \text{ 或 } f(x) \to A \, (x \to \infty) \text{ 或 } f(\infty) = A$$

根据以上定义, 不难知道有如下定理成立.

定理1 $\lim\limits_{x \to \infty} f(x) = A \Leftrightarrow \lim\limits_{x \to +\infty} f(x) = \lim\limits_{x \to -\infty} f(x) = A$.

例1 考察函数 $y = \arctan x$ 当 $x \to -\infty$ 和 $x \to +\infty$ 时的极限.

解 当 $x \to -\infty$ 时, 函数 $y = \arctan x$ 的图形无限接近于 $y = -\dfrac{\pi}{2}$, 即 $\lim\limits_{x \to -\infty} \arctan x = -\dfrac{\pi}{2}$;

当 $x \to +\infty$ 时, 函数 $y = \arctan x$ 的图形无限接近于 $y = \dfrac{\pi}{2}$, 即 $\lim\limits_{x \to +\infty} \arctan x = \dfrac{\pi}{2}$.

从而根据定理1可知: $\lim\limits_{x \to \infty} \arctan x$ 不存在.

3. $x \to x_0$ 时函数的极限

例2 设 $f(x) = \dfrac{x^2 - 4}{x - 2}$, $x \in (-\infty, 2) \bigcup (2, +\infty)$. 考察自变量 x 趋于 2 时, 函数 $f(x)$ 的变化规律.

解 通过计算得到表 3-1.

表 3-1 函数 $f(x)$ 当 $x \to 2$ 时的变化情况

x	1.5	1.75	1.9	1.99	1.9999	...	2.0001	2.01	2.1	2.25	2.5
$f(x)$	3.5	3.75	3.9	3.99	3.9999	...	4.0001	4.01	4.1	4.25	4.5

不难看出, 虽然 $f(x)$ 在 $x = 2$ 处没有定义, 但当 x 越来越接近 2 时, $f(x)$ 与 4 的差越来越接近于 0. 这时我们称当 $x \to 2$ 时, $f(x) = \dfrac{x^2 - 4}{x - 2}$ 的极限就是 4.

例3 设 $g(x) = \dfrac{\sin x}{x}$, $x \in (-\infty, 0) \bigcup (0, +\infty)$. 考察自变量 x 趋于 0 时, 函数 $g(x)$ 的变化规律.

解 通过计算得到表 3-2.

表 3-2 函数 $g(x)$ 当 $x \to 0$ 时的变化情况

$x(\text{rad})$	± 1.0	± 0.8	± 0.6	± 0.5	± 0.4
$\dfrac{\sin x}{x}$	0.84147	0.89670	0.94107	0.95885	0.97355
$x(\text{rad})$	± 0.3	± 0.2	± 0.1	± 0.01	$\cdots \to 0$
$\dfrac{\sin x}{x}$	0.98507	0.99335	0.99833	0.99998	$\cdots \to 1$

由上表可知，$g(x)$ 在 $x = 0$ 处也没有定义，但当 x 越来越接近 0 时，$g(x)$ 与 1 的差越来越接近于 0. 这时我们称当 $x \to 0$ 时，函数 $g(x) = \dfrac{\sin x}{x}$ 的极限是 1. 这个极限是后面将要介绍的第一个重要极限.

由上面两个例子可以看出，考虑一个函数 $f(x)$ 当 $x \to x_0$ 时的极限，本质上是在考察当自变量 x 接近于点 x_0 时，对应的函数值 $f(x)$ 是否会接近于一个固定的常数 A. 这与函数 $f(x)$ 在点 x_0 处有没有定义并无关系. 因此有

定义 4 设函数 $f(x)$ 在点 x_0 的某去心邻域内有定义，A 为常数. 如果当 x 无限接近于 x_0 时，对应的函数值无限接近于 A，即 $f(x)$ 与 a 的距离无限接近于 0. 则称 A 为函数 $f(x)$ 当 $x \to x_0$ 时的极限. 记为

$$\lim_{x \to x_0} f(x) = A \quad \text{或} \quad f(x) \to A \quad (x \to x_0)$$

在上述定义中，$x \to x_0$ 是指自变量 x 既从 x_0 的左侧也从 x_0 的右侧趋于 x_0. 但有时候只能或只需考虑 x 从 x_0 的其中一侧趋于 x_0. 如果函数 $f(x)$ 在点 x_0 的某去心左邻域内有定义（此时 $x < x_0$），当 x 从 x_0 的左侧趋于 x_0 时，对应的函数值无限接近于常数 A，则称 A 为函数 $f(x)$ 在点 x_0 处的**左极限**，记为

$$\lim_{x \to x_0^-} f(x) = A \quad \text{或} \quad f(x) \to A \quad (x \to x_0^-) \text{或} f(x_0 - 0) = A$$

类似地，可定义函数 $f(x)$ 在点 x_0 处的**右极限**

$$\lim_{x \to x_0^+} f(x) = A \quad \text{或} \quad f(x) \to A \quad (x \to x_0^+) \text{或} f(x_0 + 0) = A$$

注意：$f(x_0 - 0)$ 和 $f(x_0 + 0)$ 不是函数值符号，而是函数的左、右极限符号.

左极限与右极限统称为**单侧极限**. 结合定义 4 以及左、右极限的定义，有如下定理：

定理 2 $\lim\limits_{x \to x_0} f(x) = A \Leftrightarrow \lim\limits_{x \to x_0^-} f(x) = \lim\limits_{x \to x_0^+} f(x) = A$.

定理 2 指出，函数 $f(x)$ 当 $x \to x_0$ 时极限存在的充分必要条件是左、右极限各自存在并且相等. 因此，即使左、右极限都存在，但若不相等，则 $\lim\limits_{x \to x_0} f(x)$ 也不存在.

例 4 考察函数 $f(x) = \begin{cases} x - 1, & x < 0 \\ 0, & x = 0 \\ x + 1, & x > 0 \end{cases}$ 当 $x \to 0$ 时的极限.

解 当 $x \to 0$ 时，函数极限不存在.（见图 3-6）

这是因为，$\lim\limits_{x \to 0^-} f(x) = \lim\limits_{x \to 0^-} (x - 1) = -1$，

$\lim\limits_{x \to 0^+} f(x) = \lim\limits_{x \to 0^+} (x + 1) = 1$，

$\lim\limits_{x \to 0^-} f(x) \neq \lim\limits_{x \to 0^+} f(x)$.

例 5 定义函数

$$f(x) = \begin{cases} x - 1, & x \neq 1 \\ 2, & x = 1 \end{cases}，\text{求下列极限}：$$

（1）$\lim\limits_{x \to 1} f(x)$；　　　（2）$\lim\limits_{x \to 2} f(x)$.

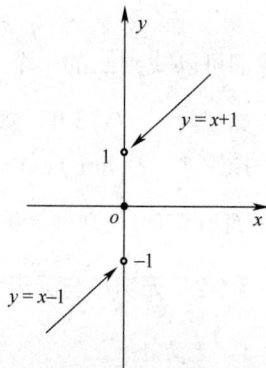

图 3-6

解 函数图形如图 3-7 所示.

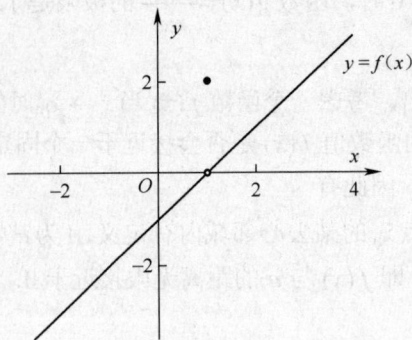

图 3-7

（1）因为 $\lim\limits_{x\to 1^-} f(x)=0$，$\lim\limits_{x\to 1^+} f(x)=0$，所以 $\lim\limits_{x\to 1} f(x)=0$.

（2）同理可得，$\lim\limits_{x\to 2} f(x)=1$.

一般地，分段函数在分段点要考虑左右极限，在其它点可以不考虑. 另外，本节所给出的极限定义是建立在直观的几何概念——距离之上的，其形式较为简单也易于理解. 现代数学中，更为严谨的极限定义是由法国数学家柯西（Cauchy）提出，后为德国数学家维尔斯特拉斯（Weierstrass）总结得到的"$\varepsilon-N$"和"$\varepsilon-\delta$"定义，其形式详见本节后的附录.

下面再给出函数极限的三条性质，其证明从略.

性质 1（函数极限的唯一性） 若 $\lim\limits_{x\to x_0} f(x)$ 存在，则这极限是唯一的.

性质 2（函数极限的局部有界性） 若 $\lim\limits_{x\to x_0} f(x)=A$，则存在常数 $M>0$，使得在 x_0 的某去心邻域内有 $|f(x)|\le M$.

性质 3（函数极限的局部保号性） 若 $\lim\limits_{x\to x_0} f(x)=A$，且 $A>0$（或 $A<0$），则在 x_0 的某去心邻域内有 $f(x)>0$（或 $f(x)<0$）.

例如，设 $f(x)=x+2$，$x_0=1$，则 $\lim\limits_{x\to x_0} f(x)=3=A>0$，因

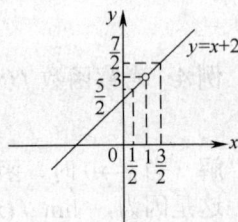

此我们可以找到 x_0 的一个去心邻域 $\mathring{U}(1,\frac{1}{2})=(\frac{1}{2},1)\cup(1,\frac{3}{2})$，在该去心邻域内，$f(x)>0$，如图 3-8 所示.

图 3-8

推论 1 若 $\lim\limits_{x\to x_0} f(x)=A$，且在 x_0 的某去心邻域内 $f(x)\ge 0$（或 $f(x)\le 0$），则 $A\ge 0$（或 $A\le 0$）.

3.1.2 无穷小与无穷大

1. 无穷小

定义 5 如果函数 $f(x)$ 当 $x\to x_0$（或 $x\to\infty$）时的极限为零，那么称函数 $f(x)$ 为当 $x\to x_0$（或 $x\to\infty$）时的**无穷小**，即

$$\lim\limits_{\substack{x\to x_0\\(x\to\infty)}} f(x)=0$$

例如，因为 $\lim\limits_{x\to\infty}\dfrac{1}{x}=0$，所以函数 $f(x)=\dfrac{1}{x}$ 为当 $x\to\infty$ 时的无穷小；因为 $\lim\limits_{x\to 1}(x-1)=0$，所以函数 $f(x)=x-1$ 为当 $x\to 1$ 时的无穷小.

注意：无穷小不是绝对值很小的常数. 无穷小是指自变量的某一变化过程中，以零为极限的函数. 零是唯一一个可以作为无穷小的常数.

无穷小具有下列性质：

性质 1　有限个无穷小的代数和仍为无穷小.

例如，当 $x\to 0$ 时，x 与 $\sin x$ 都是无穷小，$x+\sin x$ 也是无穷小.

性质 2　有限个无穷小的乘积仍为无穷小.

性质 3　无穷小与有界函数的乘积仍为无穷小.

例 6　求 $\lim\limits_{x\to\infty}\dfrac{\sin x}{x}$.

解　因为 $\dfrac{\sin x}{x}=\dfrac{1}{x}\cdot\sin x$，当 $x\to\infty$ 时，$\dfrac{1}{x}$ 是无穷小，$\sin x$ 的极限不存在，但 $\sin x$ 在 $(-\infty,+\infty)$ 上有界. 由性质 3 可得　$\lim\limits_{x\to\infty}\dfrac{\sin x}{x}=0$.

无穷小与有极限的函数之间有一个很重要的联系，下面不加证明地给出如下定理：

定理 3　在自变量的同一变化过程中，函数 $f(x)$ 以 A 为极限的充分必要条件是：

$$f(x)=A+\alpha$$

其中 α 是该过程中的无穷小，这个过程指 $x\to x_0$（或 $x\to\infty$）.

定理 3 的结论在今后的学习中有重要的应用，尤其是在理论推导或证明中. 它将函数极限的运算转化为常数与无穷小的代数运算.

2. 无穷大

定义 6　如果对于任意给定的正数 M（不论它多么大），总存在 x_0 的某去心邻域（或正数 X），使得该去心邻域内（或 $|x|>X$）的一切 x 对应的函数值 $f(x)$ 都满足不等式

$$|f(x)|>M$$

则称函数 $f(x)$ 当 $x\to x_0$（或 $x\to\infty$）时为**无穷大**，记为

$$\lim\limits_{x\to x_0}f(x)=\infty \text{ 或 } \lim\limits_{x\to\infty}f(x)=\infty.$$

例如，对于 $\lim\limits_{x\to\infty}f(x)=\infty$ 的情形，设 $f(x)=x^2$，任取正数 $M=10000$，则存在 $X=100$，使得当 $|x|>X=100$ 时，$|f(x)|>M=10000$，如图 3-9 所示.

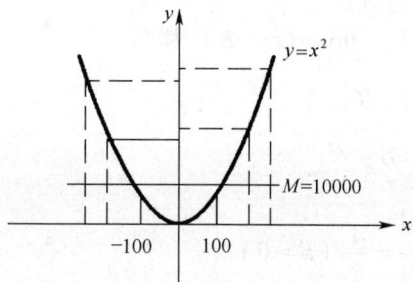

图 3-9

关于无穷大，不可与很大的数混为一谈，它体现了函数值变化的性态．按通常定义来说，极限是不存在的，但是为了叙述函数这一性态的方便，也说"函数的极限为无穷大"．

如果在无穷大的定义中，把 $|f(x)| > M$ 换成 $f(x) > M$（或 $f(x) < -M$），则称函数 $f(x)$ 当 $x \to x_0$（或 $x \to \infty$）时为**正无穷大**（或**负无穷大**），记为

$$\lim_{\substack{x \to x_0 \\ (x \to \infty)}} f(x) = +\infty , \quad \lim_{\substack{x \to x_0 \\ (x \to \infty)}} f(x) = -\infty .$$

例如，函数 $f(x) = \dfrac{1}{x}$ 当 $x \to 0^+$ 时为正无穷大，即 $\lim\limits_{x \to 0^+} \dfrac{1}{x} = +\infty$；当 $x \to 0^-$ 时为负无穷大，即 $\lim\limits_{x \to 0^-} \dfrac{1}{x} = -\infty$；当 $x \to 0$ 时，$f(x)$ 为无穷大．

又如，当 $x \to -\infty$ 时，$a^x \to +\infty (0 < a < 1)$，是正无穷大；当 $x \to 0^+$ 时，$\ln x \to -\infty$，是负无穷大，等等．

例 7　求 $\lim\limits_{x \to \infty} e^x$．

解　因为 $\lim\limits_{x \to +\infty} e^x = +\infty$，$\lim\limits_{x \to -\infty} e^x = 0$，所以根据定理 1 可知 $\lim\limits_{x \to \infty} e^x$ 不存在．

无穷小与无穷大之间有一种简单的关系，即

定理 4　在自变量的同一变化过程中，如果 $f(x)$ 为无穷大，且 $f(x) \neq 0$，则 $\dfrac{1}{f(x)}$ 为无穷小；反之，如果 $f(x)$ 为无穷小，且 $f(x) \neq 0$，则 $\dfrac{1}{f(x)}$ 为无穷大．

根据这个定理，我们可将无穷大的讨论归结为关于无穷小的讨论．

例 8　求 $\lim\limits_{x \to \infty} \dfrac{x^4}{x^3 + 5}$．

解　因为

$$\lim_{x \to \infty} \frac{x^3 + 5}{x^4} = \lim_{x \to \infty} \left(\frac{1}{x} + \frac{5}{x^4} \right) = 0$$

所以，根据无穷小与无穷大的关系有

$$\lim_{x \to \infty} \frac{x^4}{x^3 + 5} = \infty .$$

3.1.3　极限的运算法则

关于极限的运算，有如下定理：

定理 5　如果 $\lim\limits_{x \to x_0} f(x) = A$，$\lim\limits_{x \to x_0} g(x) = B$，那么

（1）$\lim\limits_{x \to x_0} [f(x) \pm g(x)] = A \pm B$；

（2）$\lim\limits_{x \to x_0} [f(x) \cdot g(x)] = A \cdot B$；

（3）$\lim\limits_{x \to x_0} \dfrac{f(x)}{g(x)} = \dfrac{\lim\limits_{x \to x_0} f(x)}{\lim\limits_{x \to x_0} g(x)} = \dfrac{A}{B}$（$B \neq 0$）．

这些法则对于 $x \to \infty$ 时的情况也成立.

证 这里只给出（1）的证明.

因为 $\lim\limits_{x \to x_0} f(x) = A$，$\lim\limits_{x \to x_0} g(x) = B$，根据极限与无穷小的关系，当 $x \to x_0$ 有

$$f(x) = A + \alpha , \quad g(x) = B + \beta$$

其中 α 及 β 为 $x \to x_0$ 时的无穷小. 于是

$$f(x) \pm g(x) = (A + \alpha) \pm (B + \beta) = (A \pm B) + (\alpha \pm \beta)$$

即 $f(x) \pm g(x)$ 可表示为常数 $A \pm B$ 与无穷小 $\alpha \pm \beta$ 之和. 因此

$$\lim\limits_{x \to x_0} [f(x) \pm g(x)] = \lim\limits_{x \to x_0} [(A \pm B) + (\alpha \pm \beta)] = A \pm B .$$

上述极限运算法则表明：函数的和、差、积、商（分母的极限不为 0）的极限等于它们极限的和、差、积、商，而且法则（1）、（2）可以推广到有限多个具有极限的函数的情形.

推论 1 $\lim\limits_{x \to x_0} [Cf(x)] = C \lim\limits_{x \to x_0} f(x)$ （ C 为常数）

即常数因子可以提到极限符号外面.

推论 2 $\lim\limits_{x \to x_0} [f(x)]^n = [\lim\limits_{x \to x_0} f(x)]^n$

注意： 上述定理给求极限带来很大方便，但应注意，运用该定理的前提是被运算的各个函数的极限必须存在，并且在除法运算中，还要求分母的极限不为零.

例 9 求 $\lim\limits_{x \to 1} (2x - 1)$.

解 $\lim\limits_{x \to 1} (2x - 1) = \lim\limits_{x \to 1} 2x - \lim\limits_{x \to 1} 1 = 2 \lim\limits_{x \to 1} x - 1 = 2 \cdot 1 - 1 = 1 .$

例 10 求 $\lim\limits_{x \to 2} \dfrac{x^3 - 1}{x^2 - 5x + 3}$.

解 $\lim\limits_{x \to 2} \dfrac{x^3 - 1}{x^2 - 5x + 3} = \dfrac{\lim\limits_{x \to 2}(x^3 - 1)}{\lim\limits_{x \to 2}(x^2 - 5x + 3)} = \dfrac{\lim\limits_{x \to 2} x^3 - \lim\limits_{x \to 2} 1}{\lim\limits_{x \to 2} x^2 - 5 \lim\limits_{x \to 2} x + \lim\limits_{x \to 2} 3}$

$$= \dfrac{(\lim\limits_{x \to 2} x)^3 - 1}{(\lim\limits_{x \to 2} x)^2 - 5 \cdot 2 + 3} = \dfrac{2^3 - 1}{2^2 - 10 + 3} = -\dfrac{7}{3} .$$

从上面这个例子可以注意到，函数的极限值就是将 x_0 代替函数中的 x 算出的结果. 事实上，对于有理整函数（多项式）及有理分式函数，当将 x_0 代替函数中的 x 且分母不等于零时，这种做法都是可行的. 即

设多项式 $P(x) = a_0 x^n + a_1 x^{n-1} + \ldots + a_{n-1} x + a_n$，则

$$\lim\limits_{x \to x_0} P(x) = P(x_0)$$

又设有理分式函数 $F(x) = \dfrac{P(x)}{Q(x)}$，其中 $P(x), Q(x)$ 为多项式，若 $Q(x_0) \neq 0$，则

$$\lim\limits_{x \to x_0} F(x) = \lim\limits_{x \to x_0} \dfrac{P(x)}{Q(x)} = \dfrac{\lim\limits_{x \to x_0} P(x)}{\lim\limits_{x \to x_0} Q(x)} = \dfrac{P(x_0)}{Q(x_0)} = F(x_0)$$

但必须注意，若 $Q(x_0)=0$，则关于商的结论不能应用，需要特别考虑.

例 11　求 $\lim\limits_{x\to3}\dfrac{x-3}{x^2-9}$.

解　当 $x\to3$ 时，分母的极限为 0，这时不能应用法则（3）. 但在 $x\to3$ 的过程中，由于 $x\neq3$，即 $x-3\neq0$，而分子及分母有公因式 $(x-3)$，故在分式中可约去极限为零的公因式 $(x-3)$，所以

$$\lim_{x\to3}\frac{x-3}{x^2-9}=\lim_{x\to3}\frac{x-3}{(x+3)(x-3)}=\lim_{x\to3}\frac{1}{x+3}=\frac{\lim\limits_{x\to3}1}{\lim\limits_{x\to3}x+\lim\limits_{x\to3}3}=\frac{1}{3+3}=\frac{1}{6}.$$

例 12　求 $\lim\limits_{x\to1}\dfrac{2x-3}{x^2-5x+4}$.

解　$\lim\limits_{x\to1}\dfrac{x^2-5x+4}{2x-3}=\dfrac{1^2-5\cdot1+4}{2\cdot1-3}=0$，根据无穷大与无穷小的关系得

$$\lim_{x\to1}\frac{2x-3}{x^2-5x+4}=\infty.$$

例 13　求 $\lim\limits_{x\to\infty}\dfrac{2x^3-x^2+5}{3x^3-2x-1}$.

解　当 $x\to\infty$ 时，分子、分母的极限均为 ∞，即 $\dfrac{\infty}{\infty}$ 型. 当 $x\to\infty$ 时，$\dfrac{1}{x}\to0$，我们先把分子、分母同时除以 x^3，然后分子、分母取极限，得

$$\lim_{x\to\infty}\frac{2x^3-x^2+5}{3x^3-2x-1}=\lim_{x\to\infty}\frac{2-\dfrac{1}{x}+\dfrac{5}{x^3}}{3-\dfrac{2}{x^2}-\dfrac{1}{x^3}}=\frac{2}{3}.$$

例 14　求 $\lim\limits_{x\to\infty}\dfrac{2x^3-x^2+5}{3x^4-2x-1}$.

解　先把分子、分母同时除以 x^4，然后分子、分母取极限，得

$$\lim_{x\to\infty}\frac{2x^3-x^2+5}{3x^4-2x-1}=\lim_{x\to\infty}\frac{\dfrac{2}{x}-\dfrac{1}{x^2}+\dfrac{5}{x^4}}{3-\dfrac{2}{x^3}-\dfrac{1}{x^4}}=\frac{0}{3}=0.$$

例 15　求 $\lim\limits_{x\to\infty}\dfrac{2x^5-x^2+5}{3x^3-2x-1}$.

解　因为

$$\lim_{x\to\infty}\frac{3x^3-2x-1}{2x^5-x^2+5}=\lim_{x\to\infty}\frac{\dfrac{3}{x^2}-\dfrac{2}{x^4}-\dfrac{1}{x^5}}{2-\dfrac{1}{x^3}+\dfrac{5}{x^5}}=0$$

根据无穷小与无穷大的关系，有

$$\lim_{x \to \infty} \frac{2x^5 - x^2 + 5}{3x^3 - 2x - 1} = \infty .$$

注意：求有理函数 $f(x) = \dfrac{a_0 x^n + a_1 x^{n-1} + \cdots + a_n}{b_0 x^m + b_1 x^{m-1} + \cdots + b_m}$（$a_0 \neq 0, b_0 \neq 0$）的极限时，可以把分子、分母同时除以分子、分母的最高次幂，然后分子、分母分别求极限，有如下结论：

$$\lim_{x \to \infty} \frac{a_0 x^n + a_1 x^{n-1} + \cdots + a_n}{b_0 x^m + b_1 x^{m-1} + \cdots + b_m} = \begin{cases} 0, & n < m \\ \dfrac{a_0}{b_0}, & n = m \\ \infty, & n > m \end{cases} .$$

附录：数列及函数极限的定义

1. **数列极限的 $\varepsilon - N$ 定义**

定义 设 $\{x_n\}$ 是一个数列，如果存在一个实数 a，对于任意给定的正数 ε，总存在一个正整数 N，使得当 $n > N$ 时

$$|x_n - a| < \varepsilon$$

恒成立，则称 a 是数列 $\{x_n\}$ 的极限，或称数列 $\{x_n\}$ 收敛于 a，记为

$$\lim_{n \to \infty} x_n = a \text{ 或 } x_n \to a \, (n \to \infty)$$

在这个定义中，$|x_n - a| < \varepsilon$ 是指以 a 为中心，ε 为半径的去心邻域 $\overset{\circ}{U}(a, \varepsilon)$，$n > N$ 是指从 x_{N+1} 项起的后面诸项. 从几何上看，$\lim\limits_{n \to \infty} x_n = a$ 是指从 x_{N+1} 项起，数列 $\{x_n\}$ 所有项都要落在 $\overset{\circ}{U}(a, \varepsilon)$ 内. 至于 ε 的任意性，意味着 $\overset{\circ}{U}(a, \varepsilon)$ 可以任意收缩，而不管它如何小，数列总有从某项开始起全部项落在其中，a 就成了这个数列最终凝聚的地方. 如图 3-10 所示.

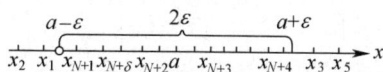

图 3-10

2. **函数的极限的 $\varepsilon - X$ 定义**

定义 设函数 $f(x)$ 当 $|x|$ 大于某一正数时有定义，如果存在常数 A，对于任意给定的正数 ε，总存在一个 $X > 0$，使得当 $|x| > X$ 时

$$|f(x) - A| < \varepsilon$$

恒成立，则称 A 为 $f(x)$ 当 $x \to \infty$ 时的极限，记为

$$\lim_{x \to \infty} f(x) = A \text{ 或 } f(x) \to A \, (x \to \infty) \text{ 或 } f(\infty) = A$$

极限 $\lim\limits_{x \to \infty} f(x) = A$ 的几何意义：作直线 $y = A + \varepsilon$ 和 $y = A - \varepsilon$，则从存在一个正数 X，使得当 $|x| > X$ 时，函数 $y = f(x)$ 的图形位于这两条直线之间，如图 3-11 所示.

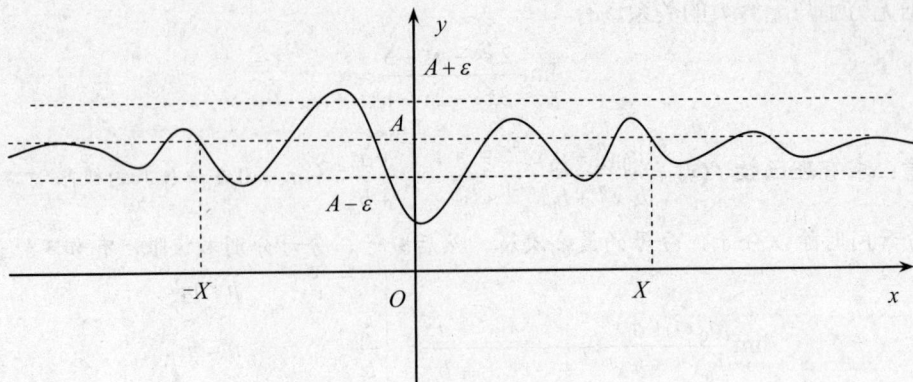

图 3-11

3. 函数的极限的 $\varepsilon - \delta$ 定义

定义 设函数 $f(x)$ 在 x_0 的某个去心邻域有定义，若存在一个数 A，对任给的 $\varepsilon > 0$，总存在 $\delta > 0$，使得当 $x \in \overset{\circ}{U}(x_0, \delta)$ 或 $0 < |x - x_0| < \delta$ 时，

$$|f(x) - A| < \varepsilon$$

恒成立，则称 A 为当 x 趋于 x_0 时，函数 $f(x)$ 的极限，记为：

$$\lim_{x \to x_0} f(x) = A \quad \text{或} \quad f(x) \to A \quad (x \to x_0)$$

$\lim\limits_{x \to x_0} f(x) = A$ 的几何解释：任意给定一正数 ε，作平行于 x 轴的两条直线 $y = A + \varepsilon$ 和 $y = A - \varepsilon$．根据定义，对于给定的 ε，存在点 x_0 的一个去心邻域 $0 < |x - x_0| < \delta$，当 $y = f(x)$ 的图形上的点的横坐标 x 落在该邻域内时，这些点对应的纵坐标落在带形区域 $A - \varepsilon < y < A + \varepsilon$ 内，如图 3-12 所示．

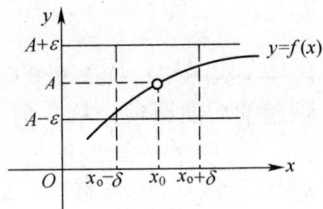

图 3-12

例 1 证明 $\lim\limits_{n \to \infty} \dfrac{n + (-1)^{n-1}}{n} = 1$．

证 因为 $\forall \varepsilon > 0$，$\exists N = [\dfrac{1}{\varepsilon}] \in N^+$，使得当 $n > N$ 时，有

$$|x_n - 1| = \left| \frac{n + (-1)^{n-1}}{n} - 1 \right| = \frac{1}{n} < \varepsilon$$

所以，$\lim\limits_{n \to \infty} \dfrac{n + (-1)^{n-1}}{n} = 1$．

例 2 证明 $\lim\limits_{x \to 1} (2x - 1) = 1$．

证 因为 $\forall \varepsilon > 0$，$\exists \delta = \dfrac{\varepsilon}{2}$，使得当 $0 < |x - 1| < \delta$ 时，有

$$|f(x) - A| = |(2x - 1) - 1| = 2|x - 1| < \varepsilon$$

所以，$\lim\limits_{x \to 1} (2x - 1) = 1$．

习题 3.1

1．观察一般项 x_n 如下的数列 $\{x_n\}$ 的变化趋势，写出它们的极限：

（1）$x_n = \dfrac{1}{3^n}$

（2）$x_n = 2 + \dfrac{1}{n^3}$

（3）$x_n = (-1)^n \dfrac{1}{n}$

（4）$x_n = \dfrac{n-1}{n+1}$

2．观察下列函数的极限：

（1）$\lim\limits_{x \to \infty} \dfrac{2}{x}$

（2）$\lim\limits_{x \to +\infty} (\dfrac{1}{2})^x$

（3）$\lim\limits_{x \to -\infty} (\dfrac{1}{2})^x$

（4）$\lim\limits_{x \to -3} \dfrac{x^2 - 9}{x + 3}$

（5）$\lim\limits_{x \to 0} (2x - 5)$

（6）$\lim\limits_{x \to 1} \ln x$

3．设 $f(x) = \begin{cases} x^2 + 1, & x < 0 \\ \mathrm{e}^x, & x \geqslant 0 \end{cases}$，画出 $f(x)$ 的图形，并求 $\lim\limits_{x \to 0^-} f(x)$ 和 $\lim\limits_{x \to 0^+} f(x)$，讨论 $\lim\limits_{x \to 0} f(x)$ 是否存在？

4．设 $f(x) = \begin{cases} 3x + 2, & x \leqslant 0 \\ x^2 + 1, & 0 < x \leqslant 1 \\ \dfrac{2}{x}, & x > 1 \end{cases}$，分别讨论 $\lim\limits_{x \to 0} f(x)$、$\lim\limits_{x \to 1} f(x)$ 和 $\lim\limits_{x \to 2} f(x)$ 是否存在.

5．求下列函数的极限：

（1）$\lim\limits_{x \to 0} \sqrt{x^3 - 2x + 5}$

（2）$\lim\limits_{x \to 0} (1 - \dfrac{2}{x - 3})$

（3）$\lim\limits_{x \to \frac{\pi}{2}} \dfrac{2 - \cos x}{\sin x}$

（4）$\lim\limits_{x \to 1} \dfrac{x^2 - 3}{x^4 + x^2 + 1}$

（5）$\lim\limits_{x \to \sqrt{3}} \dfrac{x^2 - 3}{x^4 + x^2 + 1}$

（6）$\lim\limits_{x \to 2} \dfrac{x^2 - 3}{x - 2}$

（7）$\lim\limits_{x \to 0} \dfrac{4x^3 - 2x^2 + x}{3x^2 + 2x}$

（8）$\lim\limits_{x \to 1} \dfrac{x^2 - 1}{2x^2 - x - 1}$

（9）$\lim\limits_{x \to 1} \dfrac{x^2 - 3x + 2}{1 - x^2}$

（10）$\lim\limits_{h \to 0} \dfrac{(x + h)^2 - x^2}{h}$

（11）$\lim\limits_{h \to 0} \dfrac{(x + h)^3 - x^3}{h}$

（12）$\lim\limits_{x \to 0} \dfrac{x^2}{1 - \sqrt{x^2 + 1}}$

（13）$\lim\limits_{x \to 4} \dfrac{\sqrt{2x + 1} - 3}{\sqrt{x - 2} - \sqrt{2}}$

（14）$\lim\limits_{x \to 1} (\dfrac{1}{1 - x} - \dfrac{3}{1 - x^3})$

（15）$\lim\limits_{x \to -1} (\dfrac{1}{1 + x} + \dfrac{1}{x^2 - 1})$

（16）$\lim\limits_{x \to \infty} \dfrac{2x + 3}{6x - 1}$

（17）$\lim\limits_{x\to\infty}\dfrac{100x}{1+x^2}$

（18）$\lim\limits_{n\to\infty}\dfrac{(n-1)^2}{n+1}$

（19）$\lim\limits_{x\to\infty}\dfrac{2x^2+x+1}{3x^2+1}$

（20）$\lim\limits_{x\to\infty}\dfrac{\sqrt{2}x}{1+x^2}$

（21）$\lim\limits_{x\to\infty}\dfrac{\sqrt{2}x^2}{1+x}$

（22）$\lim\limits_{x\to\infty}(\dfrac{x^3}{1-x^2}+\dfrac{x^2}{1+x})$

（23）$\lim\limits_{x\to\infty}\dfrac{2x^3+3x-2}{x^5-2x+3}$

（24）$\lim\limits_{x\to\infty}\dfrac{(2x-1)^{30}(3x-2)^{20}}{(2x+1)^{50}}$

（25）$\lim\limits_{u\to\infty}\dfrac{\sqrt[4]{u^3+1}}{u+1}$

（26）$\lim\limits_{x\to\infty}\dfrac{(\sqrt{x^2+1}+2x)^2}{3x^2+1}$

（27）$\lim\limits_{x\to+\infty}(\sqrt{(x+2)(x+1)}-x)$

（28）$\lim\limits_{x\to\infty}(1-\dfrac{1}{x})(2+\dfrac{1}{x^2})$

（29）$\lim\limits_{n\to\infty}(\dfrac{1}{n^2}+\dfrac{2}{n^2}+\cdots+\dfrac{n}{n^2})$

（30）$\lim\limits_{n\to\infty}\dfrac{1+3+5+\cdots+(2n-1)}{2+4+6+\cdots+2n}$

6. 若 $\lim\limits_{x\to 3}\dfrac{x^2-2x-k}{x-3}=4$，求 k 的值.

7. 若 $\lim\limits_{x\to 1}\dfrac{x^2+ax+b}{1-x}=5$，求 a,b 的值.

8. 若 $\lim\limits_{x\to\infty}(\dfrac{x^2+1}{x+1}-ax-b)=0$，求 a,b 的值.

3.2 极限存在准则　两个重要极限

到现在为止，我们对数列和函数的极限定义、性质以及四则运算法则已经有了比较清楚的了解. 然而，如何判定一个给定的数列或函数的极限收敛性，还是需要进一步讨论的问题. 下面就以函数极限存在性的判定，介绍一些方法.

3.2.1 夹逼准则

准则 1　如果 $f(x)$ 介于另外两个函数 $g(x)$ 及 $h(x)$ 之间，即 $g(x)\leqslant f(x)\leqslant h(x)$ 成立，且 $\lim\limits_{x\to x_0}g(x)=\lim\limits_{x\to x_0}h(x)=A$，那么 $\lim\limits_{x\to x_0}f(x)=A$

证　对任意的 $\varepsilon>0$，由于 $\lim\limits_{x\to x_0}g(x)=Aa$，所以存在 $\delta_1>0$，使得当 $0<|x-x_0|<\delta_1$ 时，恒有 $|g(x)-A|<\varepsilon$

成立，即

$$A-\varepsilon<g(x)<A+\varepsilon \tag{3.1}$$

又由于 $\lim\limits_{x\to x_0}h(x)=A$，所以存在 $\delta_2>0$，使得当 $0<|x-x_0|<\delta_2$ 时，恒有 $|g(x)-A|<\varepsilon$ 成立，即

$$A-\varepsilon<h(x)<A+\varepsilon \tag{3.2}$$

取 $\delta=\min\{\delta_1,\delta_2\}$，则当 $0<|x-x_0|<\delta$ 时，（3.1）式与（3.2）式同时成立，所以

$$A - \varepsilon < g(x) \leqslant f(x) \leqslant h(x) < A + \varepsilon$$

从而 $A - \varepsilon < f(x) < A + \varepsilon$，所以

$$\lim_{x \to x_0} f(x) = A$$

准则 1 中的 $x \to x_0$ 可以换成 $x \to \infty$，证明方法类似.

准则 1 不仅告诉我们怎样去判定一个函数（或数列）极限是否存在，同时也给了我们一种新的求极限的方法. 作为准则 1 的应用，下面证明 2.1 节中例 3 的猜测结果：

$$\lim_{x \to 0} \frac{\sin x}{x} = 1$$

首先我们建立一个有用的不等式

$$\sin x < x < \tan x \qquad (0 < x < \frac{\pi}{2})$$

考察图 3-13 中的单位圆，则有

$$\Delta AOB \text{ 的面积 } < \text{ 扇形 } AOB \text{ 的面积} < \Delta AOD \text{ 的面积}$$

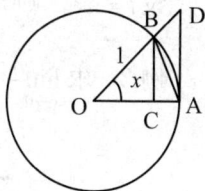

图 3-13

若用 x 表示圆心角 $\angle AOB$ 的弧度，则弧长 $\overset{\frown}{AB}$ 就可以用 $x\,(0 < x < \frac{\pi}{2})$ 表示，于是上述不等式可以写成

$$\frac{1}{2}\sin x < \frac{1}{2}x < \frac{1}{2}\tan x$$

即

$$\sin x < x < \tan x$$

当 $0 < x < \frac{\pi}{2}$ 时，有

$$\cos x < \frac{\sin x}{x} < 1 \quad \text{或} \quad 0 < 1 - \frac{\sin x}{x} < 1 - \cos x$$

但 $1 - \cos x = 2\sin^2 \frac{x}{2} < 2\sin \frac{x}{2} < x$，于是

$$0 < 1 - \frac{\sin x}{x} < x$$

根据准则 1 知

$$\lim_{x \to 0^+} \frac{\sin x}{x} = 1.$$

类似地，此不等式当 $-\frac{\pi}{2} < x < 0$ 时也成立，可证 $\lim\limits_{x \to 0^-} \dfrac{\sin x}{x} = 1$，这就回答了我们猜测的正确性.

注意：关于上面的重要极限 $\lim\limits_{x \to 0} \dfrac{\sin x}{x} = 1$，这里 $x \to 0$ 的条件很重要. 当自变量 x 的变化趋势发生变化时，$\dfrac{\sin x}{x}$ 的极限也将发生变化，例如，当 $x \to \infty$ 时，$\lim\limits_{x \to \infty} \dfrac{\sin x}{x} = 0$.

例 1　求 $\lim\limits_{x \to 0} \dfrac{\tan x}{x}$.

解 $\lim\limits_{x\to 0}\dfrac{\tan x}{x}=\lim\limits_{x\to 0}\dfrac{\frac{\sin x}{\cos x}}{x}=\lim\limits_{x\to 0}(\dfrac{\sin x}{x}\cdot\dfrac{1}{\cos x})=\lim\limits_{x\to 0}\dfrac{\sin x}{x}\cdot\lim\limits_{x\to 0}\dfrac{1}{\cos x}=1\times 1=1$.

例 2 求 $\lim\limits_{x\to 0}\dfrac{\sin 2x}{x}$.

解 $\lim\limits_{x\to 0}\dfrac{\sin 2x}{x}=\lim\limits_{x\to 0}(\dfrac{\sin 2x}{2x}\cdot 2)=2\lim\limits_{x\to 0}\dfrac{\sin 2x}{2x}$.

设 $t=2x$ ，则当 $x\to 0$ 时， $t\to 0$ ，所以， $2\lim\limits_{x\to 0}\dfrac{\sin 2x}{2x}=2\lim\limits_{t\to 0}\dfrac{\sin t}{t}=2\times 1=2$.

例 3 求 $\lim\limits_{x\to 0}\dfrac{1-\cos x}{\frac{1}{2}x^2}$.

解 $\lim\limits_{x\to 0}\dfrac{1-\cos x}{\frac{1}{2}x^2}=\lim\limits_{x\to 0}\dfrac{2\sin^2\frac{x}{2}}{\frac{1}{2}x^2}=\lim\limits_{\frac{x}{2}\to 0}\left(\dfrac{\sin\frac{x}{2}}{\frac{x}{2}}\right)^2=1^2=1$.

例 4 求 $\lim\limits_{x\to 0}\dfrac{\sin 3x}{\sin 4x}$.

解 $\lim\limits_{x\to 0}\dfrac{\sin 3x}{\sin 4x}=\lim\limits_{x\to 0}\dfrac{\sin 3x}{3x}\cdot\dfrac{4x}{\sin 4x}\cdot\dfrac{3}{4}=\lim\limits_{x\to 0}\dfrac{\sin 3x}{3x}\cdot\lim\limits_{x\to 0}\dfrac{4x}{\sin 4x}\cdot\lim\limits_{x\to 0}\dfrac{3}{4}=\dfrac{3}{4}$.

注意： 在极限 $\lim\limits_{x\to 0}\dfrac{\sin x}{x}=1$ 中， x 可以进行替换，只要满足 $\square\to 0$ ，那么

$$\lim\limits_{\square\to 0}\dfrac{\sin\square}{\square}=1$$

其中，□代表同一变量.

3.2.2 单调有界收敛准则

准则 2 单调有界数列必有极限.

准则 2 的严格证明要用到实数理论的知识，这里不作证明，只给出几何解释.

当数列 $\{x_n\}$ 单调增加，且 $|x_n|<M$ 时，在数轴上画出数列 $\{x_n\}$ 的点，如图 3-14 所示，随着 n 的增大，点 x_n 沿数轴只可能向右一个方向移动，且不超过点 M ，则 x_n 只能无限接近某个定点 A （点 A 不在点 M 的右侧），这样点 A 就是数列 $\{x_n\}$ 的极限点，对于数列 $\{x_n\}$ 单调减少，且 $|x_n|<M$ 时，可作同样的解释.

图 3-14

作为准则 2 的应用，下面来讨论另一个重要的极限：

$$\lim\limits_{n\to\infty}(1+\dfrac{1}{n})^n$$

设 $x_n = (1 + \frac{1}{n})^n$ ，现证明数列 $\{x_n\}$ 是单调有界的．由牛顿二项式公式，有

$$x_n = (1+\frac{1}{n})^n = 1 + \frac{n}{1!} \cdot \frac{1}{n} + \frac{n(n-1)}{2!} \cdot \frac{1}{n^2} + \frac{n(n-1)(n-2)}{3!} \cdot \frac{1}{n^3} + \cdots + \frac{n(n-1)\cdots(n-n+1)}{n!} \cdot \frac{1}{n^n}$$

$$= 1 + 1 + \frac{1}{2!}(1-\frac{1}{n}) + \frac{1}{3!}(1-\frac{1}{n})(1-\frac{2}{n}) + \cdots + \frac{1}{n!}(1-\frac{1}{n})(1-\frac{2}{n})\cdots(1-\frac{n-1}{n}),$$

$$x_{n+1} = 1 + 1 + \frac{1}{2!}(1-\frac{1}{n+1}) + \frac{1}{3!}(1-\frac{1}{n+1})(1-\frac{2}{n+1}) + \cdots + \frac{1}{n!}(1-\frac{1}{n+1})(1-\frac{2}{n+1})\cdots(1-\frac{n-1}{n+1})$$

$$+ \frac{1}{(n+1)!}(1-\frac{1}{n+1})(1-\frac{2}{n+1})\cdots(1-\frac{n}{n+1}).$$

比较 x_n, x_{n+1} 的展开式，可以看出除前两项外，x_n 的每一项都小于 x_{n+1} 的对应项，并且 x_{n+1} 还多了最后一项，其值大于 0，因此 $x_n < x_{n+1}$，这就是说数列 $\{x_n\}$ 是单调增加的．

这个数列同时还是有界的．因为 x_n 的展开式中各项括号内的数用较大的数 1 代替，得

$$x_n < 1 + 1 + \frac{1}{2!} + \frac{1}{3!} + \cdots \frac{1}{n!} < 1 + 1 + \frac{1}{2} + \frac{1}{2^2} + \cdots + \frac{1}{2^{n-1}} = 1 + \frac{1 - \frac{1}{2^n}}{1 - \frac{1}{2}} = 3 - \frac{1}{2^{n-1}} < 3.$$

根据准则 2，数列 $\{x_n\}$ 必有极限，这个极限我们用 e 来表示，即 $\lim\limits_{n\to\infty}(1+\frac{1}{n})^n = e$.

注意对任意正实数 x，都存在正整数 n，使得 $n \leqslant x < n+1$，所以利用准则 1，可以证明

$$\lim\limits_{x\to\infty}(1+\frac{1}{x})^x = e$$

数 e 是个无理数，它的值是

$$e = 2.718281828459045\cdots$$

初等函数中的指数函数 $y = e^x$ 以及对数函数 $y = \ln x$ 中的底数 e 就是这个常数．

在极限 $\lim\limits_{x\to\infty}(1+\frac{1}{x})^x = e$ 中，令 $t = \frac{1}{x}$，则 $t \to 0$，于是极限 $\lim\limits_{x\to\infty}(1+\frac{1}{x})^x = e$ 又可以表示为

$$\lim\limits_{t\to 0}(1+t)^{\frac{1}{t}} = e$$

通常也记为

$$\lim\limits_{x\to 0}(1+x)^{\frac{1}{x}} = e$$

例5 求极限 $\lim\limits_{x\to\infty}\left(1+\frac{2}{x}\right)^x$.

解 先将 $1+\frac{2}{x}$ 写成下列形式：$1+\frac{2}{x} = 1 + \frac{1}{\frac{x}{2}}$．然后令 $t = \frac{x}{2}, x = 2t$，由于当 $x \to \infty$ 时，$t \to \infty$，从而

$$\lim\limits_{x\to\infty}\left(1+\frac{2}{x}\right)^x = \lim\limits_{t\to\infty}\left(1+\frac{1}{t}\right)^{2t} = \lim\limits_{t\to\infty}\left[\left(1+\frac{1}{t}\right)^t\right]^2 = \left[\lim\limits_{t\to\infty}\left(1+\frac{1}{t}\right)^t\right]^2 = e^2.$$

例 6 求极限 $\lim\limits_{x \to \infty}\left(1 - \dfrac{1}{x}\right)^x$.

解 令 $t = -x$，则 $x = -t$，当 $x \to \infty$ 时，$t \to \infty$，从而

$$\lim_{x \to \infty}\left(1 - \frac{1}{x}\right)^x = \lim_{t \to \infty}\left(1 + \frac{1}{t}\right)^{-t} = \lim_{t \to \infty}\left[\left(1 + \frac{1}{t}\right)^t\right]^{-1} = \lim_{t \to \infty}\frac{1}{\left(1 + \dfrac{1}{t}\right)^t} = \frac{1}{\lim\limits_{t \to \infty}\left(1 + \dfrac{1}{t}\right)^t} = \frac{1}{\mathrm{e}}.$$

例 7 求极限 $\lim\limits_{x \to 0}(1 + \tan x)^{\cot x}$.

解 设 $t = \tan x$，则当 $x \to 0$ 时，$t \to 0$，所以

$$\lim_{x \to 0}(1 + \tan x)^{\cot x} = \lim_{t \to 0}(1 + t)^{\frac{1}{t}} = \mathrm{e}.$$

例 8 求极限 $\lim\limits_{x \to \infty}\left(\dfrac{2x - 1}{2x + 1}\right)^{x + \frac{3}{2}}$.

解 因为 $\left(\dfrac{2x - 1}{2x + 1}\right)^{x + \frac{3}{2}} = \left(\dfrac{2x + 1 - 2}{2x + 1}\right)^{x + \frac{3}{2}} = \left(1 + \dfrac{-2}{2x + 1}\right)^{x + \frac{3}{2}}$.

设 $t = \dfrac{-2}{2x + 1}$，则 $x = -\dfrac{1}{2} - \dfrac{1}{t}$，由于当 $x \to \infty$ 时，$t \to 0$，所以

$$\lim_{x \to \infty}\left(\frac{2x - 1}{2x + 1}\right)^{x + \frac{3}{2}} = \lim_{t \to 0}(1 + t)^{1 - \frac{1}{t}} = \lim_{t \to 0}\left[(1 + t)(1 + t)^{-\frac{1}{t}}\right]$$

$$= \lim_{t \to 0}(1 + t) \cdot \lim_{t \to 0}\left[(1 + t)^{\frac{1}{t}}\right]^{-1} = 1 \times \mathrm{e}^{-1} = \frac{1}{\mathrm{e}}.$$

注意：应用此结论时一定要注意形式（如 1，$+$，$\dfrac{1}{x}$，指数 x）的一致性，细小的变化都会产生不同的结果. 同第一个重要极限一样，自变量 x 可以进行替代，只要满足 $\square \to \infty$，那么

$$\lim_{\square \to \infty}\left(1 + \frac{1}{\square}\right)^{\square} = 1$$

其中，$\square$ 代表同一变量.

例 9 求极限 $\lim\limits_{x \to 0}(1 + 2x)^{\frac{1}{x}}$.

解 $\lim\limits_{x \to 0}(1 + 2x)^{\frac{1}{x}} = \lim\limits_{x \to 0}\left[(1 + 2x)^{\frac{1}{2x}}\right]^2 = \mathrm{e}^2$.

3.2.3 连续复利问题

在 2.2 节中，我们讨论了银行存款利息的问题，那里存款及利率是常量，而事实上存款及利率是不断变化着的，这时如何计息？

设某顾客向银行存入本金 p 元，年利率为 r 且在存期内不变，按复利计息，t 年后他在银

行的存款总额是本金与利息之和.

如果每年结算一次，一年后顾客存款额为 $A_1 = p + pr = p(1+r)$，第二年后顾客存款额为 $A_2 = p_1(1+r) = p(1+r)^2$，根据这样的递推关系可知，第 t 年后顾客的存款额为 $A_t = p(1+r)^t$.

如果每月结算一次时，则月利率为 $r/12$，每年结算 12 次，故 t 年后顾客存款额变为

$$A_t = p(1+\frac{r}{12})^{12t}$$

如果每天结算一次时，则日利率为 $r/365$，每年结算 365 次，故 t 年后顾客存款额变为

$$A_t = p(1+\frac{r}{365})^{365t}$$

一般地，设银行每年结算 m 次时，则每个计算周期的利率为 r/m，t 年后顾客的存款额为

$$A_t = p(1+\frac{r}{m})^{mt} > p(1+\frac{r}{12})^{12t} > p(1+r)^t$$

这就是说，一年计算 m 次复利的本金与利息之和比一年计算一次复利的本金与利息之和要大，且复利计算次数越多，计算所得的本利和数额就越大，但也不是无限增大，因为

$$\lim_{m \to \infty} p(1+\frac{r}{m})^{mt} = \lim_{m \to \infty} p(1+\frac{r}{m})^{\frac{m}{r} \cdot rt} = pe^{rt}$$

所以，顾客在 t 年后的本金与利息之和为

$$A_t = pe^{rt} \quad (p \text{ 为本金}，r \text{ 为年利率})$$

上述极限称为**连续复利公式**.

例 10　小孩出生之后，父母拿出 p 元作为初始投资，希望到孩子 20 岁生日时增长到 100000 元，如果投资按 8% 连续复利，计算初始投资应该是多少？

解　利用公式 $A_t = pe^{rt}$，求 p，现有方程

$$100000 = pe^{0.08 \times 20}$$

由此得到

$$p = 100000e^{-1.6} \approx 20189.65$$

于是，父母现在必须存储 20189.65 元，到孩子 20 岁生日时才能增长到 100000 元.

3.2.4　无穷小的比较

1. 无穷小的比较

在同一个变化过程中，无穷小虽然都是趋于零的变量，但不同的无穷小趋于零的速度却不一定相同，还有可能差别很大.

例如，当 $x \to 0$ 时，x，x^2，$3x$ 都是无穷小，但它们趋于零的速度不同，列表比较如下：

表 3-4　x，x^2，$3x$ 趋于零的速度比较

x	1	0.1	0.01	0.001	0.0001	…	$\to 0$
x^2	1	0.01	0.0001	0.000001	0.000001	…	$\to 0$
$3x$	1	0.3	0.03	0.003	0.0003	…	$\to 0$

由表可见，$x^2 \to 0$ 比 $x \to 0$ 的速度要快得多，而且越到后来越快，而 $3x \to 0$ 与 $x \to 0$ 的速度相当.

速度的快慢是相对的，是相互比较而言的，下面通过比较两个无穷小趋于零的速度引入无穷小的阶的概念.

定义 1 设 α,β 是在自变量变化的同一过程中的两个无穷小，且 $\alpha \neq 0$.

（1）如果 $\lim \dfrac{\beta}{\alpha} = 0$，就说 β 是比 α **高阶**的无穷小，记作 $\beta = o(\alpha)$；

（2）如果 $\lim \dfrac{\beta}{\alpha} = \infty$，就说 β 是比 α **低阶**的无穷小；

（3）如果 $\lim \dfrac{\beta}{\alpha} = c \neq 0$（$c$ 为常数），就说 β 是与 α **同阶**的无穷小；

（4）如果 $\lim \dfrac{\beta}{\alpha} = 1$，就说 β 与 α 是**等价无穷小**，记作 $\alpha \sim \beta$.

例如，因为 $\lim\limits_{x \to 0} \dfrac{x^2}{x} = 0$，所以当 $x \to 0$ 时，x^2 是比 x 高阶的无穷小，即 $x^2 = o(x)\,(x \to 0)$；

又例如，$\lim\limits_{x \to 0} \dfrac{3x}{x} = 3$，所以当 $x \to 0$ 时，$3x$ 是 x 的同阶无穷小；由第一个重要极限：

$\lim\limits_{x \to 0} \dfrac{\sin x}{x} = 1$ 知，$\sin x$ 与 x 当 $x \to 0$ 时是等价无穷小，即 $\sin x \sim x$.

例 11 证明：当 $x \to 0$ 时，$\arcsin x \sim x$.

证 令 $u = \arcsin x$，$x = \sin u$，则当 $x \to 0$ 时，$u \to 0$

$$\lim_{x \to 0} \frac{\arcsin x}{x} = \lim_{u \to 0} \frac{u}{\sin u} = 1$$

所以，当 $x \to 0$ 时，$\arcsin x \sim x$.

根据等价无穷小的定义，可以证明，当 $x \to 0$ 时，有下列常用的等价无穷小关系：

$$\sin x \sim \tan x \sim \arcsin x \sim \arctan x \sim x；$$

$$\ln(1+x) \sim x，\ \mathrm{e}^x - 1 \sim x，\ a^x - 1 \sim x \ln a；$$

$$(1+x)^\alpha - 1 \sim \alpha x \quad (\alpha \neq 0 \text{ 且为常数})；$$

$$1 - \cos x \sim \frac{1}{2} x^2.$$

注意：（1）上述等价关系式成立的前提条件是：$x \to 0$；

（2）如果 $f(x)$ 是自变量某一变化过程中的无穷小量，那么用 $f(x)$ 代替上述等价关系式中的 x，等价关系依然成立.

例如，当 $x \to 1$ 时，有 $x^2 - 1 \to 0$，从而

$$\sin(x^2 - 1) \sim x^2 - 1 \quad (x \to 1).$$

2. 等价无穷小

由定义 1 可知，等价无穷小是同阶无穷小的特殊情况，它们趋于零的速度不仅相同，而且最后几乎相等，其比值的极限为 1，那么在计算极限时，它们能不能相互替代呢？如果能够替代，要满足什么条件？

定理 1 设 $\alpha \sim \alpha'$，$\beta \sim \beta'$，且 $\lim \dfrac{\alpha'}{\beta'}$ 存在，则 $\lim \dfrac{\alpha}{\beta} = \lim \dfrac{\alpha'}{\beta'}$.

证 $\lim\dfrac{\alpha}{\beta} = \lim\left(\dfrac{\alpha}{\alpha'}\dfrac{\alpha'}{\beta'}\dfrac{\beta'}{\beta}\right) = \lim\dfrac{\alpha}{\alpha'}\lim\dfrac{\alpha'}{\beta'}\lim\dfrac{\beta'}{\beta} = \lim\dfrac{\alpha'}{\beta'}$.

定理 1 表明：在计算两个无穷小之比的极限时，分子和分母都可以用等价无穷小来替换，这种替换有时可以简化计算.

例 12 $\lim\limits_{x\to 0}\dfrac{\tan 5x}{\sin 3x}$.

解 因为当 $x\to 0$ 时，$3x\to 0$ ，所以 $\sin 3x \sim 3x$. 同理， $\tan 5x \sim 5x$ ，于是

$$\lim_{x\to 0}\frac{\tan 5x}{\sin 3x} = \lim_{x\to 0}\frac{5x}{3x} = \frac{5}{3} .$$

例 13 $\lim\limits_{x\to 0}\dfrac{\mathrm{e}^x - 1}{\sqrt{1+x}-1}$.

解 当 $x\to 0$ 时，$\mathrm{e}^x - 1 \sim x$ ，$\sqrt{1+x}-1 \sim \dfrac{1}{2}x$ ，所以

$$\lim_{x\to 0}\frac{\mathrm{e}^x - 1}{\sqrt{1+x}-1} = \lim_{x\to 0}\frac{x}{\dfrac{1}{2}x} = 2 .$$

例 14 $\lim\limits_{x\to 0}\dfrac{\tan x - \sin x}{x^2\tan x}$.

解 $\lim\limits_{x\to 0}\dfrac{\tan x - \sin x}{x^2\tan x} = \lim\limits_{x\to 0}\dfrac{\tan x(1-\cos x)}{x^2\tan x} = \lim\limits_{x\to 0}\dfrac{1-\cos x}{x^2}$

而当 $x\to 0$ 时，$1-\cos x \sim \dfrac{1}{2}x^2$ ，所以

$$\lim_{x\to 0}\frac{\tan x - \sin x}{x^2\tan x} = \lim_{x\to 0}\frac{\dfrac{1}{2}x^2}{x^2} = \frac{1}{2} .$$

注意：在计算两个无穷小之和的极限时，不能应用定理 1，在例 14 中，如果将分子的 $\tan x$ 和 $\tan x$ 同时替换为 x，那么极限为零，显然是错误的.

习题 3.2

1. 计算下列极限：

（1）$\lim\limits_{x\to 0}\dfrac{\sin 3x}{x}$

（2）$\lim\limits_{x\to 0}\dfrac{\sin 2x}{\sin 3x}$

（3）$\lim\limits_{x\to 0}\dfrac{1-\cos 2x}{x\sin x}$

（4）$\lim\limits_{x\to 0}\dfrac{\tan x - \sin x}{x^3}$

（5）$\lim\limits_{x\to 0}x\cdot\cot x$

（6）$\lim\limits_{x\to 0^+}\dfrac{x}{\sqrt{1-\cos x}}$

（7）$\lim\limits_{x\to 0}\dfrac{2\arcsin 3x}{3x}$

（8）$\lim\limits_{x\to \pi}\dfrac{\sin x}{\pi - x}$

2. 计算下列极限：

（1）$\lim\limits_{x\to\infty}(1-\dfrac{3}{x})^x$

（2）$\lim\limits_{x\to\infty}(1-\dfrac{2}{x})^{\frac{x-1}{2}}$

（3）$\lim\limits_{x\to\infty}(\dfrac{1+x}{x})^{2x}$

（4）$\lim\limits_{x\to\infty}(\dfrac{x}{x+1})^{3x}$

（5）$\lim\limits_{x\to\infty}(\dfrac{2x+3}{2x-1})^{x+1}$

（6）$\lim\limits_{x\to0}(1+3x)^{\frac{1}{x}}$

（7）$\lim\limits_{x\to0}(1+x)^{\frac{1+x}{x}}$

（8）$\lim\limits_{x\to0}(\dfrac{3-x}{3})^{\frac{2}{x}}$

（9）$\lim\limits_{x\to0}(1+3\tan^2 x)^{\cot^2 x}$

（10）$\lim\limits_{x\to1^+}(1+\ln x)^{\frac{5}{\ln x}}$

3．比较下列无穷小是否同阶，若不同阶，哪一个是更高阶的？

（1）x^2 与 $\sin x$ $(x\to0)$

（2）$2x-x^2$ 与 x^2-x^3 $(x\to0)$

（3）$1-x$ 与 $1-x^2$ $(x\to1)$

（4）$\dfrac{1}{x^2}$ 与 $\dfrac{1}{x}$ $(x\to\infty)$．

4．计算下列极限：

（1）$\lim\limits_{x\to0}x^2\sin\dfrac{1}{x}$

（2）$\lim\limits_{x\to\infty}\dfrac{1}{x}\cos x$

（3）$\lim\limits_{x\to\infty}\dfrac{x-\sin x}{x+\sin x}$

（4）$\lim\limits_{x\to+\infty}\dfrac{\arctan x}{x^2}$

5．利用等价无穷小的性质，计算下列极限：

（1）$\lim\limits_{x\to0}\dfrac{\ln(1-2x)}{\sin 5x}$

（2）$\lim\limits_{x\to0}\dfrac{\sin 2x\cdot(e^{5x}-1)}{\tan x^2}$

（3）$\lim\limits_{x\to0}\dfrac{1-\cos 3x}{\arcsin x^2}$

（4）$\lim\limits_{x\to0}\dfrac{(\sqrt{1+2x}-1)(\tan x)^2}{(\sin x)^3}$

（5）$\lim\limits_{x\to0}\dfrac{\sqrt{1+x\sin x}-1}{x\arctan x}$

（6）$\lim\limits_{x\to0}\dfrac{\tan x-\sin x}{(\arctan x)^3}$

（7）$\lim\limits_{x\to0}\dfrac{e^{\sin x}-1}{x}$

（8）$\lim\limits_{x\to0}\ln(1+\sin x)^{\frac{1}{x}}$

6．当 $x\to0$ 时，若 $1-\cos mx$ 与 $2x^n$ 等价，求 m 和 n 的值．

3.3 函数的连续性

3.3.1 连续函数的概念

前面已介绍了函数极限的概念、基本性质和计算方法，与函数极限的概念密切联系着的另一个数学概念是函数连续性的概念．什么是函数的连续？先回顾我们已学过的几个实例．

例1 设 $f(x)=\dfrac{\sin x}{x}$，$x\ne0$，但 $\lim\limits_{x\to0}\dfrac{\sin x}{x}=1$，$f(x)$ 的图形如图 3-15 所示．此例表明：$f(x)$ 在点 $x=0$ 处无意义，但在该点处存在极限．

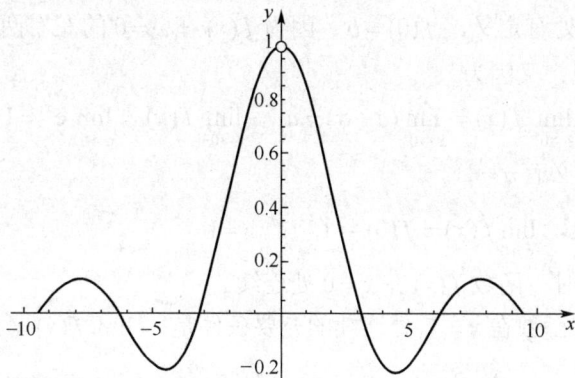

图 3-15

例 2　设 $f(x) = \begin{cases} x-1, & x < 0 \\ 0, & x = 0 \\ x+1, & x > 0 \end{cases}$，尽管 $f(x)$ 在点 $x = 0$ 处有定义，但 $\lim\limits_{x \to 0} f(x)$ 不存在.

例 3　设 $f(x) = |x|$，$x \in (-\infty, +\infty)$，有 $f(0) = 0$，$\lim\limits_{x \to 0} f(x) = 0$．此例表明：函数 $f(x)$ 在点 $x = 0$ 处极限存在且等于其函数值.

上述 3 个例子中，第 3 个例子揭示了函数的特殊本性，即设 $x_0 \in D_f$，$\lim\limits_{x \to x_0} f(x) = f(x_0)$．

函数是用于描绘人类生产生活中产生各种问题的工具，而正是函数这种特殊本性，恰好刻画了气温的变化、植物的生长、河流的流动等自然现象．由此，我们引入：

定义 1　如果函数 $f(x)$ 在 x_0 处满足以下三个条件：

（1）$f(x)$ 在 x_0 的某一邻域内有定义（即 $f(x_0)$ 存在）；

（2）$f(x)$ 在 x_0 处有极限（即 $\lim\limits_{x \to x_0} f(x)$ 存在）；

（3）$f(x)$ 在 x_0 处的极限值等于函数值（即 $\lim\limits_{x \to x_0} f(x) = f(x_0)$），

则称函数 $f(x)$ 在 x_0 处**连续**，点 x_0 称为函数 $f(x)$ 的**连续点**.

这里，我们必须指出的是：对于函数 $f(x)$ 在点 x_0 处的连续性，首先要求的是极限 $\lim\limits_{x \to x_0} f(x)$ 存在，其次要求这个极限与函数 $f(x)$ 在 x_0 处所取得得函数值 $f(x_0)$ 要相同．也就是说，条件 （3）不能从条件（2）推出来，例如函数 $f(x) = \begin{cases} x^2, & x \neq 0 \\ 1, & x = 0 \end{cases}$，$\lim\limits_{x \to 0} f(x) = 0$，而 $f(0) = 1$.

例 4　讨论函数 $f(x) = \begin{cases} x \sin \dfrac{1}{x}, & x \neq 0 \\ 0, & x = 0 \end{cases}$ 在 $x = 0$ 处的连续性.

解　因为 $\lim\limits_{x \to 0} x \sin \dfrac{1}{x} = 0$，而 $f(0) = 0$，故 $\lim\limits_{x \to 0} f(x) = f(0)$，所以函数 $f(x)$ 在点 $x = 0$ 处连续.

例 5　设函数 $f(x) = \begin{cases} \mathrm{e}^x, & x < 0 \\ b, & x = 0 \\ a + x, & x > 0 \end{cases}$，当 a、b 为何值时，函数 $f(x)$ 在 $x = 0$ 处连续.

解　$f(x)$ 在 $x=0$ 处有定义，$f(0)=b$．因为 $f(x)$ 在 $x=0$ 的左右两侧函数表达式不一样，所以需要讨论左右极限．又因为

$$\lim_{x \to 0^+} f(x) = \lim_{x \to 0^+} (a+x) = a， \quad \lim_{x \to 0^-} f(x) = \lim_{x \to 0^-} e^x = 1$$

故要使 $\lim_{x \to 0} f(x)$ 存在，必有 $a=1$

根据函数连续定义，$\lim_{x \to 0} f(x) = f(0) = 1$，故 $b=1$

所以当 $a=1, b=1$ 时，函数 $f(x)$ 在 $x=0$ 处连续．

由例 5 可以看出，函数在 $x=x_0$ 处连续的充要条件是：$\lim_{x \to x_0^-} f(x) = \lim_{x \to x_0^+} f(x) = f(x_0)$．

定义 2　如果函数 $y=f(x)$ 在点 x_0 及 x_0 的左邻域 $(x_0-\delta, x_0]$ 内有定义，且满足

$$\lim_{x \to x_0^-} f(x) = f(x_0)，$$

则称 $y=f(x)$ 在点 x_0 处**左连续**．类似地，如果有

$$\lim_{x \to x_0^+} f(x) = f(x_0)$$

则称 $y=f(x)$ 在点 x_0 处**右连续**．

显然，函数 $y=f(x)$ 在点 x_0 处连续等价于 $y=f(x)$ 在 x_0 处既是左连续又是右连续．

如果函数 $f(x)$ 在开区间 (a,b) 内任意一点处都连续，则称 $f(x)$ 在 (a,b) 内连续，区间 (a,b) 称为 $f(x)$ 的**连续区间**．如果函数 $f(x)$ 在开区间 (a,b) 内连续，且在点 a 处右连续，在点 b 处左连续，则称 $f(x)$ 在闭区间 $[a,b]$ 上连续．

例如，$f(x) = \sin x$ 在 $(-\infty, +\infty)$ 上连续，因为在任意一点处，都有 $\lim_{x \to x_0} \sin x = \sin x_0$；又例如，$f(x) = \dfrac{1}{x}$ 在 $[1,2]$ 上连续．

根据极限的四则运算法则

$$\lim_{x \to x_0} f(x) = f(x_0) \Leftrightarrow \lim_{x \to x_0} [f(x) - f(x_0)] = 0 \tag{3.3}$$

函数在一点的连续性还有另一种描述方法，这里先引入增量的概念．

设变量 u 从它的一个初值 u_1 变到终值 u_2，则称终值 u_2 与初值 u_1 的差 $u_2 - u_1$ 为变量 u 的**增量**，记作 Δu，即

$$\Delta u = u_2 - u_1．$$

增量 Δu 可以是正的，也可以是负的，且 Δu 是一个整体记号，切忌不要把 Δ 与变量 u 拆开．

设函数 $y=f(x)$ 在点 x_0 的某一邻域内有定义，当自变量 x 在邻域内从 x_0 变到 $x_0 + \Delta x$ 时，函数 y 相应地从 $f(x_0)$ 变到 $f(x_0 + \Delta x)$，因此函数 y 的对应增量为

$$\Delta y = f(x_0 + \Delta x) - f(x_0)．$$

对于（3.3）式，设 $x = x_0 + \Delta x$，则 $x \to x_0$ 等价于 $\Delta x \to 0$，$f(x) - f(x_0) \to 0$ 等价于

$$f(x_0 + \Delta x) - f(x_0) \to 0 \quad 即 \quad \Delta y \to 0 \quad (\Delta x \to 0)．$$

这表明：要使函数 $f(x)$ 在点 x_0 处连续，其充要条件是：在这点函数的增量 Δy 与自变量的增量 Δx 同时趋于零．换句话讲：连续函数的特性就是对应于自变量的无穷小增量，函数的增

量也是无穷小.

3.3.2　函数的间断点

定义 3　如果函数 $f(x)$ 在点 x_0 处不连续，则称 $f(x)$ 在点 x_0 处间断，称点 x_0 为 $f(x)$ 的间断点.

由定义 1 可知，如果 $f(x)$ 在点 x_0 处有下列三种情况之一，则点 x_0 是 $f(x)$ 的一个间断点.

（1）函数 $y = f(x)$ 在点 x_0 处没有定义；

（2）极限 $\lim\limits_{x \to x_0} f(x)$ 不存在；

（3）在点 x_0 处有定义，且极限 $\lim\limits_{x \to x_0} f(x)$ 存在，但是 $\lim\limits_{x \to x_0} f(x) \neq f(x_0)$.

按函数出现间断点的三种情形，常将间断点分成以下两类：

第一类间断点　设点 x_0 是函数 $f(x)$ 的一个间断点，但左极限及右极限都存在，则称点 x_0 是 $f(x)$ 的第一类间断点.

若 $\lim\limits_{x \to x_0^-} f(x) \neq \lim\limits_{x \to x_0^+} f(x)$，则称 x_0 称为 $f(x)$ 的**跳跃间断点**.

若 $\lim\limits_{x \to x_0^-} f(x) = \lim\limits_{x \to x_0^+} f(x) \neq f(x_0)$ 或在点 x_0 处无定义，则称 x_0 是 $f(x)$ 的**可去间断点**.

第二类间断点　如果 $f(x)$ 在点 x_0 处的左、右极限至少有一个不存在，则称点 x_0 是 $f(x)$ 的第二类间断点.

例 6　函数 $y = \dfrac{x^2 - 1}{x - 1}$ 在 $x = 1$ 处没有定义，所以 $x = 1$ 是函数的间断点.

因为 $\lim\limits_{x \to 1} \dfrac{x^2 - 1}{x - 1} = \lim\limits_{x \to 1}(x + 1) = 2$，所以 $x = 1$ 是可去间断点. 如果补充定义：令 $x = 1$ 时，$y = 2$，则函数在 $x = 1$ 处连续.

例 7　设函数 $f(x) = \begin{cases} x, & x \neq 1 \\ \dfrac{1}{2}, & x = 1 \end{cases}$，如图 3-16 所示，$x = 1$ 是函数 $f(x)$ 的可去间断点. 因为

$$\lim\limits_{x \to 1} f(x) = \lim\limits_{x \to 1} x = 1，\quad f(1) = \frac{1}{2}，\quad \lim\limits_{x \to 1} f(x) \neq f(1)$$

所以 $x = 1$ 是函数 $f(x)$ 的可去间断点.

图 3-16

如果改变函数 $f(x)$ 在 $x = 1$ 处的定义：令 $f(1) = 1$，则函数 $f(x)$ 在 $x = 1$ 处连续.

例 8　设函数 $f(x) = \begin{cases} x - 1, & x < 0 \\ 0, & x = 0 \\ x + 1, & x > 0 \end{cases}$，$x = 0$ 为函数 $f(x)$ 的跳跃间断点. 因为

$$\lim\limits_{x \to 0^-} f(x) = \lim\limits_{x \to 0^-}(x - 1) = -1，\quad \lim\limits_{x \to 0^+} f(x) = \lim\limits_{x \to 0^+}(x + 1) = 1$$

所以 $\lim\limits_{x \to 0^+} f(x) \neq \lim\limits_{x \to 0^-} f(x)$，即极限 $\lim\limits_{x \to 0} f(x)$ 不存在，所以 $x = 0$ 是函数 $f(x)$ 的跳跃间断点.

例 9　正切函数 $y = \tan x$ 在 $x = \dfrac{\pi}{2}$ 处没有定义，所以点 $x = \dfrac{\pi}{2}$ 是函数 $y = \tan x$ 的间断点，由

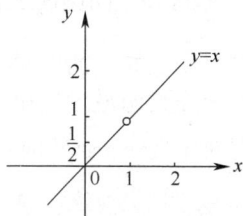

于 $\lim\limits_{x\to\frac{\pi}{2}}\tan x=\infty$，所以 $x=\dfrac{\pi}{2}$ 为函数 $y=\tan x$ 的第二类间断点，因为其极限为无穷大，所以又

称为**无穷间断点**.

例10 函数 $y=\sin\dfrac{1}{x}$ 在点 $x=0$ 处没有定义，所以点 $x=0$ 是函数 $\sin\dfrac{1}{x}$ 的间断点. 且当

$x\to 0$ 时函数的左、右极限均不存在，故点 $x=0$ 是函数 $\sin\dfrac{1}{x}$ 的第二类间断点. 在 $x\to 0$ 的过程

中，函数值在 -1 与 $+1$ 之间无限振荡，如图 3-17 所示，所以又称点 $x=0$ 为函数的**振荡间断点**.

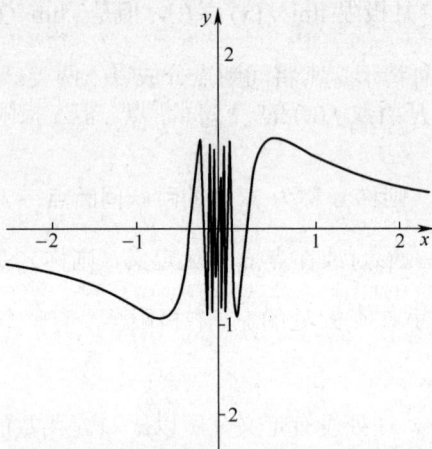

图 3-17

3.3.3 闭区间上连续函数的性质

闭区间上的连续函数具有一些重要性质，这里介绍几个定理，证明略去.

先说明最大值和最小值的概念. 设函数 $y=f(x)$ 在区间 I 上有定义，如果存在 $x_0\in I$，使得对于任一 $x\in I$ 都有

$$f(x)\leqslant f(x_0)\ (f(x)\geqslant f(x_0))$$

则称 $f(x_0)$ 是函数 $f(x)$ 在区间 I 上的最大值（最小值）.

观察闭区间 $[a,b]$ 上连续函数的图形（见图 3-18），可以发现，无论函数的图形如何变化，均存在一个最大值和最小值，有如下定理：

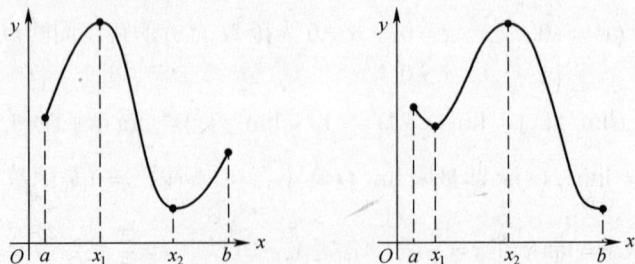

图 3-18

定理 1（最大值最小值定理）　在闭区间上连续的函数一定有最大值和最小值.

定理 1 是充分条件, 如果函数 $f(x)$ 在闭区间 $[a,b]$ 上连续, 那么至少有一点 $\xi_1 \in [a,b]$, 使得 $f(\xi_1)$ 是 $f(x)$ 在 $[a,b]$ 上的最大值, 又至少有一点 $\xi_2 \in [a,b]$, 使得 $f(\xi_2)$ 是 $f(x)$ 在 $[a,b]$ 上的最小值.

注意: 如果函数在开区间内连续, 或函数在闭区间上有间断点, 那么函数在该区间上就不一定有最大值或最小值.

例如, 在开区间 (a,b) 上考察函数 $y = x$, 虽然函数是连续的, 但是不存在最大值和最小值. 又例如, 函数 $y = f(x) = \begin{cases} -x+1, & 0 \leqslant x < 1 \\ 1, & x = 1 \\ -x+3, & 1 < x \leqslant 2 \end{cases}$　在闭区间 $[0,2]$ 上无最大值和最小值, 如图 3-19 所示.

由定理 1 容易得到下面的结论

定理 2（有界性定理）　在闭区间上连续的函数一定在该区间上有界.

定理 3（介值定理）　设函数 $f(x)$ 在闭区间 $[a,b]$ 上连续, 且 $f(a) \neq f(b)$, 那么, 对于 $f(a)$ 与 $f(b)$ 之间的任意一个数 C, 在开区间 (a,b) 内至少有一点 ξ, 使得
$$f(\xi) = C \, (a < \xi < b).$$

例如, 在图 3-20 中, 在闭区间 $[a,b]$ 上的连续曲线 $y = f(x)$ 与直线 $y = C$ 有三个交点 ξ_1, ξ_2, ξ_3, 即
$$f(\xi_1) = f(\xi_2) = f(\xi_3) \ (a < \xi_1, \xi_2, \xi_3 < b)$$

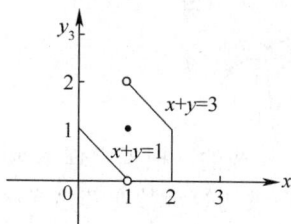

图 3-19

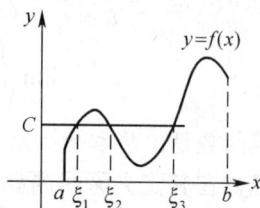

图 3-20

推论　在闭区间上连续的函数必取得介于最大值 M 与最小值 m 之间的任何值.

如果 $f(x_0) = 0$, 则称 x_0 为函数 $f(x)$ 的**零点**.

定理 4（零点定理）　设函数 $f(x)$ 在闭区间 $[a,b]$ 上连续, 且 $f(a)$ 与 $f(b)$ 异号 (即 $f(a) \cdot f(b) < 0$), 那么在开区间 (a,b) 内函数 $f(x)$ 至少存在一点 $\xi (a < \xi < b)$, 使得 $f(\xi) = 0$.

例如, 在图 3-21 中, 连续曲线 $y = f(x)$ ($f(a) < 0, f(b) > 0$) 与 x 轴相交于点 ξ 处, 所以有 $f(\xi) = 0$.

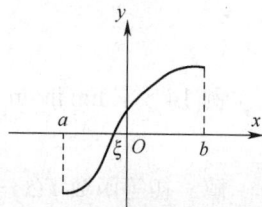

图 3-21

例 11　证明方程 $x^3 - 4x^2 + 1 = 0$ 在区间 $(0,1)$ 内至少有一个根.

证　函数 $f(x) = x^3 - 4x^2 + 1$ 在闭区间 $[0,1]$ 上连续, 又 $f(0) = 1 > 0$, $f(1) = -2 < 0$. 根据零

点定理，在 $(0,1)$ 内至少有一点 ξ，使得 $f(\xi)=0$，即 $\xi^3-4\xi^2+1=0$，$(0<\xi<1)$．所以方程 $x^3-4x^2+1=0$ 在区间 $(0,1)$ 内至少有一个根．

3.3.4 初等函数的连续性

定理 5　基本初等函数在其定义域内是连续的．

定理 6　如果函数 $f(x)$ 和 $g(x)$ 在点 x_0 处连续，则函数 $f(x)\pm g(x)$，$f(x)\cdot g(x)$，$\dfrac{f(x)}{g(x)}$（当 $g(x_0)\neq 0$ 时）在点 x_0 处也连续．

例如，$\sin x$，$\cos x$ 都在区间 $(-\infty,+\infty)$ 内连续，故

$$\tan x=\frac{\sin x}{\cos x}, \quad \cot x=\frac{\cos x}{\sin x}$$

在其定义域内也都连续．

定理 7　设函数 $u=g(x)$ 在点 x_0 处连续，函数 $y=f(u)$ 在点 $u_0=g(x_0)$ 处连续，则复合函数 $y=f[g(x)]$ 在点 x_0 处连续．

例 12　求 $\lim\limits_{x\to 3}\sqrt{\dfrac{x-3}{x^2-9}}$．

解　$y=\sqrt{\dfrac{x-3}{x^2-9}}$ 是由 $y=\sqrt{u}$ 与 $u=\dfrac{x-3}{x^2-9}$ 复合而成的．因为

$$\lim_{x\to 3}\frac{x-3}{x^2-9}=\frac{1}{6}$$

函数 $y=\sqrt{u}$ 在点 $u=\dfrac{1}{6}$ 连续，所以

$$\lim_{x\to 3}\sqrt{\frac{x-3}{x^2-9}}=\sqrt{\lim_{x\to 3}\frac{x-3}{x^2-9}}=\sqrt{\frac{1}{6}}.$$

因为初等函数是由基本初等函数经过四则运算和复合构成的，根据定理 6 和定理 7 容易得到：**初等函数在其定义区间内都是连续的**．这样我们在求初等函数在其定义区间内某点的极限时，只需求初等函数在该点的函数值即可．

例 13　求 $\lim\limits_{x\to 0}\sqrt{1-x^2}$．

解　初等函数 $f(x)=\sqrt{1-x^2}$ 在点 $x_0=0$ 有定义，所以

$$\lim_{x\to 0}\sqrt{1-x^2}=\sqrt{1}=1.$$

例 14　求 $\lim\limits_{x\to\frac{\pi}{2}}\ln\sin x$．

解　初等函数 $f(x)=\ln\sin x$ 在点 $x_0=\dfrac{\pi}{2}$ 有定义，所以

$$\lim_{x\to\frac{\pi}{2}}\ln\sin x=\ln\lim_{x\to\frac{\pi}{2}}\sin x=\ln\sin\frac{\pi}{2}=0.$$

习题 3.3

1．研究下列函数在分段点处的连续性：

（1）$f(x)=\begin{cases}x-1, & x\leqslant 1\\ 3-x, & x>1\end{cases}$
（2）$f(x)=\begin{cases}x^2, & x\leqslant 1\\ 2-x, & x>1\end{cases}$

2．求函数 $f(x)=\begin{cases}\dfrac{\sin x}{|x|}, & x\neq 0\\ 0, & x=0\end{cases}$ 的连续区间．

3．设 $f(x)=\begin{cases}\dfrac{\ln(1+kx)}{x}, & x>0\\ x^2+2, & x\leqslant 0\end{cases}$，当 k 为何值时，函数 $f(x)$ 在其定义域内连续？

4．设 $a>0,b>0$，且 $f(x)=\begin{cases}\dfrac{\sin ax}{x}, & x<0\\ 2, & x=0\\ (1+bx)^{\frac{1}{x}}, & x>0\end{cases}$ 在 $(-\infty,+\infty)$ 内处处连续，求 a,b 的值．

5．求下列函数的间断点，并判断间断点的类型：

（1）$f(x)=\begin{cases}x-2, & x\leqslant 0\\ x^2, & x>0\end{cases}$
（2）$f(x)=\begin{cases}0, & x<1\\ 2x+1, & 1\leqslant x<2\\ 1+x^2, & x\geqslant 2\end{cases}$

（3）$f(x)=\begin{cases}\dfrac{1-x^2}{1-x} & x\neq 1\\ 0 & x=1\end{cases}$
（4）$f(x)=\dfrac{x-2}{x^2-x-2}$

6．证明方程 $x^4-2x=1$ 至少有一个根介于 1 和 2 之间．

7．证明方程 $e^x-x=2$ 在 $(0,2)$ 内有一个根．

8．试利用连续函数的介值定理说明：在一金属线材围成的圆圈上，必有一条直径的两端点处的温度是相同的．

3.4　导数的概念

3.4.1　平均变化率

速度这个问题在日常生活中经常遇到．例如，某辆汽车在三个小时内共行驶 180 公里，那么这三个小时内的平均速度是 60 公里/小时．如果用 s 表示路程，t 表示时间，则 s 是 t 的函数，平均速度就是路程的增量与时间的增量之比

$$\frac{s(t_2)-s(t_1)}{t_2-t_1}$$

其中，$s(t_1)$，$s(t_2)$ 分别表示在时刻 t_1，t_2 的路程.

又例如，产品的成本是指生产一定数量产品所需要投入的费用总额，它是关于产品数量的函数，平均成本是指生产单位产品投入的费用，等于成本增量与产品数量增量之比. 某公司生产某种产品的成本函数为 $C(x) = 200 + \sqrt{x}$（元），其中 x 表示产品的数量. 由成本函数可知，生产 10 件产品的总成本为 $C(10) - C(0) = 3.1623$（元），其平均成本为 $\dfrac{3.1623}{10} = 0.3162$（元/件）；而生产 20 件产品的总成本为 $C(20) - C(0) = 4.4721$（元），则其平均成本为 $\dfrac{4.4721}{20} = 0.2236$（元/件）. 上述结果表明，多生产产品可以降低成本.

以上两个例子虽然实际意义不同，但从抽象的数量关系来看，其实质都是函数的改变量与自变量的改变量之比，称之为平均变化率.

定义 1 在函数 $y = f(x)$ 的定义域内任取两点 x_0，$x_0 + \Delta x$，当自变量 x 从 x_0 变为 $x_0 + \Delta x$ 时，相应的函数增量 $\Delta y = f(x_0 + \Delta x) - f(x_0)$，称比值

$$\frac{\Delta y}{\Delta x} = \frac{f(x_0 + \Delta x) - f(x_0)}{\Delta x}$$

为函数 $y = f(x)$ 在区间 $[x_0, x_0 + \Delta x]$ 上的**平均变化率**.

函数的平均变化率反应了当自变量改变一个单位长度时函数改变量的大小，或近似地刻画函数在某点的变化性态. 但有时候仅仅知道平均变化率还不够. 例如，知道了汽车在某段时间内的平均速度还不能说明汽车在哪些时刻开得快，哪些时刻开得慢，以及快多少慢多少. 显然，仅掌握计算平均速度是不够的，更为重要的是了解函数在某点处变化的性态. 为此，我们讨论下面两个问题.

例 1 变速直线运动的速度

设一物体作变速直线运动，在 $[0, t]$ 这段时间内所经过的路程为 s，则 s 是时间 t 的函数. 求该物体在时刻 $t_0 \in (0, t)$ 的速度 $v(t_0)$.

解 首先取从时刻 t_0 到 t 这样一个时间间隔 $\Delta t = t - t_0$，在这段时间间隔内物体从位置 $s(t_0)$ 移动到 $s(t) = s(t_0 + \Delta t)$，其改变量为

$$\Delta s = s(t_0 + \Delta t) - s(t_0)$$

在这段时间间隔内的平均速度为

$$\bar{v} = \frac{\Delta s}{\Delta t} = \frac{s(t_0 + \Delta t) - s(t_0)}{\Delta t}$$

当时间间隔 Δt 很小时，可以认为物体在时间 $[t_0, t_0 + \Delta t]$ 内近似地做匀速运动. 因此，可以用 $\bar{v}$ 作为 $v(t_0)$ 的近似值，且 Δt 越小，其近似程度就越高. 当时间间隔 $\Delta t \to 0$ 时，我们把平均速度 $\bar{v}$ 的极限称为时刻 t_0 的瞬时速度，即

$$v(t_0) = \lim_{\Delta t \to 0} \bar{v} = \lim_{\Delta t \to 0} \frac{\Delta s}{\Delta t} = \lim_{\Delta t \to 0} \frac{s(t_0 + \Delta t) - s(t_0)}{\Delta t}.$$

例 2 切线的斜率

设 C 为一条连续的平面曲线，其方程是 $y = f(x)$，如图 3-22 所示. $M(x_0, y_0)$ 是 C 上任一点，$N(x, y)$ 是另外一点，割线 MN 将绕着点 M 转动. 如果当点 N 沿曲线 C 趋向点 M 时，它

的极限位置存在，设为直线 MT，那么直线 MT 就称为曲线 C 在点 M 处的切线. 也就是说，曲线 C 在点 M 处的切线 MT 是 $x \to x_0$ 割线 MN 的极限位置.

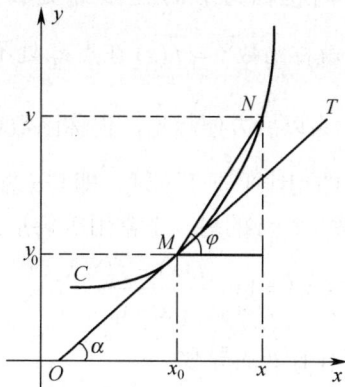

图 3-22

设割线 MN 的斜率为

$$\tan\varphi = \frac{y - y_0}{x - x_0} = \frac{f(x) - f(x_0)}{x - x_0} = \frac{f(x_0 + \Delta x) - f(x_0)}{\Delta x}$$

其中 φ 为割线 MN 的倾角. 当点 N 沿曲线 C 趋于点 M 时，此时 $x \to x_0$. 如果当 $x \to x_0$ 时，上式的极限存在，设为 k，即

$$k = \lim_{x \to x_0} \frac{f(x) - f(x_0)}{x - x_0}$$

存在，则割线 MN 就转化成切线 MT，因此自然将割线的斜率的极限定义为曲线 C 在点 M 处切线的斜率

$$k = \lim_{\Delta x \to 0} \tan\varphi = \tan\alpha .$$

3.4.2　导数的定义

上面两个例子虽然表示的实际意义不一样，但其数学表达式却是一样的，都是因变量的改变量与自变量的改变量之比，当自变量改变量趋于零时的极限. 我们称此极限值为函数的导数.

定义 2　设函数 $y = f(x)$ 在点 x_0 的某个邻域内有定义，当自变量 x 在 x_0 处取得增量 Δx（点 $x_0 + \Delta x$ 仍在该邻域内）时，相应地函数 y 取得增量

$$\Delta y = f(x_0 + \Delta x) - f(x_0)$$

如果当 $\Delta x \to 0$ 时，极限

$$\lim_{\Delta x \to 0} \frac{\Delta y}{\Delta x} = \lim_{\Delta x \to 0} \frac{f(x_0 + \Delta x) - f(x_0)}{\Delta x}$$

存在，则称此极限值为函数 $y = f(x)$ 在点 x_0 处的**导数**，并称函数 $y = f(x)$ 在点 x_0 处**可导**，记为 $f'(x_0)$，即

$$f'(x_0) = \lim_{\Delta x \to 0} \frac{\Delta y}{\Delta x} = \lim_{\Delta x \to 0} \frac{f(x_0 + \Delta x) - f(x_0)}{\Delta x} \tag{3.5}$$

也可记为 $y'|_{x=x_0}$，$\left.\dfrac{\mathrm{d}y}{\mathrm{d}x}\right|_{x=x_0}$ 或 $\left.\dfrac{\mathrm{d}f(x)}{\mathrm{d}x}\right|_{x=x_0}$．

函数 $f(x)$ 在点 x_0 处可导有时也称为 $f(x)$ 在点 x_0 处具有导数或导数存在．如果极限 $\displaystyle\lim_{\Delta x\to 0}\dfrac{f(x_0+\Delta x)-f(x_0)}{\Delta x}$ 不存在，就称函数 $y=f(x)$ 在点 x_0 处**不可导**．

特别地，当 $\displaystyle\lim_{\Delta x\to 0}\dfrac{\Delta y}{\Delta x}=\infty$ 时，为以后方便起见，也称函数在点 x_0 处的导数为无穷大，从曲线在点处切线观点来看，该点处的切线平行于 y 轴，即与 x 轴垂直．

函数 $f(x)$ 在点 x_0 处存在导数 $f'(x_0)$ 的另一个常用等价形式是

$$f'(x_0)=\lim_{x\to x_0}\frac{f(x)-f(x_0)}{x-x_0} \tag{3.6}$$

例3 求函数 $f(x)=x^2$ 在点 $(1,1)$ 处的导数．

解 根据（3.6）式，有

$$f'(1)=\lim_{x\to 1}\frac{f(x)-f(1)}{x-1}=\lim_{x\to 1}\frac{x^2-1}{x-1}=2 .$$

即函数曲线在点 $(1,1)$ 处切线的斜率为 2．导数用来描述曲线在该点处相对 x 轴的倾斜程度，导数越大，倾角越大，那么因变量相对自变量的变化就越快．因此，**导数反映了函数随自变量变化的快慢程度**．

函数 $f(x)$ 在点 x_0 处可导，也就是 $\displaystyle\lim_{x\to x_0}\dfrac{f(x)-f(x_0)}{x-x_0}$ 存在，根据极限的存在条件，要满足

$$\lim_{x\to x_0^-}\frac{f(x)-f(x_0)}{x-x_0}=\lim_{x\to x_0^+}\frac{f(x)-f(x_0)}{x-x_0}$$

为方便计，称 $\displaystyle\lim_{x\to x_0^-}\dfrac{f(x)-f(x_0)}{x-x_0}$ 为函数 $f(x)$ 在点 x_0 处的**左导数**，记为 $f'_-(x_0)$，即

$$f'_-(x_0)=\lim_{x\to x_0^-}\frac{f(x)-f(x_0)}{x-x_0}=\lim_{\Delta x\to 0^-}\frac{\Delta y}{\Delta x}=\lim_{\Delta x\to 0^-}\frac{f(x_0+\Delta x)-f(x_0)}{\Delta x}$$

同理，称 $\displaystyle\lim_{x\to x_0^+}\dfrac{f(x)-f(x_0)}{x-x_0}$ 为函数 $f(x)$ 在点 x_0 处的**右导数**，记为 $f'_+(x_0)$，即

$$f'_+(x_0)=\lim_{x\to x_0^+}\frac{f(x)-f(x_0)}{x-x_0}=\lim_{\Delta x\to 0^+}\frac{\Delta y}{\Delta x}=\lim_{\Delta x\to 0^+}\frac{f(x_0+\Delta x)-f(x_0)}{\Delta x}$$

显然，**函数 $y=f(x)$ 在点 x_0 处可导的充分必要条件是左导数和右导数均存在且相等**．

例4 讨论函数 $f(x)=\begin{cases}\sin x, & x<0 \\ x, & x\geqslant 0\end{cases}$ 在 $x=0$ 处是否可导．

解 $f'_-(0)=\displaystyle\lim_{x\to 0^-}\frac{f(x)-f(0)}{x-0}=\lim_{x\to 0^-}\frac{\sin x-0}{x}=1$

$f'_+(0)=\displaystyle\lim_{x\to 0^+}\frac{f(x)-f(0)}{x-0}=\lim_{x\to 0^+}\frac{x-0}{x}=1$

因为 $f'_+(0)=f'_-(0)=1$，所以函数在 $x=0$ 处可导，且 $f'(0)=1$．

如果函数 $y=f(x)$ 在开区间 I 内的每一点都可导，就称函数 $f(x)$ 在开区间 I 内可导．这时，

对于任意 $x \in I$，都存在唯一的导数值 $f'(x)$ 与之对应，因而 $f'(x)$ 也是 x 的函数，称其为函数 $f(x)$ 的**导函数**，简称为导数，记为

$$y', \quad f'(x), \quad \frac{dy}{dx} \ 或 \frac{df(x)}{dx}.$$

由（3.5）式可得

$$f'(x) = \lim_{\Delta x \to 0} \frac{\Delta y}{\Delta x} = \lim_{\Delta x \to 0} \frac{f(x + \Delta x) - f(x)}{\Delta x} \tag{3.7}$$

3.4.3　求导数举例

根据（3.7）式，求函数 $y = f(x)$ 在点 x 处的导数可分为以下三个步骤：

（1）求函数的增量：$\Delta y = f(x + \Delta x) - f(x)$

（2）求比值：$\dfrac{\Delta y}{\Delta x} = \dfrac{f(x + \Delta x) - f(x)}{\Delta x}$

（3）取极限：$f'(x) = \lim\limits_{\Delta x \to 0} \dfrac{\Delta y}{\Delta x} = \lim\limits_{\Delta x \to 0} \dfrac{f(x + \Delta x) - f(x)}{\Delta x}$

例 5　求函数 $f(x) = C$（C 为常数）的导数.

解　$f'(x) = \lim\limits_{\Delta x \to 0} \dfrac{f(x + \Delta x) - f(x)}{\Delta x} = \lim\limits_{\Delta x \to 0} \dfrac{C - C}{\Delta x} = 0$，即

$(C)' = 0$.

例 6　求 $f(x) = \dfrac{1}{x}$（$x \neq 0$）的导数 $f'(x)$ 以及 $f'(1)$.

解　$f'(x) = \lim\limits_{\Delta x \to 0} \dfrac{f(x + \Delta x) - f(x)}{\Delta x} = \lim\limits_{\Delta x \to 0} \dfrac{\dfrac{1}{x + \Delta x} - \dfrac{1}{x}}{\Delta x}$

$\qquad = \lim\limits_{\Delta x \to 0} \dfrac{-\Delta x}{(x + \Delta x)x \cdot \Delta x} = -\lim\limits_{\Delta x \to 0} \dfrac{1}{(x + \Delta x)x} = -\dfrac{1}{x^2}$.

由 $f'(x) = -\dfrac{1}{x^2}$ 可得 $f'(1) = -\dfrac{1}{1^2} = -1$.

注意：函数 $f(x)$ 在点 x_0 处的导数 $f'(x_0)$ 就是其导函数 $f'(x)$ 在点 x_0 处的函数值，即

$$f'(x_0) = f'(x)\big|_{x = x_0}.$$

例 7　求 $f(x) = \sqrt{x}$（$x > 0$）的导数.

解　$f'(x) = \lim\limits_{\Delta x \to 0} \dfrac{f(x + \Delta x) - f(x)}{\Delta x} = \lim\limits_{\Delta x \to 0} \dfrac{\sqrt{x + \Delta x} - \sqrt{x}}{\Delta x}$

$\qquad = \lim\limits_{\Delta x \to 0} \dfrac{\Delta x}{\Delta x(\sqrt{x + \Delta x} + \sqrt{x})} = \lim\limits_{\Delta x \to 0} \dfrac{1}{\sqrt{x + \Delta x} + \sqrt{x}} = \dfrac{1}{2\sqrt{x}}$.

例 8　求函数 $f(x) = \sin x$ 的导数.

解　$f'(x) = \lim\limits_{\Delta x \to 0} \dfrac{f(x + \Delta x) - f(x)}{\Delta x} = \lim\limits_{\Delta x \to 0} \dfrac{\sin(x + \Delta x) - \sin x}{\Delta x}$

$\qquad = \lim\limits_{\Delta x \to 0} \dfrac{1}{\Delta x} \cdot 2\cos\left(x + \dfrac{\Delta x}{2}\right)\sin\dfrac{\Delta x}{2}$

$$= \lim_{\Delta x \to 0} \cos(x + \frac{\Delta x}{2}) \cdot \frac{\sin \frac{\Delta x}{2}}{\frac{\Delta x}{2}} = \cos x$$

即 $\qquad (\sin x)' = \cos x$

类似地，可得 $\qquad (\cos x)' = -\sin x$.

例 9 求函数 $f(x) = \log_a x$ （$a > 0$ 且 $a \neq 1$）的导数.

解 $\quad f'(x) = \lim_{\Delta x \to 0} \frac{f(x + \Delta x) - f(x)}{\Delta x} = \lim_{\Delta x \to 0} \frac{\log_a(x + \Delta x) - \log_a x}{\Delta x}$

$$= \lim_{\Delta x \to 0} \frac{1}{\Delta x} \log_a(\frac{x + \Delta x}{x}) = \frac{1}{x} \lim_{\Delta x \to 0} \frac{x}{\Delta x} \log_a(1 + \frac{\Delta x}{x}) = \frac{1}{x} \lim_{\Delta x \to 0} \log_a(1 + \frac{\Delta x}{x})^{\frac{x}{\Delta x}}$$

$$= \frac{1}{x} \log_a \mathrm{e} = \frac{1}{x \ln a}$$

即 $\qquad (\log_a x)' = \frac{1}{x \ln a}$.

特别地，当 $a = \mathrm{e}$ 时，有 $\qquad (\ln x)' = \frac{1}{x}$.

3.4.4 导数的几何意义

由例 2 的讨论可知，如果函数 $y = f(x)$ 在 x_0 处可导，则导数的几何意义是：$f'(x_0)$ 为曲线 $y = f(x)$ 在点 (x_0, y_0) 处切线的斜率.

由直线的点斜式方程，曲线 $y = f(x)$ 在点 (x_0, y_0) 处的切线方程为：

$$y - y_0 = f'(x_0)(x - x_0)$$

如果 $f'(x_0) = 0$ ，则切线方程为 $y = y_0$ ，即切线平行于 x 轴.

如果 $f'(x_0)$ 为无穷大，则切线方程为 $x = x_0$ ，即切线垂直于 x 轴.

例 10 求双曲线 $y = \frac{1}{x}$ 在点 $(\frac{1}{2}, 2)$ 处切线的斜率，并写出在该点处的切线方程和法线方程.

解 因为

$$y' = -\frac{1}{x^2} , \quad y'\big|_{x = \frac{1}{2}} = -4$$

故所求切线方程为 $y - 2 = -4(x - \frac{1}{2})$ ，即 $4x + y - 4 = 0$.

法线方程为 $y - 2 = \frac{1}{4}(x - \frac{1}{2})$ ，即 $2x - 8y + 15 = 0$.

3.4.5 函数的可导性与连续性之间的关系

定理 1 如果函数 $y = f(x)$ 在点 x_0 处可导，则函数在该点必连续.

证 因为 $y = f(x)$ 在点 x_0 处可导，即

$$\lim_{\Delta x \to 0} \frac{\Delta y}{\Delta x} = f'(x_0)$$

由具有极限的函数与无穷小的关系式有

$$\frac{\Delta y}{\Delta x} = f'(x_0) + \alpha$$

其中，$\lim\limits_{\Delta x \to 0} \alpha = 0$，上式两边乘以 Δx，有

$$\Delta y = f'(x_0)\,\Delta x + \alpha\Delta x$$

由此可见，当 $\Delta x \to 0$ 时，$\Delta y \to 0$，这就是说，函数 $y = f(x)$ 在点 x_0 处是连续的. 即如果函数 $f(x)$ 在点 x_0 处可导，则函数在该点处必连续.

注意：这个定理的逆定理不一定成立，即函数 $y = f(x)$ 在 x_0 处连续，在 x_0 处不一定可导，但如果函数 $y = f(x)$ 在 x_0 处不连续，则在 x_0 处一定不可导.

例 11 试讨论函数 $f(x) = |x| = \begin{cases} x, & x \geq 0 \\ -x, & x < 0 \end{cases}$ 在 $x = 0$ 处的连续性和可导性.

解 因为 $\lim\limits_{x \to 0^+} f(x) = \lim\limits_{x \to 0^+} |x| = \lim\limits_{x \to 0^+} x = 0$

$$\lim\limits_{x \to 0^-} f(x) = \lim\limits_{x \to 0^-} |x| = \lim\limits_{x \to 0^-} (-x) = 0$$

所以 $\lim\limits_{x \to 0} f(x) = \lim\limits_{x \to 0} |x| = f(0) = 0$，即 $f(x) = |x|$ 在点 $x = 0$ 处连续.

函数在 $x = 0$ 处左导数 $f'_-(0) = \lim\limits_{x \to 0^-} \frac{f(x) - f(0)}{x - 0} = \lim\limits_{x \to 0^-} \frac{-x - 0}{x} = -1$

函数在 $x = 0$ 处右导数 $f'_+(0) = \lim\limits_{x \to 0^+} \frac{f(x) - f(0)}{x - 0} = \lim\limits_{x \to 0^+} \frac{x - 0}{x} = 1$

因为 $f'_-(0) \neq f'_+(0)$，所以 $f'(0)$ 不存在，即 $f(x) = |x|$ 在点 $x = 0$ 处不可导.

例 12 设 $f(x) = \sqrt[3]{x}$，$x \in (-\infty, +\infty)$，试讨论 $f(x)$ 在点 $x = 0$ 处的导数.

解 $f(x)$ 在 $(-\infty, +\infty)$ 上是连续的，在点 $x = 0$ 处，有

$$\lim\limits_{\Delta x \to 0} \frac{f(0 + \Delta x) - f(0)}{\Delta x} = \lim\limits_{\Delta x \to 0} \frac{\sqrt[3]{\Delta x}}{\Delta x} = \lim\limits_{\Delta x \to 0} \frac{1}{(\Delta x)^{2/3}} = +\infty$$

即 $f(x)$ 在点 $x = 0$ 处导数为无穷大，即 $f(x)$ 在点 $x = 0$ 处不可导. 从图 3-23 可以看出，曲线 $f(x)$ 在原点具有垂直于 x 轴的切线 $x = 0$.

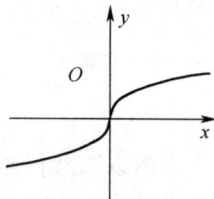

图 3-23

由上述例 11，例 12 可知，函数在某点处连续是函数在该点处可导的必要条件，但不是充分条件.

习题 3.4

1. 当物体的温度高于周围介质的温度时，物体就不断冷却，若物体的温度 T 与时间 t 的函数关系为 $T = T(t)$，应怎样确定该物体在时刻 t 的冷却速度 $v(t)$？

2. 根据导数的定义，求下列函数在给定点处的导数 $f'(x_0)$.

（1）$f(x) = \sin x$，$x_0 = 0$　　　　　　（2）$f(x) = 10x^2$，$x_0 = -1$

3. 对函数 $y = f(x)$，$f(0) = 0$，$\lim\limits_{x \to 0} \frac{f(x)}{x} = k$，$k$ 表示什么？

4. 若 $f'(x_0)$ 存在且值为 k，求下列极限：

（1）$\lim\limits_{\Delta x \to 0} \dfrac{f(x_0 - \Delta x) - f(x_0)}{\Delta x}$　　　　　　（2）$\lim\limits_{h \to 0} \dfrac{f(x_0 - h) - f(x_0 + h)}{h}$

5．求下列函数的导数：

（1）$y = \dfrac{1}{\sqrt{x}}$　　　　　　　　　　　　（2）$y = x^5 \cdot \sqrt[3]{x}$

（3）$y = \log_5 x$　　　　　　　　　　　　（4）$y = 2^x \cdot 5^x$

6．一物体的运动的运动规律为 $S = t^3$ (m)，求这物体在 $t = 2$ (s) 时的速度．

7．求下列曲线在给定点处的切线方程：

（1）$f(x) = \dfrac{1}{x}$，$M(\dfrac{1}{2}, 2)$　　　　　　（2）$f(x) = \cos x$，$M(\dfrac{\pi}{2}, 0)$

8．求在抛物线 $y = x^2$ 上横坐标为 3 的点处的切线方程．

9．自变量 x 取哪些值时，曲线 $y = x^2$ 与 $y = x^3$ 的切线平行？

10．已知 $f(x) = \begin{cases} x^2, & x \geqslant 0 \\ -x^2, & x < 0 \end{cases}$，求 $f'_+(0)$ 及 $f'_-(0)$，讨论 $f'(0)$ 是否存在．

11．用导数的定义求 $f(x) = \begin{cases} x, & x < 0 \\ \ln(1 + x), & x \geqslant 0 \end{cases}$ 在点 $x = 0$ 处的导数．

12．讨论函数 $f(x) = \begin{cases} x^2 + 1, & x < 1 \\ 3x - 1, & x \geqslant 1 \end{cases}$ 在点 $x = 1$ 处的连续性与可导性．

13．已知函数 $f(x) = \begin{cases} x^2, & x \leqslant 1 \\ ax + b, & x > 1 \end{cases}$，为了使函数 $f(x)$ 在 $x = 1$ 处连续且可导，a, b 应取何值？

3.5　导数运算法则

求函数的变化率——导数，是理论研究和实践应用中经常遇到的一个问题．有必要探讨函数求导的运算法则和基本初等函数的导数公式，借助于这些基本法则和基本初等函数的导数公式，就能很方便的求出常见初等函数的导数．

3.5.1　导数的四则运算法则

定理 1　如果函数 $u = u(x)$ 及 $v = v(x)$ 在点 x 处可导 那么它们的和、差、积、商（分母为零的点除外）在点 x 处也可导，且

（1）$[u(x) \pm v(x)]' = u'(x) \pm v'(x)$；

（2）$[u(x) \cdot v(x)]' = u'(x)v(x) + u(x)v'(x)$；

（3）$\left[\dfrac{u(x)}{v(x)}\right]' = \dfrac{u'(x)v(x) - u(x)v'(x)}{v^2(x)}$ （$v(x) \neq 0$）．

证　只证明（1），（2）、（3）请读者自己证明．

设 $y = u(x) + v(x)$，则

$$\Delta y = [u(x+\Delta x)+v(x+\Delta x)]-[u(x)+v(x)]$$
$$= [u(x+\Delta x)-u(x)]+[v(x+\Delta x)-v(x)] = \Delta u + \Delta v$$

$$\frac{\Delta y}{\Delta x} = \frac{\Delta u + \Delta v}{\Delta x} = \frac{\Delta u}{\Delta x} + \frac{\Delta v}{\Delta x}$$

所以

$$\lim_{\Delta x\to 0}\frac{\Delta y}{\Delta x} = \lim_{\Delta x\to 0}(\frac{\Delta u}{\Delta x}+\frac{\Delta v}{\Delta x}) = u'(x)+v'(x)$$

同理可证 $[u(x)-v(x)]' = u'(x)-v'(x)$.

上述法则可以简单的表示为：

$$(u\pm v)' = u'\pm v', \quad (uv)' = u'v+uv', \quad (\frac{u}{v})' = \frac{u'v-uv'}{v^2}.$$

定理 1 中的法则（1）、（2）可推广到任意有限个可导函数的情形. 例如，设 $u=u(x)$、$v=v(x)$、$w=w(x)$ 均可导，则有

$$(u+v+w)' = u'+v'+w'$$
$$(uvw)' = (uv)'w+uvw' = u'vw+uv'w+uvw'.$$

在法则（2）中，如果 $v(x)=C$（C 为常数），则有

$$(Cu)' = Cu'.$$

例 1　设 $y=2x^3-5x^2+3x-7$，求 y' .

解　$y'=(2x^3-5x^2+3x-7)'=(2x^3)'-(5x^2)'+(3x)'-(7)'$
　　$=2\cdot 3x^2-5\cdot 2x+3 = 6x^2-10x+3$.

例 2　设 $f(x)=x^3+4\cos x-\sin\frac{\pi}{4}$，求 $f'(x)$ 及 $f'(\frac{\pi}{2})$.

解　$f'(x)=(x^3)'+(4\cos x)'-(\sin\frac{\pi}{4})' = 3x^2-4\sin x$

　　$f'(\frac{\pi}{2}) = \frac{3}{4}\pi^2-4$.

例 3　设 $y=x^3\cdot 3^x$，求 y' .

解　$y'=(x^3\cdot 3^x)'=(x^3)'\cdot 3^x+x^3\cdot(3^x)'$
　　$=3x^2\cdot 3^x+x^3\cdot 3^x\ln 3 = x^2\cdot 3^x\cdot(3+x\ln 3)$.

例 4　设 $\varphi(t)=\frac{\ln t+1}{\sin t}$，求 $\varphi'(t)$.

解　$\varphi'(t)=\frac{(\ln t+1)'\sin t-(\ln t+1)\cos t}{\sin^2 t} = \frac{\frac{1}{t}\cdot\sin t-(\ln t+1)\cos t}{\sin^2 t}$

　　$=\frac{\sin t-t(\ln t+1)\cos t}{t\sin^2 t}$.

例 5　设 $y=\tan x$，求 y' .

解　$y'=(\tan x)'=(\frac{\sin x}{\cos x})' = \frac{(\sin x)'\cos x-\sin x(\cos x)'}{\cos^2 x} = \frac{\cos^2 x+\sin^2 x}{\cos^2 x} = \frac{1}{\cos^2 x} = \sec^2 x$

即　　　　$(\tan x)' = \sec^2 x$.

类似地，可得 $\qquad (\cot x)' = -\csc^2 x$

例 6 设 $y = \sec x$，求 y'.

解 $y' = (\sec x)' = \left(\dfrac{1}{\cos x}\right)' = \dfrac{(1)' \cos x - 1 \cdot (\cos x)'}{\cos^2 x} = \dfrac{\sin x}{\cos^2 x} = \dfrac{1}{\cos x} \cdot \dfrac{\sin x}{\cos x} = \sec x \cdot \tan x$.

即 $\qquad (\sec x)' = \sec x \cdot \tan x$

类似地，可得 $\qquad (\csc x)' = -\csc x \cdot \cot x$.

3.5.2 反函数求导法

定理 2 如果函数 $x = f(y)$ 在某区间 I_y 内单调、可导且 $f'(y) \neq 0$，那么它的反函数 $y = f^{-1}(x)$ 在对应区间 $I_x = \left\{ x \mid x = f(y), y \in I_y \right\}$ 内也可导，并且

$$[f^{-1}(x)]' = \frac{1}{f'(y)} \quad \text{或} \quad \frac{\mathrm{d}y}{\mathrm{d}x} = \frac{1}{\dfrac{\mathrm{d}x}{\mathrm{d}y}}.$$

证明略.

定理说明：**反函数的导数等于直接函数导数的倒数**.

例 7 设 $x = \sin y$，$y \in [-\dfrac{\pi}{2}, \dfrac{\pi}{2}]$ 为直接函数，则 $y = \arcsin x$ 是它的反函数. 函数 $x = \sin y$ 在开区间 $(-\dfrac{\pi}{2}, \dfrac{\pi}{2})$ 内单调、可导，且

$$(\sin y)' = \cos y > 0$$

因此，由反函数的求导法则，在对应区间 $I_x = (-1, 1)$ 内有

$$(\arcsin x)' = \frac{1}{(\sin y)'} = \frac{1}{\cos y} = \frac{1}{\sqrt{1 - \sin^2 y}} = \frac{1}{\sqrt{1 - x^2}}.$$

类似地，有 $\quad (\arccos x)' = -\dfrac{1}{\sqrt{1 - x^2}}$.

例 8 设 $x = \tan y$，$y \in (-\dfrac{\pi}{2}, \dfrac{\pi}{2})$ 为直接函数，则 $y = \arctan x$ 是它的反函数. 函数 $x = \tan y$ 在区间 $(-\dfrac{\pi}{2}, \dfrac{\pi}{2})$ 内单调、可导，且

$$(\tan y)' = \sec^2 y \neq 0.$$

因此，由反函数的求导法则，在对应区间 $I_x = (-\infty, +\infty)$ 内有

$$(\arctan x)' = \frac{1}{(\tan y)'} = \frac{1}{\sec^2 y} = \frac{1}{1 + \tan^2 y} = \frac{1}{1 + x^2}.$$

类似地，有 $\quad (\operatorname{arc\,cot} x)' = -\dfrac{1}{1 + x^2}$.

例 9 设 $x = \log_a y$ $(a > 0,\ a \neq 1)$ 为直接函数，则 $y = a^x$ 是它的反函数. 函数 $x = \log_a y$ 在区间 $(0, +\infty)$ 内单调、可导，且

$$(\log_a y)' = \frac{1}{y \ln a} \neq 0$$

因此，由反函数的求导法则，在对应区间 $I_x = (-\infty, +\infty)$ 内有

$$(a^x)' = \frac{1}{(\log_a y)'} = y \ln a = a^x \ln a.$$

特别地，$(e^x)' = e^x$.

3.5.3　复合函数求导法则

定理 3　如果 $u = g(x)$ 在点 x 处可导，函数 $y = f(u)$ 在点 $u = g(x)$ 可导，则复合函数 $y = f[g(x)]$ 在点 x 处可导，且其导数为

$$\frac{dy}{dx} = \frac{dy}{du} \cdot \frac{du}{dx} \quad \text{或} \frac{dy}{dx} = f'(u) \cdot g'(x).$$

证　设 Δx 为 x 的改变量，函数 $u = g(x)$ 相应的改变量记为 Δu. 当 $\Delta u \neq 0$ 时，有

$$\frac{\Delta y}{\Delta x} = \frac{\Delta y}{\Delta u} \cdot \frac{\Delta u}{\Delta x}.$$

又因为 $u = g(x)$ 在点 x 处可导，则在点 x 处连续，即当 $\Delta x \to 0$ 时，$\Delta u \to 0$，所以

$$\frac{dy}{dx} = \lim_{\Delta x \to 0} \frac{\Delta y}{\Delta x} = \lim_{\Delta x \to 0} \left(\frac{\Delta y}{\Delta u} \cdot \frac{\Delta u}{\Delta x} \right) = \lim_{\Delta u \to 0} \frac{\Delta y}{\Delta u} \cdot \lim_{\Delta x \to 0} \frac{\Delta u}{\Delta x} = \frac{dy}{du} \cdot \frac{du}{dx} = f'(u) \cdot g'(x)$$

定理表明：复合函数的导数等于函数对中间变量的导数，乘以中间变量对自变量的导数. 此法则称为**复合函数的链式法则**.

例 10　设 $y = (x^3 + 1)^5$，求 $\dfrac{dy}{dx}$.

解　函数 $y = (x^3 + 1)^5$ 可看作是由 $y = u^5$，$u = x^3 + 1$ 复合而成的，因此

$$\frac{dy}{dx} = \frac{dy}{du} \cdot \frac{du}{dx} = 5u^4 \cdot 3x^2 = 15x^2(x^3 + 1)^4.$$

注意：中间变量 u 要还原为 $x^3 + 1$.

例 11　设 $y = e^{x^3}$，求 $\dfrac{dy}{dx}$.

解　函数 $y = e^{x^3}$ 可看作是由 $y = e^u$，$u = x^3$ 复合而成的，因此

$$\frac{dy}{dx} = \frac{dy}{du} \cdot \frac{du}{dx} = e^u \cdot 3x^2 = 3x^2 e^{x^3}.$$

例 12　设 $y = \sin \dfrac{2x}{1 + x^2}$，求 $\dfrac{dy}{dx}$.

解　函数 $y = \sin \dfrac{2x}{1 + x^2}$ 是由 $y = \sin u$，$u = \dfrac{2x}{1 + x^2}$ 复合而成的，因此

$$\frac{dy}{dx} = \frac{dy}{du} \cdot \frac{du}{dx} = \cos u \cdot \frac{2(1 + x^2) - (2x)^2}{(1 + x^2)^2} = \frac{2(1 - x^2)}{(1 + x^2)^2} \cdot \cos \frac{2x}{1 + x^2}.$$

从上面的例子可以看出，在求复合函数的导数时，关键是要能正确地分解复合函数，然后由外向里，逐层推进求导. 在求导的过程中，始终要明确是哪个函数对那个变量求导. 在开始时，可以设中间变量，一步一步做下去，熟练后可不必写出中间变量，直接求导.

例 13　设 $y = \ln \sin x$，求 $\dfrac{dy}{dx}$.

解　$\dfrac{\mathrm{d}y}{\mathrm{d}x} = (\ln\sin x)' = \dfrac{1}{\sin x}\cdot(\sin x)' = \dfrac{1}{\sin x}\cdot\cos x = \cot x$.

例 14　设 $y = \sqrt[3]{1-2x^2}$ ，求 $\dfrac{\mathrm{d}y}{\mathrm{d}x}$.

解　$\dfrac{\mathrm{d}y}{\mathrm{d}x} = [(1-2x^2)^{\frac{1}{3}}]' = \dfrac{1}{3}(1-2x^2)^{-\frac{2}{3}}\cdot(1-2x^2)' = \dfrac{-4x}{3\sqrt[3]{(1-2x^2)^2}}$.

复合函数的求导法则可以推广到多个中间变量的情形. 例如，设 $y = f(u), u = \varphi(v), v = \psi(x)$ ，则

$$\frac{\mathrm{d}y}{\mathrm{d}x} = \frac{\mathrm{d}y}{\mathrm{d}u}\cdot\frac{\mathrm{d}u}{\mathrm{d}x} = \frac{\mathrm{d}y}{\mathrm{d}u}\cdot\frac{\mathrm{d}u}{\mathrm{d}v}\cdot\frac{\mathrm{d}v}{\mathrm{d}x} .$$

例 15　设 $y = \ln\cos(\mathrm{e}^x)$ ，求 $\dfrac{\mathrm{d}y}{\mathrm{d}x}$.

解　$\dfrac{\mathrm{d}y}{\mathrm{d}x} = [\ln\cos(\mathrm{e}^x)]' = \dfrac{1}{\cos(\mathrm{e}^x)}\cdot[\cos(\mathrm{e}^x)]' = \dfrac{1}{\cos(\mathrm{e}^x)}\cdot[-\sin(\mathrm{e}^x)]\cdot(\mathrm{e}^x)' = -\mathrm{e}^x\tan(\mathrm{e}^x)$.

例 16　设 $y = \mathrm{e}^{\sin\frac{1}{x}}$ ，求 $\dfrac{\mathrm{d}y}{\mathrm{d}x}$.

解　$\dfrac{\mathrm{d}y}{\mathrm{d}x} = (\mathrm{e}^{\sin\frac{1}{x}})' = \mathrm{e}^{\sin\frac{1}{x}}\cdot(\sin\frac{1}{x})' = \mathrm{e}^{\sin\frac{1}{x}}\cdot\cos\frac{1}{x}\cdot(\frac{1}{x})' = -\dfrac{1}{x^2}\cdot\mathrm{e}^{\sin\frac{1}{x}}\cdot\cos\frac{1}{x}$.

例 17　证明幂函数的导数公式：$(x^\alpha)' = \alpha x^{\alpha-1}$（$\alpha$ 是任意实数）

证　因为

$$x^\alpha = \mathrm{e}^{\ln x^\alpha} = \mathrm{e}^{\alpha\ln x}$$

所以

$$(x^\alpha)' = (\mathrm{e}^{\alpha\ln x})' = \mathrm{e}^{\alpha\ln x}\cdot(\alpha\ln x)' = x^\alpha\cdot\frac{\alpha}{x} = \alpha x^{\alpha-1} .$$

3.5.4　初等函数的求导法则

下面将基本初等函数的导数公式和导数的运算法则汇集如下：

1. **基本初等函数的导数公式**

（1）$(C)' = 0$（C 是常数）；

（2）$(x^\alpha)' = \alpha x^{\alpha-1}$（$\alpha$ 是任意实数）；

（3）$(a^x)' = a^x\ln a$ ；

（4）$(\mathrm{e}^x)' = \mathrm{e}^x$ ；

（5）$(\log_a x)' = \dfrac{1}{x\ln a}$ ；

（6）$(\ln x)' = \dfrac{1}{x}$ ；

（7）$(\sin x)' = \cos x$ ；

（8）$(\cos x)' = -\sin x$ ；

（9）$(\tan x)' = \sec^2 x$ ；

（10）$(\cot x)' = -\csc^2 x$ ；

（11）$(\sec x)' = \sec x\cdot\tan x$ ；

（12）$(\csc x)' = -\csc x\cdot\cot x$ ；

（13）$(\arcsin x)' = \dfrac{1}{\sqrt{1-x^2}}$ ；

（14）$(\arccos x)' = -\dfrac{1}{\sqrt{1-x^2}}$ ；

（15）$(\arctan x)' = \dfrac{1}{1+x^2}$ ；

（16）$(\operatorname{arccot} x)' = -\dfrac{1}{1+x^2}$.

2. 函数的和、差、积、商的求导法则

设 $u = u(x), v = v(x)$ 都可导，则

（1）$(u \pm v)' = u' \pm v'$；

（2）$(Cu)' = Cu'$；

（3）$(uv)' = u'v + uv'$；

（4）$\left(\dfrac{u}{v}\right)' = \dfrac{u'v - uv'}{v^2}$.

3. 反函数的求导法则

设函数 $x = f(y)$ 在区间 I_y 内单调、可导，且 $f'(y) \neq 0$，则它的反函数 $y = f^{-1}(x)$ 在对应区间 I_x 内也可导，且

$$[f^{-1}(x)]' = \frac{1}{f'(y)} \quad \text{或} \quad \frac{\mathrm{d}y}{\mathrm{d}x} = \frac{1}{\dfrac{\mathrm{d}x}{\mathrm{d}y}}.$$

4. 复合函数的求导法则

设 $y = f(u)$，$u = g(x)$，且 $f(u)$ 及 $g(x)$ 都可导，则复合函数 $y = f[g(x)]$ 的导数为

$$\frac{\mathrm{d}y}{\mathrm{d}x} = \frac{\mathrm{d}y}{\mathrm{d}u} \cdot \frac{\mathrm{d}u}{\mathrm{d}x} \quad \text{或} \quad \frac{\mathrm{d}y}{\mathrm{d}x} = f'(u) \cdot g'(x).$$

例 18　将一金属块加热到 $100℃$，然后放置 $20℃$ 在恒温室中冷却. 已知其温度的变化规律为 $T = 80\mathrm{e}^{-0.2t} + 20\,(℃)$，其中 t 为冷却时间，求该金属块的冷却速率（即温度的变化率），并求冷却时间 $t = 5\,s$ 时该金属块的温度及冷却速率（精确到 $0.1℃$）.

解　金属块的冷却速率，即温度 T 对时间 t 的导数：

$$\frac{\mathrm{d}T}{\mathrm{d}t} = 80(-0.2)\mathrm{e}^{-0.2t} = -16\mathrm{e}^{-0.2t}\ (℃/s)$$

$$T\big|_{t=5} = 80 \times \mathrm{e}^{-0.2 \times 5} + 20 \approx 49.4\,(℃)$$

$$\frac{\mathrm{d}T}{\mathrm{d}t}\bigg|_{t=5} = -16\mathrm{e}^{-0.2 \times 5} = -16\mathrm{e}^{-1} \approx -5.9\,(℃/s).$$

例 19　在某项记忆力测试中，某人在 t 分钟后能够记住 M 个单词，其中 $M = -0.001t^3 + 0.1t^2$. 求记住的单词数关于时间的变化率，并求在前 10 分钟（$t = 10$）内可以记住多少单词，以及在 $t = 10$ 分钟时的记忆率是多少？

解　记住的单词数关于时间的变化率，即 M 对 t 的导数：

$$\frac{\mathrm{d}M}{\mathrm{d}t} = -0.003t^2 + 0.2t$$

$$M\big|_{t=10} = -0.001 \times 10^3 + 0.1 \times 10^2 = 9$$

$$\frac{\mathrm{d}M}{\mathrm{d}t}\bigg|_{t=10} = -0.003 \times 10^2 + 0.2 \times 10 = 1.7.$$

3.5.5　隐函数求导法

前面几节所讨论的求导法则适用于因变量 y 与自变量 x 之间的函数关系是显函数 $y = f(x)$ 的形式. 但有时，变量 y 与 x 的之间的函数关系是由方程 $F(x, y) = 0$ 来确定，即 y 与 x 的关系隐含在方程 $F(x, y) = 0$ 中. 我们称这种由未解出因变量的方程所确定的 y 与 x 之间的

函数关系为隐函数. 例如, $\dfrac{x^2}{16}+\dfrac{y^2}{9}=1$, $e^y+xy-e=0$, $e^x+e^y-xy=0$等都是隐函数.

把一个隐函数化成显函数, 叫做隐函数的显化. 例如隐函数 $x^2-y+4=0$ 可以显化为 $y=x^2+4$. 但有些隐函数的显化是有困难, 甚至是不可能的, 例如方程 $e^x+e^y-xy=0$ 就无法把 y 表示成 x 的显函数的形式. 但在实际问题中, 有时需要计算隐函数的导数, 因此, 我们希望有一种方法, 不管隐函数能否显化, 都能直接由方程算出它所确定的隐函数的导数来. 下面举例说明隐函数的求导方法.

假设由方程 $F(x,y)=0$ 所确定的函数为 $y=f(x)$, 则把它代回方程 $F(x,y)=0$ 中, 得到

$$F(x,f(x))=0$$

利用复合函数求导法则, 在上式两边同时对 x 求导, 再解出所求导数 y', 这就是**隐函数求导法**.

例 20　求由方程 $e^y+xy-e=0$ 所确定的隐函数的导数 y'.

解　把 y 看成关于 x 的函数, 方程两边的每一项对 x 求导数, 得

$$(e^y)'+(xy)'-(e)'=(0)'$$

即

$$e^y\cdot y'+(y+xy')-0=0$$

从而

$$y'=-\dfrac{y}{x+e^y}\quad(x+e^y\neq0).$$

注意: 求隐函数的导数时, 只需要将确定隐函数的方程两边同时对自变量 x 求导, 凡是遇到含有因变量 y 的项时, 把 y 当作中间变量看待, 即 y 是 x 的函数, 再按复合函数求导法则求之. 例如, $(xy)'=y+xy'$, $\left(\dfrac{x}{y}\right)'=\dfrac{y-xy'}{y^2}$, $(y^2)'=2y\cdot y'$, $(\ln y)'=\dfrac{1}{y}\cdot y'$, $(\sin y)'=\cos y\cdot y'$, $(\arcsin y)'=\dfrac{1}{\sqrt{1-y^2}}\cdot y'$ 等, 最后从所得等式中解出 y'.

例 21　求由方程 $y^5+2y-x-3x^7=0$ 所确定的隐函数在 $x=0$ 处的导数 $y'|_{x=0}$.

解　把方程两边同时对 x 求导数得

$$5y^4\cdot y'+2y'-1-21x^6=0$$

解得

$$y'=\dfrac{1+21x^6}{5y^4+2}$$

因为当 $x=0$ 时, 从原方程得 $y=0$, 所以

$$y'|_{x=0}=\dfrac{1+21x^6}{5y^4+2}\Big|_{x=0}=\dfrac{1}{2}.$$

例 22　求椭圆 $\dfrac{x^2}{16}+\dfrac{y^2}{9}=1$ 上点 $(2,\dfrac{3}{2}\sqrt{3})$ 处的切线方程.

解　把椭圆方程的两边分别对 x 求导, 得

$$\frac{x}{8} + \frac{2}{9}y \cdot y' = 0$$

解得

$$y' = -\frac{9x}{16y}$$

当 $x = 2$ 时，$y = \frac{3}{2}\sqrt{3}$，代入上式得所求切线的斜率

$$k = y'|_{x=2} = -\frac{\sqrt{3}}{4}$$

所求的切线方程为

$$y - \frac{3}{2}\sqrt{3} = -\frac{\sqrt{3}}{4}(x - 2)，\text{即}\sqrt{3}x + 4y - 8\sqrt{3} = 0 .$$

3.5.6 对数求导法

在求导数时有时会遇到一些函数，直接对其求导很困难，例如，形如 $y = [u(x)]^{v(x)}$ 的幂指函数或者多因子之积的函数，这时，一般采用先在函数的两边取自然对数，变成隐函数的形式，然后利用隐函数的求导方法求出它的导数，这种方法叫做**对数求导法**. 方法如下：

设 $y = f(x)$，两边取对数，得

$$\ln y = \ln f(x)$$

两边对 x 求导，得

$$\frac{1}{y}y' = [\ln f(x)]'$$

则

$$y' = y \cdot [\ln f(x)]' = f(x) \cdot [\ln f(x)]' .$$

例 23 求 $y = x^{\sin x}(x > 0)$ 的导数.

解 解法 1：两边取对数，得

$$\ln y = \ln x^{\sin x} = \sin x \ln x$$

上式两边对 x 求导，得

$$\frac{1}{y}y' = \cos x \cdot \ln x + \sin x \cdot \frac{1}{x}$$

于是

$$y' = y(\cos x \cdot \ln x + \sin x \cdot \frac{1}{x}) = x^{\sin x}(\cos x \cdot \ln x + \frac{\sin x}{x}) .$$

解法 2： 幂指函数的导数也可先将函数变成指数函数，然后采用复合函数求导法则求导.

因为

$$y = x^{\sin x} = e^{\ln x^{\sin x}} = e^{\sin x \cdot \ln x}$$

所以

$$y' = e^{\sin x \cdot \ln x}(\sin x \cdot \ln x)' = x^{\sin x}(\cos x \cdot \ln x + \frac{\sin x}{x}) .$$

例24 求函数 $y = \sqrt{\dfrac{(x-1)(x-2)}{(x-3)(x-4)}}$ 的导数.

解 先在两边取对数（假设 $x > 4$），得

$$\ln y = \frac{1}{2}[\ln(x-1) + \ln(x-2) - \ln(x-3) - \ln(x-4)]$$

上式两边对 x 求导，得

$$\frac{1}{y}y' = \frac{1}{2}\left(\frac{1}{x-1} + \frac{1}{x-2} - \frac{1}{x-3} - \frac{1}{x-4}\right)$$

于是

$$y' = \frac{y}{2}\left(\frac{1}{x-1} + \frac{1}{x-2} - \frac{1}{x-3} - \frac{1}{x-4}\right) = \frac{1}{2}\sqrt{\frac{(x-1)(x-2)}{(x-3)(x-4)}}\left(\frac{1}{x-1} + \frac{1}{x-2} - \frac{1}{x-3} - \frac{1}{x-4}\right).$$

3.5.7 参数方程求导法

在平面解析几何里，许多平面曲线方程是用参数形式给出的，例如圆心在原点，半径为 2 的圆周方程可表示为：$\begin{cases} x = 2\cos t \\ y = 2\sin t \end{cases}$ $(0 \leqslant t \leqslant 2\pi)$，这表明：$x, y$ 都与 t 存在函数关系. 如果把对应于同一个 t 值的 x 与 y 值看作是对应的，这样就得到 y 与 x 之间的函数关系. 消去参数 t，得到 $x^2 + y^2 = 4$，这就是 x 和 y 的隐函数关系式，也称为由参数方程所确定的隐函数关系式.

一般地，若参数方程 $\begin{cases} x = \varphi(t) \\ y = \psi(t) \end{cases}$ 确定 y 与 x 的函数关系，则称此函数关系所表达的函数为由参数方程所确定的函数.

在实际问题中，需要计算由参数方程所确定的函数的导数. 从参数方程中消去参数 t 有时会有困难. 因此，我们希望有一种能直接由参数方程计算出它所确定的函数的导数的方法.

若 $x = \varphi(t)$ 和 $y = \psi(t)$ 都可导，且 $\varphi'(t) \neq 0$，则比值 $\dfrac{\Delta y}{\Delta x} = \dfrac{\Delta y / \Delta t}{\Delta x / \Delta t}$，两边取 $\Delta t \to 0$ 时的极限，此时 $\Delta x, \Delta y$ 也趋于零，得到

$$\lim_{\Delta x \to 0} \frac{\Delta y}{\Delta x} = \lim_{\Delta x \to 0} \frac{\Delta y}{\Delta t} \cdot \frac{\Delta t}{\Delta x} = \lim_{\Delta x \to 0} \frac{\dfrac{\Delta y}{\Delta t}}{\dfrac{\Delta x}{\Delta t}} = \frac{\lim\limits_{\Delta t \to 0} \dfrac{\Delta y}{\Delta t}}{\lim\limits_{\Delta t \to 0} \dfrac{\Delta x}{\Delta t}} = \frac{\psi'(t)}{\varphi'(t)}$$

即

$$\frac{\mathrm{d}y}{\mathrm{d}x} = \frac{\mathrm{d}y / \mathrm{d}t}{\mathrm{d}x / \mathrm{d}t} = \frac{\psi'(t)}{\varphi'(t)} \tag{3.8}$$

（3.8）式就是由参数方程确定的函数的求导法则，可以表述为：**因变量对参数的导数除以自变量对参数的导数**.

例25 求椭圆 $\begin{cases} x = a\cos t \\ y = b\sin t \end{cases}$ 在相应于 $t = \dfrac{\pi}{4}$ 点处的切线方程.

解 由 $\dfrac{\mathrm{d}y}{\mathrm{d}x} = \dfrac{(b\sin t)'}{(a\cos t)'} = \dfrac{b\cos t}{-a\sin t} = -\dfrac{b}{a}\cot t$ 得所求切线的斜率为

$$\frac{dy}{dx}\Big|_{t=\frac{\pi}{4}} = -\frac{b}{a}$$

切点的坐标为： $x_0 = a\cos\frac{\pi}{4} = \frac{\sqrt{2}}{2}a$ ， $y_0 = b\sin\frac{\pi}{4} = \frac{\sqrt{2}}{2}b$

所以，切线方程为

$$y - \frac{\sqrt{2}}{2}b = -\frac{b}{a}(x - \frac{\sqrt{2}}{2}a)$$

例 26　计算由摆线的参数方程 $\begin{cases} x = a(t - \sin t) \\ y = a(1 - \cos t) \end{cases}$ 所确定的函数 $y = f(x)$ 的导数.

解　$\dfrac{dy}{dx} = \dfrac{y'(t)}{x'(t)} = \dfrac{[a(1-\cos t)]'}{[a(t-\sin t)]'}$

$$= \frac{a\sin t}{a(1-\cos t)} = \frac{\sin t}{1-\cos t} = \cot\frac{t}{2} \quad (t \neq 2n\pi, n\ 为整数).$$

3.5.8　高阶导数

我们知道，变速直线运动的速度 $v(t)$ 是路程函数 $s(t)$ 对时间 t 的导数，即

$$v = \frac{ds}{dt} \ 或\ v(t) = s'(t)$$

而加速度 a 又是速度 $v(t)$ 关于时间 t 的变化率，即速度 $v(t)$ 对时间 t 的导数

$$a(t) = \frac{dv}{dt} = \frac{d(\frac{ds}{dt})}{dt} = [s'(t)]'$$

于是，加速度就是路程函数对时间的导数的导数，称为 $s(t)$ 对 t 的二阶导数，记为 $s''(t)$ ，因此，变速直线运动的加速度就是路程函数对时间的二阶导数，即

$$a(t) = s''(t)$$

一般地，函数 $y = f(x)$ 的导数 $y' = f'(x)$ 仍然是关于 x 的函数. 我们把 $y' = f'(x)$ 的导数称为函数 $y = f(x)$ 的二阶导数，记作 y'' 、 $f''(x)$ 或 $\dfrac{d^2y}{dx^2}$ ，即

$$y'' = (y')', \quad f''(x) = [f'(x)]', \quad \frac{d^2y}{dx^2} = \frac{d}{dx}(\frac{dy}{dx})$$

相应地，把函数 $y = f(x)$ 的导数 $f'(x)$ 称为 $y = f(x)$ 的一阶导数.

类似地，二阶导数的导数称为三阶导数，三阶导数的导数称为四阶导数，…，一般地， $(n-1)$ 阶导数的导数称为 n 阶导数，分别记作

$$y''', y^{(4)}, \cdots, y^{(n)} \quad 或 \quad \frac{d^3y}{dx^3}, \frac{d^4y}{dx^4}, \cdots, \frac{d^ny}{dx^n}.$$

函数 $f(x)$ 具有 n 阶导数，也常说成函数 $f(x)$ 为 n 阶可导. 如果函数 $f(x)$ 在点 x 处具有 n 阶导数，那么函数 $f(x)$ 在点 x 的某一邻域内必定具有一切低于 n 阶的导数.

二阶和二阶以上的导数统称为**高阶导数**.

例 27　设 $y = x^{30}$ ，求 $y^{(30)}, y^{(31)}$.

解 $y' = 30y^{29}$，$y'' = 30 \cdot 29 y^{28}$，$y''' = 30 \cdot 29 \cdot 28 y^{27} \cdots$，

$$y^{(30)} = 30 \cdot 29 \cdot 28 \cdot 27 \cdots 3 \cdot 2 \cdot 1 = 30!$$

$$y^{(31)} = (30!)' = 0 .$$

一般地，$(x^n)^{(n)} = n!$，$(x^n)^{(n+1)} = 0$（n 为正整数）.

例 28 求函数 $y = e^x$ 的 n 阶导数.

解 $y' = e^x$，$y'' = e^x$，$y''' = e^x$，$y^{(4)} = e^x$，$\cdots$，所以

$$y^{(n)} = e^x .$$

即 $\qquad (e^x)^{(n)} = e^x .$

例 29 求正弦函数 $y = \sin x$ 与余弦函数 $y = \cos x$ 的 n 阶导数.

解 $y = \sin x$，

$$y' = \cos x = \sin(x + \frac{\pi}{2}) ,$$

$$y'' = \cos(x + \frac{\pi}{2}) = \sin(x + \frac{\pi}{2} + \frac{\pi}{2}) = \sin(x + 2 \cdot \frac{\pi}{2}) ,$$

$$y''' = \cos(x + 2 \cdot \frac{\pi}{2}) = \sin(x + 2 \cdot \frac{\pi}{2} + \frac{\pi}{2}) = \sin(x + 3 \cdot \frac{\pi}{2}) ,$$

$$y^{(4)} = \cos(x + 3 \cdot \frac{\pi}{2}) = \sin(x + 4 \cdot \frac{\pi}{2}) ,$$

一般地，

$$y^{(n)} = \sin(x + n \cdot \frac{\pi}{2}) , \quad 即 \quad (\sin x)^{(n)} = \sin(x + n \cdot \frac{\pi}{2}) .$$

类似地，$\qquad (\cos x)^{(n)} = \cos(x + n \cdot \frac{\pi}{2}) .$

例 30 某汽车在限速为 80km/h 的路段上行驶，在途中发生了事故. 警察测得该车的刹车痕迹为 30m，而该车型的满刹车时的加速度为 $a = -15\,\text{m/s}^2$，警察判该车为超速行驶，应承担一部分责任，为什么？

解 是否超速行驶，应该看该车刹车之前的行驶速度 v_0 是否大于 80km/h.

设该车从刹车开始到 t 时刻所走的路程为 $s = s(t)$，作匀减速运动，所以有

$$s = v_0 t + \frac{1}{2} a t^2$$

开始刹车后 t 时刻汽车的速度为

$$v = s' = v_0 + at$$

汽车从开始刹车到停止所用的时间如下求得

$$0 = at + v_0 , \quad 即 \quad t = -\frac{v_0}{a}$$

将 $a = -15\,\text{m/s}^2$，$s = 30\text{m}$，$t = -\frac{v_0}{a}$ 代入 $s = v_0 t + \frac{1}{2} a t^2$ 得

$$30 = -\frac{15}{2}(-\frac{v_0}{15})^2 + \frac{v_0^2}{15}$$

解得
$$v_0 = 30\,\text{m/s} = 30 \times 3.6\,\text{km/h} = 108\,\text{km/h}$$
所以，该车在开始刹车前的行驶速度大于 80km/h，是超速行驶，警察的判罚是正确的.

习题 3.5

1．求下列函数的导数（其中 a,b 为常数）：

（1）$y = x^3 - 2x^2 + \sqrt{x} + \dfrac{1}{x} - \dfrac{1}{x^2} + 10$

（2）$y = \dfrac{x^2}{2} + \dfrac{2}{x^2}$

（3）$y = x^2(2 + \sqrt{x})$

（4）$y = \dfrac{x^4 + x^2 + 1}{\sqrt{x}}$

（5）$y = \dfrac{ax + b}{a + b}$

（6）$y = (x - a)(x - b)$

2．求下列函数的导数：

（1）$y = x^3 \cdot 3^x$

（2）$y = \mathrm{e}^x \cdot \ln x$

（3）$y = x^2 \cdot \ln x$

（4）$y = \dfrac{\ln x}{x^2}$

（5）$y = \sqrt{x}\sin x$

（6）$y = \mathrm{e}^x \cos x$

（7）$y = x \arctan x$

（8）$y = x^2 \mathrm{e}^x$

（9）$y = \dfrac{1 + x}{1 - x}$

（10）$y = \dfrac{5x}{1 + x^2}$

（11）$y = \dfrac{1 + x - x^2}{1 - x + x^2}$

（12）$y = \dfrac{\mathrm{e}^x}{x^2} + \ln 3$

3．求下列函数的导数：

（1）$s = \dfrac{1 + \sin t}{1 + \cos t}$

（2）$y = x\sin x + \cos x$

（3）$y = \dfrac{x}{1 - \cos x}$

（4）$y = \dfrac{5\sin x}{1 + \cos x}$

（5）$f(x) = x\sin x\cos x$

（6）$y = x^2 \ln x\cos x$

4．求下列函数在给定点处的导数：

（1）$f(x) = \sin x - \cos x$，求 $f'(\dfrac{\pi}{4}), f'(\dfrac{\pi}{6})$；

（2）$\rho = \theta\sin\theta + \dfrac{1}{2}\cos\theta$，求 $\dfrac{\mathrm{d}\rho}{\mathrm{d}\theta}\Big|_{\theta = \frac{\pi}{4}}$；

（3）$f(x) = \dfrac{3}{5 - x} + \dfrac{x^2}{5}$，求 $f'(0)$，$f'(2)$.

5．求下列函数的导数：

（1）$y = (3x + 7)^5$

（2）$y = 3\sin(4x + 5)$

（3）$y = \sin x^2$ （4）$y = \sin^2 x$

（5）$y = 2^{\sin x}$ （6）$y = \sin 2^x$

（7）$y = e^{-2x^3}$ （8）$y = \ln(1 + x^2)$

（9）$y = \sqrt{a^2 - x^2}$ （10）$y = \ln \cos x$

（11）$y = (\arcsin x)^2$ （12）$y = \arctan(e^x)$

6．求下列函数的导数：

（1）$y = \dfrac{\sin 2x}{x}$ （2）$y = \dfrac{1}{\sqrt{1 - x^2}}$

（3）$y = \arcsin \sqrt{x}$ （4）$y = \arcsin(1 - 2x)$

（5）$y = e^{-\frac{x}{2}} \cos 3x$ （6）$y = \arccos \sqrt{x}$ ．

7．求下列函数的导数：

（1）$y = (\arcsin \dfrac{x}{2})^2$ （2）$y = (x + \sin^2 x)^4$

（3）$y = \ln \tan \dfrac{x}{2}$ （4）$y = \sqrt{1 + \ln^2 x}$

（5）$y = e^{\arctan \sqrt{x}}$ （6）$y = \ln[\ln(\ln x)]$

8．求由下列方程所确定的隐函数的导数 $\dfrac{dy}{dx}$：

（1）$xy = e^{x+y}$ （2）$x^3 + y^3 - 3xy = 0$

（3）$y = x + \ln y$ （4）$\sin y = \ln(x + y)$

9．设函数 $y = y(x)$ 由方程 $\sin(xy) - \ln \dfrac{x+y}{y} = y$ 确定，求 $\dfrac{dy}{dx}\Big|_{x=0}$ ．

10．求曲线 $ye^x + \ln y = 1$ 上点 $(0,1)$ 的切线方程．

11．求下列函数的导数：

（1）$y = x^{\sqrt{x}}$ （2）$y = (\ln x)^x$

（3）$y = \left(\dfrac{x}{1+x}\right)^x$ （4）$y = \dfrac{\sqrt{x+2}(3-x)^4}{(x+1)^3}$

12．求由下列参数方程所确定的函数的导数 $\dfrac{dy}{dx}$：

（1）$\begin{cases} x = at^2 \\ y = bt^3 \end{cases}$ （2）$\begin{cases} x = a\cos t \\ y = b\sin t \end{cases}$

（3）$\begin{cases} x = 1 + t^2 \\ y = t^3 - t \end{cases}$ （4）$\begin{cases} x = \theta(1 - \sin\theta) \\ y = \theta\cos\theta \end{cases}$

13．已知 $\begin{cases} x = e^t \sin t \\ y = e^t \cos t \end{cases}$，求当 $t = \dfrac{\pi}{3}$ 时 $\dfrac{dy}{dx}$ 的值．

14．求曲线 $\begin{cases} x = 1 + 2t - t^2 \\ y = 4t^2 \end{cases}$ 在点$(1,16)$的切线方程和法线方程．

15．求下列函数的二阶导数：

（1）$y = x^{10} + 3^x + 2\sin 3x$ 　　　　（2）$y = (x + 3)^4$

（3）$y = x\cos x$ 　　　　　　　　　（4）$y = \ln(1 + 2x)$

（5）$y = x^2 e^x$ 　　　　　　　　　（6）$y = x e^{x^2}$

（7）$y = \dfrac{e^x}{x}$ 　　　　　　　　　（8）$y = \ln(x + \sqrt{1 + x^2})$

（9）$y = (1 + x^2)\arctan x$ 　　　　（10）$y = x^x$

16．作直线运动的物体的运动方程如下，求物体在给定的时刻的速度 $v(\text{m/s})$、加速度 $a(\text{m/s}^2)$：

（1）$S = t^3 - 3t + 2$，$t = 2$ 　　　　（2）$S = t + \dfrac{1}{t}$，$t = 3$

3.6　微分及其应用

导数表示函数在点 x 处的变化率，它描述了函数在点 x 处变化的快慢程度．在许多实际问题中，我们常常还要计算函数在某一点处当自变量有一个微小的改变量 Δx 时，函数相应的改变量 Δy 的大小．除一些特殊情形外，改变量的计算往往是比较困难的，于是我们考虑能否借助比值 $\dfrac{\Delta y}{\Delta x}$ 的极限（即导数）及 Δx 来近似表示 Δy．这就涉及到微分学中另一个重要的概念——微分．

3.6.1　微分的定义

设函数 $y = f(x)$ 在点 x_0 处可导，其导数为 $f'(x_0) = A$，根据导数定义有

$$\lim_{\Delta x \to 0} \frac{\Delta y}{\Delta x} = A$$

由无穷小与函数极限的关系，可得

$$\frac{\Delta y}{\Delta x} = A + \alpha \quad (\alpha \text{ 为 } \Delta x \to 0 \text{ 时的无穷小})$$

于是

$$\Delta y = A\Delta x + \Delta x \cdot \alpha$$

因为 $\lim\limits_{\Delta x \to 0} \dfrac{\Delta x \cdot \alpha}{\Delta x} = 0$，习惯上将 $\Delta x \cdot \alpha$ 记成 $o(\Delta x)$，即 $\Delta x \cdot \alpha = o(\Delta x)$，含义是关于 Δx 的高阶无穷小，表示比 Δx 趋于零的速度更快．那么

$$\Delta y = A\Delta x + o(\Delta x)$$

上式表明，当自变量的改变量 $\Delta x \to 0$ 时，函数的改变量 Δy 的大小由 $A\Delta x$ 和 $o(\Delta x)$ 两项组成．因为 $o(\Delta x)$ 是 Δx 的高阶无穷小，也就是说当 $\Delta x \to 0$ 时，$o(\Delta x)$ 比 Δx 趋于 0 的速度更快，Δx 已经很小很小了，$o(\Delta x)$ 更加的小，与 $A\Delta x$ 相比可以忽略不计，因此，Δy 的大小主要由 $A\Delta x$ 确定，即

$$\Delta y \approx A\Delta x = f'(x_0)\Delta x$$

$A\Delta x$ 是 Δx 的**线性函数**，称为 Δy 的**线性主部**，并叫做函数 $f(x)$ 的**微分**.

定义 1 如果函数 $y = f(x)$ 在点 x_0 处具有导数 $f'(x_0)$，Δx 是自变量的改变量，称 $f'(x_0)\Delta x$ 为函数 $y = f(x)$ 在点 x_0 处的**微分**，记作 $\mathrm{d}y$，即

$$\mathrm{d}y = f'(x_0)\Delta x$$

由定义可知，$\mathrm{d}y$ 依赖于函数 $f(x)$、点 x_0 及自变量的改变量 Δx.

例 1 求函数 $y = x^2$ 当 $x = 1, \Delta x = 0.02$ 时的微分，并说明其几何意义.

解 $y' = 2x$，所以 $\mathrm{d}y = 2x \cdot \Delta x\big|_{\substack{x=1 \\ \Delta x=0.02}} = 0.04$.

其几何意义是：当边长为 1 的正方形边长增加 0.02 时，其面积大约增加了 0.04.

当函数 $y = x$ 时，$\mathrm{d}y = \mathrm{d}x = x' \cdot \Delta x = 1 \cdot \Delta x = \Delta x$，即自变量 x 的微分 $\mathrm{d}x$ 就等于它的改变量 Δx，于是函数的微分可以写成

$$\mathrm{d}y = f'(x_0)\mathrm{d}x$$

一般地，函数 $y = f(x)$ 在任一点 x 处的微分称为函数的微分，记作 $\mathrm{d}y$ 或 $\mathrm{d}f(x)$，即

$$\mathrm{d}y = \mathrm{d}f(x) = f'(x)\Delta x = f'(x)\mathrm{d}x$$

从而有

$$\frac{\mathrm{d}y}{\mathrm{d}x} = f'(x).$$

这就是说，函数的微分 $\mathrm{d}y$ 与自变量的微分 $\mathrm{d}x$ 之商等于该函数的导数. 因此，导数也叫做"微商".

例如，$\mathrm{d}\cos x = (\cos x)'\mathrm{d}x = -\sin x\mathrm{d}x$，$\mathrm{d}\mathrm{e}^x = (\mathrm{e}^x)'\mathrm{d}x = \mathrm{e}^x\mathrm{d}x$.

3.6.2 微分的几何意义

微分的几何意义如图 3-24 所示，PM 是曲线 $y = f(x)$ 上点 $P(x_0, y_0)$ 处的切线，倾斜角为 α，当自变量 x 由 x_0 改变到 $x_0 + \Delta x$ 时，对应的函数改变量为

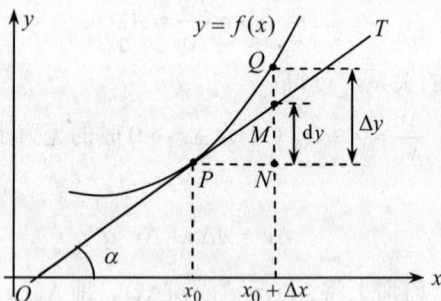

图 3-24

$$\Delta y = f(x_0 + \Delta x) - f(x_0) = NQ$$

由于 $\dfrac{MN}{NP} = \tan\alpha = f'(x_0)$，所以 $MN = f'(x_0) \cdot NP = f'(x_0)\Delta x$，即

$$\mathrm{d}y = MN$$

由此可知，函数 $y = f(x)$ 在 x_0 处的微分，在几何上表示曲线 $y = f(x)$ 在点 P 处的切线的

纵坐标对应于横坐标改变量 Δx 的改变量.

注意到，$\mathrm{d}y$ 与函数增量 $\Delta y = f(x_0 + \Delta x) - f(x_0) = NQ$ 之差

$$|\Delta y - \mathrm{d}y| = MQ$$

所以用微分 $\mathrm{d}y$ 近似代替改变量 Δy 产生的误差就是 MQ，当 $|\Delta x|$ 很小时，MQ 比 MN 小得多，故当 $|\Delta x| = |x - x_0|$ 很小时，有

$$\Delta y \approx \mathrm{d}y \text{ 或 } f(x) \approx f(x_0) + f'(x_0)(x - x_0)$$

上式表明，用微分近似代替改变量 Δy，实质上就是在点 x_0 附近（微小局部）用线性函数 $y = f(x_0) + f'(x_0)(x - x_0)$ 近似代替函数 $y = f(x)$. 在几何上就是在点 P 附近用切线 PM 近似代替曲线段 PQ. 在微小局部用直线段近似代替曲线段，即 "以直代曲" 是微积分的基本思想之一，通常称为非线性函数的局部线性化，这种思想方法在实际问题中有广泛应用.

3.6.3　微分公式与微分运算法则

从函数的微分的表达式

$$\mathrm{d}y = f'(x)\mathrm{d}x$$

可以看出，要计算函数的微分，只要计算函数的导数，再乘以自变量的微分即可. 因此，可得如下的微分公式和微分运算法则.

1. 基本初等函数的微分公式

导数公式：

$(x^{\mu})' = \mu x^{\mu-1}$

$(\sin x)' = \cos x$

$(\cos x)' = -\sin x$

$(\tan x)' = \sec^2 x$

$(\cot x)' = -\csc^2 x$

$(\sec x)' = \sec x \tan x$

$(\csc x)' = -\csc x \cot x$

$(a^x)' = a^x \ln a$

$(\mathrm{e}^x)' = \mathrm{e}^x$

$(\log_a x)' = \dfrac{1}{x \ln a}$

$(\ln x)' = \dfrac{1}{x}$

$(\arcsin x)' = \dfrac{1}{\sqrt{1-x^2}}$

$(\arccos x)' = -\dfrac{1}{\sqrt{1-x^2}}$

$(\arctan x)' = \dfrac{1}{1+x^2}$

$(\operatorname{arc cot} x)' = -\dfrac{1}{1+x^2}$

微分公式：

$\mathrm{d}(x^{\mu}) = \mu x^{\mu-1}\mathrm{d}x$

$\mathrm{d}(\sin x) = \cos x \,\mathrm{d}x$

$\mathrm{d}(\cos x) = -\sin x \,\mathrm{d}x$

$\mathrm{d}(\tan x) = \sec^2 x \,\mathrm{d}x$

$\mathrm{d}(\cot x) = -\csc^2 x \,\mathrm{d}x$

$\mathrm{d}(\sec x) = \sec x \tan x \,\mathrm{d}x$

$\mathrm{d}(\csc x) = -\csc x \cot x \,\mathrm{d}x$

$\mathrm{d}(a^x) = a^x \ln a \,\mathrm{d}x$

$\mathrm{d}(\mathrm{e}^x) = \mathrm{e}^x \,\mathrm{d}x$

$\mathrm{d}(\log_a x) = \dfrac{1}{x \ln a}\mathrm{d}x$

$\mathrm{d}(\ln x) = \dfrac{1}{x}\mathrm{d}x$

$\mathrm{d}(\arcsin x) = \dfrac{1}{\sqrt{1-x^2}}\mathrm{d}x$

$\mathrm{d}(\arccos x) = -\dfrac{1}{\sqrt{1-x^2}}\mathrm{d}x$

$\mathrm{d}(\arctan x) = \dfrac{1}{1+x^2}\mathrm{d}x$

$\mathrm{d}(\operatorname{arc cot} x) = -\dfrac{1}{1+x^2}\mathrm{d}x$

2. 函数和、差、积、商的微分法则

求导法则：　　　　　　　　　　　　　　　　微分法则：

$(u \pm v)' = u' \pm v'$ 　　　　　　　　　　　　　$\mathrm{d}(u \pm v) = \mathrm{d}u \pm \mathrm{d}v$

$(Cu)' = Cu'$（C 为常数）　　　　　　　　　$\mathrm{d}(Cu) = C\mathrm{d}u$

$(u \cdot v)' = u'v + uv'$ 　　　　　　　　　　　$\mathrm{d}(u \cdot v) = v\mathrm{d}u + u\mathrm{d}v$

$\left(\dfrac{u}{v}\right)' = \dfrac{u'v - uv'}{v^2}$ 　$(v \neq 0)$ 　　　　$\mathrm{d}\left(\dfrac{u}{v}\right) = \dfrac{v\mathrm{d}u - u\mathrm{d}v}{v^2}$ 　$(v \neq 0)$

例 2　求下列函数的微分：

（1）$y = x^3 - \sin x + \cos x$；　　　　　　（2）$y = \mathrm{e}^x(\sin x + \cos x)$.

解　（1）因为 $y' = 3x^2 - \cos x - \sin x$，所以

$$dy = (3x^2 - \cos x - \sin x)\mathrm{d}x .$$

（2）因为 $y' = 2\mathrm{e}^x \cos x$，所以

$$dy = 2\mathrm{e}^x \cos x \mathrm{d}x .$$

3. 复合函数的微分法则

设 $y = f(u)$ 及 $u = g(x)$ 都可导，则复合函数 $y = f[g(x)]$ 的微分为

$$dy = f'(u) \cdot g'(x)\mathrm{d}x .$$

由于 $g'(x)\mathrm{d}x = \mathrm{d}g(x) = \mathrm{d}u$，所以，复合函数 $y = f[g(x)]$ 的微分公式也可以写成

$$dy = f'(u)\mathrm{d}u .$$

由此可见，无论 u 是自变量还是另一个变量的可微函数，微分形式 $\mathrm{d}y = f'(u)\mathrm{d}u$ 保持不变. 这一性质称为**一阶微分形式不变性**. 性质表示，当变换自变量时，微分形式 $\mathrm{d}y = f'(u)\mathrm{d}u$ 并不改变.

例 3　设 $y = \sin(2x + 1)$，求 $\mathrm{d}y$.

解　把 $2x + 1$ 看成中间变量 u，则

$$dy = \mathrm{d}(\sin u) = \cos u \mathrm{d}u = \cos(2x + 1)\mathrm{d}(2x + 1) = 2\cos(2x + 1)\mathrm{d}x .$$

例 4　设 $y = \ln(1 + \mathrm{e}^{x^2})$，求 $\mathrm{d}y$.

解　　　$dy = \mathrm{d}\ln(1 + \mathrm{e}^{x^2}) = \dfrac{1}{1 + \mathrm{e}^{x^2}}\mathrm{d}(1 + \mathrm{e}^{x^2})$

$$= \dfrac{1}{1 + \mathrm{e}^{x^2}} \cdot \mathrm{e}^{x^2}\mathrm{d}(x^2) = \dfrac{1}{1 + \mathrm{e}^{x^2}} \cdot \mathrm{e}^{x^2} \cdot 2x\mathrm{d}x = \dfrac{2x\mathrm{e}^{x^2}}{1 + \mathrm{e}^{x^2}}\mathrm{d}x .$$

例 5　设 $y = \mathrm{e}^{1-3x}\cos x$，求 $\mathrm{d}y$.

解　由 $\mathrm{d}(u \cdot v) = v\mathrm{d}u + u\mathrm{d}v$，得

$$dy = \mathrm{d}(\mathrm{e}^{1-3x}\cos x) = \cos x \mathrm{d}(\mathrm{e}^{1-3x}) + \mathrm{e}^{1-3x}\mathrm{d}(\cos x)$$

$$= \cos x \cdot \mathrm{e}^{1-3x} \cdot (-3)\mathrm{d}x + \mathrm{e}^{1-3x} \cdot (-\sin x)\mathrm{d}x$$

$$= -\mathrm{e}^{1-3x} \cdot (3\cos x + \sin x)\mathrm{d}x .$$

例 6　在括号中填入适当的函数，使等式成立.

（1）$\mathrm{d}(\quad) = x\mathrm{d}x$；　　　　　　　（2）$\mathrm{d}(\quad) = \cos \omega t \mathrm{d}t$.

解　（1）因为 $\mathrm{d}(x^2) = 2x\mathrm{d}x$，所以

$$x\mathrm{d}x = \frac{1}{2}\mathrm{d}(x^2) = \mathrm{d}(\frac{1}{2}x^2)，\quad 即\ \mathrm{d}(\frac{1}{2}x^2) = x\mathrm{d}x.$$

一般地，有

$$\mathrm{d}(\frac{1}{2}x^2 + C) = x\mathrm{d}x \quad （C\ 为任意常数）.$$

（2）因为 $\mathrm{d}(\sin\omega t) = \omega\cos\omega t\mathrm{d}t$ ，所以

$$\cos\omega t\mathrm{d}t = \frac{1}{\omega}\mathrm{d}(\sin\omega t) = \mathrm{d}(\frac{1}{\omega}\sin\omega t).$$

因此

$$\mathrm{d}(\frac{1}{\omega}\sin\omega t + C) = \cos\omega t\mathrm{d}t.$$

3.6.4 微分的应用

1. 函数的近似计算

微分用于近似计算的基本思想是：在微小局部将给定的函数线性化，即在点 x_0 的邻域内，由近似等式

$$f(x) \approx f(x_0) + f'(x_0)(x - x_0) \tag{3.9}$$

来计算函数 $f(x)$ 的值. 由于该式右端是线性函数，其值较易计算，因而为近似计算函数 $f(x)$ 的值提供了方便.

例 7 求 $\sqrt[3]{1.02}$ 的近似值.

解 令 $f(x) = \sqrt[3]{x}$ ，由（3.9）式得

$$\sqrt[3]{x} \approx \sqrt[3]{x_0} + \frac{1}{3\cdot\sqrt[3]{x_0^2}}(x - x_0)$$

令 $x_0 = 1, x = 1.02, x - x_0 = 0.02$ ，于是

$$\sqrt[3]{1.02} \approx 1 + \frac{1}{3}\cdot 0.02 \approx 1.0067.$$

例 8 利用微分计算 $\sin 30°30'$ 的近似值.

解 我们可将这个问题看成是求函数 $f(x) = \sin x$ 在点 $x = 30°30'$ 处的函数值的近似值问题. 由（3.9）式得

$$f(x_0 + \Delta x) \approx f(x_0) + f'(x_0)\Delta x = \sin x_0 + \cos x_0 \cdot \Delta x$$

这里，$x_0 = 30° = \dfrac{\pi}{6}$ ，$\Delta x = 30' = \dfrac{\pi}{360}$ ，所以

$$\sin 30°30' = \sin\frac{\pi}{6} + \cos\frac{\pi}{6}\cdot\frac{\pi}{360} = \frac{1}{2} + \frac{\sqrt{3}}{2}\cdot\frac{\pi}{360} = 0.5076.$$

在（3.9）式中，令 $x_0 = 0$ ，当 $|\Delta x| = |x|$ 充分小时，有

$$f(x) \approx f(0) + f'(0)x \tag{3.10}$$

根据（3.10）式容易得到下面一些常用的近似公式：

$$\sin x \approx x；\quad \tan x \approx x；\quad \mathrm{e}^x \approx 1 + x；\quad \ln(1+x) \approx x；\quad \sqrt[n]{1+x} \approx 1 + \frac{1}{n}x.$$

例9 计算 $\sqrt{1.005}$ 的近似值.

解 $\sqrt{1.005} = \sqrt{1+0.005}$，利用公式 $\sqrt[n]{1+x} \approx 1 + \dfrac{1}{n}x$ 进行计算，这里取 $x = 0.005$，其值相对较小，故

$$\sqrt{1.005} = \sqrt{1+0.005} \approx 1 + \frac{1}{2} \times 0.005 = 1.0025 .$$

例10 有一批半径为 1cm 的球，为了提高球面的光洁度，要镀上一层铜，厚度定为 0.01cm，试估计每只球需要多少克铜（铜的密度是 8.9g/cm^3）？

解 先求出镀层的体积，再乘上密度就得到每只球所需铜的质量.

因为镀层的体积等于两个球体体积之差，所以它就是球体体积 $V = \dfrac{4}{3}\pi R^3$ 当 R 自 R_0 取得增量 ΔR 时的增量 ΔV. 我们求 V 对 R 的导数

$$V'\Big|_{R=R_0} = \left(\frac{4}{3}\pi R^3\right)'\Big|_{R=R_0} = 4\pi R_0^2$$

所以由（3.9）式得

$$\Delta V \approx 4\pi R_0^2 \cdot \Delta R$$

将 $R_0 = 1, \Delta R = 0.01$ 代入上式得

$$\Delta V \approx 4 \times 3.14 \times 1^2 \times 0.01 = 0.13 \ (\text{cm}^3)$$

于是镀每只球需用的铜约为

$$0.13 \times 8.9 \approx 1.6 \ (\text{g}) .$$

2. 误差估计

在生产实践中，经常要测量各种数据. 但是有的数据不易直接测量，这时我们就通过测量其它有关数据后，根据某种公式算出所要的数据. 由于测量仪器的精度、测量的条件和测量的方法等各种因素的影响，测得的数据往往带有误差，而根据带有误差的数据计算所得的结果也会有误差，我们把它叫做间接测量误差.

下面就讨论怎样用微分来估计间接测量误差.

绝对误差与相对误差：如果某个量的精确值为 A，它的近似值为 a，那么 $|A-a|$ 叫做 a 的**绝对误差**，而绝对误差 $|A-a|$ 与 $|a|$ 的比值 $\dfrac{|A-a|}{|a|}$ 叫做 a 的**相对误差**.

在实际工作中，某个量的精确值往往是无法知道的，于是绝对误差和相对误差也就无法求得. 但是根据测量仪器的精度等因素，有时能够确定误差在某一个范围内. 如果某个量的精确值是 A，测得它的近似值是 a，又知道它的误差不超过 $\delta_A : |A-a| \leqslant \delta_A$，则 δ_A 叫做测量 A 的绝对误差限，$\dfrac{\delta_A}{|a|}$ 叫做测量 A 的相对误差限（简称绝对误差）.

例11 设测得圆钢截面的直径 $D = 60.03 \ (\text{mm})$，测量 D 的绝对误差限 $\delta_D = 0.05$. 利用公式 $A = \dfrac{\pi}{4}D^2$ 计算圆钢的截面积时，试估计面积的误差.

解 $\Delta A \approx \mathrm{d}A = A' \cdot \Delta D = \dfrac{\pi}{2}D \cdot \Delta D$，$|\Delta A| \approx |\mathrm{d}A| = \dfrac{\pi}{2}D \cdot |\Delta D| \leqslant \dfrac{\pi}{2}D \cdot \delta_D .$

已知 $D=60.03, \delta_D = 0.05$，所以

绝对误差限为

$$\delta_A = \frac{\pi}{2} D \cdot \delta_D = \frac{\pi}{2} \times 60.03 \times 0.05 = 4.715 \, (\text{mm}^2);$$

相对误差限为

$$\frac{\delta_A}{A} = \frac{\frac{\pi}{2} D \cdot \delta_D}{\frac{\pi}{4} D^2} = 2 \cdot \frac{\delta_D}{D} = 2 \times \frac{0.05}{60.03} \approx 0.17\% \, .$$

习题 3.6

1. 设 $y = x^3 + x + 1$，当 $x = 2, \Delta x = 0.01$ 时分别计算 Δy 和 $\mathrm{d}y$.

2. 求下列函数的微分：

（1）$y = \dfrac{1}{x} + 2\sqrt{x}$ （2）$y = x \sin 2x$

（3）$y = \dfrac{x}{1 + x^2}$ （4）$y = x^2 \mathrm{e}^{2x}$

（5）$y = \ln^2 (1 - x)$ （6）$y = \ln \sqrt{1 - x^3}$

（7）$y = \mathrm{e}^{-x} \cos(3 - x)$ （8）$y = \arcsin \sqrt{1 - x^2}$

3. 将适当的函数填入括号内，使下列等式成立：

（1）$\mathrm{d}(\quad) = 2\mathrm{d}x$ （2）$\mathrm{d}(\quad) = 3x\mathrm{d}x$

（3）$\mathrm{d}(\quad) = \dfrac{1}{x^2}\mathrm{d}x$ （4）$\mathrm{d}(\quad) = \dfrac{1}{\sqrt[3]{x}}\mathrm{d}x$

（5）$\mathrm{d}(\quad) = 2^x \mathrm{d}x$ （6）$\mathrm{d}(\quad) = \dfrac{1}{\sqrt{1 - x^2}}\mathrm{d}x$

（7）$\mathrm{d}(\quad) = \dfrac{1}{1 + x^2}\mathrm{d}x$ （8）$\mathrm{d}(\quad) = \mathrm{e}^{-3x}\mathrm{d}x$

4. 计算下列各式的近似值：

（1）$\cos 29°$；   （2）$\sqrt[3]{996}$

5. 边长为 a 的金属立方体受热膨胀，边长增加 h 时，立方体的体积大约增加了多少？

3.7 利用 MATLAB 计算极限和导数

3.7.1 极限的运算

在实际运算中，极限运算需要很多技巧，因而比较复杂．而 Matlab 提供了多种求极限的运算函数，使得原本在高等数学中较为复杂的函数极限的求解变得简单．下面给出符号函数的极限运算调用格式，如表 3-5 所示．

表 3-5 limit 命令的调用格式与说明

调用格式	说明
limit(F,x,a)	计算当 $x \to a$ 时 $F = F(x)$ 的极限值. 其中 F 可以是数学函数表达式，也可以是预先定义好的函数变量. a 可以是符号，也可以是常数，作为符号时须预先定义
limit(F)	按系统默认自变量 x，计算当 $x \to 0$ 时符号函数表达式 F 的极限值
limit(F,a)	按系统默认自变量 x，计算当 $x \to a$ 时符号函数表达式 F 的极限值
limit(F,x,a,'right')	计算当 $x \to a^+$ 时符号函数表达式 F 的右极限值
limit(F,x,a,'left')	计算当 $x \to a^-$ 时符号函数表达式 F 的左极限值

其中 a 可以变为任何有限实数，也可以为 ∞（程序中书写为 inf）.

例 1 求极限 $\lim\limits_{x \to 1} \dfrac{x^2 - 1}{x - 1}$.

解 输入语句如下：

>>syms x a;   %定义符号变量 x 和 a

>>limit((x^2-1)/(x-1),x,1)   %求函数 $((x\text{^}2\text{-}1)/(x\text{-}1)$ 当 $x \to 1$ 时的极限

运行结果为

ans =

    2

例 2 求极限 $\lim\limits_{x \to 0} \dfrac{\sin x}{x}$ 和 $\lim\limits_{x \to a} \dfrac{\sin x}{x}$.

解 输入语句如下：

>>syms x a;

>>limit(sin(x)/x,x,0)

运行结果为

ans =

    1

输入语句如下：

>>syms x a;

>>limit(sin(x)/x,x,a)

运行结果为

ans =

    sin(a)/a

例 3 求下列极限：

（1）$\lim\limits_{x \to \infty} \dfrac{\cos x - 1}{x}$ （2）$\lim\limits_{x \to 0^+} \dfrac{1}{x^2}$ （3）$\lim\limits_{x \to 0^-} \dfrac{1}{x}$

（4）$\lim\limits_{h \to 0} \dfrac{\log(x+h) - \log x}{h}$ （5）$\lim\limits_{n \to \infty} \left(1 + \dfrac{2}{n}\right)^{3n}$

解 输入语句如下：

>>syms x h n;

>>L1 = limit((cos(x)-1)/x)

```
>>L2 = limit(1/x^2,x,0,'right')
>>L3 = limit(1/x,x,0,'left')
>>L4 = limit((log(x+h)-log(x))/h,h,0)
>>L5 = limit((1+2/n)^(3*n),n,inf)
```
运行结果为：

L1 = 0

L2 = inf

L3 = -inf

L4 = 1/x

L5 = exp(6)

3.7.2　导数与微分的计算

在数学里，一元函数 $y = f(x)$ 的各阶导数记为 $y', y'', y''', \ldots$，在 Matlab 里求函数的导函数的命令是 diff，其调用格式如表 3-6 所示.

表 3-6　diff 命令的调用格式与说明

调用格式	说明
diff(F, 'x')	计算符号表达式 F 对指定符号变量 x 的一阶导数. 其中 F 可以是数学函数表达式，也可以是预先定义好的函数变量
diff(F)	计算符号表达式 F 对系统默认自变量的一阶导数
diff(F,n)	计算符号表达式 F 对系统默认自变量的 n 阶导数
diff(F,n, 'x')	计算符号表达式 F 对指定符号变量 x 的 n 阶导数

例 4　求一元函数 $e^x(\sqrt{x} + 2^x)$ 和 $\ln\ln x$ 的一阶和三阶导数.

解　输入语句如下：

```
>>syms  x  y  t  u  v  z  a  b      %定义符号变量
>>S=exp(x)*(sqrt(x)+2^x);           %定义符号函数
>>diff(S)                           %计算符号函数的一阶导数
```
运行结果为

ans=

exp(x)*(x^(1/2)+2^x)+exp(x)*(1/2/x^(1/2)+2^x*log(2))

输入语句

```
>>diff(S,3)                         %计算符号函数的三阶导数
```
运行结果为

ans=

exp(x)*(x^(1/2)+2^x)+3*exp(x)*(1/2/x^(1/2)+2^x*log(2))+ 3*exp(x)*(-1/4/x^(3/2)+2^x*log(2)^2)+

exp(x)*(3/8/x^(5/2)+2^x*log(2)^3)

输入语句

>>S=log(log(log(x)));

>>diff(S)

运行结果为

ans=

1/x/log(x)/log(log(x))

输入语句

>>diff(S,3)   %计算符号函数的三阶导数

运行结果为

ans=

2/x^3/log(x)/log(log(x))+ 3/x^3/log(x)^2/log(log(x))+ 3/x^3/log(x)^2/log(log(x))^2+2/x^3/

log(x)^3/log(log(x))+ 3/x^3/log(x)^3/log(log(x))^2+2/x^3/log(x)^3/log(log(x))^3

习题 3.7

1．利用 Matlab 求下列函数的极限：

（1） $\lim\limits_{x\to 0}\dfrac{\tan mx - \sin mx}{x^3}$

（2） $\lim\limits_{x\to y}\dfrac{\mathrm{e}^x - \mathrm{e}^y}{x-y}$

（3） $\lim\limits_{x\to y}\left(\dfrac{x+m}{x-n}\right)^x$

（4） $\lim\limits_{x\to \pi/4}(\tan x)^{\tan 2x}$

（5） $\lim\limits_{x\to \infty} n[\log(n+1)-\log n]$

（6） $\lim\limits_{x\to \infty} 2^n \cdot \sin\dfrac{x}{2^n}$

2．利用 MATLAB 求下列函数的导数：

（1）已知 $y = \arcsin(a \cdot \sin x)$，求 y''.

（2）已知 $y = \mathrm{e}^{-x}\ln x$，求 $y^{(5)}$.

（3）已知 $y = \sin x \sin 2x \sin 3x$，求 $y^{(8)}$.

（4）已知 $y = \dfrac{1-x}{1+x}$，求 $y^{(20)}$.

总习题三

一、填空题

（在"充分"、"必要"、"充要"和"既非充分也非必要"4 个中选择一个正确的填入 1～6 题的空格内）

1．$f(x)$ 在点 x_0 处有定义是 $f(x)$ 在点 x_0 处极限存在的_____条件.

2．$f(x)$ 在点 x_0 处的左极限 $\lim\limits_{x\to x_0^-} f(x)$ 及右极限 $\lim\limits_{x\to x_0^+} f(x)$ 都存在是 $f(x)$ 在点 x_0 处极限存在的_____条件．

3．$f(x)$ 在点 x_0 处的左导数 $f'_-(x)$ 及右导数 $f'_+(x)$ 都存在且相等是 $f(x)$ 在点 x_0 处可导的_____条件．

4．$f(x)$ 在点 x_0 处连续是 $f(x)$ 在点 x_0 处可导的_____条件．

5．$f(x)$ 在点 x_0 处连续是 $f(x)$ 在点 x_0 处可微的_____条件．

6．$f(x)$ 在点 x_0 处可导是 $f(x)$ 在点 x_0 处可微的_____条件．

7．$\lim\limits_{x\to\infty} \dfrac{x-\sin x}{x} = $_____．

8．已知 $\lim\limits_{x\to 1} \dfrac{x^2+ax+b}{x-1} = 3$，则 $a = $_____，$b = $_____．

9．已知 $\lim\limits_{x\to 1} \dfrac{x^2+2x+a}{x-1} = b$，则 $a = $_____，$b = $_____．

10．要使 $f(x) = \dfrac{1-\cos x}{x}$ 在 $x=0$ 处连续，应该补充定义 $f(0) = $_____．

11．设 $f(x) = \dfrac{x^2-1}{x(x-1)}$，则 $x=0$ 是 $f(x)$ 的_____间断点；$x=1$ 是 $f(x)$ 的_____间断点．

12．$f(x) = x^2$，则 $f(f'(x)+1) = $_____．

13．设 $y = \ln[\arctan(1-x)]$，则 $\mathrm{d}y = $_____．

14．设 $f(x) = (1+\cos x)^{x+1}\sin(x^2-3x)$，则 $f'(0) = $_____．

15．设 $f(x) = (x-1)(x-2)\cdots(x-n)$，则 $f'(1) = $_____，$f^{(n+1)}(x) = $_____．

二、选择题

1．下列极限存在的是（　　）．

　A．$\lim\limits_{x\to\infty} \dfrac{x(x+1)}{x^2}$ 　　　　　　B．$\lim\limits_{x\to 0} \dfrac{1}{2^x-1}$

　C．$\lim\limits_{x\to 0} \mathrm{e}^{\frac{1}{x}}$ 　　　　　　　　D．$\lim\limits_{x\to\infty} \sqrt{\dfrac{x^2+1}{x}}$

2．$\lim\limits_{x\to 1} \dfrac{\sin(x^2-1)}{x-1} = $（　　）．

　A．1　　　　　　B．2　　　　　　C．$\dfrac{1}{2}$　　　　　　D．0

3．下列函数在指定的变化过程中，（　　）是无穷小量．

　A．$\mathrm{e}^{\frac{1}{x}}$，$(x\to\infty)$ 　　　　　　B．$\dfrac{\sin x}{x}$，$(x\to\infty)$

　C．$\ln(1+x)$，$(x\to 1)$ 　　　　　D．$\dfrac{\sqrt{x+1}-1}{x}$，$(x\to 0)$

4. 下列命题正确的是（　　　）.

　　A. 当 $x \to 0$ 时，$e^{\frac{1}{x}}$ 是无穷小量　　　　B. 当 $x \to 0$ 时，$e^{\frac{1}{x}}$ 是无穷大量

　　C. 当 $x \to 0^+$ 时，$e^{\frac{1}{x}}$ 是无穷小量　　　D. 当 $x \to 0^-$ 时，$e^{\frac{1}{x}}$ 是无穷小量

5. 下面结论正确的是（　　）.

　　A. $\lim\limits_{x \to \infty}(1 - \dfrac{1}{x})^x = e$　　　　　　　　B. $\lim\limits_{x \to \infty}(1 + \dfrac{1}{x})^{-x} = e$

　　C. $\lim\limits_{x \to \infty}(1 - \dfrac{1}{x})^{1-x} = e$　　　　　　　D. $\lim\limits_{x \to \infty}(1 + \dfrac{1}{x})^{2x} = e$

6. 下列命题正确的是（　　）.

　　A. $f'(x_0) = [f(x_0)]'$

　　B. $f'_+(x_0) = \lim\limits_{x \to x_0^+} f'(x)$

　　C. $\lim\limits_{\Delta x \to 0} \dfrac{f(x - \Delta x) - f(x)}{\Delta x} = f'(x)$

　　D. $f'(x_0) = 0$ 表示曲线 $y = f(x)$ 在点 $(x_0, f(x_0))$ 处的切线与 x 轴平行

7. 设 $f(x) = \begin{cases} x\sin\dfrac{1}{x}, & x > 0 \\ x, & x \leqslant 0 \end{cases}$，则 $f(x)$ 在 $x = 0$ 处（　　　）.

　　A. 连续且可导　　　　　　　　　　B. 连续但不可导
　　C. 不连续但可导　　　　　　　　　D. 既不连续又不可导.

8. 曲线 $y = x^3 - x$ 在点 $(1,0)$ 处的切线是（　　　）.

　　A. $y = 2x - 2$　　　　　　　　　　B. $y = -2x + 2$
　　C. $y = 2x + 2$　　　　　　　　　　D. $y = -2x - 2$.

9. 已知 $y = 3x^4 e^{10}$，则 $y^{(10)} = $（　　　）.

　　A. x^3　　　　　　B. $3x^2$　　　　　　C. $6x$　　　　　　D. 0

10. 若 $f(\dfrac{1}{x}) = x$，则 $f'(x) = $（　　）.

　　A. $\dfrac{1}{x}$　　　　　　B. $\dfrac{1}{x^2}$　　　　　　C. $-\dfrac{1}{x}$　　　　　　D. $-\dfrac{1}{x^2}$

三、计算题

1. 计算下列极限：

　（1）$\lim\limits_{x \to 4} \dfrac{x^2 - 5x + 4}{x^2 - x - 12}$　　　　　　　（2）$\lim\limits_{x \to 1} \dfrac{\sin(x - 1)}{x^2 + x - 2}$

　（3）$\lim\limits_{x \to 0} \dfrac{\sqrt{9 + \sin 3x} - 3}{x}$　　　　　　（4）$\lim\limits_{x \to \infty}(\dfrac{x - 1}{x + 3})^{x+2}$

　（5）$\lim\limits_{x \to 1}(\dfrac{3 - x}{x^2 - 1} - \dfrac{1}{x - 1})$　　　　　（6）$\lim\limits_{x \to \infty} \dfrac{(1 - 2x)^5(3x^2 + x + 2)}{(x - 1)(2x - 3)^6}$

2. 设函数

$$f(x) = \begin{cases} x\sin\dfrac{1}{x}+b, & x<0 \\[2mm] a, & x=0 \\[2mm] \dfrac{\sin x}{x}, & x>0 \end{cases}$$

问：（1）a,b 为何值时，$f(x)$ 在 $x=0$ 处有极限存在？

（2）a,b 为何值时，$f(x)$ 在 $x=0$ 处连续？

3．求下列函数的导数：

（1）$y = \arctan\dfrac{1-x}{1+x}$

（2）$y = \ln\tan\dfrac{x}{2} - \cos x \cdot \ln\tan x$

（3）$y = \ln(e^x + \sqrt{1+e^{2x}})$

（4）$y = \sqrt[x]{x}$　$(x>0)$

4．求下列函数的二阶导数

（1）$y = \cos^2 x \cdot \ln x$

（2）$y = \dfrac{x}{\sqrt{1-x^2}}$

5．设方程 $\sin(xy) + \ln(y-x) = x$ 确定为的函数，求 $\left.\dfrac{dy}{dx}\right|_{x=0}$．

6．求下列由参数方程所确定的函数的导数 $\dfrac{dy}{dx}$．

（1）$\begin{cases} x = a\cos^3 t \\ y = a\sin^3 t \end{cases}$

（2）$\begin{cases} x = \ln\sqrt{1+t^2} \\ y = \arctan t \end{cases}$

第4章 微分中值定理和导数的应用

在第三章我们建立了导数和微分的概念，并讨论了它们的计算方法．本章以微分学基本定理——微分中值定理为基础，利用导数逐步地研究函数的某些性质，例如判断函数的单调性和凹凸性，求函数的极限、极值、最值以及描绘函数图形的方法．这些知识在日常生活、科学实验、经济往来中有着广泛的应用．

4.1 微分中值定理

微分中值定理揭示了函数在某区间上的整体性质与函数在该区间内导数的局部性质之间的内在联系，本章很多结论都是建立在中值定理基础之上．

4.1.1 罗尔定理

设函数 $f(x)$ 在 (a,b) 内有定义，$x_0 \in (a,b)$，如果在 $U(x_0,\delta) \subset (a,b)$ 内总有 $f(x) \geqslant f(x_0)$，则称 $f(x)$ 在点 x_0 处有一个局部极小值，同样可以定义 $f(x)$ 在点 x_0 处的局部极大值．注意的是当我们说到函数的局部极大值或局部极小值时，只是在点 x_0 的一个局部范围 $U(x_0,\delta)$ 内比较函数值大小，而不涉及这个范围之外的函数值，因而它是局部性质．

设 $f(x)$ 在点 x_0 处有一局部极值（局部极大值或局部极小值的合称），且 $f(x)$ 在点 x_0 处可导，即函数 $f(x)$ 的曲线在点 $(x_0, f(x_0))$ 处有一条切线，观测到该切线一定平行于 x 轴（见图 4-1），这就是费马引理．

费马（Fermat）引理：设函数 $f(x)$ 在 $U(x_0,\delta)$ 内有定义，在点 x_0 处可导，且点 x_0 是 $f(x)$ 的一个局部极值点，那么

$$f'(x_0) = 0 .$$

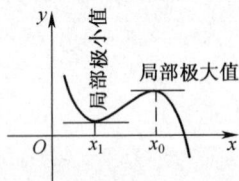

图 4-1

证 不妨设 $f(x_0)$ 是局部极大值（极小值的情形可类似地证明）．根据极大值的定义，在 x_0 的某个去心邻域内，对于任一点 x，$f(x) \leqslant f(x_0)$ 均成立．于是

当 $x < x_0$ 时，$\dfrac{f(x) - f(x_0)}{x - x_0} \geqslant 0$，故

$$f'_-(x_0) = \lim_{x \to x_0^-} \frac{f(x) - f(x_0)}{x - x_0} \geqslant 0$$

而当 $x > x_0$ 时，$\dfrac{f(x) - f(x_0)}{x - x_0} \leqslant 0$，故

$$f'_+(x_0) = \lim_{x \to x_0^+} \frac{f(x) - f(x_0)}{x - x_0} \leqslant 0$$

因 $f'(x_0)$ 存在，故 $f'_+(x_0) = f'_-(x_0) = f'(x_0)$，从而 $f'(x_0) = 0$．

回忆 3.4 节中导数 $f'(x)$ 的几何曲线 $y = f(x)$ 的切线斜率（见图 3-22）. 导数 $f'(x_0)$ 等于零，在几何上表示在曲线上的对应点处的切线平行于 x 轴. 图 4-1 正好说明这一点.

由费马引理可立即推得罗尔定理.

定理 1（罗尔(Rolle)定理） 如果函数 $f(x)$ 满足：

（1）在闭区间 $[a,b]$ 上连续；

（2）在开区间 (a,b) 内可导；

（3）$f(a) = f(b)$，

则至少存在一点 $\xi \in (a,b)$，使得 $f'(\xi) = 0$.

如图 4-2 所示，由定理假设知，函数 $y = f(x)$ $(a \leqslant x \leqslant b)$ 的图形是一条连续曲线段 $\overset{\frown}{ACB}$，且直线段 AB 平行于 x 轴. 定理的结论表明：在曲线上至少存在一点 C，在该点处曲线具有水平切线.

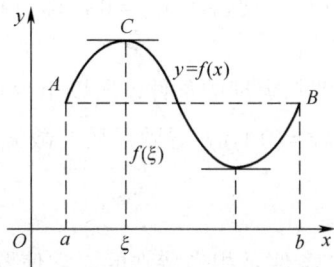

图 4-2

证 因为 $f(x)$ 在 $[a,b]$ 上连续，根据闭区间上连续函数的性质，$f(x)$ 在 $[a,b]$ 上必取得最大值 M 和最小值 m.

（1）如果 $M = m$，则 $f(x)$ 在 $[a,b]$ 上恒等于常数 M，因此，对一切 $x \in (a,b)$，都有 $f'(x) = 0$. 定理自然成立.

（2）若 $M > m$，由于 $f(a) = f(b)$，因些 M 和 m 中至少有一个不等于 $f(a)$. 不妨设 $M \neq f(a)$（设 $m \neq f(a)$，证明完全类似），则 $f(x)$ 应在 (a,b) 内的某一点 ξ 处达到最大值. 即 $f(\xi) = M$，这样，由费马引理可知

$$f'(\xi) = 0.$$

例 1 验证罗尔定理对函数 $f(x) = x^2 - 2x + 3$ 在区间 $[-1,3]$ 上的正确性.

解 显然函数 $f(x) = x^2 - 2x + 3$ 在 $[-1,3]$ 上满足罗尔定理的三个条件，由 $f'(x) = 2x - 2 = 2(x-1)$，可知 $f'(1) = 0$，因此存在 $\xi = 1 \in (-1,3)$，使 $f'(\xi) = 0$.

注意：罗尔定理的三个条件缺少其中任何一个，定理的结论将不一定成立.

例如，函数 $f(x) = \begin{cases} x, & 0 \leqslant x < 1 \\ 0, & x = 1 \end{cases}$ 在 $x = 1$ 处不连续，故函数在 $[0,1]$ 上不存在导数为零的点（见图 4-3）.

又例如，对于某个 $a > 0$，考虑绝对值函数 $f(x) = |x|$，$x \in [-a,a]$，虽然 $f(x)$ 在 $[-a,a]$ 上连续，且 $f(-a) = f(a)$，但是 $f(x)$ 在点 $x = 0$ 处不可导. 所以 $f(x)$ 在 $(-a,a)$ 内不存在导数为零的点（见图 4-4）.

而函数 $f(x) = x,\ x \in [0,1]$ 两个端点处的函数值不相等，在区间 $[0,1]$ 上同样不存在导数为零的点（见图 4-5）.

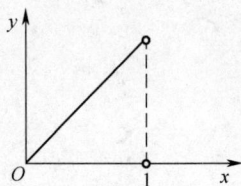

图 4-3

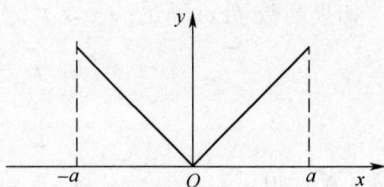

图 4-4

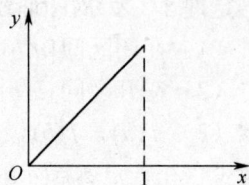

图 4-5

例 2 证明方程 $x^5 - 5x + 1 = 0$ 有且仅有一个小于 1 的正实根.

证 设 $f(x) = x^5 - 5x + 1$，则 $f(x)$ 在 $[0,1]$ 上连续，$f(0) = 1, f(1) = -3$.

由零点定理知，存在 $x_0 \in (0,1)$，使得 $f(x_0) = 0$，即方程存在小于 1 的正实根. 设另有 $x_1 \in (0,1), x_1 \neq x_0$，使 $f(x_1) = 0$.

因为 $f(x)$ 在 x_0, x_1 之间满足罗尔定理的条件，所以至少存在一点 ξ（在 x_0, x_1 之间），使得 $f'(\xi) = 0$. 但 $f'(x) = 5(x^4 - 1) < 0\ (x \in (0,1))$，导致矛盾，故 x_0 为唯一实根.

4.1.2　拉格朗日中值定理

罗尔定理中 $f(a) = f(b)$ 这个条件是相当特殊的，它使罗尔定理的应用受到限制. 如果去掉这个条件，会得到什么结论呢？由图 4-6 可以看出，连续曲线段 $\overset{\frown}{ACB}$ 上至少有一点 C，这点的切线平行于直线段 AB，但这时直线段 AB 并不平行于 x 轴.

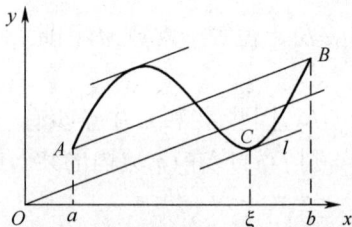

图 4-6

下面的拉格朗日中值定理反映了这个几何事实.

定理 2（拉格朗日（Lagrange）中值定理） 若函数 $y = f(x)$ 满足下列条件：

（1）在闭区间 $[a,b]$ 上连续；

（2）在开区间 (a,b) 内可导，

则至少存在一点 $\xi \in (a,b)$，使得

$$f'(\xi) = \frac{f(b) - f(a)}{b - a}.\tag{4.1}$$

证 作辅助函数

$$F(x) = f(x) - \frac{f(b) - f(a)}{b - a}x.$$

由假设条件可知 $F(x)$ 在 $[a,b]$ 上连续，在 (a,b) 内可导，且

$$F(a) = f(a) - \frac{f(b) - f(a)}{b - a} a$$

$$F(b) = f(b) - \frac{f(b) - f(a)}{b - a} b$$

$F(b) - F(a) = 0$，即 $F(b) = F(a)$.

于是 $F(x)$ 满足罗尔定理的条件，故至少存在一点 $\xi \in (a,b)$，使得 $F'(\xi) = 0$，即

$$F'(\xi) = f'(\xi) - \frac{f(b) - f(a)}{b - a} = 0$$

因此得

$$f'(\xi) = \frac{f(b) - f(a)}{b - a}.$$

由定理的结论可以看出，拉格朗日中值定理是罗尔定理的推广. 拉格朗日中值定理揭示了可导函数在 $[a,b]$ 上整体平均变化率 $\frac{f(b) - f(a)}{b - a}$ 与在 (a,b) 内某点 ξ 处函数的局部变化率 $f'(\xi)$ 的关系. 若从物理学角度看，公式表示整体上的平均速度等于某一内点处的瞬时速度. 因此，拉格朗日中值定理是联结局部与整体的纽带.

拉格朗日中值定理中的公式（4.1）称为**拉格朗日中值公式**，它也可以写成

$$f(b) - f(a) = f'(\xi)(b - a)\ (a < \xi < b) \tag{4.2}$$

由于 ξ 是 (a,b) 中的一个点，故可将 ξ 表示为 $\xi = a + \theta(b - a)\ (0 < \theta < 1)$ 的形式. 因此拉格朗日中值公式还可写成

$$f(b) - f(a) = (b - a)f'[a + \theta(b - a)]\quad (0 < \theta < 1) \tag{4.3}$$

若我们把 a 与 b 分别换成 x 与 $x + \Delta x$，则 $b - a = \Delta x$，于是拉格朗日中值公式就写成

$$f(x + \Delta x) - f(x) = f'(x + \theta \Delta x) \cdot \Delta x\quad (0 < \theta < 1). \tag{4.4}$$

我们也称公式（4.4）为**有限增量公式**.

要注意的是，在公式（4.2）中，无论 $a < b$ 或 $a > b$，公式总是成立的，其中 ξ 是介于 a 与 b 之间的某个数. 同样地，公式（4.4）无论 $\Delta x > 0$ 或者 $\Delta x < 0$ 都是成立的.

例 3　验证函数 $f(x) = \arctan x$ 在 $[0,1]$ 上满足拉格朗日中值定理，并求满足条件的 ξ 的值.

证　$f(x) = \arctan x$ 在 $[0,1]$ 上连续，在 $(0,1)$ 内可导，故满足拉格朗日中值定理的条件. 则

$$f(1) - f(0) = f'(\xi)(1 - 0)\quad (0 < \xi < 1)$$

即

$$\arctan 1 - \arctan 0 = \frac{1}{1 + x^2}\bigg|_{x = \xi} = \frac{1}{1 + \xi^2}$$

故

$$\frac{1}{1 + \xi^2} = \frac{\pi}{4} \Rightarrow \xi = \sqrt{\frac{4 - \pi}{\pi}},\quad (0 < \xi < 1).$$

例 4　证明不等式

$$\arctan x_2 - \arctan x_1 \leqslant x_2 - x_1\text{（其中 } x_1 < x_2\text{）}.$$

证　设 $f(x) = \arctan x$，则 $f(x)$ 在 $[x_1, x_2]$ 上连续可导，在 $[x_1, x_2]$ 上利用拉格朗日中值定

理，得

$$\arctan x_2 - \arctan x_1 = \frac{1}{1+\xi^2}(x_2 - x_1), \quad x_1 < \xi < x_2$$

由于 $\dfrac{1}{1+\xi^2} \leqslant 1$，所以

$$\arctan x_2 - \arctan x_1 \leqslant x_2 - x_1.$$

作为拉格朗日中值定理的应用，我们证明如下推论：

推论　如果函数 $f(x)$ 在区间 I 上的导数恒为零，那么 $f(x)$ 在区间 I 上是一个常数.

证　在 (a,b) 内任取两点 x_1, x_2，不妨设 $x_1 < x_2$，显然 $f(x)$ 在 $[x_1, x_2]$ 上满足拉格朗日中值定理的条件，于是

$$f(x_2) - f(x_1) = f'(\xi)(x_2 - x_1), \quad x_1 < \xi < x_2$$

因为 $f'(x) \equiv 0$

所以 $f'(\xi) = 0$

从而 $f(x_2) = f(x_1)$

这说明区间内任意两点的函数值相等，从而证明了在 (a,b) 内函数 $f(x)$ 是一个常数.

其几何意义是：斜率处处为零的曲线一定是一条平行于 x 轴的直线.

例 5　证明：$\arcsin x + \arccos x = \dfrac{\pi}{2}$，$x \in [-1, 1]$.

证　设 $f(x) = \arcsin x + \arccos x$，则

$$f'(x) = \frac{1}{\sqrt{1-x^2}} - \frac{1}{\sqrt{1-x^2}} = 0$$

根据推论有

$$f(x) = c \quad (c \text{ 为常数})$$

令 $x = 1$，则有

$$c = f(1) = \arcsin 1 + \arccos 1 = \frac{\pi}{2}$$

所以

$$\arcsin x + \arccos x = \frac{\pi}{2}.$$

4.1.3　柯西中值定理

设曲线弧 C 由参数方程

$$\begin{cases} X = g(x) \\ Y = f(x) \end{cases} \quad (a \leqslant x \leqslant b)$$

表示，其中 x 为参数. 如果曲线 C 上除端点外处处具有不垂直于 x 轴的切线，那么根据拉格朗日中值定理知，在曲线 C 上必有一点 $x = \xi$，使曲线上该点处的切线平行于连结曲线端点的弦 AB，如图 4-7 所示. 曲线 C 上点 $x = \xi$ 处的切线的斜率为

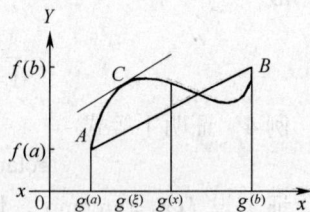

图 4-7

$$\frac{\mathrm{d}Y}{\mathrm{d}X} = \frac{f'(\xi)}{g'(\xi)}$$

弦 AB 的斜率为

$$\frac{f(b)-f(a)}{g(b)-g(a)}$$

于是

$$\frac{f(b)-f(a)}{g(b)-g(a)} = \frac{f'(\xi)}{g'(\xi)} .$$

定理 3 **（柯西（Cauchy）中值定理）** 如果函数 $f(x)$ 及 $g(x)$ 在闭区间 $[a,b]$ 上连续，在开区间 (a,b) 内可导，且 $g'(x)$ 在 (a,b) 内的每一点处均不为零，那么在 (a,b) 内至少有一点 ξ，使等式

$$\frac{f(b)-f(a)}{g(b)-g(a)} = \frac{f'(\xi)}{g'(\xi)} .$$

成立.

证明略去. 显然，如果取 $g(x)=x$，那么 $g(b)-g(a)=b-a$，$g'(x)=1$，因此上式就可以写成

$$f(b)-f(a) = f'(\xi)(b-a) \quad (a<\xi<b).$$

这样就变成拉格朗日中值公式了. 可见拉格朗日中值定理是柯西中值定理的特殊情形.

罗尔定理，拉格朗日中值定理，柯西中值定理统称为微分学中值定理.

例 6 验证柯西中值定理对函数 $f(x)=x^3+1, g(x)=x^2$ 在区间 $[1,2]$ 上的正确性.

证 函数 $f(x)=x^3+1, g(x)=x^2$ 在区间 $[1,2]$ 上连续，在开区间 $(1,2)$ 内可导，且 $g'(x)=2x \neq 0$. 于是 $f(x), g(x)$ 满足柯西中值定理的条件. 由于

$$\frac{f(2)-f(1)}{g(2)-g(1)} = \frac{(2^3+1)-(1^3+1)}{2^2-1} = \frac{7}{3}, \quad \frac{f'(x)}{g'(x)} = \frac{3}{2}x$$

令 $\frac{3}{2}x = \frac{7}{3}$，得 $x=\frac{14}{9}$. 取 $\xi=\frac{14}{9} \in (1,2)$，则等式 $\frac{f(2)-f(1)}{g(2)-g(1)} = \frac{f'(x)}{g'(x)}$ 成立.

这就验证了柯西中值定理对所给函数在所给区间上的正确性.

习题 4.1

1. 下列函数在给定区间上是否满足罗尔定理的所有条件？如满足，求出定理中的数值 ξ.

（1）$f(x)=2x^2-x-3,[-1,\frac{3}{2}]$　　　　（2）$f(x)=x\sqrt{3-x},[-2,2]$

2. 下列函数在给定区间上是否满足拉格朗日定理的所有条件？如满足，求出定理中的数值 ξ.

（1）$f(x)=\sqrt{x},[1,4]$　　　　　　　（2）$f(x)=\ln x,[1,2]$

3. 函数 $f(x)=x^3$ 与 $g(x)=x^2+1$ 在区间 $[1,2]$ 上是否满足柯西定理的所有条件？如满足，求出定理中的 ξ.

4．不用求出函数 $f(x) = x(x-1)(x-2)(x-3)$ 的导数，说明方程 $f'(x) = 0$ 有几个实根，并指出它们所在的区间．

5．证明方程 $x^5 + x - 1 = 0$ 有且仅有一个正实根．

6．证明下列等式不等式：

（1） $|\arcsin x_2 - \arcsin x_1| \leqslant x_2 - x_1$ 　　　　　　（2）当 $x > 1$ 时，$\mathrm{e}^x > \mathrm{e} \cdot x$

7．证明：当 $x > 0$ 时，$\arctan x + \arctan \dfrac{1}{x} = \dfrac{\pi}{2}$．

4.2　洛必达法则

4.2.1　问题的提出

利用极限的运算法则求函数的极限时，常常会碰到"不能确定"的结果，例如 $\lim\limits_{x \to 0} \dfrac{\sin x}{x}$，

$\lim\limits_{x \to +\infty} \dfrac{\mathrm{e}^x}{x^2}$，$\lim\limits_{x \to 0} x^2 \ln x$，$\lim\limits_{x \to 1}(\dfrac{1}{\ln x} - \dfrac{1}{x-1})$，$\lim\limits_{x \to 0} x^{\tan x}$，$\lim\limits_{x \to \infty}(1 + \dfrac{3}{x})^{2x}$，$\lim\limits_{x \to 0^+}(\dfrac{1}{x})^{\sin x}$ 等，若按极限四则运算法则或复合函数法则计算，将分别得到下列结果：

$$\frac{0}{0}, \quad \frac{\infty}{\infty}, \quad 0 \cdot \infty, \quad \infty - \infty, \quad 0^{\infty}, \quad 1^{\infty}, \quad \infty^0.$$

上述极限有的存在，有的不存在，因此我们称这些极限为未定式（或称不定型，待定型）．

究竟未定式的极限是否存在？如何求其值？这是极限计算中的一个重要问题．这一节我们利用中值定理推导出一个求未定式极限的有效方法——洛必达法则．

4.2.2　洛必达法则

1．关于 $\dfrac{0}{0}$ 型的未定式

定理 1　如果函数 $f(x)$ 和 $g(x)$ 满足如下三个条件：

（1） $\lim\limits_{x \to x_0} f(x) = 0, \lim\limits_{x \to x_0} g(x) = 0$；

（2） $f(x)$ 和 $g(x)$ 在点 x_0 的某去心邻域内可导，且 $g'(x) \neq 0$；

（3） $\lim\limits_{x \to x_0} \dfrac{f'(x)}{g'(x)}$ 存在（或为 ∞），

那么　　　　　　　　　 $\lim\limits_{x \to x_0} \dfrac{f(x)}{g(x)} = \lim\limits_{x \to x_0} \dfrac{f'(x)}{g'(x)}$．

证　由于函数在 x_0 点的极限与函数在该点的定义无关，由条件（1），我们不妨设 $f(x_0) = 0, g(x_0) = 0$．由条件（1）和（2）知 $f(x)$ 与 $g(x)$ 在 $\overset{\circ}{U}(x_0)$ 内连续．设 $x \in \overset{\circ}{U}(x_0)$，则 $f(x)$ 与 $g(x)$ 在 $[x_0, x]$ 或 $[x, x_0]$ 上满足柯西中值定理的条件，于是

$$\frac{f(x)}{g(x)} = \frac{f(x) - f(x_0)}{g(x) - g(x_0)} = \frac{f'(\xi)}{g'(\xi)} \quad (\xi \text{ 在 } x_0 \text{ 与 } x \text{ 之间}).$$

当 $x \to x_0$ 时，显然有 $\xi \to x_0$，由条件（3）得

$$\lim_{x \to x_0} \frac{f(x)}{g(x)} = \lim_{\xi \to x_0} \frac{f'(\xi)}{g'(\xi)} = \lim_{x \to x_0} \frac{f'(x)}{g'(x)}.$$

这个定理的结果可以推广到 $x \to x_0^{+}$，$x \to x_0^{-}$，$x \to \infty$，$x \to +\infty$，$x \to -\infty$ 的情形.

注意：（1）如果 $\lim\limits_{x \to x_0} \dfrac{f'(x)}{g'(x)}$ 仍为 $\dfrac{0}{0}$ 型未定式，且 $f'(x)$、$g'(x)$ 满足定理中 $f(x)$ 和 $g(x)$ 应满足的条件，则可继续使用洛必达法则，即

$$\lim_{x \to x_0} \frac{f(x)}{g(x)} = \lim_{x \to x_0} \frac{f'(x)}{g'(x)} = \lim_{x \to x_0} \frac{f''(x)}{g''(x)}$$

且可依此类推，直到求出所要求的极限.

（2）洛必达法则仅适用于求未定式的极限，运用洛必达法则时，要验证定理的条件，当 $\lim\limits_{x \to x_0} \dfrac{f'(x)}{g'(x)}$ 既不存在也不为 ∞ 时，则洛必达法则失效，此时需要用别的方法计算极限.

例 1　求 $\lim\limits_{x \to 0} \dfrac{\sin kx}{x} (k \neq 0)$.

解　由于 $\lim\limits_{x \to 0} \sin kx = 0$，它是 $\dfrac{0}{0}$ 型未定式，故用洛必达法则得

$$\lim_{x \to 0} \frac{\sin kx}{x} = \lim_{x \to 0} \frac{(\sin kx)'}{(x)'} = \lim_{x \to 0} \frac{k \cos kx}{1} = k.$$

例 2　求极限 $\lim\limits_{x \to 0} \dfrac{\sin ax}{\sin bx} (b \neq 0)$.

解　由于 $\lim\limits_{x \to 0} \sin ax = 0$，$\lim\limits_{x \to 0} \sin bx = 0$，它是 $\dfrac{0}{0}$ 型未定式，故用洛必达法则得

$$\lim_{x \to 0} \frac{\sin ax}{\sin bx} = \lim_{x \to 0} \frac{a \cos ax}{b \cos bx} = \frac{a}{b}.$$

例 3　求 $\lim\limits_{x \to 1} \dfrac{x^3 - 3x + 2}{x^3 - x^2 - x + 1}$.

解　$\lim\limits_{x \to 1} \dfrac{x^3 - 3x + 2}{x^3 - x^2 - x + 1} = \lim\limits_{x \to 1} \dfrac{3x^2 - 3}{3x^2 - 2x - 1} = \lim\limits_{x \to 1} \dfrac{6x}{6x - 2} = \dfrac{3}{2}$.

注意：$\lim\limits_{x \to 1} \dfrac{6x}{6x - 2} \neq \lim\limits_{x \to 1} \dfrac{6}{6} = 1$，因为 $\dfrac{6x}{6x - 2}$ 已经不是未定式，不能对它运用洛必达法则，否则产生错误的结果.

例 4　求极限 $\lim\limits_{x \to 0} \dfrac{e^x - e^{-x} - 2x}{x - \sin x}$.

解　$\lim\limits_{x \to 0} \dfrac{e^x - e^{-x} - 2x}{x - \sin x} = \lim\limits_{x \to 0} \dfrac{e^x + e^{-x} - 2}{1 - \cos x} = \lim\limits_{x \to 0} \dfrac{e^x - e^{-x}}{\sin x} = \lim\limits_{x \to 0} \dfrac{e^x + e^{-x}}{\cos x} = 2$.

本例三次运用洛必达法则，注意每次运用前要判断它是否仍为未定式.

例 5　求 $\lim\limits_{x \to \infty} \dfrac{\ln(1 + \dfrac{a}{x})}{\dfrac{1}{x}} (a > 0)$.

解 它是 $\dfrac{0}{0}$ 型未定式，故用洛必达法则得

$$\lim_{x\to\infty}\dfrac{\ln(1+\dfrac{a}{x})}{\dfrac{1}{x}}=\lim_{x\to\infty}\dfrac{(1+\dfrac{a}{x})^{-1}\cdot(-\dfrac{a}{x^2})}{-\dfrac{1}{x^2}}=\lim_{x\to\infty}\dfrac{a}{1+\dfrac{a}{x}}=a\,.$$

例 6 求 $\lim\limits_{x\to 0}\dfrac{x^2\sin\dfrac{1}{x}}{\sin x}$.

解 它是 $\dfrac{0}{0}$ 型未定式，这时若对分子分母分别求导再求极限，得

$$\lim_{x\to 0}\dfrac{x^2\sin\dfrac{1}{x}}{\sin x}=\lim_{x\to 0}\dfrac{2x\sin\dfrac{1}{x}-\cos\dfrac{1}{x}}{\cos x}$$

上式右端的极限不存在且不为 ∞，所以洛必达法则失效. 事实上可以求得

$$\lim_{x\to 0}\dfrac{x^2\sin\dfrac{1}{x}}{\sin x}=\lim_{x\to 0}(\dfrac{x}{\sin x}\cdot x\cdot\sin\dfrac{1}{x})=\lim_{x\to 0}\dfrac{x}{\sin x}\cdot\lim_{x\to 0}x\cdot\sin\dfrac{1}{x}=0\,.$$

2. 关于 $\dfrac{\infty}{\infty}$ 型的未定式.

定理 2 如果函数 $f(x)$ 和 $g(x)$ 满足如下三个条件：

（1） $\lim\limits_{x\to x_0}f(x)=\infty,\lim\limits_{x\to x_0}g(x)=\infty$ ；

（2） $f(x)$ 和 $g(x)$ 在点 x_0 的某去心邻域内可导，且 $g'(x)\neq 0$ ；

（3） $\lim\limits_{x\to x_0}\dfrac{f'(x)}{g'(x)}$ 存在（或为 ∞）

那么

$$\lim_{x\to x_0}\dfrac{f(x)}{g(x)}=\lim_{x\to x_0}\dfrac{f'(x)}{g'(x)}\,.$$

证明略去. 上述定理中的结果可分别推广到 $x\to x_0^+$，$x\to x_0^-$，$x\to\infty$，$x\to +\infty$，$x\to -\infty$ 的情形.

例 7 求 $\lim\limits_{x\to 0^+}\dfrac{\ln\cot x}{\ln x}$.

解 当 $x\to 0^+$ 时，$\ln\cot x\to\infty,\ln x\to\infty$，这是 $\dfrac{\infty}{\infty}$ 型未定式，使用洛必达法则得

$$\lim_{x\to 0^+}\dfrac{\ln\cot x}{\ln x}=\lim_{x\to 0^+}\dfrac{\tan x\cdot(-\dfrac{1}{\sin^2 x})}{\dfrac{1}{x}}=-\lim_{x\to 0^+}\dfrac{x}{\cos x\sin x}=-\lim_{x\to 0^+}\dfrac{1}{\cos x}\cdot\lim_{x\to 0^+}\dfrac{x}{\sin x}=-1\,.$$

例 8 求 $\lim\limits_{x\to +\infty}\dfrac{\dfrac{\pi}{2}-\arctan x}{\dfrac{1}{x}}$.

解　它是 $\dfrac{0}{0}$ 型未定式，运用洛必达法则得

$$\lim_{x\to+\infty}\frac{\dfrac{\pi}{2}-\arctan x}{\dfrac{1}{x}}=\lim_{x\to+\infty}\frac{-\dfrac{1}{1+x^2}}{-\dfrac{1}{x^2}}=\lim_{x\to+\infty}\frac{x^2}{1+x^2}$$

此时，变成了 $\dfrac{\infty}{\infty}$ 型未定式，继续运用洛必达法则得

$$\lim_{x\to+\infty}\frac{x^2}{1+x^2}=\lim_{x\to+\infty}\frac{2x}{2x}=1.$$

例 9　求 $\displaystyle\lim_{x\to+\infty}\frac{\ln x}{x^n}(n>0)$.

解　这是 $\dfrac{\infty}{\infty}$ 型未定式，使用洛必达法则得

$$\lim_{x\to+\infty}\frac{\ln x}{x^n}=\lim_{x\to+\infty}\frac{\dfrac{1}{x}}{nx^{n-1}}=\lim_{x\to+\infty}\frac{1}{nx^n}=0.$$

例 10　求 $\displaystyle\lim_{x\to+\infty}\frac{x^n}{\mathrm{e}^{\lambda x}}$（$n$ 为正整数，$\lambda>0$）.

解　这是 $\dfrac{\infty}{\infty}$ 型未定式，反复应用洛必达法则 n 次，得

$$\lim_{x\to+\infty}\frac{x^n}{\mathrm{e}^{\lambda x}}=\lim_{x\to+\infty}\frac{nx^{n-1}}{\lambda\mathrm{e}^{\lambda x}}=\lim_{x\to+\infty}\frac{n(n-1)x^{n-2}}{\lambda^2\mathrm{e}^{\lambda x}}=\cdots\cdots=\lim_{x\to+\infty}\frac{n!}{\lambda^n\mathrm{e}^{\lambda x}}=0.$$

注意：由例 9 和例 10 知，对数函数 $\ln x$、幂函数 x^n、指数函数 $\mathrm{e}^{\lambda x}(\lambda>0)$ 均为当 $x\to\infty$ 时的无穷大，但它们增大的速度不一样，其增大速度比较：对数函数<<幂函数<<指数函数.

例 11　求 $\displaystyle\lim_{x\to0}\frac{\tan x-x}{x^2\tan x}$.

解　注意到 $\tan x\sim x$，则有

$$\lim_{x\to0}\frac{\tan x-x}{x^2\tan x}=\lim_{x\to0}\frac{\tan x-x}{x^3}=\lim_{x\to0}\frac{\sec^2 x-1}{3x^2}=\lim_{x\to0}\frac{\tan^2 x}{3x^2}=\lim_{x\to0}\frac{x^2}{3x^2}=\frac{1}{3}.$$

注意：洛必达法则虽然是求未定式的一种有效方法，但若能与其他求极限的方法结合使用，效果则更好. 例如能化简时应尽可能先化简，可以应用等价无穷小替换或重要极限时，应尽可能应用，以使运算尽可能简单.

例 12　求 $\displaystyle\lim_{x\to0}\frac{3x-\sin3x}{(1-\cos x)\ln(1+2x)}$.

解　当 $x\to0$ 时，$1-\cos x\sim\dfrac{1}{2}x^2$，$\ln(1+2x)\sim2x$，故

$$\lim_{x\to0}\frac{3x-\sin3x}{(1-\cos x)\ln(1+2x)}=\lim_{x\to0}\frac{3x-\sin3x}{x^3}=\lim_{x\to0}\frac{3-3\cos3x}{3x^2}=\lim_{x\to0}\frac{3\sin3x}{2x}=\frac{9}{2}.$$

3. 其他未定式

除了 $\dfrac{0}{0}$ 型和 $\dfrac{\infty}{\infty}$ 型两种未定式外，还有 $0 \cdot \infty$，$\infty - \infty$，0^∞，1^∞，∞^0 等未定式，它们都可以经过简单的变换转化成 $\dfrac{0}{0}$ 型或 $\dfrac{\infty}{\infty}$ 型.

例 13　求 $\lim\limits_{x \to 0^+} x^3 \ln x$.

解　这是 $0 \cdot \infty$ 型未定式，可将乘积化为商的形式，即化为 $\dfrac{0}{0}$ 或 $\dfrac{\infty}{\infty}$ 型的未定式来计算.

$$\lim_{x \to 0^+} x^3 \ln x = \lim_{x \to 0^+} \frac{\ln x}{x^{-3}} = \lim_{x \to 0^+} \frac{\frac{1}{x}}{-3x^{-4}} = \lim_{x \to 0^+} \left(-\frac{x^3}{3}\right) = 0.$$

一般地，有　　$\lim\limits_{x \to 0^+} x^n \ln x = 0 \ (n > 0)$.

例 14　求 $\lim\limits_{x \to 1}\left(\dfrac{x}{x-1} - \dfrac{1}{\ln x}\right)$.

解　这是 $\infty - \infty$ 型未定式，通分后可转化成 $\dfrac{0}{0}$ 型.

$$\lim_{x \to 1}\left(\frac{x}{x-1} - \frac{1}{\ln x}\right) = \lim_{x \to 1} \frac{x \ln x - x + 1}{(x-1)\ln x} \quad \left(\frac{0}{0} \text{ 型}\right)$$

$$= \lim_{x \to 1} \frac{\ln x}{\dfrac{x-1}{x} + \ln x} = \lim_{x \to 1} \frac{\dfrac{1}{x}}{\dfrac{1}{x^2} + \dfrac{1}{x}} = \frac{1}{2}.$$

例 15　求 $\lim\limits_{x \to 0}\left(\dfrac{1}{\sin x} - \dfrac{1}{x}\right)$.

解　$\lim\limits_{x \to 0}\left(\dfrac{1}{\sin x} - \dfrac{1}{x}\right) = \lim\limits_{x \to 0} \dfrac{x - \sin x}{x \cdot \sin x} = \lim\limits_{x \to 0} \dfrac{x - \sin x}{x^2} = \lim\limits_{x \to 0} \dfrac{1 - \cos x}{2x} = \lim\limits_{x \to 0} \dfrac{\sin x}{2} = 0.$

例 16　求 $\lim\limits_{x \to 0^+} x^x$.

解　这是 0^0 型未定式，先运用对数恒等式 $x^x = e^{\ln x^x} = e^{x \ln x}$，再求极限.

$$\lim_{x \to 0^+} x^x = \lim_{x \to 0^+} e^{x \ln x} = e^{\lim\limits_{x \to 0^+} x \ln x} = e^{\lim\limits_{x \to 0^+} \frac{\ln x}{x^{-1}}} = e^{\lim\limits_{x \to 0^+} \frac{\frac{1}{x}}{-x^{-2}}} = e^{\lim\limits_{x \to 0^+} (-x)} = e^0 = 1.$$

例 17　求 $\lim\limits_{x \to 1} x^{\frac{1}{1-x}}$.

解　这是 1^∞ 型，我们还是先运用对数恒等式 $x^{\frac{1}{1-x}} = e^{\ln x^{\frac{1}{1-x}}} = e^{\frac{\ln x}{1-x}}$，再求极限.

$$\lim_{x \to 1} x^{\frac{1}{1-x}} = \lim_{x \to 1} e^{\frac{\ln x}{1-x}} = e^{\lim\limits_{x \to 1} \frac{\ln x}{1-x}} = e^{\lim\limits_{x \to 1} \frac{-1}{x}} = e^{-1} = \frac{1}{e}.$$

例 18　求 $\lim\limits_{x \to 0^+} (\cot x)^{\sin x}$.

解　这是 ∞^0 型，先运用对数恒等式 $(\cot x)^{\sin x} = e^{\ln (\cot x)^{\sin x}} = e^{\sin x \cdot \ln \cot x}$，再求极限.

$$\lim_{x \to 0^+} (\cot x)^{\sin x} = \lim_{x \to 0^+} e^{\sin x \ln \cot x} = e^{\lim\limits_{x \to 0^+} \sin x \ln \cot x}$$

这里 $\lim\limits_{x\to 0^+}\sin x\ln\cot x = \lim\limits_{x\to 0^+}\dfrac{\ln\cot x}{\csc x}=\lim\limits_{x\to 0^+}\dfrac{\tan x\cdot(-\csc^2 x)}{-\csc x\cot x}=\lim\limits_{x\to 0^+}\dfrac{\sin x}{\cos^2 x}=0$

所以

$$\lim\limits_{x\to 0^+}(\cot x)^{\sin x}=\mathrm{e}^0=1.$$

习题 4.2

1．用洛必达法则求下列极限：

（1）$\lim\limits_{x\to 1}\dfrac{x^2-1}{\sqrt{x}-1}$

（2）$\lim\limits_{x\to 0}\dfrac{x-\sin x}{x^3}$

（3）$\lim\limits_{x\to 0}\dfrac{\mathrm{e}^x-\mathrm{e}^{-x}}{\sin x}$

（4）$\lim\limits_{x\to\pi}\dfrac{\sin 2x}{\tan 5x}$

（5）$\lim\limits_{x\to\frac{\pi}{2}}\dfrac{\tan 3x}{\tan 5x}$

（6）$\lim\limits_{x\to+\infty}\dfrac{\ln(1+\frac{1}{x})}{\operatorname{arc}\cot x}$

（7）$\lim\limits_{x\to 0}x\cot 2x$

（8）$\lim\limits_{x\to\infty}x(\mathrm{e}^{\frac{1}{x}}-1)$

（9）$\lim\limits_{x\to\pi}(\pi-x)\tan\dfrac{x}{2}$

（10）$\lim\limits_{x\to 1}(\dfrac{2}{x^2-1}-\dfrac{1}{x-1})$

（11）$\lim\limits_{x\to 0}(\cot x-\dfrac{1}{x})$

（12）$\lim\limits_{x\to 0}(\dfrac{1}{x}-\dfrac{1}{\mathrm{e}^x-1})$

（13）$\lim\limits_{x\to 0^+}x^{\sin x}$

（14）$\lim\limits_{x\to 0^+}(\tan x)^x$

（15）$\lim\limits_{x\to 0}(1+\sin x)^{\frac{1}{x}}$

（16）$\lim\limits_{x\to\infty}(1+\dfrac{a}{x})^x$

（17）$\lim\limits_{x\to 0^+}(\dfrac{1}{x})^{\tan x}$

（18）$\lim\limits_{x\to 0}(\dfrac{\sin x}{x})^{\frac{1}{1-\cos x}}$

2．设 $\lim\limits_{x\to\infty}(1+\dfrac{2}{x})^{-kx}=\dfrac{1}{\mathrm{e}}$，求 k 的值．

3．验证极限 $\lim\limits_{x\to\infty}\dfrac{x+\sin x}{x}$ 存在，但不能用洛必达法则求出．

*4.3　泰勒公式

对于一些较复杂的函数，为了便于研究，往往希望用一些简单的函数来近似表达．由于用多项式表示的函数，只要对自变量进行有限次加、减、乘 3 种运算，便能求出它的函数值，因此我们经常用多项式来近似表达函数．

在微分的应用中已经知道，当|x|很小时，有如下的近似等式：

$$\mathrm{e}^x\approx 1+x,\ \ln(1+x)\approx x.$$

这些都是用一次多项式来近似表达函数的例子．但是这种近似表达式还存在着不足之处：

首先是精确度不高，其所产生的误差仅是关于 x 的高阶无穷小；其次是用它来作近似计算时，不能具体估算出误差大小．因此，对于精确度要求较高且需要估计误差的时候，就必须用高次多项式来近似表达函数，同时给出误差公式．

设函数 $f(x)$ 在含有 x_0 的开区间内具有直到 $(n+1)$ 阶的导数，现在我们希望做的是：找出一个关于 $(x-x_0)$ 的 n 次多项式

$$p_n(x)=a_0+a_1(x-x_0)+a_2(x-x_0)^2+\cdots+a_n(x-x_0)^n$$

来近似表达 $f(x)$，要求 $p_n(x)$ 与 $f(x)$ 之差是比 $(x-x_0)^n$ 高阶的无穷小，并给出误差 $|f(x)-p_n(x)|$ 的具体表达式．

我们自然希望 $p_n(x)$ 与 $f(x)$ 在 x_0 的各阶导数（直到 $(n+1)$ 阶导数）相等，这样就有

$$p_n(x)=a_0+a_1(x-x_0)+a_2(x-x_0)^2+\cdots+a_n(x-x_0)^n$$

$$p_n'(x)=a_1+2a_2(x-x_0)+\cdots+na_n(x-x_0)^{n-1}$$

$$p_n''(x)=2a_2+3\cdot2a_3(x-x_0)+\cdots+n(n-1)a_n(x-x_0)^{n-2}$$

$$p_n'''(x)=3!a_3+4\cdot3\cdot2a_4(x-x_0)+\cdots+n(n-1)(n-2)a_n(x-x_0)^{n-3}$$

$$\cdots$$

$$p_n^{(n)}(x)=n!\,a_n.$$

于是

$$p_n(x_0)=a_0,\quad p_n'(x_0)=a_1,\quad p_n''(x_0)=2!a_2,\quad p_n'''(x)=3!a_3,\quad\cdots,\quad p_n^{(n)}(x)=n!a_n.$$

按要求有

$$F(x_0)=p_n(x_0)=a_0,\ f'(x_0)=p_n'(x_0)=a_1,\ f''(x_0)=p_n''(x_0)=2!a_2,\ f'''(x_0)=p_n'''(x_0)=3!a_3,$$

$$\cdots$$

$$f^{(n)}(x_0)=p_n^{(n)}(x_0)=n!\,a_n.$$

从而有

$$a_0=f(x_0),\ a_1=f'(x_0),\quad a_2=\frac{1}{2!}f''(x_0)\,,\quad\cdots,\quad a_3=\frac{1}{3!}f'''(x_0)\,,\quad a_n=\frac{1}{n!}f^{(n)}(x_0)\,,$$

$$a_k=\frac{1}{k!}f^{(k)}(x_0)\ (k=0,1,2,\cdots,n). \tag{4.5}$$

于是就有

$$p_n(x)=f(x_0)+f'(x_0)(x-x_0)+\frac{1}{2!}f''(x_0)(x-x_0)^2+\cdots+\frac{1}{n!}f^{(n)}(x_0)(x-x_0)^n \tag{4.6}$$

等式（4.6）右边的多项式称为函数 $f(x)$ 按 $(x-x_0)$ 的幂展开的 n 次**泰勒多项式**．

泰勒中值定理　如果函数 $f(x)$ 在含有 x_0 的某个开区间 (a,b) 内具有直到 $(n+1)$ 阶的导数，则当 x 在 (a,b) 内时，$f(x)$ 可以表示为 $(x-x_0)$ 的一个 n 次多项式与一个余项 $R_n(x)$ 之和：

$$f(x)=f(x_0)+f'(x_0)(x-x_0)+\frac{1}{2!}f''(x_0)(x-x_0)^2+\cdots+\frac{1}{n!}f^{(n)}(x_0)(x-x_0)^n+R_n(x) \tag{4.7}$$

其中

$$R_n(x)=\frac{f^{(n+1)}(\xi)}{(n+1)!}(x-x_0)^{n+1}\ （\xi介于 x_0 与 x 之间）. \tag{4.8}$$

公式（4.7）称为 $f(x)$ 按 $(x-x_0)$ 的幂展开的带有拉格朗日型余项的 n **阶泰勒公式**，而 $R_n(x)$ 的表达式（4.8）称为**拉格朗日型余项**．

当 $n = 0$ 时，泰勒公式变成拉格朗日中值公式：

$$F(x) = f(x_0) + f'(\xi)(x - x_0) \quad （\xi 在 x_0 与 x 之间）.$$

因此，泰勒中值定理是拉格朗日中值定理的推广.

如果对于某个固定的 n，当 x 在区间 (a, b) 内变动时，$|f(n+1)(x)|$ 总不超过一个常数 M，则有估计式：

$$|R_n(x)| = \left| \frac{f^{(n+1)}(\xi)}{(n+1)!}(x - x_0)^{n+1} \right| \leqslant \frac{M}{(n+1)!} |x - x_0|^{n+1},$$

及

$$\lim_{x \to x_0} \frac{R_{n(x)}}{(x - x_0)^n} = 0.$$

可见，当 $x \to x_0$ 时，误差 $|R_n(x)|$ 是比 $(x - x_0)^n$ 高阶的无穷小，即

$$R_n(x) = o[(x - x_0)^n] \tag{4.9}$$

在不需要余项的精确表达式时，n 阶泰勒公式也可写成

$$f(x) = f(x_0) + f'(x_0)(x - x_0) + \frac{1}{2!}f''(x_0)(x - x_0)^2 + \cdots + \frac{1}{n!}f^{(n)}(x_0)(x - x_0)^n + o[(x - x_0)^n] \tag{4.10}$$

$R_n(x)$ 的表达式（4.9）称为**佩亚诺型余项**. 公式（4.10）称为 $f(x)$ 按 $(x-x_0)$ 的幂展开的带有佩亚诺型余项的 n **阶泰勒公式**

当 $x_0 = 0$ 时的泰勒公式称为**麦克劳林公式**，就是

$$f(x) = f(0) + f'(0)x + \frac{f''(0)}{2!}x^2 + \cdots + \frac{f^{(n)}(0)}{n!}x^n + R_n(x), \tag{4.11}$$

或

$$f(x) = f(0) + f'(0)x + \frac{f''(0)}{2!}x^2 + \cdots + \frac{f^{(n)}(0)}{n!}x^n + o(x^n), \tag{4.12}$$

其中

$$R_n(x) = \frac{f^{(n+1)}(\xi)}{(n+1)!}x^{n+1}.$$

由此得近似公式

$$f(x) \approx f(0) + f'(0)x + \frac{f''(0)}{2!}x^2 + \cdots + \frac{f^{(n)}(0)}{n!}x^n.$$

误差估计式变为

$$|R_n(x)| = \frac{M}{(n+1)!} |x|^{n+1}.$$

例 1　写出函数 $f(x) = e^x$ 的 n 阶麦克劳林公式.

解　因为　$f(x) = f'(x) = f''(x) = \cdots = f^{(n)}(x) = e^x$，

所以　　$f(0) = f'(0) = f''(0) = \cdots = f^{(n)}(0) = 1$

于是　　$e^x = 1 + x + \frac{1}{2!}x^2 + \cdots + \frac{1}{n!}x^n + \frac{e^{\theta x}}{(n+1)!}x^{n+1} \quad (0 < \theta < 1)$，

并有　　$e^x \approx 1 + x + \frac{1}{2!}x^2 + \cdots + \frac{1}{n!}x^n.$

这时所产生的误差为

$$|R_n(x)|=|\frac{e^{\theta x}}{(n+1)!}x^{n+1}|<\frac{e^{|x|}}{(n+1)!}|x|^{n+1}.$$

当 $x=1$ 时，可得 e 的近似式：$e^x \approx 1+1+\frac{1}{2!}+\cdots+\frac{1}{n!}$.

其误差为 $|R_n|<\frac{e}{(n+1)!}<\frac{3}{(n+1)!}$.

例 2 求 $f(x)=\sin x$ 的 n 阶麦克劳林公式.

解 因为

$$f'(x)=\cos x, \quad f''(x)=-\sin x, \quad f'''(x)=-\cos x, \quad f^{(4)}(x)=\sin x,$$

$$\cdots$$

$$f^{(n)}(x)=\sin(x+n\cdot\frac{\pi}{2}),$$

$f(0)=0$，$f'(0)=1$，$f''(0)=0$，$f'''(0)=-1$，$f^{(4)}(0)=0$，$\cdots$，

于是 $\quad \sin x = x-\frac{1}{3!}x^3+\frac{1}{5!}x^5+\cdots+\frac{(-1)^{m-1}}{(2m-1)!}x^{2m-1}+R_{2m}(x)$.

当 $m=1$，2，3 时，有近似等式

$$\sin x \approx x, \quad \sin x \approx x-\frac{1}{3!}x^3, \quad \sin x \approx x-\frac{1}{3!}x^3+\frac{1}{5!}x^5.$$

习题 4.3

1. 求 $f(x)=\sqrt{x}$ 按 $(x-4)$ 的幂展开的带有拉格朗日型余项的三阶泰勒公式.
2. 求函数 $y=xe^x$ 的 n 阶麦克劳林展开式.
3. 按 $(x-4)$ 的幂展开多项式 $f(x)=x^4-5x^3+x^2-3x+4$.

4.4 函数的单调性与函数的极值

4.4.1 函数单调性的判定

函数的单调性是函数的一个重要特征．第 2 章已介绍了函数在区间上单调的概念，本节将利用导数对函数的单调性进行研究.

从几何图形上可以直观地观察到，单调增加函数的图形在平面直角坐标系中是一条从左至右（自变量增加的方向）逐渐上升（函数值增加的方向）的曲线，曲线上各点处的切线（如果存在的话）与横轴正向所夹角度为锐角，即曲线切线的斜率为正，也即导数为正．类似地，单调减少函数的图形是平面直角坐标系中一条从左至右逐渐下降的曲线，其上任一点的导数（如果存在的话）为负．由此可见，函数的单调性与导数的符号有着密切的关系.

反过来，能否利用导数的符号来判定函数的单调性呢？回答是肯定的．考察函数 $f(x)=x^2$ 的图形，如图 4-8 所示，当 $x>0$ 时，$f(x)$ 图形上每一点切线与 x 轴的夹角都在区间 $(0,\frac{\pi}{2})$ 内，

根据导数的几何意义有 $f'(x) > 0$，此时，$f(x)$ 单调递增；当 $x < 0$ 时，$f(x)$ 图形上每一点切线与 x 轴的夹角都在区间 $(\frac{\pi}{2}, \pi)$ 内，也就是 $f'(x) < 0$，此时，$f(x)$ 单调递减.

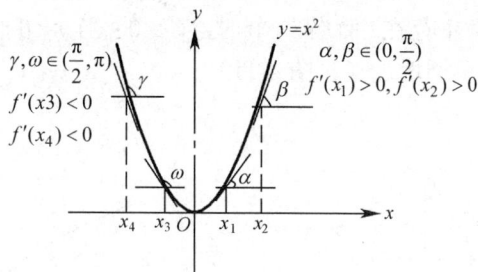

图 4-8

事实上，利用拉格朗日中值定理可以得到判定函数单调性的如下定理：

定理 1 设函数 $f(x)$ 是定义在区间 I 上的可微函数，那么

（1）如果在 I 上 $f'(x) > 0$，那么函数 $y = f(x)$ 在 I 上单调增加；

（2）如果在 I 上 $f'(x) < 0$，那么函数 $y = f(x)$ 在 I 上单调减少.

证 在 I 上任取两点 x_1, x_2 $(x_1 < x_2)$，由拉格朗日中值定理，有

$$f(x_2) - f(x_1) = f'(\xi)(x_2 - x_1) \quad (x_1 < \xi < x_2)$$

由 $f'(x) > 0$ 得 $f'(\xi) > 0$，于是

$$f(x_2) - f(x_1) = f'(\xi)(x_2 - x_1) > 0,$$

即 $f(x_2) > f(x_1)$.

（1）得证. 类似地可证（2）.

定理 1 中的区间 I 可以是闭区间、开区间或半开半闭区间.

注意：函数 $f(x)$ 在区间 I 上可微且单调，仍不能保证在 I 上恒有 $f'(x) > 0$. 例如，$f(x) = x^3$，$x \in (-\infty, +\infty)$ 是单调递增的，如图 4-9 所示，但 $f'(0) = 0$，即 $f'(x) > 0$ 恒成立是单调递增函数的充分条件，而不是必要条件.

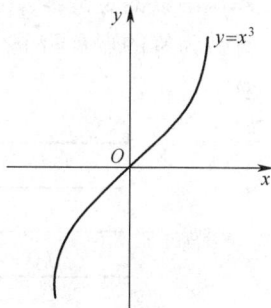

图 4-9

例 1 判定函数 $y = x - \sin x$ 在 $(0, 2\pi)$ 内的单调性.

解 因为在 $(0, 2\pi)$ 内

$$y' = 1 - \cos x > 0$$

所以由判定法可知函数 $y = x - \sin x$ 在 $(0, 2\pi)$ 内的单调增加.

虽然定理 1 是充分条件，但若在 I 上的有限个点 $x_1, x_2, \cdots, x_n$ 处，有 $f'(x_i) = 0$ $(i = 1, 2, \cdots, n)$，而当 $x \neq x_i$ 时，有 $f'(x) > 0$（或 $f'(x) < 0$），则 $f(x)$ 在 I 上单调增加（或单调减少），定理的结论仍然成立. 例如在例 1 中，若区间是 $(-5\pi, 5\pi)$，那么使 $f'(x) = 0$ 的点是 $x_1 = -4\pi$，$x_2 = -2\pi$，$x_3 = 0$，$x_4 = 2\pi$，$x_5 = 4\pi$，但函数在 $(-5\pi, 5\pi)$ 内是单调增加的，如图 4-10 所示.

例 2 讨论函数 $y = e^x - x - 1$ 的单调性.

解 函数 $y = e^x - x - 1$ 的定义域为 $(-\infty, +\infty)$，$y' = e^x - 1$.

当 $x < 0$ 时，$y' < 0$，所以函数在 $(-\infty, 0]$ 上单调减少；

当 $x > 0$ 时，$y' > 0$，所以函数在$[0,+\infty)$上单调增加.

例 3 讨论函数 $y = \sqrt[3]{x^2}$ 的单调性.

解 函数的定义域为$(-\infty,+\infty)$，当 $x \neq 0$ 时，$y' = \dfrac{2}{3\sqrt[3]{x}}$.

当 $x=0$ 时，函数的导数不存在. 而当 $x > 0$ 时，$y' > 0$；当 $x < 0$ 时，$y' < 0$，故函数在 $(-\infty,0]$ 内单调减少，在$[0,+\infty)$ 内单调增加（见图 4-11）.

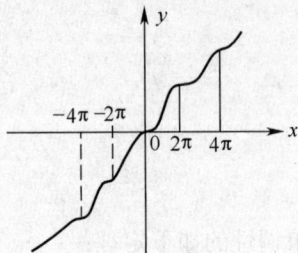

图 4-10

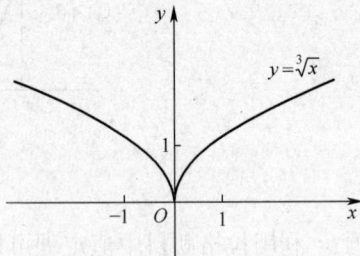

图 4-11

从例 2、例 3 可以看出，要应用导数判定函数在某区间上的单调性，必须要注意导数为零或导数不存在的点. 如此，应先求出使导数等于零的点或使导数不存在的点，并用这些点将函数的定义域划分为若干个子区间，然后逐个判断函数的导数 $f'(x)$ 在各子区间的符号，从而确定出函数 $y = f(x)$ 在各子区间上的单调性，每个使得 $f'(x)$ 的符号保持不变的子区间都是函数 $y = f(x)$ 的单调区间.

例 4 确定函数 $f(x) = 2x^3 - 9x^2 + 12x - 3$ 的单调区间.

解 函数的定义域为$(-\infty,+\infty)$，$f'(x) = 6x^2 - 18x + 12 = 6(x-1)(x-2)$.

导数为零的点有两个：$x_1 = 1, x_2 = 2$，没有导数不存在的点.

列表分析：

	$(-\infty,1)$	$(1,2)$	$(2,+\infty)$
$f'(x)$	$+$	$-$	$+$
$f(x)$	↗	↘	↗

函数 $f(x)$ 在区间$(-\infty,1]$和$[2,+\infty)$内单调增加，在区间$[1,2]$上单调减少.

例 5 求函数 $y = \sqrt[3]{(2x-a)(a-x)^2}$ $(a > 0)$ 的单调区间.

解 $y' = \dfrac{2}{3} \cdot \dfrac{2a-3x}{\sqrt[3]{(2x-a)^2(a-x)}}$，令 $y' = 0$，解得 $x_1 = \dfrac{2}{3}a$，在 $x_2 = \dfrac{a}{2}, x_3 = a$ 处 y' 不存在.

在 $(-\infty, \dfrac{a}{2})$ 内，$y' > 0$；在 $(\dfrac{a}{2}, \dfrac{2}{3}a)$ 内，$y' > 0$；在 $(\dfrac{2a}{3}, a)$ 内，$y' < 0$；在 $(a,+\infty)$ 内，$y' > 0$.

所以，函数在区间 $(-\infty, \dfrac{2}{3}a]$ 和 $[a,+\infty)$ 内单调增加，在区间 $[\dfrac{2a}{3}, a]$ 上单调减少.

例 6 （人口增长问题）中国的人口总数 p（以 10 亿为单位）在 1993～1995 年间可近似用方程 $p = 1.15 \times (1.104)^t$ 来计算，其中 t 是以 1993 年为起点的年数，根据这一方程，说明中国人口总数在这段时间是增长还是减少？

解 中国人口总数在 1993～1995 年间的增长率为

$$\frac{\mathrm{d}p}{\mathrm{d}t} = 1.15 \times (1.014)^t \times \ln 1.014 > 0$$

因此，中国人口总数在 1993～1995 年期间是增长的.

例 7 在经济学中，消费品的需求量 y 与消费者的收入 $x(x>0)$ 的关系常常简化为函数 $y = f(x)$，称为恩格尔（Engle）函数. 它有多种形式，例如有 $f(x) = A x^b$，$A>0$，b 为常数.

将恩格尔函数求导得

$$f'(x) = A b x^{b-1}.$$

因为 $A>0$，故当 $b>0$ 时，有 $f'(x) = A b x^{b-1} > 0$，$f(x)$ 为单调增函数；当 $b<0$ 时，$f'(x) = A b x^{b-1} < 0$，$f(x)$ 为单调减函数.

恩格尔函数单调性的经济学解释为：收入越高，购买力越强，正常情况下，该商品的需求量也越多，即恩格尔函数为增函数；相反，若收入增加，对该商品的需求量反而减少，只能说明该商品是劣等的. 即因生活水平提高而放弃质量较低的商品转向购买高质量的商品. 因此，恩格尔函数 $f(x) = Ax^b$ 当 $b>0$ 时，该商品为正常品；当 $b<0$ 时，为劣等品.

利用函数的单调性可以证明一些不等式.

例 8 证明：当 $x>1$ 时，$2\sqrt{x} > 3 - \dfrac{1}{x}$.

证 令 $f(x) = 2\sqrt{x} - (3 - \dfrac{1}{x})$，则

$$f'(x) = \frac{1}{\sqrt{x}} - \frac{1}{x^2} = \frac{1}{x^2}(x\sqrt{x} - 1)$$

因为当 $x>1$ 时，$f'(x) > 0$，因此 $f(x)$ 在 $[1,+\infty)$ 上单调增加，从而当 $x>1$ 时，$f(x) > f(1)$. 而 $f(1) = 0$，故 $f(x) > 0$，即

$$2\sqrt{x} > 3 - \frac{1}{x}(x>1).$$

例 9 证明：当 $x \in (0, \dfrac{\pi}{2})$ 时，$\tan x > x$.

证 设 $f(x) = \tan x - x$，$x \in (0, \dfrac{\pi}{2})$，则

$$f'(x) = \sec^2 x - 1 = \tan^2 x > 0, \quad x \in (0, \frac{\pi}{2})$$

故 $f(x)$ 在 $(0, \dfrac{\pi}{2})$ 内单调增加，又 $f(0) = 0$，于是当 $x \in (0, \dfrac{\pi}{2})$ 时有 $f(x) > 0$，即

$$\tan x > x.$$

4.4.2 函数的极值

由费马引理可知，对在某区间 I 上的可导函数 $f(x)$，如果 $x_0 \in I$ 是 $f(x)$ 的一个局部极值点，则 $f'(x) = 0$. 这意味着，可导函数 $f(x)$ 在点 x_0 处具有极值的必要条件是：

$$f'(x) = 0$$

我们称使得 $f'(x)=0$ 的点叫函数 $f(x)$ 的**驻点**. 因此，可导函数 $f(x)$ 的极值点必定是它的驻点. 但是，反过来不一定成立. 例如，$x=0$ 是 $f(x)=x^3$ 的驻点，但它不是 $f(x)$ 的极值点. 其次，函数 $f(x)$ 导数不存在的点也有可能成为函数 $f(x)$ 的局部极值点，例如，$f(x)=|x|$，$x=0$ 是其局部极小值点，但 $f(x)$ 在点 $x=0$ 处导数不存在.

因此，寻找连续函数 $f(x)$ 的极值点，须按以下步骤：

1. 如果 $f(x)$ 在其定义域内可导，求出驻点，即使得 $f'(x)=0$ 的点，按下列准则判定：

定理 2（极值存在的第一充分条件） 设函数 $f(x)$ 在 $U(x_0,\delta)$ 内可导，x_0 是 $f(x)$ 的驻点，如果

（1）当 $x\in(x_0-\delta,x_0)$ 时，$f'(x)>0$；当 $x\in(x_0,x_0+\delta)$ 时，$f'(x)<0$，则 $f(x)$ 在点 x_0 处取得极大值；

（2）当 $x\in(x_0-\delta,x_0)$ 时，$f'(x)<0$；当 $x\in(x_0,x_0+\delta)$ 时，$f'(x)>0$，则 $f(x)$ 在点 x_0 处取得极小值.

证明留给读者.

图 4-12 可以帮助大家更直观地理解定理 2.

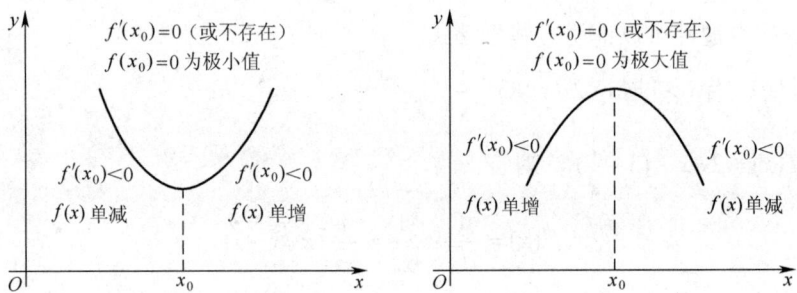

图 4-12

2. 如果 $f(x)$ 在 $\overset{\circ}{U}(x_0,\delta)$ 内可导，在点 x_0 处连续，则定理 2 的结论仍成立.

根据定理 2，我们得到判定函数 $f(x)$ 极值的第一种方法，步骤如下：

（1）求出函数 $f(x)$ 在所讨论区间内的所有驻点与不可导的点；

（2）考察 $f'(x)$ 在各驻点与不可导点的左右两侧导数符号的变化，判定它们是否为 $f(x)$ 的极值点，是极大值点还是极小值点；

（3）求出 $f(x)$ 的极值.

例 10 求函数 $f(x)=x^3-3x^2-9x+5$ 的极值.

解 $f'(x)=3x^2-6x-9=3(x+1)(x-3)$，令 $f'(x)=0$，得驻点 $x_1=-1,x_2=3$.

列表讨论如下：

x	$(-\infty,-1)$	-1	$(-1,3)$	3	$(3,+\infty)$
$f'(x)$	$+$	0	$-$	0	$+$
$f(x)$	↗	极大值	↘	极小值	↗

所以，极大值 $f(-1)=10$，极小值 $f(3)=-22$.

例 11　求函数 $f(x) = (x-4)\sqrt[3]{(x+1)^2}$ 的极值.

解　$f(x)$ 在 $(-\infty,+\infty)$ 内连续，$f'(x) = \dfrac{5(x-1)}{3\sqrt[3]{x+1}}$，令 $f(x) = 0$，得驻点 $x = 1$，$x = -1$ 为 $f(x)$ 不可导的点，列表讨论如下：

x	$(-\infty,-1)$	-1	$(-1,1)$	1	$(1,+\infty)$
$f'(x)$	$+$	不存在	$-$	0	$+$
$f(x)$	↗	极大值	↘	极小值	↗

所以，极大值为 $f(-1) = 0$，极小值为 $f(1) = -3\sqrt[3]{4}$.

当函数在驻点处的二阶导数存在且不等于零时，也可以用下面的定理来判定一个驻点是极大值点还是极小值点.

定理 3（极值的第二充分条件）　设函数 $f(x)$ 在点 x_0 处具有二阶导数且 $f'(x_0) = 0$，$f''(x_0) \neq 0$，则

（1）当 $f''(x_0) < 0$ 时，函数 $f(x)$ 在 x_0 处取得极大值；

（2）当 $f''(x_0) > 0$ 时，函数 $f(x)$ 在 x_0 处取得极小值.

由定理 3 又可得到判定函数 $f(x)$ 的极值的第二种方法，其步骤如下：

（1）求出 $f'(x)$、$f''(x)$，并由方程 $f'(x) = 0$ 求得 $f(x)$ 的所有驻点；

（2）考察 $f'(x)$ 在各个驻点处的符号，判定它们是极大值点或极小值点；

（3）求出 $f(x)$ 的极值.

例 12　求函数 $f(x) = (x^2-1)^3 + 1$ 的极值.

解　$f'(x) = 6x(x^2-1)^2$；$f''(x) = 6(x^2-1)(5x^2-1)$.

令 $f'(x) = 0$，得驻点 $x_1 = -1, x_2 = 0, x_3 = 1$.

因为 $f''(0) = 6 > 0$，所以 $f(x)$ 在 $x_2 = 0$ 处取得极小值，极小值为 $f(0) = 0$.

而 $f''(-1) = f''(1) = 0$，用定理 3 无法判定，此时可用定理 2 来判定：当 $-1 < x < 0$ 时，$f'(x) < 0$；当 $x < -1$ 时，$f'(x) < 0$，所以 $f(x)$ 在点 $x_1 = -1$ 的左右邻域内 $f'(x) < 0$，即 $f(x)$ 在点 $x_1 = -1$ 处没有极值，同理，$f(x)$ 在点 $x_3 = 1$ 处也没有极值.

例 13　求函数 $f(x) = \sin x + \cos x$ 在区间 $[0, 2\pi]$ 上的极值.

解　$f'(x) = \cos x - \sin x$，$f''(x) = -\sin x - \cos x$.

令 $f'(x) = 0$，得驻点 $x_1 = \dfrac{\pi}{4}, x_2 = \dfrac{5\pi}{4}$

而
$$f''(\frac{\pi}{4}) = -\sin\frac{\pi}{4} - \cos\frac{\pi}{4} < 0$$

$$f''(\frac{5\pi}{4}) = -\sin\frac{5\pi}{4} - \cos\frac{5\pi}{4} > 0$$

故由定理 4 知，$f(\dfrac{\pi}{4}) = \sqrt{2}$ 为极大值，$f(\dfrac{5\pi}{4}) = -\sqrt{2}$ 为极小值.

在求极值时，何时用第一充分条件来判定，何时用第二充分条件来判定，要根据具体情况而定. 若 $f'(x)$ 的符号容易判定，可用第一充分条件，否则用第二充分条件，但对于不可导

的点只能用第一充分条件来判定.

4.4.3 最大值与最小值问题

掌握函数局部极值方法后，容易回答经常发生在我们身边的一类问题：在一定条件下，怎样才能使"产量最大"、"用料最省"、"成本最低"、"利润最大"等问题，这类问题在数学上常归结为：在一定条件下，求一个函数（称为目标函数）在某区间上的最大值或最小值问题，称为最优化问题，本小节仅研究一些最简单的优化问题.

设函数 $f(x)$ 在闭区间 $[a,b]$ 上连续，且在 (a,b) 内只有有限个驻点或导数不存在点，设为 $x_1,x_2,\dots,x_n$，由闭区间上连续函数的最值定理知，$f(x)$ 在 $[a,b]$ 上必取得最大值和最小值. 函数的最值要么在区间端点处取得，要么在区间内部取得，若最值在区间内部取得，则最值一定也是极值，而极值点只能是驻点或导数不存在的点，所以 $f(x)$ 在 $[a,b]$ 上的最大值为

$$\max_{x\in[a,b]} f(x) = \max\{f(a),f(x_1),\cdots,f(x_n),f(b)\};$$

最小值为

$$\min_{x\in[a,b]} f(x) = \min\{f(a),f(x_1),\cdots,f(x_n),f(b)\}.$$

所以，归纳求函数 $f(x)$ 在 $[a,b]$ 上的最值的步骤如下：

（1）求出 $f(x)$ 在 (a,b) 内的所有驻点和不可导的点；

（2）求出驻点和不可导点以及端点处的函数值；

（3）比较以上函数值，最大的就是最大值，最小的就是最小值.

例 14 求 $y = 2x^3 + 3x^2 - 12x + 14$ 的在 $[-3,4]$ 上的最大值与最小值.

解 $f'(x) = 6(x+2)(x-1)$，令 $f'(x) = 0$，得 $x_1 = -2, x_2 = 1$.

计算 $f(-3) = 23$；$f(-2) = 34$；$f(1) = 7$；$f(4) = 142$；

比较得最大值 $f(4) = 142$，最小值 $f(1) = 7$.

例 15 设 $f(x) = xe^x$，求它在定义域上的最大值和最小值.

解 $f(x)$ 在定义域 $(-\infty,+\infty)$ 上连续可导，且

$$f'(x) = (x+1)e^x$$

令 $f'(x) = 0$，得驻点 $x = -1$

当 $x \in (-\infty,-1)$ 时，$f'(x) < 0$；当 $x \in (-1,+\infty)$ 时. $f'(x) > 0$，故 $x = -1$ 为极小值点. 又 $\lim\limits_{x\to-\infty} f(x) = 0$，$\lim\limits_{x\to+\infty} f(x) = +\infty$，从而 $f(-1) = -e^{-1}$ 为 $f(x)$ 的最小值，$f(x)$ 无最大值.

例 16 工厂铁路线上 AB 段的距离为 100km. 工厂 C 距 A 处为 20km，AC 垂直于 AB（见图 4-13）. 为了运输需要，要在 AB 线上选定一点 D 向工厂修筑一条公路. 已知铁路每公里货运的运费与公路上每公里货运的运费之比 3:5. 为了使货物从供应站 B 运到工厂 C 的运费最省，问 D 点应选在何处？

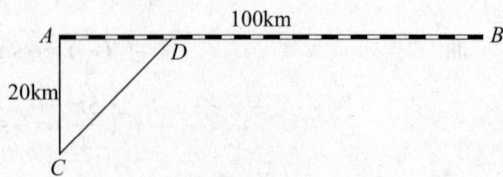

图 4-13

解　设 $AD = x \, (\mathrm{km})$，则 $DB = 100 - x$，$CD = \sqrt{20^2 + x^2} = \sqrt{400 + x^2}$.

设从 B 点到 C 点需要的总运费为 y，那么

$$y = 5k \cdot CD + 3k \cdot DB \quad (k \text{ 是某个正数})，$$

即

$$y = 5k\sqrt{400 + x^2} + 3k(100 - x) \quad (0 \leqslant x \leqslant 100)$$

现在，问题就归结为：x 在 $[0, 100]$ 内取何值时目标函数 y 的值最小.

先求 y 对 x 的导数

$$y' = k\left(\frac{5x}{\sqrt{400 + x^2}} - 3 \right)$$

解方程 $y' = 0$，得 $x = 15 \, (\mathrm{km})$

由于 $y|_{x=0} = 400k$，$y|_{x=15} = 380k$，$y|_{x=100} = 500k\sqrt{1 + \frac{1}{5^2}}$，其中以 $y|_{x=15} = 380k$ 为最小，因此当 $AD = x = 15\mathrm{km}$ 时，总运费为最省.

对于求实际问题中的最大值与最小值，首先应建立函数关系，也就是通常所说的目标函数或者数学模型，然后求出目标函数在定义区间内的驻点以及不可导的点，最后比较这些点和端点处的函数值，确定函数的最大值和最小值.

如果目标函数的驻点（或不可导的点）唯一，并且实际问题表明函数的最大值或最小值存在，且不能在定义区间的端点处取得，那么所求驻点（或不可导的点）就是函数的最大值点或最小值点（如图 4-14）.

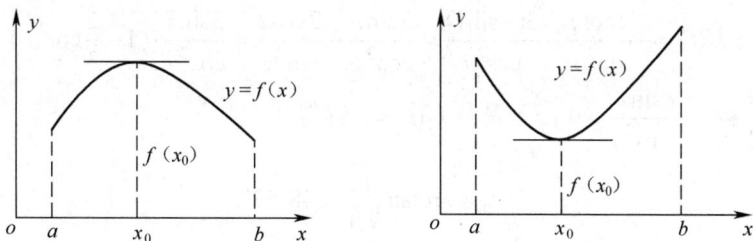

图 4-14

例 17　某工厂要建一个容积为 $500 \mathrm{m}^3$ 的圆柱形密封容器. 已知上、下顶部每平方米造价为 2000 元，侧面每平方米造价为 4000 元. 试问这个容器的底面半径和高各取多少时，造价最低？

解　设容器底面半径为 $x(\mathrm{m})$，高为 $h(\mathrm{m})$，总造价为 y 元. 由已知 $\pi x^2 h = 500$，得 $h = \dfrac{500}{\pi x^2} \, (\mathrm{m})$，所以

$$y = 2\pi x^2 \cdot 2000 + 2\pi x h \cdot 4000 = 4000\pi\left(x^2 + \frac{1000}{\pi x}\right) \quad (x \in (0, +\infty))$$

因为 $y' = 4000\pi\left(2x - \dfrac{1000}{\pi x^2}\right)$，令 $y' = 0$，得唯一驻点 $x = \dfrac{10}{\sqrt[3]{2\pi}} \, (\mathrm{m})$，而且从这个实际问题知道最小值一定存在，所以当 $x = \dfrac{10}{\sqrt[3]{2\pi}} \approx 5.42 \, \mathrm{m}$ 时，造价最低. 此时，相应的高为

$$h = \frac{500}{\pi x^2} = \frac{10}{\sqrt[3]{2\pi}} = x \approx 5.42 \,(\text{m})\,.$$

例 18 宽为 2m 的支渠道垂直地流向宽为 3m 的主渠道，若在其中漂运原木，问能通过的原木的最大长度最多少？

解 将问题理想化，原木的直径不计.

建立坐标系如图 4-15 所示，AB 是通过点 $C(3,2)$ 且与渠道两侧壁分别交于 A 和 B 的线段.

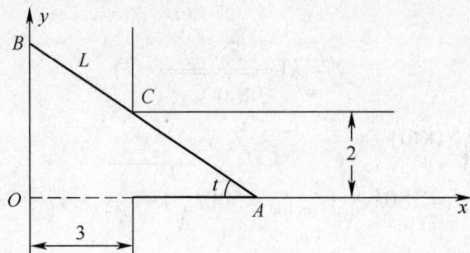

图 4-15

设 $\angle OAC = t$，$t \in (0, \frac{\pi}{2})$，则当原木长度不超过线段 AB 的长度 L 的最小值时，原木就能通过，于是建立目标函数

$$L(t) = AC + CB = \frac{2}{\sin t} + \frac{3}{\cos t}, \quad t \in (0, \frac{\pi}{2})$$

由于

$$L'(t) = -\frac{2\cos t}{\sin^2 t} - \frac{3(-\sin t)}{\cos^2 t} = \frac{3\sin t}{\cos^2 t} - \frac{2\cos t}{\sin^2 t} = \frac{3\sin t}{\cos^2 t} \cdot (1 - \frac{2}{3}\cot^3 t)$$

当 $t \in (0, \frac{\pi}{2})$ 时，$\frac{\sin t}{\cos^2 t} > 0$．于是从 $L'(t) = 0$ 解得

$$t_0 = \arctan\sqrt[3]{\frac{2}{3}} \approx 48°52'$$

这个问题的最小值（L 的最小值）一定存在．而在 $(0, \frac{\pi}{2})$ 内只有一个驻点 t_0，故它就是 L 的最小值点，此时 $L(t_0) \approx 7.02\text{m}$．故能通过的原木的最大的长度是 7.02m.

习题 4.4

1．证明函数 $y = x - \ln(1 + x^2)$ 单调增加.

2．判定函数 $f(x) = \arctan x - x$ 的单调性.

3．求下列函数的单调区间：

（1）$f(x) = 1 - 4x - x^2$ （2）$f(x) = 2x + \frac{8}{x}$ $(x > 0)$

（3）$f(x) = 2x^2 - \ln x$ （4）$f(x) = x^2 \mathrm{e}^{-x}$

(5) $f(x) = \dfrac{2}{3}x - \sqrt[3]{x^2}$

(6) $f(x) = \dfrac{10}{4x^3 - 9x^2 + 6x}$

4．证明下列不等式：

（1）当 $x > 0$ 时，$\ln(1+x) < x$

（2）当 $x > 0$ 时，$\ln(1+x) > x - \dfrac{1}{2}x^2$

5．求下列函数的的极值：

（1）$f(x) = 2x^3 - 3x^2$

（2）$f(x) = x - \ln(1+x)$

（3）$f(x) = x + \sqrt{1-x}$

（4）$f(x) = \dfrac{x}{1+x^2}$

（5）$f(x) = x^{\frac{2}{3}}e^{-x}$

（6）$f(x) = (x-1) \cdot \sqrt[3]{x^2}$

6．当 a 为何值时，$f(x) = a\sin x + \dfrac{1}{3}\sin 3x$ 在 $x = \dfrac{\pi}{3}$ 处取得极值？它是极大值还是极小值？求此极值．

7．求函数 $f(x) = e^x\cos x$ 在区间 $[0, 2\pi]$ 上的极值．

8．已知 $y = f(x)$ 的导函数的图像如右图所示，求：

（1）$f(x)$ 的单调增区间；

（2）$f(x)$ 的单调减区间；

（3）$f(x)$ 的极值．

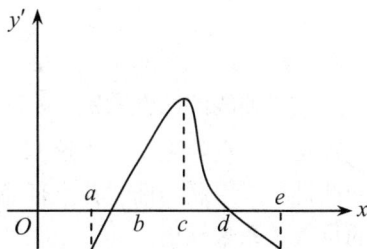

9．求下列各函数在所给区间上的最大值和最小值：

（1）$f(x) = x^3 - x^2 - x + 2, [-1, 0]$

（2）$f(x) = \sin x + \cos x, [0, 2\pi]$；

（3）$f(x) = x + \sqrt{1-x}, [-5, 1]$

（4）$f(x) = \ln(1+x^2), [-1, 2]$；

10．某农场要围建一个面积为 512 m² 的矩形晒谷场．一边沿原来的石条沿，其他三边需新砌石条沿，问晒谷场得长和宽各为多少时，才能使用料最省？

11．欲制造一个容积为 V 的有盖圆柱形油罐，问底半径 r 和高 h 等于多少时，可使材料最省？这时底直径 d 与高 h 之比是多少？

12．从一块边长为 a 的正方形铁皮的四角上截去同样大小的正方形，然后把四边折起来做成一个无盖的盒子，问要截去边长为多大的小方块，才能使盒子的容积最大？最大容积是多少？

13．欲做一个容积为 300 m³ 的无盖圆柱形蓄水池，已知池底单位面积造价为周围单位面积造价的两倍，问蓄水池的尺寸应该怎样设计才能使总造价最低？

14．烟囱向其周围地区散落烟尘而污染环境．已知落在地面某处的烟尘浓度与该处至烟囱距离的平方成反比，而与该烟囱喷出的烟尘量称正比．现有两座烟囱相距 20 km，其中一座烟囱喷出的烟尘量是另一座的 8 倍，试求出两座烟囱连线上的一点，使该点的烟尘浓度最小．

4.5　函数曲线的凹凸性和拐点

第 4 节讨论了函数的单调性和函数的极值，这对了解函数的性态有很大的作用．但是，仅仅知道这些还不够，还不能准确的描绘函数的图形．例如，函数 $f(x) = x^2$ 和 $g(x) = \sqrt{x}$ 在 $[0, 1]$

上都是单调递增的，并且其图形都以 $(0,0)$ 和 $(1,1)$ 为端点，但是它们的图形却有显著的区别（见图 4-16）. 从几何上来说，两条曲线弯曲方向不同，函数 $f(x) = x^2$ 的图形是（向上）凹的，而函数 $g(x) = \sqrt{x}$ 所表示的这条曲线是（向上）凸的. 它们的凹凸性不同，下面我们来研究曲线的凹凸性及其判定法.

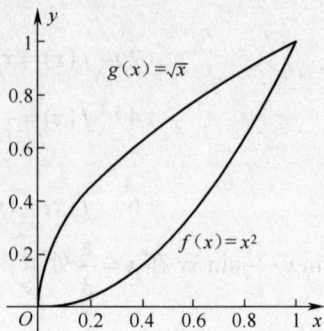

图 4-16

关于曲线凹凸性的定义，我们先从几何直观上来分析. 在图 4-17 中，如果任取两点 x_1, x_2，则连接这两点的弦总位于这两点间的弧段的上方；而在图 4-18 中，正好相反. 因此，曲线的凹凸性可以用联结曲线弧上任意两点的弦的中点与曲线弧上相应点（即具有相同横坐标的点）的位置关系来描述.

定义 1 设 $f(x)$ 在区间 I 上连续，如果对 I 上任意两点 x_1, x_2，恒有

$$f(\frac{x_1 + x_2}{2}) < \frac{f(x_1) + f(x_2)}{2}$$

那么称 $f(x)$ 在 I 上的图形是（向上）凹的（或凹弧），如图 4-17 所示；如果恒有

$$f(\frac{x_1 + x_2}{2}) > \frac{f(x_1) + f(x_2)}{2}$$

那么称 $f(x)$ 在 I 上的图形是（向上）凸的（或凸弧），如图 4-18 所示.

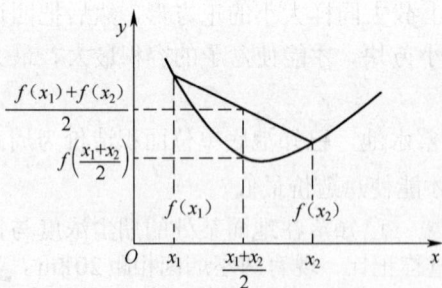

图 4-17

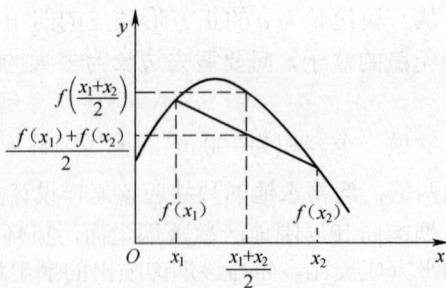

图 4-18

直接利用定义来判断函数曲线的凹凸性是比较困难的. 那么如何来判定函数曲线在区间内的凹凸性呢？考察凹曲线 $f(x)$ 和凸曲线 $g(x)$ 的图形（见图 4-19），取直尺沿着曲线从左向右移动并画出多条切线. 在图（a）中，图形上任一点处（$x = 0$ 除外）的切线总在曲线的下方，且切线的斜率随 x 增大而增大，即 $f''(x) > 0$；在图（b）中，图形上任一点处的切线总在曲线

的上方，且切线斜率由正值转为负值，即 $g''(x) < 0$．因此我们可以利用二阶导数的符号来研究曲线的凹凸性，有如下定理：

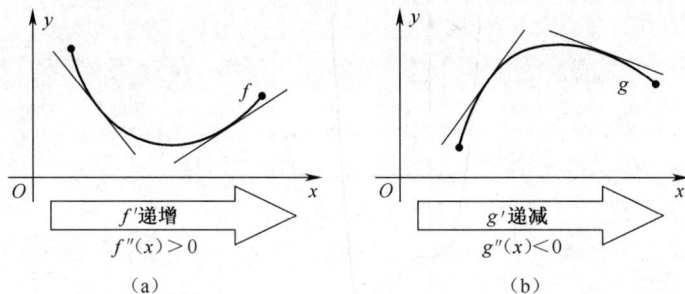

图 4-19

定理 1 设 $f(x)$ 在 $[a,b]$ 上连续，在 (a,b) 内具有一阶和二阶导数，那么

（1）若在 (a,b) 内 $f''(x) > 0$，则 $f(x)$ 在 $[a,b]$ 上的图形是凹的；

（2）若在 (a,b) 内 $f''(x) < 0$，则 $f(x)$ 在 $[a,b]$ 上的图形是凸的．

定理的证明从略，定理中的闭区间可以换成其他类型的区间．此外，若在 (a,b) 内除有限个点上有 $f''(x) = 0$ 外，其余点处均满足定理的条件，则定理的结论仍然成立．例如，$y = x^4$ 在 $x=0$ 处有 $f''(x) = 0$，但曲线在 $(-\infty, +\infty)$ 上是凹的．

例 1 曲线 $y = e^x$ 是凹的，曲线 $y = \ln x$ 是凸的．

解 事实上，当 $x \in (-\infty, +\infty)$ 时，由 $y = e^x$ 得 $y'' = e^x > 0$；当 $x \in (0, +\infty)$ 时，由 $y = \ln x$ 得 $y'' = -\dfrac{1}{x^2} < 0$，故结论成立．

例 2 判断曲线 $y = x^3$ 的凹凸性．

解 由 $y'' = 6x$ 知，当 $x \in (0, +\infty)$ 时 $y'' > 0$，当 $x \in (-\infty, 0)$ 时 $y'' < 0$，因此曲线 $y = x^3$ 在 $[0, +\infty)$ 上是凹的，在 $(-\infty, 0]$ 上是凸的．

例 2 中，曲线上的点 $(0,0)$ 是曲线由凸变凹的分界点，称为曲线的拐点．

定义 2 若曲线 $y = f(x)$ 在点 $(x_0, f(x_0))$ 的左右两侧凹凸性相反，则称点 $(x_0, f(x_0))$ 为该曲线的拐点．

由于函数曲线的凹凸性可由其二阶导数的符号来判断，故对于二阶可导函数 $y = f(x)$ 来说，先求出方程 $f''(x) = 0$ 的根，再判别 $f''(x)$ 在这些点左右两侧的符号是否改变，便可求出拐点．

例 3 求曲线 $y = 3x^4 - 4x^3 + 1$ 的凹凸区间及拐点．

解 函数的定义域为 $(-\infty, +\infty)$，$y' = 12x^3 - 12x^2$，$y'' = 36x\left(x - \dfrac{2}{3}\right)$．

令 $y'' = 0$，得 $x_1 = 0, x_2 = \dfrac{2}{3}$，列表讨论如下：

x	$(-\infty, 0)$	0	$(0, 2/3)$	$2/3$	$(2/3, +\infty)$
$f''(x)$	$+$	0	$-$	0	$+$
$f(x)$	凹	拐点 $(0,1)$	凸	拐点 $(2/3, 11/27)$	凹

所以，曲线的凹区间为 $(-\infty,0]\cup[2/3,+\infty)$；凸区间为 $[0,2/3]$．拐点为 $(0,1)$ 和 $(2/3,11/27)$．函数的图形如图 4-20 所示．

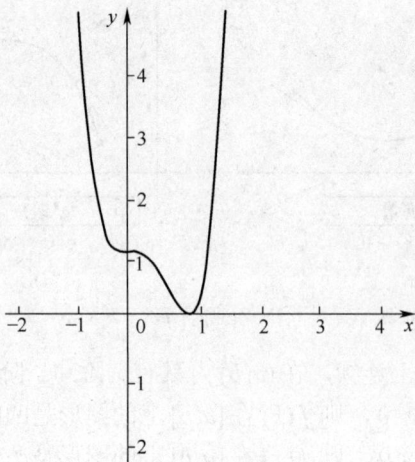

图 4-20

例 4 求曲线 $y=\sqrt[3]{x}$ 的拐点．

解 函数的定义域为 $(-\infty,+\infty)$，当 $x\neq 0$ 时，$y'=\dfrac{1}{3\sqrt[3]{x^2}}$，$y''=-\dfrac{2}{9x\sqrt[3]{x^2}}$

方程 $y''=0$ 无实根．在 $x=0$ 处，y'' 不存在，当 $x<0$ 时，$y''>0$，故曲线在 $(-\infty,0]$ 内是凹的；当 $x>0$ 时 $y''<0$，曲线在 $[0,+\infty)$ 内是凸的．又函数 $y=\sqrt[3]{x}$ 在 $x=0$ 处连续，故$(0,0)$是曲线的拐点．函数的图形如图 4-21 所示．

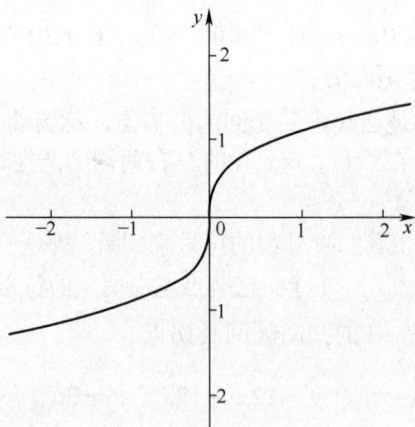

图 4-21

由例 3 和例 4 可以看出，$f''(x_0)=0$ 或 $f''(x_0)$ 不存在的点 $(x_0,f(x_0))$ 都有可能是曲线 $y=f(x)$ 的拐点．而拐点的横坐标将函数的定义区间分成了若干个区间，在各个区间上曲线要么是凹的，要么是凸的．求曲线的凹凸区间与曲线的拐点的步骤如下：

（1）求函数的二阶导数 $f''(x)$；

（2）令 $f''(x)=0$，求出全部实根，并求出所有二阶导数不存在的点；

（3）讨论 $f''(x)$ 在以上求出的点的左右两侧区间上的符号，确定曲线的凹凸区间和拐点.

例 5　求曲线 $y=2+(x^2-1)^{\frac{2}{3}}$ 的拐点.

解　函数的定义域为 $(-\infty,+\infty)$，$y'=\dfrac{4x}{3(x^2-1)^{\frac{1}{3}}}$，$y''=\dfrac{4x^2-12}{9(x^2-1)^{\frac{4}{3}}}$

令 $y''=0$，得 $x_1=\sqrt{3}$，$x_2=-\sqrt{3}$，二阶导数不存在的点为 $x_3=-1$，$x_4=1$.

列表讨论如下：

x	$(-\infty,-\sqrt{3})$	$-\sqrt{3}$	$(-\sqrt{3},-1)$	-1	$(-1,1)$	1	$(1,\sqrt{3})$	$\sqrt{3}$	$(\sqrt{3},+\infty)$
$f''(x)$	+	0	−	不存在	−	不存在	−	0	+
$f(x)$	凹	拐点	凸		凸		凸	拐点	凹

在区间 $(-\infty,-\sqrt{3}]$ 和 $[\sqrt{3},+\infty)$ 上曲线是凹的，在区间 $[-\sqrt{3},\sqrt{3}]$ 上曲线是凸的．所以，曲线的拐点是 $(-\sqrt{3},2+\sqrt[3]{4})$ 和 $(\sqrt{3},2+\sqrt[3]{4})$．

要注意的是：$f''(x)=0$ 的根或 $f''(x)$ 不存在的点不一定都是曲线的拐点．例如 $f(x)=x^4$，由 $f''(x)=12x^2=0$ 得 $x=0$，但在 $x=0$ 的两侧二阶导数的符号不变，即函数曲线的凹凸性不变，故 $(0,0)$ 不是拐点.

习题 4.5

1．讨论下列曲线的凹凸性，并求出曲线的拐点：

（1）$f(x)=x^3-x^4$ 　　　　　　　　（2）$f(x)=xe^{-x}$

（3）$f(x)=x^2+\ln x$ 　　　　　　　　（4）$f(x)=\ln(1+x^2)$

2．当 a,b 为何值时，点 $(1,3)$ 为曲线 $y=ax^3+bx^2$ 的拐点？

3．已知曲线 $y=x^3-ax^2-9x+4$ 在点 $x=1$ 处有拐点，试确定系数 a，并讨论曲线的凹凸性和拐点.

4．若曲线 $y=ax^3+bx^2+cx+d$ 在点 $x=-1$ 处有极值 $y=0$，点 $(1,1)$ 为拐点，求 a,b,c,d 的值.

4.6　函数的图形

前面我们利用导数研究了函数的单调性和极值，曲线的凹凸性和拐点，从而可以比较清楚地了解函数图形的基本性态，更直观的理解函数．本节将综合利用这些知识来描绘函数的图形．下面先介绍曲线的渐近线.

4.6.1　渐近线

定义 1　如果存在直线 $L:y=kx+b$，使得当 $x\to\infty$（或 $x\to+\infty$，$x\to-\infty$）时，曲线 $y=f(x)$ 上的动点 $M(x,y)$ 到直线 L 的距离 $d(M,L)\to0$，即

$$\lim_{x \to \infty}[f(x)-(kx+b)]=0 \qquad (4.5)$$

则称直线 L 为曲线 $y=f(x)$ 的**渐近线**. 特别地, 当 $k \neq 0$ 时, 直线 $L: y=kx+b$ 称为曲线 $f(x)$ 的**斜渐近线**; 当 $k=0$ 时, 直线 $L: y=b$ 称为曲线 $f(x)$ 的**水平渐近线**.

例 1　求曲线 $y=e^{-x}$ 的水平渐进线.

解　因为 $\lim_{x \to +\infty} e^{-x}=0$, 故 $y=0$, 即 x 轴是曲线 $y=e^{-x}$ 的水平渐近线.

下面给出求曲线的斜渐近线 $L: y=kx+b$ 的方法.

定理 1　直线 $L: y=kx+b$ 为曲线 $y=f(x)$ 的斜渐近线的充分必要条件是:

$$k=\lim_{\substack{x \to \infty \\ (x \to +\infty) \\ (x \to -\infty)}} \frac{f(x)}{x}, \quad b=\lim_{\substack{x \to \infty \\ (x \to +\infty) \\ (x \to -\infty)}} (f(x)-kx).$$

证　这里证明 $x \to \infty$ 时的情形, $x \to +\infty$ 及 $x \to -\infty$ 可类似证明. 由 (4.5) 式可得

$$\lim_{x \to \infty} x \cdot \left(\frac{f(x)}{x}-k-\frac{b}{x}\right)=0$$

由于上式左边两式之积的极限存在, 且当 $x \to \infty$ 时, 因子 x 是无穷大, 从而因子 $\frac{f(x)}{x}-k-\frac{b}{x}$ 必是无穷小. 所以

$$k=\lim_{x \to \infty} \frac{f(x)}{x}$$

将求出的 k 的值代入 (4.5) 式得

$$\lim_{x \to \infty}[(f(x)-kx)-b]=0$$

所以　　　　　　　　　　$b=\lim_{x \to \infty}(f(x)-kx).$

定义 2　若点 x_0 是函数 $y=f(x)$ 的间断点, 且 $\lim_{x \to x_0^-} f(x)=\infty$ 或 $\lim_{x \to x_0^+} f(x)=\infty$, 则称直线 $x=x_0$ 是曲线 $y=f(x)$ 的**垂直渐近线**.

例 2　求曲线 $y=\dfrac{2}{x^2-2x-3}$ 的垂直渐近线.

解　因为 $y=\dfrac{2}{x^2-2x-3}=\dfrac{2}{(x-3)(x+1)}$ 有两个间断点 $x=3$ 和 $x=-1$, 而

$$\lim_{x \to 3} y=\lim_{x \to 3} \frac{2}{(x-3)(x+1)}=\infty$$

$$\lim_{x \to -1} y=\lim_{x \to -1} \frac{2}{(x-3)(x+1)}=\infty$$

所以曲线有垂直渐近线 $x=3$ 和 $x=-1$.

例 3　求曲线 $y=\dfrac{x^2}{1+x}$ 的渐近线.

解　显然 $x=-1$ 为垂直渐近线, 无水平渐近线. 因为

$$\lim_{x \to \infty} \frac{f(x)}{x}=\lim_{x \to \infty} \frac{x}{1+x}=1$$

所以 $k=1$, 又因为

$$\lim_{x \to \infty}[f(x) - kx] = \lim_{x \to \infty}(\frac{x^2}{1+x} - x) = -1$$

所以 $b = -1$，故曲线有斜渐近线 $y = x - 1$．

例 4　求曲线 $y = \dfrac{x^3}{x^2 + 2x - 3}$ 的渐近线．

解　因为 $\displaystyle\lim_{x \to \infty} \frac{x^3}{x^2 + 2x - 3} = \infty$，所以无水平渐近线，又

$$\lim_{x \to -3} \frac{x^3}{(x+3)(x-1)} = \lim_{x \to 1} \frac{x^3}{(x+3)(x-1)} = \infty$$

所以曲线有垂直渐近线 $x = -3$ 及 $x = 1$，因为

$$\lim_{x \to \infty} \frac{f(x)}{x} = \lim_{x \to \infty} \frac{x^2}{x^2 + 2x - 3} = 1 = k$$

$$\lim_{x \to \infty}[f(x) - x] = \lim_{x \to \infty} \frac{-2x^2 + 3x}{x^2 + 2x - 3} = -2 = b$$

所以，曲线的斜渐近线为 $y = x - 2$．

4.6.2　函数图形的描绘

为了了解一个函数的性态特征，需要作出其图形，因为根据其图形可以清楚地看出函数变化的状况．描点法是函数作图的基本方法，但中学所采用的描点法，不仅要计算许多点的函数值，而且经常会漏掉函数的一些关键点，如极值点、拐点等，使得曲线的单调性、凹凸性等一些重要性态也难以准确地显示出来．根据前面几节的讨论，我们利用一二阶导数可以获得函数的单调区间和极值点、凹凸区间和拐点等，利用极限可以求得函数的渐近线，这样就可以较准确地绘出函数的图形．一般步骤如下：

（1）确定函数 $y = f(x)$ 的定义域以及函数 $f(x)$ 所具有的某些特性（如奇偶性、周期性等），并求出函数 $f(x)$ 的一阶导数 $f'(x)$ 和二阶导数 $f''(x)$；

（2）求出方程 $f'(x) = 0, f''(x) = 0$ 的根及使 $f'(x), f''(x)$ 不存在的点，这些点把函数的定义域分成几个部分区间；

（3）确定在这些部分区间内 $f'(x)$ 和 $f''(x)$ 的符号，并由此确定函数 $f(x)$ 的单调性、凹凸性、极值点和拐点；

（4）确定函数图形的水平、垂直及斜渐近线；

（5）算出方程 $f'(x) = 0, f''(x) = 0$ 的根以及不存在的点所对应的函数值，定出图形上的相应点（有时需添加一些辅助点以便把曲线描绘得更精确）；

（6）将上述结果列成一个表，并注明所求出的图形上点的特性，例如极值点、拐点、零点及各部分区间上函数图形变化性态等，最后用光滑曲线连接．

例 5　作函数 $y = 3x - x^3$ 的图形．

解　（1）定义域为 $(-\infty, +\infty)$　$y' = 3 - 3x^2 = 3(1-x)(1+x)$，　$y'' = -6x$；

（2）函数是奇函数，所以函数的图形关于原点对称；

（3）令 $y' = 0$，得驻点 $x_1 = 1, x_2 = -1$，令 $y'' = 0$，得 $x_3 = 0$．

（4）列表讨论，由于函数的对称性，这里也可以只列 $(0,+\infty)$ 上的表格.

x	$(-\infty,-1)$	-1	$(-1,0)$	0	$(0,1)$	1	$(1,+\infty)$
y'	$-$	0	$+$	$+$	$+$	0	$-$
y''	$+$	$+$	$+$	0	$-$	$-$	$-$
y	$\searrow$	极小值 $y=-2$	$\nearrow$	拐点$(0,0)$	$\nearrow$	极大值 $y=2$	$\searrow$

（5）无渐近线；

（6）已知点$(0,0)$、$(1,2)$，辅助点$(\sqrt{3},0)$、$(2,-2)$，再利用函数的图形关于原点的对称性，找出对称点$(-1,-2)$、$(-\sqrt{3},0)$、$(-2,2)$；

（7）描点作图（见 4-22）.

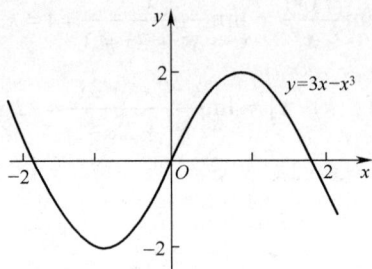

图 4-22

例6 描绘 $f(x)=\dfrac{1}{\sqrt{2\pi}}e^{-\frac{x^2}{2}}$ 的图形.

解 （1）函数的定义域为 $(-\infty,+\infty)$ ，且 $f(x)\in(-\infty,+\infty)$. $f(x)$ 为偶函数，因此它关于 y 轴对称，可以只讨论 $(0,+\infty)$ 上该函数的图形. 又对任意 $x\in(-\infty,+\infty)$ 有 $f(x)>0$ ，所以 $y=f(x)$ 的图形位于 x 轴的上方.

（2）$f'(x)=-\dfrac{x}{\sqrt{2\pi}}e^{-\frac{x^2}{2}}$，$f''(x)=\dfrac{x}{\sqrt{2\pi}}e^{-\frac{x^2}{2}}(x^2-1)$. 令 $f'(x)=0$ 得 $x=0$ ；令 $f'(x)=0$ 得 $x=\pm1$.

（3）列表如下：

x	0	$(0,1)$	1	$(1,+\infty)$
$f'(x)$	0	$-$	$-$	$-$
$f''(x)$	$-$	$-$	0	$+$
$f(x)$	极大值	$\searrow$	拐点	$\searrow$

（4）因 $\lim\limits_{x\to+\infty}\dfrac{1}{\sqrt{2\pi}}e^{-\frac{x^2}{2}}=0$ ，故有水平渐近线 $y=0$.

（5）$f(0)=\dfrac{1}{\sqrt{2\pi}}$，$f(1)=\dfrac{1}{\sqrt{2\pi e}}$，$f(2)=\dfrac{1}{\sqrt{2\pi e^2}}$，取辅助点 $(0,\dfrac{1}{\sqrt{2\pi}})$、$(1,\dfrac{1}{\sqrt{2\pi e}})$、$(2,\dfrac{1}{\sqrt{2\pi e^2}})$，画出函数在 $[0,+\infty)$ 上的图形，再利用对称性便得到函数在 $(-\infty,0]$ 上的图形（见 4-23）.

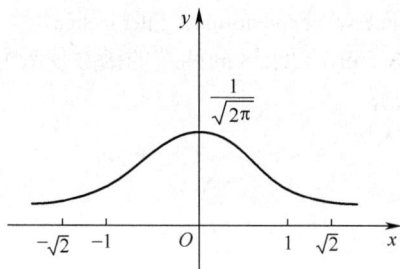

图 4-23

例 6 中的函数是概率论与数理统计中用到的标准正态分布的密度函数.

习题 4.6

1．求下列曲线的渐近线：

（1）$y = e^{\frac{1}{x}}$

（2）$y = \dfrac{e^x}{1+x}$

（3）$y = \dfrac{x}{1+x^2}$

（4）$y = \dfrac{x^3}{(x-1)^2}$

2．作出下列函数的图形：

（1）$y = 3x - x^3$

（2）$y = xe^{-x}$

（3）$y = x - \ln(x+1)$

4.7　利用 MATLAB 求函数的零点和极值点

4.7.1　函数零点

求一个函数的零点可调用以下函数格式：

x=fzero(fun,x0)　x 返回一元函数 Fun 的一个零点，其中 Fun 为函数，x_0 为标量时，返回函数在 x_0 附近的零点；x_0 为向量[a,b]时，返回函数在区间[a,b]中的零点.

[x,f,h]=fsolve(fun,x0)　　x 返回一元或多元函数 Fun 在 x_0 附近的一个零点，其中 x_0 为迭代初值；f 返回 Fun 在 x 的函数值，应该接近 0；h 返回值如果大于 0，说明计算结果可靠，否则计算结果不可靠.

例 1　求函数 $y = x\sin(x^2 - x - 1)$ 在$(-2,-0.1)$内的零点.

解　先定义 Inline 函数，再试图用 fzero 求解.

```
>>fun=inline('x*sin(x^2-x-1)','x')
fun=
    Inline function:
    fun(x)=x*sin(x^2-x-1)
>>fzero(fun,[-2,-0.1])
???Error using ==> fzero
```

The function values at the interval endpoints must differ in sign.

由于对参数 x_0 用区间情形，fzero 要求区间两端的函数值异号，所以出现不能直接求解. 先作图观察一下（如图 4-24 所示）.

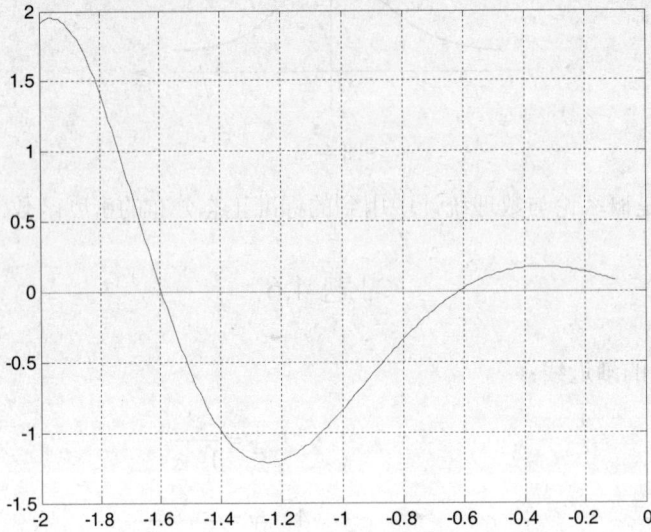

图 4-24

可见在 x=-1.6 和-0.6 附近各有一个零点，我们分两个小区间分别求解.

```
>>fzero(fun,[-2,-1.2]),fzero(fun,[-1.2,-0.1])          %可以正确求解
ans=
     -1.5956
ans=
     -0.6180
>>fzero(fun,-1.6),fzero(fun,-0.6)                      %参数 x0 也可以用一个点
ans=
     -1.5956
ans=
     -0.6180
>>[x,f,h]=fsolve(fun,-1.6),[x,f,h]=fsolve(fun,-0.6)   %也可以用 fsolve 求解
Optimization terminated successfully:
First-order optimality is less than options.TolFun.
x=
     -1.5956
f=
     1.4909e-009
h=
     1
Optimization terminated successfully:
First-order optimality is less than options.TolFun.
x=
     -0.6180
f=
```

```
    -3.3152e-012
h=
    1
```

4.7.2 函数极值与最值

Matlab 里面有可以直接求出函数极值的命令，相关函数调用格式如下：

min(y)　　返回向量 y 的最小值

max(y)　　返回向量 y 的最大值

[x,f]=fminbnd(fun,a,b)　　x 返回一元函数 $y = f(x)$ 在 $[a,b]$ 内的局部极小值点，f 返回局部极小值，其中 fun 为函数句柄或 Inline 函数.

[x,f]=fminsearch(fun,x0)　　x 返回多元函数 $y = f(x)$ 在初始值 x_0 附近的局部极小值点，f 返回局部极小值，这里 x、x_0 均为向量.

例如，求例 1 的极小值点，如果精度要求不高，可以用下列简单的方法：

```
>>x=-1.6:0.01:-1；y=x.*sin(x.^2-x-1);
>>[m,k]=min(y)                      %最小值及其编址
m=
    -1.2137
k=
    36
>>x(k)                              %最小值点
ans=
    -1.2500
```

为了求得高精度的解，可用 fminbnd 或 fminsearch 求解：

```
>>fun=inline('x*sin(x^2-x-1)','x');
>>[x,f]=fminbnd(fun,-1.6,-1)
x=
    -1.2455
f=
    -1.2138
>>[x,f]=fminsearch(fun,-1)
x=
    -1.2455
f=
    -1.2138
```

例 2　求二元函数 $f(x,y) = 5 - x^4 - y^4 + 4xy$ 在原点附近的极大值.

解　问题等价于求 $-f(x,y)$ 的极小值.

```
>>fun=inline('x(1)^4+x(2)^4-4*x(1)*x(2)-5');   %注意 x、y 要合写成向量变量 x
>>[x,g]=fminsearch(fun,[0,0])
x=
    1.0000    1.0000                           %极大值点 x = 1, y = 1
g=
    -7.0000                                    %极大值 f = 7
```

习题 4.8

1．作出下列函数图形，观察所有的局部极大、局部极小和全局最大、全局最小值点的粗略位置；并用 Matlab 函数 fminbnd 和 fminsearch 求各极值点的确切位置.

（1）$f(x) = x^2 \sin(x^2 - x - 2)$, $[-2, 2]$

（2）$f(x) = 3x^5 - 20x^3 + 10$, $[-3, 3]$

（3）$f(x) = |x^3 - x^2 - x - 2|$, $[0, 3]$

2．考虑函数

$$f(x, y) = y^3/9 + 3x^2 y + 9x^2 + y^2 + xy + 9.$$

（1）作出 $f(x, y)$ 在 $-2 < x < -1, -7 < x < 1$ 的图，观察极值点的位置；

（2）用 MATLAB 函数 fminsearch 求极值点和极值.

总习题四

一、填空题

1．函数 $f(x) = ax^2 + 1$ 在区间 $(0, +\infty)$ 内单调增加，则 a 应满足_____.

2．函数 $y = 3(x - 1)^2$ 的驻点是_____，单调增加区间是_____，单调减少区间是_____，极值点是_____，它是极_____值点.

3．当 $x = 4$ 时，函数 $y = x^2 + px + q$ 取得极值，则 $p =$_____.

4．若 $f(x)$ 在 $[a, b]$ 上恒有 $f'(x) < 0$，则 $f(x)$ 在 $[a, b]$ 上的最大值为_____.

5．设函数 $f(x)$ 在点 x_0 的邻域可导，而且 $f'(x_0) = 0$，如果 $f'(x)$ 在点 x_0 的左右由正变负，则 $f(x_0)$ 为 $f(x)$ 的_____.

6．若曲线 $f(x)$ 在 (a, b) 内是凹的，而且 $f(x)$ 有二阶导数，则 $f''(x)$_____.

7．若 $f(x)$ 在点 x_0 处二阶可导，$(x_0, f(x_0))$ 是曲线 $f(x)$ 的拐点，必须满足_____.

8．曲线 $y = x^3 + x + 2$ 的拐点是_____.

9．曲线 $y = \dfrac{e^x}{x^3 - 1} + 1$ 的垂直渐近线是_____.

二、选择题

1．下列各函数在给定区间上满足罗尔定理条件的是（　　）.

A．$f(x) = \dfrac{3}{2x^2 + 1}$，$[-1, 1]$　　　　　　B．$f(x) = xe^x$，$[0, 1]$

C．$f(x) = |x|$，$[-1, 1]$　　　　　　　　D．$f(x) = \dfrac{1}{\ln x}$，$[1, e]$

2．极限 $\lim\limits_{x \to +\infty} \dfrac{\ln(1 + x)}{\ln(1 + x^2)} =$（　　）.

A. 0   B. ∞

C. $\dfrac{1}{2}$ D. 2

3. 下列极限中能使用洛必达法则的是（　　）.

A. $\lim\limits_{x\to 0}\dfrac{(x^2-1)\sin x}{\ln(1+x)}$ B. $\lim\limits_{x\to\infty}\dfrac{x-\sin x}{x+\cos x}$

C. $\lim\limits_{x\to 0}\dfrac{x^2\sin\dfrac{1}{x}}{\sin x}$ D. $\lim\limits_{x\to\infty}x(\dfrac{\pi}{2}-\arctan x)$

4. 设 $f(x)$ 在 $[0,+\infty)$ 内可导，$f'(x)>0,f(0)<0$，则 $f(x)$ 在 $(0,+\infty)$ 内（　　）.

A. 只有一点 x_1，使 $f(x_1)=0$ B. 至少一点 x_1，使 $f(x_1)=0$

C. 没有一点 x_1，使 $f(x_1)=0$ D. 不能确定是否有 x_1，使 $f(x_1)=0$

5. $f'(x_0)=0$ 是可导函数 $f(x)$ 在 x_0 点处取得极值的（　　）.

A. 必要条件   B. 充分条件

C. 充要条件   D. 无关条件

6. $f'(x_0)=0$ 是函数 $f(x)$ 在 x_0 点处取得极值的（　　）.

A. 必要条件   B. 充分条件

C. 充要条件   D. 无关条件

7. 若 $f'(x_0)=0$，$f''(x_0)=0$ 则函数 $f(x)$ 在 x_0 点处（　　）.

A. 一定有极大值   B. 一定有极小值

C. 可能有极值   D. 一定无极值.

8. 函数 $f(x)$ 在 x_0 点处二阶可导，且 $f'(x_0)=0$，$f''(x_0)\neq 0$ 是函数 $f(x)$ 在 x_0 点处取得极值的（　　）.

A. 必要条件   B. 充分条件

C. 充要条件   D. 无关条件

9. 设函数 $f(x)$ 在区间 (a,b) 内恒有 $f'(x)>0$，$f''(x)<0$，则曲线 $y=f(x)$ 在 (a,b) 内（　　）.

A. 单调增加且凹的   B. 单调增加且凸的

C. 单调减少且凹的   D. 单调减少且凹的

10. $f''(x_0)=0$ 是 $f(x)$ 的图形在 x_0 点处有拐点的（　　）

A. 必要条件   B. 充分条件

C. 充要条件   D. 无关条件

三、计算与证明题

1. 已知 $A(1,1)$，$B(3,-3)$ 是曲线 $y=2x-x^2$ 上的两点，试求曲线上一点，使曲线在该点处的切线平行于弦 AB.

2. 求下列极限：

（1）$\lim\limits_{x\to 1}(1-x)\tan\dfrac{\pi x}{2}$ （2）$\lim\limits_{x\to 0}[\dfrac{1}{\ln(1+x)}-\dfrac{1}{x}]$

（3）$\lim\limits_{x \to 0} \dfrac{\sqrt{1+x^3}-1}{1-\cos\sqrt{x-\sin x}}$

3．求函数 $y = \dfrac{x^2}{1+x}$ 的单调区间和极值．

4．求 $f(x) = x + \dfrac{x}{x^2-1}$ 的单调区间、极值、凹凸区间、拐点以及渐进线．

5．一房地产公司有 50 套公寓要出租．当月租金定为 1000 元时，公寓会全部租出去．当月租金每增加 50 元时，就会多一套公寓租不出去，而租出去的公寓每月需花费 100 元得维修费．试问房租定为多少时可获得最大收入？

6．证明不等式：当 $x > 0$ 时，$(1+x)\ln(1+x) > \arctan x$．

第 5 章　定积分与不定积分

这一章我们进入积分学的学习. 积分学主要内容包含两个部分：定积分与不定积分. 与微分学的区别是，积分学是研究函数的整体性态，而微分学则是研究函数的局部性态. 本章主要介绍微分和积分的相互依赖性，从定积分概念、存在性条件和基本性质出发，建立牛顿—莱布尼茨定理——即通常所说的微积分基本定理，阐明微分与积分既是一对矛盾的统一体，又是相互互逆的，并将定积分的计算归结为求被积函数的原函数或不定积分.

本章另一任务是：介绍积分（不定积分和定积分）计算方法——换元法和分部积分法. 至于定积分的应用留在第 6 章中介绍.

5.1　定积分的概念与基本性质

5.1.1　定积分问题举例

1. 曲边梯形的面积

在中学数学里，我们学会了计算三角形、正方形、矩形、圆等几何平面图形的面积. 这些平面图形的每边都是直线或圆弧，但实际问题中所遇到的平面图形不会如此简单，那么又该如何计算面积呢？用以前的那些方法已经不够了. 回忆函数微分的概念，于是产生了用微元求和的想法来计算这些面积. 以求曲边梯形面积为例，这个想法的实质是：将图形分成有限块长条，把每块长条都近似地看作矩形，把这些矩形的面积算出来加在一起作为这个图形面积的近似值. 长条分的愈细，这个近似值与真实值之差就愈小. 如果长条分得无穷多，每块长条的面积的值无限小，那么近似值就成为真正要求的值了.

按此想法，我们考察一个实例.

例 1　计算由曲线 $y = x^2$, $x = 0$, $x = 1$ 及 x 轴围成的曲边梯形的面积.

解　先将区间划分成三等分

$$0 = x_0 < x_1 < x_2 < 1, \quad x_1 = \frac{1}{3}, x_2 = \frac{2}{3},$$

不难计算出三个带阴影的小矩形的面积之和为（见图 5-1）

$$A_3 = \left(\frac{1}{3} - 0\right) \cdot \left(\frac{1}{3}\right)^2 + \left(\frac{2}{3} - \frac{1}{3}\right) \cdot \left(\frac{2}{3}\right)^2 + \left(1 - \frac{2}{3}\right) \cdot 1^2 = \frac{14}{27}$$

这个数可以看作所求面积的一个粗略的近似值.

若将区间划分成四等分

$$0 = x_0 < x_1 < x_2 < x_3 < 1, \quad x_1 = \frac{1}{4}, x_2 = \frac{2}{4}, x_3 = \frac{3}{4},$$

则四个带有阴影的小矩形的面积之和为（见图 5-2）

$$A_4 = (\frac{1}{4} - 0) \cdot (\frac{1}{4})^2 + (\frac{2}{4} - \frac{1}{4}) \cdot (\frac{2}{4})^2 + (\frac{3}{4} - \frac{2}{4}) \cdot (\frac{3}{4})^2 + (1 - \frac{3}{4}) \cdot 1^2 = \frac{15}{32}$$

从直观上看来，这是个比 A_3 稍好的近似值.

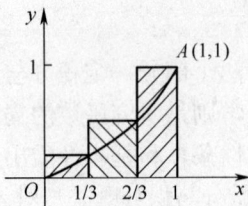
图 5-1

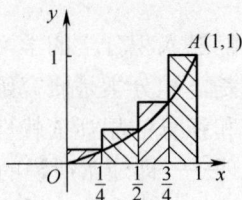
图 5-2

继续这种做法，将区间 $[0,1]$ 分划成 n 等份

$$0 = x_0 < x_1 < x_2 < \cdots < x_{n-1} < x_n = 1$$

记 $\Delta x_i = x_i - x_{i-1} = \dfrac{i}{n}$，$i = 1, 2, \cdots, n$

得到 n 个小矩形（见图 5-3），把它们的面积一一加起来，得到

$$A_n = \Delta x_1 \cdot x_1^2 + \Delta x_2 \cdot x_2^2 + \cdots + \Delta x_n \cdot x_n^2 = \sum_{i=1}^{n} \Delta x_i \cdot x_i^2$$

$$= \frac{1}{n^3}(1^2 + 2^2 + \cdots + n^2) = \frac{1}{n^3} \cdot \frac{(n+1) \cdot n \cdot (2n+1)}{6} = \frac{1}{6}(1 + \frac{1}{n})(2 + \frac{1}{n})$$

如果 n 相当地大，直觉告诉我们，图 5-3 中台阶形的面积 A_n 就更精确地逼近所求图形的面积. 将这个过程无限制进行下去，即 $n \to \infty$，则这个曲边梯形面积为

$$A = \lim_{n \to \infty} A_n = \frac{1}{3}.$$

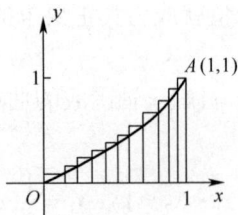
图 5-3

从这里可以看出，若平面图形是由 $y = x^2, x = a, x = b$ 及 x 轴所围成的曲边梯形，a, b 为实数，应用上述方法计算出该曲边梯形面积为：$\dfrac{1}{3}(b^3 - a^3)$.

2. 变速直线运动的路程

例 2　设某物体做直线运动，已知其运动速度为 $v = v(t)$ $(t \geq 0)$，试求该物体在时间间隔区间 $[T_1, T_2]$ 所经过的路程.

我们在中学里已经学过：当速度为常量时，有公式：

$$\text{路程} = \text{速度} \times \text{时间} \tag{5.1}$$

　　但是，在我们所讨论的问题中，速度是随时间变化的变量，不是常数，因而所求的路程不能按匀速直线运动的公式（5.1）来计算．借助处理求曲边梯形的面积的思想，由于运动速度是时间 t 的连续函数，在很短时间段内，速度变化很小，近似于匀速，即速度不变，因此，将时间间隔 $[T_1, T_2]$ 划分成若干个小段，在各个小段时间内，以匀速运动代替变速运动，求得物体在小段时间路程的近似值，再将所有小段时间路程相加，得到整个路程的近似值．最后通过对时间间隔无限划分的过程，即对所有部分路程的近似值之和取极限，便求得变速直线运动路程的精确值．具体计算过程如下：

　　第一步，分割．在时间间隔 $[T_1, T_2]$ 内任意插入 n 个分点

$$T_1 = t_0 < t_1 < t_2 < \cdots < t_{n-1} < t_n = T_2$$

　　得到 n 个小时间段

$$[t_0, t_1], [t_1, t_2], \cdots, [t_{i-1}, t_i], \cdots, [t_{n-1}, t_n]$$

　　各个小时间段的长度为

$$\Delta t_1 = t_1 - t_0, \Delta t_2 = t_2 - t_1, \cdots, \Delta t_i = t_i - t_{i-1}, \cdots, \Delta t_n = t_n - t_{n-1}$$

　　相应地，在各小段时间内物体经过的路程依次为

$$\Delta S_1, \Delta S_2, \cdots, \Delta S_i, \cdots, \Delta S_n$$

　　第二步，求和．在时间间隔 $[t_{i-1}, t_i]$ 上任取一时刻 $\tau_i \in [t_{i-1}, t_i]$，$i = 1, 2, \cdots, n$，以 τ_i 时的速度 $v(\tau_i)$ 代替 $[t_{i-1}, t_i]$ 上各个时刻的速度，得到部分路程 ΔS_i 的近似值，即

$$\Delta S_i \approx v(\tau_i) \Delta t_i, \quad i = 1, 2, \cdots, n$$

　　于是这 n 段部分路程的近似值之和就是所求变速直线运动路程 S 的近似值，即

$$S \approx v(\tau_1)\Delta t_1 + v(\tau_2)\Delta t_2 + \cdots + v(\tau_n)\Delta t_n = \sum_{i=1}^{n} v(\tau_i)\Delta t_i$$

　　第三步，取极限．记 $\lambda = \max\{\Delta t_1, \Delta t_2, \cdots, \Delta t_n\}$，则当极限

$$\lim_{\lambda \to 0} \sum_{i=1}^{n} v(\tau_i)\Delta t_i$$

存在时，该极限值便是变速直线运动的路程 S．

5.1.2　定积分的定义

　　上述几何学和物理学的例子可以抽象成一个数学问题：设定义在闭区间 $[a, b]$ 上的连续函数 $f(x)$，考察按如下方式构造出的一类特殊极限：

　　1. 对区间 $[a, b]$ 任意的划分

$$a = x_0 < x_1 < x_2 < \cdots < x_{n-1} < x_n = b，记 \Delta x_i = x_i - x_{i-1}, \quad i = 1, 2, \cdots, n$$

　　2. 在小区间 $[x_{i-1}, x_i]$（$i = 1, 2, \cdots, n$）上任意取一点 $\xi_i \in [x_{i-1}, x_i]$（$i = 1, 2, \cdots, n$）并作和式

$$S = \sum_{i=1}^{n} f(\xi_i)\Delta x_i \tag{5.2}$$

称（5.2）式为函数 $f(x)$ 在 $[a, b]$ 上的积分和，（5.2）与区间 $[a, b]$ 的划分有关．

　　3. 取极限．令 $\lambda = \max\{\Delta x_1, \Delta x_2, \cdots, \Delta x_n\}$，那么当 $\lambda \to 0$ 时，如果无论对 $[a, b]$ 怎样划分，$\xi_i \in [x_{i-1}, x_i]$ 如何选取，和 S 都趋于同一极限值 I，那么这个值 I 就代表我们所期望的数量．

　　以后我们还会看到，不仅求曲边梯形的面积，变速直线运动路程等问题可以归结为上述

这样一个极限，还有很广泛的一类实际问题的求解最后也归结到计算这样一个极限．为此，有必要将它们的共同特点抽象出来，阐明概念，深入讨论．

定义 1 设 $f(x)$ 是定义在区间 $[a,b]$ 上的连续函数，以 T 表示用点

$$a = x_0 < x_1 < x_2 < \cdots < x_{n-1} < x_n = b$$

来划分区间 $[a,b]$ 的任意分法，对于这个分法 T，作和数

$$S = \sum_{i=1}^{n} f(\xi_i)\Delta x_i \tag{5.3}$$

其中 $\Delta x_i = x_i - x_{i-1}$，而 ξ_i 是小区间 $[x_{i-1}, x_i]$ 上任一点，称（5.3）为函数 $f(x)$ 在区间 $[a,b]$ 上的**积分和**，这个和数（5.3）既与分法 T，又与 ξ_i 的取法有关．如果我们把小区间 $[x_{i-1}, x_i]$（$i = 1, 2, \cdots, n$）中最大的一个长度记作 $\lambda(T)$，即令 $\lambda(T) = \max\{\Delta x_1, \Delta x_2, \cdots, \Delta x_n\}$，那么当 $\lambda(T) \to 0$ 时，如果这些不同的和都趋于同一极限值 I，那么这个值 I 就称为函数 $f(x)$ 在区间 $[a,b]$ 上的**定积分**，记作

$$I = \int_a^b f(x)\mathrm{d}x \tag{5.4}$$

"$\int$" 称为积分号，表示"和"的意思，$f(x)\mathrm{d}x$ 则相应于 $f(\xi_i)\Delta x_i$，称为**被积表达式**，积分号下的函数 $f(x)$ 称为**被积函数**，x 称为**积分变量**，a 与 b 分别称为**积分下限、积分上限**．

如果函数 $f(x)$ 在 $[a,b]$ 上定积分存在，便称函数 $f(x)$ 在 $[a,b]$ 上**可积**．那么在什么情况下，$f(x)$ 在 $[a,b]$ 上可积呢？由于牵涉较多的知识点，这里仅给出一个充分判定法．

定理 1 如果函数 $f(x)$ 在 $[a,b]$ 上连续，则定积分 $\int_a^b f(x)\mathrm{d}x$ 一定存在．

从定积分的定义可以看出：定积分所涉及的是函数 $f(x)$ 在整个积分区间 $[a,b]$ 上的一个整体性质，即定积分的值与函数 $f(x)$ 在 $[a,b]$ 中的每一段都有关，且函数在区间 $[a,b]$ 上的定积分是一个数，该数只与函数 $f(x)$ 本身和区间 $[a,b]$ 有关，而与积分变量的符号无关，即

$$\int_a^b f(x)\mathrm{d}x = \int_a^b f(t)\mathrm{d}t = \int_a^b f(u)\mathrm{d}u = \cdots$$

根据定积分的定义，在区间 $[a,b]$ 上，当 $f(x) \geqslant 0$ 时，定积分 $\int_a^b f(x)\mathrm{d}x$ 在几何上表示由曲线 $y = f(x)$，两条直线 $x = a$、$x = b$ 与 x 轴所围成的曲边梯形的面积；而当 $f(x) \leqslant 0$ 时，由曲线 $y = f(x)$，两条直线 $x = a$、$x = b$ 与 x 轴所围成的曲边梯形位于 x 轴的下方，此时

$$\int_a^b f(x)\mathrm{d}x = \lim_{\lambda \to 0} \sum_{i=1}^{n} f(\xi_i)\Delta x_i = -\lim_{\lambda \to 0} \sum_{i=1}^{n} [-f(\xi_i)]\Delta x_i = -\int_a^b [-f(x)]\mathrm{d}x$$

所以，定积分在几何上表示上述曲边梯形面积的负值；当 $f(x)$ 在区间 $[a,b]$ 上既取得正值又取得负值时，函数 $f(x)$ 的图形某些部分在 x 轴的上方，而其他部分在 x 轴的下方，如果我们对面积赋以正负号，在 x 轴上方的图形面积赋以正号，在 x 轴下方的图形面积赋以负号，则在一般情形下，定积分 $\int_a^b f(x)\mathrm{d}x$ 表示的是介于 x 轴、函数 $f(x)$ 的图形及两条直线 $x = a$、$x = b$ 之间的各部分面积的代数和，如图 5-4 所示．以上的性质称为定积分的几何意义．

有了定积分的定义和几何意义后，我们便知道在 5.1.1 中例题的计算结果：

$$\int_0^1 x^2 \mathrm{d}x = \frac{1}{3}; \quad \int_a^b x^2 \mathrm{d}x = \frac{1}{3}(b^3 - a^3); \quad \int_{T_1}^{T_2} v(t)\mathrm{d}t = S .$$

例3 试用定积分的几何意义计算定积分 $\int_{-1}^{2} x\mathrm{d}x$ 的值.

解 作出函数 $y=x$ 在区间$[-1,2]$上的图形（如图5-5），由定积分的几何意义知，$\int_{-1}^{2} x\mathrm{d}x$
等于由 $y=x$，$x=2$ 和 x 轴所围成的三角形的面积减去由 $y=x$，$x=-1$ 和 x 轴所围成的三角形的面积，即

$$\int_{-1}^{2} x\mathrm{d}x = \frac{1}{2}\cdot 2\cdot 2 - \frac{1}{2}\cdot 1\cdot 1 = \frac{3}{2}.$$

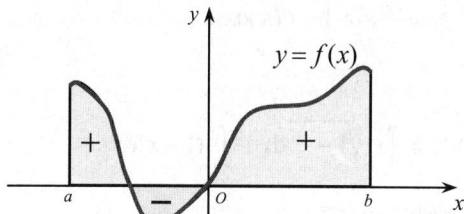

图 5-4

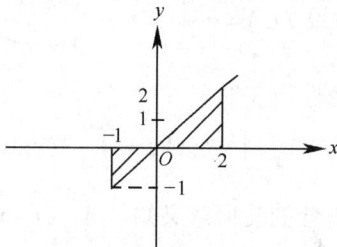

图 5-5

5.1.3 定积分的性质

从例 1 和例 2 中我们看到，当一个函数 $f(x)$ 在区间$[a,b]$上可积时，利用定积分的定义虽然可以计算出定积分 $\int_{a}^{b} f(x)\mathrm{d}x$，但过程相当繁杂. 为了寻找出定积分更为简便的计算方法，我们需要了解定积分的一些重要性质. 在介绍这些性质之前，我们首先对定积分作以下两点补充规定：

1. 当 $a=b$ 时，$\int_{a}^{b} f(x)\mathrm{d}x = 0$；

2. 当 $a>b$ 时，$\int_{a}^{b} f(x)\mathrm{d}x = -\int_{b}^{a} f(x)\mathrm{d}x$.

由上面的两条规定可知，当积分上下限相等时，定积分的值为 0；而交换积分的上下限，定积分改变符号. 在下面给出的性质中，如不特别指明，定积分上下限的大小均不加以限制，并假定各条性质中所列出的定积分都是存在的.

性质 1 函数的和（差）的定积分等于它们的定积分的和（差），即

$$\int_{a}^{b} [f(x) \pm g(x)]\mathrm{d}x = \int_{a}^{b} f(x)\mathrm{d}x \pm \int_{a}^{b} g(x)\mathrm{d}x.$$

性质 2 被积函数中的常数因子可以提到积分号外面，即

$$\int_{a}^{b} kf(x)\mathrm{d}x = k\int_{a}^{b} f(x)\mathrm{d}x.$$

性质 3 如果将积分区间分成两个区间，则在整个区间上的定积分等于这两个区间上的定积分之和，即

$$\int_{a}^{b} f(x)\mathrm{d}x = \int_{a}^{c} f(x)\mathrm{d}x + \int_{c}^{b} f(x)\mathrm{d}x.$$

这个性质表明定积分对于积分区间具有可加性.

值得注意的是，不论 a,b,c 的相对位置如何，总有等式

$$\int_a^b f(x)\mathrm{d}x = \int_a^c f(x)\mathrm{d}x + \int_c^b f(x)\mathrm{d}x$$

成立. 例如，当 $a<b<c$ 时，由于

$$\int_a^c f(x)\mathrm{d}x = \int_a^b f(x)\mathrm{d}x + \int_b^c f(x)\mathrm{d}x$$

于是有

$$\int_a^b f(x)\mathrm{d}x = \int_a^c f(x)\mathrm{d}x - \int_b^c f(x)\mathrm{d}x = \int_a^c f(x)\mathrm{d}x + \int_c^b f(x)\mathrm{d}x .$$

例 4　设 $f(x)=\begin{cases}\sqrt{1-x^2}, & -1\leqslant x<0 \\ 1-x, & 0\leqslant x\leqslant 1\end{cases}$ ，试计算定积分 $\int_{-1}^1 f(x)\mathrm{d}x$.

解　由性质 3 知

$$\int_{-1}^1 f(x)\mathrm{d}x = \int_{-1}^0 f(x)\mathrm{d}x + \int_0^1 f(x)\mathrm{d}x = \int_{-1}^0 \sqrt{1-x^2}\mathrm{d}x + \int_0^1 (1-x)\mathrm{d}x .$$

由定积分的几何意义知，$\int_{-1}^0 \sqrt{1-x^2}\mathrm{d}x$ 是由 x 轴，y 轴以及单位圆周位于第二象限的部分围成的四分之一圆的面积（如图 5-6 所示），即

$$\int_{-1}^0 \sqrt{1-x^2}\mathrm{d}x = \frac{\pi}{4} .$$

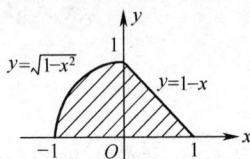

图 5-6

类似地，$\int_0^1 (1-x)\mathrm{d}x$ 是由 x 轴，y 轴以及直线 $y=1-x$ 围成的三角形的面积，即

$$\int_0^1 (1-x)\mathrm{d}x = \frac{1}{2}$$

因此

$$\int_{-1}^1 f(x)\mathrm{d}x = \frac{\pi}{4}+\frac{1}{2} .$$

性质 4　如果在区间 $[a,b]$ 上 $f(x)\equiv 1$ ，则

$$\int_a^b 1\mathrm{d}x = \int_a^b \mathrm{d}x = b-a .$$

性质 5　如果在区间 $[a,b]$ 上 $f(x)\geqslant 0$ ，则

$$\int_a^b f(x)\mathrm{d}x \geqslant 0 \quad (a<b) .$$

推论 1　如果在区间 $[a,b]$ 上 $f(x)\leqslant g(x)$ ，则

$$\int_a^b f(x)\mathrm{d}x \leqslant \int_a^b g(x)\mathrm{d}x \quad (a<b) .$$

这是因为 $f(x)-g(x)\leqslant 0$ ，从而

$$\int_a^b f(x)\mathrm{d}x - \int_a^b g(x)\mathrm{d}x = \int_a^b [f(x)-g(x)]\mathrm{d}x \leqslant 0$$

所以

$$\int_a^b f(x)\mathrm{d}x \leqslant \int_a^b g(x)\mathrm{d}x .$$

推论 2　$\left|\int_a^b f(x)\mathrm{d}x\right| \leqslant \int_a^b |f(x)|\mathrm{d}x \quad (a<b) .$

这是因为 $-|f(x)| \leqslant f(x) \leqslant |f(x)|$，所以

$$-\int_a^b |f(x)|\,dx \leqslant \int_a^b f(x)\,dx \leqslant \int_a^b |f(x)|\,dx$$

即

$$|\int_a^b f(x)\,dx| \leqslant \int_a^b |f(x)|\,dx .$$

例5　比较定积分 $\int_0^1 x^2\,dx$ 与 $\int_0^1 x^3\,dx$ 的大小.

解　因为当 $0 \leqslant x \leqslant 1$ 时，$x^2 \geqslant x^3$，故由性质5（推论1）知

$$\int_0^1 x^2\,dx \geqslant \int_0^1 x^3\,dx .$$

性质6　设 M 及 m 分别是函数 $f(x)$ 在区间$[a,b]$上的最大值及最小值，则

$$m(b-a) \leqslant \int_a^b f(x)\,dx \leqslant M(b-a) \quad (a < b).$$

这是因为 $m \leqslant f(x) \leqslant M$，所以

$$\int_a^b m\,dx \leqslant \int_a^b f(x)\,dx \leqslant \int_a^b M\,dx$$

从而

$$m(b-a) \leqslant \int_a^b f(x)\,dx \leqslant M(b-a) .$$

这个不等式称为定积分估值不等式，它可用于估计定积分的值的范围.

例6　估计定积分 $\int_{\frac{\pi}{4}}^{\frac{\pi}{2}} \sin^2 x\,dx$ 的值.

解　因为在区间 $[\frac{\pi}{4}, \frac{\pi}{2}]$ 上，函数 $f(x) = \sin^2 x$ 的最大值为 $f(\frac{\pi}{2}) = 1$，最小值为 $f(\frac{\pi}{4}) = \frac{1}{2}$，故由估值不等式知

$$\frac{1}{2} \cdot (\frac{\pi}{2} - \frac{\pi}{4}) \leqslant \int_{\frac{\pi}{4}}^{\frac{\pi}{2}} \sin^2 x\,dx \leqslant 1 \cdot (\frac{\pi}{2} - \frac{\pi}{4})$$

即

$$\frac{\pi}{8} \leqslant \int_{\frac{\pi}{4}}^{\frac{\pi}{2}} \sin^2 x\,dx \leqslant \frac{\pi}{4} .$$

性质7（定积分中值定理）　如果函数 $f(x)$ 在闭区间$[a,b]$上连续，则在积分区间$[a,b]$上至少存在一个点ξ，使得

$$\int_a^b f(x)\,dx = f(\xi)(b-a)$$

这个公式称为积分中值公式.

证　由性质6有

$$m(b-a) \leqslant \int_a^b f(x)\,dx \leqslant M(b-a),$$

不等式的各项除以$(b-a)$得

$$m \leqslant \frac{1}{b-a} \int_a^b f(x)\mathrm{d}x \leqslant M$$

根据连续函数的介值定理，在 $[a,b]$ 上至少存在一点 ξ，使得

$$f(\xi) = \frac{1}{b-a} \int_a^b f(x)\mathrm{d}x$$

即

$$\int_a^b f(x)\mathrm{d}x = f(\xi)(b-a) .$$

积分中值定理有着明显的几何意义：对于任意的曲边梯形来说，总存在一个以 $b-a$ 为底，以曲边上一点 ξ 的纵坐标为高的矩形，其面积就等于曲边梯形的面积（见图 5-7）. 称 $f(\xi) = \dfrac{1}{b-a} \int_a^b f(x)\mathrm{d}x$ 为函数 $f(x)$ 在区间 $[a,b]$ 上的平均值.

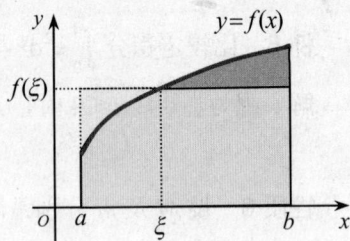

图 5-7

习题 5.1

1．利用定积分的几何意义，说明下列等式：

（1） $\displaystyle\int_0^1 2x\mathrm{d}x = 1$ 　　　　　　（2） $\displaystyle\int_{-1}^1 \sqrt{1-x^2}\,\mathrm{d}x = \frac{\pi}{2}$

（3） $\displaystyle\int_{-\pi}^{\pi} \sin x\mathrm{d}x = 0$ 　　　　　（4） $\displaystyle\int_{-\frac{\pi}{2}}^{\frac{\pi}{2}} \cos x\mathrm{d}x = 2\int_0^{\frac{\pi}{2}} \cos x\mathrm{d}x$

2．设函数 $f(x),g(x)$ 在区间 $[a,b]$ 上连续，且 $f(x) \geqslant g(x)$，试用定积分表示由曲线 $y = f(x)$，$y = g(x)$ 与直线 $x = a, x = b$ 所围成图形的面积.

3．比较下列各题中的两个积分的大小：

（1） $I_1 = \displaystyle\int_0^1 x^2\mathrm{d}x$，$I_2 = \displaystyle\int_0^1 x^4\mathrm{d}x$ 　　（2） $I_1 = \displaystyle\int_1^2 x^2\mathrm{d}x$，$I_2 = \displaystyle\int_1^2 x^4\mathrm{d}x$

（3） $I_1 = \displaystyle\int_1^2 \ln x\mathrm{d}x$，$I_2 = \displaystyle\int_1^2 (\ln x)^3\mathrm{d}x$ 　（4） $I_1 = \displaystyle\int_3^4 \ln x\mathrm{d}x$，$I_2 = \displaystyle\int_3^4 (\ln x)^3\mathrm{d}x$

（5） $I_1 = \displaystyle\int_0^{\frac{\pi}{2}} x\mathrm{d}x$，$I_2 = \displaystyle\int_0^{\frac{\pi}{2}} \sin x\mathrm{d}x$ 　（6） $I_1 = \displaystyle\int_0^1 x\mathrm{d}x$，$I_2 = \displaystyle\int_0^1 \ln(1+x)\mathrm{d}x$

4．估计下列积分的值：

（1） $\displaystyle\int_1^4 (x^2 - 1)\mathrm{d}x$ 　　　　　　（2） $\displaystyle\int_{\frac{\pi}{4}}^{\frac{5\pi}{4}} (1 + \cos^2 x)\mathrm{d}x$

5.2　微积分基本定理

第 3 章我们已学过微分的概念及表示方法，5.1 节又介绍了定积分的概念，并提到定积分与微分既有联系又构成一对矛盾，这是为什么？本节来回答这个问题.

回忆 5.1 节中的例 2，详细讨论了变速直线运动物体的运动距离（或位移）的计算方法. 若

以 $v(t)$ 表示物体运动的速度，则从物体开始到时刻 t 所作的位移就是定积分 $\int_0^t v(\tau)\mathrm{d}\tau$．若物体的运动规律为 $s = s(t)$，为简单计，不妨令 $s(0) = 0$，物体从运动开始到时刻 t 所作的位移为 $s(t)$，则有

$$\int_0^t v(\tau)\mathrm{d}\tau = s(t) - s(0) = s(t)$$

而 $s'(t) = v(t)$，$\mathrm{d}s(t) = v(t)\mathrm{d}t$，这表明：$s(t)$ 的微分是 $v(t)\mathrm{d}t$，而 $v(t)$ 的积分就是 $s(t)$，因此，积分 $\int_0^t v(\tau)\mathrm{d}\tau$ 中的 $v(\tau)\mathrm{d}\tau$ 实际上是 $s(\tau)$ 的微分，即所谓积分 $\int_0^t v(\tau)\mathrm{d}\tau$ 就是由微分 $v(\tau)\mathrm{d}\tau$ 所"累积"而成，$\int_0^t$ 表示从 0 到 t 进行"累积"，也就是作为反映整体性质的定积分是由作为反映局部性质的微分所组成的．在这里，作为整体的整个位移 $\int_0^t v(\tau)\mathrm{d}\tau$ 可以看成是由每一点的速度 $v(\tau)$ 及无穷小间隔 $\mathrm{d}\tau$ 的乘积的"累积"．反过来，在运动过程中质点的速度 $v(t)$ 瞬时间所作的位移 $v(t)\mathrm{d}t$，是运动规律 $s = s(t)$ 所规定的．由此可以看出，微分和定积分是局部和整体这一对矛盾在量的方面的一个反映．下面我们来更一般地叙述这个问题．

设函数 $f(x)$ 在区间 $[a,b]$ 上连续，x 为 $[a,b]$ 上一点，当 x 在 $[a,b]$ 上任意变动时，对于每一个取定的 x 值，定积分 $\int_a^x f(t)\mathrm{d}t$ 都有一个对应值，便定义了一个在 $[a,b]$ 上的函数，称为积分上限函数，记作

$$\Phi(x) = \int_a^x f(t)\mathrm{d}t，\quad t \in [a,b] \tag{5.5}$$

定理 1（微分形式） 由（5.5）定义的积分上限函数 $\Phi(x)$ 在 $[a,b]$ 上可微，且

$$\Phi'(x) = f(x) \quad \text{或} \quad \mathrm{d}\Phi(x) = f(x)\mathrm{d}x，\quad x \in [a,b]$$

上式表明，若 $f(t)$ 在 $[a,x]$ 的积分是 $\Phi(x)$，那么 $\Phi(x)$ 的微分就是 $f(x)\mathrm{d}x$，也就是说，作为反映整体性质的积分 $\Phi(x) = \int_a^x f(t)\mathrm{d}t$ 是由作为反映局部性质的微分 $\mathrm{d}\Phi(x) = f(x)\mathrm{d}x$ 所决定．

证 要证明的是 $\Phi'(x) = f(x)$，即

$$\lim_{\Delta x \to 0} \frac{\Phi(x + \Delta x) - \Phi(x)}{\Delta x} = f(x)$$

由 $\Phi(x)$ 的定义可知

$$\Phi(x + \Delta x) - \Phi(x) = \int_a^{x+\Delta x} f(t)\mathrm{d}t - \int_a^x f(t)\mathrm{d}t = \int_x^{x+\Delta x} f(t)\mathrm{d}t$$

注意到 $f(x)$ 在 $[a,b]$ 上连续，由 5.1 节中积分中值定理有，在 $[x, x + \Delta x]$ 上存在一点 ξ，使得

$$\int_x^{x+\Delta x} f(t)\mathrm{d}t = f(\xi) \cdot (x + \Delta x - x) = f(\xi)\Delta x$$

由于 $\xi \in (x, x + \Delta x)$，故当 $\Delta x \to 0$，便有 $\xi \to x$，又因 $f(x)$ 在点 x 连续，所以

$$\lim_{\xi \to x} f(\xi) = f(x)$$

因此

$$\lim_{\Delta x \to \infty} \frac{\Phi(x + \Delta x) - \Phi(x)}{\Delta x} = \lim_{\xi \to x} f(\xi) = f(x).$$

例 1 计算下列导数：

（1）$\dfrac{\mathrm{d}}{\mathrm{d}x}(\int_0^x \sqrt{1+t^2}\,\mathrm{d}t)$ ；　　　　　　　（2）$\dfrac{\mathrm{d}}{\mathrm{d}x}(\int_0^{x^2} \sqrt{1+t^2}\,\mathrm{d}t)$.

解　（1）由定理 1 知

$$\frac{\mathrm{d}}{\mathrm{d}x}(\int_0^x \sqrt{1+t^2}\,\mathrm{d}t) = (\int_0^x \sqrt{1+t^2}\,\mathrm{d}t)' = \sqrt{1+x^2} .$$

（2）设 $\Phi(u) = \int_0^u \sqrt{1+t^2}\,\mathrm{d}t$, $u = x^2$ ，则由复合函数求导法则知

$$\frac{\mathrm{d}}{\mathrm{d}x}(\int_0^{x^2} \sqrt{1+t^2}\,\mathrm{d}t) = [\Phi(x^2)]' = \Phi'(x^2) \cdot 2x = \Phi'(u) \cdot 2x$$

又由定理 1 知 $\Phi'(u) = \sqrt{1+u^2}$ ，从而 $\Phi'(x^2) = \sqrt{1+x^4}$ ，因此

$$\frac{\mathrm{d}}{\mathrm{d}x}(\int_0^{x^2} \sqrt{1+t^2}\,\mathrm{d}t) = \sqrt{1+x^4} \cdot 2x .$$

一般地，如果 $g(x)$ 可导，则

$$\frac{\mathrm{d}}{\mathrm{d}x}\int_0^{g(x)} f(t)\,\mathrm{d}t = f[g(x)] \cdot g'(x) \tag{5.6}$$

在计算有关导数时，可将（5.6）作为公式使用.

例 2　计算下列极限：

（1）$\lim\limits_{x \to 0} \dfrac{\int_0^x \ln(1+t)\,\mathrm{d}t}{x^2}$ ；　　　　　　　（2）$\lim\limits_{x \to 0} \dfrac{\int_{x^2}^0 \mathrm{e}^t \sin t\,\mathrm{d}t}{x^4}$.

解　（1）当 $x \to 0$ 时，此极限为 " $\dfrac{0}{0}$ " 型未定式，利用洛必达法则知

$$\lim_{x \to 0} \frac{\int_0^x \ln(1+t)\,\mathrm{d}t}{x^2} = \lim_{x \to 0} \frac{\ln(1+x)}{2x} = \frac{1}{2} .$$

（2）当 $x \to 0$ 时，此极限为 " $\dfrac{0}{0}$ " 型未定式，利用洛必达法则知

$$\lim_{x \to 0} \frac{\int_{x^2}^0 \mathrm{e}^t \sin t\,\mathrm{d}t}{x^4} = \lim_{x \to 0} \frac{-\int_0^{x^2} \mathrm{e}^t \sin t\,\mathrm{d}t}{x^4} = \lim_{x \to 0} \frac{-\mathrm{e}^{x^2} \sin x^2 (2x)}{4x^3}$$

$$= \lim_{x \to 0} \frac{-\mathrm{e}^{x^2}}{2} \cdot \frac{\sin x^2}{x^2} = -\frac{1}{2} .$$

从定理 1 还可以得到另一个形式——积分形式.

定理 2（积分形式）　设 $\Phi(x)$ 在 $[a,b]$ 上是可微的，且 $\dfrac{\mathrm{d}\Phi(x)}{\mathrm{d}x} = f(x)$ ，则

$$\int_a^x f(t)\,\mathrm{d}t = \Phi(x) - \Phi(a) \tag{5.7}$$

（5.7）式表明：如果 $\mathrm{d}\Phi(x) = f(x)\mathrm{d}x$ ，则 $f(t)$ 在 $[a,x]$ 的积分是 $\Phi(x)$ 与常数 $\Phi(a)$ 的差，也就是说，作为反映局部性质的微分 $f(x)\mathrm{d}x$ 是由作为反映整体性质的积分 $\Phi(x) - \Phi(a) = \int_a^x f(t)\,\mathrm{d}t$ 所决定.

证　记 $G(x) = \int_a^x f(t)\mathrm{d}t$，由定理 1 可知：$G'(x) = f(x)$，又 $\Phi'(x) = f(x)$，因此

$$G'(x) - \Phi'(x) = 0$$

即

$$\frac{\mathrm{d}}{\mathrm{d}x}(G(x) - \Phi(x)) = 0$$

由第 4 章拉格朗日中值定理的推论可知

$$G(x) = \Phi(x) + C$$

又 $G(a) = 0$，代入上式，得 $C = -\Phi(a)$，于是

$$\int_a^x f(t)\mathrm{d}t = \Phi(x) - \Phi(a).$$

定理 1 和定理 2 常称为微积分的基本定理，即牛顿—莱布尼兹（Newton-Leibniz）公式. 两条定理深刻地揭露了定积分与微分构成一对矛盾，它们既是对立的，又是统一的，不但如此，还可以得到下面的推论：

推论　如果函数 $f(x)$ 在 $[a,b]$ 上连续，又若可以找到 $F(x)$，使 $F(x)$ 在 $[a,b]$ 上满足

$$F'(x) = f(x)$$

则

$$\int_a^b f(x)\mathrm{d}x = F(b) - F(a).$$

我们称函数 $F(x)$ 为 $f(x)$ 的原函数，且 $f(x)$ 的任意两个原函数之间只可能相差一个常数. 原函数的全体称为 $f(x)$ 的不定积分，记作 $\int f(x)\mathrm{d}x$，也就是说，如果 $F(x)$ 是 $f(x)$ 的一个原函数，那么 $\int f(x)\mathrm{d}x = F(x) + C$.

由此，定积分的计算归结为求出被积函数的原函数，即函数 $f(x)$ 在区间 $[a,b]$ 上的定积分等于它的一个原函数 $F(x)$ 在区间 $[a,b]$ 两个端点的函数值之差 $F(b) - F(a)$，通常记为 $[F(x)]_a^b$. 例如在 5.1 节中例 1，因为 $(\frac{1}{3}x^3)' = x^2$，于是 $\int_0^1 x^2\mathrm{d}x = [\frac{1}{3}x^3]_0^1 = \frac{1}{3} - 0 = \frac{1}{3}$. 如此一来，我们把注意力放在原函数的求法或不定积分上.

习题 5.2

1. 求下列积分上限函数的导数：

（1）$F(x) = \int_0^x \sqrt{1+t}\,\mathrm{d}t$　　　　　　（2）$F(x) = \int_x^{-1} te^{-t^2}\mathrm{d}t$

（3）$F(x) = \int_0^{x^3} \sqrt{1+t^2}\,\mathrm{d}t$　　　　　（4）$F(x) = \int_{x^2}^{x^4} \sin(t+1)\mathrm{d}t$

2. 利用牛顿—莱布尼兹公式计算下列定积分：

（1）$\int_0^a 3x^2\mathrm{d}x$　　　　　　　　　（2）$\int_1^2 e^x\mathrm{d}x$

（3）$\int_0^{\frac{\pi}{2}} \cos x\mathrm{d}x$　　　　　　　　　（4）$\int_{\frac{1}{\sqrt{3}}}^0 \frac{\mathrm{d}x}{1+x^2}$

5.3 积分法（I）

上一节里我们比较仔细地探讨了定积分的概念，并指出微分与积分是一对和谐矛盾关系. 从运算角度讲，两者互为逆运算，而微分运算，即函数求导法则已经掌握，本节主要介绍不定积分的计算方法，定积分的计算方法在下一节介绍.

5.3.1 不定积分的计算方法

上节末，我们已经指出，若函数 $F(x)$ 是已知函数 $f(x)$ 在某区间 I 上的一个原函数，则

$$\int f(x)\mathrm{d}x = F(x) + C \qquad (5.8)$$

这里常数 C 常称作积分常数，且 $F'(x) = f(x)$ 或 $\mathrm{d}F(x) = f(x)\mathrm{d}x$，即

$$\mathrm{d}[\int f(x)\mathrm{d}x] = \mathrm{d}[F(x) + C] = f(x)\mathrm{d}x$$

下面，我们看几个简单的计算不定积分的例子.

例1 计算 $\int x^9 \mathrm{d}x$.

解 由于 $(\dfrac{x^{10}}{10})' = x^9$，所以 $\dfrac{x^{10}}{10}$ 是 x^9 的一个原函数，因此

$$\int x^9 \mathrm{d}x = \frac{x^{10}}{10} + C.$$

例2 计算 $\int \dfrac{1}{x}\mathrm{d}x$.

解 当 $x > 0$ 时，由于 $(\ln x)' = \dfrac{1}{x}$，所以 $\ln x$ 是 $\dfrac{1}{x}$ 在 $(0, +\infty)$ 内的一个原函数，因此在 $(0, +\infty)$ 内

$$\int \frac{1}{x}\mathrm{d}x = \ln x + C$$

当 $x < 0$ 时，$-x > 0$，由于 $[\ln(-x)]' = \dfrac{1}{-x}(-1) = \dfrac{1}{x}$，所以 $\ln(-x)$ 是 $\dfrac{1}{x}$ 在 $(-\infty, 0)$ 内的一个原函数，因此在 $(-\infty, 0)$ 内

$$\int \frac{1}{x}\mathrm{d}x = \ln(-x) + C$$

综合当 $x > 0$ 及 $x < 0$ 时的结果，便有

$$\int \frac{1}{x}\mathrm{d}x = \ln|x| + C.$$

例3 求经过点 $(1,3)$，且其切线斜率为 $2x$ 的曲线方程.

解 设所求曲线方程为 $y = f(x)$，按题设有

$$\frac{\mathrm{d}y}{\mathrm{d}x} = 2x$$

于是由不定积分

$$\int 2x\mathrm{d}x = x^2 + C$$

可得到一簇曲线 $y = x^2 + C$，它们对应于同一横坐标的特定点处的切线有着相同的斜率 $2x$，因为所求曲线过点 $(1,3)$，故

$$3 = 1 + C，即 C = 2$$

于是所求曲线方程为

$$y = f(x) = x^2 + 2.$$

函数 $f(x)$ 的原函数的图形称为 $f(x)$ 的**积分曲线**. 本例即是求函数 $2x$ 的经过点 $(1,3)$ 的那条积分曲线. 显然，这条积分曲线可以由另一条积分曲线（如 $f(x) = x^2$）沿 y 轴平移得到，如图 5-8 所示.

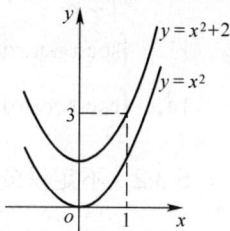

图 5-8

例 4 假设某公司测定出生产 x 件某产品的边际成本为 $C'(x) = x^3$，固定成本（生产 0 件产品的成本）为 45 元，求总成本函数 $C(x)$.

解 为避免与成本函数 C 混淆，我们暂用 K 作为积分常数，由题意有

$$C(x) = \int C'(x)\mathrm{d}x = \int x^3 \mathrm{d}x = \frac{x^4}{4} + K$$

因为固定成本为 45 元，即 $C(0) = 45$，所以有

$$C(0) = \frac{0^4}{4} + K，即 K = 45$$

因此总成本函数为

$$C(x) = \frac{x^4}{4} + 45.$$

不定积分的计算，依赖于函数的微分计算，二者相互依存，由第 3 章 3.6.3 中的微分公式，不难得到如下基本不定积分公式表：

1. $\int 0\mathrm{d}x = C$（C 是常数)）

2. $\int 1\mathrm{d}x = x + C$

3. $\int x^\mu \mathrm{d}x = \dfrac{1}{\mu+1}x^{\mu+1} + C$（$\mu \neq -1$）

4. $\int \dfrac{1}{x}\mathrm{d}x = \ln|x| + C$

5. $\int \mathrm{e}^x \mathrm{d}x = \mathrm{e}^x + C$

6. $\int a^x \mathrm{d}x = \dfrac{a^x}{\ln a} + C$（$a > 0, a \neq 1$）

7. $\int \cos x \mathrm{d}x = \sin x + C$

8. $\int \sin x \mathrm{d}x = -\cos x + C$

9. $\int \dfrac{1}{\cos^2 x}\mathrm{d}x = \int \sec^2 x \mathrm{d}x = \tan x + C$

10. $\int \dfrac{1}{\sin^2 x}\mathrm{d}x = \int \csc^2 x \mathrm{d}x = -\cot x + C$

11. $\displaystyle\int \frac{1}{\sqrt{1-x^2}}\mathrm{d}x = \arcsin x + C$

12. $\displaystyle\int \frac{1}{1+x^2}\mathrm{d}x = \arctan x + C$

13. $\displaystyle\int \sec x \tan x \mathrm{d}x = \sec x + C$

14. $\displaystyle\int \csc x \cot x \mathrm{d}x = -\csc x + C$

5.3.2　不定积分的性质

熟记前面给出的基本积分公式，并结合下面两条性质，我们便可以计算许多简单函数的不定积分.

性质 1　函数的和的不定积分等各个函数的不定积分的和，即

$$\int [f(x)+g(x)]\mathrm{d}x = \int f(x)\mathrm{d}x + \int g(x)\mathrm{d}x.$$

性质 2　求不定积分时，被积函数中不为零的常数因子可以提到积分号外面来，即

$$\int k f(x)\mathrm{d}x = k \int f(x)\mathrm{d}x\quad（k\text{ 是常数，且 }k \neq 0）$$

这两条性质都不难证明，只要对等式的两边分别求导，便可验证，读者不妨自己作出证明. 需要指出的是，性质 1 还可以推广到有限个函数作和的情形. 我们再来看几个利用基本积分公式和这两条性质计算不定积分的例子.

例 5　计算 $\displaystyle\int \sqrt{x}(x^2-5)\mathrm{d}x$.

解　$\displaystyle\int \sqrt{x}(x^2-5)\mathrm{d}x = \int (x^{\frac{5}{2}} - 5x^{\frac{1}{2}})\mathrm{d}x$

$$= \int x^{\frac{5}{2}}\mathrm{d}x - \int 5x^{\frac{1}{2}}\mathrm{d}x = \int x^{\frac{5}{2}}\mathrm{d}x - 5\int x^{\frac{1}{2}}\mathrm{d}x$$

$$= \frac{2}{7}x^{\frac{7}{2}} - 5\cdot\frac{2}{3}x^{\frac{3}{2}} + C.$$

例 6　计算 $\displaystyle\int 2^x \mathrm{e}^x \mathrm{d}x$.

解　$\displaystyle\int 2^x \mathrm{e}^x \mathrm{d}x = \int (2\mathrm{e})^x \mathrm{d}x = \frac{(2\mathrm{e})^x}{\ln(2\mathrm{e})} + C = \frac{2^x \mathrm{e}^x}{1+\ln 2} + C.$

5.3.3　不定积分的换元法

前面我们利用基本积分表与积分性质计算定积分，其步骤是：（1）通过基本积分表和积分性质，求得被积函数的原函数；（2）利用微积分基本公式，计算出原函数在区间端点处函数值的差. 由于第二个步骤相对来说非常简单，因此计算定积分的关键其实在于不定积分的计算，也就是寻找被积函数的原函数. 上面所给出的基本积分公式，虽然能计算许多常见函数的不定积分，但所能计算的不定积分是非常有限的，因此，有必要进一步研究不定积分的求法，由于微分与积分是互为逆运算关系，借助于复合函数的微分法，将其反过来用于求不定积分，利用中间变量的代换，便得到复合函数的积分法，我们称之为**换元积分法**，简称**换元法**. 换元法通常分成两类，下面分别作介绍.

1. 第一类换元法

先看一个例子，对于函数 $y = e^{x^2}$，由求导的链式法则知

$$\frac{\mathrm{d}y}{\mathrm{d}x} = 2xe^{x^2}$$

即

$$\mathrm{d}y = 2xe^{x^2}\mathrm{d}x$$

我们再考虑不定积分

$$\int 2xe^{x^2}\mathrm{d}x$$

显然，仅仅由基本积分公式与性质我们似乎无法计算这个积分，但是如果令 $u = x^2$，则有

$$\frac{\mathrm{d}u}{\mathrm{d}x} = 2x$$

亦即

$$\mathrm{d}u = 2x\mathrm{d}x$$

那么原来似乎无法计算的积分便可作出如下变形

$$\int 2xe^{x^2}\mathrm{d}x = \int e^{x^2} 2x\mathrm{d}x = \int e^u \mathrm{d}u$$

而上式最右端的不定积分是可以计算的，由基本积分公式得到

$$\int e^u \mathrm{d}u = e^u + C$$

从而

$$\int 2xe^{x^2}\mathrm{d}x = \int e^u \mathrm{d}u = e^u + C = e^{x^2} + C .$$

在上面这个例子中，我们实际上是反向使用链式法则，这一过程称为**变量代换**或**换元**. 相应地，这种积分方法便称为**换元积分法**.

定理 1　设 $f(u)$ 具有原函数 $F(u)$，$u = \varphi(x)$ 可导，则有换元公式

$$\int f[\varphi(x)]\varphi'(x)\mathrm{d}x = \int f[\varphi(x)]\mathrm{d}\varphi(x) = \int f(u)\mathrm{d}u = F(u) + C = F[\varphi(x)] + C .$$

如何使用这个公式来求不定积分呢？实际上在求积分 $\int g(x)\mathrm{d}x$ 时，如果函数 $g(x)$ 可以化为 $g(x) = f[\varphi(x)]\varphi'(x)$ 的形式，那么

$$\int g(x)\mathrm{d}x = \int f[\varphi(x)]\varphi'(x)\mathrm{d}x = \left[\int f(u)\mathrm{d}u\right]_{u=\varphi(x)}$$

这样，函数 $g(x)$ 的积分就转化为函数 $f(u)$ 的积分，如果能求出 $f(u)$ 的原函数，那么也就得到了 $g(x)$ 的原函数. 我们再通过一些例子来体会这种方法.

例 7　计算 $\int 2\cos 2x\mathrm{d}x$.

解　被积函数中，$\cos 2x$ 是一个复合函数：$\cos 2x = \cos u, u = 2x$，常数因子恰好是中间变量 u 的导数，因此作变换 $u = 2x$，便有

$$\int 2\cos 2x\mathrm{d}x = \int \cos 2x \cdot (2x)'\mathrm{d}x = \int \cos 2x\mathrm{d}(2x)$$

$$= \int \cos u\mathrm{d}u = \sin u + C = \sin 2x + C .$$

例 8　计算 $\int \frac{2x}{1+x^2}\mathrm{d}x$.

解　如果令 $u=1+x^2$，则 $du=2xdx$．那么积分可化为 $\int\frac{1}{u}du$，于是

$$\int\frac{2x}{1+x^2}dx=\int\frac{1}{1+x^2}d(1+x^2)$$

$$=\int\frac{1}{u}du=\ln|u|+C=\ln(1+x^2)+C.$$

例 9　计算 $\int\frac{1}{3+2x}dx$．

解　如果令 $u=3+2x$，则 $du=2dx$，但被积函数中缺少一个系数 2，我们可以通过乘一个 2 同时除一个 2 来凑出这个因子．

$$\int\frac{1}{3+2x}dx=\frac{1}{2}\int\frac{2}{3+2x}dx=\frac{1}{2}\int\frac{1}{3+2x}d(3+2x)$$

$$=\frac{1}{2}\int\frac{1}{u}dx=\frac{1}{2}\ln|u|+C=\frac{1}{2}\ln|3+2x|+C.$$

一般地，对于积分 $\int f(ax+b)dx$，总可以作变换 $u=ax+b$ 把它化为

$$\int f(ax+b)dx=\int\frac{1}{a}f(ax+b)d(ax+b)=\frac{1}{a}[\int f(u)du]_{u=ax+b}$$

这里的系数 $\frac{1}{a}$ 是为了凑出 $d(ax+b)$ 的形式而引入的．从上面的几个例子我们可以看出，这种方法的要点在于在保证不改变积分值的情况下，通过变量代换将原来不能直接计算的积分 $\int g(x)dx$ 凑成可以计算的积分 $\int f(u)du$，因此这种方法称为**凑元法**或**凑微分法**，一般情况下也称为**第一类换元法**．当对这种方法掌握得较为熟练后，计算时可以不写变量代换的过程，也就是不需要作变量代换而直接进行积分．

例 10　计算 $\int\frac{e^x}{4+e^x}dx$．

解　$\int\frac{e^x}{4+e^x}dx=\int\frac{1}{4+e^x}d(4+e^x)=\ln(4+e^x)+C.$

本例中我们实际使用了变量代换 $u=4+e^x$，并在求出积分 $\int\frac{1}{u}du$ 后，回代为原来的积分变量 x，只是没有把这些步骤写出来而已．

例 11　计算 $\int\frac{1}{a^2+x^2}dx$．

解　$\int\frac{1}{a^2+x^2}dx=\frac{1}{a^2}\int\frac{1}{1+(\frac{x}{a})^2}dx=\frac{1}{a}\int\frac{1}{1+(\frac{x}{a})^2}d\frac{x}{a}=\frac{1}{a}\arctan\frac{x}{a}+C.$

例 12　计算 $\int\frac{1}{a^2-x^2}dx$．

解　$\int\frac{1}{a^2-x^2}dx=\int\frac{1}{(a+x)(a-x)}dx=\frac{1}{2a}\int(\frac{1}{a+x}+\frac{1}{a-x})dx$

$$=\frac{1}{2a}[\ln|a+x|-\ln|a-x|]+C.$$

例 13　计算 $\int \dfrac{1}{\sqrt{a^2 - x^2}} \mathrm{d}x$　（$a > 0$）.

解　$\int \dfrac{1}{\sqrt{a^2 - x^2}} \mathrm{d}x = \dfrac{1}{a} \int \dfrac{1}{\sqrt{1 - (\frac{x}{a})^2}} \mathrm{d}x = \dfrac{1}{a} \cdot a \cdot \int \dfrac{1}{\sqrt{1 - (\frac{x}{a})^2}} \mathrm{d}\dfrac{x}{a} = \arcsin \dfrac{x}{a} + C$.

利用第一类换元积分法，并结合三角公式，我们可以计算一些常见的被积函数为三角函数的积分.（其中所用到的三角函数恒等式见第 2 章）.

例 14　计算 $\int \tan x \mathrm{d}x$.

解　$\int \tan x \mathrm{d}x = \int \dfrac{\sin x}{\cos x} \mathrm{d}x = -\int \dfrac{1}{\cos x} \mathrm{d}\cos x = -\ln|\cos x| + C$.

类似地，　$\int \cot x \mathrm{d}x = \ln|\sin x| + C$.

例 15　计算 $\int \sin^3 x \mathrm{d}x$.

解　$\int \sin^3 x \mathrm{d}x = \int \sin^2 x \cdot \sin x \mathrm{d}x = -\int (1 - \cos^2 x) \mathrm{d}\cos x$

$\qquad = -\int \mathrm{d}\cos x + \int \cos^2 x \mathrm{d}\cos x = -\cos x + \dfrac{1}{3}\cos^3 x + C$.

例 16　计算 $\int \cos^2 x \mathrm{d}x$.

解　$\int \cos^2 x \mathrm{d}x = \int \dfrac{1 + \cos 2x}{2} \mathrm{d}x = \dfrac{1}{2}(\int \mathrm{d}x + \int \cos 2x \mathrm{d}x)$

$\qquad = \dfrac{1}{2}\int \mathrm{d}x + \dfrac{1}{4}\int \cos 2x \mathrm{d}2x = \dfrac{1}{2}x + \dfrac{1}{4}\sin 2x + C$.

例 17　计算 $\int \cos 3x \cos 2x \mathrm{d}x$.

解　$\int \cos 3x \cos 2x \mathrm{d}x = \dfrac{1}{2}\int (\cos x + \cos 5x) \mathrm{d}x = \dfrac{1}{2}\sin x + \dfrac{1}{10}\sin 5x + C$.

例 18　计算 $\int \sec x \mathrm{d}x$.

解　$\int \sec x \mathrm{d}x = \int \dfrac{1}{\cos x} \mathrm{d}x = \int \dfrac{\cos x}{\cos^2 x} \mathrm{d}x = \int \dfrac{1}{1 - \sin^2 x} \mathrm{d}\sin x$

$\qquad = \dfrac{1}{2}\int (\dfrac{1}{1 + \sin x} + \dfrac{1}{1 - \sin x}) \mathrm{d}\sin x = \dfrac{1}{2}[\ln(1 + \sin x) - \ln(1 - \sin x)] + C$

$\qquad = \dfrac{1}{2}\ln \dfrac{1 + \sin x}{1 - \sin x} + C = \dfrac{1}{2}\ln \dfrac{(1 + \sin x)^2}{\cos^2 x} + C = \ln|\sec x + \tan x| + C$.

类似地，　$\int \csc x \mathrm{d}x = \ln|\csc x - \cot x| + C$.

2. 第二类换元法

有时候，换元法公式（定理 1）可以倒过来使用，即直接在积分号下的表达式 $f(x)\mathrm{d}x$ 中作代换：$x = \varphi(t), t \in I$，这里要求 $\varphi(t)$ 是单调、可导的函数，且 $\varphi'(t) \neq 0, t \in I$，于是将不定积分 $\int f(x)\mathrm{d}x$ 转换成

$$\int f(x)\mathrm{d}x = \int f[\varphi(t)]\varphi'(t)\mathrm{d}t = \int g(t)\mathrm{d}t$$

而 $g(t)$ 的原函数容易求得，设为 $G(t)$，那么有

$$\int f(x)\mathrm{d}x = G(t) + C = G[\varphi^{-1}(x)] + C$$

其中 $t = \varphi^{-1}(x)$ 是 $x = \varphi(t)$ 在区间 I 上的反函数，这种计算不定积分的方法称为第二类换元法.

例 19 计算 $\displaystyle\int \frac{\sqrt{x}}{1+\sqrt{x}}\mathrm{d}x$.

解 为了消去根号，可令 $t = \sqrt{x}$ ，则 $x = t^2$，$\mathrm{d}x = \mathrm{d}t^2 = (t^2)'\mathrm{d}t = 2t\mathrm{d}t$ ，于是

$$\int \frac{\sqrt{x}}{1+\sqrt{x}}\mathrm{d}x = \int \frac{t}{1+t}2t\mathrm{d}t = 2\int \frac{t^2}{1+t}\mathrm{d}t$$

$$= 2\int \frac{t^2-1+1}{1+t}\mathrm{d}t = 2\int (t-1+\frac{1}{1+t})\mathrm{d}t$$

$$= t^2 - 2t + 2\ln|1+t| + C$$

$$= x - 2\sqrt{x} + 2\ln(1+\sqrt{x}) + C.$$

例 20 计算 $\displaystyle\int \frac{\mathrm{d}x}{x\sqrt{2x+1}}$.

解 为了消去根号，可令 $t = \sqrt{2x+1}$ ，则 $x = \frac{1}{2}(t^2-1)$，$\mathrm{d}x = t\mathrm{d}t$ ，于是

$$\int \frac{\mathrm{d}x}{x\sqrt{2x+1}} = \int \frac{2}{t^2-1}\mathrm{d}t = \ln\left|\frac{t-1}{t+1}\right| + C = \ln\left|\frac{\sqrt{2x+1}-1}{\sqrt{2x+1}+1}\right| + C.$$

例 21 计算 $\displaystyle\int \frac{1}{\sqrt{x}+\sqrt[3]{x}}\mathrm{d}x$.

解 为了消去根号，可令 $t = \sqrt[6]{x}$ ，则 $x = t^6$，则 $\mathrm{d}x = 6t^5\mathrm{d}t$ ，于是

$$\int \frac{1}{\sqrt{x}+\sqrt[3]{x}}\mathrm{d}x = \int \frac{6t^5}{t^3+t^2}\mathrm{d}t = 6\int \frac{t^3}{t+1}\mathrm{d}t = 6\int \frac{(t^3+1)-1}{t+1}\mathrm{d}t$$

$$= 6\int (t^2-t+1-\frac{1}{t+1})\mathrm{d}t$$

$$= 6(\frac{t^3}{3} - \frac{t^2}{2} + t - \ln|t+1|) + C$$

$$= 2t^3 - 3t^2 + 6t - 6\ln|t+1| + C$$

$$= 2\sqrt{x} - 3\sqrt[3]{x} + 6\sqrt[6]{x} - 6\ln(\sqrt[6]{x}+1) + C.$$

一般地，当被积函数中所含的根式为一次式的根式 $\sqrt[n]{ax+b}$ 时，令 $t = \sqrt[n]{ax+b}$ 可以消去根号从而求出积分. 而当被积函数含有两个开方次数不同的根式 $\sqrt[a]{x}$ 和 $\sqrt[b]{x}$ 时，可以令 t 等于 $\sqrt[c]{x}$，其中 c 为 a 和 b 的最小公倍数，便可以消去根号. 但当根号下的因式为 x 的二次因式时，这种方法就行不通了. 比如 $\int \sqrt{a^2-x^2}\mathrm{d}x$，如果像上面的例子一样令 $t = \sqrt{a^2-x^2}$，则有 $x = \sqrt{a^2-t^2}$，于是 $\mathrm{d}x = \frac{-t}{\sqrt{a^2-t^2}}\mathrm{d}t$，原来的积分化为 $\int \frac{-t^2}{\sqrt{a^2-t^2}}\mathrm{d}t$，根号依然消不掉，积分仍旧难以求出. 针对于被积函数的这种特点，我们可以使用三角函数代换法来消去根号.

根据勾股定理，我们以 $\sqrt{a^2-x^2}$ 和 x 为直角边，a 为斜边构造一个直角三角形（见图 5-9），设直角边 $\sqrt{a^2-x^2}$ 与斜边 a 的夹角为 t，$t \in (-\dfrac{\pi}{2}, \dfrac{\pi}{2})$，于是 $x = a\sin t$，$\sqrt{a^2-x^2} = a\cos t$，$\mathrm{d}x = a\cos t\,\mathrm{d}t$，从而可以消去被积函数中的根式，我们来看看具体的积分过程：

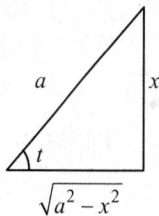

图 5-9

例 22　计算 $\displaystyle\int \sqrt{a^2-x^2}\,\mathrm{d}x\ (a>0)$.

解　设 $x = a\sin t$，$-\dfrac{\pi}{2} < t < \dfrac{\pi}{2}$，那么 $\sqrt{a^2-x^2} = \sqrt{a^2 - a^2\sin^2 t} = a\cos t$，$\mathrm{d}x = a\cos t\,\mathrm{d}t$，于是

$$\int \sqrt{a^2-x^2}\,\mathrm{d}x = \int a\cos t \cdot a\cos t\,\mathrm{d}t = a^2 \int \cos^2 t\,\mathrm{d}t = a^2 \int \frac{1+\cos 2t}{2}\,\mathrm{d}t$$

$$= a^2 (\frac{1}{2}t + \frac{1}{4}\sin 2t) + C$$

因为 $\sin t = \dfrac{x}{a}$，所以 $t = \arcsin\dfrac{x}{a}$，$\sin 2t = 2\sin t\cos t = 2\dfrac{x}{a}\cdot\dfrac{\sqrt{a^2-x^2}}{a}$，从而

$$\int \sqrt{a^2-x^2}\,\mathrm{d}x = a^2(\frac{1}{2}t + \frac{1}{4}\sin 2t) + C$$

$$= \frac{a^2}{2}\arcsin\frac{x}{a} + \frac{1}{2}x\sqrt{a^2-x^2} + C.$$

当被积函数含有形如 $\sqrt{a^2+x^2}$，$\sqrt{x^2-a^2}$ 的二次根式时，我们也可以按相似的方法选用适当的三角代换去消掉根号.

例 23　计算 $\displaystyle\int \frac{\mathrm{d}x}{\sqrt{x^2+a^2}}\ (a>0)$.

解　设 $x = a\tan t$，$-\dfrac{\pi}{2} < t < \dfrac{\pi}{2}$，那么 $\sqrt{x^2+a^2} = \sqrt{a^2 + a^2\tan^2 t} = a\sec t$，$\mathrm{d}x = a\sec^2 t\,\mathrm{d}t$，于是

$$\int \frac{\mathrm{d}x}{\sqrt{x^2+a^2}} = \int \frac{a\sec^2 t}{a\sec t}\,\mathrm{d}t = \int \sec t\,\mathrm{d}t = \ln|\sec t + \tan t| + C$$

因为 $\tan t = \dfrac{x}{a}$，见图 5-10，所以 $\sec t = \dfrac{\sqrt{x^2+a^2}}{a}$，从而

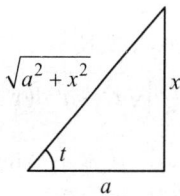

图 5-10

$$\int \frac{\mathrm{d}x}{\sqrt{x^2+a^2}} = \ln|\sec t + \tan t| + C = \ln(\frac{x}{a} + \frac{\sqrt{x^2+a^2}}{a}) + C$$

$$= \ln(x + \sqrt{x^2+a^2}) + C_1.$$

其中 $C_1 = C - \ln a$.

例 24　计算 $\displaystyle\int \frac{\mathrm{d}x}{\sqrt{x^2-a^2}}\ (a>0)$.

解　当 $x > a$ 时，设 $x = a\sec t$，$0 < t < \dfrac{\pi}{2}$，$\mathrm{d}x = a\sec t\tan t\,\mathrm{d}t$，$\sqrt{x^2-a^2} = \sqrt{a^2\sec^2 t - a^2}$ $= a\sqrt{\sec^2 t - 1} = a\tan t$，那么

$$\int \frac{\mathrm{d}x}{\sqrt{x^2-a^2}} = \int \frac{a\sec t\tan t}{a\tan t}\mathrm{d}t = \int \sec t\mathrm{d}t = \ln|\sec t + \tan t| + C$$

因为 $\sec t = \dfrac{x}{a}$，见图 5-11，所以 $\tan t = \dfrac{\sqrt{x^2-a^2}}{a}$，从而

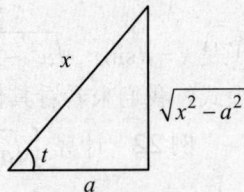

$$\int \frac{\mathrm{d}x}{\sqrt{x^2-a^2}} = \ln|\sec t + \tan t| + C = \ln|\frac{x}{a} + \frac{\sqrt{x^2-a^2}}{a}| + C$$

$$= \ln(x + \sqrt{x^2-a^2}) + C_1$$

图 5-11

其中 $C_1 = C - \ln a$.

当 $x < -a$ 时，令 $x = -u$，则 $u > a$，于是

$$\int \frac{\mathrm{d}x}{\sqrt{x^2-a^2}} = -\int \frac{\mathrm{d}u}{\sqrt{u^2-a^2}} = -\ln(u + \sqrt{u^2-a^2}) + C$$

$$= -\ln(-x + \sqrt{x^2-a^2}) + C = \ln(-x - \sqrt{x^2-a^2}) + C_1$$

其中 $C_1 = C - 2\ln a$.

综合 $x > a$ 和 $x < -a$，有

$$\int \frac{\mathrm{d}x}{\sqrt{x^2-a^2}} = \ln|x + \sqrt{x^2-a^2}| + C.$$

一般情况下，当被积函数含有二次根式 $\sqrt{a^2-x^2}$、$\sqrt{a^2+x^2}$ 和 $\sqrt{x^2-a^2}$ 时，我们可按如下方法作三角代换以便消去根号：

（1）被积函数含 $\sqrt{a^2-x^2}$，设 $x = a\sin t$；

（2）被积函数含 $\sqrt{a^2+x^2}$，设 $x = a\tan t$；

（3）被积函数含 $\sqrt{x^2-a^2}$，设 $x = a\sec t$.

但在解题时还需要具体情况具体分析，绝不能生搬硬套. 例如，计算积分 $\int x\sqrt{x^2-a^2}\mathrm{d}x$ 就不需要使用三角换元，因为直接使用第一类换元法将 x 凑入微分号，便可将积分化为 $\dfrac{1}{2}\int \sqrt{x^2-a^2}\mathrm{d}(x^2-a^2)$，从而直接积分.

在本小节的例题中，有几个积分是以后经常会遇到的，所以也把它们当作公式使用. 下面列举出来：

15. $\displaystyle\int \tan x\mathrm{d}x = -\ln|\cos x| + C$

16. $\displaystyle\int \cot x\mathrm{d}x = \ln|\sin x| + C$

17. $\displaystyle\int \sec x\mathrm{d}x = \ln|\sec x + \tan x| + C$

18. $\displaystyle\int \csc x\mathrm{d}x = \ln|\csc x - \cot x| + C$

19. $\displaystyle\int \frac{1}{a^2+x^2}\mathrm{d}x = \frac{1}{a}\arctan\frac{x}{a} + C$

20. $\displaystyle\int\frac{1}{a^2-x^2}dx=\frac{1}{2a}\ln\left|\frac{x+a}{x-a}\right|+C$

21. $\displaystyle\int\frac{1}{\sqrt{a^2-x^2}}dx=\arcsin\frac{x}{a}+C$

22. $\displaystyle\int\frac{1}{\sqrt{x^2+a^2}}dx=\ln\left|x+\sqrt{x^2+a^2}\right|+C$

23. $\displaystyle\int\frac{1}{\sqrt{x^2-a^2}}dx=\ln\left|x+\sqrt{x^2-a^2}\right|+C$.

5.3.4 分部积分法

不定积分的换元法是利用微分法中的复合函数求导法则导出的．现在我们利用微分法中关于两个函数乘积的求导法则来推导另一个求不定积分的基本方法——分部积分法．

设函数 $u=u(x)$ 及 $v=v(x)$ 具有连续导数，那么两个函数乘积的导数公式为

$$(uv)'=u'v+uv'$$

移项得

$$uv'=(uv)'-u'v$$

对这个等式两边求不定积分，得

$$\int uv'dx=uv-\int u'vdx$$

这个公式称为**分部积分公式**，为简便起见，也可写作如下形式

$$\int udv=uv-\int vdu .$$

下面通过几个例子来说明如何运用这个公式：

例 25 计算 $\int x\cos xdx$.

解 这个积分的被积函数是幂函数 x 和三角函数 $\cos x$ 的乘积，适合使用分部积分公式，如何选取 u 和 dv 呢？如果设 $u=x$，$dv=\cos xdx$，则应有 $du=dx$，$v=\sin x$，利用公式有

$$\int x\cos xdx=x\sin x-\int\sin xdx$$

而 $\int vdu=\int\sin xdx$ 容易积出，所以

$$\int x\cos xdx=x\sin x+\cos x+C$$

但是，如果设 $u=\cos x$，$dv=xdx$，那么 $du=-\sin xdx$，$v=\dfrac{x^2}{2}$，于是

$$\int x\cos xdx=\frac{x^2}{2}\cos x+\int\frac{x^2}{2}\sin xdx$$

上式右端的积分 $\int\dfrac{x^2}{2}\sin xdx$ 比原来的积分更不易求出．由此可见，如果 u 或 dv 选取不当，就求不出结果，所以应用分部积分法时，恰当选取 u 或 dv 是一个关键．选取 u 或 dv 一般要考虑下面两点：

（1） v 要容易求得；

（2）$\int v\mathrm{d}u$ 要比 $\int u\mathrm{d}v$ 容易积分.

在计算过程中，如果我们遇到的被积函数是两个基本初等函数的乘积，可按"对反幂三指"由"强"到"弱"的顺序，将较弱的函数先用凑微分法凑入微分号形成 $\mathrm{d}v$ 的形式，便可利用分部积分公式进行计算.

例 26　计算 $\int x\mathrm{e}^x\mathrm{d}x$.

解　这个积分的被积函数是幂函数和指数函数的乘积，由于幂函数"强"于指数函数，因此先用凑微分法将指数函数 e^x 凑入微分符号形成 $\mathrm{d}v$ 的形式，即

$$\int x\mathrm{e}^x\mathrm{d}x = \int x\mathrm{d}\mathrm{e}^x$$

再由分部积分公式便可积出结果

$$\int x\mathrm{e}^x\mathrm{d}x = \int x\mathrm{d}\mathrm{e}^x = x\mathrm{e}^x - \int \mathrm{e}^x\mathrm{d}x = x\mathrm{e}^x - \mathrm{e}^x + C .$$

例 27　计算 $\int x\ln x\mathrm{d}x$.

解　这个积分的被积函数是幂函数和对数函数的乘积，由于对数函数"强"于幂函数，所以应先将幂函数 x 凑入微分符号，再利用分部积分公式得

$$\int x\ln x\mathrm{d}x = \frac{1}{2}\int \ln x\mathrm{d}x^2 = \frac{1}{2}x^2\ln x - \frac{1}{2}\int x^2\cdot\frac{1}{x}\mathrm{d}x$$

$$= \frac{1}{2}x^2\ln x - \frac{1}{2}\int x\mathrm{d}x = \frac{1}{2}x^2\ln x - \frac{1}{4}x^2 + C .$$

例 28　计算 $\int x^2\mathrm{e}^x\mathrm{d}x$.

解　先将较"弱"的指数函数 e^x 凑入微分符号，应用分部积分公式有

$$\int x^2\mathrm{e}^x\mathrm{d}x = \int x^2\mathrm{d}\mathrm{e}^x = x^2\mathrm{e}^x - \int \mathrm{e}^x\mathrm{d}x^2 = x^2\mathrm{e}^x - 2\int x\mathrm{e}^x\mathrm{d}x$$

由于上式右端积出的结果中依然含被积函数为指数函数和幂函数乘积的不定积分，因此再用一次分部积分法，有

$$\int x^2\mathrm{e}^x\mathrm{d}x = \int x^2\mathrm{d}\mathrm{e}^x = x^2\mathrm{e}^x - \int \mathrm{e}^x\mathrm{d}x^2$$

$$= x^2\mathrm{e}^x - 2\int x\mathrm{e}^x\mathrm{d}x = x^2\mathrm{e}^x - 2\int x\mathrm{d}\mathrm{e}^x$$

$$= x^2\mathrm{e}^x - 2x\mathrm{e}^x + 2\mathrm{e}^x + C$$

$$= \mathrm{e}^x(x^2 - 2x + 2) + C .$$

例 29　计算 $\int \ln x\mathrm{d}x$.

解　虽然这个积分的被积函数仅为指数函数 $\ln x$ ，但我们所知道的积分公式里却没有它. 但是如果我们将 $\ln x$ 看作 u ，而将 $\mathrm{d}x$ 看作 $\mathrm{d}v$ 的话，便可直接使用分部积分公式

$$\int \ln x\mathrm{d}x = \ln x\cdot x - \int x\mathrm{d}\ln x = \ln x\cdot x - \int x\cdot\frac{1}{x}\mathrm{d}x = x\ln x - x + C .$$

诸如 $\int \arcsin x\mathrm{d}x$, $\int \arccos x\mathrm{d}x$ 等反三角函数的不定积分，也可按此方法求出，请读者自行尝试.

习题 5.3

1．计算下列不定积分：

（1）$\displaystyle\int\frac{\mathrm{d}x}{x^3}$ 　　　　　　　　　（2）$\displaystyle\int\frac{\mathrm{d}x}{x^2\sqrt{x}}$

（3）$\displaystyle\int\sqrt{x\sqrt{x\sqrt{x}}}\,\mathrm{d}x$ 　　　　　（4）$\displaystyle\int\sqrt[m]{x^n}\,\mathrm{d}x$

（5）$\displaystyle\int(x^2-1)^2\,\mathrm{d}x$ 　　　　　（6）$\displaystyle\int(\sqrt{x}+1)(\sqrt{x^3}+1)\,\mathrm{d}x$

（7）$\displaystyle\int\frac{(t+1)^3}{t^2}\,\mathrm{d}t$ 　　　　　　（8）$\displaystyle\int\frac{x^2}{x^2+1}\,\mathrm{d}x$

（9）$\displaystyle\int\left(2\mathrm{e}^x-\frac{3}{x}\right)\mathrm{d}x$ 　　　　　（10）$\displaystyle\int\frac{2\cdot3^x+5\cdot2^x}{3^x}\,\mathrm{d}x$

（11）$\displaystyle\int\sec x(\sec x+\tan x)\,\mathrm{d}x$ 　　　（12）$\displaystyle\int\frac{\cos 2x}{\sin x+\cos x}\,\mathrm{d}x$

（13）$\displaystyle\int\frac{1}{\sin x\cdot\cos x}\,\mathrm{d}x$ 　　　　（14）$\displaystyle\int\sin^2\frac{u}{2}\,\mathrm{d}u$

2．设函数 $f(x)$ 满足条件 $f'(x)=3^x+1$ 且 $f(0)=2$，求函数 $f(x)$ 的表达式．

3．一曲线通过点 $(\mathrm{e}^2,3)$，且在任一点处的切线的斜率等于该点横坐标的倒数，求曲线的方程．

4．已知某产品产量的变化率是时间 t 的函数 $f(t)=at+b$（a,b 为常数），设此产品的产量为函数 $P(t)$，且 $P(0)=0$，求 $P(t)$．

5．用第一类换元法计算下列不定积分：

（1）$\displaystyle\int(5x+4)^4\,\mathrm{d}x$ 　　　　　（2）$\displaystyle\int\frac{1}{3-4x}\,\mathrm{d}x$

（3）$\displaystyle\int\frac{1}{(3+4x)^2}\,\mathrm{d}x$ 　　　　（4）$\displaystyle\int\sqrt{1-2x}\,\mathrm{d}x$

（5）$\displaystyle\int\mathrm{e}^{5x}\,\mathrm{d}x$ 　　　　　　（6）$\displaystyle\int\frac{\cos\sqrt{t}}{\sqrt{t}}\,\mathrm{d}t$

（7）$\displaystyle\int\frac{\mathrm{e}^{\frac{1}{x}}}{x^2}\,\mathrm{d}x$ 　　　　　　（8）$\displaystyle\int x\sin x^2\,\mathrm{d}x$

（9）$\displaystyle\int\frac{x}{\sqrt{2-3x^2}}\,\mathrm{d}x$ 　　　　（10）$\displaystyle\int\frac{\ln^2 x}{x}\,\mathrm{d}x$

（11）$\displaystyle\int\frac{\sqrt{1+\ln x}}{x}\,\mathrm{d}x$ 　　　　（12）$\displaystyle\int\frac{\mathrm{d}x}{x\sqrt{1-\ln^2 x}}$

（13）$\displaystyle\int\frac{\sin x}{\cos^3 x}\,\mathrm{d}x$ 　　　　　（14）$\displaystyle\int\cos^3 x\,\mathrm{d}x$

（15）$\displaystyle\int\sin^4 x\,\mathrm{d}x$ 　　　　　（16）$\displaystyle\int\sin 2x\cos 3x\,\mathrm{d}x$

（17）$\displaystyle\int \frac{\sin x + \cos x}{\sqrt[3]{\sin x - \cos x}}\mathrm{d}x$

（18）$\displaystyle\int \frac{1 - \sin x}{x + \cos x}\mathrm{d}x$

（19）$\displaystyle\int \frac{\arctan x}{1 + x^2}\mathrm{d}x$

（20）$\displaystyle\int \frac{\mathrm{d}x}{\arcsin^2 x \sqrt{1 - x^2}}$

（21）$\displaystyle\int \frac{10^{\arcsin x}}{\sqrt{1 - x^2}}\mathrm{d}x$

（22）$\displaystyle\int \frac{x}{1 + x^4}\mathrm{d}x$

（23）$\displaystyle\int \frac{\sin x \cos x}{1 + \sin^4 x}\mathrm{d}x$

（24）$\displaystyle\int \frac{1}{9 + 4x^2}\mathrm{d}x$

（25）$\displaystyle\int \frac{1}{9x^2 - 4}\mathrm{d}x$

（26）$\displaystyle\int \frac{1}{x^2 + x - 2}\mathrm{d}x$

（27）$\displaystyle\int \frac{1}{x^2 + x + 1}\mathrm{d}x$

（28）$\displaystyle\int \frac{x + 1}{x^2 + x + 1}\mathrm{d}x$

6．用第二类换元法计算下列不定积分：

（1）$\displaystyle\int \frac{\mathrm{d}x}{1 + \sqrt{2x}}$

（2）$\displaystyle\int \frac{\mathrm{d}x}{1 + \sqrt[3]{x + 1}}$

（3）$\displaystyle\int \frac{x^2 \mathrm{d}x}{\sqrt{4 - x^2}}$

（4）$\displaystyle\int \frac{\mathrm{d}x}{x\sqrt{x^2 - 1}}$

（5）$\displaystyle\int \frac{\mathrm{d}x}{\sqrt{(x^2 + 1)^3}}$

（6）$\displaystyle\int \frac{\sqrt{x^2 - 4}}{x}\mathrm{d}x$

7．用分部积分法求下列不定积分：

（1）$\displaystyle\int x \sin x \mathrm{d}x$

（2）$\displaystyle\int x \sin 2x \mathrm{d}x$

（3）$\displaystyle\int x \cos \frac{x}{2}\mathrm{d}x$

（4）$\displaystyle\int x \mathrm{e}^{-x}\mathrm{d}x$

（5）$\displaystyle\int x^2 \mathrm{e}^{-x}\mathrm{d}x$

（6）$\displaystyle\int x^3 \ln x \mathrm{d}x$

（7）$\displaystyle\int \ln(x + 1)\mathrm{d}x$

（8）$\displaystyle\int x \ln(x^2 + 1)\mathrm{d}x$

（9）$\displaystyle\int x \tan^2 x \mathrm{d}x$

（10）$\displaystyle\int \arccos x \mathrm{d}x$

（11）$\displaystyle\int x \arcsin x \mathrm{d}x$

（12）$\displaystyle\int (\arcsin x)^2 \mathrm{d}x$

（13）$\displaystyle\int \mathrm{e}^{\sqrt{x}}\mathrm{d}x$

（14）$\displaystyle\int \sin(lnx)\mathrm{d}x$

8．已知 $f(x)$ 的一个原函数为 $x\mathrm{e}^{-x}$，求

（1）$\displaystyle\int f(x)\mathrm{d}x$

（2）$\displaystyle\int x \cdot f'(x)\mathrm{d}x$

（3）$\displaystyle\int xf(x)\mathrm{d}x$

5.4 积分法（II）

掌握了不定积分的计算方法，计算定积分就方便多了，由微积分基本定理可知，先求得

不定积分，再把它"定"一下，即把定积分的上、下限分别代入不定积分中，然后相减就可以了.

例 1 计算 $\int_0^a (3x^2 - x)\mathrm{d}x$.

解 因为 $\int (3x^2 - x)\mathrm{d}x = x^3 - \dfrac{x^2}{2} + C$ ，所以

$$\int_0^a (3x^2 - x)\mathrm{d}x = [x^3 - \frac{x^2}{2}]_0^a = a^3 - \frac{a^2}{2} .$$

例 2 计算 $\int_1^0 \sqrt{x}(1 + \sqrt{x})\mathrm{d}x$.

解 $\int_1^0 \sqrt{x}(1 + \sqrt{x})\mathrm{d}x = \int_1^0 (x^{\frac{1}{2}} + x)\mathrm{d}x = [\frac{2}{3}x^{\frac{3}{2}} + \frac{x^2}{2}]_1^0 = 0 - \frac{7}{6} = -\frac{7}{6} .$

与不定积分中的运算法则相对应，定积分也有相应的运算法则. 例如，不定积分中的两个基本运算性质

$$\int [f(x) \pm g(x)]\mathrm{d}x = \int f(x)\mathrm{d}x \pm \int g(x)\mathrm{d}x$$

$$\int kf(x)\mathrm{d}x = k\int f(x)\mathrm{d}x \quad (k \text{ 为常数}, \ k \neq 0)$$

那么，在定积分中，相对应的性质是

$$\int_a^b [f(x) \pm g(x)]\mathrm{d}x = \int_a^b f(x)\mathrm{d}x \pm \int_a^b g(x)\mathrm{d}x$$

$$\int_a^b kf(x)\mathrm{d}x = k\int_a^b f(x)\mathrm{d}x \quad (k \text{ 为常数})$$

这里着重介绍定积分的换元法和分部积分法，与不定积分的换元法和分部积分法并无本质上的差异，只不过是将不定积分改成定积分罢了.

5.4.1 定积分的换元法

定理 1 设 $f(x)$ 在区间 $[a,b]$ 上连续，而 $\varphi(t)$ 是定义在 $[\alpha,\beta]$ 上的可微函数，并且满足下列条件：

（1） $\varphi'(t)$ 在 $[\alpha,\beta]$ 上连续；

（2） $\varphi(t)$ 的值都在 $[a,b]$ 上；

（3） $\varphi(\alpha) = a$, $\varphi(\beta) = b$ ，

则

$$\int_a^b f(x)\mathrm{d}x = \int_\alpha^\beta f[\varphi(t)]\varphi'(t)\mathrm{d}t \tag{5.9}$$

该公式称为定积分换元公式.

证 若 $F(x)$ 是 $f(x)$ 在 $[a,b]$ 上的一个原函数，由微积分基本定理（积分形式）可得

$$\int_a^b f(x)\mathrm{d}x = [F(x)]_a^b = F(b) - F(a)$$

又由复合函数求导法则，得

$$\frac{\mathrm{d}}{\mathrm{d}t}F[\varphi(t)] = \frac{\mathrm{d}F(x)}{\mathrm{d}x} \cdot \frac{\mathrm{d}x}{\mathrm{d}t} = f(x)\varphi'(t) = f[\varphi(t)]\varphi'(t)$$

注意到 $F[\varphi(t)]$ 是 $f[\varphi(t)]\varphi'(t)$ 在 $[\alpha,\beta]$ 上的一个原函数，所以

$$\int_\alpha^\beta f[\varphi(t)]\varphi'(t)\mathrm{d}t = \{F[\varphi(t)]\}_\alpha^\beta$$

$$= F[\varphi(\beta)] - F[\varphi(\alpha)] = F(b) - F(a).$$

这就证明（5.9）式成立.

例3 计算 $\int_0^4 \dfrac{x+2}{\sqrt{2x+1}}\mathrm{d}x$.

解 令 $t = \sqrt{2x+1}$，则 $x = \dfrac{1}{2}(t^2-1), \mathrm{d}x = t\mathrm{d}t$；当 $x=0$ 时 $t=1$，当 $x=4$ 时 $t=3$；于是

$$\int_0^4 \frac{x+2}{\sqrt{2x+1}}\mathrm{d}x = \int_1^3 \frac{\frac{t^2-1}{2}+2}{t}\cdot t\mathrm{d}t = \frac{1}{2}\int_1^3 (t^2+3)\mathrm{d}t$$

$$= \frac{1}{2}[\frac{1}{3}t^3 + 3t]_1^3 = \frac{1}{2}[(\frac{27}{3}+9) - (\frac{1}{3}+3)] = \frac{22}{3}.$$

例4 计算 $\int_1^4 \dfrac{\mathrm{d}x}{1+\sqrt{x}}$.

解 令 $t = \sqrt{x}$，则 $x = t^2, \mathrm{d}x = 2t\mathrm{d}t$；当 $x=1$ 时 $t=1$，当 $x=4$ 时 $t=2$；于是

$$\int_1^4 \frac{\mathrm{d}x}{1+\sqrt{x}} = 2\int_1^2 \frac{t\mathrm{d}t}{1+t} = 2[t - \ln(1+t)]_1^2 = 2 - 2\ln\frac{3}{2} = 2 + 2\ln\frac{2}{3}.$$

例5 计算 $\int_0^a \sqrt{a^2-x^2}\,\mathrm{d}x$ $(a>0)$.

解 令 $x = a\sin t, 0 < t < \dfrac{\pi}{2}$，则 $\mathrm{d}x = a\cos t\mathrm{d}t$；当 $x=0$ 时 $t=0$，当 $x=a$ 时 $t=\dfrac{\pi}{2}$；于是

$$\int_0^a \sqrt{a^2-x^2}\,\mathrm{d}x = \int_0^{\frac{\pi}{2}} a\cos t \cdot a\cos t\mathrm{d}t = a^2 \int_0^{\frac{\pi}{2}} \cos^2 t\mathrm{d}t = \frac{a^2}{2}\int_0^{\frac{\pi}{2}}(1+\cos 2t)\mathrm{d}t$$

$$= \frac{a^2}{2}[t + \frac{1}{2}\sin 2t]_0^{\frac{\pi}{2}} = \frac{1}{4}\pi a^2.$$

我们再看一个用换元法证明定积分恒等式的例子，这个例子的结论实际上也是定积分在特定条件下的特殊性质.

例6 证明：（1）若 $f(x)$ 在 $[-a,a]$ 上连续且为奇函数，则

$$\int_{-a}^a f(x)\mathrm{d}x = 0;$$

（2）若 $f(x)$ 在 $[-a,a]$ 上连续且为偶函数，则

$$\int_{-a}^a f(x)\mathrm{d}x = 2\int_0^a f(x)\mathrm{d}x.$$

证 因为

$$\int_{-a}^a f(x)\mathrm{d}x = \int_{-a}^0 f(x)\mathrm{d}x + \int_0^a f(x)\mathrm{d}x$$

对积分 $\int_{-a}^a f(x)\mathrm{d}x$ 作变换 $x = -t$，则有

$$\int_{-a}^0 f(x)\mathrm{d}x \xlongequal{x=-t} -\int_a^0 f(-t)\mathrm{d}t = \int_0^a f(-t)\mathrm{d}t = \int_0^a f(-x)\mathrm{d}x$$

于是

$$\int_{-a}^{a} f(x)\mathrm{d}x = \int_0^a f(-x)\mathrm{d}x + \int_0^a f(x)\mathrm{d}x$$

$$= \int_0^a [f(-x) + f(x)]\mathrm{d}x .$$

（1）若 $f(x)$ 为奇函数，则 $f(-x) + f(x) = 0$，从而

$$\int_{-a}^{a} f(x)\mathrm{d}x = 0 .$$

（2）若 $f(x)$ 为偶函数，则 $f(-x) + f(x) = 2f(x)$，从而

$$\int_{-a}^{a} f(x)\mathrm{d}x = 2\int_0^a f(x)\mathrm{d}x .$$

有时候，换元法可灵活应用，请看下面的例题.

例 7　计算 $\int_0^{\frac{\pi}{2}} \cos^5 x \sin x \mathrm{d}x$.

解　先将 $\sin x$ 凑入微分号，得到 $-\int_0^{\frac{\pi}{2}} \cos^5 x \mathrm{d}\cos x$ ，于是

$$\int_0^{\frac{\pi}{2}} \cos^5 x \sin x \mathrm{d}x = -\int_0^{\frac{\pi}{2}} \cos^5 x \mathrm{d}\cos x$$

$$= -[\frac{1}{6}\cos^6 x]_0^{\frac{\pi}{2}} = -\frac{1}{6}\cos^6\frac{\pi}{2} + \frac{1}{6}\cos^6 0 = \frac{1}{6} .$$

例 8　计算 $\int_{-2}^{1} \frac{\mathrm{d}x}{(9+4x)^3}$.

解　$\int_{-2}^{1} \frac{\mathrm{d}x}{(9+4x)^3} = \frac{1}{4}\int_{-2}^{1} \frac{\mathrm{d}(9+4x)}{(9+4x)^3} = [-\frac{1}{8(9+4x)^2}]_{-2}^{1} = \frac{21}{169}$.

例 9　计算 $\int_0^{\sqrt{2}} x\sqrt{2-x^2}\mathrm{d}x$.

解　$\int_0^{\sqrt{2}} x\sqrt{2-x^2}\mathrm{d}x = -\frac{1}{2}\int_0^{\sqrt{2}} \sqrt{2-x^2}\mathrm{d}(2-x^2) = [-\frac{1}{3}(2-x^2)^{\frac{3}{2}}]_0^{\sqrt{2}} = \frac{2}{3}\sqrt{2}$.

例 10　计算 $\int_1^2 \frac{\mathrm{d}x}{x\sqrt{1+\ln x}}$.

解　$\int_1^2 \frac{\mathrm{d}x}{x\sqrt{1+\ln x}} = \int_1^2 \frac{\mathrm{d}(1+\ln x)}{\sqrt{1+\ln x}} = [2\sqrt{1+\ln x}]_1^2 = 2(\sqrt{1+\ln 2} - 1)$.

例 11　计算 $\int_{-2}^{-1} \frac{\mathrm{d}x}{x^2+4x+5}$.

解　$\int_{-2}^{-1} \frac{\mathrm{d}x}{x^2+4x+5} = \int_{-2}^{-1} \frac{\mathrm{d}(x+2)}{(x+2)^2+1} = [\arctan(x+2)]_{-2}^{-1} = \frac{\pi}{4}$.

例 12　计算 $\int_{-\frac{\pi}{2}}^{\frac{\pi}{2}} \cos x \cos 2x \mathrm{d}x$.

解　$\int_{-\frac{\pi}{2}}^{\frac{\pi}{2}} \cos x \cos 2x \mathrm{d}x = \int_{-\frac{\pi}{2}}^{\frac{\pi}{2}} (1-2\sin^2 x)\mathrm{d}\sin x = [\sin x - \frac{2}{3}\sin^3 x]_{-\frac{\pi}{2}}^{\frac{\pi}{2}} = \frac{2}{3}$.

例 13 设函数 $f(x) = \begin{cases} xe^{-x^2}, & x \geqslant 0 \\ \dfrac{1}{1+\cos x}, & -1 < x < 0 \end{cases}$ ，计算 $\displaystyle\int_1^4 f(x-2)\mathrm{d}x$.

解 令 $x-2 = t$ ，则 $\mathrm{d}x = \mathrm{d}t$ ；当 $x=1$ 时 $t=-1$ ；当 $x=4$ 时 $t=2$ ，于是

$$\int_1^4 f(x-2)\mathrm{d}x = \int_{-1}^2 f(t)\mathrm{d}t = \int_{-1}^0 \frac{1}{1+\cos t}\mathrm{d}t + \int_0^2 te^{-t^2}\mathrm{d}t$$

$$= [\tan\frac{t}{2}]_{-1}^0 - [\frac{1}{2}e^{-t^2}]_0^2 = \tan\frac{1}{2} - \frac{1}{2}e^{-4} + \frac{1}{2} .$$

5.4.2 定积分的分部积分法

类似于不定积分的分部积分法，有定积分的分部积分法公式：如果设函数 $u(x)$, $v(x)$ 在区间 $[a, b]$ 上具有一阶连续导数，那么有

$$\int_a^b u(x)v'(x)\mathrm{d}x = [u(x)v(x)]_a^b - \int_a^b u'(x)v(x)\mathrm{d}x \tag{5.10}$$

或

$$\int_a^b u(x)\mathrm{d}v(x) = [u(x)v(x)]_a^b - \int_a^b v(x)\mathrm{d}u(x) \tag{5.11}$$

该公式证明并不难，只要把不定积分的分部积分公式中的不定积分改成定积分就行了．事实上，由于

$$[\int u(x)v'(x)\mathrm{d}x]' = u(x)v'(x)$$

所以

$$\int_a^b u(x)v'(x)\mathrm{d}x = [\int u(x)v'(x)\mathrm{d}x]_a^b = [u(x)v(x) - \int u'(x)v(x)\mathrm{d}x]_a^b$$

$$= [u(x)v(x)]_a^b - \int_a^b u'(x)v(x)\mathrm{d}x .$$

这就是我们要证明的公式.

在用分部积分法计算定积分时，要注意"边积边代限"的原则，即原函数已经积出的部分要先用上、下限代入．下面是几个用分部积分法计算定积分的例子.

例 14 计算 $\displaystyle\int_0^1 xe^x\mathrm{d}x$.

解 因为幂函数 x "强"于指数函数 e^x ，所以先将 e^x 凑入微分号，再利用分部积分公式，在积分过程中，注意上、下限的代入

$$\int_0^1 xe^x\mathrm{d}x = \int_0^1 x\mathrm{d}e^x = [xe^x]_0^1 - \int_0^1 e^x\mathrm{d}x = e - [e^x]_0^1 = e - (e-1) = 1 .$$

例 15 计算 $\displaystyle\int_1^e x\ln x\mathrm{d}x$.

解 $\displaystyle\int_1^e x\ln x\mathrm{d}x = \frac{1}{2}\int_1^e \ln x\mathrm{d}x^2 = \frac{1}{2}[x^2\ln x]_1^e - \frac{1}{2}\int_1^e x\mathrm{d}x = \frac{1}{2}e^2 - [\frac{x^2}{4}]_1^e$

$$= \frac{1}{2}e^2 - \frac{e^2}{4} + \frac{1}{4} = \frac{1}{4}(e^2+1) .$$

例 16 计算 $\displaystyle\int_0^{2\pi} x^2\cos x\mathrm{d}x$.

解 $\int_0^{2\pi} x^2 \cos x dx = \int_0^{2\pi} x^2 d\sin x = [x^2 \sin x]_0^{2\pi} - \int_0^{2\pi} \sin x dx^2$

$$= 0 - 2\int_0^{2\pi} x\sin x dx = 2\int_0^{2\pi} xd\cos x = 2[x\cos x]_0^{2\pi} - 2\int_0^{2\pi} \cos x dx$$

$$= 4\pi - 2[\sin x]_0^{2\pi} = 4\pi - 0 = 4\pi .$$

例 17 计算 $\int_0^{\frac{1}{2}} \arcsin x dx$.

解 $\int_0^{\frac{1}{2}} \arcsin x dx = [x\arcsin x]_0^{\frac{1}{2}} - \int_0^{\frac{1}{2}} xd\arcsin x$

$$= \frac{1}{2} \cdot \frac{\pi}{6} - \int_0^{\frac{1}{2}} \frac{x}{\sqrt{1-x^2}} dx = \frac{\pi}{12} + \frac{1}{2} \int_0^{\frac{1}{2}} \frac{1}{\sqrt{1-x^2}} d(1-x^2)$$

$$= \frac{\pi}{12} + [\sqrt{1-x^2}]_0^{\frac{1}{2}} = \frac{\pi}{12} + \frac{\sqrt{3}}{2} - 1 .$$

在有些情况下，我们可能需要多次运用分部积分法，并且会出现循环的形式，比如下面的这个例子.

例 18 计算 $\int_0^{\frac{\pi}{2}} e^{2x} \cos x dx$.

解 $\int_0^{\frac{\pi}{2}} e^{2x} \cos x dx = \int_0^{\frac{\pi}{2}} e^{2x} d\sin x = [e^{2x} \sin x]_0^{\frac{\pi}{2}} - 2\int_0^1 e^{2x} \sin x dx$

$$= e^{\pi} + 2\int_0^{\frac{\pi}{2}} e^{2x} d\cos x = e^{\pi} + 2[e^{2x} \cos x]_0^{\frac{\pi}{2}} - 4\int_0^1 e^{2x} \cos x dx$$

所以 $\int_0^{\frac{\pi}{2}} e^{2x} \cos x dx = \frac{1}{5}(e^{\pi} - 2)$.

最后，我们来看一个同时使用了换元积分法和分部积分法的例子.

例 19 计算 $\int_0^1 e^{\sqrt{x}} dx$.

解 令 $\sqrt{x} = t$ ，则 $x = t^2, dx = 2tdt$ ；当 $x = 0$ 时 $t = 0$ ；$x = 1$ 时 $t = 1$ ，于是

$$\int_0^1 e^{\sqrt{x}} dx = 2\int_0^1 e^t t dt = 2\int_0^1 t de^t = 2[te^t]_0^1 - 2\int_0^1 e^t dt = 2e - 2[e^t]_0^1 = 2 .$$

习题 5.4

1. 计算下列定积分：

（1） $\int_0^1 (3x^2 + x)dx$

（2） $\int_1^2 (x^2 + \frac{1}{x^4})dx$

（3） $\int_1^0 \sqrt{x}(1+x)dx$

（4） $\int_0^{\frac{\pi}{4}} \tan^2 \theta d\theta$

（5） $\int_0^{2\pi} |\sin x| dx$

（6） $\int_0^3 |2 - x| dx$

2. 计算下列定积分：

（1）$\displaystyle\int_{-1}^{1}\dfrac{x\mathrm{d}x}{\sqrt{5-4x}}$　　　　　　　　（2）$\displaystyle\int_{0}^{\sqrt{2}}\sqrt{2-x^{2}}\,\mathrm{d}x$

（3）$\displaystyle\int_{\frac{3}{4}}^{1}\dfrac{\mathrm{d}x}{\sqrt{1-x}-1}$　　　　　　（4）$\displaystyle\int_{0}^{1}\dfrac{\sqrt{x}}{1+\sqrt[3]{x}}\mathrm{d}x$

（5）$\displaystyle\int_{\frac{\pi}{3}}^{\pi}\sin(x+\dfrac{\pi}{3})\mathrm{d}x$　　　　　（6）$\displaystyle\int_{-2}^{1}\dfrac{\mathrm{d}x}{(11+5x)^{3}}$

（7）$\displaystyle\int_{0}^{\frac{\pi}{2}}\sin\varphi\cos^{3}\varphi\,\mathrm{d}\varphi$　　　　　（8）$\displaystyle\int_{\pi/6}^{\pi/2}\cos^{2}u\,\mathrm{d}u$

（9）$\displaystyle\int_{0}^{1}te^{-t^{2}}\,\mathrm{d}t$　　　　　　　（10）$\displaystyle\int_{1}^{e^{2}}\dfrac{\mathrm{d}x}{x\sqrt{1+\ln x}}$

（11）$\displaystyle\int_{-\pi/2}^{\pi/2}\sqrt{\cos x-\cos^{3}x}\,\mathrm{d}x$　　（12）$\displaystyle\int_{0}^{\sqrt{2}}x\sqrt{2-x^{2}}\,\mathrm{d}x$

3．设 $f(x)$ 在 $[a,b]$ 上连续，证明

$$\int_{a}^{b}f(x)\mathrm{d}x=\int_{a}^{b}f(a+b-x)\mathrm{d}x.$$

4．求 $\displaystyle\int_{0}^{2}f(x-1)\mathrm{d}x$，其中

$$f(x)=\begin{cases}\dfrac{1}{1+x},&x\geqslant 0\\[3mm]\dfrac{1}{1+e^{x}},&x<0\end{cases}.$$

5．利用分部积分法计算下列定积分：

（1）$\displaystyle\int_{0}^{2\pi}x\sin x\mathrm{d}x$　　　　　　（2）$\displaystyle\int_{1}^{4}\dfrac{\ln x}{\sqrt{x}}\mathrm{d}x$

（3）$\displaystyle\int_{1}^{2}\ln(x+1)\mathrm{d}x$　　　　　（4）$\displaystyle\int_{0}^{1}x\arctan x\mathrm{d}x$

（5）$\displaystyle\int_{\pi/3}^{\pi/4}\dfrac{x}{\sin^{2}x}\mathrm{d}x$　　　　　（6）$\displaystyle\int_{0}^{\frac{\pi}{2}}e^{2x}\sin x\mathrm{d}x$

5.5　反常积分

在引进定积分概念和讨论定积分的存在性时，假定了积分区间是有限闭区间以及函数是连续的，由于闭区间上的连续函数是有界的，所以也就假定了被积函数是有界的．然而这些条件妨碍了定积分的应用，有必要将这些限制去掉，即把原来的定积分概念加以推广，下面讨论推广了的积分在什么条件下有意义．这里必须指出的是：推广了的积分已经不属于定积分范畴，称之为**反常积分**．

5.5.1　无穷限的反常积分

和定积分一样，我们也可以从曲边梯形的面积问题来引出积分区间是无穷限的反常积分的概念．

考察由曲线 $y = \dfrac{1}{x^2}(x \geqslant 1)$ 和直线 $x = 1, y = 0$ 所围成的开口曲边梯形的面积（如图 5-12）.

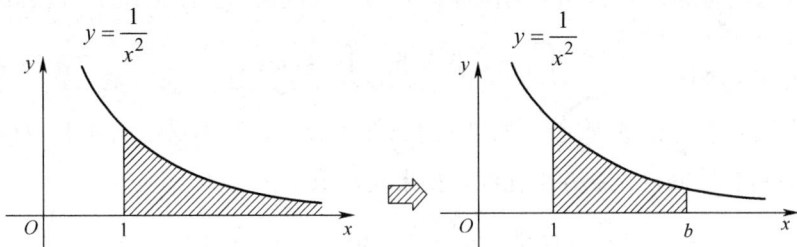

图 5-12

从图 5-12 左边的图形可以看出，这块面积应该等于无穷积分 $\displaystyle\int_1^{+\infty} \dfrac{1}{x^2}\mathrm{d}x$，但这样的积分的意义是什么？按照 5.1 节中定积分的定义是无意义的，因而我们要想对这样的积分赋予意义，先计算图 5-12 右边图形阴影部分的面积，即由 $y = \dfrac{1}{x^2}, x = 1, x = b\,(b > 1)$ 和 $y = 0$ 所围成的曲边梯形的面积 A

$$A = \int_1^b \frac{1}{x^2}\mathrm{d}x = [-\frac{1}{x}]_1^b = 1 - \frac{1}{b}$$

当 b 增大时，面积 A 也增大，当 $b \to +\infty$ 时，这块面积就是整个开口曲边梯形的面积，因此，可以定义

$$\int_1^{+\infty} \frac{1}{x^2}\mathrm{d}x = \lim_{b\to+\infty} \int_1^b \frac{1}{x^2}\mathrm{d}x = \lim_{b\to+\infty}(1 - \frac{1}{b}) = 1 \ .$$

一般地，我们可按下述方式定义这种形式的定积分.

定义 1 设函数 $f(x)$ 在区间 $[a, +\infty)$ 上连续，取 $b > a$. 如果极限

$$\lim_{b\to+\infty} \int_a^b f(x)\mathrm{d}x$$

存在，则称此极限为函数 $f(x)$ 在无穷区间 $[a, +\infty)$ 上的**反常积分**，记作 $\displaystyle\int_a^{+\infty} f(x)\mathrm{d}x$，即

$$\int_a^{+\infty} f(x)\mathrm{d}x = \lim_{b\to+\infty} \int_a^b f(x)\mathrm{d}x \ .$$

这时也称反常积分 $\displaystyle\int_a^{+\infty} f(x)\mathrm{d}x$ 收敛；如果上述极限不存在，函数 $f(x)$ 在无穷区间 $[a, +\infty)$ 上的反常积分 $\displaystyle\int_a^{+\infty} f(x)\mathrm{d}x$ 就没有意义，此时称反常积分 $\displaystyle\int_a^{+\infty} f(x)\mathrm{d}x$ 发散.

根据定义，我们在前面所讨论的 $[1, +\infty)$ 上曲线 $y = \dfrac{1}{x^2}$ 下方区域的面积是一个在 $[1, +\infty)$ 上收敛的反常积分 $\displaystyle\int_1^{+\infty} \dfrac{1}{x^2}\mathrm{d}x$，也就是说，虽然当 $b \to +\infty$ 时这个区域会向右边无限延伸，但其面积却为有限值 1.

类似地，我们还可以定义区间 $(-\infty, b]$ 和区间 $(-\infty, +\infty)$ 上的反常积分.

设函数 $f(x)$ 在区间 $(-\infty, b]$ 上连续，如果极限

$$\lim_{a \to -\infty} \int_a^b f(x)\mathrm{d}x \quad (a<b)$$

存在，则称此极限为函数 $f(x)$ 在无穷区间 $(-\infty,b]$ 上的反常积分，记作 $\int_{-\infty}^b f(x)\mathrm{d}x$，即

$$\int_{-\infty}^b f(x)\mathrm{d}x = \lim_{a \to -\infty} \int_a^b f(x)\mathrm{d}x.$$

这时也称反常积分 $\int_{-\infty}^b f(x)\mathrm{d}x$ 收敛. 如果上述极限不存在，则称反常积分 $\int_{-\infty}^b f(x)\mathrm{d}x$ 发散.

设函数 $f(x)$ 在区间 $(-\infty,+\infty)$ 上连续，如果反常积分

$$\int_{-\infty}^c f(x)\mathrm{d}x \text{ 和 } \int_c^{+\infty} f(x)\mathrm{d}x, \quad c \in (-\infty,+\infty)$$

都收敛，则称上述两个反常积分的和为函数 $f(x)$ 在无穷区间 $(-\infty,+\infty)$ 上的反常积分，记作 $\int_{-\infty}^{+\infty} f(x)\mathrm{d}x$，即

$$\int_{-\infty}^{+\infty} f(x)\mathrm{d}x = \int_{-\infty}^c f(x)\mathrm{d}x + \int_c^{+\infty} f(x)\mathrm{d}x = \lim_{a \to -\infty} \int_a^c f(x)\mathrm{d}x + \lim_{b \to +\infty} \int_c^b f(x)\mathrm{d}x$$

其中 $c \in (-\infty,+\infty)$，这时也称反常积分 $\int_{-\infty}^{+\infty} f(x)\mathrm{d}x$ 收敛.

需要指出的是，在 $(-\infty,+\infty)$ 上的反常积分 $\int_{-\infty}^{+\infty} f(x)\mathrm{d}x$ 如果收敛，其定义中等式右端的两个积分必须都收敛. 也就是说，只要等式右端的两个积分有一个发散，那么这个反常积分就发散.

例 1 证明反常积分 $\int_0^{+\infty} \dfrac{1}{1+x^2}\mathrm{d}x$ 收敛.

证 因为

$$\lim_{b \to +\infty} \int_0^b \frac{1}{1+x^2}\mathrm{d}x = \lim_{b \to +\infty} [\arctan x]_0^b = \lim_{b \to +\infty} \arctan b = \frac{\pi}{2}$$

所以反常积分收敛.

例 2 证明反常积分 $\int_a^{+\infty} \dfrac{1}{x}\mathrm{d}x \quad (a>0)$ 发散.

证 因为

$$\lim_{b \to +\infty} \int_a^b \frac{1}{x}\mathrm{d}x = \lim_{b \to +\infty} [\ln|x|]_a^b = \lim_{b \to +\infty} (\ln b - \ln a) = +\infty$$

所以反常积分发散.

对于反常积分而言，微积分基本定理依然成立.

若 $f(x)$ 是连续函数，$F(x)$ 为 $f(x)$ 的一个原函数，记

$$\lim_{x \to +\infty} F(x) = F(+\infty), \quad \lim_{x \to -\infty} F(x) = F(-\infty)$$

则有

$$\int_a^{+\infty} f(x)\mathrm{d}x = \lim_{b \to +\infty} \int_a^b f(x)\mathrm{d}x = \lim_{b \to +\infty} [F(x)]_a^b = \lim_{b \to +\infty} F(b) - F(a)$$
$$= \lim_{x \to +\infty} F(x) - F(a) = F(+\infty) - F(a).$$

可采用如下的简记形式

$$\int_a^{+\infty} f(x)\mathrm{d}x = [F(x)]_a^{+\infty} = F(+\infty) - F(a) = \lim_{x \to +\infty} F(x) - F(a).$$

类似地，有

$$\int_{-\infty}^{b} f(x)dx = [F(x)]_{-\infty}^{b} = F(b) - F(-\infty) = F(b) - \lim_{x \to -\infty} F(x)$$

及

$$\int_{-\infty}^{+\infty} f(x)dx = [F(x)]_{-\infty}^{+\infty} = F(+\infty) - F(-\infty) = \lim_{x \to +\infty} F(x) - \lim_{x \to -\infty} F(x) .$$

例 3　计算反常积分　$\displaystyle\int_{-\infty}^{+\infty} \frac{1}{1+x^2}dx$.

解　$\displaystyle\int_{-\infty}^{+\infty} \frac{1}{1+x^2}dx = [\arctan x]_{-\infty}^{+\infty} = \frac{\pi}{2} - \left(-\frac{\pi}{2}\right) = \pi$.

例 4　计算反常积分　$\displaystyle\int_{0}^{+\infty} e^{-x}\cos xdx$.

解　用两次分部积分

$$\int_{0}^{+\infty} e^{-x}\cos xdx = [e^{-x}\sin x]_{0}^{+\infty} + \int_{0}^{+\infty} e^{-x}\sin xdx = \int_{0}^{+\infty} e^{-x}\sin xdx$$

$$= [-e^{-x}\cos x]_{0}^{+\infty} - \int_{0}^{+\infty} e^{-x}\cos xdx = 1 - \int_{0}^{+\infty} e^{-x}\cos xdx$$

所以

$$\int_{0}^{+\infty} e^{-x}\cos xdx = \frac{1}{2} .$$

5.5.2　无界函数的反常积分

定积分概念中对被积函数必须是有界函数的限制也可以用同样的方法去掉.

例如，考察积分 $\displaystyle\int_{0}^{1} \frac{1}{\sqrt{x}}dx$ ，当 $x \to 0^+$ 时，$\dfrac{1}{\sqrt{x}} \to +\infty$，所以按定积分的定义，积分是无意义的. 但是，如果回到 5.5.1 中，将定积分的意义理解为曲边梯形的面积的话，那么在图 5-13 中有阴影部分的那块面积是有可能存在的.

为此，先看图 5-14 中有阴影的那块面积，可以计算出这块面积为

$$\int_{\varepsilon}^{1} \frac{1}{\sqrt{x}}dx = [2\sqrt{x}]_{\varepsilon}^{1} = 2(1-\sqrt{\varepsilon})$$

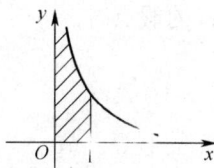

图 5-13

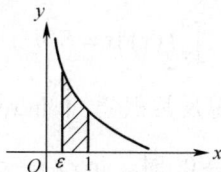

图 5-14

当 ε 愈接近于 0 时，阴影部分面积愈大，当 $\varepsilon \to 0$ 时，图 5-14 中阴影部分面积便成为图 5-13 中阴影部分的面积，即

$$\lim_{\varepsilon \to 0^+} \int_{\varepsilon}^{1} \frac{1}{\sqrt{x}}dx = \lim_{\varepsilon \to 0^+} 2(1-\sqrt{\varepsilon}) = 2$$

于是，我们可以定义

$$\int_0^1 \frac{1}{\sqrt{x}}\mathrm{d}x = \lim_{\varepsilon \to 0^+} \int_\varepsilon^1 \frac{1}{\sqrt{x}}\mathrm{d}x = 2 .$$

一般来说，我们可按下述方式定义此类型的定积分.

定义 2 设函数 $f(x)$ 在区间 $(a,b]$ 上连续，当 $x \to a^+$ 时， $f(x) \to \infty$ ，称点 a 为 $f(x)$ 的**瑕点**，如果极限

$$\lim_{\varepsilon \to 0^+} \int_{a+\varepsilon}^b f(x)\mathrm{d}x$$

存在，则称反常积分 $\int_a^b f(x)\mathrm{d}x$ 收敛，并定义

$$\int_a^b f(x)\mathrm{d}x = \lim_{\varepsilon \to 0^+} \int_{a+\varepsilon}^b f(x)\mathrm{d}x .$$

反之，则称反常积分发散.

同样，如果函数 $f(x)$ 在区间 $[a,b)$ 上连续，当 $x \to b^-$ 时， $f(x) \to \infty$ ，称点 b 为 $f(x)$ 的瑕点，如果极限

$$\lim_{\varepsilon \to 0^+} \int_a^{b-\varepsilon} f(x)\mathrm{d}x$$

存在，则称反常积分 $\int_a^b f(x)\mathrm{d}x$ 收敛，并定义

$$\int_a^b f(x)\mathrm{d}x = \lim_{\varepsilon \to 0^+} \int_a^{b-\varepsilon} f(x)\mathrm{d}x .$$

反之，则称反常积分发散.

如果函数 $f(x)$ 在区间 $[a,b]$ 中一点 c 处有 $\lim_{x \to c} f(x) = \infty$ ，仍称点 c 为 $f(x)$ 的瑕点，则可定义

$$\int_a^b f(x)\mathrm{d}x = \lim_{\varepsilon \to 0^+} \int_a^{c-\varepsilon} f(x)\mathrm{d}x + \lim_{\varepsilon' \to 0^+} \int_{c+\varepsilon'}^b f(x)\mathrm{d}x .$$

假定上式右边两个极限都存在，这时微积分基本定理依然成立.

若 $F(x)$ 是 $f(x)$ 在区间 $[a,b]$ 上的原函数，则

$$\int_a^b f(x)\mathrm{d}x = F(b) - F(a^+) ，当 a 为函数 f(x) 的瑕点时；$$

$$\int_a^b f(x)\mathrm{d}x = F(b^-) - F(a) ，当 b 为函数 f(x) 的瑕点时；$$

$$\int_a^b f(x)\mathrm{d}x = F(b^-) - F(a^+) ，当 a,b 为函数 f(x) 的瑕点时.$$

例5 计算反常积分 $\int_0^1 \ln x\mathrm{d}x$.

解 当 $x \to 0^+$ 时， $\ln x \to -\infty$ ，所以 $x = 0$ 是被积函数 $\ln x$ 的瑕点，故

$$\int_0^1 \ln x\mathrm{d}x = \lim_{\varepsilon \to 0^+} [x\ln x - x]_\varepsilon^1 = \lim_{\varepsilon \to 0^+} (-1 + \varepsilon - \varepsilon\ln\varepsilon) = -1 .$$

例6 计算反常积分 $\int_0^a \frac{\mathrm{d}x}{\sqrt{a^2 - x^2}}$.

解 因为

$$\lim_{x \to a^-} \frac{1}{\sqrt{a^2 - x^2}} = +\infty$$

所以点 a 是被积函数 $\dfrac{1}{\sqrt{a^2 - x^2}}$ 的瑕点，故

$$\int_0^a \frac{\mathrm{d}x}{\sqrt{a^2 - x^2}} = [\arcsin \frac{x}{a}]_0^a = \lim_{x \to a^-} \arcsin \frac{x}{a} - 0 = \frac{\pi}{2}.$$

例 7 讨论反常积分 $\displaystyle\int_{-1}^1 \frac{1}{x^2} \mathrm{d}x$ 的收敛性.

解 函数 $\dfrac{1}{x^2}$ 在积分区间 $[-1,1]$ 上除点 $x = 0$ 外，在其他点处处连续，且 $\displaystyle\lim_{x \to 0} \frac{1}{x^2} = +\infty$，由于

$$\int_{-1}^0 \frac{1}{x^2} \mathrm{d}x = [-\frac{1}{x}]_{-1}^0 = \lim_{x \to 0^-} (-\frac{1}{x}) - 1 = +\infty$$

即反常积分 $\displaystyle\int_{-1}^0 \frac{1}{x^2} \mathrm{d}x$ 发散，从而反常积分 $\displaystyle\int_{-1}^1 \frac{1}{x^2} \mathrm{d}x$ 发散.

注意：如果疏忽了 $x = 0$ 是 $\dfrac{1}{x^2}$ 的瑕点，就会得到以下错误的结果：

$$\int_{-1}^1 \frac{1}{x^2} \mathrm{d}x = [-\frac{1}{x}]_{-1}^1 = -1 - 1 = -2.$$

习题 5.5

1. 判别下列各反常积分的收敛性，若收敛，计算其值：

（1）$\displaystyle\int_1^{+\infty} \frac{\mathrm{d}x}{x^3}$ （2）$\displaystyle\int_1^{+\infty} \frac{\mathrm{d}x}{\sqrt[3]{x}}$

（3）$\displaystyle\int_0^{+\infty} e^{-4x} \mathrm{d}x$ （4）$\displaystyle\int_{-\infty}^{+\infty} \frac{\mathrm{d}x}{x^2 + 4x + 5}$

（5）$\displaystyle\int_0^1 \frac{x}{\sqrt{1 - x^2}} \mathrm{d}x$ （6）$\displaystyle\int_0^2 \frac{\mathrm{d}x}{(1 - x)^2}$

2. 当 k 为何值时，反常积分 $\displaystyle\int_2^{+\infty} \frac{\mathrm{d}x}{x(\ln x)^k}$ 收敛？当 k 为何值时，反常积分发散？

5.6 利用 MATLAB 在积分计算中的应用

    虽然积分是微分的逆运算，但是积分的运算却比微分的运算困难得多. 虽然在前面几节中我们已介绍了几种常用的计算积分的方法，但能计算的积分类型及数量仍是非常有限的. 幸运的是，Matlab 具有非常强大的计算能力，它能在我们面对一个积分无能为力时，为我们提供最强有力的帮助.

    我们先来看看如何使用 Matlab 来求不定积分. 我们知道，不定积分是一个函数的原函数的全体，在求不定积分时，只需要求出这个函数的其中一个原函数，然后再加上常数 C，便可

表示所有的原函数. 在 Matlab 中，提供了一个非常简单好用的单变量图示化**函数计算器**，用户用它可以进行一些简单的符号运算和图形处理，虽然它的功能较简单，但操作方便，可视性和人机交互性都非常好.

我们在 Matlab 的命令窗口中直接输入 funtool 命令，运行后便可将单变量图示化函数计算器调出，如图 5-15 所示.

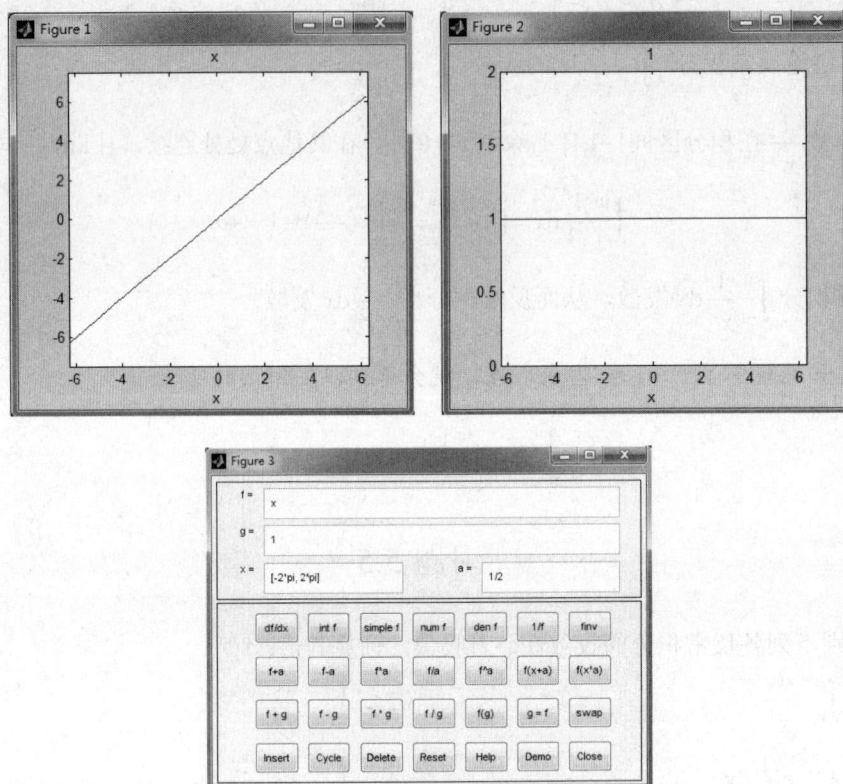

图 5-15

单变量图示化函数计算器有 3 个窗口，Figure 1 用于显示函数 f 的图形，默认区间为 $(-2\pi, 2\pi)$，但是可以在 x =旁边的空格处自行定义用户想要显示的区间. Figure 2 用于显示函数 g 的图形. Figure 3 为控制窗口，可操作及显示一元函数的计算界面. 这 3 个窗口只能有一个处于激活状态，如图 5-11 中只有 Figure 3 处于激活状态，而 Figure 1 和 Figure 2 则处于非激活状态.

在 Figure 3 中有许多按钮，用于显示用户输入函数的计算结果. 积分的按钮为"int f"，用户只需要在 Figure 3 中最上面一行 f =右边的空格处输入要求积分的函数，再点击"int f"键，便可得到结果. 例如，我们在 f =右边的空格处输入函数 cos(x)，然后单击"int f"键，便可求出 cos(x) 的一个原函数 sin(x). 同时，在 Figure 1 中还显示出 sin(x) 在区间 $(-2\pi, 2\pi)$ 内的图像，结果如图 5-16 所示.

除了使用单变量图示化函数计算器来计算之外，我们也可用符号函数命令 int 来计算不定积分. 它的命令格式为：

INT(F)或 INT(F,V)

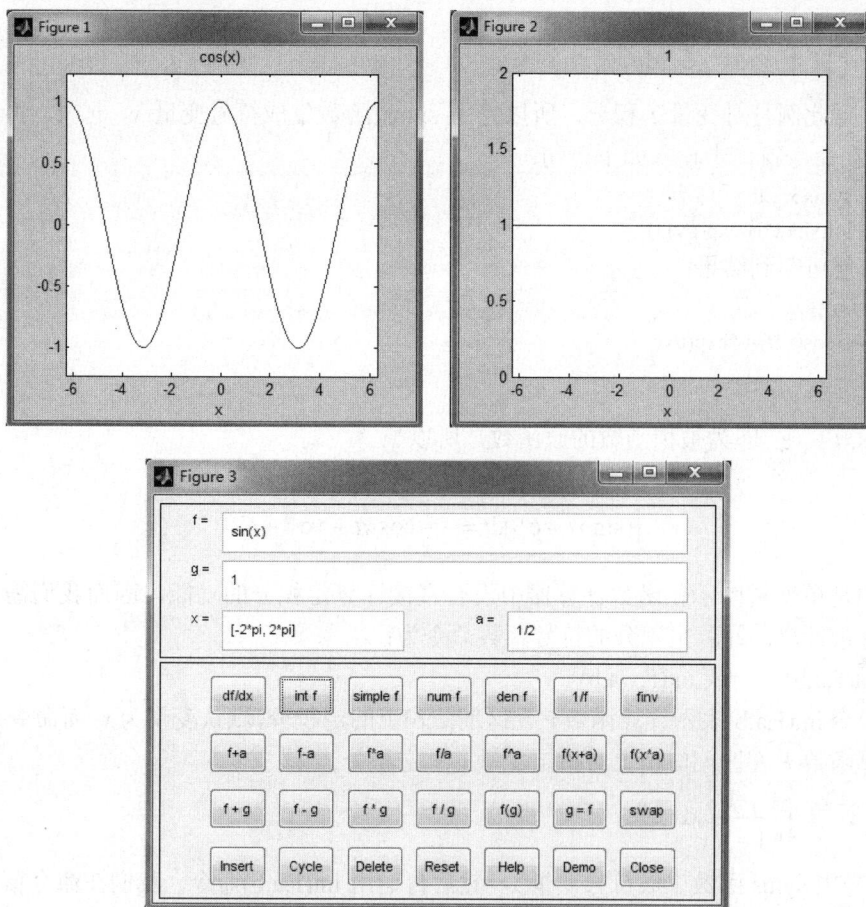

图 5-16

命令 int(F)表示求被积函数 F 的不定积分，默认变量为 x；而命令 int(F,v)则表示对被积函数 F 中的指定变量 v 求不定积分. 需要指出的是，用这两个命令求出的只是被积函数 F 所有原函数中的一个，如果需要表示为不定积分结果的标准形式，需要自己加上任意常数 C.

例 1 计算 $\int xe^{-x^2}\mathrm{d}x$.

解 先用 syms 函数生成符号变量 x，然后再运用 int(F)命令，我们在命令窗口中输入如下语句：

```
>> syms x;
>> int(x*exp(-x^2))
```

运行后便可得到计算结果：

```
ans =
-1/2*exp(-x^2)
>>
```

$-\dfrac{1}{2}e^{-x^2}$ 即为被积函数的原函数，如果需要表示为不定积分结果的标准形式，需要自己加上任意常数 C，即 $\int xe^{-x^2}\mathrm{d}x=-\dfrac{1}{2}e^{-x^2}+C$.

例2 计算 $\int(\sin xt - e^{\frac{t}{y}})dt$.

解 注意此例是对变量 t 积分，所以先用 syms 函数生成符号变量 x、y、t，再运用命令 int(F,t)，先在命令窗口中输入如下语句：

>> syms x y t;
>> int(sin(x*t)-exp(t/y),t)

运行后便可得到结果：

ans =
-1/x*cos(x*t)-y*exp(t/y)
>>

$-\dfrac{1}{x}\cos xt - ye^{\frac{t}{y}}$ 即为被积函数的原函数，所以

$$\int(\sin xt - e^{\frac{t}{y}})dt = -\frac{1}{x}\cos xt - ye^{\frac{t}{y}} + C$$

遗憾的是单变量图示化函数计算器中没有直接计算定积分的功能，因而我们需要使用符号函数命令来计算．计算定积分的符号函数命令为：

int(F,a,b)　　　或 int(F,v,a,b)

其中命令 int(F,a,b) 表示计算函数 F 在区间 $[a,b]$ 上的定积分，默认变量为 x；而命令 int(F,v,a,b) 则表示计算函数 F 在区间 $[a,b]$ 上对指定变量 v 求定积分．

例3 计算 $\int_1^4 \dfrac{1}{1+\sqrt{x}}dx$.

解 先用 syms 函数生成符号变量 x，然后再运用 int(F,a,b) 命令，我们在命令窗口中输入如下语句：

>> syms x;
>> int(1/(1+sqrt(x)),1,4)

运行后可得到结果：

ans =
-2*log(3)+2+2*log(2)
>>

例4 计算 $\int_0^{\frac{2\pi}{x}} t\sin(xt)dt$ ，其中 x 为常数．

解 由于是对变量 t 积分，所以先用 syms 函数生成符号变量 x 和 t，再运用 int(F,t,a,b) 命令，我们在命令窗口中输入如下语句：

>> syms x t;
>> int(t*sin(x*t),t,0,2*pi/x)

运行后可得到结果：

ans =
-2*pi/x^2
>>

如果遇到的积分是反常积分的话，只需要将定积分的计算命令 int(F,a,b) 中的计算范围 a 或 b 改为相应的负无穷（-inf）或正无穷（inf）即可．如：

例 5 计算 $\int_{-\infty}^{+\infty}\dfrac{1}{1+x^2}\mathrm{d}x$.

解   >> syms x;
>> int(1/(1+x^2),-inf,inf)
ans =
pi
>>

假如反常积分是发散的，此时 MATLAB 依然能够计算，但是结果显示为 Inf. 如：

例 6 计算 $\int_{1}^{+\infty}\dfrac{1}{x}\mathrm{d}x$.

解   >> syms x
>> int(1/x,1,inf)
ans =
Inf
>>

习题 5.6

1. 利用 Matlab 求下列不定积分：

（1） $\displaystyle\int\frac{\sqrt{1+x}-1}{\sqrt{1+x}+1}\mathrm{d}x$

（2） $\displaystyle\int\frac{\mathrm{d}x}{\sqrt{x}+\sqrt[4]{x}}$

（3） $\displaystyle\int\frac{1}{x}\sqrt{\frac{1-x}{1+x}}\mathrm{d}x$

（4） $\displaystyle\int\frac{1-x}{(x+1)(x^2+1)}\mathrm{d}x$

2. 利用 Matlab 计算下列定积分或反常积分：

（1） $\displaystyle\int_{-\frac{\pi}{2}}^{\frac{\pi}{2}}\cos x\cos 2x\mathrm{d}x$

（2） $\displaystyle\int_{-\frac{\pi}{2}}^{\frac{\pi}{2}}\sqrt{\cos x-\cos^3 x}\,\mathrm{d}x$

（3） $\displaystyle\int_{1}^{e}\sin(\ln x)\mathrm{d}x$

（4） $\displaystyle\int_{0}^{+\infty}\sqrt{x}\,\mathrm{e}^{-x}\mathrm{d}x$

总习题五

一、选择题

1. 下列各等式中，不正确的是（   ）.

   A. $\left[\int f(x)\mathrm{d}x\right]'=f(x)$

   B. $\mathrm{d}\left[\int f(x)\mathrm{d}x\right]=f(x)\mathrm{d}x$

   C. $\int f'(x)\mathrm{d}x=f(x)+C$

   D. $\int\mathrm{d}F(x)=F(x)$

2. 不定积分 $\int\mathrm{d}\arctan x=$（   ）.

   A. $\arctan x$

   B. $\dfrac{1}{1+x^2}$

C. $\arctan x + C$ D. $\dfrac{1}{1+x^2} + C$

3. 设 $f(x)$ 的一个原函数是 $F(x)$，a,b 为非零常数，则 $\int f(a^2x+b)\mathrm{d}x = $（   ）.

A. $\dfrac{1}{a^2}F(x)+C$ B. $a^2F(x)+C$

C. $F(a^2x+b)+C$ D. $\dfrac{1}{a^2}F(a^2x+b)+C$

4. 设 $f(x) = \mathrm{e}^{-x}$，则 $\int \dfrac{f'(\mathrm{I}nx)}{x}\mathrm{d}x = $（   ）.

A. $-\dfrac{1}{x}+C$ B. $\dfrac{1}{x}+C$

C. $\mathrm{I}nx+C$ D. $-\mathrm{I}nx+C$

5. 设 $\int f(x)\mathrm{d}x = x^2\mathrm{e}^{2x}+C$，则 $f(x) = $（   ）.

A. $2x\mathrm{e}^{2x}$ B. $2x^2\mathrm{e}^{2x}$

C. $x\mathrm{e}^{2x}(2+x)$ D. $2x\mathrm{e}^{2x}(1+x)$

6. 设 $y = \displaystyle\int_0^x (t-1)(t-2)\mathrm{d}t$，则 $y'(0) = $（   ）.

A. -2 B. 0 C. 1 D. 2

7. $\displaystyle\lim_{x\to 0}\dfrac{\int_0^x \sin t^2 \mathrm{d}t}{x^3} = $（   ）.

A. 0 B. 1 C. $\dfrac{1}{3}$ D. ∞

8. 设函数 $f(x)$ 在 $[0,1]$ 上连续，令 $t = 2x$，则 $\displaystyle\int_0^1 f(2x)\mathrm{d}x = $（   ）.

A. $\displaystyle\int_0^2 f(t)\mathrm{d}t$ B. $\dfrac{1}{2}\displaystyle\int_0^1 f(t)\mathrm{d}t$

C. $2\displaystyle\int_0^2 f(t)\mathrm{d}t$ D. $\dfrac{1}{2}\displaystyle\int_0^2 f(t)\mathrm{d}t$

9. 定积分 $\displaystyle\int_{-\pi}^{\pi} \dfrac{x^2\sin x}{1+x^2}\mathrm{d}x = $（   ）.

A. -2 B. 0 C. 1 D. -1

10. 下列反常积分中发散的是（   ）.

A. $\displaystyle\int_1^{+\infty}\dfrac{\mathrm{d}x}{\sqrt[3]{x^2}}$ B. $\displaystyle\int_1^{+\infty}\dfrac{\mathrm{d}x}{x^3}$

C. $\displaystyle\int_{\mathrm{e}}^{+\infty}\dfrac{\mathrm{d}x}{x\ln^3 x}$ D. $\displaystyle\int_0^{+\infty}\mathrm{e}^{-x}\mathrm{d}x$

二、填空题

1. 设 $f'(x^2) = \dfrac{1}{x}(x>0)$，则 $f(x) = $ _____.

2．通过点$(1,0)$且在任一点处切线斜率为该点横坐标的倒数的曲线方程为_____．

3．若$f(x)$的一个原函数为$\dfrac{\ln x}{x}$，则$f(x)=$_____，$f'(x)=$_____，

$\displaystyle\int x\cdot f'(x)\mathrm{d}x=$_____．

4．设$f(x)=\displaystyle\int_0^x t(t-2)\mathrm{d}t$，则$f(x)$在_____单调增加，在_____内单调减少，极大值为_____，极小值为_____，曲线在_____内是凸的，在_____内是凹的，其拐点为_____．

5．定积分$\displaystyle\int_0^3 |x-1|\mathrm{d}x=$_____．

6．函数$f(x)$在$[a,b]$上有界是$f(x)$在$[a,b]$上可积的_____条件，而$f(x)$在$[a,b]$上连续是$f(x)$在$[a,b]$上可积的_____条件．

7．对$[a,+\infty)$上非负、连续的函数$f(x)$，它的积分上限函数$\displaystyle\int_a^x f(t)\mathrm{d}t$在$[a,+\infty)$上有界是反常积分$\displaystyle\int_a^{+\infty} f(x)\mathrm{d}x$收敛的_____条件．

8．若反常积分$\displaystyle\int_0^{+\infty}\dfrac{k}{1+x^2}\mathrm{d}x=1$，则常数$k=$_____．

三、计算题

1．求下列不定积分：

（1）$\displaystyle\int x^2\cdot\sqrt[3]{x}\mathrm{d}x$

（2）$\displaystyle\int\dfrac{5\cdot3^x-5^x}{3^x}\mathrm{d}x$

（3）$\displaystyle\int\dfrac{x^2}{4+x^2}\mathrm{d}x$

（4）$\displaystyle\int\cos^2 x\sin x\mathrm{d}x$

（5）$\displaystyle\int\dfrac{1}{\mathrm{e}^x+\mathrm{e}^{-x}}\mathrm{d}x$

（6）$\displaystyle\int\ln(2x)\mathrm{d}x$

（7）$\displaystyle\int\sin\sqrt{x}\mathrm{d}x$

（8）$\displaystyle\int(x-1)\ln x\mathrm{d}x$

2．求下列定积分：

（1）$\displaystyle\int_1^4\dfrac{\mathrm{d}x}{x(1+\sqrt{x})}$

（2）$\displaystyle\int_0^a\dfrac{\mathrm{d}x}{x+\sqrt{a^2-x^2}}$

（3）$\displaystyle\int_0^4 \mathrm{e}^{\sqrt{x}}\mathrm{d}x$

（4）$\displaystyle\int_0^{\frac{\pi}{2}}\dfrac{1+\cos x}{\sin^2 x+2x\sin x+x^2+1}\mathrm{d}x$

3．讨论下列反常积分的敛散性，如果收敛求出反常积分的值．

（1）$\displaystyle\int_1^{+\infty}\dfrac{1}{x\sqrt{x-1}}\mathrm{d}x$

（2）$\displaystyle\int_{-\infty}^{+\infty}\dfrac{\mathrm{d}x}{x^2+4x+9}$

第6章 积分的应用

在这一章中，我们将讨论积分学的一些应用．实际上，我们在第 5 章中已经提到，不定积分可用于在知道边际成本的情况下求出总成本，而定积分的几何意义则是曲边梯形的面积，这都是积分学的一些基本应用．然而在本章中我们将会看到，积分的应用除了在几何和经济领域，甚至在诸如资源消耗这样的问题也需要用到积分来求解．由于本章各节涉及不同的专业知识，读者可按专业需要选学本章的相关内容．另外，在每个例题中，除了应用常规的积分方法求解，还附上了 Matlab 的运算过程及结果，供读者参考．

6.1 积分的几何应用

在积分的几何应用中，经常采用**元素法**．为了说明这种方法，我们先回顾一下在第 5 章中学习过的定积分的几何意义：

我们知道，对于 $f(x) \geqslant 0$ （$x \in [a,b]$），定积分 $A = \int_a^b f(x)\mathrm{d}x$ 表示底边为 x 轴，长度为 $[a,b]$ 的曲边梯形的面积，而积分上限函数 $\Phi(x) = \int_a^x f(t)\mathrm{d}t$ 则表示底边为 x 轴，长度为 $[a,x]$ 的曲边梯形的面积．

下面为了方便的讨论，我们换一个记号，将积分上限函数表示为

$$A(x) = \int_a^x f(t)\mathrm{d}t$$

对这个积分上限函数两边求微分得

$$\mathrm{d}A(x) = f(x)\mathrm{d}x$$

而 $f(x)\mathrm{d}x$ 表示点 x 处以 $\mathrm{d}x$ 为宽的小曲边梯形的面积，我们把 $f(x)\mathrm{d}x$ 称为曲边梯形的面积元素．于是，我们也可以说，以 x 轴为底，长度为 $[a,b]$ 的曲边梯形的面积 A 就是以面积元素 $f(x)\mathrm{d}x$ 为被积表达式，以 $[a,b]$ 为积分区间的定积分，即

$$A = \int_a^b f(x)\mathrm{d}x .$$

通常，为求某一实际问题中与区间 $[a,b]$ 有关的量 U，且该量在 $[a,b]$ 上具有可加性，以 x 表示 $[a,b]$ 中任一点，若 $\mathrm{d}U(x) = f(x)\mathrm{d}x$，这里 $f(x)$ 是 $[a,b]$ 上的连续函数，那么

$$U = \int_a^b f(x)\mathrm{d}x .$$

用这种求量 U 的值的方法便称为**元素法**（或**微元法**）．

元素法不仅能求简单的曲边梯形面积，还可以求较复杂的平面图形的面积．一般地，设平面图形由上下两条曲线 $y = f_上(x)$ 与 $y = f_下(x)$ 及左右两条直线 $x = a$ 与 $x = b$ 所围成，如图 6-1 所示，则平面图形的面积元素为

$$[f_上(x) - f_下(x)]\mathrm{d}x$$

从而平面图形的面积为

$$A = \int_a^b [f_{\perp}(x) - f_{\top}(x)] \mathrm{d}x \qquad (6.1)$$

类似地，由左右两条曲线 $x = \varphi_{\text{左}}(y)$ 与 $x = \varphi_{\text{右}}(y)$ 及上下两条直线 $y = c$ 与 $y = d$ 所围成的平面图形（如图 6-2 所示）的面积为

$$A = \int_c^d [\varphi_{\text{右}}(y) - \varphi_{\text{左}}(y)] \mathrm{d}y \qquad (6.2)$$

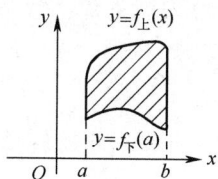

图 6-1

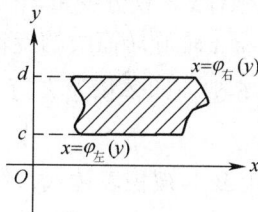

图 6-2

例 1 求由 $y^2 = x$，$y = x^2$ 所围成的图形（见图 6-3）的面积 S.

解 先由方程组 $\begin{cases} y^2 = x \\ y = x^2 \end{cases}$ 得交点：$\begin{cases} x = 0 \\ y = 0 \end{cases}$ 及 $\begin{cases} x = 1 \\ y = 1 \end{cases}$，再由元素法有

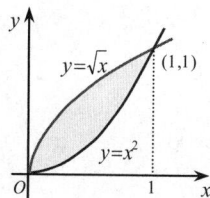

图 6-3

$$A = \int_0^1 (\sqrt{x} - x^2) \mathrm{d}x = \left[\frac{2}{3} x^{\frac{3}{2}} - \frac{x^3}{3} \right]_0^1 = \frac{1}{3}.$$

Matlab 运算过程及结果：

```
>> syms x
>> int(sqrt(x)-x^2,0,1)
ans =
1/3
>>
```

例 2 求由 $y^2 = 2x$，$y = x - 4$ 所围成的图形（见图 6-4）的面积 S.

解 由于图形可看作由左边的曲线 $x = \frac{1}{2} y^2$ 和右边的曲线 $x = y + 4$ 所围成，因此可以考虑使用公式（6.2）进行求解.

先由方程组 $\begin{cases} y^2 = 2x \\ y = x - 4 \end{cases}$ 得交点 $\begin{cases} x = 2 \\ y = -2 \end{cases}$ 及 $\begin{cases} x = 8 \\ y = 4 \end{cases}$

再由元素法有

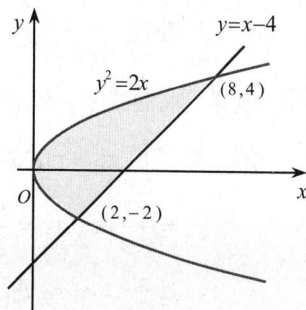

$$A = \int_{-2}^4 \left[(y+4) - \frac{1}{2} y^2 \right] \mathrm{d}y = \left[\frac{1}{2} y^2 + 4y - \frac{y^3}{6} \right]_{-2}^4 = 18.$$

Matlab 运算过程及结果：

```
>> syms y
>> int((y+4)-(1/2)*(y^2),y,-2,4)
ans =
```

图 6-4

18
>>

在此例中，也可以使用公式（6.1）进行求解，但计算过程却较为繁琐．读者可以思考一下，使用公式（6.1），即以横坐标为积分变量，会有何不便？

元素法在几何上不仅可以用于求面积，还可以用于求旋转体的体积．所谓旋转体指的是由一个平面图形绕该平面内一条直线旋转一周而成的立体．常见的旋转体有圆柱体、圆锥体、圆台、球体等．

我们取横坐标 x 为积分变量，它的变化区间为 $[a,b]$，相应于 $[a,b]$ 上的任一小区间 $[x,x+\mathrm{d}x]$ 的窄曲边梯形绕 x 轴旋转而成的旋转体的体积近似等于以 $f(x)$ 为底半径、$\mathrm{d}x$ 为高的扁圆柱体的体积（见图 6-5），即体积元素为

$$\mathrm{d}V = \pi[f(x)]^2 \mathrm{d}x$$

以 $\pi[f(x)]^2 \mathrm{d}x$ 为被积表达式，在闭区间 $[a,b]$ 上作定积分，便得所求旋转体的体积为

$$V = \int_a^b \pi[f(x)]^2 \mathrm{d}x .$$

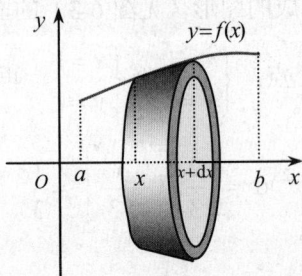

图 6-5

例 3　求曲线 $f(x) = \sqrt{x}$ $(0 \leqslant x \leqslant 1)$ 绕 x 轴旋转所产生的旋转体（见图 6-6）的体积．

解　$V = \int_0^1 \pi[f(x)]^2 \mathrm{d}x = \int_0^1 \pi[\sqrt{x}]^2 \mathrm{d}x = \int_0^1 \pi x \mathrm{d}x = \pi[\dfrac{x^2}{2}]_0^1 = \dfrac{\pi}{2}(1-0) = \dfrac{\pi}{2}$．

Matlab 运算过程及结果：
```
>> syms x
>> int(pi*x,0,1)
ans =
1/2*pi
>>
```

例 4　求曲线 $y = \mathrm{e}^x$ $(-1 \leqslant x \leqslant 2)$ 绕 x 轴旋转所产生的旋转体（见图 6-7）的体积．

解　$V = \int_{-1}^2 \pi[f(x)]^2 \mathrm{d}x = \int_{-1}^2 \pi[\mathrm{e}^x]^2 \mathrm{d}x$

$= \int_{-1}^2 \pi \mathrm{e}^{2x} \mathrm{d}x = \dfrac{\pi}{2} \int_{-1}^2 \mathrm{e}^{2x} \mathrm{d}(2x)$

$= \dfrac{\pi}{2}[\mathrm{e}^{2x}]_{-1}^2 = \dfrac{\pi}{2}(\mathrm{e}^4 - \mathrm{e}^{-2})$

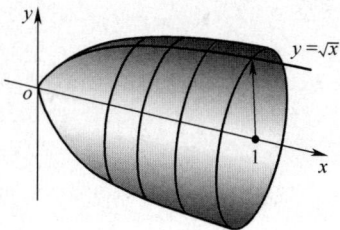

图 6-6

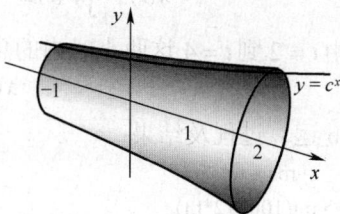

图 6-7

Matlab 运算过程及结果:

```
>> int(pi*exp(2*x),-1,2)
ans =
1/2*pi*exp(4)-1/2*pi*exp(-2)
>>
```

习题 6.1

1. 求由下列曲线所围图形的面积:

 (1) $y=\sqrt{x}$, $y=x$

 (2) $y=\mathrm{e}^x$, $x=0$, $y=\mathrm{e}$

 (3) $y=\dfrac{1}{x}$ 与 $y=x$, $x=2$

 (4) $y=\mathrm{e}^x$, $y=\mathrm{e}^{-x}$, $x=1$

2. 求由下列各题中的曲线所围图形绕指定轴旋转所得旋转体的体积:

 (1) $y=\sqrt{x}$, $y=0$, $x=1$, $x=4$ 绕 x 轴

 (2) $y=x^3$, $y=0$, $x=2$ 绕 y 轴

 (3) $y=\sqrt{x}$, $y=x$ 绕 x 轴

 (4) $y=\dfrac{1}{x}$, $y=4x$, $x=2$ 绕 x 轴

6.2 积分的经济应用

在上一章 5.3 节中我们曾给出一个应用不定积分由边际成本求总成本的例子 (例 4). 实际上由边际函数求原函数只是积分学在经济应用问题中的一个方面而已. 在这一节中, 我们将介绍更多的关于积分 (尤其是定积分) 在经济中的一些典型应用.

6.2.1 变化率与总量

导数是概括了各种各样的变化率概念而得出的一个更一般也更抽象的概念, 它反映了因变量随自变量的变化而变化的快慢程度. 在经济学中, 常常会遇到已知变化率求总量的问题, 这些问题在数学上看来无非是知道了导数而要去求原函数的问题, 因此使用积分进行求解便是很自然的事.

例 1 某工厂生产某商品在时刻 t 的总产量变化率为 $x'(t)=100+12t$ (单位: 小时), 求由 $t=2$ 到 $t=4$ 这两小时内的总产量.

解 由于知道了变化率, 因此关于时间 t 的总产量函数应为

$$x(t) = \int x'(t)\mathrm{d}t = \int (100 + 12t)\mathrm{d}t = 100t + 6t^2 + C$$

于是由 $t = 2$ 到 $t = 4$ 这两小时内的总产量为

$$x(4) - x(2) = 272 .$$

Matlab 运算过程及结果：

```
>> syms x t
>> int(100+12*t,t)
ans =
100*t+6*t^2
>> x=inline('t. ^2*6+t. *100','t')   %利用在线函数命令自定义一个函数
x =
Inline function:
x(t) = t. ^2*6+t. *100
>> x(4)-x(2)
ans =
272
>>
```

像此类题目，利用定积分来求解往往更为方便. 如上例，我们可以通过求区间 $[2,4]$ 上的定积分来直接求出由 $t = 2$ 到 $t = 4$ 这两小时的总产量为

$$\int_2^4 x'(t)\mathrm{d}t = \int_2^4 (100 + 12t)\mathrm{d}t = [100t + 6t^2]_2^4 = 272 .$$

Matlab 运算过程及结果：

```
>> int(100+12*t,t,2,4)
ans =
272
>>
```

例2 生产某产品的边际成本为 $C'(x) = 150 - 0.2x$，当产量由 200 增加到 300 时，需追加成本 C 为多少？

解 直接利用定积分可得追加成本

$$C = \int_{200}^{300} (150 - 0.2x)\mathrm{d}x = [150x - 0.1x^2]_{200}^{300} = 10000 .$$

Matlab 运算过程及结果：

```
>> syms x
>> int(150-0.2*x,x,200,300)
ans =
10000
```

例3 某地区当消费者个人收入为 x 时，消费支出 $W(x)$ 的变化率为 $W'(x) = \dfrac{15}{\sqrt{x}}$，当个人收入由 900 增加到 1600 时，消费支出增加多少？

解 利用定积分可求得

$$W = \int_{900}^{1600} \frac{15}{\sqrt{x}}\mathrm{d}x = [30\sqrt{x}]_{900}^{1600} = 300 .$$

Matlab 运算过程及结果：

```
>> syms x
>> int(15/sqrt(x),x,900,1600)
ans =
300
>>
```

6.2.2 收益流的现值和终值

我们生活在一个经济十分活跃的时代，每天都与消费支出和收益打交道，常言道：金钱不是万能的，但无钱是万万不能的，这意味着钱的重要性．一个有趣的问题是：如何让您手中有限的存款获得更大的利益？下面我们来探讨这个问题．

在第 2 章中，作为第二个重要极限的应用，我们粗略地介绍过连续复利问题，这里作为积分的应用，我们将作详细介绍．

1. 复利问题

在银行存款或贷款是最常见的金融活动，存款的报酬称之为利息．存款有规定的计息期限（如以一年、一月或一日为一期），存款的总额称为本金，而利息则一般是本金的一定百分比或千分比．关于存款产生的问题自然是：如何计算利息以及由此产生的货币的时间价值？

若记本金为 P，每期利息与本金之比为利率，记为 r，利率与存款期限的长短有关，按期限为年、月、日分别称为年利率、月利率和日利率．利率用百分率或千分率表示，习惯上分别称为分或厘．例如，月息 3 厘表示一个月可获本金 3‰作为利息．年利率、月利率和日利率之间可以相互换算．

例如，央行 2011 年 2 月 9 日发布的人民币存款年利率为：活期 0.4%，三个月期 2.60%，一年期 3.00%，二年期 3,90%，三年期 4.50%，五年期 5.00%．经换算可得 3 个月的期利率为

$$r = 3.00\% \div 4 = 0.75\%$$

而三年期的期利率为

$$r = 3 \times 4.50\% = 13.5\%$$

最常用的利息计算方法是复利计息法．

复利计息法是在存款一期之末结息一次，再将利息转为本金，即和原来的本金一起作为下一期的本金，这种计息方法称为复利．若用 S 表示本金和利息总和，则有

$$S = P + I$$

其中，P 为本金，I 为利息．

设利率为 r，存款的时间为 n 期，那么第 1 期末本利之和为

$$S_1 = P + Pr = P(1+r)$$

第 2 期末的本利之和为

$$S_2 = S_1(1+r) = P(1+r)^2$$

依次类推，第 n 期末的本利之和为

$$S = S_n = P(1+r)^n \tag{6.3}$$

而存款第 n 期末所获得利息为

$$I = S_n - P = P(1+r)^n - P = P[(1+r)^n - 1] \tag{6.4}$$

（6.3）和（6.4）式为计算复利的基本公式．

2. 连续复利问题

另外有一种计息方法称为连续复利，这种方法将计息期限缩短为一个瞬间，即此时刻的利息在下一时刻马上计入本金，产生利息. 下面推导在任何时刻按连续复利的本利和计算方法.

设在 t 时刻，本金为 $P(t)$，年利率仍为 r. 若计息时刻为 t，将 t 近似地表示成 $t = \dfrac{N}{M}$（年），其中 M, N 为正整数. 又将一年划成 $l \cdot M$ 期，l 为正整数，那么每期的利率为 $\dfrac{r}{lM}$，存款时间为 $l \cdot N$，由复利本利和公式（6.3），有

$$S_l = P(t)(1 + \frac{r}{lM})^{lN} \tag{6.5}$$

其中 S_l 用下标 l 强调此刻的本利和与 l 的取法有关. 记 $\dfrac{1}{x} = \dfrac{r}{lM}$，则（6.5）化为

$$S_l = P(t)[(1 + \frac{1}{x})^x]^{rt}$$

考虑到连续复利的结息期缩短为一瞬间，而现结息期为 $\dfrac{1}{lM}$，因而当 l 变得越来越大，即 $l \to +\infty$ 或 $x \to +\infty$，就能得到连续复利本利和计算公式

$$S = \lim_{x \to +\infty} S_l = \lim_{x \to +\infty} P(t)[(1 + \frac{1}{x})^x]^{rt} = P(t)e^{rt}$$

连续复利的利息是

$$I = P(t)(e^{rt} - 1) \tag{6.6}$$

例 4 银行按年利率 5%的连续复利计算贷款利息，贷款 10000 元，贷款期限为 9 个月，利息是多少？

解 利用公式（6.6），这里 $r = 5\% = 0.05$，$t = 9$ 个月 $= 0.75$ 年，于是

$$I = P(t)(e^{rt} - 1) = 10000(e^{0.75 \times 0.05} - 1) \approx 382.1 \text{（元）}$$

即获得利息是 382.1 元

3. 收益流的现值和终值

货币用于投资，随时间的推移会带来收益，从而使货币量增加，这就是货币的时间价值. 由于银行利率是由综合经济发展的各种因素确定，起到调节经济发展的杠杆作用，因此人们会用银行利率来分析货币的时间价值.

通常我们用货币的现值和终值来刻画货币的时间价值. 例如，在连续复利计算的情况下，设时刻 t 的本金为 $P(t)$，每期利息为 r，到期末本利和为 $S(t) = P(t)e^{rt}$，$S(t)$ 称为 $P(t)$ 的终值，也叫贴现，r 称为贴现率，$P(t)$ 称为初值. 反之，手中有多少本金存入银行可以变成 $S(t)$ 元呢？这可用下列公式计算

$$P(t) = S(t)e^{-rt} \tag{6.7}$$

$P(t)$ 便称为 $S(t)$ 的现值.

注意到 $P(t)$ 是关于时间 t 的连续函数，通常把与时间有关的连续函数称作流. 从金融观点来看，$P(t)$ 是有收益的，便称为收益流. 收益流对时间的变化率则被称为收益流量，通俗讲，就是速率.

设一年收益流量为 $P(t)$ （元/年），利率仍为 r ，考虑从现在开始 $t=0$ 到 $t=T$ 年末的终值和现值如何计算？我们利用定积分计算．

在区间 $[0,T]$ 上任取一小区间 $[t,t+\mathrm{d}t]$ ， $P(t)$ 近似于常数，则应获得的收益是 $P(t)\mathrm{d}t$ ，这是在 $\mathrm{d}t$ 期的终值，由（6.7）式知，收益的现值为

$$[P(t)\mathrm{d}t]\mathrm{e}^{-rt}=P(t)\mathrm{e}^{-rt}\mathrm{d}t$$

从而总现值为

$$Q=\int_0^T P(t)\mathrm{e}^{-rt}\mathrm{d}t$$

又在 t 时刻， $P(t)\mathrm{d}t$ 是本金，在 $(T-t)$ 期本利和为

$$[P(t)\mathrm{d}t]\mathrm{e}^{r(T-t)}=P(t)\mathrm{e}^{r(T-t)}\mathrm{d}t$$

从而总终值为

$$\int_0^T P(t)\mathrm{e}^{r(T-t)}\mathrm{d}t .$$

例 5　假设以年连续复利 $r=0.1$ 计息，求收益量为 100 元/年的收益流在 20 年期间的现值和将来值．

解　现值 $=\int_0^{20}100\mathrm{e}^{-0.1t}\mathrm{d}t=1000(1-\mathrm{e}^{-2})\approx 864.66$ 元

将来值 $=\int_0^{20}100\mathrm{e}^{0.1(20-t)}\mathrm{d}t=\int_0^{20}100\mathrm{e}^2\mathrm{e}^{-0.1t}\mathrm{d}t=1000\mathrm{e}^2(1-\mathrm{e}^{-2})\approx 6389.06$ 元．

Matlab 运算过程及结果：

```
>> syms x
>> vpa(int(100*exp(0.1*(20-t)),t,0,20),6) %用 vpa 函数将精度控制在 6 位
ans =
6389.06
>>
```

例 6　设有一项计划现在 $(t=0)$ 需要投入 1000 万元，在 10 年中每年收益为 200 万元，若连续利率为 5%，求收益资本价值 W ．（设购置的设备 10 年后完全失去价值）．

解　由经济学知识知资本价值等于收益流的现值减去投入资金的现值，因此

$$W=\int_0^{10}200\mathrm{e}^{-0.05t}\mathrm{d}t-1000=[\frac{-200}{0.05}\mathrm{e}^{-0.05t}]_0^{10}-1000\approx 573.88\text{ 万元}.$$

Matlab 运算过程及结果：

```
>> syms x
>> w=vpa(int(200*exp(-0.05*t),t,0,10),6)-1000
w =
573.88
>>
```

例 7　某企业一项为期 10 年的投资需购置成本 80 万元，每年的收益流量为 10 万元，求内部利率 u ．（注：内部利率是使收益流现值等于成本的利率）．

解　由收益流的现值等于成本，得

$$80=\int_0^{10}10\mathrm{e}^{-u\,t}\mathrm{d}t=[-\frac{10}{\mu}\mathrm{e}^{-u\,t}]_0^{10}=\frac{10}{\mu}(1-\mathrm{e}^{-10u})$$

于是可得到 u 的近似值 0.0464.

Matlab 运算过程及结果：

```
>> syms t u
>> int(10*exp(-u*t),t,0,10)
ans =
-10*(exp(-10*u)-1)/u
>> solve( '-10*(exp(-10*u)-1)/u=80','u')  %解以 u 为未知数的方程
ans =
-1/8*exp(-lambertw(-5/4*exp(-5/4))-5/4)+1/8
>> vpa(-1/8*exp(-lambertw(-5/4*exp(-5/4))-5/4)+1/8,6)
ans =
.464213e-1                 %以科学计数法显示的结果
>> u=.464213e-1            %将结果还原为一般短格式
u =
0.0464
>>
```

习题 6.2

1. 某地区居民购买冰箱的消费支出 $W(x)$ 的变化率是居民总收入 x 的函数，$W'(x) = \dfrac{1}{200\sqrt{x}}$，当居民收入由 4 亿元增加至 9 亿元时，购买冰箱的消费支出增加多少？

2. 某公司按利率 10%（连续复利）贷款 100 万元购买某设备，该设备使用 10 年后报废，公司每年可收入 b 万元.

（1）b 为何值时，公司不会亏本？

（2）当 $b = 20$ 万元时，求内部利率 u 应满足的方程；

（3）当 $b = 20$ 万元时，求收益的资本价值.

6.3 积分的其他应用

我们在前面已经知道，在连续复利率 r 下，在当前时刻 $t = 0$ 在银行存入 P_0 元，则在将来的任意时刻 t 的总收益为 $P(t) = P_0 e^{rt}$ 元，这样的模型称为指数增长模型. 不仅仅是连续复利的投资，实际上很多诸如人口增长、细菌繁殖、资源的需求或消耗等问题也都可以用这个模型来描述.

例如，假设 P_0 表示某种自然资源（例如石油或煤）在时间 $t = 0$ 时所需的数量，而且使用这种资源的增长率为 k，因此采用指数增长，在时间 t 所用的数量 $P(t)$ 由

$$P(t) = P_0 e^{kt}$$

给出. 于是在区间 $[0, T]$ 内所用的总量为

$$\int_0^T P(t)\mathrm{d}t = \int_0^T P_0 e^{kt}\mathrm{d}t = \frac{P_0}{k}(e^{kT} - 1)$$

利用上式，我们可以处理一些简单的资源需求或消耗的实际问题，如下面两个例子.

例 1　铜的需求问题　在 1997 年（$t = 0$），世界上铜的消耗量是 11300000 吨，而铜的需求正在以每年 15% 的比例呈指数增长．如果继续以这个比例增长，那么从 1997 年到 2010 年世界上将消耗多少吨铜？

解　因为从 1997 到 2010 所跨时间区间为 13 年，于是

$$\int_0^{13} 11300000e^{0.15t}dt = \frac{11300000}{0.15}(e^{(0.15) \times 13} - 1)$$

$$\approx 75333333(e^{1.95} - 1)$$

$$\approx 454161000$$

因此，从 1997 年到 2010 年，世界上将消耗约 454161000 吨铜．

Matlab 运算过程及结果：

```
>> syms x t
>> vpa(int(11300000*exp(0.15*t),t,0,13),6)
ans =
.454161e9
>> x=.454161e9
x =
454161000
>>
```

例 2　铜矿石的消耗问题　1997 年世界上的铜矿石的储藏量估计为 2300000000 吨，假设铜的需求正在以每年 15% 的比例呈指数增长，而又没有发现新的储藏量，那么世界上储藏的铜矿石何时会被开采尽？

解　铜矿石被开采尽相当于将 2300000000 吨储藏量消耗完，于是有

$$2300000000 = \frac{11300000}{0.15}(e^{0.15T} - 1) \approx 75333333(e^{0.15T} - 1)$$

整理得

$$31.530974 = e^{0.15T}$$

两边取对数有

$$\ln 31.530974 = 0.15T$$

于是解得

$$T \approx 23$$

因此大约经过 23 年，世界上储藏的铜矿石将被开采尽．

Matlab 运算过程及结果：

```
>> syms T
>> vpa(solve('2300000000=(11300000/0.15)*(exp(0.15*T)-1)','T'),2)
ans =
23.
>>
```

此外，利用我们在 6.1 中介绍的积分的元素法，还可以处理一些物理学上如变力沿直线作功、水压力、引力等问题，处理这些问题的关键是构造出功元素、压力元素和引力元素．如下面几个例子．

例 3　变力沿直线作功问题　从物理学知道，如果物体在作直线运动过程中有一个不变的

力 F 作用于该物体，且力的方向与物体运动的方向一致，则物体移动了距离 s 时 F 物体作的功为 $W = F \cdot S$，但如果力不是恒力而是变力，又该如何来计算变力所作的功呢？比如坐标原点有一电量为 $+q$ 的电荷，（见图6-8），电场力 $F = k\dfrac{q}{r^2}$ 为变力，如何求单位正电荷从 a 移动到 b 处电场力对其所作的功？.

解 在 r 轴上，当单位正电荷从 r 移动到 $r+dr$ 时，电场力对它所作的功近似为 $k\dfrac{q}{r^2}\mathrm{d}r$，即功元素为

$$\mathrm{d}W = k\frac{q}{r^2}\mathrm{d}r$$

于是所求的功为

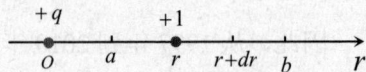

图 6-8

$$W = \int_a^b \frac{kq}{r^2}\mathrm{d}r = kq[-\frac{1}{r}]_a^b = kq(\frac{1}{a} - \frac{1}{b}).$$

Matlab 运算过程及结果：
```
>> syms a b k q r
>> int(k*q/(r^2),r,a,b)
ans =
-k*q*(-b+a)/b/a
>>
```

例4 水压力问题 从物理学知道，在水深为 h 处的压强为 $p = \gamma h$，这里 γ 是水的比重. 如果有一面积为 A 的平板水平地放置在水深为 h 处，那么平板一侧所受的水压力为 $P = p \cdot A$；而如果这个平板铅直放置在水中，那么由于水深不同的点处压强 p 不相等，所以平板所受水的压力就不能用上述方法计算. 比如一个横放着的圆柱形水桶，桶内盛有半桶水，设桶的底半径为 R，水的比重为 γ，那么我们该怎样计算桶的一端面上所受的压力呢？

解 桶的一个端面是圆片，与水接触的是下半圆. 如图6-9所示，在水深 x 处圆片上取一窄条，其宽为 $\mathrm{d}x$，得压力元素为

$$\mathrm{d}P = 2\gamma x\sqrt{R^2 - x^2}\mathrm{d}x$$

所求压力为

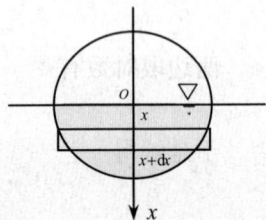

$$P = \int_0^R 2\gamma x\sqrt{R^2 - x^2}\mathrm{d}x = -\gamma\int_0^R (R^2 - x^2)^{\frac{1}{2}}\mathrm{d}(R^2 - x^2)$$

$$= -\gamma[\frac{2}{3}(R^2 - x^2)^{\frac{3}{2}}]_0^R = \frac{2\gamma}{3}R^3.$$

图 6-9

Matlab 运算过程及结果：
```
>> syms x R r    %由于 MATLAB 中 γ 输入较麻烦，故用 r 代替
>> int(2*r*x*sqrt(R^2-x^2),x,0,R)
ans =
2/3*(R^2)^(3/2)*r
>>
```

例5 引力问题 从物理学知道，质量分别为 m_1、m_2，相距为 r 的两质点间的引力的大小为 $F = G\dfrac{m_1 m_2}{r^2}$，其中 G 为引力系数，引力的方向沿着两质点连线方向. 但如果要计算一根

细棒对一个质点的引力，由于细棒上各点与该质点的距离是变化的，且各点对该质点的引力的方向也是变化的，就不能用上述公式来计算. 比如设有一长度为 l、线密度为 ρ 的均匀细直棒，在其中垂线上距棒 a 单位处有一质量为 m 的质点 M，我们该如何计算该棒对质点 M 的引力？

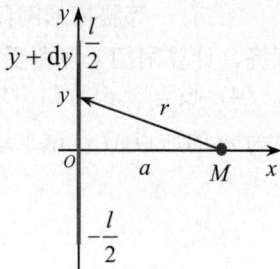

图 6-10

解 取坐标系如图 6-10 所示，使棒位于 y 轴上，质点 M 位于 x 轴上，棒的中点为原点 O. 由对称性知，引力在垂直方向上的分量为零，所以只需求引力在水平方向的分量. 取 y 为积分变量，它的变化区间为 $[-\frac{l}{2},\frac{l}{2}]$，在 $[-\frac{l}{2},\frac{l}{2}]$ 上 y 点取长为 $\mathrm{d}y$ 的一小段，其质量为 $\rho\mathrm{d}y$，与 M 相距 $r=\sqrt{a^2+y^2}$. 于是在水平方向上引力元素为

$$\mathrm{d}F_x = G\frac{m\rho\mathrm{d}y}{a^2+y^2}\cdot\frac{-a}{\sqrt{a^2+y^2}} = -G\frac{am\rho\mathrm{d}y}{(a^2+y^2)^{3/2}}$$

引力在水平方向的分量为

$$F_x = -\int_{-\frac{l}{2}}^{\frac{l}{2}} G\frac{am\rho\mathrm{d}y}{(a^2+y^2)^{3/2}} = -\frac{2Gm\rho l}{a}\cdot\frac{1}{\sqrt{4a^2+l^2}}$$

特别地，当 $l\to+\infty$ 时

$$F_x = -\int_{-\infty}^{+\infty} G\frac{am\rho\mathrm{d}y}{(a^2+y^2)^{3/2}} = \frac{2Gm\rho}{a}.$$

Matlab 运算过程及结果：

```
先求 Fx
>> syms a m p y l G      %这里用 p 代替 ρ
>> int(G*(a*m*p)/(a^2+y^2)^(3/2),y,-l/2,l/2)
ans =
2*G/a*m*p*l/(4*a^2+l^2)^(1/2)
>>
特别地，当 l → +∞ 时
>> int(G*(a*m*p)/(a^2+y^2)^(3/2),y,-inf,inf)
ans =
2*G*a*m*p/(a^2)^(3/2)/(1/a^2)^(1/2)
>>
```

习题 6.3

1. 在 2001 $(t=0)$ 年，铝土矿的需求是 135.7 百万吨，而且需求量正以每年 3.9% 的比率呈指数增长. 如果需求持续以这个比率增长，试问由 2001 年到 2030 年世界上将消耗多少吨铝土矿？

2. 由实验可知，弹簧在拉伸过程中，需要的力 F（单位：N）与伸长量 s（单位：cm）成正比，即 $F=ks$（k 是比例常数），如果把弹簧由原长拉伸 6cm，计算所作的功.

3．有一等腰梯形闸门，它的两条底边各长 10cm 和 6cm，高为 20cm．较长的底边与水面相齐，计算闸门一侧所受的水压力．

4．设有一长为 l，线密度为 μ 的均匀细直棒，在与棒的一端垂直距离为 a 单位处有一质量为 m 的质点 M，试求这细棒对质点 M 的引力．

总习题六

1．求由下列曲线所围图形的面积：

（1）$y = 3 - x^2$，$y = 2x$

（2）$y = \ln x$，$x = 0$，$y = \ln a$，$y = \ln b\,(b > a > 0)$

2．已知边际成本为 $C'(x) = 7 + \dfrac{25}{\sqrt{x}}$，固定成本为 1000，求总成本函数．

3．已知边际成本为 $C'(x) = 100 - 2x$，求当产量由 $x = 20$ 增加到 $x = 30$ 时，应追加的成本数．

4．在 1970 年到 2001 年之间，每年世界上石油的需求量由 171 亿桶增长到 277 亿桶．

（1）设定一个指数增长模型，计算增长率．

（2）预测 2020 年的消费量．

（3）在 2001 年 1 月 1 日世界上原油的储藏量是 10040 亿桶．假设没有发现新的石油，世界上石油的储藏量何时被用尽？

5．一物体按规律 $x = ct^3$ 作直线运动，介质的阻力与速度的平方成正比，计算物体由 $x = 0$ 移至 $x = a$ 时，克服介质阻力所作的功．

6．半径为 r 的球沉入水中，球的上部与水面相切，球的密度与水相同，现将球从水中取出，需作多少功？

第 7 章 微分方程

对客观事物的内在规律性进行探索时，常常需要找出量与量之间的函数关系式. 而大量的关系式都是以微分方程的形式呈现出来的，这就需要通过求解微分方程来了解未知函数的性质. 本章介绍微分方程的基本概念以及几种常见的微分方程的解法.

7.1 微分方程的例子与概念

在应用微积分的知识去解决一些实际问题时，根据数学、物理等定律和原理，常常会得到这样一些方程，它们由自变量和未知函数，以及未知函数的某些导数组成，习惯上称这类方程为微分方程，其解也不像代数方程那样是一个（或一组）数，而是一个（或多个）函数. 下面举一些微分方程的例子.

7.1.1 引例

例 1 一条曲线通过点$(1, 3)$，且在该曲线上任一点 $M(x, y)$ 处的切线的斜率为 $4x$，求这条曲线的方程.

解 设所求曲线的方程为 $y = y(x)$. 根据导数的几何意义，可知 $y(x)$ 满足方程

$$\frac{\mathrm{d}y}{\mathrm{d}x} = 4x \tag{7.1}$$

这是一个含有所求未知函数 y 的导数方程，要求出这个函数 $y(x)$，只需对（7.1）式两端积分，得

$$y = \int 4x\mathrm{d}x$$

即

$$y = 2x^2 + C \text{（其中 } C \text{ 是任意常数）} \tag{7.2}$$

根据题意，曲线通过点$(1, 3)$，即当 $x=1$ 时，$y=3$，记为

$$y\big|_{x=1} = 3 \tag{7.3}$$

将（7.3）式代入（7.2），得 $3=2+C$，由此求出 $C=1$. 所求曲线方程为

$$y = 2x^2 + 1 \tag{7.4}$$

例 2 一质量为 m 的物体由静止自由落下，在不计空气阻力的情况下，求物体在下落过程中经过的路程 s 与时间 t 的关系式.

解 由题意知，物体作自由落体运动，初速度为 0，加速度为 g，路程是关于时间的函数，记为 $s = s(t)$，则

$$\frac{\mathrm{d}^2 s}{\mathrm{d}t^2} = g \tag{7.5}$$

这是一个含有所求未知函数 y 的二阶导数方程，将（7.5）式两边对 t 积分，得

$$\frac{\mathrm{d}s}{\mathrm{d}t} = gt + C_1 \tag{7.6}$$

对（7.6）式两边对 t 再积分一次，得

$$s = \frac{1}{2}gt^2 + C_1 t + C_2 \tag{7.7}$$

此外，$t = 0$ 时，$s = 0$，即 $s|_{t=0} = 0$，代入（7.7）式，得 $C_2 = 0$；

又 $t = 0$ 时，$v = 0$，即 $v|_{t=0} = 0$，而 $v = \frac{\mathrm{d}s}{\mathrm{d}t} = gt + C_1$，所以 $C_1 = 0$.

将 $C_1 = 0$, $C_2 = 0$ 代入（7.7）式得 $s = \frac{1}{2}gt^2$，这就是自由落体运动中，路程关于时间的函数关系式.

例3 在一个市场经济体系中，基本要素之一是市场价格能够促使商品的供给和需求关系相互协调一致，那样的价格就称为均衡价格. 然而，通常情况是实际的市场价格与均衡价格并不相同，出现一定的偏差，并且，市场价格也不是静态的，而是随着时间波动，即所谓的随行就市. 因此，我们应当视商品价格 x 为时间 t 的函数，并且假定价格的变化是正比于需求与供给之差. 设 $f(x, \alpha)$ 和 $g(x)$ 分别表示需求函数和供给函数，其中 α 是参数，它表示消费者的收入，那么

$$\frac{\mathrm{d}x}{\mathrm{d}t} = r[f(x, \alpha) - g(x)] \tag{7.8}$$

其中 r 是比例系数.

7.1.2 微分方程的定义和术语

定义1 含有自变量、未知函数及其导数的等式，称为微分方程. 一个微分方程，如果未知函数只与一个自变量有关，则称为**常微分方程**（英文缩写成 ODE）；如果未知函数与 n 个自变量有关，则称为**偏微分方程**（英文缩写成 PDE）.

上面介绍的微分方程例子都是常微分方程，本章后面以常微分方程作为讨论对象，为叙述方便，将常微分方程简称为微分方程或方程.

定义2 微分方程中所出现的未知函数的最高阶导数的阶数，称为微分方程的阶.

例如，$2x^3 y''' + xy'' - y' = 3x^3$ 是三阶微分方程，$y^{(5)} + 4y''' + 10y'' - 2y' + 5y = 2x$ 是五阶微分方程，$y^{(n)} + 1 = 0$ 是 n 阶微分方程.

一般地，n 阶微分方程可写成

$$F(x, y, y', \cdots, y^{(n)}) = 0 \tag{7.9}$$

这里 F 是关于变量 $x, y, y', \cdots, y^{(n-1)}$、$y^{(n)}$ 的已知函数，$y^{(i)}$ 表示 x 的 i 阶导数. 例如一阶微分方程可写成 $F(x, y, y') = 0$.

将（7.9）式按未知函数最高阶微商解出的方程

$$y^{(n)} = f(x, y, y', \cdots, y^{(n-1)}) \tag{7.10}$$

称为 n 阶正规形常微分方程，而方程（7.9）也称为 n 阶隐式常微分方程.

例如，一阶正规形常微分方程是

$$y' = f(x, y)$$

7.1.3 微分方程的解

从 7.1.1 中所列举的常微分方程的例题我们看到，在研究某些实例时，首先要建立微分方程，然后设法找出满足微分方程的函数（即解微分方程），或者说，把这个函数代入微分方程中，使方程成为恒等式，这个函数叫微分方程的解，即

定义 3 设函数 $y = \varphi(x)$ 在区间 I 上具有连续 n 阶导数，如果在区间 I 上，有满足微分方程的函数

$$F[x, \varphi(x), \varphi'(x), \cdots, \varphi^{(n)}(x)] \equiv 0$$

那么称函数 $y = \varphi(x)$ 为微分方程（7.9）在区间 I 上的解.

例如，（7.2）和（7.7）分别是方程（7.1）和（7.5）的解，而（7.4）和 $s = \dfrac{1}{2}gt^2$ 也分别是

（7.1）和（7.5）的解，显然，这两种形式的解是有区别的，为此，我们引入

定义 4 如果微分方程的解中含有若干个独立的任意常数，且任意常数的个数与微分方程的阶数相同，这样的解称为微分方程的通解. 不含任何任意常数的解，称为微分方程的特解.
n 阶微分方程（7.9）或（7.10）的通解形式为 $y = \varphi(x, C_1, C_2, \cdots, C_n)$.

由于通解中含有任意常数，所以它还不能完全确定地反映某一客观事物的规律性. 而许多实际问题往往只关心微分方程满足某一个（或一组）特定条件的解，这种特定条件称为定解条件. 求方程之满足定解条件的解的问题称为定解问题. 例如，例 1 表示的定解问题是

$$\frac{\mathrm{d}y}{\mathrm{d}x} = 4x, \quad y\big|_{x=1} = 3.$$

这里，$y\big|_{x=1} = 3$ 是定解条件，也称为初值条件，它是最主要的定解条件. n 阶微分方程（7.9）的初值条件是

$$y\big|_{x=x_0} = y_0, y'\big|_{x=x_0} = y_1, \cdots, y^{(n-1)}\big|_{x=x_0} = y_{n-1} \tag{7.11}$$

这里 $x_0 \in I$ 是自变量的某个特定的值. 求微分方程在初值条件下的解的问题称为**初值问题**. 例如一阶微分方程的初值问题是

$$\begin{cases} \dfrac{\mathrm{d}y}{\mathrm{d}x} = f(x, y) \\ y\big|_{x=x_0} = y_0 \end{cases} \tag{7.12}$$

微分方程的特解的图形是一条几何曲线，称为微分方程的积分曲线. 初值问题（7.12）的几何意义，就是求微分方程的通过点 (x_0, y_0) 的那条积分曲线. 二阶微分方程的初值问题

$$\begin{cases} y'' = f(x, y, y') \\ y\big|_{x=x_0} = y_0 \\ y'\big|_{x=x_0} = y_1 \end{cases} \tag{7.13}$$

的几何意义，是求微分方程的通过点 (x_0, y_0) 且在该点处切线斜率为 y_1 的那条积分曲线.

例 4 验证下列函数是所给微分方程在区间 $(-\infty, +\infty)$ 上的解.

（1）$\dfrac{\mathrm{d}y}{\mathrm{d}x} = x\sqrt{y}$，$y = \dfrac{1}{16}x^4$；　　　　　　（2）$y'' - 2y' + y = 0$，$y = x\mathrm{e}^x$.

解 验证所给函数是方程的解的一个方法是把它代入方程后，看方程两边是否对区间上所有的 x 都成立.

（1）左边 $= \dfrac{\mathrm{d}}{\mathrm{d}x}(\dfrac{1}{16}x^4) = \dfrac{1}{4}x^3$，右边 $= x \cdot \sqrt{\dfrac{1}{16}x^4} = \dfrac{1}{4}x^3$，所以 $y = \dfrac{1}{16}x^4$ 是方程在区间 $(-\infty, +\infty)$ 上的解；

（2）左边 $= (xe^x)'' - 2(xe^x)' + xe^x = (xe^x + 2e^x) - 2(xe^x + e^x) + xe^x = 0$，右边 $= 0$，所以 $y = xe^x$ 是方程在区间 $(-\infty, +\infty)$ 上的解.

例 5 验证：函数 $x = C_1 \cos t + C_2 \sin t$ 是微分方程 $\dfrac{\mathrm{d}^2 x}{\mathrm{d}t^2} + x = 0$ 在区间 $(-\infty, +\infty)$ 上的解，并求解初值问题

$$\begin{cases} \dfrac{\mathrm{d}^2 x}{\mathrm{d}t^2} + x = 0 \\ x\big|_{t=0} = A \\ x'\big|_{t=0} = 0. \end{cases}$$

解 因为 $\dfrac{\mathrm{d}x}{\mathrm{d}t} = \dfrac{\mathrm{d}}{\mathrm{d}t}(C_1 \cos t + C_2 \sin t) = -C_1 \sin t + C_2 \cos t$

$$\dfrac{\mathrm{d}^2 x}{\mathrm{d}t^2} = \dfrac{\mathrm{d}}{\mathrm{d}t}(\dfrac{\mathrm{d}x}{\mathrm{d}t}) = -C_1 \cos t - C_2 \sin t = -(C_1 \cos t + C_2 \sin t).$$

将 $\dfrac{\mathrm{d}^2 x}{\mathrm{d}t^2}$ 及 x 的表达式代入方程中，有

$$-(C_1 \cos t + C_2 \sin t) + (C_1 \cos t + C_2 \sin t) \equiv 0.$$

这表明函数 $x = C_1 \cos t + C_2 \sin t$ 满足方程 $\dfrac{\mathrm{d}^2 x}{\mathrm{d}t^2} + x = 0$，且含有两个独立的任意常数，故函数 $x = C_1 \cos t + C_2 \sin t$ 是方程在区间 $(-\infty, +\infty)$ 上的通解.

其次，由条件 $x\big|_{t=0} = A$ 代入 $x = C_1 \cos t + C_2 \sin t$ 中，得 $C_1 = A$，再由条件 $x'\big|_{t=0} = 0$ 代入 $x' = -C_1 \sin t + C_2 \cos t$ 中，得 $C_2 = 0$，由此，得到初值问题的解

$$x = A \cos t.$$

例 6 求以函数 $y = \dfrac{1}{x^2 + C}$ 为通解的一阶微分方程，其中 C 为任意常数.

解 函数可变为

$$y(x^2 + C) = 1$$

方程两边同时对 x 求导，得

$$y'(x^2 + C) + 2xy = 0$$

由 $y = \dfrac{1}{x^2 + C}$，可得 $x^2 + C = \dfrac{1}{y}$，代入上式得

$$\dfrac{y'}{y} + 2xy = 0$$

这就是所要求的一阶微分方程.

习题 7.1

1. 指出下列各微分方程的阶:

（1）$y^{(4)} + x = 1$

（2）$(y'')^2 + \sin y = x^2 + 1$

（3）$\dfrac{\mathrm{d}^2 y}{\mathrm{d}x^2} + y' \sin x = \mathrm{e}^x$

（4）$(3x + 2y)\mathrm{d}x = xy\mathrm{d}y$

2. 指出下列各函数是否为已给微分方程的解或通解、特解（其中 C_1, C_2 为任意常数）.

（1）$xy' = 6y$，$y = 4x^2$

（2）$y'' - 3y' + 2y = 0$，$y = C_1 \mathrm{e}^x + C_2 \mathrm{e}^{2x}$

（3）$y'' + y = 0$，$y = 2\cos x + C_1 \sin x$

（4）$y' - x + y = 0$，$y = C_1 \mathrm{e}^{-x} + x - 1$

（5）$(x - y + 1)y' = 1$，$y - x = C_1 \mathrm{e}^y$

3. 确定下列函数中的 C_1, C_2 的值，使函数满足所给的初始条件:

（1）$x^2 - y^2 = C_1$，$y|_{x=0} = 1$

（2）$y = C_1 x \mathrm{e}^{-x} + C_2 \mathrm{e}^{-x}$，$y|_{x=0} = 1$，$y'|_{x=0} = 1$

4. 写出由下列条件确定的曲线方程所满足的微分方程:

（1）曲线在点 (x, y) 处的切线斜率等于该点横坐标的平方;

（2）曲线在点 (x, y) 处的切线与 x 轴交点的横坐标等于切点横坐标的两倍.

5. 求曲线族 $y = \dfrac{1}{Cx^2 + 1}$ （其中 C 为任意常数）所满足的一阶微分方程.

7.2 可分离变量的微分方程和齐次方程

一阶微分方程的一般形式为: $y' = f(x, y)$ 或者 $F(x, y, y') = 0$，对于一阶微分方程，没有特定的解法，本节介绍两种最常见的一阶微分方程的概念及其解法.

7.2.1 可分离变量的微分方程

定义 1 称形如

$$\frac{\mathrm{d}y}{\mathrm{d}x} = g(x)h(y) \tag{7.14}$$

的方程为可分离变量的一阶微分方程. 其中函数 $g(x), h(y)$ 均假定在相应的区间上连续.

例 1 判断下列方程是否为可分离变量的微分方程:

（1）$y' = 2xy$；

（2）$3x^2 - 2x + y' = 0$；

（3）$(x^2 + y^2)\mathrm{d}x + 2xy\mathrm{d}y = 0$；

（4）$y' = 1 - x + y^2 - xy^2$；

（5）$y' = 10^{x-y}$；

（6）$y' = \dfrac{x}{y} + \dfrac{y}{x}$.

解 （1）是. 分离变量可得 $y^{-1}\mathrm{d}y = 2x\mathrm{d}x$；

（2）是. 分离变量可得 $\mathrm{d}y = -(3x^2 - 2x)\mathrm{d}x$；

（3）不是；

（4）是．分离变量可得 $\dfrac{1}{1+y^2}\mathrm{d}y=(1-x)\mathrm{d}x$；

（5）是．分离变量可得 $10^y\mathrm{d}y=10^x\mathrm{d}x$；

（6）不是.

下面分两种情形讨论（7.14）的解法.

情形一 若 $h(y)\equiv1$，此时（7.14）变为

$$\frac{\mathrm{d}y}{\mathrm{d}x}=g(x) \tag{7.15}$$

利用原函数的概念，方程（7.15）的通解为

$$y=\int g(x)\mathrm{d}x+C \quad（\text{这里积分}\int g(x)\mathrm{d}x\text{不加}C） \tag{7.16}$$

例2 解微分方程 $y'=\sin x+\mathrm{e}^{2x}+x^3$.

解 方程两边同时积分，得

$$y=\int(\sin x+\mathrm{e}^{2x}+x^3)\mathrm{d}x=-\cos x+\frac{1}{2}\mathrm{e}^{2x}+\frac{1}{4}x^4+C.$$

情形二 当 $h(y)\neq0$ 时，若令 $z=\displaystyle\int\frac{1}{h(y)}\mathrm{d}y$，则

$$\frac{\mathrm{d}z}{\mathrm{d}x}=\frac{\mathrm{d}z}{\mathrm{d}y}\cdot\frac{\mathrm{d}y}{\mathrm{d}x}=\frac{1}{h(y)}\cdot g(x)h(y)=g(x)$$

利用求原函数的方法，有

$$H(y)=z=\int\frac{1}{h(y)}\mathrm{d}y=\int g(x)\mathrm{d}x=G(x)+C \tag{7.17}$$

称由函数关系式 $H(y)=G(x)+C$ 确定的 $y=y(x)$ 为方程（7.14）的**隐式通解**.

具体方程（7.14）求解的步骤如下：

（1）分离变量，将方程（7.14）变成

$$\frac{1}{h(y)}\mathrm{d}y=g(x)\mathrm{d}x$$

的形式；

（2）两边积分 $\quad H(y)=\displaystyle\int\frac{1}{h(y)}\mathrm{d}y=\int g(x)\mathrm{d}x=G(x)+C$

（3）若由 $H(y)=G(x)+C$ 能够求出显函数 $y=y(x)$ 或 $x=x(y)$，则求出，否则保留 $H(y)=G(x)+C$.

例3 求微分方程 $\dfrac{\mathrm{d}y}{\mathrm{d}x}=2xy$ 的通解.

解 此方程为可分离变量方程，分离变量得

$$\frac{1}{y}\mathrm{d}y=2x\mathrm{d}x$$

两边积分得

$$\int \frac{1}{y}\mathrm{d}y = \int 2x\mathrm{d}x$$

即

$$\ln|y| = x^2 + C_1$$

从而

$$y = \pm e^{x^2+C_1} = \pm e^{C_1}e^{x^2}$$

因为 $\pm e^{C_1}$ 仍表示任意常数，把它记作 C，便得所给方程的通解

$$y = Ce^{x^2}.$$

例 4　求微分方程 $\dfrac{\mathrm{d}y}{\mathrm{d}x} = 1 - x + y^2 - xy^2$ 的通解.

解　方程可化为

$$\frac{\mathrm{d}y}{\mathrm{d}x} = (1-x)(1+y^2)$$

分离变量得

$$\frac{1}{1+y^2}\mathrm{d}y = (1-x)\mathrm{d}x$$

两边积分得

$$\int \frac{1}{1+y^2}\mathrm{d}y = \int (1-x)\mathrm{d}x$$

即

$$\arctan y = -\frac{1}{2}x^2 + x + C$$

于是原方程的通解为 $y = \tan(-\dfrac{1}{2}x^2 + x + C)$.

在微分方程的通解中，常常会碰到以下几种常见函数，下面讨论这几种函数的化简：

（1）$\ln f(x) = g(x) + C_1$. 两边同时取以 e 为底的指数函数，得到

$$f(x) = e^{g(x)+C_1} = e^{C_1} \cdot e^{g(x)} = Ce^{g(x)}$$

（C_1 为任意常数，则 e^{C_1} 任为任意常数，用 C 代替）

（2）$\ln f(x) = \ln g(x) + C_1$. 两边同时取以 e 为底的指数函数，得到

$$e^{\ln f(x)} = e^{\ln g(x)+C_1} = e^{C_1} \cdot e^{\ln g(x)} = Cg(x) \Rightarrow f(x) = Cg(x)$$

（3）$\ln f(x) = -\ln g(x) + C_1$. 两边同时取以 e 为底的指数函数，得到

$$e^{\ln f(x)} = e^{-\ln g(x)+C_1} = e^{C_1} \cdot e^{-\ln g(x)} = \frac{C}{g(x)} \Rightarrow f(x) \cdot g(x) = C$$

例 5　求微分方程 $x\mathrm{d}y - \tan y\mathrm{d}x = 0$ 在初值条件 $y|_{x=1} = \dfrac{\pi}{4}$ 下的特解.

解　分离变量得

$$\cot y\mathrm{d}y = \frac{1}{x}\mathrm{d}x$$

两边积分得

$$\int \cot y \mathrm{d}y = \int \frac{1}{x} \mathrm{d}x,$$

即

$$\ln|\sin y| = \ln|x| + C_1$$

根据上面的讨论，原方程的通解可化为

$$\sin y = Cx$$

由 $y\big|_{x=1} = \dfrac{\pi}{4}$，解得 $C = \dfrac{\sqrt{2}}{2}$，所以微分方程的特解为

$$\sin y = \frac{\sqrt{2}}{2}x.$$

例 6　消费者购买 S 件产品的满意度 R 用微分方程模型可表示为

$$\frac{\mathrm{d}R}{\mathrm{d}S} = \frac{k}{S+1},$$

其中 k 是一个正的常数，求购买产品数与满意度 R 之间的关系.

解　分离变量，得

$$\frac{1}{k}\mathrm{d}R = \frac{\mathrm{d}S}{S+1}$$

两边积分得

$$\frac{R}{k} + C_1 = \ln|S+1|$$

化简可得

$$S = C\mathrm{e}^{\frac{R}{k}} - 1$$

显然，当 $S = 0$ 时，$R = 0$，解得 $C = 1$

所以购买产品数 S 与满意度 R 之间的关系可表示为

$$S = \mathrm{e}^{\frac{R}{k}} - 1.$$

例 7　生物种群中生物数量的数学模型

在生态学和环境经济学中经常需要计算某一地区某种生物群体中生物的总数. 生物群体的总数原来是整数，因此是离散量. 但当群体较大时，不妨用一个连续量（实数）来表示. 设时刻 t 该生物群体的数量为 $N(t)$，又设该群体的自然增长率（出生率与死亡率之差）为常数 r，即单位时间一个生物会导致增加 r 个生物. 考察时段 $[t, t+\Delta t]$ 该种群数量由自然增长引起的变化，则

$$N(t+\Delta t) - N(t) = rN(t)\Delta t$$

等式左边表示种群生物总量的变化，而右边表示在该时段内生物的自然增长率. 将等式两边同除以 Δt，并令 $\Delta t \to 0$，即得

$$\frac{\mathrm{d}N(t)}{\mathrm{d}t} = rN(t)$$

若在初始时刻 $t = 0$ 生物总数为 N_0，即 $N(0) = N_0$. 这二者结合得到初值问题

$$\begin{cases} \dfrac{dN}{dt} = rN \\ N(0) = N_0 \end{cases}$$

该方程的求解如下：

分离变量得

$$\frac{dN}{N} = r dt$$

两边积分得

$$N(t) = Ce^{rt}$$

由初值条件 $N(0) = N_0$，得 $C = N_0$．从而有

$$N(t) = N_0 e^{rt}.$$

由此可见，生物群体总数是指数增长的，这一增长规律称为马尔萨斯（Malthus）生物总数增长定律，相应地，上述数学模型称为马尔萨斯模型．

有人观察过一片土地上田鼠的数量，开始时为 2 只，2 个月后为 5 只，6 个月后为 20 只，10 个月后增加到 109 只．若设田鼠的自然增长率为 40%，那么田鼠数量可用 $N(t) = 2e^{0.4t}$ 来计算，用它分别计算 2 个月、6 个月和 10 个月的田鼠数量与观察到的田鼠数量比较如表 7-1 所示．

表 7-1

月数	0	2	6	10
观察数	2	5	20	109
计算数	2	4.5	22.0	109.2

由此可见用马尔萨斯生物总数增长定律来描述 10 个月中田鼠总数增长是相当精确的．

但按月增长 40% 的马尔萨斯增长定律，3 年后田鼠数量将达到 $N(36) = 2e^{0.4 \times 36} \approx 358815010$，10 年后超过 1.4×10^{21} 只，且随着 $t \to +\infty$ 田鼠数量趋于无穷，这显然是不合理的，模型需要修改．

马尔萨斯模型的一个十分明显的缺陷是没有反映环境和资源对群体自然增长率的影响，没有反映各生物成员之间为了争夺有限的生活场所、食物所进行的竞争，没有反映食物和养料的紧缺对增长率的影响．为克服这一缺陷，我们引入自限模型，又称逻辑斯蒂（Logistic）模型．

设在所考察的自然环境下，群体可能达到的最大总数（称为生存极限数）为 K，若开始时群体的自然增长率为 r，随着群体的增大，增长率下降，一旦群体总数达到 K，群体停止增长，即增长率为零．所以增长率是群体中生物总数的函数，可以用 $r(1 - \dfrac{N(t)}{K})$ 来描述，于是数学模型就可以改进为

$$\begin{cases} \dfrac{dN}{dt} = r(1 - \dfrac{N(t)}{K})N \\ N(0) = N_0 \end{cases}$$

仍采用分离变量法求解上述模型．模型的微分方程可以改写为

$$\frac{K\mathrm{d}N}{(K-N)N} = r\mathrm{d}t$$

注意到 $\dfrac{K}{(K-N)N} = \dfrac{1}{K-N} + \dfrac{1}{N}$，方程进一步化成

$$(\frac{1}{K-N} + \frac{1}{N})\mathrm{d}N = r\mathrm{d}t$$

积分得

$$\ln\frac{N}{K-N} = rt + C_1$$

或

$$\frac{N}{K-N} = C\mathrm{e}^{rt}$$

其中 C 是任意常数．利用初值条件易得 $C = \dfrac{N_0}{K-N_0}$．将 C 的表达式代入并解出 N，即得解的

表达式

$$N(t) = \frac{KC\mathrm{e}^{rt}}{1+C\mathrm{e}^{rt}} = \frac{K}{1+(\dfrac{K}{N_0}-1)\mathrm{e}^{-rt}}$$

有人曾用草履虫做试验，将 5 个草履虫放在 0.5 ml 盛有营养液的小试管中，连续 6 天观察草履虫的个数．他发现开始时，草履虫的增长率为 230.9%，后来增长逐渐缓慢，第 4 天草履虫的数量达到最高水平 375 个．若用自限模型，时刻 t（天）草履虫个数为

$$N(t) = \frac{375}{1+74\mathrm{e}^{-2.309t}}$$

将上述公式计算的结果和观察值一同画在图 7-1 中，曲线表示 $N(t)$ 的函数图形，圆圈表示观察值．易见两者吻合程度相当令人满意．

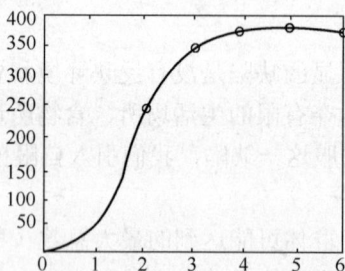

图 7-1　计算结果和观察值比较

逻辑斯蒂模型在经济领域有着十分广泛的应用，如下面的例子：

例 8　设某种商品在时刻 t 的销售量为 $Q(t)$，如果销售速度 $\dfrac{\mathrm{d}Q}{\mathrm{d}t}$ 与销售量 $Q(t)$ 及饱和销售量 a 与销售量 $Q(t)$ 之差的乘积成正比（比例系数为 k），试求销售量函数 $Q(t)$．假设初始时刻 $t=0$ 时的销售量为 Q_0．

解　由题意可得微分方程为

$$\frac{\mathrm{d}Q}{\mathrm{d}t} = kQ(a-Q)$$

初值条件为

$$Q|_{t=0} = Q_0$$

该方程是可分离变量的微分方程，分离变量得

$$\frac{\mathrm{d}Q}{Q(a-Q)} = k\mathrm{d}t$$

两端积分得

$$\ln\frac{Q}{a-Q} = akt + C_1$$

或

$$Q = \frac{a}{1 + Ce^{-akt}}$$

代入初值条件，可得 $C = \frac{a}{Q_0} - 1$，于是所求函数为

$$Q(t) = \frac{aQ_0}{Q_0(a-Q_0)\mathrm{e}^{-akt}} .$$

上述函数也称为逻辑斯蒂函数. 它的图形如图 7-2 所示，根据它的形状，一般也称为 S 曲线. 我们可以看到，它符合商品销售的规律：开始时，销售量增加得较快. 但是，随着越来越多的人们有了这种商品，它的销售速度显然要逐渐降低，并且趋于它的饱和销售量.

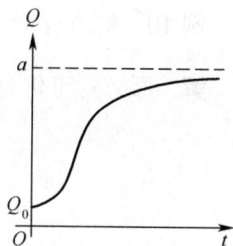

图 7-2

7.2.2　齐次方程

定义 2　如果一阶微分方程 $\frac{\mathrm{d}y}{\mathrm{d}x} = f(x,y)$ 中的函数 $f(x,y)$ 可写成关于 $\frac{y}{x}$ 的函数，即

$$\frac{\mathrm{d}y}{\mathrm{d}x} = f(x,y) = \varphi(\frac{y}{x}) \tag{7.18}$$

则称该方程为齐次方程.

例 9　讨论下列方程是否为齐次方程：

（1）$xy' - y - \sqrt{y^2 - x^2} = 0\,(x > 0)$；

（2）$\sqrt{1+x^2}\,y' = \sqrt{1+y^2}$；

（3）$(x^2 + y^2)\mathrm{d}x - xy\mathrm{d}y = 0$；

（4）$(x + y - 4)\mathrm{d}x - (3x + y - 1)\mathrm{d}y = 0$.

解　（1）是. 当 $x > 0$ 时，方程可化为 $\frac{\mathrm{d}y}{\mathrm{d}x} = \frac{y}{x} + \sqrt{(\frac{y}{x})^2 - 1}$；

（2）不是；

（3）是. 方程可化为 $\frac{\mathrm{d}y}{\mathrm{d}x} = \frac{y}{x} + \frac{x}{y}$；

（4）不是.

齐次方程（7.18）的解法如下：

作未知函数 $y = y(x)$ 的变换．令 $u = \dfrac{y}{x}$，即 $y = xu$，则 $\dfrac{dy}{dx} = u + x\dfrac{du}{dx}$，这时（7.18）可化为

$$u + x\frac{du}{dx} = \varphi(u)$$

它是一个可分离变量的方程，即

$$\frac{du}{dx} = \frac{1}{x}[\varphi(u) - u]$$

分离变量得

$$\frac{1}{\varphi(u) - u}du = \frac{1}{x}dx$$

两边积分得

$$\Phi(u) = \int \frac{1}{\varphi(u) - u}du = \int \frac{1}{x}dx = \ln|x| + C$$

将 u 还原成 $\dfrac{y}{x}$，便得到齐次方程（7.18）的通解．

例 10　解方程 $y^2 + x^2 \dfrac{dy}{dx} = xy\dfrac{dy}{dx}$．

解　原方程可化为

$$\frac{dy}{dx} = \frac{y^2}{xy - x^2} = \frac{(\frac{y}{x})^2}{\frac{y}{x} - 1}$$

该方程是齐次方程．令 $\dfrac{y}{x} = u$，则 $y = xu, \dfrac{dy}{dx} = u + x\dfrac{du}{dx}$，于是原方程变为

$$u + x\frac{du}{dx} = \frac{u^2}{u - 1}$$

即

$$x\frac{du}{dx} = \frac{u}{u - 1}$$

分离变量得

$$(1 - \frac{1}{u})du = \frac{dx}{x}$$

两边积分得

$$u - \ln|u| + C_1 = \ln|x| \quad \text{或} \quad \ln|xu| = u + C_1$$

将 u 还原成 $\dfrac{y}{x}$，便得到方程的通解

$$\ln|y| = \frac{y}{x} + C_1 \quad \text{或} \quad y = Ce^{\frac{y}{x}}.$$

例 11　求微分方程 $x\dfrac{dy}{dx} - y = 2\sqrt{xy}$ 满足初值条件 $y|_{x=1} = 0$ 的特解．

解 原方程可写成

$$\frac{\mathrm{d}y}{\mathrm{d}x} - \frac{y}{x} = 2\sqrt{\frac{y}{x}}$$

该方程是齐次方程. 令 $\frac{y}{x} = u$,则 $\frac{\mathrm{d}y}{\mathrm{d}x} = u + x\frac{\mathrm{d}u}{\mathrm{d}x}$

于是原方程变为

$$x\frac{\mathrm{d}u}{\mathrm{d}x} = 2\sqrt{u}$$

分离变量得

$$\frac{\mathrm{d}u}{2\sqrt{u}} = \frac{\mathrm{d}x}{x}$$

两边积分得

$$\sqrt{u} = \ln|x| + C_1 \quad \text{或} \quad x = C\mathrm{e}^{\sqrt{u}}$$

将 u 还原成 $\frac{y}{x}$,便得到方程的隐式通解

$$x = C\mathrm{e}^{\sqrt{\frac{y}{x}}}$$

代入初值条件 $y\big|_{x=1} = 0$,得 $C = 1$. 所以方程的特解为

$$x = \mathrm{e}^{\sqrt{\frac{y}{x}}}.$$

例 12 探照灯的聚光镜的镜面是一张旋转曲面,它的形状由 xOy 坐标面上的一条曲线 L 绕 x 轴旋转而成. 按聚光镜性能的要求,在其旋转轴(x 轴)上一点 O 处发出的一切光线,经它反射后都与旋转轴平行. 求曲线 L 的方程.

解 将光源所在的点 O 取作坐标原点(见图 7-3),且曲线 L 位于 $y \geqslant 0$ 范围内.

设点 $M(x,y)$ 为 L 上的任一点,点 O 发出的某条光线经点 M 反射后是一条与 x 轴平行的直线 MS . 又设过点 M 的切线 AT 与 x 轴的夹角为 α .

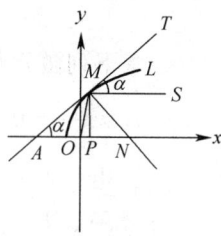

图 7-3

根据题意, $\angle SMT = \alpha$. 另一方面, $\angle OMA$ 是入射角的余角, $\angle SMT$ 是反射角的余角,于是由光学中的反射定律有 $\angle OMA = \angle SMT = \alpha$. 从而 $AO = OM$,但

$$AO = AP - OP = PM\cot\alpha - OP = \frac{y}{y'} - x$$

而 $OM = \sqrt{x^2 + y^2}$. 于是得微分方程

$$\frac{y}{y'} - x = \sqrt{x^2 + y^2}$$

把 x 看作因变量, y 看作自变量,当 $y > 0$ 时,上式即为

$$\frac{\mathrm{d}x}{\mathrm{d}y} = \frac{x}{y} + \sqrt{\left(\frac{x}{y}\right)^2 + 1}$$

这是齐次方程. 令 $\dfrac{x}{y}=v$，则 $x=yv$，$\dfrac{dx}{dy}=v+y\dfrac{dv}{dy}$，代入上式得

$$v+y\frac{dv}{dy}=v+\sqrt{v^2+1}$$

即

$$y\frac{dv}{dy}=\sqrt{v^2+1}$$

分离变量得

$$\frac{dv}{\sqrt{v^2+1}}=\frac{dy}{y}$$

两边积分得

$$\ln(v+\sqrt{v^2+1})=\ln y-\ln C$$

或

$$v+\sqrt{v^2+1}=\frac{y}{C}$$

由

$$(\frac{y}{C}-v)^2=v^2+1$$

得

$$\frac{y^2}{C^2}-\frac{2yv}{C}=1$$

以 $yv=x$ 代入上式，得

$$y^2=2C(x+\frac{C}{2})$$

这是以 x 轴为轴、焦点在原点的抛物线.

习题 7.2

1. 求下列微分方程的通解：

（1）$y'+y=0$ 　　　　　　　　　　（2）$\dfrac{dy}{dx}=\dfrac{y}{x}$

（3）$\dfrac{dy}{dx}=\dfrac{x}{y}$ 　　　　　　　　　　（4）$y'=e^{x-y}$

（5）$y'=e^{x+y}$ 　　　　　　　　　　（6）$xy'-y\ln y=0$

（7）$(x+1)y'=x(y^2+1)$ 　　　　　（8）$(x^2-4x)y'+y=0$

2. 求下列微分方程满足所给初始条件的特解：

（1）$xdy+2ydx=0$，$y\big|_{x=2}=1$ 　　　（2）$y'=(1+x+x^2)y$，$y\big|_{x=0}=e$

（3）$y'\sin x=y\ln y$，$y\big|_{x=\frac{\pi}{2}}=e$ 　　（4）$(1+e^x)yy'=e^x$，$y\big|_{x=0}=1$

3. 求下列微分方程的通解：

（1）$y'=\dfrac{y}{x}+e^{\frac{y}{x}}$ 　　　　　　　　（2）$y'=\dfrac{y}{y-x}$

（3）$x\dfrac{dy}{dx}=y\ln\dfrac{y}{x}$ 　　　　　　（4）$xy'-x\sin\dfrac{y}{x}-y=0$

4. 求下列微分方程满足所给初始条件的特解：

（1）$y' = \dfrac{y}{x} + \dfrac{x}{y}, y\big|_{x=1} = 2$ （2）$(x+y)\mathrm{d}y + y\mathrm{d}x = 0, y\big|_{x=1} = 2$

（3）$y' - \dfrac{y}{x} = \tan\dfrac{y}{x}, y\big|_{x=1} = \dfrac{\pi}{6}$ （4）$y' - \dfrac{y}{x} + \dfrac{\ln x}{x} = 0, y\big|_{x=1} = 1$

5. 镭的衰变规律问题 放射性元素镭由于不断地有原子放射处微粒子而变成其他元素，镭的含量就不断地减少，这种现象称为衰变. 由原子物理学知，镭的衰变速度与它的现存量 M 成正比. 由经验材料得知，镭经过经过 1600 年后，只余原始量 M_0 的一半，试求镭的量 M 与时间 t 的关系.

6. 冷却的规律问题 一杯 100℃ 的沸水放置在室温为 20℃ 的环境中自然冷却. 如果 5 分钟后测得杯中水温为 60℃，求水温 T(℃)与时间 t(min)之间的关系.

7.3 线性微分方程

线性微分方程是微分方程中一类理论完备且应用广泛的微分方程. 所谓**线性微分方程**是指在方程中，未知函数及其导数都是一次的方程，其一般形式是

$$a_0(x)y^{(n)} + a_1(x)y^{(n-1)} + \cdots + a_{n-1}(x)y' + a_n(x)y = f(x)$$

这里，$a_0(x), a_1(x), \cdots, a_{n-1}(x), a_n(x), f(x)$ 为已知在某区间上的连续函数.

本节仅就一阶线性微分方程和二阶常系数齐次线性微分方程介绍其解法.

7.3.1 一阶线性微分方程

定义 1 形如

$$\frac{\mathrm{d}y}{\mathrm{d}x} + P(x)y = Q(x) \tag{7.19}$$

的方程称为一阶线性微分方程，其中函数 $P(x)$ 和 $Q(x)$ 在某区间 I 上连续. 当 $Q(x) \equiv 0$ 时，即方程

$$\frac{\mathrm{d}y}{\mathrm{d}x} + P(x)y = 0 \tag{7.20}$$

称为一阶齐次线性微分方程，当 $Q(x) \neq 0$ 时，方程（7.19）也称为一阶非齐次线性微分方程.

例 1 讨论下列各方程是否为线性微分方程：

（1）$(x+2)\dfrac{\mathrm{d}y}{\mathrm{d}x} = y$ ； （2）$x^2 + 5x - y' = 0$ ；

（3）$y' + y\sin x = \mathrm{e}^{-\cos x}$ ； （4）$\dfrac{\mathrm{d}y}{\mathrm{d}x} = 10^{x+y}$.

解 （1）是齐次线性微分方程. 方程可化为 $\dfrac{\mathrm{d}y}{\mathrm{d}x} - \dfrac{1}{x+2}y = 0$，其中 $P(x) = -\dfrac{1}{x+2}$ ；

（2）是非齐次线性微分方程. 方程可化为 $y' = x^2 + 5x$，其中 $P(x) = 0, Q(x) = x^2 + 5x$ ；

（3）是非齐次线性微分方程. 其中 $P(x) = \sin x, Q(x) = \mathrm{e}^{-\cos x}$ ；

（4）不是线性微分方程.

下面先讨论一阶齐次线性微分方程（7.20）的解法.

由于方程（7.20）又是可分离变量的微分方程．分离变量得

$$\frac{\mathrm{d}y}{y} = -P(x)\mathrm{d}x$$

两边积分得

$$\ln|y| = -\int P(x)\mathrm{d}x + C_1 \quad（这里积分 \int P(x)\mathrm{d}x \text{ 不加 } C）$$

或

$$y = Ce^{-\int P(x)\mathrm{d}x} \quad (C = \pm e^{C_1}) \tag{7.21}$$

这就是一阶齐次线性微分方程的通解．

例 2　求方程 $(x-2)\dfrac{\mathrm{d}y}{\mathrm{d}x} = y$ 的通解.

解　方程可化为

$$\frac{\mathrm{d}y}{\mathrm{d}x} - \frac{1}{x-2}y = 0$$

该方程为一阶齐次线性微分方程，$P(x) = -\dfrac{1}{x-2}$，所以其通解为

$$y = Ce^{-\int P(x)\mathrm{d}x} = Ce^{-\int -\frac{1}{x-2}\mathrm{d}x} = Ce^{\ln(x-2)} = C(x-2) .$$

下面我们在一阶齐次线性微分方程解的基础上，来讨论一阶非齐次线性微分方程（7.19）的解法．一阶齐次线性微分方程是一阶非齐次线性微分方程的一个特例，因此它们的解的形式应该有相似之处，那么如何由一阶齐次线性微分方程的通解来推导一阶非齐次线性微分方程的通解呢，这里介绍一种常用的方法，称为常数变易法．

将一阶齐次线性微分方程的通解（7.21）中的常数 C 换成关于 x 的未知函数 $u(x)$，即

$$y = u(x)e^{-\int P(x)\mathrm{d}x}$$

设想该函数就是一阶非齐次线性微分方程的通解．代入（7.19）式，得

$$u'(x)e^{-\int P(x)\mathrm{d}x} - u(x)e^{-\int P(x)\mathrm{d}x}P(x) + P(x)u(x)e^{-\int P(x)\mathrm{d}x} = Q(x)$$

化简得

$$u'(x) = Q(x)e^{\int P(x)\mathrm{d}x}$$

两边积分得

$$u(x) = \int Q(x)e^{\int P(x)\mathrm{d}x}\mathrm{d}x + C \quad（这里两个积分均不加 C）$$

于是得到（7.19）的通解为

$$y = e^{-\int P(x)\mathrm{d}x}\left[\int Q(x)e^{\int P(x)\mathrm{d}x}\mathrm{d}x + C\right] \tag{7.22}$$

或

$$y = Ce^{-\int P(x)\mathrm{d}x} + e^{-\int P(x)\mathrm{d}x}\int Q(x)e^{\int P(x)\mathrm{d}x}\mathrm{d}x \tag{7.23}$$

令（7.22）式中的 $C = 0$，得到（7.19）的一个特解

$$y = e^{-\int P(x)\mathrm{d}x}\int Q(x)e^{\int P(x)\mathrm{d}x}\mathrm{d}x$$

与（7.23）式相比较，可以看出，一阶非齐次线性微分方程的通解等于对应的一阶齐次线性微分方程的通解($Ce^{-\int P(x)dx}$)与一阶非齐次线性微分方程的一个特解之和.

例 3　求方程 $\dfrac{dy}{dx} - \dfrac{2y}{x+1} = (x+1)^{\frac{5}{2}}$ 的通解.

解　这是一个一阶非齐次线性微分方程，其中 $P(x) = -\dfrac{2}{x+1}$，$Q(x) = (x+1)^{\frac{5}{2}}$.

因为 $\displaystyle\int P(x)dx = \int(-\dfrac{2}{x+1})dx = -2\ln(x+1)$（积分不加 C），所以

$$e^{-\int P(x)dx} = e^{2\ln(x+1)} = (x+1)^2 \text{（积分不加 } C\text{）}$$

$$\int Q(x)e^{\int P(x)dx}dx = \int(x+1)^{\frac{5}{2}}(x+1)^{-2}dx = \int(x+1)^{\frac{1}{2}}dx = \frac{2}{3}(x+1)^{\frac{3}{2}} \text{（积分不加 } C\text{）}$$

所以方程的通解为

$$y = e^{-\int P(x)dx}\left[\int Q(x)e^{\int P(x)dx}dx + C\right] = (x+1)^2\left[\frac{2}{3}(x+1)^{\frac{3}{2}} + C\right].$$

例 4　求微分方程 $\dfrac{dy}{dx} - \dfrac{y}{x} = 2x^2$ 满足初值条件 $y|_{x=1} = 3$ 的特解.

解　这是一个一阶非齐次线性微分方程，其中 $P(x) = -\dfrac{1}{x}$，$Q(x) = 2x^2$. 根据公式（7.22），得方程的通解为

$$y = e^{-\int P(x)dx}\left[\int Q(x)e^{\int P(x)dx}dx + C\right]$$

$$= e^{-\int -\frac{1}{x}dx}\left[\int 2x^2 e^{\int -\frac{1}{x}dx}dx + C\right] = x\left(\int 2xdx + C\right) = x(x^2 + C)$$

代入初始条件 $y|_{x=1} = 3$，得 $C = 2$，所以方程的特解为

$$y = x(x^2 + 2).$$

例 5　某商场的经营成本 C 随销售量 Q 增加的变化率等于销售量 Q 与成本 C 之差再加上常数 1，当销售量为 0 时，需要固定成本 400 元，求成本函数.

解　经营成本 C 随销售量 Q 增加的变化率即 $\dfrac{dC}{dQ}$，于是

$$\frac{dC}{dQ} = Q - C + 1$$

方程可化为一阶非齐次线性微分方程

$$\frac{dC}{dQ} + C = Q + 1$$

解方程得到

$$C = Q + Ke^{Q} \text{（为了区别 } C\text{，任意常数用 } K \text{ 表示）}$$

代入初始条件 $C|_{Q=0} = 400$，得 $K = 400$. 所以成本关于销量的函数为

$$C = Q + 400e^{Q}.$$

例 6　求微分方程 $\dfrac{\mathrm{d}y}{\mathrm{d}x}=\dfrac{1}{x+y}$ 的通解.

解　**解法 1**　方程看上去既不能直接分离变量，也不是线性方程，难以求解，但如果把 y 看作自变量，x 看作因变量，方程两边同时取倒数，得

$$\frac{\mathrm{d}x}{\mathrm{d}y}=x+y$$

就可以看出这是一个关于自变量 y 的一阶线性微分方程. 这里，$P(y)=-1,Q(y)=y$，所以其通解为

$$\begin{aligned}
x &= \mathrm{e}^{-\int P(y)\mathrm{d}y}\Big[\int Q(y)\mathrm{e}^{\int P(y)\mathrm{d}y}\mathrm{d}y+C\Big]\\
&= \mathrm{e}^{-\int-1\mathrm{d}y}\Big[\int y\mathrm{e}^{\int-1\mathrm{d}y}\mathrm{d}y+C\Big]\\
&= \mathrm{e}^{y}\Big[\int y\mathrm{e}^{-y}\mathrm{d}y+C\Big]\\
&= \mathrm{e}^{y}[\mathrm{e}^{-y}(-y-1)+C]\\
&= C\mathrm{e}^{y}-y-1.
\end{aligned}$$

解法 2　方程还可以利用解齐次方程所用的变量替换法来求解. 令 $x+y=u$，$y=u-x$，$\dfrac{\mathrm{d}y}{\mathrm{d}x}=\dfrac{\mathrm{d}u}{\mathrm{d}x}-1$，则原方程化为

$$\frac{\mathrm{d}u}{\mathrm{d}x}-1=\frac{1}{u},\quad 即\ \frac{\mathrm{d}u}{\mathrm{d}x}=\frac{u+1}{u}$$

分离变量得

$$\frac{u}{u+1}\mathrm{d}u=\mathrm{d}x$$

两边积分得

$$u-\ln|u+1|=x+C_1$$

以 $u=x+y$ 代入上式，得到方程的通解为

$$y-\ln|x+y+1|=C_1\quad 或\quad x=C\mathrm{e}^{y}-y-1.$$

对于一阶微分方程的求解，关键是要确定方程的类型，然后根据其类型来寻求适当的解法，在求解的过程中，解法也不是固定不变的.

7.3.2　二阶常系数线性微分方程

1. 二阶线性微分方程解的结构

定义 2　形如

$$y''+p(x)y'+q(x)y=f(x) \tag{7.24}$$

的方程，称为二阶线性微分方程.

若方程右端 $f(x)\equiv0$ 时，方程

$$y''+p(x)y'+q(x)y=0 \tag{7.25}$$

称为二阶齐次线性微分方程，否则称为二阶非齐次线性微分方程.

在讨论二阶线性微分方程的解法之前，我们先来了解二阶齐次线性微分方程（7.25）的解

的结构.

定理 1　如果函数 $y_1 = y_1(x)$ 与 $y_2 = y_2(x)$ 是二阶齐次线性微分方程

$$y'' + p(x)y' + q(x)y = 0$$

的两个解，那么

$$y = C_1 y_1(x) + C_2 y_2(x) \tag{7.26}$$

也是方程的解，其中 C_1、C_2 是任意常数.

证　$[C_1 y_1 + C_2 y_2]' = C_1 y_1' + C_2 y_2'$，$[C_1 y_1 + C_2 y_2]'' = C_1 y_1'' + C_2 y_2''$

因为 y_1 与 y_2 是方程 $y'' + p(x)y' + q(x)y = 0$ 的解，所以有

$$y_1'' + p(x)y_1' + q(x)y_1 = 0 \text{ 及 } y_2'' + p(x)y_2' + q(x)y_2 = 0$$

从而

$$[C_1 y_1 + C_2 y_2]'' + p(x)[C_1 y_1 + C_2 y_2]' + q(x)[C_1 y_1 + C_2 y_2]$$
$$= C_1[y_1'' + p(x)y_1' + q(x)y_1] + C_2[y_2'' + p(x)y_2' + q(x)y_2] = 0$$

这就证明了 $y = C_1 y_1(x) + C_2 y_2(x)$ 也是方程 $y'' + p(x)y' + q(x)y = 0$ 的解.

定理 1 表明：二阶齐次线性微分方程的解符合叠加原理.

我们知道，二阶微分方程的通解中应包含两个独立的任意常数，在定理 1 中，我们证明了（7.26）就是（7.25）的解，但不一定是通解，因为这里的两个任意常数 C_1、C_2 不一定是独立的. 所谓两个任意常数独立，是指它们不能合并成一个任意常数.

例如，对于 $y_1(x) = x$，$y_2(x) = 2x$，此时

$$C_1 y_1(x) + C_2 y_2(x) = C_1 x + 2C_2 x = Cx$$

即这里的两个任意常数 C_1、C_2 可以合并成一个任意常数 C，所以 C_1、C_2 不是独立的.

又例如，当 $y_1(x) = x$，$y_2(x) = x^2$ 时，

$$C_1 y_1(x) + C_2 y_2(x) = C_1 x + C_2 x^2$$

中的两个任意常数 C_1、C_2 无论如何也不能合并成一个任意常数，因此它们是独立的.

可见 C_1、C_2 是否独立取决于函数 $y_1(x)$、$y_2(x)$，当 $\dfrac{y_2(x)}{y_1(x)} \equiv$ 常数时，C_1、C_2 不独立；当 $\dfrac{y_2(x)}{y_1(x)} \neq$ 常数时，C_1、C_2 独立，有如下定义：

定义 3　如果区间 I 上的两个函数 $y_1(x)$、$y_2(x)$ 满足关系式

$$\frac{y_2(x)}{y_1(x)} \equiv 常数$$

则称函数 $y_1(x)$、$y_2(x)$ 在区间 I 上线性相关，否则称为线性无关.

例如，$2x$，$4x$ 是线性相关的，因为 $\dfrac{2x}{4x} \equiv \dfrac{1}{2}$；$\sin x$，$\cos x$ 是线性无关的，因为 $\dfrac{\sin x}{\cos x} = \tan x \neq$ 常数.

当 $y_1(x)$、$y_2(x)$ 线性无关时，有如下定理：

定理 2　如果函数 $y_1(x)$、$y_2(x)$ 是方程（7.25）的两个线性无关的解，那么

$$y = C_1 y_1(x) + C_2 y_2(x) \quad (C_1、C_2 是任意常数)$$

就是方程（7.25）的通解.

例7 验证 $y_1 = \cos x$ 与 $y_2 = \sin x$ 是方程 $y'' + y = 0$ 的两个线性无关解，并写出方程的通解.

证 将 y_1 和 y_2 代入方程，得

$$y_1'' + y_1 = -\cos x + \cos x = 0 , \quad y_2'' + y_2 = -\sin x + \sin x = 0$$

所以 $y_1 = \cos x$ 与 $y_2 = \sin x$ 都是方程的解.

因为 $\dfrac{y_1}{y_2} = \cot x \neq$ 常数，所以 $\cos x$ 与 $\sin x$ 在 $(-\infty, +\infty)$ 内是线性无关的. 即 $y_1 = \cos x$ 与 $y_2 = \sin x$ 是方程 $y'' + y = 0$ 的两个线性无关解. 所以方程的通解为

$$y = C_1 \cos x + C_2 \sin x .$$

我们把方程 $y'' + p(x)y' + q(x)y = 0$ 称为 $y'' + p(x)y' + q(x)y = f(x)$ 对应的二阶齐次线性微分方程. 对于二阶非齐次线性微分方程，有如下定理：

定理3 设 $y*(x)$ 是二阶非齐次线性微分方程

$$y'' + p(x)y' + q(x)y = f(x)$$

的一个特解，$Y(x)$ 是对应的二阶齐次线性微分方程的通解，那么

$$y = Y(x) + y*(x)$$

是二阶非齐次线性微分方程的通解.

证 因为 $[Y(x) + y*(x)]'' + P(x)[Y(x) + y*(x)]' + Q(x)[Y(x) + y*(x)]$

$$= [Y'' + P(x)Y' + Q(x)Y] + [(y*)'' + P(x)(y*) + Q(x)y*]$$

$$= 0 + f(x) = f(x) .$$

所以，$y = Y(x) + y*(x)$ 是二阶非齐次线性微分方程的通解.

例如，$Y = C_1 \cos x + C_2 \sin x$ 是二阶齐次线性微分方程 $y'' + y = 0$ 的通解，$y* = x^2 - 2$ 是二阶非齐次线性微分方程 $y'' + y = x^2$ 的一个特解，因此 $y = C_1 \cos x + C_2 \sin x + x^2 - 2$ 是方程 $y'' + y = x^2$ 的通解.

下面我们利用上面的理论来讨论一种特殊的二阶齐次线性微分方程的解法.

2. 二阶常系数齐次线性微分方程的解法

定义4 将二阶齐次线性微分方程 $y'' + p(x)y' + q(x)y = 0$ 中的函数系数 $p(x)$、$q(x)$ 分别取常数 p、q，得到的方程

$$y'' + py' + qy = 0 \tag{7.27}$$

称为二阶常系数齐次线性微分方程，其中 p、q 均为常数.

由定理2知，如果 y_1、y_2 是（7.27）的两个线性无关解，那么 $y = C_1 y_1 + C_2 y_2$ 就是它的通解.

我们知道，当 r 为常数时，指数函数 e^{rx} 和它的各阶导数都只相差一个常数因子，由于指数函数的这个特点，我们用指数函数 $y = e^{rx}$ 来尝试，看能否适当选取 r，使得 $y = e^{rx}$ 满足方程（7.27），为此将 $y = e^{rx}$ 代入方程（7.27），得

$$(r^2 + pr + q)e^{rx} = 0$$

因为 $e^{rx} > 0$，故只要 r 满足代数方程

$$r^2 + pr + q = 0 \tag{7.28}$$

函数 $y = e^{rx}$ 就是（7.27）的解.

方程 （7.28）称为（7.27）的**特征方程**. 它的两个根 r_1、r_2 可用公式

$$r_{1,2} = \frac{-p + \pm\sqrt{p^2 - 4q}}{2}$$

求出，称为**特征根**.

下面我们根据特征根的情况来讨论（7.27）的解.

（1）当特征方程有两个不相等的实根 r_1、r_2 时，函数 $y_1 = e^{r_1 x}$，$y_2 = e^{r_2 x}$ 是方程的两个线性无关的解. 这是因为函数 $y_1 = e^{r_1 x}$，$y_2 = e^{r_2 x}$ 是方程的解，且

$$\frac{y_2}{y_1} = \frac{e^{r_2 x}}{e^{r_1 x}} = e^{(r_2 - r_1)x} \neq 常数$$

因此（7.27）的通解为

$$y = C_1 e^{r_1 x} + C_2 e^{r_2 x}.$$

（2）当特征方程有两个相等的实根时，即 $r_1 = r_2$，函数 $y_1 = e^{r_1 x}$ 是（7.27）的解，此时还需要求出一个与 $y_1 = e^{r_1 x}$ 线性无关的解，才能得到方程的通解. 可以证明，$y_2 = xe^{r_1 x}$ 满足要求，因为

$$(xe^{r_1 x})'' + p(xe^{r_1 x})' + q(xe^{r_1 x}) = (2r_1 + xr_1^2)e^{r_1 x} + p(1 + xr_1)e^{r_1 x} + qxe^{r_1 x}$$
$$= e^{r_1 x}(2r_1 + p) + xe^{r_1 x}(r_1^2 + pr_1 + q) = e^{r_1 x}(2r_1 + p)$$

又因为 $r_1 = r_2, r_1 + r_2 = -p$，所以 $2r_1 + p = 0$，于是

$$(xe^{r_1 x})'' + p(xe^{r_1 x})' + q(xe^{r_1 x}) = 0$$

这样，$y_2 = xe^{r_1 x}$ 也是（7.27）的解，且 $\frac{y_2}{y_1} = \frac{xe^{r_1 x}}{e^{r_1 x}} = x \neq 常数$，所以 y_1, y_2 线性无关.

因此（7.27）的通解为

$$y = C_1 e^{r_1 x} + C_2 xe^{r_1 x}.$$

（3）当特征方程有一对共轭复根 $r_{1,2} = \alpha \pm i\beta$ 时，函数 $y = e^{(\alpha + i\beta)x}$、$y = e^{(\alpha - i\beta)x}$ 是（7.27）的两个线性无关的复数形式的解. 由于我们通常需要实数形式的解，所以还需要找两个实数形式的线性无关解，利用欧拉公式

$$y_1 = e^{(\alpha + i\beta)x} = e^{\alpha x}(\cos \beta x + i\sin \beta x)$$
$$y_2 = e^{(\alpha - i\beta)x} = e^{\alpha x}(\cos \beta x - i\sin \beta x)$$

令

$$y_3 = \frac{1}{2}(y_1 + y_2) = e^{\alpha x}\cos \beta x$$

$$y_4 = \frac{1}{2i}(y_1 - y_2) = e^{\alpha x}\sin \beta x$$

由定理 1 知，y_3, y_4 也是方程（7.27）的解，又

$$\frac{y_4}{y_3} = \tan \beta x \neq 常数$$

所以，y_3, y_4 线性无关，因此（7.27）的通解为

$$y = e^{\alpha x}(C_1 \cos \beta x + C_2 \sin \beta x).$$

根据以上讨论，我们得到求二阶常系数齐次线性微分方程 $y'' + py' + qy = 0$ 的通解的步骤为：

（1）写出微分方程的特征方程 $r^2 + pr + q = 0$；

（2）求出特征方程的两个根 r_1、r_2；

（3）根据特征方程的两个根的不同情况，写出微分方程的通解.

例 8 求微分方程 $y'' + 2y' - 3y = 0$ 的通解.

解 所给微分方程的特征方程为

$$r^2 + 2r - 3 = 0，即 (r-1)(r+3) = 0.$$

其特征根 $r_1 = 1$，$r_2 = -3$ 是两个不相等的实根，因此方程的通解为：

$$y = C_1 e^x + C_2 e^{-3x}.$$

例 9 求方程 $y'' + 2y' + y = 0$ 满足初值条件 $y|_{x=0} = 4$、$y'|_{x=0} = -2$ 的特解.

解 所给方程的特征方程为

$$r^2 + 2r + 1 = 0，即 (r+1)^2 = 0.$$

其特征根 $r_1 = r_2 = -1$ 是两个相等的实根，因此方程的通解为

$$y = (C_1 + C_2 x)e^{-x} \tag{7.29}$$

将条件 $y|_{x=0} = 4$ 代入（7.29），得 $C_1 = 4$，从而

$$y = (4 + C_2 x)e^{-x}.$$

将上式对 x 求导，得：

$$y' = (C_2 - 4 - C_2 x)e^{-x}.$$

再把条件 $y'|_{x=0} = -2$ 代入上式，得 $C_2 = 2$. 于是方程的特解为

$$y = (4 + 2x)e^{-x}.$$

例 10 求微分方程 $y'' - 2y' + 5y = 0$ 的通解.

解 所给方程的特征方程为

$$r^2 - 2r + 5 = 0.$$

特征根为 $r_1 = 1 + 2i$，$r_2 = 1 - 2i$，是一对共轭复根，因此方程的通解为

$$y = e^x(C_1 \cos 2x + C_2 \sin 2x).$$

例 11 将一根弹簧的上端固定，下端挂一个质量为 m 的物体，假设物体在受到一外力的作用下离开平衡位置开始运动，迅速撤去外力，之后物体仅仅受到弹簧的恢复力的作用，不考虑阻力的作用，讨论弹簧的振动规律.

解 设 t 时刻物体的位移为 $s = s(t)$，则物体获得的加速度 $a = \dfrac{d^2 s}{dt} = s''$，由胡克定律知，在弹性限度内，弹簧恢复力

$$f = -ks \quad (k > 0，为弹簧系数)$$

由牛顿第二定律，有

$$f = ma = ms''$$

于是得到微分方程

$$ms'' + ks = 0$$

这是一个二阶常系数齐次线性微分方程，特征方程为

$$r^2 + \frac{k}{m} = 0$$

为了计算方便，这里设 $\omega = \frac{k}{m}$，解得特征根为 $r = \pm\omega i$，所以方程的通解为

$$s(t) = C_1 \sin \omega t + C_2 \cos \omega t$$

进一步，$s(t)$ 可化为

$$s(t) = A \sin(\omega t + \varphi)，\quad A = \sqrt{C_1^2 + C_2^2}，\quad \tan \varphi = \frac{C_2}{C_1}$$

这就是我们常见的简谐振动方程，振幅为 A，角速度为 ω.

二阶常系数非齐次线性微分方程的解法比较繁琐，在此，我们不再讨论，仅介绍用软件 Matlab 求解的方法.

习题 7.3

1．解下列一阶线性微分方程：

（1）$y' - y = e^{-x}$

（2）$y' - y = 2xe^x$

（3）$y' + 2xy = 2xe^{-x^2}$

（4）$y' - y \cot x = 2x \sin x$.

2．求下列微分方程满足所给初始条件的特解：

（1）$y' + 3y = 8$，$y\big|_{x=0} = 2$

（2）$xy' + y = \sin x$，$y\big|_{x=\pi} = 1$

（3）$xy' + 2y - x^2 = 0$，$y\big|_{x=2} = 2$

（4）$xy' + y = e^x$，$y\big|_{x=1} = e$

3．下列各组函数哪些线性相关？哪些线性无关？

（1）$3x$ 与 x^2

（2）x^4 与 $\frac{1}{3}x^4$

（3）e^x 与 $x^2 e^x$

（4）$\sin 3x$ 与 $\sin 4x$

（5）$\ln(x^2 + 1)$ 与 $\ln(x^2 + 1)^3$

（6）$\frac{x}{2}$ 与 $\frac{2}{x}$

4．验证函数 $y_1 = e^{4x}$ 与 $y_2 = e^{-x}$ 是方程 $y'' - 3y' - 4y = 0$ 的两个解，并写出该方程的通解.

5．求下列微分方程的通解：

（1）$y'' - y' - 2y = 0$

（2）$y'' + 4y' + 4y = 0$

（3）$y'' + 4y' = 0$

（4）$y'' + 4y = 0$

（5）$y'' + 4y' + 5y = 0$

（6）$y'' + 3y' + 2y = 0$

（7）$y'' + 6y' + 11y = 0$

（8）$4\dfrac{d^2 x}{dt^2} - 20\dfrac{dx}{dt} + 25x = 0$

6．求下列微分方程满足所给初始条件的特解：

（1）$y'' - 5y' + 6y = 0$，$y\big|_{x=0} = 1$，$y'\big|_{x=0} = -4$

（2）$y'' - 4y' + 13y = 0$，$y\big|_{x=0} = 0$，$y'\big|_{x=0} = 3$

（3）$y'' + y' = 0$，$y\big|_{x=0} = 2$，$y'\big|_{x=0} = -1$

（4）$y'' + 25y = 0$，$y\big|_{x=0} = 2$，$y'\big|_{x=0} = 5$

7.4　可降阶的二阶微分方程

二阶和二阶以上的微分方程统称为高阶微分方程．在 7.2 和 7.3 节中介绍的求解微分方程的方法，常称为初等积分法．然而对于高阶微分方程，用初等积分法几乎不可能求出其解，但对于某些特殊形式的二阶微分方程，通过合适的变量替换方法，可将其化为一阶微分方程求解，我们称这一类二阶方程为可降阶的微分方程．这一节我们将讨论三类可降阶的微分方程的解法．

7.4.1　$y'' = f(x)$ 型的微分方程

方程右边仅含有自变量 x，两边积分可得

$$y' = \int f(x)\mathrm{d}x + C_1 \text{（积分不加任意常数）}$$

方程变成了一阶微分方程，方程右边仍只含有自变量 x，两边再次积分可得其通解为

$$y = \int [\int f(x)\mathrm{d}x + C_1]\mathrm{d}x + C_2 \text{（积分都不加任意常数）}$$

依此类推，n 阶微分方程 $y^{(n)} = f(x)$ 只需将方程两边积分 n 次，便得到含有 n 个任意常数的通解．

例 1　求微分方程 $y''' = \mathrm{e}^{2x} - \cos x$ 的通解．

解　对所给方程接连积分三次，得

$$y'' = \frac{1}{2}\mathrm{e}^{2x} - \sin x + C_1 ;$$

$$y' = \frac{1}{4}\mathrm{e}^{2x} + \cos x + C_1 x + C_2 ;$$

$$y = \frac{1}{8}\mathrm{e}^{2x} + \sin x + \frac{1}{2}C_1 x^2 + C_2 x + C_3 ,$$

这就是方程的通解．

7.4.2　$y'' = f(x, y')$ 型的微分方程

与二阶微分方程的标准形式 $y'' = f(x, y, y')$ 相比较，此类方程不含有未知函数 y，解法如下：令 $y' = p$，则 $y'' = p'$，方程 $y'' = f(x, y')$ 化为

$$p' = f(x, p)$$

这是一个关于因变量 p 和自变量 x 的一阶微分方程，设其通解为 $p = \varphi(x, C_1)$，即

$$\frac{\mathrm{d}y}{\mathrm{d}x} = \varphi(x, C_1)$$

由 7.4.1 知，方程的通解为

$$y = \int \varphi(x, C_1) \mathrm{d}x + C_2 .$$

例 2　求微分方程 $(1 + x^2)y'' = 2xy'$ 满足初值条件 $y|_{x=0}=1$，$y'|_{x=0}=3$ 的特解.

解　设 $y' = p$，代入方程并分离变量后，有

$$\frac{\mathrm{d}p}{p} = \frac{2x}{1 + x^2} \mathrm{d}x$$

两边积分得

$$\ln |p| = \ln(1 + x^2) + C$$

即

$$p = y' = C_1(1 + x^2) \quad (C_1 = \pm \mathrm{e}^C)$$

由条件 $y'|_{x=0}=3$，得 $C_1=3$，所以

$$y' = 3(1 + x^2)$$

两边再次积分，得

$$y = x^3 + 3x + C_2$$

又由条件 $y|_{x=0}=1$，得 $C_2=1$

于是方程的特解为

$$y = x^3 + 3x + 1 .$$

例 3　设有一均匀、柔软的绳索，两端固定，绳索仅受重力的作用而下垂. 试问该绳索在平衡状态时是怎样的曲线？

解　设绳索的最低点为 A. 取 y 轴通过点 A 铅直向上，并取 x 轴水平向右，且 $|OA|$ 等于某个定值（这个定值将在以后说明）. 设绳索曲线的方程为 $y = \varphi(x)$. 考察点 A 到另一点 $M(x, y)$ 间的一段弧 $\overset{\frown}{AM}$，设其长为 s. 假定绳索的线密度为 ρ，则弧 $\overset{\frown}{AM}$ 所受重力为 $\rho g s$. 由于绳索是柔软的，因而在点 A 处的张力沿水平的切线方向，其大小设为 H；在点 M 处的张力沿该点处的切线方向，设其倾角为 θ，其大小为 T（见图 7-4）. 因作用于弧段 $\overset{\frown}{AM}$ 的外力相互平衡，把作用于弧 $\overset{\frown}{AM}$ 上的力沿铅直及水平两方向分解，得

$$T \sin\theta = \rho g s , \quad T \cos\theta = H$$

将此两式相除，得

$$\tan\theta = \frac{s}{a} \quad (a = \frac{H}{\rho g})$$

由于 $\tan\theta = y'$，$s = \int_0^x \sqrt{1 + y'^2} \mathrm{d}x$

代入上式即得

$$y' = \frac{1}{a} \int_0^x \sqrt{1 + y'^2} \mathrm{d}x$$

将上式两边对 x 求导，便得 $y = \varphi(x)$ 满足的微分方程

$$y'' = \frac{1}{a} \sqrt{1 + y'^2} \tag{7.30}$$

图 7-4

取原点 O 到点 A 的距离为定值 a，即 $|OA| = a$，那么初值条件为

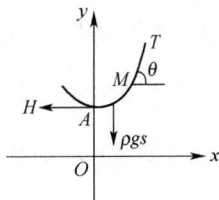

$$y\big|_{x=0} = a, \quad y'\big|_{x=0} = 0$$

下面来解方程（7.30）.

方程（7.30）属于 $y'' = f(x, y')$ 的类型. 设 $y' = p$, $y'' = p'$, 代入方程（7.30），并分离变量得

$$\frac{\mathrm{d}p}{\sqrt{1+p^2}} = \frac{\mathrm{d}x}{a}$$

两边积分得

$$\ln(p + \sqrt{1+p^2}) = \frac{x}{a} + C_1 \tag{7.31}$$

把条件 $y'\big|_{x=0} = p\big|_{x=0} = 0$ 代入（7.31）式，得 $C_1 = 0$

于是（7.31）式成为

$$\ln(p + \sqrt{1+p^2}) = \frac{x}{a}$$

解得

$$p = \frac{1}{2}(\mathrm{e}^{\frac{x}{a}} - \mathrm{e}^{-\frac{x}{a}})$$

即

$$y' = \frac{1}{2}(\mathrm{e}^{\frac{x}{a}} - \mathrm{e}^{-\frac{x}{a}})$$

上式两边积分得

$$y = \frac{a}{2}(\mathrm{e}^{\frac{x}{a}} + \mathrm{e}^{-\frac{x}{a}}) + C_2 \tag{7.32}$$

将条件 $y\big|_{x=0} = a$ 代入（7.32）式，得 $C_2 = 0$

于是该绳索的形状可由曲线方程

$$y = \frac{a}{2}(\mathrm{e}^{\frac{x}{a}} + \mathrm{e}^{-\frac{x}{a}})$$

来表示. 这条曲线叫做悬连线.

7.4.3　$y'' = f(y, y')$ 型的微分方程

与二阶微分方程的标准形式 $y'' = f(x, y, y')$ 相比较，此类方程不含有自变量 x，解法如下：

令 $y' = p$，则 $y'' = p' = \dfrac{\mathrm{d}p}{\mathrm{d}x} = \dfrac{\mathrm{d}p}{\mathrm{d}y} \cdot \dfrac{\mathrm{d}y}{\mathrm{d}x} = p\dfrac{\mathrm{d}p}{\mathrm{d}y}$，于是 $y'' = f(y, y')$ 化为

$$p\frac{\mathrm{d}p}{\mathrm{d}y} = f(y, p)$$

这是一个关于因变量 p 和自变量 y 的一阶微分方程，设其通解为 $p = \varphi(y, C_1)$，即 $y' = \varphi(y, C_1)$，分离变量并积分，便得原方程的通解为

$$\int \frac{\mathrm{d}y}{\varphi(y, C_1)} = x + C_2 \, .$$

例4 求微分 $yy'' - (y')^2 = 0$ 的通解.

解 设 $y = p$，则 $y'' = p\dfrac{\mathrm{d}p}{\mathrm{d}y}$，代入方程，得

$$yp\frac{\mathrm{d}p}{\mathrm{d}y} - p^2 = 0$$

在 $y \neq 0$、$p \neq 0$ 时，约去 p 并分离变量，得

$$\frac{\mathrm{d}p}{p} = \frac{\mathrm{d}y}{y}$$

两边积分得

$$\ln|p| = \ln|y| + C$$

即

$$p = C_1 y \quad \text{或} \quad y' = C_1 y$$

分离变量得

$$\frac{1}{y}\mathrm{d}y = C_1\mathrm{d}x$$

两边积分得

$$\ln|y| = C_1 x + C_2$$

从而原方程的通解为

$$y = C_3 \mathrm{e}^{C_1 x} \; (C_3 = \mathrm{e}^{C_2}).$$

例5 求微分方程 $yy'' + (y')^2 = 0$ 的通解.

解 设 $y' = p$，则原方程化为

$$yp\frac{\mathrm{d}p}{\mathrm{d}y} + p^2 = 0$$

当 $y \neq 0$、$p \neq 0$ 时，有

$$\frac{\mathrm{d}p}{\mathrm{d}y} + \frac{1}{y}p = 0$$

该方程为一阶齐次线性方程，其解为

$$y' = p = C_1 \mathrm{e}^{-\int \frac{1}{y}\mathrm{d}y} = \frac{C_1}{y}$$

即

$$yy' = C_1 \text{ 或 } \frac{1}{2}(y^2)' = C_1$$

于是原方程的通解为

$$y^2 = C_2 x + C_3 \; (C_2 = 2C_1).$$

习题 7.4

1. 求下列微分方程的通解：

（1）$y''' = x + \sin 2x$ （2）$x^2 y^{(3)} + 1 = 0$

（3）$y'' - y' - x = 0$ （4）$y'' = (y')^3 + y'$

2．求下列微分方程满足所给初始条件的特解：

（1）$(x^2 + 1)y'' = 2xy'$，$y\big|_{x=0} = 1$，$y'\big|_{x=0} = 1$

（2）$y'' = 2yy'$，$y\big|_{x=0} = 0$，$y'\big|_{x=0} = 1$

3．试求 $xy'' = y' + x^2$ 的经过点 $(1,0)$，且在此点处的切线与直线 $y = 3x - 3$ 垂直的积分曲线．

7.5 微分方程问题的 MATLAB 求解

微分方程有时很难求解，Matlab 提供了功能强大的工具，可以用来求解微分方程和微分方程组．对于可以用积分方法求解的微分方程和微分方程组，可以用命令 dsovle 来求其通解或特解，其命令格式为：

dsolve('eq1,eq2,…', 'con1,con2,…', 'var')

'eq1,eq2,…'表示微分方程（组）；

'con1,con2,…'表示初始条件；

'var'表示自变量，系统默认的自变量是't'

dsovle 命令用字母 D 来表示求一阶微分，D2，D3 表示求二阶和三阶微分，并以此来设定方程，D 后面的字母表示因变量，即所要求解的未知函数．返回的结果中可能出现任意常数 C1，C2 等．

例1 求可分离变量微分方程 $\dfrac{\mathrm{d}y}{\mathrm{d}x} = 2xy$ 的通解．

解 $\dfrac{\mathrm{d}y}{\mathrm{d}x}$ 用 Dy 来表示，输入：

>> dsolve('Dy=2*x*y','x')

运行结果为：

ans =

C1*exp(x^2)

例2 求齐次微分方程 $x\dfrac{\mathrm{d}y}{\mathrm{d}x} - y = 2\sqrt{xy}$ 的通解

解 原方程可写成 $\dfrac{\mathrm{d}y}{\mathrm{d}x} - \dfrac{y}{x} = 2\sqrt{\dfrac{y}{x}}$，输入：

>> dsolve('Dy-y/x=2*sqrt(y/x)','x')

运行结果为：

Warning: Explicit solution could not be found; implicit solution returned.

> In dsolve at 310

ans =

(y/x)^(1/2)-log(x)-C1 = 0

第一行表示，微分方程没有显式解，给出的是隐式解．

例 3　求一阶线性微分方程 $\dfrac{dy}{dx} - \dfrac{2y}{x+1} = (x+1)^{\frac{5}{2}}$ 的通解.

解　输入：

```
>> dsolve('Dy-2*y/(x+1)=(x+1)^(5/2)','x')
```

运行结果为：

```
ans =
  (2/3*(x+1)^(3/2)+C1)*(x+1)^2
```

例 4　求二阶微分方程 $(1+x^2)y'' = 2xy'$ 满足初始条件 $y|_{x=0} = 1$，$y'|_{x=0} = 3$ 的特解.

解　输入：

```
>> dsolve('(1+x^2)*D2y-2*x*Dy=0','y(0)=1,Dy(0)=3','x')
```

运行结果为：

```
ans =
  1+x^3+3*x
```

例 5　求二阶微分方程 $yy'' - y'^2 = 0$ 的通解.

解　输入：

```
>> dsolve('D2y-1/y*(Dy)^2=0','x')
```

运行结果为：

```
ans =
  exp(C1*x)*C2
```

例 6　求二阶常系数齐次线性微分方程 $y'' + 2y' + y = 0$ 满足初始条件 $y|_{x=0} = 4$，$y'|_{x=0} = -2$ 的特解.

解　输入：

```
>> dsolve('D2y+2*Dy+y=0','y(0)=4,Dy(0)=-2','x')
```

运行结果为：

```
ans =
  4*exp(-x)+2*exp(-x)*x
```

例 7　求二阶常系数非齐次线性微分方程 $y'' - 5y' + 6y = xe^{2x}$ 的通解.

解　输入：

```
>> dsolve('D2y-5*Dy+6*y=x*exp(2*x)','x')
```

运行结果为：

```
ans =
  exp(2*x)*C2+exp(3*x)*C1-1/2*x*exp(2*x)*(2+x)
```

例 8　已知物体在空气中冷却的速度与该物体温度和室温两者的差成正比，当气温为 $20\,^\circ\text{C}$ 时，该物体在 20 分钟内可由 $100\,^\circ\text{C}$ 降到 $60\,^\circ\text{C}$，确定该物体温度的变化规律，并求要经过多长时间该物体从 $100\,^\circ\text{C}$ 降到 $30\,^\circ\text{C}$.

解　先建立温度 y 关于时间 t 的数学模型，依题意有

$$\frac{dy}{dt} = k(t - 20) \quad （k \text{ 为比例系数}）$$

初始条件为：

$$y|_{t=0} = 100，\quad y|_{t=20} = 60$$

输入：

```
>> dsolve('Dy-k*(y-20)=0','y(0)=100','t')          %这里只能输入一个条件
```

运行结果为：

ans =

20+80*exp(k*t)

代入 $y\big|_{t=20}=60$，可得 $k=-\dfrac{\ln 2}{20}$，即

$$y=20+80\mathrm{e}^{-\frac{\ln 2}{20}}$$

将 $y=30$ 代入上式，解 t，输入

```
>> solve('30=20+80*exp((-log(2)/20)*t)','t')
```

运行结果为：

ans =

20*log(8)/log(2)

因为 $\log(8)/\log(2)=3$，即所求的 $t=60^\circ\mathrm{C}$.

上机练习：利用 MATLAB 解总习题七中的第 2、3、4、6 题.

总习题七

一、填空题

1. 微分方程的阶是指_____.

2. 微分方程的通解是指_____.

3. 一阶非齐次线性微分方程 $y'+P(x)y=Q(x)$ 的通解是_____.

4. 微分方程 $y'''+x^2y''+y\sin x=1$ 的通解中应含有任意常数的个数是_____.

5. 设 $y_1(x),y_2(x)$ 是某个二阶齐次线性微分方程的两个解，则 $C_1y_1(x)+C_2y_2(x)$ 是该方程的通解的充要条件是_____.

6. 微分方程 $\dfrac{\mathrm{d}y}{\mathrm{d}x}=\dfrac{xy}{x^2+1}$ 的通解是_____，满足初值条件 $y\big|_{x=0}=2$ 的特解是_____.

7. 微分方程 $\mathrm{e}^x(\mathrm{e}^y-1)\mathrm{d}x+\mathrm{e}^y(\mathrm{e}^x+1)\mathrm{d}y=0$ 是_____方程.

8. 微分方程 $y(x+2y)\mathrm{d}x-x^2\mathrm{d}y=0$ 是_____方程.

9. 曲线 $y=Cx^2$ 满足的一阶微分方程为_____.

10. 若二阶常系数齐次线性微分方程的通解是 $y=C_1+C_2\mathrm{e}^{3x}$，那么该方程是_____.

二、计算题

1. 求下列微分方程的通解：

（1） $y'+xy=0$

（2） $\dfrac{\mathrm{d}y}{\mathrm{d}x}=x^2y^2$

（3） $\dfrac{\mathrm{d}y}{\mathrm{d}x}=\dfrac{y}{\sqrt{1-x^2}}$

（4） $xy'-y=(x+y)\ln\dfrac{x+y}{x}$

（5）$xy' - y = \sqrt{x^2 + y^2}$

（6）$\dfrac{dy}{dx} - y = 1$

（7）$xy' + y = \cos x$

（8）$y'' - 2y' = 0$

（9）$y'' - 10y' + 25y = 0$

（10）$y'' + 4y' + 13y = 0$

2．求下列微分方程满足所给初始条件的特解：

（1）$xy\,dy + dx = y^2\,dx + y\,dy$，$y\big|_{x=0} = 2$

（2）$(x + y)dx + x\,dy = 0$，$y\big|_{x=1} = 0$

（3）$xy^2\,dy = (x^3 + y^3)dx$，$y\big|_{x=1} = 0$

（4）$xy' + 2y - \sin x = 0$，$y\big|_{x=\pi} = \dfrac{1}{\pi}$

（5）$\dfrac{dy}{dx} = \dfrac{y}{x - y}$，$y\big|_{x=e} = 1$.

（6）$y'' + y' - 2y = 0$，$y\big|_{x=0} = 2$，$y'\big|_{x=0} = -1$.

3．若曲线 $y = f(x)$（$f(x) \geqslant 0$）以 $[0, x]$ 为底围成曲边梯形，其面积与纵坐标 y 的 4 次幂成正比，已知 $f(0) = 0$，$f(1) = 1$，求此曲线方程.

4．方程 $y'' + y = 0$ 的一条积分曲线通过点 $(0, -1)$，且在该点处与直线 $y = -x - 1$ 相切，求此曲线的方程.

5．将某物体放在空气中，在 $t = 0$ 时刻，测得其温度为 $T_0 = 150℃$，过 $10\,\text{min}$ 后测得其温度为 $T_1 = 100℃$，求物体温度 T 与时间 t 的关系，并计算 $20\,\text{min}$ 后物体的温度，假定空气的温度保持在 $T_a = 24℃$.

第8章　多元函数微分学

在前面几章中，我们所讨论的函数都只有一个自变量，这样的函数叫做一元函数．但在自然科学、工程技术和经济生活等众多领域中，往往涉及到多个因素之间的关系问题，在数学上就表现为一个变量依赖多个变量的情形．这就提出了多元函数以及多元函数的微分和积分问题．

本章将在一元函数微分学的基础上，讨论多元函数微分学及其应用．我们以二元函数为主，但所得到的概念、性质及结论都可以很自然地推广到二元以上的函数．

8.1　空间解析几何简介

在一元函数微积分中，我们利用平面直角坐标系把平面上的点与二元有序实数对 (x,y) 相对应，把平面上的曲线与方程 $F(x,y)=0$ 相对应，这给我们研究一元函数的性质提供了方便．正如平面解析几何的知识对学习一元函数微积分不可或缺一样，空间解析几何的知识对于学习多元函数微积分也是十分必要的．为此，我们首先引入空间直角坐标系．

8.1.1　空间直角坐标系

在空间中取定一点 O，以 O 为公共原点作三条两两相互垂直的数轴 Ox, Oy, Oz，依次记为 x 轴（横轴）、y 轴（纵轴）、z 轴（竖轴），统称为坐标轴．它们构成一个空间直角坐标系，称为 $Oxyz$ 坐标系．通常把 x 轴和 y 轴配置在水平面上，而 z 轴则是铅垂线；它们的正向通常符合右手规则，即右手握住 z 轴，当右手的四个手指从 x 轴的正向转过 $\dfrac{\pi}{2}$ 角度转向 y 轴的正向时，大拇指所指的方向就是 z 轴的正向，如图 8-1 所示．

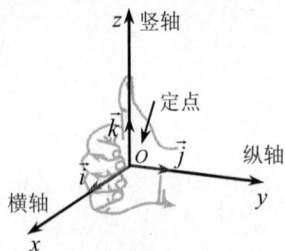

图 8-1

三条坐标轴中的任意两条确定的平面称为坐标面．x 轴及 y 轴所确定的坐标面叫做 xOy 面，y 轴及 z 轴所确定的坐标面叫做 yOz 面，x 轴及 z 轴所确定的坐标面叫做 xOz 面．三个坐标面把空间分成八个部分，每一部分叫做一个卦限．含有三个正半轴的卦限叫做第一卦限，它位于 xOy 面的上方．第二、第三和第四卦限则在 xOy 面的上方按逆时针方向依次排列．在 xOy 面的下方，与第一卦限对应的是第五卦限，按逆时针方向还排列着第六、第七和第八卦限．八个卦限分别用字母 I、II、III、IV、V、VI、VII、VIII 表示，如图 8-2 所示．

在平面直角坐标系中，平面上一点与一对有序实数相对应．类似地，空间直角坐标系中的一点与一个三元有序数组相对应．设 M 为空间中任意一点，过 M 作三个平面分别垂直于 x 轴、y 轴、z 轴，三个平面与三条坐标轴的交点（垂足）分别记为 P、Q、R（见图 8-3）．设 $OP=a$、$OQ=b$、$OR=c$，则点 M 唯一确定了一个三元有序数组 (a,b,c)；反之，如果给定一个三元有序数组 (a,b,c)，则在 x 轴、y 轴、z 轴分别取坐标为 a、b、c 的点 P、Q、R，然后过这

三点分别作 x 轴、y 轴、z 轴的垂面，这三个垂面必相交于由有序数组 (a,b,c) 所确定的唯一点 M. 于是，空间中任意一点 M 和一个三元有序数组 (a,b,c) 建立了一一对应关系，称这个三元有序数组为该点的坐标，记为 $M(a,b,c)$.

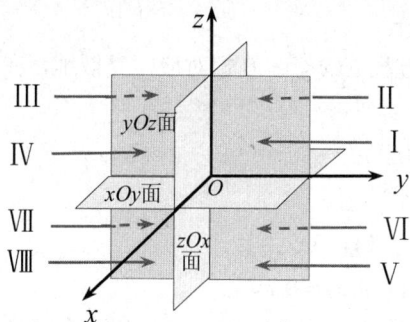

图 8-2

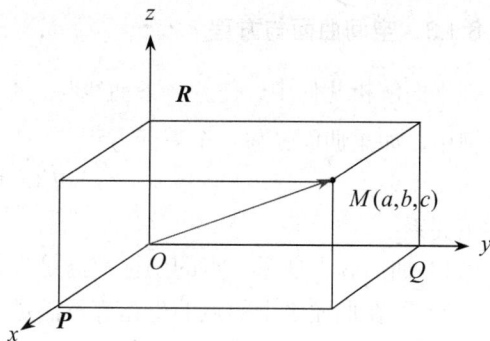

图 8-3

不难看出，坐标原点 O 的坐标为 $(0,0,0)$；x 轴上点的坐标为 $(x,0,0)$；y 轴上点的坐标为 $(0,y,0)$；z 轴上点的坐标为 $(0,0,z)$；xOy 面上点的坐标为 $(x,y,0)$；yOz 面上点的坐标为 $(0,y,z)$；xOz 面上点的坐标为（$x,0,z$）.

8.1.2　空间两点间的距离公式

由平面解析几何知识可知，平面上任意两点 $M_1(x_1,y_1)$，$M_2(x_2,y_2)$ 间的距离公式为

$$|M_1M_2| = \sqrt{(x_2-x_1)^2+(y_2-y_1)^2}$$

类似地，空间中任意两点 $M_1(x_1,y_1,z_1)$，$M_2(x_2,y_2,z_2)$ 间的距离公式为

$$|M_1M_2| = \sqrt{(x_2-x_1)^2+(y_2-y_1)^2+(z_2-z_1)^2}$$

特别地，点 $M(x,y,z)$ 与坐标原点 O 的距离公式为

$$|OM| = \sqrt{x^2+y^2+z^2}$$

例 1　求证以 $M_1(4,3,1)$、$M_2(7,1,2)$、$M_3(5,2,3)$ 三点为顶点的三角形是一个等腰三角形.

解　因为
$$|M_1M_2|^2 =(7-4)^2+(1-3)^2+(2-1)^2=14$$
$$|M_2M_3|^2 =(5-7)^2+(2-1)^2+(3-2)^2=6$$
$$|M_1M_3|^2 =(5-4)^2+(2-3)^2+(3-1)^2=6$$

由于

$$|M_2M_3|=|M_1M_3|$$

故 $\Delta M_1M_2M_3$ 为等腰三角形.

例 2　在 z 轴上求与点 $A(-4,1,7)$ 和 $B(3,5,-2)$ 等距离的点.

解　由于所求点 M 在 z 轴上，故可设其坐标为 $(0,0,z)$，依题意有

$$|MA|^2=|MB|^2$$

即

$$(0+4)^2+(0-1)^2+(z-7)^2 = (3-0)^2+(5-0)^2+(-2-z)^2$$

解之得

$$z = \frac{14}{9}$$

所以，所求点的坐标为 $M\left(0,0,\frac{14}{9}\right)$.

8.1.3 空间曲面与方程

在平面解析几何中，任意一条曲线与一个二元方程 $F(x,y)=0$ 相对应. 类似地，在空间解析几何中，如果曲面 S 与一个三元方程

$$F(x,y,z)=0$$

有如下关系：

（1）曲面 S 上任意一点的坐标都满足方程 $F(x,y,z)=0$；

（2）不在曲面 S 上的点的坐标都不满足方程 $F(x,y,z)=0$，

那么方程 $F(x,y,z)=0$ 称为曲面 S 的方程，而曲面 S 称为方程 $F(x,y,z)=0$ 的图形（见图 8-4）.

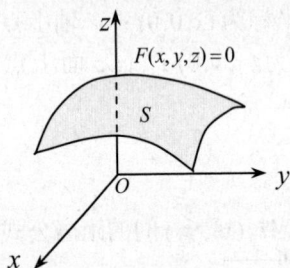

图 8-4

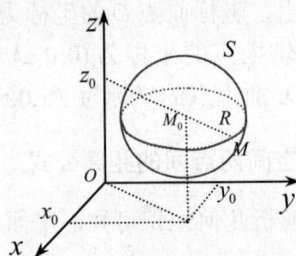

图 8-5

例 3 建立球心在点 $M_0(x_0,y_0,z_0)$、半径为 R 的球面方程.

解 设 $M(x,y,z)$ 是球面上的任一点（图 8-5），那么

$$|M_0M|=R.$$

即

$$\sqrt{(x-x_0)^2+(y-y_0)^2+(z-z_0)^2}=R$$

或

$$(x-x_0)^2+(y-y_0)^2+(z-z_0)^2=R^2.$$

这就是球面上的点的坐标所满足的方程. 而不在球面上的点的坐标都不满足这个方程. 因此该方程就是球心在点 $M_0(x_0,y_0,z_0)$、半径为 R 的球面的方程.

特别地，球心在原点 $O(0,0,0)$、半径为 R 的球面的方程为

$$x^2+y^2+z^2=R^2.$$

例 4 求与定点 $A(1,2,3)$ 和 $B(2,-1,4)$ 等距离的点的轨迹方程.

解 设 $M(x,y,z)$ 为所求曲面上的任一点，依题意有

$$|AM|=|BM|$$

由两点间的距离公式，得

$$\sqrt{(x-1)^2+(y-2)^2+(z-3)^2}=\sqrt{(x-2)^2+(y+1)^2+(z-4)^2}.$$

两边平方并化简得

$$2x - 6y + 2z - 7 = 0 .$$

从直观上看，动点 M 的轨迹实际上是线段 AB 的垂直平分面，因此点 M 的轨迹方程即为该平面方程.

例 5　求三个坐标平面的方程.

解　由于 xOy 面上点的坐标为 $(x, y, 0)$，而满足 $z = 0$ 的点也必然在 xOy 面上，所以 xOy 面的方程为

$$z = 0$$

同理，yOz 面的方程为 $x = 0$；xOz 面的方程为 $y = 0$.

上面两个例子中得到的方程都是一次方程，所对应的图形都是平面. 一般地，空间中的平面可表示为三元一次方程

$$Ax + By + Cz + D = 0$$

其中 A, B, C, D 均为常数，且 A, B, C 不全为 0.

习题 8.1

1．在空间直角坐标系中，点 $P(2, -1, 3)$ 在第几卦限，点 P 关于原点、x 轴、y 轴、z 轴对称的点的坐标为多少？

2．证明以点 $A(2, 4, 3)$，$B(4, 1, 9)$，$C(10, -1, 6)$ 为顶点的三角形为等腰三角形.

3．一动点与两定点 $(2, 3, 1)$，$(4, 5, 6)$ 距离相等，求该动点的轨迹方程.

8.2　多元函数的基本概念

一元微积分讨论的对象是一元函数 $y = f(x)$，它是一个自变量 x 对一个因变量 y 的关系. 现在我们要讨论多元函数，即多个自变量对一个因变量的关系. 其中，最简单的情形是二元函数.

8.2.1　平面点集

在讨论一元函数时，一些概念、理论和方法都是基于 $\mathbf{R}^1$（即数轴）中的点集、两点间的距离、区间和邻域等概念. 为了将一元函数微积分推广到多元的情形，首先需要将上述概念从 $\mathbf{R}^1$ 中的情形推广到 $\mathbf{R}^2$（即平面）中去.

由平面解析几何知，当在平面上引入了一个直角坐标系后，平面上的点 P 与二元有序实数对 (x, y) 就建立了一一对应关系. 于是，我们常把有序实数对 (x, y) 与平面上的点 P 视作等同的，这种建立了坐标系的平面称为坐标平面. 坐标平面上具有某种性质 K 的点的集合称为平面点集，记作

$$E = \{(x, y) \mid (x, y) \text{ 具有某种性质 } K\}$$

例如，平面上以原点为中心，r 为半径的圆内所有点的集合是

$$C = \{(x, y) \mid x^2 + y^2 < r^2\}$$

一般地，平面点集在几何上表示为 xOy 面上的一个区域（实际上此时要求该点集为连通

的开集，其严格定义读者可参考相关文献）. 平面区域是指平面上的一条或几条曲线围成的部分. 区域可以是有限的，如圆形区域、矩形区域等，这种区域总可以包含在某一个以原点为圆心，半径充分大的圆周内，称为有界区域；区域也可以延伸到无穷远处，如抛物线内部、整个平面等，这种区域不是有界的，称为无界区域. 围成区域的曲线称为区域的边界，包括全部边界的区域称为闭区域，不包括边界上任何点的区域称为开区域. 以 $P_0(x_0, y_0)$ 为圆心，δ 为半径的圆开区域

$$\{(x, y) \mid \sqrt{(x - x_0)^2 + (y - y_0)^2} < \delta\}$$

称为 P_0 的 δ 邻域（见图 8-6），记为 $U(P_0, \delta)$.

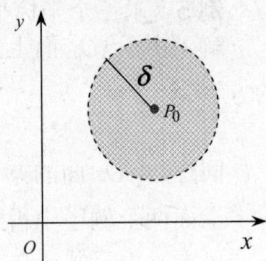

若该区域不包含圆心，则称为 P_0 的 δ 去心邻域，记为 $\overset{\circ}{U}(P_0, \delta)$.

图 8-6

8.2.2 多元函数的概念

在日常生活的许多实际问题中，经常会遇到多个变量之间的依赖关系，例如：长方形的面积 S 与它的长 a，宽 b 之间具有关系

$$S = a \cdot b$$

销售某种商品的收益 R 与销量 q 及价格 p 之间具有关系

$$R = p \cdot q$$

这两个例子虽然具体意义不同，但它们却有共同的性质，抽出这些共性就可得出以下二元函数的定义.

定义 1 设 D 是一个非空的平面点集，f 为某一对应规则. 如果对于 D 中的每一个点（或称有序实数对）(x, y)，都有唯一的实数 z 按规则 f 与之对应，则称 f 为定义在 D 上的二元函数，记为

$$z = f(x, y), (x, y) \in D$$

其中 D 称为该函数的定义域，x、y 称为自变量，z 称为因变量.

上述定义中，因变量 z 的值，也称为 f 在点 (x, y) 处的函数值，记作 $f(x, y)$. 函数值 $f(x, y)$ 的全体构成的集合称为函数 f 的值域，记作 $f(D)$，即

$$f(D) = \{z \mid z = f(x, y), (x, y) \in D\}.$$

二元函数的概念可以毫无困难地推广到二元函数以上的函数. 例如三元函数 f，此时定义域为三维空间 $\mathbf{R}^3$ 中的点集 $\Omega = \{(x, y, z) \mid x \in \mathbf{R}, y \in \mathbf{R}, z \in \mathbf{R}\}$，它在点 $(x, y, z) \in \Omega$ 的函数值是 $u = f(x, y, z)$. 而 n 元函数 f 的定义域则是 n 维空间 $\mathbf{R}^n$ 中的某个点集，它在点 $(x_1, x_2, \cdots, x_n)$ 的函数值是 $u = f(x_1, x_2, \cdots, x_n)$. 二元及二元以上的函数统称为**多元函数**.

例 1 求二元函数 $z = \sqrt{R^2 - x^2 - y^2}$ 的定义域.

解 显然自变量 x, y 必须满足不等式 $x^2 + y^2 \leqslant R^2$，所以该函数定义域为

$$D = \{(x, y) \mid x^2 + y^2 \leqslant R^2\}.$$

该区域为 xOy 平面上一个圆心在原点，半径为 r 的圆（含边界），它是有界闭区域（见图 8-7）.

例2　求二元函数 $z = \ln(x+y)$ 的定义域.

解　显然自变量 x, y 必须满足不等式 $x + y > 0$，所以该函数定义域为
$$D = \{(x, y) \mid x + y > 0\}.$$
该区域为 xOy 平面上直线 $x + y = 0$ 上方的半平面(不含边界)，它是无界开区域(见图8-8).

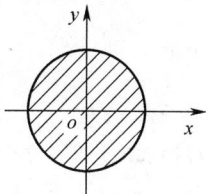

图 8-7

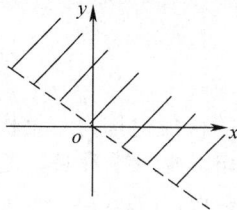

图 8-8

例3　已知 $f(x, y) = x + y$，求 $f(3, 2)$

解　在 $f(x, y)$ 的表达式中令 $x = 3, y = 2$，有
$$f(3, 2) = 3 + 2 = 5.$$

例4　已知 $f(x, y) = \begin{cases} \dfrac{xy}{x^2 + y^2}, & x^2 + y^2 \neq 0 \\ 0, & x^2 + y^2 = 0 \end{cases}$，求 $f(1, 1)$.

解　这是一个分段函数，由于当 $x = 1, y = 1$ 时有 $1^2 + 1^2 = 2 \neq 0$，所以应该代入 $\dfrac{xy}{x^2 + y^2}$，于是有
$$f(1, 1) = \frac{1 \cdot 1}{1^2 + 1^2} = \frac{1}{2}.$$

一元函数 $y = f(x)$ 在平面直角坐标系中通常表示一条曲线，二元函数 $z = f(x, y)$ 在空间直角坐标系中则表示一张曲面. 其定义域 D 就是此曲面在 xOy 平面上的投影(见图8-9). 如例1 中的函数 $z = \sqrt{R^2 - x^2 - y^2}$ 的图形就是一个扣在 xOy 平面上的上半部分球面(见图8-10).

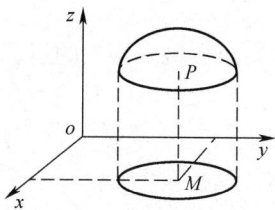

图 8-9

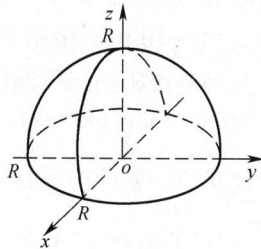

图 8-10

8.2.3　多元函数的极限

回忆一元函数极限的定义，若 $\lim\limits_{x \to x_0} f(x) = A$，是指当自变量 x 无限趋于 x_0 时，函数值 $f(x)$ 无限趋于常数 A，这与函数 $f(x)$ 在点 x_0 处是否有定义并无关系. 类似地，我们也可以定义二元函数 $z = f(x, y)$ 在点 $P_0(x_0, y_0)$ 处的极限.

定义 2 设函数 $z = f(x,y)$ 在点 $P_0(x_0, y_0)$ 的某去心邻域内有定义，当动点 $P(x,y)$ 以任意方式无限趋于 $P_0(x_0, y_0)$ 时，对应的函数值 $f(x,y)$ 无限趋于一个确定的常数 A．则称 A 为函数 $f(x,y)$ 当 $P(x,y)$ 趋于 $P_0(x_0, y_0)$ 时的极限．记为

$$\lim_{(x,y) \to (x_0, y_0)} f(x,y) = A \quad \text{或} \quad f(x,y) \to A \ ((x,y) \to (x_0, y_0)).$$

也可记为

$$\lim_{P \to P_0} f(P) = A \quad \text{或} \quad f(P) \to A \ (P \to P_0).$$

二元函数的极限也称为二重极限，其严格的数学定义见本节附录．

注意：所谓二重极限存在，是指 $P(x,y)$ 以任何方式趋于 $P_0(x_0, y_0)$ 时，$f(x,y)$ 都无限趋于 A．因此，如果 $P(x,y)$ 以某一特殊方式趋于 $P_0(x_0, y_0)$ 时，即使 $f(x,y)$ 无限趋于某一固定值，我们也不能由此断定函数的极限存在．但反过来，如果当 $P(x,y)$ 以不同方式趋于 $P_0(x_0, y_0)$ 时，$f(x,y)$ 趋于不同的值，则可以断定函数的极限不存在．

例 5 讨论函数 $f(x,y) = \begin{cases} \dfrac{xy}{x^2 + y^2}, & x^2 + y^2 \neq 0 \\ 0, & x^2 + y^2 = 0 \end{cases}$ 当 $P(x,y) \to (0,0)$ 时极限是否存在．

解 当点 $P(x,y)$ 沿 x 轴趋于点 $(0,0)$ 时，$y = 0$

$$\lim_{\substack{(x,y) \to (0,0) \\ y = 0}} f(x,y) = \lim_{x \to 0} f(x,\ 0) = \lim_{x \to 0} 0 = 0$$

当点 $P(x,y)$ 沿 y 轴趋于点 $(0,0)$ 时，$x = 0$

$$\lim_{\substack{(x,y) \to (0,0) \\ x = 0}} f(x,y) = \lim_{y \to 0} f(0,\ y) = \lim_{y \to 0} 0 = 0$$

而当点 $P(x,y)$ 沿直线趋于点 $(0,0)$ 时，$y = kx$

$$\lim_{\substack{(x,y) \to (0,0) \\ y = kx}} \frac{xy}{x^2 + y^2} = \lim_{x \to 0} \frac{kx^2}{x^2 + k^2 x^2} = \frac{k}{1 + k^2}$$

虽然点 $P(x,y)$ 以两种特殊方式（沿 x 轴或沿 y 轴）趋于点 $(0,0)$ 时函数极限存在并相等，但当点 $P(x,y)$ 沿直线 $y = kx$ 趋于点 $(0,0)$ 时的极限值却与 k 的值有关，根据极限存在的唯一性知该函数当 $P(x,y) \to (0,0)$ 时极限不存在．

类似于一元函数极限的运算法则，不难逐一地建立二元函数极限相应的运算法则．

设 $\lim\limits_{P \to P_0} f(P) = A$，$\lim\limits_{P \to P_0} g(P) = B$，则

（1）$\lim\limits_{P \to P_0} (af(P) + bg(P)) = aA + bB$；

（2）$\lim\limits_{P \to P_0} (f(P) \cdot g(P)) = A \cdot B$；

（3）$\lim\limits_{P \to P_0} \dfrac{f(P)}{g(P)} = \dfrac{A}{B} \quad (B \neq 0)$；

（4）如果一元函数 $\varphi(u)$ 在 $u = A$ 处连续，则 $\lim\limits_{P \to P_0} \varphi(f(P)) = \varphi(\lim\limits_{P \to P_0} f(P)) = \varphi(A)$．

例 6 求 $\lim\limits_{(x,y) \to (0,0)} (x^2 + y^2) \sin \dfrac{1}{x^2 + y^2}$．

解 设 $u = x^2 + y^2$，当 $x \to 0, y \to 0$ 时 $u \to 0$．于是

$$\lim_{(x,y)\to(0,0)}(x^2+y^2)\sin\frac{1}{x^2+y^2}=\lim_{u\to0}u\sin\frac{1}{u}=0\,.$$

例 7　求 $\displaystyle\lim_{(x,y)\to(0,1)}\frac{\sin(xy)}{x}$.

解　$\displaystyle\lim_{(x,y)\to(0,1)}\frac{\sin(xy)}{x}=\lim_{(x,y)\to(0,1)}\frac{\sin(xy)}{xy}\cdot y$

$$=\lim_{(x,y)\to(0,1)}\frac{\sin(xy)}{xy}\cdot\lim_{(x,y)\to(0,1)}y=1\,.$$

8.2.4　多元函数的连续性

和一元函数一样，我们可以利用极限来定义二元函数在某点处的连续性.

定义 3　设二元函数 $z=f(x,y)$ 在点 $P_0(x_0,y_0)$ 的某邻域内有定义，且

$$\lim_{(x,y)\to(x_0,y_0)}f(x,y)=f(x_0,y_0)$$

则称函数 $f(x,y)$ 在点 $P_0(x_0,y_0)$ 连续.

如果函数 $f(x,y)$ 区域 D 内的每一点都连续，那么就称函数 $f(x,y)$ 在 D 上连续，或者称 $f(x,y)$ 是 D 上的连续函数. 一般而言，区域上连续函数的图形是一张连续的曲面. 如果函数 $f(x,y)$ 在点 $P_0(x_0,y_0)$ 不连续，则称 $P_0(x_0,y_0)$ 为函数 $f(x,y)$ 的间断点.

与一元初等函数相类似，多元初等函数是指可用一个式子表示的多元函数，这个式子是由常数函数与具有不同自变量的一元基本初等函数经过有限次四则运算或复合运算所得. 例如 $z=\sqrt{1-x^2-y^2}$、$\sin(x^2+y^2)$、e^{xy} 等都是多元初等函数. 对于多元初等函数，有如下重要结论：

一切多元初等函数在其定义区域内都是连续的. 所谓定义区域是指包含在定义域内的开区域或闭区域.

与闭区间上一元连续函数的性质类似，在有界闭区域上连续的多元函数具有如下性质：

性质 1（有界性与最大值最小值定理） 在有界闭区域 D 上的多元连续函数，必定在 D 上有界，且能取得最大值和最小值.

性质 2（介值定理） 在有界闭区域 D 上的多元连续函数必取得介于最大值和最小值之间的任何值.

附录：二元函数极限的 $\varepsilon-\delta$ 定义

定义　设二元函数 $f(P)=f(x,y)$ 的定义域为 D，如果存在常数 A，对于任意给定的正数 ε，总存在正数 δ，使得当点 $P(x,y)\in D\cap\overset{\circ}{U}(P_0,\delta)$，即当 $0<\sqrt{(x-x_0)^2+(y-y_0)^2}<\delta$ 时，总有

$$\left|f(P)-A\right|=\left|f(x,y)-A\right|<\varepsilon$$

成立，那么就称常数 A 为函数 $f(x,y)$ 当 $(x,y)\to(x_0,y_0)$ 时的极限，记作

$$\lim_{(x,y)\to(x_0,y_0)}f(x,y)=A\ \ \text{或}\ \ f(x,y)\to A((x,y)\to(x_0,y_0))\,.$$

也记作

$$\lim_{P\to P_0}f(P)=A\ \ \text{或}\ \ f(P)\to A(P\to P_0)\,.$$

习题 8.2

1. 求下列函数的定义域 D，并画出 D 的图形：

（1）$z = \sqrt{9 - x^2 - y^2} + \dfrac{1}{\sqrt{x^2 + y^2 - 1}}$　　　（2）$z = x + \dfrac{1}{\sqrt{y}}$

（3）$z = \ln(y - 4x^2)$

2. 设 $f(x, y) = \sqrt{x^2 + y^2} - xy$，求 $f(3,4)$，$f(x,3)$，$f(x+y, x-y)$.

3. 求下列函数的极限：

（1）$\displaystyle\lim_{(x,y)\to(0,1)} \dfrac{1+xy}{x^2 + y^2}$　　　（2）$\displaystyle\lim_{(x,y)\to(0,0)} \dfrac{\sqrt{xy+1}-1}{xy}$

4. 讨论下列函数的极限是否存在

（1）$\displaystyle\lim_{(x,y)\to(0,0)} \dfrac{x+y}{x-y}$　　　（2）$\displaystyle\lim_{(x,y)\to(0,0)} \dfrac{xy}{x^2 + y^2}$

8.3　偏导数

现在，我们在一元函数导数的基础上来讨论多元函数的导数. 在研究一元函数时，我们从函数的变化率引入了导数的概念. 对于多元函数同样需要讨论它的变化率，但由于多元函数的自变量多于一个，因此因变量与自变量的关系要比一元函数复杂得多.

8.3.1　偏导数的定义及其计算法

对于二元函数 $z = f(x, y) = x^2 y + xy + 2y^2$，若把 y 固定在 $y = 2$ 处，则

$$f(x, 2) = 2x^2 + 2x + 8$$

这是一个关于 x 的一元函数. 一般地，对于函数 $z = f(x, y)$，如果只有自变量 x 变化，而自变量 y 固定（即看成常量），这时它就是关于 x 的一元函数，该函数对 x 的导数，就称为二元函数 $z = f(x, y)$ 关于 x 的偏导数. 有如下定义：

定义 1　设函数 $z = f(x, y)$ 在点 (x_0, y_0) 的某一邻域内有定义，当 y 固定在 y_0，而 x 在 x_0 处有增量 Δx 时，相应地函数有增量

$$f(x_0 + \Delta x, y_0) - f(x_0, y_0)$$

如果

$$\lim_{\Delta x \to 0} \dfrac{f(x_0 + \Delta x, y_0) - f(x_0, y_0)}{\Delta x}$$

存在，则称此极限为函数 $z = f(x, y)$ 在点 (x_0, y_0) 处对 x 的**偏导数**，记作

$$\left.\dfrac{\partial z}{\partial x}\right|_{\substack{x=x_0 \\ y=y_0}} \quad \left.\dfrac{\partial f}{\partial x}\right|_{\substack{x=x_0 \\ y=y_0}} \quad \left.z_x\right|_{\substack{x=x_0 \\ y=y_0}} \text{ 或 } f_x(x_0, y_0).$$

类似地，函数 $z = f(x, y)$ 在点 (x_0, y_0) 处对 y 的偏导数定义为

$$\lim_{\Delta y \to 0} \frac{f(x_0, y_0 + \Delta y) - f(x_0, y_0)}{\Delta y}$$

记作

$$\frac{\partial z}{\partial y}\bigg|_{\substack{x=x_0 \\ y=y_0}}, \frac{\partial f}{\partial y}\bigg|_{\substack{x=x_0 \\ y=y_0}}, z_y\bigg|_{\substack{x=x_0 \\ y=y_0}} \text{ 或 } f_y(x_0, y_0).$$

如果函数 $z = f(x, y)$ 在区域 D 内每一点 (x, y) 对 x 的偏导数都存在，那么这个偏导数就是 x、y 的函数，称为函数 $z = f(x, y)$ 对自变量 x 的偏导函数，记为

$$\frac{\partial z}{\partial x}, \frac{\partial f}{\partial x}, z_x \text{ 或 } f_x(x, y).$$

即

$$f_x(x, y) = \lim_{\Delta x \to 0} \frac{f(x + \Delta x, y) - f(x, y)}{\Delta x}.$$

类似地，可定义函数 $z = f(x, y)$ 对 y 的偏导函数，记为

$$\frac{\partial z}{\partial y}, \frac{\partial f}{\partial y}, z_y \text{ 或 } f_y(x, y)$$

即

$$f_y(x, y) = \lim_{\Delta y \to 0} \frac{f(x, y + \Delta y) - f(x, y)}{\Delta y}.$$

由偏导数的定义可知，$f(x, y)$ 在点 (x_0, y_0) 处对 x 的偏导数 $f_x(x_0, y_0)$ 显然就是偏导函数 $f_x(x, y)$ 在该点处的函数值．就像一元函数的导数一样，在不至于混淆时也可把偏导函数简称为偏导数．

至于实际求 $z = f(x, y)$ 的偏导数时，并不需要用新的方法，因为这里只有一个自变量在变动，另一个自变量可看作是固定的．也就是，在求 $\frac{\partial f}{\partial x}$ 时，只要把 y 暂时看作常量，按一元函数的求导方法对 x 求导即可；而求 $\frac{\partial f}{\partial y}$ 时，则只要把 x 暂时看作常量而对 y 求导．

偏导数的定义容易推广到三元及三元以上的函数中去．例如，三元函数 $u = f(x, y, z)$ 在点 (x, y, z) 处对自变量 x 的偏导数就是

$$f_x(x, y, z) = \lim_{\Delta x \to 0} \frac{f(x + \Delta x, y, z) - f(x, y, z)}{\Delta x}$$

其中 (x, y, z) 是函数 $u = f(x, y, z)$ 定义域中的内点，把 y, z 看成常数，所用的方法仍然是一元函数的求导法．

例 1　求 $z = f(x, y) = x^3 + 3xy + y^3$ 在点 $(1, 2)$ 处的偏导数．

解　将 y 和 x 分别看作常量，有

$$\frac{\partial z}{\partial x} = 3x^2 + 3y, \frac{\partial z}{\partial y} = 3x + 3y^2$$

将 $(1, 2)$ 代入上面结果，得到

$$\frac{\partial z}{\partial x}\bigg|_{\substack{x=1 \\ y=2}} = 3 \cdot 1 + 3 \cdot 2 = 9, \frac{\partial z}{\partial y}\bigg|_{\substack{x=1 \\ y=2}} = 3 \cdot 1 + 3 \cdot 4 = 15.$$

例 2　求 $z = x^2 \cos 2y$ 的偏导数.

解　按照例 1 的做法，有

$$\frac{\partial z}{\partial x} = 2x\cos 2y, \frac{\partial z}{\partial y} = x^2 \cdot (-\sin 2y) \cdot 2 = -2x^2 \sin 2y.$$

例 3　求 $r = \sqrt{x^2 + y^2 + z^2}$ 的偏导数.

解　$\dfrac{\partial r}{\partial x} = \dfrac{x}{\sqrt{x^2 + y^2 + z^2}} = \dfrac{x}{r}, \dfrac{\partial r}{\partial y} = \dfrac{y}{\sqrt{x^2 + y^2 + z^2}} = \dfrac{y}{r}, \dfrac{\partial r}{\partial z} = \dfrac{z}{\sqrt{x^2 + y^2 + z^2}} = \dfrac{z}{r}.$

例 4　已知气缸内理想气体的体积 V，压强 P 和绝对温度 T 之间的函数关系为

$$V = R\frac{T}{P}$$

其中，R 是比例常数，求证 $\dfrac{\partial P}{\partial V} \cdot \dfrac{\partial V}{\partial T} \cdot \dfrac{\partial T}{\partial P} = -1.$

证　因为　$P = R\dfrac{T}{V}, \dfrac{\partial P}{\partial V} = -\dfrac{RT}{V^2}$

$$V = R\frac{T}{P}, \frac{\partial V}{\partial T} = \frac{R}{p}$$

$$T = \frac{PV}{R}, \frac{\partial T}{\partial P} = \frac{V}{R}$$

所以

$$\frac{\partial P}{\partial V} \cdot \frac{\partial V}{\partial T} \cdot \frac{\partial T}{\partial P} = -\frac{RT}{V^2} \cdot \frac{R}{P} \cdot \frac{V}{R} = -\frac{RT}{PV} = -1.$$

从这个例子可以看出，偏导数的记号是一个整体记号，不能像一元函数的导数记号 $\dfrac{\mathrm{d}y}{\mathrm{d}x}$ 那样，看成是分子 $\mathrm{d}y$ 与分母 $\mathrm{d}x$ 之商.

下面我们来讨论二元函数 $z = f(x, y)$ 在点 (x_0, y_0) 处偏导数的几何意义. 二元函数 $z = f(x, y)$ 在空间直角坐标系中一般表示一个曲面，设 $M_0(x_0, y_0, f(x_0, y_0))$ 为该曲面上的一点，过 M_0 作平面 $y = y_0$，则此平面与曲面的交线为一条曲线，这条曲线在平面 $y = y_0$ 上的方程为 $z = f(x, y_0)$. 由一元函数导数的几何意义可知，偏导数 $f_x(x_0, y_0)$ 就是这条曲线在点 M_0 处的切线对 x 轴的斜率（见图 8-11）. 即

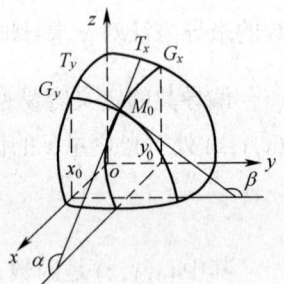

图 8-11

$$\tan \alpha = f_x(x_0, y_0)，\text{其中 } \alpha \text{ 是切线与 } x \text{ 轴正向的夹角.}$$

同理，偏导数 $f_y(x_0, y_0)$ 的几何意义是：曲面 $z = f(x, y)$ 与平面 $x = x_0$ 相交的曲线在点 M_0 处的切线对 y 轴的斜率. 即

$$\tan \beta = f_y(x_0, y_0)，\text{其中 } \beta \text{ 是切线与 } y \text{ 轴正向的夹角.}$$

我们知道，如果一元函数在某点可导，则它在该点必定连续. 但对于多元函数来说，即使在某点处的各个偏导数都存在，也不能保证函数在该点连续. 例如

$$f(x,y) = \begin{cases} \dfrac{xy}{x^2+y^2}, & x^2+y^2 \neq 0 \\ 0, & x^2+y^2 = 0 \end{cases}$$

在点 $(0,0)$ 处有

$$f_x(0,0) = \lim_{\Delta x \to 0} \frac{f(0+\Delta x,0)-f(0,0)}{\Delta x} = \lim_{\Delta x \to 0} \frac{0}{\Delta x} = 0$$

$$f_y(0,0) = \lim_{\Delta y \to 0} \frac{f(0+\Delta y,0)-f(0,0)}{\Delta y} = \lim_{\Delta y \to 0} \frac{0}{\Delta y} = 0$$

即该函数在点 $(0,0)$ 处的偏导数都存在．但由 8.2 节例 5 知该函数在点 $(0,0)$ 处的极限并不存在，因此，该函数在点 $(0,0)$ 处不连续．

8.3.2 高阶偏导数

对于二元函数 $z = f(x,y) = x^2 y + xy + 2y^2$，有 $\dfrac{\partial z}{\partial x} = 2xy + y$．显然，$\dfrac{\partial z}{\partial x}$ 还是关于 x 和 y 的二元函数，因此 $\dfrac{\partial z}{\partial x}$ 可以对 x 和 y 继续求偏导数．一般地，我们有如下定义：

定义 2 设函数 $z = f(x,y)$ 在区域 D 内具有偏导数

$$\frac{\partial z}{\partial x} = f_x(x,y), \frac{\partial z}{\partial y} = f_y(x,y)$$

那么在 D 内 $f_x(x,y)$，$f_y(x,y)$ 都是 x、y 的函数．如果这两个函数的偏导数也存在，则称它们是函数 $z = f(x,y)$ 的二阶偏导数．按照对变量求导次序的不同有下列 4 个二阶偏导数：

$$\frac{\partial}{\partial x}\left(\frac{\partial z}{\partial x}\right) = \frac{\partial^2 z}{\partial x \partial x} = \frac{\partial^2 z}{\partial x^2} = f_{xx}(x,y) \quad （对 x 的二阶偏导数）$$

$$\frac{\partial}{\partial y}\left(\frac{\partial z}{\partial x}\right) = \frac{\partial^2 z}{\partial x \partial y} = f_{xy}(x,y) \quad （先对 x 再对 y 的二阶偏导数）$$

$$\frac{\partial}{\partial x}\left(\frac{\partial z}{\partial y}\right) = \frac{\partial^2 z}{\partial y \partial x} = f_{yx}(x,y) \quad （先对 y 再对 x 的二阶偏导数）$$

$$\frac{\partial}{\partial y}\left(\frac{\partial z}{\partial y}\right) = \frac{\partial^2 z}{\partial y \partial y} = \frac{\partial^2 z}{\partial y^2} = f_{yy}(x,y) \quad （对 y 的二阶偏导数）$$

其中 $f_{xy}(x,y)$，$f_{yx}(x,y)$ 称为混合偏导数．同样可得三阶、四阶、$\cdots$，以及 n 阶偏导数．二阶及二阶以上的偏导数统称为**高阶偏导数**．

例 5 设 $z = x^3 y^2 - 3xy^3 - xy + 1$，求 z 的二阶偏导数．

解 $\dfrac{\partial z}{\partial x} = 3x^2 y^2 - 3y^3 - y$，$\dfrac{\partial z}{\partial y} = 2x^3 y - 9xy^2 - x$

$$\frac{\partial^2 z}{\partial x^2} = 6xy^2, \frac{\partial^2 z}{\partial y^2} = 2x^3 - 18xy$$

$$\frac{\partial^2 z}{\partial x \partial y} = 6x^2 y - 9y^2 - 1, \frac{\partial^2 z}{\partial y \partial x} = 6x^2 y - 9y^2 - 1.$$

例 6　设 $z = x\ln(x+y)$，求 z 的二阶偏导数.

解　$\dfrac{\partial z}{\partial x} = \ln(x+y) + \dfrac{x}{x+y}, \dfrac{\partial z}{\partial y} = \dfrac{x}{x+y}.$

$\dfrac{\partial^2 z}{\partial x^2} = \dfrac{1}{x+y} + \dfrac{y}{(x+y)^2} = \dfrac{x+2y}{(x+y)^2}, \dfrac{\partial^2 z}{\partial y^2} = -\dfrac{x}{(x+y)^2}$

$\dfrac{\partial^2 z}{\partial x \partial y} = \dfrac{y}{(x+y)^2}, \dfrac{\partial^2 z}{\partial y \partial x} = \dfrac{y}{(x+y)^2}.$

在上面两个例子中，都有 $\dfrac{\partial^2 z}{\partial x \partial y} = \dfrac{\partial^2 z}{\partial y \partial x}$，即这两个二阶混合偏导数相等. 也就是说，混合偏导数与求导的先后次序无关，这并不是偶然的. 事实上，有如下定理：

定理 1　如果二元函数的两个混合偏导数在区域 D 内连续，那么在该区域内这两个混合偏导数必相等.

对于二元以上的函数，也可以类似地定义高阶偏导数，而且高阶混合偏导数在偏导数连续的条件下也与求导的次序无关.

例 7　验证函数 $z = \ln(x^2 + y^2)$ 满足方程

$$\frac{\partial^2 z}{\partial x^2} + \frac{\partial^2 z}{\partial y^2} = 0 .$$

证　因为

$$\frac{\partial z}{\partial x} = \frac{2x}{x^2 + y^2}, \frac{\partial z}{\partial y} = \frac{2y}{x^2 + y^2}$$

所以

$$\frac{\partial^2 z}{\partial^2 x} = \frac{2(x^2 + y^2) - 2x \cdot 2x}{(x^2 + y^2)^2} = \frac{2(y^2 - x^2)}{(x^2 + y^2)^2}$$

$$\frac{\partial^2 z}{\partial^2 y} = \frac{2(x^2 + y^2) - 2y \cdot 2y}{(x^2 + y^2)^2} = \frac{2(x^2 - y^2)}{(x^2 + y^2)^2}$$

因此　$\dfrac{\partial^2 z}{\partial x^2} + \dfrac{\partial^2 z}{\partial y^2} = \dfrac{2(y^2 - x^2)}{(x^2 + y^2)^2} + \dfrac{2(x^2 - y^2)}{(x^2 + y^2)^2} = 0 .$

习题 8.3

1. 求下列函数的一阶偏导数：

（1）$z = x + y\mathrm{e}^x$　　　　　　　　　　（2）$z = \dfrac{x+y}{x-y}$

（3）$z = \arctan\dfrac{x}{y}$　　　　　　　　　（4）$z = \ln\sqrt{x^2 + y^2}$

（5）$z = \mathrm{e}^{\frac{y}{x}}$　　　　　　　　　　　（6）$u = \ln(x + \sqrt{y^2 + z^2})$

2. 求下列函数在指定点的偏导数：

（1）设 $z = ye^{\sin x}$，求 $f_x(0,0), f_y(0,0)$

（2）设 $f(x,y) = xy + (x-1)\arctan\sqrt{\dfrac{x}{y}}$，求 $f_y(1,1)$

3．求下列函数的二阶偏导数：

（1）$z = x^4 - x^3 y^3 - y^4$　　　　　　（2）$z = x^3 y - xy^3$

（3）$z = \ln(x+y)$

4．设 $u = e^{xyz}$，求 $\dfrac{\partial^3 u}{\partial x \partial y \partial z}, \dfrac{\partial^3 u}{\partial x \partial y^2}, \dfrac{\partial^3 u}{\partial z \partial y^2}$.

8.4　全微分

8.4.1　全微分的定义

在一元函数微分学中，函数 $y = f(x)$ 的微分 dy 是自变量增量 Δx 的线性函数，且当 $\Delta x \to 0$ 时，dy 与函数的增量 Δy 的差是一个较 Δx 高阶的无穷小，这一结论可推广到二元函数. 我们先看一个例子.

已知长方形的长和宽分别为 x 和 y，则长方形的面积 $S = x \cdot y$，若 x 取得增量 Δx，y 取得增量 Δy，则面积 S 的增量为

$$\Delta S = (x + \Delta x) \cdot (y + \Delta y) - xy = y\Delta x + x\Delta y + \Delta x \Delta y$$

上式右端中的第一部分 $y\Delta x + x\Delta y$ 是关于 Δx、Δy 的线性函数，而当 Δx 和 Δy 趋于 0 时，第二部分 $\Delta x \Delta y$ 是较 $\rho = \sqrt{(\Delta x)^2 + (\Delta y)^2}$ 高阶的无穷小. 故 ΔS 可近似表示为 $y\Delta x + x\Delta y$. 我们把 $y\Delta x + x\Delta y$ 称为 S 的微分，记为 dS，即

$$dS = y\Delta x + x\Delta y$$

一般地，对于二元函数 $z = f(x,y)$，我们引入如下定义：

定义 1　设函数 $z = f(x,y)$ 在点 (x,y) 的某邻域内有定义，若函数的增量 $\Delta z = f(x+\Delta x, y+\Delta y) - f(x,y)$ 可表示为

$$\Delta z = A\Delta x + B\Delta y + o(\rho) \quad (\rho = \sqrt{(\Delta x)^2 + (\Delta y)^2})$$

其中 A、B 不依赖于 Δx、Δy 而仅与 x、y 有关，则称函数 $z = f(x,y)$ 在点 (x,y) 处可微分，且称 $A\Delta x + B\Delta y$ 为函数 $z = f(x,y)$ 在点 (x,y) 处的**全微分**，记作 dz，即

$$dz = A\Delta x + B\Delta y$$

如果函数在区域 D 内各点处都可微分，那么称函数在 D 内可微分. 下面讨论函数 $z = f(x,y)$ 在点 (x_0, y_0) 处可微分的条件.

8.4.2　全微分存在的条件

定理 1（**必要条件**）如果函数 $z = f(x,y)$ 在点 (x_0, y_0) 处可微分，则

（1）$z = f(x,y)$ 在点 (x_0, y_0) 处连续；

（2）$z = f(x, y)$ 在点 (x_0, y_0) 处偏导数存在，且 $A = \dfrac{\partial z}{\partial x}\bigg|_{(x_0, y_0)}, B = \dfrac{\partial z}{\partial y}\bigg|_{(x_0, y_0)}$ 即

$$dz\big|_{(x_0, y_0)} = \frac{\partial z}{\partial x}\bigg|_{(x_0, y_0)} \Delta x + \frac{\partial z}{\partial y}\bigg|_{(x_0, y_0)} \Delta y .$$

证明略. 定理 1 指出，偏导数存在是函数可微分的必要条件，但这个条件却不是充分的，

例如，函数 $f(x, y) = \begin{cases} \dfrac{xy}{\sqrt{x^2 + y^2}}, & x^2 + y^2 \neq 0 \\ 0, & x^2 + y^2 = 0 \end{cases}$ 在点 $(0, 0)$ 处虽然有 $f_x(0, 0) = 0$ 及 $f_y(0, 0) = 0$，

但该函数在点 $(0, 0)$ 却不可微分，这是因为当 $(\Delta x, \Delta y)$ 沿直线 $y = x$ 趋于 $(0, 0)$ 时，有

$$\frac{\Delta z - [f_x(0, 0) \cdot \Delta x + f_y(0, 0) \cdot \Delta y]}{\rho} = \frac{\Delta x \cdot \Delta y}{(\Delta x)^2 + (\Delta y)^2} \to \frac{\Delta x \cdot \Delta x}{(\Delta x)^2 + (\Delta x)^2} \to \frac{1}{2} \neq 0 .$$

即 $\Delta z - [f_x(0, 0) \cdot \Delta x + f_y(0, 0) \cdot \Delta y]$ 不是较 ρ 高阶的无穷小. 因而函数在点 $(0, 0)$ 处不可微.

定理 2（充分条件） 如果函数 $z = f(x, y)$ 在点 (x_0, y_0) 处的偏导数 $\dfrac{\partial z}{\partial x}, \dfrac{\partial z}{\partial y}$ 都连续，则函数

在该点可微分.

证明略. 习惯上，我们将 Δx、Δy 分别记作 dx、dy，并分别称为自变量 x、y 的微分. 于是函数 $z = f(x, y)$ 的全微分可记为

$$dz = \frac{\partial z}{\partial x}dx + \frac{\partial z}{\partial y}dy$$

其中 $\dfrac{\partial z}{\partial x}dx$ 和 $\dfrac{\partial z}{\partial y}dy$ 分别称为函数 $z = f(x, y)$ 对 x 和 y 的偏微分，即二元函数的全微分等于它的两个偏微分之和，这一现象称为二元函数的微分符合叠加原理. 叠加原理也适用于二元以上的函数，例如三元函数 $u = f(x, y, z)$ 的全微分为

$$du = \frac{\partial u}{\partial x}dx + \frac{\partial u}{\partial y}dy + \frac{\partial u}{\partial z}dz .$$

例 1 设 $z = x^2 + 4xy + y^2$，求

（1）z 在点 $(1, 2)$ 处的全微分；

（2）z 在点 $(1, 2)$ 处当 $\Delta x = 0.05, \Delta y = -0.02$ 时的全微分；

（3）z 在点 $(1, 2)$ 处当 $\Delta x = 0.05, \Delta y = -0.02$ 时的全增量；

（4）比较 Δz 和 dz.

解 （1）因为 $\dfrac{\partial z}{\partial x} = 2x + 4y, \dfrac{\partial z}{\partial y} = 4x + 2y$

所以 $\qquad\qquad dz = (2x + 4y)dx + (4x + 2y)dy$

将 $x = 1, y = 2$ 代入有 $\qquad dz\big|_{(1,2)} = 10\Delta x + 8\Delta y .$

（2）将 $\Delta x = 0.05, \Delta y = -0.02$ 代入上面的结果，有 $dz\Big|_{\substack{(1,2) \\ \Delta x=0.05 \\ \Delta y=-0.02}} = 0.34 .$

（3） $\Delta z = f(1+0.05, 2-0.02) - f(1, 2) = 13.3389 - 13 = 0.3389$.

（4）易见 $\Delta z \approx \mathrm{d}z$.

例 2 计算函数 $u = x + \sin \dfrac{y}{2} + \mathrm{e}^{yz}$ 的全微分.

解 因为 $\quad \dfrac{\partial u}{\partial x} = 1, \dfrac{\partial u}{\partial y} = \dfrac{1}{2}\cos\dfrac{y}{2} + z\mathrm{e}^{yz}, \dfrac{\partial u}{\partial z} = y\mathrm{e}^{yz}$

所以 $\quad \mathrm{d}u = \mathrm{d}x + (\dfrac{1}{2}\cos\dfrac{y}{2} + z\mathrm{e}^{yz})\mathrm{d}y + y\mathrm{e}^{yz}\mathrm{d}z$.

*8.4.3 全微分在近似计算中的应用

由二元函数全微分的定义及全微分存在的充分条件可知，当二元函数 $z = f(x, y)$ 在点 $P(x_0, y_0)$ 处的两个偏导数 $f_x(x_0, y_0)$, $f_y(x_0, y_0)$ 连续，并且 $|\Delta x|$, $|\Delta y|$ 都较小时，有近似等式

$$\Delta z \approx \mathrm{d}z = f_x(x_0, y_0)\Delta x + f_y(x_0, y_0)\Delta y$$

即 $\quad f(x_0 + \Delta x, y_0 + \Delta y) \approx f(x_0, y_0) + f_x(x_0, y_0)\Delta x + f_y(x_0, y_0)\Delta y \quad$ （8.1）

我们可以利用上述近似公式对二元函数作近似计算.

例 3 计算 $(10.01)^{2.03}$ （ $\ln 10 = 2.3026$ ）.

解 设 $z = f(x, y) = x^y, x_0 = 10, y_0 = 2, \Delta x = 0.01, \Delta y = 0.03$ ，又

$$f_x(x, y) = yx^{y-1}, f_y(x, y) = x^y \ln x$$

于是由（8.1）式得

$$f(10.01, 2.02) = f(10, 2) + f_x(10, 2)\Delta x + f_y(10, 2)\Delta y = 107.1078 .$$

例 4 有一圆柱体，受压后发生形变，它的半径由 20cm 增大到 20.05cm，高度由 100cm 减少到 99cm. 求此圆柱体体积变化的近似值.

解 设圆柱体的半径、高和体积依次为 r、h 和 V，则有 $V = \pi r^2 h$.
已知 $r = 20$ ， $h = 100$ ， $\Delta r = 0.05$ ， $\Delta h = -1$. 根据近似公式（8.1），有
$$\Delta V \approx \mathrm{d}V = V_r \cdot \Delta r + V_h \cdot \Delta h$$
$$= 2\pi rh\Delta r + \pi r^2 \Delta h = 2\pi \times 20 \times 100 \times 0.05 + \pi \times 20^2 \times (-1) = -200\pi \ (\mathrm{cm}^3)$$

即此圆柱体在受压后体积约减少了 $200\pi \ \mathrm{cm}^3$.

习题 8.4

1. 求函数 $z = xy^2$ 当 $x = 1, y = 2, \Delta x = 0.01, \Delta y = -0.02$ 时的全微分及全增量.

2. 求函数 $z = \ln\sqrt{x^2 + y^2}$ 在点 $(1, 1)$ 处的全微分.

3. 求下列函数的全微分：

（1） $z = xy + \dfrac{y}{x}$ （2） $z = x\ln y$

（3） $u = \ln(x^2 + y^2 + z^2)$

*4. 计算 $(1.04)^{2.02}$ 的近似值.

8.5 复合函数微分法与隐函数微分法

8.5.1 复合函数微分法

设 $z = f(u,v)$ 是变量 u,v 的二元函数，而 u,v 又是变量 x,y 的二元函数 $u = \varphi(x,y)$，$v = \psi(x,y)$，则

$$z = f[\varphi(x,y), \psi(x,y)]$$

是 x、y 的复合函数．关于这个复合函数的微分法，有如下定理：

定理 1 设函数 $u = \varphi(x,y)$ 和 $v = \psi(x,y)$ 在点 (x,y) 处的偏导数 $\dfrac{\partial u}{\partial x}, \dfrac{\partial u}{\partial y}$ 和 $\dfrac{\partial v}{\partial x}, \dfrac{\partial v}{\partial y}$ 都存在，且在对应于点 (x,y) 的点 (u,v) 处，函数 $z = f(u,v)$ 可微，则复合函数 $z = f[\varphi(x,y), \psi(x,y)]$ 对 x,y 的偏导数存在，且

$$\frac{\partial z}{\partial x} = \frac{\partial z}{\partial u} \cdot \frac{\partial u}{\partial x} + \frac{\partial z}{\partial v} \cdot \frac{\partial v}{\partial x}$$

$$\frac{\partial z}{\partial y} = \frac{\partial z}{\partial u} \cdot \frac{\partial u}{\partial y} + \frac{\partial z}{\partial v} \cdot \frac{\partial v}{\partial y}.$$

定理 1 给出的结论称为**多元复合函数求导的链式法则**．为便于记忆这个公式，可以画出函数变量之间的关系链式图（见图 8-12），从图中可以看出：x、y 是自变量，u、v 是中间变量，求复合函数 z 对其中一个自变量（如 x）的偏导数时，可从图中找到由 z 经中间变量到达 x 的所有路径，显然由 z 到达 x 的路径共有两条：$z \rightarrow u \rightarrow x$ 和 $z \rightarrow v \rightarrow x$，沿第一条路径求导的结果是 $\dfrac{\partial z}{\partial u} \cdot \dfrac{\partial u}{\partial x}$，而沿第二条路径求导的结果是 $\dfrac{\partial z}{\partial v} \cdot \dfrac{\partial v}{\partial x}$，两者相加便得到 z 对 x 的偏导数的结果．类似地可以分析和记忆 z 对 y 的偏导数的结果．

运用这个方法可以处理各种复杂的复合函数的偏导数，而不需要硬记定理．例如，设函数 $z = f(u,v)$，$u = \varphi(t)$ 及 $v = \psi(t)$ 构成的复合函数

$$z = f[\varphi(t), \psi(t)]$$

画出函数变量之间的关系链式图（见图 8-13），可以看出 z 到 t 的路径有两条：$z \rightarrow u \rightarrow t$ 和 $z \rightarrow v \rightarrow t$．于是有

$$\frac{\mathrm{d}z}{\mathrm{d}t} = \frac{\partial z}{\partial u} \cdot \frac{\mathrm{d}u}{\mathrm{d}t} + \frac{\partial z}{\partial v} \cdot \frac{\mathrm{d}v}{\mathrm{d}t}$$

这个公式也称为**全导数公式**．

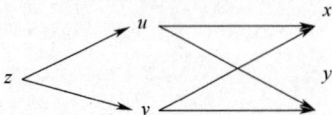

图 8-12

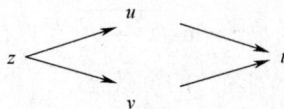

图 8-13

例 1 设 $z = f(u,v) = \sin(u+v), u = 3t, v = 4t^3$，求 $\dfrac{\mathrm{d}z}{\mathrm{d}t}$．

解　该函数变量之间的关系链式图如图 8-13 所示，从 z 到 t 的路径有两条：$z{\to}u{\to}t$ 和 $z{\to}v{\to}t$. 于是有

$$\frac{\mathrm{d}z}{\mathrm{d}t} = \frac{\partial z}{\partial u} \cdot \frac{\mathrm{d}u}{\mathrm{d}t} + \frac{\partial z}{\partial v} \cdot \frac{\mathrm{d}v}{\mathrm{d}t}$$

又

$$\frac{\partial z}{\partial u} = \cos(u+v), \frac{\mathrm{d}u}{\mathrm{d}t} = 3 ; \quad \frac{\partial z}{\partial v} = \cos(u+v), \frac{\mathrm{d}v}{\mathrm{d}t} = 12t^2 ;$$

所以

$$\frac{\mathrm{d}z}{\mathrm{d}t} = 3\cos(u+v) + 12t^2 \cdot \cos(u+v) = (3+12t^2) \cdot \cos(3t+4t^3) .$$

例 2　设 $z = \mathrm{e}^u \sin v, u = xy, v = x+y$，求 $\dfrac{\partial z}{\partial x}$ 和 $\dfrac{\partial z}{\partial y}$.

解　该函数变量之间的关系链式图如图 8-12 所示，按路径求导有

$$\frac{\partial z}{\partial x} = \frac{\partial z}{\partial u} \cdot \frac{\partial u}{\partial x} + \frac{\partial z}{\partial v} \cdot \frac{\partial v}{\partial x} = \mathrm{e}^u \sin v \times y + \mathrm{e}^u \cos v \times 1 = \mathrm{e}^{xy}[y\sin(x+y) + \cos(x+y)]$$

$$\frac{\partial z}{\partial y} = \frac{\partial z}{\partial u} \cdot \frac{\partial u}{\partial y} + \frac{\partial z}{\partial v} \cdot \frac{\partial v}{\partial y} = \mathrm{e}^u \sin v \times x + \mathrm{e}^u \cos v \times 1 = \mathrm{e}^{xy}[x\sin(x+y) + \cos(x+y)].$$

例 3　设 $u = f(x,y,z) = \mathrm{e}^{x^2+y^2+z^2}$，而 $z = \varphi(x,y) = x^2 \sin y$，求 $\dfrac{\partial u}{\partial x}$ 和 $\dfrac{\partial u}{\partial y}$.

解　该函数变量之间的关系链式图如图 8-14 所示，按路径求导有

$$\frac{\partial u}{\partial x} = \frac{\partial f}{\partial x} + \frac{\partial f}{\partial z} \cdot \frac{\partial z}{\partial x} = 2x\mathrm{e}^{x^2+y^2+z^2} + 2z\mathrm{e}^{x^2+y^2+z^2} \cdot 2x\sin y$$

$$= 2x(1 + 2x^2\sin^2 y)\mathrm{e}^{x^2+y^2+x^4\sin^2 y}$$

$$\frac{\partial u}{\partial y} = \frac{\partial f}{\partial y} + \frac{\partial f}{\partial z} \cdot \frac{\partial z}{\partial y} = 2y\mathrm{e}^{x^2+y^2+z^2} + 2z\mathrm{e}^{x^2+y^2+z^2} \cdot x^2\cos y$$

$$= 2(y + x^4\sin y\cos y)\mathrm{e}^{x^2+y^2+x^4\sin^2 y} .$$

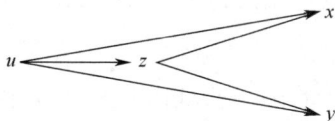

图 8-14

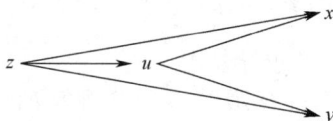

图 8-15

注意：这里 $\dfrac{\partial u}{\partial x}$ 与 $\dfrac{\partial f}{\partial x}$ 是不同的，$\dfrac{\partial u}{\partial x}$ 是把复合函数 $u = f[x,y,\varphi(x,y)]$ 中的 y 看作常量而对 x 的求偏导数，$\dfrac{\partial f}{\partial x}$ 则是把 $u = f(x,y,z)$ 中的 y 和 z（包括 z 中的 x）都看作常量而对 x 求偏导数，显然结果不相同. $\dfrac{\partial u}{\partial y}$ 与 $\dfrac{\partial f}{\partial y}$ 也有类似的区别.

例 4　设 $z = f(u,x,y)$，且 $u = \varphi(x,y)$，求 $\dfrac{\partial z}{\partial x}, \dfrac{\partial z}{\partial y}$.

解　该函数变量之间的关系链式图如图 8-15 所示，按路径求导有

$$\frac{\partial z}{\partial x} = \frac{\partial f}{\partial x} + \frac{\partial f}{\partial u}\frac{\partial u}{\partial x} ; \quad \frac{\partial z}{\partial y} = \frac{\partial f}{\partial y} + \frac{\partial f}{\partial u}\frac{\partial u}{\partial y} .$$

例 5 设 $w = f(x+y+z, xyz)$，f 具有一阶连续偏导数，求 $\dfrac{\partial w}{\partial x}, \dfrac{\partial w}{\partial y}, \dfrac{\partial w}{\partial z}$.

解 令 $u = x+y+z, v = xyz$，则 $w = f(u,v)$. 该函数变量之间的关系链式图如图 8-16 所示. 为表达简便起见，记

$$f_1' = \frac{\partial f(u,v)}{\partial u}, f_2' = \frac{\partial f(u,v)}{\partial v}$$

这里下标 1 表示 f 对第一个变量 u 求偏导数，下标 2 表示 f 对第二个变量 v 求偏导数，按路径求导有

$$\frac{\partial w}{\partial x} = \frac{\partial f}{\partial u} \cdot \frac{\partial u}{\partial x} + \frac{\partial f}{\partial v} \cdot \frac{\partial v}{\partial x} = f_1' + yzf_2'$$

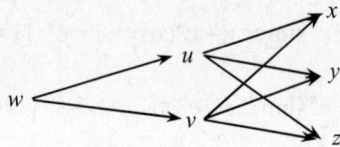

图 8-16

同理

$$\frac{\partial w}{\partial y} = \frac{\partial f}{\partial u} \cdot \frac{\partial u}{\partial y} + \frac{\partial f}{\partial v} \cdot \frac{\partial v}{\partial y} = f_1' + xzf_2'$$

$$\frac{\partial w}{\partial z} = \frac{\partial f}{\partial u} \cdot \frac{\partial u}{\partial z} + \frac{\partial f}{\partial v} \cdot \frac{\partial v}{\partial z} = f_1' + xyf_2'.$$

8.5.2 隐函数微分法

在一元函数微分学中，对于由方程 $F(x,y) = 0$ 所确定的隐函数 $y = f(x)$，我们在不将其显化的情况下，可用复合函数求导法则求出其导数 $\dfrac{\mathrm{d}y}{\mathrm{d}x}$. 现在我们利用多元复合函数微分法导出这类隐函数的求导公式.

隐函数存在定理 1 设函数 $F(x,y)$ 在点 $P(x_0, y_0)$ 的某一邻域内具有连续偏导数，且 $F(x_0, y_0) = 0, F_y(x_0, y_0) \neq 0$，则方程 $F(x,y) = 0$ 在点 $P(x_0, y_0)$ 的某一邻域内能唯一确定一个连续且具有连续导数的函数 $y = f(x)$，它满足条件 $y_0 = f(x_0)$，并有

$$\frac{\mathrm{d}y}{\mathrm{d}x} = -\frac{F_x}{F_y}. \tag{8.2}$$

其中，F_x, F_y 分别表示 $F(x,y)$ 对 x, y 的偏导数. 上述定理给出的公式便是隐函数的求导公式，这个定理我们不证明，仅给出公式（8.2）的推导过程. 实际上将方程 $F(x,y) = 0$ 确定的隐函数 $y = f(x)$ 代入方程，有恒等式

$$F(x, f(x)) = 0,$$

两边对 x 求导有

$$\frac{\partial F}{\partial x} + \frac{\partial F}{\partial y} \cdot \frac{\mathrm{d}y}{\mathrm{d}x} = 0,$$

由于 F_y 连续，且 $F_y(x_0, y_0) \neq 0$，所以存在 $P(x_0, y_0)$ 的一个邻域，在这个邻域内 $F_y \neq 0$，于是得

$$\frac{dy}{dx} = -\frac{F_x}{F_y}.$$

例 6　验证方程 $x^2 + y^2 - 1 = 0$ 在点 $(0,1)$ 的某一邻域内能唯一确定一个有连续导数且当 $x = 0$ 时 $y = 1$ 的隐函数 $y = f(x)$，并求这函数在 $x = 0$ 处的导数.

解　设 $F(x, y) = x^2 + y^2 - 1$，则 $F_x = 2x$，$F_y = 2y$，$F(0,1) = 0$，$F_y(0,1) = 2 \neq 0$，因此由隐函数存在定理 1 可知，方程 $x^2 + y^2 - 1 = 0$ 在点 $(0,1)$ 的某一邻域内能唯一确定一个有连续导数且当 $x = 0$ 时 $y = 1$ 的隐函数 $y = f(x)$，并且有

$$\frac{dy}{dx} = -\frac{F_x}{F_y} = -\frac{x}{y}, \frac{dy}{dx}\bigg|_{\substack{x=0 \\ y=1}} = 0.$$

例 7　求由方程 $xy - e^x + e^y = 0$ 所确定的隐函数 y 的导数 $\dfrac{dy}{dx}$，$\dfrac{dy}{dx}\Big|_{x=0}$.

解　令 $F = xy - e^x + e^y$，则

$$F_x = y - e^x, \quad F_y = x + e^y$$

$$\frac{dy}{dx} = -\frac{F_x}{F_y} = \frac{e^x - y}{x + e^y}$$

由原方程知 $x = 0$ 时，$y = 0$，所以

$$\frac{dy}{dx}\bigg|_{x=0} = \frac{e^x - y}{x + e^y}\bigg|_{\substack{x=0 \\ y=0}} = 1.$$

隐函数存在定理还可以推广到多元函数. 既然一个二元方程 $F(x, y) = 0$ 可以确定一个一元隐函数，那么一个三元方程 $F(x, y, z) = 0$ 就有可能确定一个二元隐函数.

隐函数存在定理 2　设函数 $F(x, y, z)$ 在点 $P(x_0, y_0, z_0)$ 的某一邻域内具有连续的偏导数，且 $F(x_0, y_0, z_0) = 0$，$F_z(x_0, y_0, z_0) \neq 0$，则方程 $F(x, y, z) = 0$ 在点 $P(x_0, y_0, z_0)$ 的某一邻域内能唯一确定一个连续且具有连续偏导数的函数 $z = f(x, y)$，它满足条件 $z_0 = f(x_0, y_0)$，并有

$$\frac{\partial z}{\partial x} = -\frac{F_x}{F_z}, \frac{\partial z}{\partial y} = -\frac{F_y}{F_z}. \tag{8.3}$$

这个定理我们不证明，仅给出公式（8.3）的推导过程. 由于

$$F(x, y, f(x, y)) = 0$$

应用复合函数求导法则，将上式两端分别对 x 和 y 求导，有

$$F_x \cdot 1 + F_y \cdot 0 + F_z \frac{\partial z}{\partial x} = 0, \quad F_x \cdot 0 + F_y \cdot 1 + F_z \frac{\partial z}{\partial y} = 0$$

因为 F_z 连续，且 $F_z(x_0, y_0, z_0) \neq 0$，所以存在点 (x_0, y_0, z_0) 的一个邻域，在这个邻域内，$F_z \neq 0$，于是

$$\frac{\partial z}{\partial x} = -\frac{F_x}{F_z}, \frac{\partial z}{\partial y} = -\frac{F_y}{F_z}.$$

例 8 设 $x^2 + y^2 + z^2 - 4z = 0$，求 $\dfrac{\partial z}{\partial x}, \dfrac{\partial z}{\partial y}$.

解 设 $F(x, y, z) = x^2 + y^2 + z^2 - 4z$，则 $F_x = 2x$, $F_y = 2y$, $F_z = 2z - 4$. 当 $z \neq 2$ 时有

$$\frac{\partial z}{\partial x} = -\frac{F_x}{F_z} = -\frac{2x}{2z - 4} = \frac{x}{2 - z}, \frac{\partial z}{\partial y} = -\frac{F_y}{F_z} = -\frac{2y}{2z - 4} = \frac{y}{2 - z}.$$

类似于一元隐函数的求法，我们也可以直接将 z 看成关于 x（或 y）的函数，方程两边同时对 x（或 y）求导，便得到 $\dfrac{\partial z}{\partial x}$（或 $\dfrac{\partial z}{\partial y}$），这种方法称为**直接法**.

例 9 用直接法求由方程 $x^2 + y^2 + z^2 - 4z = 0$ 所确定的二元隐函数 $z = z(x, y)$ 的偏导数 $\dfrac{\partial z}{\partial x}, \dfrac{\partial z}{\partial y}$.

解 将 z 看成关于 x 的函数，方程两边同时对 x 求偏导数，得

$$2x + 0 + 2z\frac{\partial z}{\partial x} - 4\frac{\partial z}{\partial x} = 0$$

解得

$$\frac{\partial z}{\partial x} = \frac{x}{2 - z}$$

同理可得

$$\frac{\partial z}{\partial y} = \frac{y}{2 - z}.$$

例 10 求由方程 $z^3 - 3xyz = a^3$（a 是常数）所确定的隐函数 $z = f(x, y)$ 的偏导数 $\dfrac{\partial z}{\partial x}$ 和 $\dfrac{\partial z}{\partial y}$.

解 **解法 1** 令 $F(x, y, z) = z^3 - 3xyz - a^3$，则 $F_x = -3yz$，$F_y = -3xz$，$F_z = 3z^2 - 3xy$，当 $F_z = 3z^2 - 3xy \neq 0$ 时，由隐函数存在定理 2 有

$$\frac{\partial z}{\partial x} = -\frac{F_x}{F_z} = -\frac{-3yz}{3z^2 - 3xy} = \frac{yz}{z^2 - xy}$$

$$\frac{\partial z}{\partial y} = -\frac{F_y}{F_z} = -\frac{-3xz}{3z^2 - 3xy} = \frac{xz}{z^2 - xy}.$$

解法 2 将 z 看成关于 x 的函数，方程两边同时对 x（和 y）求偏导数得

$$3z^2\frac{\partial z}{\partial x} - 3y\left(z + x\frac{\partial z}{\partial x}\right) = 0, \quad 3z^2\frac{\partial z}{\partial y} - 3x\left(z + y\frac{\partial z}{\partial y}\right) = 0$$

所以

$$\frac{\partial z}{\partial x} = -\frac{-3yz}{3z^2 - 3xy} = \frac{yz}{z^2 - xy}, \frac{\partial z}{\partial y} = -\frac{-3xz}{3z^2 - 3xy} = \frac{xz}{z^2 - xy}.$$

在实际应用中，求方程所确定的多元函数的偏导数时，如果方程中含有抽象函数，那么利用直接法求导更为清楚.

例 11 设 $z = f(x + y + z, xyz)$，求 $\dfrac{\partial z}{\partial x}, \dfrac{\partial x}{\partial y}, \dfrac{\partial y}{\partial z}$.

解 将 z 看成 x, y 的函数，方程两边同时对 x（和 y）求偏导数得

$$\frac{\partial z}{\partial x} = f_1' \cdot \left(1 + \frac{\partial z}{\partial x}\right) + f_2' \cdot \left(yz + xy\frac{\partial z}{\partial x}\right), \quad 即 \frac{\partial z}{\partial x} = \frac{f_1' + yzf_2'}{1 - f_1' - xyf_2'}$$

$$\frac{\partial z}{\partial y} = f_1' \cdot \left(1 + \frac{\partial z}{\partial y}\right) + f_2' \cdot \left(xz + xy\frac{\partial z}{\partial y}\right), \quad \text{即} \frac{\partial z}{\partial y} = \frac{f_1' + xzf_2'}{1 - f_1' - xyf_2'}.$$

例 12　设 $u = f(x, y, z)$ 有连续偏导数，$y = y(x), z = z(x)$ 分别由方程 $\mathrm{e}^{xy} - y = 0$ 和 $\mathrm{e}^x - xz = 0$ 确定，求 $\dfrac{\mathrm{d}u}{\mathrm{d}x}$.

解　由复合函数求导法则有

$$\frac{\mathrm{d}u}{\mathrm{d}x} = f_1' \cdot 1 + f_2' \cdot \frac{\mathrm{d}y}{\mathrm{d}x} + f_3' \cdot \frac{\mathrm{d}z}{\mathrm{d}x}$$

下面分别求 $\dfrac{\mathrm{d}y}{\mathrm{d}x}$ 和 $\dfrac{\mathrm{d}z}{\mathrm{d}x}$，设 $F(x, y) = \mathrm{e}^{xy} - y$，$G(x, y) = \mathrm{e}^x - xz$，则

$$\frac{\mathrm{d}y}{\mathrm{d}x} = -\frac{F_x}{F_y} = -\frac{y\mathrm{e}^{xy}}{x\mathrm{e}^{xy} - 1} = -\frac{y^2}{xy - 1}$$

$$\frac{\mathrm{d}z}{\mathrm{d}x} = -\frac{G_x}{G_z} = \frac{\mathrm{e}^x - z}{x}$$

于是有

$$\frac{\mathrm{d}u}{\mathrm{d}x} = f_1' - \frac{y^2}{xy - 1} \cdot f_2' + \frac{\mathrm{e}^x - z}{x} \cdot f_3'.$$

习题 8.5

1. 设 $z = \arcsin(x + y), x = 3t, y = t^2$，求 $\dfrac{\mathrm{d}z}{\mathrm{d}t}$.

2. 设 $z = u^2 + v^2, u = x + y, v = x - y$，求 $\dfrac{\partial z}{\partial x}, \dfrac{\partial z}{\partial y}$.

3. 设 $z = \mathrm{e}^u \sin v, u = xy, v = x + y$，求 $\dfrac{\partial z}{\partial x}, \dfrac{\partial z}{\partial y}$.

4. 设 $z = f(x + y, xy)$，求 $\dfrac{\partial z}{\partial x}, \dfrac{\partial z}{\partial y}$.

5. 求下列二元方程所确定的一元隐函数 $y = f(x)$ 的一阶导数：

（1）$\sin y + \mathrm{e}^x + xy^2 = 0$ 　　　　　　　（2）$xy - \ln y = 1$

6. 求下列三元方程所确定的二元隐函数 $z = f(x, y)$ 的一阶导数：

（1）$x^2 + y^2 + z^2 = R^2$ 　　　　　　　　（2）$\mathrm{e}^z - xyz = 0$

8.6　多元函数的极值

一元函数可以用一阶或二阶导数确定其极值，多元函数也类似，不过随着自变量个数的增多，解决问题的方法和步骤将会复杂些，我们以二元函数为例，来讨论多元函数的极值问题.

8.6.1 二元函数的极值

定义 1 设函数 $z = f(x, y)$ 在点 (x_0, y_0) 的某个邻域内有定义，对于该邻域内异于 (x_0, y_0) 的点，如果都满足不等式

$$f(x, y) < f(x_0, y_0)$$

则称函数 $f(x, y)$ 在点 (x_0, y_0) 有**极大值** $f(x_0, y_0)$．如果都满足不等式

$$f(x, y) > f(x_0, y_0)$$

则称函数 $f(x, y)$ 在点 (x_0, y_0) 有**极小值** $f(x_0, y_0)$．

极大值和极小值统称为**极值**．使函数取得极值的点称为**极值点**．

例 1 函数 $z = 2x^2 + 3y^2$ 在点 $(0, 0)$ 处有极小值．因为对于点 $(0, 0)$ 的任一邻域内异于 $(0, 0)$ 的点，函数值都为正，而在点 $(0, 0)$ 处的函数值为零．从几何上看这是显然的，因为点 $(0, 0, 0)$ 是开口朝上的椭圆抛物面 $z = 2x^2 + 3y^2$ 的顶点（见图 8-17）．

例 2 函数 $z = -\sqrt{x^2 + y^2}$ 在点 $(0, 0)$ 处有极大值．因为在点 $(0, 0)$ 处函数值为零，而对于点 $(0, 0)$ 的任一邻域内异于 $(0, 0)$ 的点，函数值都为负，点 $(0, 0, 0)$ 是位于 xOy 平面下方的锥面 $z = -\sqrt{x^2 + y^2}$ 的顶点（见图 8-18）．

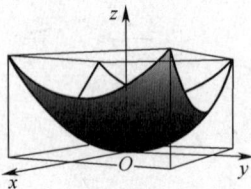

图 8-17

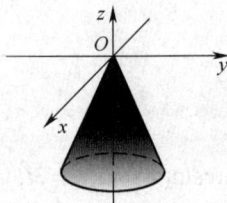

图 8-18

例 3 函数 $z = y^2 - x^2$ 在点 $(0, 0)$ 处既不取得极大值也不取得极小值．因为函数在点 $(0, 0)$ 处的函数值为零，而在点 $(0, 0)$ 的任一邻域内，总有使函数值为正的点，也有使函数值为负的点（见图 8-19）．

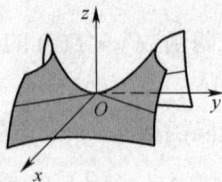

图 8-19

与导数在一元函数极值研究中的作用一样，偏导数也是研究多元函数极值的主要方法．

如果二元函数 $z = f(x, y)$ 在点 (x_0, y_0) 处取得极值，固定 $y = y_0$，一元函数 $z = f(x, y_0)$ 在点 $x = x_0$ 处必取得相同的极值；同理，固定 $x = x_0$，$z = f(x_0, y)$ 在点 $y = y_0$ 处也取得相同的极值．因此，由一元函数极值的必要条件，我们可以得到二元函数极值的必要条件．

定理 1（必要条件） 设函数 $z = f(x, y)$ 在点 (x_0, y_0) 具有偏导数，且在点 (x_0, y_0) 处有极值，

则它在该点处的偏导数必然为零，即

$$f_x(x_0, y_0) = 0, f_y(x_0, y_0) = 0 .$$

证 不妨设 $z = f(x, y)$ 在点 (x_0, y_0) 处有极大值. 依极大值的定义，在点 (x_0, y_0) 的某邻域内异于 (x_0, y_0) 的点都满足不等式

$$f(x, y) < f(x_0, y_0)$$

特殊地，在该邻域内取 $y = y_0$，而 $x \neq x_0$ 的点，也应适合不等式

$$f(x, y_0) < f(x_0, y_0)$$

这表明一元函数 $f(x, y_0)$ 在 $x = x_0$ 处取得极大值，因此必有

$$f_x(x_0, y_0) = 0 .$$

类似地可证

$$f_y(x_0, y_0) = 0 .$$

仿照一元函数，凡是能使 $f_x(x, y) = 0, f_y(x, y) = 0$ 同时成立的点 (x_0, y_0) 称为函数 $z = f(x, y)$ 的驻点，由定理 1 可知，**具有偏导数的函数的极值点必定是驻点，但是函数的驻点不一定是极值点**. 在例 3 中，点 $(0,0)$ 是函数 $z = y^2 - x^2$ 的驻点，但是函数在该点并无极值.

如何判断一个驻点是否是极值点呢？下面的定理回答了这个问题.

定理 2（充分条件） 设函数 $z = f(x, y)$ 在点 (x_0, y_0) 的某邻域内连续且有一阶及二阶连续偏导数，又 $f_x(x_0, y_0) = 0, f_y(x_0, y_0) = 0$，令

$$f_{xx}(x_0, y_0) = A, f_{xy}(x_0, y_0) = B, f_{yy}(x_0, y_0) = C$$

则 $f(x, y)$ 在 (x_0, y_0) 处是否取得极值的条件如下：

（1） $AC - B^2 > 0$ 时具有极值，且当 $A < 0$ 时有极大值，当 $A > 0$ 时有极小值；

（2） $AC - B^2 < 0$ 时没有极值；

（3） $AC - B^2 = 0$ 时可能有极值，也可能没有极值，还需另作讨论.

证明略. 利用定理 1 和定理 2，我们把具有二阶连续偏导数的函数 $z = f(x, y)$ 的极值的求法归纳如下：

（1）解方程组

$$f_x(x, y) = 0, f_y(x, y) = 0$$

求得一切实数解，即可以得到一切驻点.

（2）对于每一个驻点 (x_0, y_0)，求出二阶偏导数的值 A，B 和 C.

（3）定出 $AC - B^2$ 的符号，按定理 2 的结论判定 $f(x_0, y_0)$ 是否是极值、是极大值还是极小值.

例 4 求函数 $f(x, y) = x^3 - y^3 + 3x^2 + 3y^2 - 9x$ 的极值.

解 先解方程组

$$\begin{cases} f_x(x, y) = 3x^2 + 6x - 9 = 0 \\ f_y(x, y) = -3y^2 + 6y = 0 \end{cases}$$

得 $x = 1, -3$；$y = 0, 2$. 于是得驻点为 $(1,0)$、$(1,2)$、$(-3,0)$、$(-3,2)$.

再求出二阶偏导数

$$f_{xx}(x,y)=6x+6, f_{xy}(x,y)=0, f_{yy}(x,y)=-6y+6$$

在点 $(1,0)$ 处，$AC-B^2=12\cdot6=72>0$ 又 $A>0$，所以函数在 $(1,0)$ 处有极小值 $f(1,0)=-5$；

在点 $(1,2)$ 处，$AC-B^2=12\cdot(-6)=-72<0$，所以 $f(1,2)$ 不是极值；

在点 $(-3,0)$ 处，$AC-B^2=-12\cdot6=-72<0$，所以 $f(-3,0)$ 不是极值；

在点 $(-3,2)$ 处，$AC-B^2=-12\cdot(-6)=72>0$ 又 $A<0$，所以函数在 $(-3,2)$ 处有极大值 $f(-3,2)=31$．

注意： 偏导数不存在的点也可能是极值点．比如，例 2 中函数 $z=-\sqrt{x^2+y^2}$ 在点 $(0,0)$ 处有极大值，但在点 $(0,0)$ 处该函数的两个偏导数却不存在．所以，驻点和偏导数不存在的点都有可能是函数的极值点．

8.6.2 多元函数的最值

与一元函数类似，我们可以利用函数的极值来求函数的最值．我们已经知道，如果 $f(x,y)$ 在有界闭区域 D 上连续，则 $f(x,y)$ 在 D 上必定存在最大值和最小值，且函数的最大值点或最小值点必在函数的极值点或在 D 的边界点上．因此只需求出 $f(x,y)$ 在各个驻点和不可导点的函数值以及在边界上的最大值和最小值，然后加以比较即可．

我们假定 $f(x,y)$ 在 D 上连续、偏导数存在且驻点只有有限个，则求函数 $f(x,y)$ 的最大值和最小值的步骤为：

（1）求函数 $f(x,y)$ 在 D 内所有驻点处的函数值；

（2）求函数 $f(x,y)$ 在 D 的边界上的最大值和最小值；

（3）将得到的所有函数值进行比较，其中最大者就是最大值，最小者就是最小值．

在通常遇到的实际问题中，如果根据问题的性质，知道函数 $f(x,y)$ 的最大值（最小值）一定在 D 的内部取得，而函数在 D 内只有唯一一个驻点，那么可以肯定该驻点处的函数值就是函数 $f(x,y)$ 在 D 上的最大值（最小值）．

例 5 设 D 是由直线 $x+y=6$ 与坐标轴所围成的闭三角形区域（见图 8-20），求函数 $z=f(x,y)=x^2y(4-x-y)$ 在 D 上的最大值和最小值．

解 先求 z 在 D 内部的驻点，由

$$\begin{cases} z_x=xy(8-3x-2y)=0 \\ z_y=x^2(4-x-2y)=0 \\ x>0,y>0 \end{cases}$$

得到在 D 内部的唯一驻点 $(2,1)$，并且 $f(2,1)=4$．

D 的边界由 $x=0\ (0\leqslant y\leqslant6)$，$y=0\ (0\leqslant x\leqslant6)$，$x+y=6\ (0\leqslant x\leqslant6)$ 三部分构成．其中，在 $x=0\ (0\leqslant y\leqslant6)$ 上，$z=0$；在 $y=0\ (0\leqslant x\leqslant6)$ 上，$z=0$；在 $x+y=6\ (0\leqslant x\leqslant6)$ 上，将 $y=6-x$ 代入函数有

图 8-20

$$z=x^2(6-x)(4-6)=2(x^3-6x^2)\ (0\leqslant x\leqslant6)$$

这就变成了求 z 关于 x 的一元函数最值问题．由 $z_x=6x(x-4)=0$ 得到在 $(0,6)$ 内的唯一驻

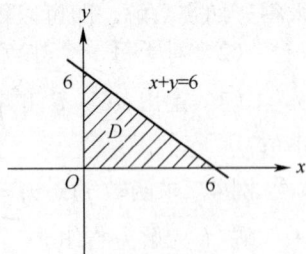

点 $x = 4$，此时 $z = -64$；$x = 0$ 时，$z = 0$；$x = 6$ 时，$z = 0$．所以在边界上，z 的最大值为 0，最小值为 -64．

比较函数在驻点处的函数值 $f(2,1) = 4$ 和边界上的最值可知，z 在 D 上的最大值为 $f(2,1) = 4$，最小值为 $f(4,2) = -64$．

例6　某厂要用铁板做成一个体积为 $27\ \mathrm{m}^3$ 的有盖长方体水箱．问当长、宽、高各取多少时，才能使用料最省？

解　设水箱的长为 $x\ \mathrm{m}$，宽为 $y\ \mathrm{m}$，则其高应为 $\dfrac{27}{xy}\mathrm{m}$．用料最省即表面积 A 最小．

$$A = 2(xy + y \cdot \frac{27}{xy} + x \cdot \frac{27}{xy}) = 2(xy + \frac{27}{x} + \frac{27}{y}) \quad (x > 0, y > 0)$$

令

$$A_x = 2(y - \frac{27}{x^2}) = 0, \quad A_y = 2(x - \frac{27}{y^2}) = 0$$

解得唯一驻点 $(3,3)$．

依题意可知，水箱所用材料面积的最小值一定存在，所以此驻点一定是 A 取得最小值的点，即当水箱的长为 3m、宽为 3m、高为 $\dfrac{27}{3 \cdot 3} = 3\ \mathrm{m}$ 时，水箱所用的材料最省．

8.6.3　条件极值与拉格朗日乘数法

以上讨论的极值问题中，对于函数的自变量一般只要求在定义域内，除此以外并没有其他条件限制，这类极值问题称为无条件极值问题．但在实际问题中，常会遇到对函数的自变量还有附加条件的极值问题，这类极值问题称为条件极值问题．

例如，求表面积为 a^2 而体积最大的长方体的体积问题．设长方体的三棱的长为 x, y, z，则体积 $V = xyz$，又因为假定表面积为 a^2，故自变量 x, y, z 还必须满足附加条件 $2(xy + yz + xz) = a^2$，这就是一个条件极值问题．

在有些情况下，可以把条件极值问题转化为无条件极值问题来求解．例如对上述问题，可以先由条件 $2(xy + yz + xz) = a^2$，解得

$$z = \frac{a^2 - 2xy}{2(x + y)}$$

代入 $V = xyz$，得

$$V = \frac{xy}{2}(\frac{a^2 - 2xy}{x + y}).$$

这样就转化为求无条件极值问题了．

但是在很多情况下，将条件极值转化为无条件极值并不容易．下面我们介绍求解一般条件极值问题的拉格朗日乘数法．

拉格朗日乘数法　要找函数 $z = f(x, y)$ 在条件 $\varphi(x, y) = 0$ 下的可能极值点，可以先构造拉格朗日函数

$$L(x, y, \lambda) = f(x, y) + \lambda\varphi(x, y)$$

其中 λ 为某一常数．

求出拉格朗日函数 $L(x,y,\lambda)$ 对 x 和 y 的一阶偏导数并使之为零，并与附加条件联立得

$$\begin{cases} L_x(x,y,\lambda) = f_x(x,y) + \lambda\varphi_x(x,y) = 0 \\ L_y(x,y,\lambda) = f_y(x,y) + \lambda\varphi_y(x,y) = 0 \\ \varphi(x,y) = 0 \end{cases}$$

由这方程组解出 x，y 及 λ，则 (x,y) 就是函数 $f(x,y)$ 在附加条件 $\varphi(x,y)=0$ 下的可能极值点的坐标.

拉格朗日乘数法还可以推广到自变量多于两个或者条件多于一个的情形，具体方法有兴趣的读者可参考相关文献. 需要指出的是，用该方法所求出的点可能是极值点也可能不是极值点. 至于如何确定其是否为极值点，在实际问题中往往可根据问题本身的性质来判定.

例 7 某公司生产甲、乙两种产品，月产量分别为 x,y（千件），甲产品的月生产成本为 $C_1 = x^2 - x + 5$（千元），乙产品的月生产成本为 $C_2 = y^2 + 2y + 3$（千元），若两种产品的月需求量共为 8 千件，求使总成本最小的最优产量和最小成本.

解 这是个条件极值问题. 成本函数为

$$C(x,y) = C_1 + C_2 = x^2 + y^2 - x + 2y + 8$$

约束条件为

$$x + y = 8$$

构造辅助函数

$$L(x,y,\lambda) = x^2 + y^2 - x + 2y + 8 + \lambda(x + y - 8)$$

则由方程组

$$\begin{cases} L_x(x,y,\lambda) = 2x - 1 + \lambda = 0 \\ L_y(x,y,\lambda) = 2y + 2 + \lambda = 0 \\ x + y = 8 \end{cases}$$

解得唯一驻点 $(\dfrac{19}{4}, \dfrac{13}{4})$，由于实际问题的最值一定存在，所以甲、乙两产品的最优产量分别为 $\dfrac{19}{4}$ 千件和 $\dfrac{13}{4}$ 千件，此时最小成本为 $C = C_1 + C_2 = \dfrac{343}{8}$ 千元.

例 8 求表面积为 a^2 而体积最大的长方体的体积.

解 设长方体的三棱长为 x,y,z，则问题就是在条件

$$\varphi(x,y,z) = 2xy + 2yz + 2xz - a^2 = 0$$

下，求函数

$$V = xyz \qquad (x > 0, y > 0, z > 0)$$

的最大值. 构造辅助函数

$$L(x,y,z,\lambda) = xyz + \lambda(2xy + 2yz + 2xz - a^2)$$

求其对 x,y,z 的偏导数，并使之为零，得到

$$\begin{cases} L_x(x,y,z,\lambda) = yz + 2\lambda(y + z) = 0 \\ L_y(x,y,z,\lambda) = xz + 2\lambda(x + z) = 0 \\ L_z(x,y,z,\lambda) = xy + 2\lambda(y + x) = 0 \\ 2xy + 2yz + 2xz = a^2 \end{cases}$$

因为 x,y,z 都不等于零，所以

$$\frac{x}{y} = \frac{x+z}{y+z}, \frac{y}{z} = \frac{x+y}{x+z}$$

由以上两式解得 $x = y = z$，代入条件中便得 $x = y = z = \frac{\sqrt{6}}{6}a$.

这是唯一可能的极值点. 由问题本身可知 V 的最大值一定存在，所以最大值就在这个唯一可能的极值点处取得. 也就是说，表面积为 a^2 的长方体中，以棱长为 $\frac{\sqrt{6}}{6}a$ 的正方体的体积为最大，最大体积 $V = \frac{\sqrt{6}}{36}a^3$.

例 9 经济学中有 Cobb-Douglas 生产函数模型

$$f(x,y) = Cx^a y^{1-a}$$

式中 x 表示劳动力的数量，y 表示资本数量（即 y 个单位资本），C 与 a $(0 < a < 1)$ 是常数，由不同企业的具体情形决定. 函数值表示产量. 现已知某生产商的 Cobb-Douglas 生产函数为

$$f(x,y) = 100x^{\frac{3}{4}} y^{\frac{1}{4}}$$

其中每个劳动力与每个单位资本的成本分别为 150 元及 250 元，该生产商的总预算是 50000 元，问他该如何分配这笔钱用于雇用劳动力及资本，以使生产量最高.

解 这是个条件极值问题. 求函数

$$f(x,y) = 100x^{\frac{3}{4}} y^{\frac{1}{4}}$$

在约束条件

$$150x + 250y = 50000$$

下的最大值. 构造辅助函数

$$L(x,y,\lambda) = 100x^{\frac{3}{4}} y^{\frac{1}{4}} + \lambda(150x + 250y - 50000)$$

则有方程组

$$\begin{cases} L_x(x,y,\lambda) = 75x^{-\frac{1}{4}} y^{\frac{1}{4}} + 150\lambda = 0 \\ L_y(x,y,\lambda) = 25x^{\frac{3}{4}} y^{-\frac{3}{4}} + 250\lambda = 0 \\ 150x + 250y = 50000 \end{cases}$$

由第一式解出

$$75x^{-\frac{1}{4}} y^{\frac{1}{4}} = -150\lambda$$

由第二式解出

$$25x^{\frac{3}{4}} y^{-\frac{3}{4}} = -250\lambda$$

则

$$\frac{75x^{-\frac{1}{4}} y^{\frac{1}{4}}}{25x^{\frac{3}{4}} y^{-\frac{3}{4}}} = \frac{-150\lambda}{-250\lambda}$$

即 $x = 5y$，代入第三式解出 $y = 50, x = 250$，这是唯一可能的极值点，由于实际问题的最大值一定存在，所以该制造商应雇用 250 个劳动力及投入 50 个单位的资本，可获得最大产量.

习题 8.6

1. 求函数 $f(x,y) = x^3 + y^3 - 3x^2 - 3y^2$ 的极值点和极值.

2. 求函数 $f(x,y) = e^{2x}(x + y^2 + 2y)$ 的极值.

3. 求函数 $z = (x^2 + y^2 - 2x)^2$ 在圆形区域 $x^2 + y^2 \leq 2x$ 上的最大值和最小值.

4. 某厂生产甲、乙两种产品，出售的单价分别为 10 元和 9 元，已知生产 x 件甲产品和 y 件乙产品的成本共为 $400 + 2x + 3y + 0.01(3x^2 + xy + 3y^2)$，问

（1）当 x 和 y 分别为多少时，利润最大？

（2）若两种产品的总产量是 100 件，此时当 x 和 y 分别为多少时，利润最大？

5. 求函数 $z = x^2 + y^2$ 在条件 $\dfrac{x}{a} + \dfrac{y}{b} = 1$ 下的极值.

6. 从斜边长为 l 的所有直角三角形中，求有最大周长的直角三角形的周长.

7. 某厂要用铁皮做一个体积为 $4m^3$ 的无盖长方体水箱，问当长、宽、高各取多少时，用料最省？

8.7 MATLAB 在多元函数微分学中的应用

8.7.1 求多元函数的偏导数

命令 diff 既可以用来求一元函数的导数，也可用来求多元函数的偏导数，有如下几种形式：

若求 $f(x,y,z)$ 对 x 的偏导数，输入： $\mathrm{diff}(f(x,y,z),x)$

若求 $f(x,y,z)$ 对 y 的偏导数，输入： $\mathrm{diff}(f(x,y,z),y)$

若求 $f(x,y,z)$ 对 x 的二阶偏导数，输入： $\mathrm{diff}(\mathrm{diff}((x,y,z),x),x)$ 或者 $\mathrm{diff}(f(x,y,z),x,2)$

若求 $f(x,y,z)$ 对 x,y 的混合偏导数，输入： $\mathrm{diff}(\mathrm{diff}((x,y,z),x),y)$

其他依此类推.

例 1 设 $z = e^u \sin v$，$u = xy$，$v = x + y$，求 $\dfrac{\partial z}{\partial x}, \dfrac{\partial z}{\partial y}, \dfrac{\partial^2 z}{\partial x^2}, \dfrac{\partial^2 z}{\partial x \partial y}$.

解 由 $z = e^u \sin v$，$u = xy$，$v = x + y$，得到 $z = e^{xy} \sin(x+y)$，输入：

```
>> syms x y;
>> z='(exp(x*y))*sin(x+y)'
>> diff(z,x)
>> diff(z,y)
>> diff(z,x,2)
>> diff(diff(z,x),y)
```

便得到函数表达式以及所求的 4 个偏导数：

```
z =(exp(x*y))*sin(x+y)
ans =y*exp(x*y)*sin(x+y)+exp(x*y)*cos(x+y)
ans =x*exp(x*y)*sin(x+y)+exp(x*y)*cos(x+y)
```

ans =y^2*exp(x*y)*sin(x+y)+2*y*exp(x*y)*cos(x+y)-exp(x*y)*sin(x+y)

ans =y*x*exp(x*y)*sin(x+y)+y*exp(x*y)*cos(x+y)+x*exp(x*y)*cos(x+y)

例 2　设 $z = (1+xy)^x$ ，求 $\dfrac{\partial z}{\partial x}$ ，$\dfrac{\partial z}{\partial y}$ ．

解　输入：

>> syms x y;

>> z='(1+x*y)^x'

>> diff(z,x)

>> diff(z,y)

运行结果如下：

z = (1+x*y)^x

ans = (1+x*y)^x*(log(1+x*y)+x*y/(1+x*y))

ans = (1+x*y)^x*x^2/(1+x*y)

例 3　设 $x^2 + y^2 + z^2 - 4z = 0$ ，求 $\dfrac{\partial z}{\partial x}$ 、$\dfrac{\partial z}{\partial y}$ 、$\dfrac{\partial^2 z}{\partial x^2}$ ．

解　这是一个隐函数方程，不能直接用 x 和 y 来表示 z ，这里可以采用隐函数求导法则：

$$\frac{\partial z}{\partial x} = -\frac{F_x}{F_z}$$

输入：

>> syms x y z;

>> F='x^2+y^2+z^2-4*z'

>> -diff(F,x)/diff(F,z)

>> -diff(F,y)/diff(F,z)

运行结果如下：

F =x^2+y^2+z^2-4*z

ans =-2*x/(2*z-4)

ans =-2*y/(2*z-4)

8.7.2　求多元函数的极值

例 4　求函数 $f(x, y) = x^3 - y^3 + 3x^2 + 3y^2 - 9x$ 的极值．

解　先求驻点，输入：

>> syms x y;

>> f='x^3-y^3+3*x^2+3*y^2-9*x';

>> fx=diff(f,x)

>> fy=diff(f,y)

运行结果如下：

fx =3*x^2+6*x-9

fy =-3*y^2+6*y

再输入：

>> x1=roots([3,6,-9])

>> x2=roots([-3,6,0])

运行结果如下：

```
            x1 =
                 -3
                  1
            x2 =
                  0
                  2
```

所以有 4 个驻点，分别为：$(-3,0)$，$(-3,2)$，$(1,0)$，$(1,2)$.

再分别判断这 4 个驻点是否是极值点，先判断点 $(-3,0)$，输入：

```
>> fxx=diff(f,x,2);
>> fxy=diff(fx,y);
>> fyy=diff(f,y,2);
>> D=(fxx)*(fyy)-(fxy)^2;
>> x=-3;
>> y=0;
>> eval(D)              /*D 的值*/
>> A1=eval(fxx)         /* A 的值*/
>> jizhi1=eval(f)       /*该点处函数值*/
```

运行结果如下：

```
    ans =  -72          /*D 的值小于 0，表示该点不是极值点*/
    A1=    -12
    jizhi1=    27
```

再判断点 $(-3,2)$，同样输入：

```
>> x=-3;
>> y=2;
>> eval(D)
>> A2=eval(fxx)         /* A 的值*/
>> jizhi2=eval(f)       /*该点处函数值*/
```

运行结果如下：

```
    ans =  72           /*D 的值大于 0，表示该点是极值点*/
    A1=    -12          /*A1 的值小于 0，表示该点是极大值点*/
    jizhi1=    31       /*极大值为 31*/
```

然后判断点 $(1,0)$，输入：

```
>> x=1;
>> y=0;
>> eval(D)
>> A3=eval(fxx)
>> jizhi3=eval(f)
```

运行结果如下：

```
    ans =  72           /*D 的值大于 0，表示该点是极值点*/
    A3=    12           /*A1 的值大于 0，表示该点是极小值点*/
    jizhi3=   -5        /*极小值为-5*/
```

最后判断点 $(1,2)$，输入：

```
>> x=1;
>> y=2;
>> eval(D)
```

```
>> A4=eval(fxx)
>> jizhi4=eval(f)
```
运行结果如下：
```
ans =   -72                    /*D 的值小于 0，表示该点不是极值点*/
A3=     12
jizhi3=  -1
```
综上所得：函数在点 $(-3, 2)$ 处取得极大值为 31，在点 $(1, 0)$ 处取得极小值 -5．

8.7.3　求二元函数的最值

例 5　某厂要用铁板做成一个体积为 27m^3 的有盖长方体水箱．问当长、宽、高各取多少时，才能使用料最省．

解　设水箱的长为 x m，宽为 y m，高为 z m，则 $xyz = 27$，此水箱所用材料的面积为

$$S = 2(xy + xz + yz)$$

也就是求 $S = 2(xy + xz + yz)$ 在条件 $xyz = 27$ 下的极值．输入：
```
>> syms x y z k;
>> s=2*(x*y+x*z+y*z);
>> t=x*y*z-27;
>> F=s+k*t;
>> Fx=diff(F,x)
>> Fy=diff(F,y)
```
运行结果如下：
```
Fx =2*y+2*z+k*y*z
Fy =2*x+2*z+k*x*z
Fz =2*x+2*y+k*x*y
```
然后找驻点，输入：
```
u=solve('2*y+2*z+k*y*z=0','2*x+2*z+k*x*z=0','2*x+2*y+k*x*y=0','x*y*z-27=0','x,y,z,k')
```
运行结果如下：
```
u =
      k: [3x1 sym]
      x: [3x1 sym]
      y: [3x1 sym]
      z: [3x1 sym]
```
再输入：
```
>> x=u.x,y=u.y,z=u.z,k=u.k
```
运行结果如下：
```
x =
                3
  -3/2+3/2*i*3^(1/2)
  -3/2-3/2*i*3^(1/2)
y =
                3
  -3/2+3/2*i*3^(1/2)
  -3/2-3/2*i*3^(1/2)
z =
```

$$3$$
-3/2+3/2*i*3^(1/2)
-3/2-3/2*i*3^(1/2)
$$k =$$
-4/3
2/3+2/3*i*3^(1/2)
2/3-2/3*i*3^(1/2)

所以在实数范围内，有唯一驻点$(3,3,3)$，所以此驻点一定是 S 的最小值点，即当水箱的长为 3m、宽为 3m、高为 3m 时，水箱所用的材料最省．

上机练习：利用 MATLAB 解总习题八中的偏导数、极值问题．

总习题八

一、填空题

1．对于空间中的一点 $P(x,y,z)$，若 $x>0,y<0,z>0$，则点 P 一定在第_____卦限；若点 P 在 xoz 坐标面上，则点 P 的_____坐标等于 0；若点 P 在 z 轴上，则点 P 的_____坐标等于 0．

2．$z=\ln(x^2+y^2-2)+\sqrt{4-x^2-y^2}$ 的定义域_____．

3．$f(x,y)=\dfrac{2xy}{x+y}$，则 $f\left(\dfrac{1}{x},\dfrac{1}{y}\right)=$_____．

4．设 $f(x,x+y)=x^2+xy$，则 $f(x,y)=$_____．

5．$\lim\limits_{(x,y)\to(0,0)}\dfrac{(x+2)\sin(x^2+y^2)}{x^2+y^2}=$_____．

6．$\lim\limits_{(x,y)\to(0,0)}(1+xy)^{\frac{1}{y}}=$_____．

7．设 $f(x,y)=x\ln(xy)$，则 $f_x(e,1)=$_____，$f_y(e,1)=$_____．

8．设 $f(x,y,z)=xy^2+yz^2+zx^2$，则 $f_{xx}(0,0,1)=$_____，$f_{xy}(1,0,2)=$_____，$f_{yz}(0,-1,0)=$_____，$f_{zzx}(2,0,1)=$_____．

二、计算题

1．求在 z 轴上与两点 $A(-4,1,7)$ 和 $B(3,5,-2)$ 等距离的点的坐标．

2．建立以点 $(1,3,-2)$ 为球心，且通过坐标原点的球面方程．

3．设 $u=\left(\dfrac{x}{y}\right)^z$，求 u 的偏导数．

4．求 $z=\sin x\cos y$ 的二阶偏导数．

5．设 $z=x^2+\sin y$，$x=\cos t$，$y=t^3$，求 $\dfrac{\mathrm{d}z}{\mathrm{d}t}$．

6. 设 $z = \mathrm{e}^{u}\cos v, u = xy, v = 2x - y$，求 $\dfrac{\partial z}{\partial x}, \dfrac{\partial z}{\partial y}$.

7. 设 $z = \mathrm{e}^{ax+by}$，a、b 为常数，求 $\mathrm{d}z$.

8. 设 $z = xyf(x+y, x-y)$，求 $\dfrac{\partial z}{\partial x}, \dfrac{\partial z}{\partial y}$.

9. 求由下列方程所确定的隐函数的导数或偏导数：

（1）$\ln\sqrt{x^2+y^2} = \arctan\dfrac{y}{x}$　　　　　　　（2）$\dfrac{x}{z} = \ln\dfrac{z}{y}$

10. 设 $x + z = yf(x^2 - z^2)$，证明 $z\dfrac{\partial z}{\partial x} + y\dfrac{\partial z}{\partial y} = x$.

11. 求函数 $f(x,y) = x^3 - 4x^2 + 2xy - y^2 + 1$ 的极值.

12. 某厂生产一种产品同时在两个市场销售，售价分别为 P_1 和 P_2，销售量分别为 Q_1 和 Q_2，需求函数分别为 $Q_1 = 24 - 0.2P_1$，$Q_2 = 10 - 0.5P_2$；总成本函数为 $C = 34 + 40(Q_1 + Q_2)$，问厂家如何确定两个市场的售价，能使其获得的总利润最大？最大利润为多少？

第 9 章 多元函数积分学

多元函数积分学包括的内容很多，都属于定积分概念在不同方面的推广，它们所解决的问题的类型也各不相同，但是最终它们的计算都归结为定积分的计算．本章仅介绍二重积分和对坐标的曲线积分的概念、计算方法和它们的一些应用．

9.1 二重积分的概念与性质

9.1.1 二重积分的概念

各种不同类型的积分，虽然其含义不同，但引入这些定义的方法本质上与一元函数定积分的定义方法类似，即微元法，分为四步：分割、近似、求和、取极限．

下面我们通过两个例子来引出二重积分的概念．

例 1 曲顶柱体的体积．

设有一个立体，它的底是 xOy 面上的闭区域 D，它的侧面是平行于 z 轴的柱面，它的顶是曲面 $z = f(x, y)$，这里 $f(x, y) \geq 0$，且在 D 上连续，称该立体为曲顶柱体（见图 9-1）．现在我们来讨论如何计算曲顶柱体的体积．

首先，用一组曲线网把 D 分成 n 个小闭区域

$$\Delta\sigma_1, \Delta\sigma_2, \cdots, \Delta\sigma_n$$

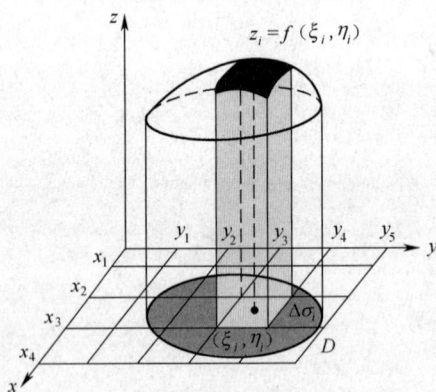

图 9-1

分别以这些小闭区域为底（其面积也记为 $\Delta\sigma_i$），作平行于 z 轴的柱面，这些柱面把原来的曲顶柱体分成 n 个小曲顶柱体．当这些小闭区域的直径很小时，由于 $f(x, y)$ 连续，对同一个小闭区域来说，$f(x, y)$ 变化也很小，此时小曲顶柱体可近似看作平顶柱体．在每个 $\Delta\sigma_i$ 中任取一点 (ξ_i, η_i)，以 $f(\xi_i, \eta_i)$ 为高而底为 $\Delta\sigma_i$ 的平顶柱体的体积为

$$f(\xi_i, \eta_i) \, \Delta\sigma_i \quad (i=1, 2, \ldots, n).$$

这 n 个平顶柱体体积之和

$$\sum_{i=1}^{n} f(\xi_i, \eta_i) \Delta\sigma_i$$

可以认为是整个曲顶柱体体积的近似值. 为求出曲顶柱体体积的精确值，只需将分割加密，即令所有小闭区域的直径中的最大值 λ 趋于零，取上述和的极限即可，即

$$V = \lim_{\lambda \to 0} \sum_{i=1}^{n} f(\xi_i, \eta_i) \Delta\sigma_i.$$

例 2 平面薄片的质量.

设有一平面薄片占有 xOy 面上的闭区域 D，它在点 (x,y) 处的面密度为 $\rho(x,y)$，如图 9-2 所示，这里 $\rho(x,y) > 0$，且在 D 上连续. 现在要计算该薄片的质量 M.

若薄片是均匀的，即面密度是常数，则薄片的质量可用如下公式进行计算：

$$质量 = 面密度 \times 面积$$

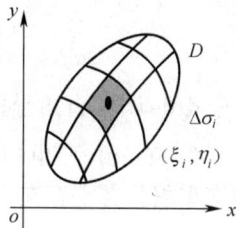

图 9-2

但由于现在面密度 $\rho(x,y)$ 是变量，故不能直接使用上式. 但我们可以用一组曲线网把 D 分成 n 个小区域（见图 9-2）

$$\Delta\sigma_1, \Delta\sigma_2, \dots, \Delta\sigma_n$$

把各小块薄片的近似地看作均匀薄片（其面积也记为 $\Delta\sigma_i$），在 $\Delta\sigma_i$ 上任取一点 (ξ_i, η_i)，则第 i 个小块的质量近似值为

$$\rho(\xi_i, \eta_i) \Delta\sigma_i$$

通过将分割加密，求和并取极限，可以得到平面薄片的质量的精确值

$$M = \lim_{\lambda \to 0} \sum_{i=1}^{n} \rho(\xi_i, \eta_i) \Delta\sigma_i.$$

其中 λ 是 n 个小区域的直径中的最大值.

上面两个例子虽然实际意义不用，但其处理方法是相同的，都归结为求一个乘积和式的极限. 事实上，除了体积和质量，还有许多物理量的计算均可采用微元法处理，并有类似的表达式. 为使上述做法能够解决更多的理论和实际问题，可概括处如下定义：

定义 1 设 $f(x,y)$ 是有界闭区域 D 上的有界函数. 将闭区域 D 任意分成 n 个小闭区域 $\Delta\sigma_1$, $\Delta\sigma_2, \dots, \Delta\sigma_n$. 其中 $\Delta\sigma_i$ 表示第 i 个小区域，也表示它的面积. 在每个 $\Delta\sigma_i$ 上任取一点 (ξ_i, η_i)，作乘积 $f(\xi_i, \eta_i) \Delta\sigma_i (i=1,2,\cdots,n)$，并求和 $\sum_{i=1}^{n} f(\xi_i, \eta_i) \Delta\sigma_i$. 如果当各小闭区域的直径中的最大值 λ 趋于零时，这和的极限总存在，则称此极限为函数 $f(x,y)$ 在闭区域 D 上的二重积分，记作 $\iint\limits_{D} f(x,y)\mathrm{d}\sigma$，即

$$\iint\limits_{D} f(x,y)\mathrm{d}\sigma = \lim_{\lambda \to 0} \sum_{i=1}^{n} f(\xi_i, \eta_i) \Delta\sigma_i$$

其中 $f(x,y)$ 称为被积函数，$f(x,y)\mathrm{d}\sigma$ 称为被积表达式，$\mathrm{d}\sigma$ 称为面积元素，x, y 称为积分变量，

D 称为积分区域，$\sum_{i=1}^{n} f(\xi_i,\eta_i)\Delta\sigma_i$ 称为积分和.

在上述定义中，对区域 D 的划分是任意的，在直角坐标系中，如果用平行于坐标轴的直线网来划分 D，那么除了包含边界点的一些小闭区域外，其余的小闭区域都是矩形闭区域（见图 9-3）. 设矩形闭区域 $\Delta\sigma_i$ 的边长为 Δx_i 和 Δy_i，则 $\Delta\sigma_i = \Delta x_i\Delta y_i$，因此在直角坐标系中，有时也把面积元素 $d\sigma$ 记作 $dxdy$，而把二重积分记作

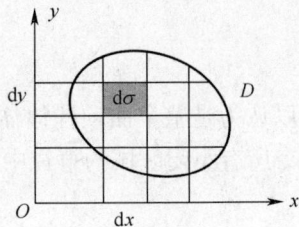

图 9-3

$$\iint\limits_{D} f(x,y)dxdy$$

其中 $dxdy$ 叫做直角坐标系中的面积元素.

当 $f(x,y)$ 在闭区域 D 上连续时，积分和的极限总是存在的，也就是说函数 $f(x,y)$ 在 D 上的二重积分必定存在. 以后我们总假定函数 $f(x,y)$ 在闭区域 D 上连续，所以 $f(x,y)$ 在 D 上的二重积分都是存在的.

如果 $f(x,y)\geqslant 0$，被积函数 $f(x,y)$ 可解释为曲顶柱体的在点 (x,y) 处的竖坐标，所以**二重积分的几何意义就是曲顶柱体的体积**. 如果 $f(x,y)\leqslant 0$，曲顶柱体就在 xOy 面的下方，二重积分的绝对值仍等于曲顶柱体的体积，但二重积分的值是负的. 如果 $f(x,y)$ 在 D 上的若干部分区域上是正的，而在其他的部分区域上是负的，那么 $f(x,y)$ 在 D 上的二重积分就等于 xOy 面上方的曲顶柱体的体积减去 xOy 面下方曲顶柱体的体积.

由二重积分的几何意义可知，如果在 D 上 $f(x,y)\equiv 1$，σ 为 D 的面积，则必有

$$\iint\limits_{D} 1\cdot d\sigma = \iint\limits_{D} d\sigma = \sigma .$$

这是因为高为 1 的平顶柱体的体积在数值上等于柱体的底面积. 利用二重积分的几何意义还可以计算一些特殊类型的二重积分.

例 3 根据二重积分的几何意义，计算 $I = \iint\limits_{x^2+y^2\leqslant R^2} \sqrt{R^2-x^2-y^2}\,d\sigma$.

解 被积函数 $z = \sqrt{R^2-x^2-y^2}$ 可化为

$$x^2 + y^2 + z^2 = R^2 \ (z>0)$$

这是一个半径为 R 的上半球面（见图 9-4）. 由二重积分的几何意义知

$$I = \frac{2\pi R^3}{3} .$$

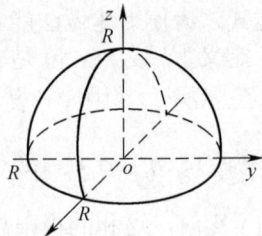

图 9-4

9.1.2 二重积分的性质

由于二重积分是定积分的推广，它们在本质上都是结构形式相同的极限. 因此二重积分与定积分有着类似的性质.

性质 1（线性性） 设 C_1,C_2 为常数，则

$$\iint\limits_{D}[C_1 f(x,y) + C_2 g(x,y)]\mathrm{d}\sigma = C_1 \iint\limits_{D} f(x,y)\mathrm{d}\sigma + C_2 \iint\limits_{D} g(x,y)\mathrm{d}\sigma .$$

性质 2（积分区域的可加性）　如果闭区域 D 被有限条曲线分为有限个部分闭区域，则在 D 上的二重积分等于在各部分闭区域上的二重积分之和.

例如，若 D 可分为两个闭区域 D_1 与 D_2，则

$$\iint\limits_{D} f(x,y)\mathrm{d}\sigma = \iint\limits_{D_1} f(x,y)\mathrm{d}\sigma + \iint\limits_{D_2} f(x,y)\mathrm{d}\sigma .$$

性质 3（单调性）　如果在 D 上，$f(x,y) \leqslant g(x,y)$，则有

$$\iint\limits_{D} f(x,y)\mathrm{d}\sigma \leqslant \iint\limits_{D} g(x,y)\mathrm{d}\sigma .$$

特殊地，有

$$\left| \iint\limits_{D} f(x,y)\mathrm{d}\sigma \right| \leqslant \iint\limits_{D} |f(x,y)|\mathrm{d}\sigma .$$

性质 4（估值不等式）　设 M、m 分别是 $f(x,y)$ 在闭区域 D 上的最大值和最小值，σ 为 D 的面积，则有

$$m\sigma \leqslant \iint\limits_{D} f(x,y)\mathrm{d}\sigma \leqslant M\sigma .$$

性质 5（二重积分的中值定理）　设函数 $f(x,y)$ 在闭区域 D 上连续，σ 为 D 的面积，则在 D 上至少存在一点 (ξ,η)，使得

$$\iint\limits_{D} f(x,y)\mathrm{d}\sigma = f(\xi,\eta)\sigma .$$

例 4　比较二重积分 $\iint\limits_{D}\ln(x+y)\mathrm{d}\sigma$ 与 $\iint\limits_{D}[\ln(x+y)]^2\mathrm{d}\sigma$ 的大小，其中 D 是三角形闭区域（见图 9-5），三个顶点分别为 $(1,0),\ (1,1),\ (2,0)$.

解　易知三角形斜边的方程为 $x+y=2$，且在 D 内有 $1\leqslant x+y\leqslant 2<\mathrm{e}$，故

$$0\leqslant \ln(x+y)<1$$

于是有

$$\ln(x+y)>\left[\ln(x+y)\right]^2$$

因此由性质 3 知

$$\iint\limits_{D}\ln(x+y)\mathrm{d}\sigma > \iint\limits_{D}[\ln(x+y)]^2\mathrm{d}\sigma .$$

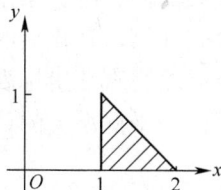

图 9-5

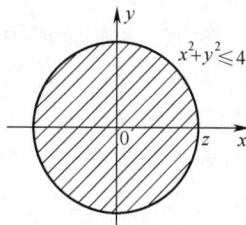

图 9-6

例 3　估计二重积分 $I = \iint\limits_{D}(x^2 + 4y^2 + 9)\mathrm{d}\sigma$ 的值，D 是圆域 $x^2 + y^2 \leqslant 4$（见图 9-6）.

解　设 $f(x,y) = x^2 + 4y^2 + 9$，由方程组

$$\begin{cases} \dfrac{\partial f}{\partial x} = 2x = 0 \\[2mm] \dfrac{\partial f}{\partial y} = 8y = 0 \end{cases}$$

解得被积函数 $f(x,y) = x^2 + 4y^2 + 9$ 在区域 D 上的驻点为 $(0,0)$，且 $f(0,0) = 9$；在边界上有 $f(x,y) = x^2 + 4(4 - x^2) + 9 = 25 - 3x^2$ $(-2 \leqslant x \leqslant 2)$，即 $13 \leqslant f(x,y) \leqslant 25$．因此在 D 上有

$$9 \leqslant f(x,y) \leqslant 25$$

于是由性质 4 知

$$36\pi \leqslant I \leqslant 100\pi .$$

习题 9.1

1. 利用二重积分的几何意义，计算下列二重积分：

（1）$I = \displaystyle\iint\limits_{D} \mathrm{d}\sigma$，其中 D 为圆形区域：$x^2 + y^2 \leqslant 1$．

（2）$I = \displaystyle\iint\limits_{D} \sqrt{R^2 - x^2 - y^2}\,\mathrm{d}\sigma$，其中 D 为圆形区域：$x^2 + y^2 \leqslant R^2$．

2. 比较下列二重积分的大小：

（1）$\displaystyle\iint\limits_{D} (x + y)^2 \mathrm{d}\sigma$ 与 $\displaystyle\iint\limits_{D} (x + y)^3 \mathrm{d}\sigma$，其中 D 是由 x 轴、y 轴和直线 $x + y = 1$ 围成的闭区域．

（2）$\displaystyle\iint\limits_{D} (x + y)^2 \mathrm{d}\sigma$ 与 $\displaystyle\iint\limits_{D} (x + y)^3 \mathrm{d}\sigma$，其中 D 是由圆周 $(x - 2)^2 + (y - 1)^2 = 2$ 围成的闭区域．

3. 利用二重积分的性质，估计下列二重积分的值：

（1）$I = \displaystyle\iint\limits_{D} (x^2 + y^2 + 1)\mathrm{d}\sigma$，其中 D 为区域：$1 \leqslant x^2 + y^2 \leqslant 4$．

（2）$I = \displaystyle\iint\limits_{D} (x + y + 1)\mathrm{d}\sigma$，其中 D 为矩形区域：$0 \leqslant x \leqslant 1,\ 0 \leqslant y \leqslant 2$．

9.2 二重积分的计算方法

一般来说，利用二重积分的定义计算二重积分是非常困难的，有时甚至是不可能的．但在被积函数连续的条件下，可以将二重积分化为两次定积分来计算，转化后的这种两次定积分常称为二次积分或累次积分．由于积分区域和被积函数有时候用直角坐标表示较为简便，有时候用极坐标表示较为简便，因此本节将就二重积分在这两种坐标系下的计算方法分别加以讨论．

9.2.1 二重积分在直角坐标系下的计算方法

为了推导简便起见，我们假定 $f(x,y)$ 在积分区域 D 上连续，且在 D 上 $f(x,y) \geqslant 0$．以下就积分区域 D 可能出现的三种不同类型分别进行讨论．

1. 若积分区域 D 可以表示为

$$D = \{(x,y) \mid a \leqslant x \leqslant b, \ \varphi_1(x) \leqslant y \leqslant \varphi_2(x)\}$$

其中 $\varphi_1(x)$ 和 $\varphi_2(x)$ 在区间 $[a,b]$ 上连续，则称区域 D 为 X 型区域.

这种区域在几何上的特点是：平行于 y 轴且穿过区域的直线与区域边界的交点不多于两点（在端点 a,b 处这两点可能重合），图 9-7 表示的区域都是 X 型区域.

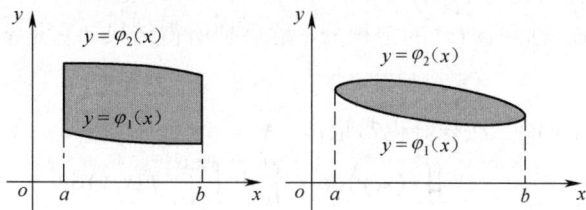

图 9-7

由二重积分的几何意义知，当 $f(x,y) \geqslant 0$ ，以曲面 $z = f(x,y)$ 为顶，闭区域 D 为底的曲顶柱体的体积为

$$V = \iint\limits_{D} f(x,y)\mathrm{d}\sigma = \iint\limits_{D} f(x,y)\mathrm{d}x\mathrm{d}y \ .$$

在区间 $[a,b]$ 上任意取定一个点 x_0 ，作平行于 yOz 面的平面 $x = x_0$ ，这个平面截曲顶柱体所得截面是一个以区间 $[\varphi_1(x_0), \varphi_2(x_0)]$ 为底，曲线 $z = f(x_0, y)$ 为曲边的曲边梯形（见图 9-8），该曲边梯形的面积可用定积分表示为

$$A(x_0) = \int_{\varphi_1(x_0)}^{\varphi_2(x_0)} f(x_0, y)\mathrm{d}y$$

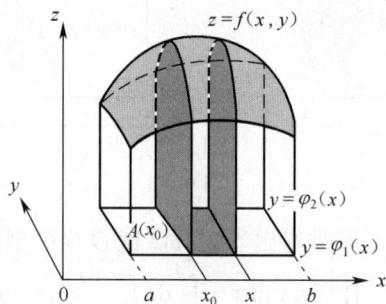

图 9-8

更一般地，过区间 $[a,b]$ 上任一点 x 且平行于 yOz 面的平面截曲顶柱体所得截面的面积可表示为

$$A(x) = \int_{\varphi_1(x)}^{\varphi_2(x)} f(x,y)\mathrm{d}y$$

对于整个曲顶柱体，在区间 $[a,b]$ 上任取 $[x, x+\mathrm{d}x]$ ，则该小区间对应的立体的体积近似于底面积为 $A(x)$ ，高为 $\mathrm{d}x$ 的扁柱体的体积，即体积元素

$$\mathrm{d}V = A(x)\mathrm{d}x$$

于是该曲顶柱体的体积为

$$V = \int_a^b A(x)\mathrm{d}x = \int_a^b \left[\int_{\varphi_1(x)}^{\varphi_2(x)} f(x,y)\mathrm{d}y \right]\mathrm{d}x$$

从而有

$$\iint\limits_D f(x,y)\mathrm{d}\sigma = \int_a^b \left[\int_{\varphi_1(x)}^{\varphi_2(x)} f(x,y)\mathrm{d}y \right]\mathrm{d}x$$

上式右端的积分称为先对 y，后对 x 的二次积分，即先把 x 看作常数，把 $f(x,y)$ 只看作 y 的函数，对 y 计算从 $\varphi_1(x)$ 到 $\varphi_2(x)$ 的定积分，然后把所得结果（它是 x 的函数）再对 x 计算区间 $[a,b]$ 上的定积分.

这个先对 y，后对 x 的二次积分也常记作

$$\iint\limits_D f(x,y)\mathrm{d}\sigma = \int_a^b \mathrm{d}x \int_{\varphi_1(x)}^{\varphi_2(x)} f(x,y)\mathrm{d}y \tag{9.1}$$

这就是把二重积分化为先对 y，后对 x 的二次积分公式.

注意：在上述讨论中，我们假定 $f(x,y) \geqslant 0$，但实际上公式（9.1）的成立并不受此条件限制.

2. 若积分区域 D 可以表示为

$$D = \{(x,y)\mid \psi_1(y) \leqslant x \leqslant \psi_2(y),\ c \leqslant y \leqslant d\}$$

其中 $\psi_1(y)$ 和 $\psi_2(y)$ 在区间 $[c,d]$ 上连续，则称区域 D 为 Y 型区域.

这种区域在几何上的特点是：穿过区域且平行于 x 轴的直线与区域边界的交点不多于两点（在端点 c,d 处这两点可能重合），图 9-9 表示的区域都是 Y 型区域.

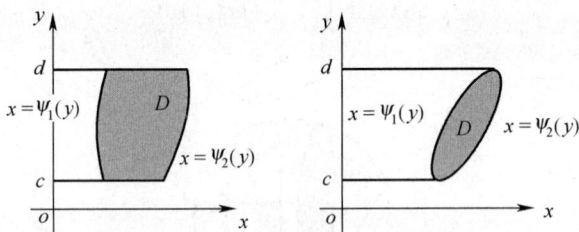

图 9-9

类似于对 X 型区域的讨论，不难得出当积分区域 D 为 Y 型区域时有

$$\iint\limits_D f(x,y)\mathrm{d}\sigma = \int_c^d \mathrm{d}y \int_{\psi_1(y)}^{\psi_2(y)} f(x,y)\mathrm{d}x \tag{9.2}$$

上式右端的积分称为先对 x，后对 y 的二次积分，即先把 y 看作常数，把 $f(x,y)$ 只看作 x 的函数，对 x 计算从 $\psi_1(y)$ 到 $\psi_2(y)$ 的定积分，然后把所得结果（它是 y 的函数）再对 y 计算区间 $[c,d]$ 上的定积分.

如果积分区域 D 既是 X 型又是 Y 型时，那么由公式（9.1）和（9.2）可知

$$\int_a^b \mathrm{d}x \int_{\varphi_1(x)}^{\varphi_2(x)} f(x,y)\mathrm{d}y = \int_c^d \mathrm{d}y \int_{\psi_1(y)}^{\psi_2(y)} f(x,y)\mathrm{d}x$$

这就是说，当 $f(x,y)$ 在 D 上连续时，二次积分可以交换积分次序.

注意：在交换积分次序时，上下限都将随之改变. 此外，当积分区域 D 既是 X 型又是 Y 型时，二重积分虽然既可以用公式（9.1）也可以用公式（9.2）通过不同的积分次序来计算，但

由于被积函数和积分区域的多样性和复杂性,采用两种不同的积分次序计算的难度可能有很大差异,有时甚至按其中一种次序无法计算,在后面的例子中我们将会看到这种情形.

3. 若积分区域 D 既不是 X 型又不是 Y 型时,则需要将 D 划分成若干子区域(例如图 9-10 中 D 被划分为 3 个子区域),使每个子区域成为 X 型或 Y 型区域,再利用积分区域的可加性分别计算出各个子区域上的二重积分的值,最后作和就可以得到 D 上二重积分的值.

综合上面的讨论,我们将在直角坐标系下计算二重积分的步骤归纳如下:

(1)画出积分区域的图形,求出边界曲线交点坐标;

(2)根据积分区域类型,确定积分次序;

(3)确定积分限,化为二次积分;

(4)计算两次定积分,求出结果.

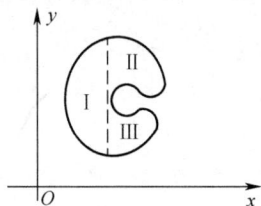

图 9-10

二重积分转化为二次积分时,关键在于正确确定积分限.下面举例说明二重积分的计算方法.

例 1 计算 $\iint\limits_{D} xy \mathrm{d}\sigma$,其中 D 是由 $y=1, x=-1$ 及 $y=x$ 所围成的区域.

解 解法 1 画出区域 D 的图形(见图 9-11),把 D 看成 X 型区域: $-1 \leqslant x \leqslant 1, x \leqslant y \leqslant 1$,则由公式(9.1)有

$$\iint\limits_{D} xy \mathrm{d}\sigma = \int_{-1}^{1} \mathrm{d}x \int_{x}^{1} xy \mathrm{d}y = \int_{-1}^{1} x[\frac{y^2}{2}]_{x}^{1} \mathrm{d}x = \int_{-1}^{1}(\frac{x}{2}-\frac{x^3}{2})\mathrm{d}x = [\frac{x^2}{4}-\frac{x^4}{8}]_{-1}^{1} = 0 .$$

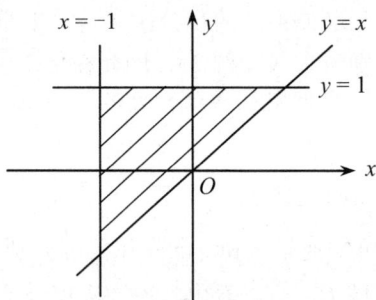

图 9-11

解法 2 把 D 看成 Y 型区域: $-1 \leqslant y \leqslant 1, -1 \leqslant x \leqslant y$,则由公式(9.2)有

$$\iint\limits_{D} xy \mathrm{d}\sigma = \int_{-1}^{1} \mathrm{d}y \int_{-1}^{y} xy \mathrm{d}x = \int_{-1}^{1} y[\frac{x^2}{2}]_{-1}^{y} \mathrm{d}y = \int_{-1}^{1}(\frac{y^3}{2}-\frac{y}{2})\mathrm{d}y = [\frac{y^4}{8}-\frac{y^2}{4}]_{-1}^{1} = 0 .$$

例 2 计算 $\iint\limits_{D}\frac{x^2}{y^2}\mathrm{d}\sigma$,其中 D 是由 $y=\frac{1}{x}, x=2$ 及 $y=x$ 所围成的区域.

解 画出区域 D 的图形(见图 9-12),把 D 看成 X 型区域

$$D: \frac{1}{x} \leqslant y \leqslant x, 1 \leqslant x \leqslant 2$$

所以
$$\iint_D \frac{x^2}{y^2}d\sigma = \int_1^2 dx \int_{\frac{1}{x}}^x \frac{x^2}{y^2}dy = \int_1^2 \left[-\frac{x^2}{y} \right]_{\frac{1}{x}}^x dx$$

$$= \int_1^2 (x^3 - x)dx = \frac{9}{4}.$$

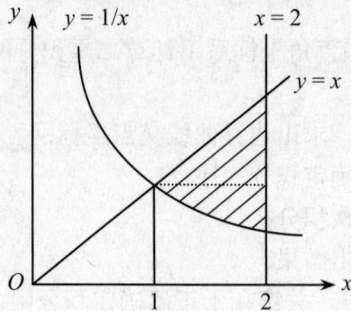

图 9-12

如果将 D 看成 Y 型区域，则需要将 D 分成两个区域

$$D_1 : \frac{1}{y} \leqslant x \leqslant 2, 0 \leqslant y \leqslant 1, \quad D_2 : y \leqslant x \leqslant 2, 1 \leqslant y \leqslant 2$$

于是有

$$\iint_D \frac{x^2}{y^2}d\sigma = \int_0^1 dy \int_{\frac{1}{y}}^2 \frac{x^2}{y^2}dx + \int_1^2 dy \int_y^2 \frac{x^2}{y^2}dx = \frac{9}{4}.$$

从以上两个例子可以看出，选择不同的积分次序计算二重积分，在难易程度上有时差别并不大（如例1），有时却又差别较大（如例2）. 因此在化二重积分为二次积分时，为了计算简便，需要选择恰当的积分次序. 此时既要考虑积分区域 D 的形状，又要考虑被积函数 $f(x,y)$ 的特性.

例 3 计算二次积分 $I = \int_0^1 dx \int_x^1 e^{-y^2}dy$

解 由二次积分的表达式可知变量 x 和 y 的变化范围分别为 $0 \leqslant x \leqslant 1$ 和 $x \leqslant y \leqslant 1$，于是可得到如图 9-13 所示的积分区域 D. 可以看出，该二次积分是将 D 视作 X 型区域时二重积分 $\iint_D e^{-y^2}d\sigma$ 的展开式.

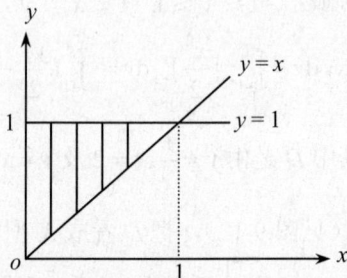

图 9-13

由于 e^{-y^2} 的原函数不能用初等函数表示，故原二次积分无法积出. 但若将 D 看成 Y 型区

域，对原二次积分交换积分次序后有

$$I = \int_0^1 dx \int_x^1 e^{-y^2} dy = \int_0^1 dy \int_0^y e^{-y^2} dx = \int_0^1 [xe^{-y^2}]_0^y dy$$

$$= \int_0^1 ye^{-y^2} dy = [-\frac{1}{2}e^{-y^2}]_0^1$$

$$= \frac{e-1}{2e}.$$

9.2.2 二重积分在极坐标系下的计算方法

若二重积分的积分区域 D 的边界曲线用直角坐标表示较为复杂，此时可考虑利用极坐标来进行计算，为此我们先对极坐标系作简要介绍.

在平面上取定一点 O，称之为极点，以极点 O 为端点引一条水平向右的射线，在此射线上给定单位长度，称之为极轴，并称这个整体为极坐标系. 对于平面上除点 O 以外的任意一点 P，极轴沿逆时针方向旋转到连线 OP 的夹角 θ 称为点 P 的极角，OP 的长度 r 称为点 P 的极径，于是有序数组 (r, θ) 便称为点 P 的极坐标.

在平面直角坐标系中，将原点看成是极坐标系的极点，x 轴的正半轴看成是极轴（图 9-14），则平面上的任意一点 P 的直角坐标 (x, y) 与其极坐标 (r, θ) 有如下关系

$$\begin{cases} x = r\cos\theta \\ y = r\sin\theta \end{cases}$$

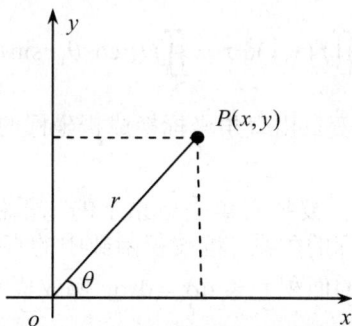

图 9-14

其中 $0 \leqslant r < +\infty, 0 \leqslant \theta \leqslant 2\pi$. 利用这个关系式，我们可将直角坐标下的曲线方程转化为极坐标系下的方程，如圆的方程 $x^2 + y^2 = R^2$ 可表示为 $r = R$；直线方程 $x + 2y = 1$ 可表示为 $r = \dfrac{1}{\cos\theta + 2\sin\theta}$ 等.

按二重积分的定义有 $\displaystyle\iint_D f(x, y) d\sigma = \lim_{\lambda \to 0} \sum_{i=1}^n f(\xi_i, \eta_i)\Delta\sigma_i$. 为得出这个和式的极限在极坐标系中的形式，我们假定从极点 O 出发且穿过闭区域 D 内部的射线与 D 的边界曲线相交不多于两点. 用极坐标曲线网，即曲线族 $r = $ 常数（以极点 O 为中心的一族同心圆）和射线族 $\theta = $ 常数（从极点出发的一族射线）将 D 划分为 n 个小闭区域（见图 9-15），除了包含边界点的一些小闭区域外，小闭区域 $\Delta\sigma_i$ 的面积为

$$\Delta\sigma_i = \frac{1}{2}(r_i + \Delta r_i)^2 \Delta\theta_i - \frac{1}{2}r_i^2 \Delta\theta_i = \frac{1}{2}(2r_i + \Delta r_i)\Delta r_i\Delta\theta_i$$

$$= \frac{r_i + (r_i + \Delta r)}{2}\Delta r_i\Delta\theta_i = \overline{r_i}\Delta r_i\Delta\theta_i$$

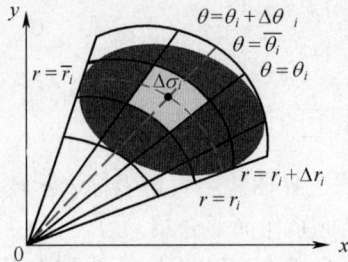

图 9-15

其中，$\overline{r_i}$ 表示相邻两圆弧半径的平均值.

在小区域 $\Delta\sigma_i$ 上取点 $(\overline{r_i}, \overline{\theta_i})$，设该点直角坐标为 (ξ_i, η_i)，根据直角坐标与极坐标的关系有

$$\xi_i = \overline{r_i}\cos\overline{\theta_i}, \eta_i = \overline{r_i}\sin\overline{\theta_i}$$

于是

$$\lim_{\lambda\to 0}\sum_{i=1}^{n}f(\xi_i, \eta_i)\Delta\sigma_i = \lim_{\lambda\to 0}\sum_{i=1}^{n}f(\overline{r_i}\cos\overline{\theta_i}, \overline{r_i}\sin\overline{\theta_i})\cdot\overline{r_i}\Delta r_i\Delta\theta_i$$

即

$$\iint_D f(x,y)\mathrm{d}\sigma = \iint_D f(r\cos\theta, r\sin\theta)r\mathrm{d}r\mathrm{d}\theta \tag{9.3}$$

（9.3）式便是二重积分的变量由直角坐标换成极坐标的变换公式，其中 $r\mathrm{d}r\mathrm{d}\theta$ 就是极坐标系中的面积元素.

由上述推导过程可以看出，要把直角坐标系下的二重积分转化为极坐标系下的二重积分，只需利用直角坐标与极坐标的关系，将被积函数中的直角坐标变量 x, y 分别换成 $r\cos\theta$ 和 $r\sin\theta$，并把直角坐标系下的面积元素 $\mathrm{d}\sigma = \mathrm{d}x\mathrm{d}y$ 换成极坐标系下的面积元素 $\mathrm{d}\sigma = r\mathrm{d}r\mathrm{d}\theta$ 即可.

在计算中，极坐标系下的二重积分也同样可以化为关于极坐标变量 r, θ 的二次积分来计算. 现在根据积分区域的特点分三种情况来讨论.

1. 若积分区域 D 如图 9-16 所示. 这里

$$\alpha \leqslant \theta \leqslant \beta, \quad \varphi_1(\theta) \leqslant r \leqslant \varphi_2(\theta)$$

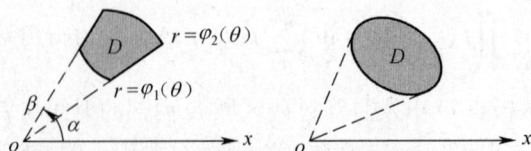

图 9-16

且 $\varphi_1(\theta)$，$\varphi_2(\theta)$ 在 $[\alpha, \beta]$ 上连续. 于是

$$\iint\limits_{D} f(r\cos\theta, r\sin\theta)r\mathrm{d}r\mathrm{d}\theta = \int_{\alpha}^{\beta}\mathrm{d}\theta\int_{\varphi_1(\theta)}^{\varphi_2(\theta)} f(r\cos\theta, r\sin\theta)r\mathrm{d}r .$$

2. 若积分区域 D 如图 9-17 所示. 此时 $\alpha\leqslant\theta\leqslant\beta$, $0\leqslant r\leqslant\varphi(\theta)$，于是

$$\iint\limits_{D} f(r\cos\theta, r\sin\theta)r\mathrm{d}r\mathrm{d}\theta = \int_{\alpha}^{\beta}\mathrm{d}\theta\int_{0}^{\varphi(\theta)} f(r\cos\theta, r\sin\theta)r\mathrm{d}r .$$

显然，这是第一种情形当 $\varphi_1(\theta)\equiv0$ （即极点在积分区域的边界上）时的特殊情形.

3. 若积分区域 D 如图 9-18 所示. 此时 $0\leqslant\theta\leqslant2\pi$, $0\leqslant r\leqslant\varphi(\theta)$，于是

$$\iint\limits_{D} f(r\cos\theta, r\sin\theta)r\mathrm{d}r\mathrm{d}\theta = \int_{0}^{2\pi}\mathrm{d}\theta\int_{0}^{\varphi(\theta)} f(r\cos\theta, r\sin\theta)r\mathrm{d}r .$$

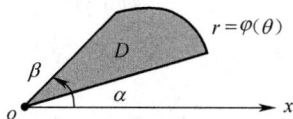

图 9-17

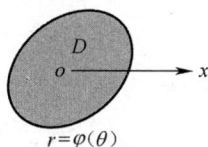

图 9-18

事实上，这类区域又是第二种情形的一种变形（极点包围在积分区域 D 的内部）.

由上面的讨论不难发现，将二重积分化为极坐标形式进行计算，其关键之处在于根据积分区域 D 的类型确定极坐标变量 r,θ 的上下限. 一般而言，用两条过极点的射线夹积分区域 D，由两射线的倾角可确定 θ 的上下限；过极点任意作射线与 D 相交，由穿进点，穿出点的极径可确定 r 的上下限（通常为关于 θ 的函数）.

此外，使用极坐标计算二重积分一般还应遵循如下原则：

（1）积分区域的边界曲线方程用极坐标表示比较方便（如圆周、圆环或它们的一部分）；

（2）被积函数表达式用极坐标变量表示比较简单（如函数含 $(x^2+y^2)^{\alpha}$，α 为实数）.

例 4 将二重积分 $\iint\limits_{D} f(x,y)\mathrm{d}x\mathrm{d}y$ 化为极坐标形式的二次积分，其中积分区域 $D: x^2+y^2\leqslant2Rx, y\geqslant0, R>0$ （见图 9-19）.

解 在极坐标系中积分区域 D 可表示为

$$D: 0\leqslant\theta\leqslant\frac{\pi}{2}, 0\leqslant r\leqslant2R\cos\theta$$

故

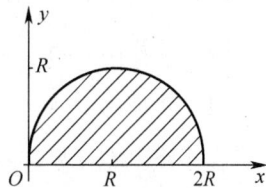

图 9-19

$$\iint\limits_{D} f(x,y)\mathrm{d}x\mathrm{d}y = \int_{0}^{\frac{\pi}{2}}\mathrm{d}\theta\int_{0}^{2R\cos\theta} f(r\cos\theta, r\sin\theta)r\mathrm{d}r .$$

例 5 计算 $\iint\limits_{D}(x^2+y^2)\mathrm{d}x\mathrm{d}y$，其中 D 是由不等式 $a^2\leqslant x^2+y^2\leqslant b^2$ $(0<a<b)$ 所确定的区域（见图 9-20）.

解 在极坐标系中积分区域 D 可表示为

$$D: 0\leqslant\theta\leqslant2\pi, a\leqslant r\leqslant b$$

故

$$\iint\limits_{D}(x^2+y^2)\mathrm{d}x\mathrm{d}y = \int_{0}^{2\pi}\mathrm{d}\theta\int_{a}^{b} r^2 r\mathrm{d}r = 2\pi\cdot[\frac{r^3}{3}]_{a}^{b} = \frac{2\pi}{3}(b^3-a^3) .$$

例6 计算 $\iint\limits_{D}e^{-x^2-y^2}\mathrm{d}x\mathrm{d}y$，其中 D 是由圆心在原点，半径为 R 的圆周所围成的闭区域（如图 9-21）.

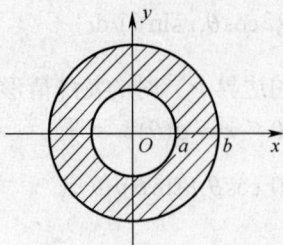

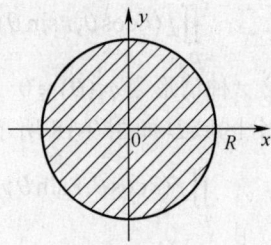

图 9-20　　　　　　　　　　　　　　　图 9-21

解 在极坐标系中积分区域 D 可表示为 $D:0\leqslant\theta\leqslant 2\pi, 0\leqslant r\leqslant R$，于是

$$\iint\limits_{D}e^{-x^2-y^2}\mathrm{d}x\mathrm{d}y = \int_0^{2\pi}\mathrm{d}\theta\int_0^R e^{-r^2}r\mathrm{d}r = \frac{1}{2}\int_0^{2\pi}(1-e^{-R^2})\mathrm{d}\theta = \pi(1-e^{-R^2}).$$

值得注意的是，本题如果用直角坐标计算，由于 $\int e^{-x^2}\mathrm{d}x$ 不能用初等函数表示，二重积分将无法求出.

习题 9.2

1．将下列二重积分 $I = \iint\limits_{D}f(x,y)\mathrm{d}\sigma$ 化为直角坐标系下的二次积分：

（1）D 是由直线 $x+y=1$，$x-y=1$ 与 $x=0$ 围成的闭区域；

（2）D 是由 $y=\dfrac{1}{x}, x=2, y=2$ 围成的闭区域；

（3）D 是由曲线 $y=x^2$ 与 $x=y^2$ 围成的闭区域；

（4）D 是由 $x^2+y^2\leqslant 2$ 及 $x\geqslant y^2$ 围成的闭区域.

2．计算下列二重积分：

（1）$I = \iint\limits_{D}x\sin y\mathrm{d}\sigma$，其中 D 是由 $x=1, x=2, y=0$ 与 $y=\dfrac{\pi}{2}$ 所围成的闭区域.

（2）$I = \iint\limits_{D}\cos(x+y)\mathrm{d}\sigma$，其中 D 是由 $x=0, y=x, y=\pi$ 所围成的闭区域.

（3）$I = \iint\limits_{D}(x^2+y^2-x)\mathrm{d}\sigma$，其中 D 是由直线 $y=2, y=x$ 及 $y=2x$ 所围成的闭区域.

（4）$I = \iint\limits_{D}xy^2\mathrm{d}\sigma$，其中 D 是由圆周 $x^2+y^2=4$ 及 y 轴所围成的闭区域.

3．交换下列二次积分的积分次序：

（1）$\int_1^e \mathrm{d}x\int_0^{\ln x}f(x,y)\mathrm{d}y$

（2）$\int_0^1 \mathrm{d}y\int_0^y f(x,y)\mathrm{d}y$

（3）$\displaystyle\int_0^2 \mathrm{d}y \int_{y^2}^{2y} f(x,y)\mathrm{d}x$

（4）$\displaystyle\int_0^1 \mathrm{d}y \int_0^{2y} f(x,y)\mathrm{d}x + \int_1^3 \mathrm{d}y \int_0^{3-y} f(x,y)\mathrm{d}x$

4．将下列二重积分 $I = \displaystyle\iint\limits_D f(x,y)\mathrm{d}\sigma$ 化为极坐标系下的二次积分：

（1）D 是由 $x^2 + y^2 \leqslant 2x$ 围成的闭区域．

（2）D 是由直线 $y = x$ 和抛物线 $y = x^2$ 围成的闭区域．

（3）D 是由曲线 $4 \leqslant x^2 + y^2 \leqslant 9$ 围成的闭区域．

（4）D 是由 $x = 0, x = 1, y = 0, y = 1$ 围成的闭区域．

5．利用极坐标计算下列二重积分：

（1）$I = \displaystyle\iint\limits_D (x^2 + y^2)\mathrm{d}\sigma$，其中 D 为圆形区域：$x^2 + y^2 \leqslant 1$．

（2）$I = \displaystyle\iint\limits_D \sin\sqrt{x^2 + y^2}\,\mathrm{d}\sigma$，其中 D 为圆环形区域：$\pi^2 \leqslant x^2 + y^2 \leqslant 4\pi^2$．

（3）$I = \displaystyle\iint\limits_D \arctan\frac{y}{x}\mathrm{d}\sigma$，其中 D 为：$1 \leqslant x^2 + y^2 \leqslant 4$，$y = x, y = 0$，$x > 0, y > 0$．

*9.3　二重积分的应用

在讨论定积分的应用时，我们用"分割、近似、求和、取极限"四个步骤将定义在区间 $[a,b]$ 上一个非均匀连续量用定积分形式表出，并称之为定积分的元素法（或微元法）．这种方法的关键是建立量的元素（或微元）表达式．类似地，我们可以将这种方法推广到二重积分．

设量 Q 连续分布在一个具有可加性的平面区域 D 上，而函数 $f(x,y)$ 在 D 上连续，$M(x,y) \in D$．任作一包含 $M(x,y)$ 的小区域 $\Delta\sigma \subset D$，则二重积分 $\displaystyle\iint\limits_D f(M)\mathrm{d}\sigma$ 的值将随 $\Delta\sigma$ 的改变而改变，即 $\displaystyle\iint\limits_D f(M)\mathrm{d}\sigma$ 是关于区域 $\Delta\sigma$ 的函数，记为

$$\phi(\Delta\sigma) = \iint\limits_D f(M)\mathrm{d}\sigma, \quad M \in \Delta\sigma \subset D$$

注意到 $f(x,y)$ 在 D 上连续，由积分中值定理可知

$$\phi(\Delta\sigma) = f(\overline{x}, \overline{y})\Delta\sigma$$

其中 $(\overline{x}, \overline{y}) \in \Delta\sigma$，于是

$$\frac{\phi(\Delta\sigma)}{\Delta\sigma} = f(\overline{x}, \overline{y})$$

令 $\Delta\sigma$ 的直径 $d \to 0$，则 $\Delta\sigma \to M(x,y)$，从而 $(\overline{x}, \overline{y}) \to (x,y)$，即

$$\frac{\mathrm{d}\phi}{\mathrm{d}\sigma} = f(x,y)$$

或

$$\mathrm{d}\phi = f(x,y)\mathrm{d}\sigma \tag{9.4}$$

由于量 Q 在 D 上连续分布，因此在计算时可将 Q 视作 ϕ 定义在区域 D 上的二重积分 $\iint\limits_{D} f(x,y)\mathrm{d}\sigma$，那么被积表达式 $f(x,y)\mathrm{d}\sigma$ 便是量 Q 对区域 D 的积分元素（或微元）. 因此建立量 Q 的关系式，就是寻找积分元素（或微元）

$$\mathrm{d}Q = f(x,y)\mathrm{d}\sigma$$

在具体应用时与定积分类似，通常把微小区域 $\mathrm{d}\sigma$ 看作一点，然后利用已知的几何或物理公式，通过乘法得到 Q 在 $\mathrm{d}\sigma$ 上的局部量 ΔQ 的近似值 $\mathrm{d}Q$，得到 $\mathrm{d}Q$ 后便可写出 Q 的二重积分表达式，这便是二重积分的元素法（或微元法）.

9.3.1 曲面的面积

设曲面 S 的方程是 $z = f(x,y)$，且具有连续的偏导数 $\dfrac{\partial f}{\partial x}, \dfrac{\partial f}{\partial y}$，曲面 S 在 xOy 面上的投影是平面区域 D. 设 $\mathrm{d}S$ 表示位于曲面 S 上包含点 $P(x,y,z)$ 的一块直径非常小的曲面的面积，点 P 在 xOy 上的投影点是 $M(x,y)$，在点 P 处的切平面与 xOy 面的夹角为 γ，则

$$\cos\gamma = \frac{1}{\sqrt{1+f_x^2+f_y^2}}$$

由于 $\mathrm{d}S$ 在 xOy 面上的投影是 $\mathrm{d}\sigma$，则

$$\mathrm{d}S = \frac{\mathrm{d}\sigma}{\cos\lambda} \text{ 或 } \mathrm{d}S = \sqrt{1+f_x^2+f_y^2}\,\mathrm{d}\sigma$$

这便是曲面 S 的面积元素，从而曲面 S 的面积为

$$S = \iint\limits_{D} \sqrt{1+f_x^2+f_y^2}\,\mathrm{d}\sigma \tag{9.5}$$

例 1 计算半径为 a，中心在原点的球面，在第一卦限中被圆柱 $(x-\dfrac{a}{2})^2 + y^2 = (\dfrac{a}{2})^2$ 截取部分的面积（见图 9-22）.

解 由球面方程 $x^2+y^2+z^2 = a^2$ 得 $z = \sqrt{a^2-x^2-y^2}$，于是

$$f_x = \frac{-x}{\sqrt{a^2-x^2-y^2}} = -\frac{x}{z},\ f_y = \frac{-y}{\sqrt{a^2-x^2-y^2}} = -\frac{y}{z}$$

$$\sqrt{1+f_x^2+f_y^2} = \frac{\sqrt{x^2+y^2+z^2}}{z} = \frac{a}{z}$$

于是由（9.5）式有

$$S = \iint\limits_{D} \frac{a}{z}\mathrm{d}x\mathrm{d}y$$

其中 D 是由曲线 $(x-\dfrac{a}{2})^2 + y^2 = (\dfrac{a}{2})^2$ 所围平面区域. 利用极坐标有

$$S = \iint\limits_{D} \frac{a}{z}\mathrm{d}x\mathrm{d}y = a\int_0^{\frac{\pi}{2}}\mathrm{d}\theta\int_0^{a\cos\theta}\frac{\mathrm{d}r}{\sqrt{a^2-r^2}} = a^2(\frac{\pi}{2}-1).$$

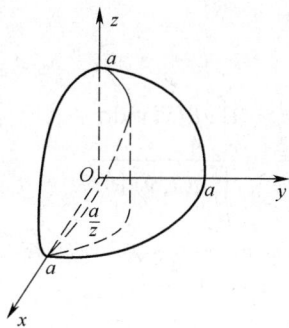

图 9-22

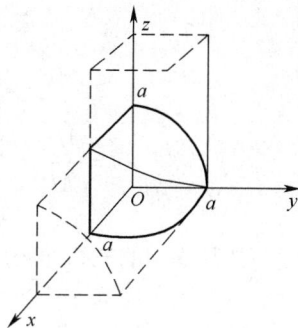

图 9-23

例 2　求柱面 $x^2 + y^2 = a^2$ 被柱面 $y^2 + z^2 = a^2$ 截下的一部分的面积.

解　利用对称性，先考虑所求面积的 $\dfrac{1}{8}$ 部分. 为计算方便，以 x 为因变量，y, z 为自变量，投影区域 D 为 yOz 面上的有界闭区域（见图 9-23）. 于是有

$$S = 8 \iint\limits_{D_{yz}} \sqrt{1 + f_y^2 + f_z^2}\, \mathrm{d}y\mathrm{d}z$$

$$= 8 \iint\limits_{D_{yz}} \frac{a}{x}\mathrm{d}y\mathrm{d}z = 8 \iint\limits_{D_{yz}} \frac{a}{\sqrt{a^2 - y^2}}\mathrm{d}y\mathrm{d}z$$

$$= 8a \int_0^a \mathrm{d}z \int_0^{\sqrt{a^2 - z^2}} \frac{\mathrm{d}y}{\sqrt{a^2 - y^2}} = 8a^2.$$

9.3.2　平面薄片的质心

先讨论平面薄片的质心. 设 xOy 平面上有 n 个质点，它们分别位于点 $(x_1, y_1), (x_2, y_2), \cdots,$ (x_n, y_n) 处，质量分别为 $m_1, m_2, \cdots, m_n$，则该质点系的质心的坐标为

$$\overline{x} = \frac{M_y}{M} = \frac{\sum\limits_{i=1}^n m_i x_i}{\sum\limits_{i=1}^n m_i}, \quad \overline{y} = \frac{M_x}{M} = \frac{\sum\limits_{i=1}^n m_i y_i}{\sum\limits_{i=1}^n m_i}$$

其中 $M = \sum\limits_{i=1}^n m_i$ 为该质点系的总质量，$M_y = \sum\limits_{i=1}^n m_i x_i$，$M_x = \sum\limits_{i=1}^n m_i y_i$ 分别为该质点系对 y 轴和 x 轴的静矩.

设有一平面薄片，占据 xOy 面上的有界闭区域 D，在点 (x, y) 处的面密度为 $\mu(x, y)$，假定 $\mu(x, y)$ 在 D 上连续. 在闭区域 D 上任取一点 $P(x, y)$，及包含点 $P(x, y)$ 的一个直径很小的闭区域 $\mathrm{d}\sigma$（其面积也记为 $\mathrm{d}\sigma$），则平面薄片对 x 轴和对 y 轴的力矩（仅考虑大小）的近似值分别为 $y\mu(x, y)\mathrm{d}\sigma$，$x\mu(x, y)\mathrm{d}\sigma$，于是整块薄片对 x 轴和对 y 轴的力矩分别为

$$M_x = \iint\limits_D y\mu(x, y)\mathrm{d}\sigma, \quad M_y = \iint\limits_D x\mu(x, y)\mathrm{d}\sigma.$$

设平面薄片的质心坐标为 $(\overline{x}, \overline{y})$，平面薄片的质量为 M，则有

$$\overline{x} \cdot M = M_y, \quad \overline{y} \cdot M = M_x$$

于是

$$\overline{x} = \frac{M_y}{M} = \frac{\iint\limits_D x\mu(x,y)\mathrm{d}\sigma}{\iint\limits_D \mu(x,y)\mathrm{d}\sigma}, \overline{y} = \frac{M_x}{M} = \frac{\iint\limits_D y\mu(x,y)\mathrm{d}\sigma}{\iint\limits_D \mu(x,y)\mathrm{d}\sigma} \tag{9.6}$$

如果平面薄片是均匀的，即面密度是常数，区域 D 的面积也记为 σ，则平面薄片的质心坐标为

$$\overline{x} = \frac{\iint\limits_D x\mathrm{d}\sigma}{\iint\limits_D \mathrm{d}\sigma}, \overline{y} = \frac{\iint\limits_D y\mathrm{d}\sigma}{\iint\limits_D \mathrm{d}\sigma} \tag{9.7}$$

此时质心仅与区域的形状有关，也称为形心.

例3 求密度函数为 $\mu(x,y) = x^2 + y^2$，圆心在原点，半径为 R 的上半圆平面薄片的质量和质心.

解 平面薄片占据的区域如图9-24所示，则其质量为

$$M = \iint\limits_D \mu(x,y)\mathrm{d}\sigma = \iint\limits_D (x^2 + y^2)\mathrm{d}\sigma$$

采用极坐标来计算，其中 $0 \leqslant r \leqslant R, 0 \leqslant \theta \leqslant \pi$，所以

$$M = \int_0^\pi \mathrm{d}\theta \int_0^R r^2 \cdot r\mathrm{d}r = \int_0^\pi \frac{1}{4}R^4\mathrm{d}\theta = \frac{\pi}{4}R^4$$

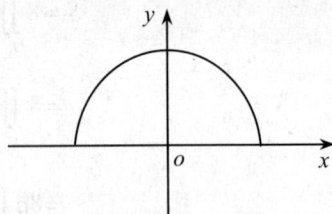

图 9-24

由（9.6）知质心坐标分量

$$\overline{x} = \frac{M_y}{M} = \frac{\iint\limits_D x\mu(x,y)\mathrm{d}\sigma}{M} = \frac{4}{\pi R^4}\iint\limits_D x(x^2 + y^2)\mathrm{d}\sigma = \frac{4}{\pi R^4}\int_0^\pi \mathrm{d}\theta \int_0^R r^4\cos\theta\mathrm{d}r = 0$$

$$\overline{y} = \frac{M_x}{M} = \frac{\iint\limits_D y\mu(x,y)\mathrm{d}\sigma}{M} = \frac{4}{\pi R^4}\iint\limits_D y(x^2 + y^2)\mathrm{d}\sigma = \frac{4}{\pi R^4}\int_0^\pi \mathrm{d}\theta \int_0^R r^4\sin\theta\mathrm{d}r = \frac{8R}{5\pi}$$

所以质心坐标为 $(0, \dfrac{8R}{5\pi})$，其实由对称性可得出 $\overline{x} = 0$.

例 4 设薄片所占的闭区域 D 为介于两个圆 $r = 2\cos\theta$，$r = 4\cos\theta$ 之间的闭区域（见图9-25），且面密度均匀，求此均匀薄片的形心.

解 由 D 的对称性可知：$\overline{y} = 0$，闭区域的面积

$$A = \iint\limits_D \mathrm{d}\sigma = \int_{-\frac{\pi}{2}}^{\frac{\pi}{2}} r\mathrm{d}\theta \int_{2\cos\theta}^{4\cos\theta} r\mathrm{d}r = 3\pi$$

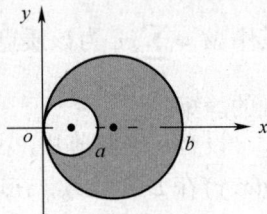

图 9-25

又

$$\iint\limits_D x\mathrm{d}\sigma = \iint\limits_D r^2\cos\theta\mathrm{d}r\mathrm{d}\theta = \int_{-\frac{\pi}{2}}^{\frac{\pi}{2}} \cos\theta\mathrm{d}\theta \int_{2\cos\theta}^{4\cos\theta} r^2\mathrm{d}r = 7\pi$$

所以由（9.7）知 $\bar{x} = \dfrac{\iint\limits_D x\mathrm{d}\sigma}{\iint\limits_D \mathrm{d}\sigma} = \dfrac{7\pi}{3\pi} = \dfrac{7}{3}$，即所求质心坐标为 $(\dfrac{7}{3},0)$.

9.3.3 平面薄片的转动惯量

在物理学中，若质量为 m 的质点到轴 L 的距离为 r，则质点对轴的转动惯量为

$$I_L = mr^2$$

设有一平面薄片，占据 xOy 面上的有界闭区域 D，在点 (x,y) 处的面密度为 $\mu(x,y)$，假定 $\mu(x,y)$ 在 D 上连续. 现在在闭区域 D 上任取一点 $P(x,y)$，及包含点 $P(x,y)$ 的一个直径很小的闭区域 $\mathrm{d}\sigma$（其面积也记为 $\mathrm{d}\sigma$），则在区域 D 上的任意小区域 $\mathrm{d}\sigma$ 的质量的近似值为 $\mu(x,y)\mathrm{d}\sigma$，该小区域对 x 轴和对 y 轴的转动惯量元素分别为 $y\mu(x,y)\mathrm{d}\sigma$ 和 $x\mu(x,y)\mathrm{d}\sigma$，于是整块薄片对 x 轴和对 y 轴的转动惯量为

$$I_x = \iint\limits_D y^2\mu(x,y)\mathrm{d}\sigma,\ I_y = \iint\limits_D x^2\mu(x,y)\mathrm{d}\sigma \qquad (9.8)$$

例 5　求由抛物线 $y = x^2$ 及直线 $y = 1$ 所围成的均匀薄片（面密度为常数 ρ）对于 x 轴的转动惯量.

解　抛物线 $y = x^2$ 及直线 $y = 1$ 所围成区域如图 9-26 所示，转动惯量元素为 $\mathrm{d}I = y^2\rho\mathrm{d}\sigma$.

$$I = \iint\limits_D y^2\rho\mathrm{d}\sigma = \rho\int_{-1}^{1}\mathrm{d}x\int_{x^2}^{1} y^2\mathrm{d}y = \int_{-1}^{1}[\frac{1}{3}y^3]_{x^2}^{1}\mathrm{d}x$$

$$= \frac{\rho}{3}\int_{-1}^{1}(1 - x^6)\mathrm{d}x = \frac{4}{7}\rho.$$

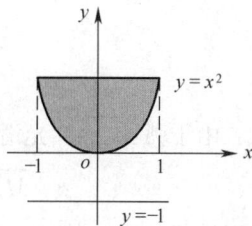

图 9-26

习题 9.3

1. 求锥面 $z = \sqrt{x^2 + y^2}$ 被柱面 $z^2 = 2x$ 所割下部分的曲面面积.

2. 已知薄片的面密度为 $\mu(x,y)$，计算下列区域 D 中薄片的质量和质心.
   （1）$D = \{(x,y)\,|\,0 \leqslant x \leqslant 2, -1 \leqslant y \leqslant 1\}$，$\mu(x,y) = xy^2$.
   （2）D 为三个顶点分别为 $(0,0),(2,1),(0,3)$ 的三角形区域，$\mu(x,y) = x + y$.

3. 已知面密度 $\mu = 1$ 的均匀薄片所占闭区域 D 由 $0 \leqslant x \leqslant a$ 及 $0 \leqslant x \leqslant b$ 所围成，求它绕 x 轴和 y 轴的转动惯量.

9.4　对坐标的曲线积分

曲线积分是把定积分的积分区间 $[a,b]$ 推广到曲线 L 上所得到的一类积分，它是在 19 世纪早期为解决流体、力、点、磁等问题的过程中提出的. 本节将介绍最常用的一类曲线积分——对坐标的曲线积分的概念、性质和计算.

9.4.1　对坐标的曲线积分的概念与性质

应用定积分可以求质点在变力（大小变化，方向不变）作用下，沿直线运动做功问题. 如果变力的方向也发生变化，并且质点沿曲线运动，那么如何来计算变力所做的功呢？

设一个质点在 xOy 面内在变力 $\boldsymbol{F}(x,y) = P(x,y)\boldsymbol{i} + Q(x,y)\boldsymbol{j}$ 的作用下从点 A 沿光滑曲线弧 L 移动到点 B，为求上述过程中变力 $\boldsymbol{F}(x,y)$ 所作的功. 先用曲线 L 上的点 $A = M_0, M_1, \cdots, M_{n-1}, M_n = B$ 把 L 分成 n 个小弧段 $L_1, L_2, \cdots, L_n$ $(i=1,2,\cdots n)$（如图 9-27）. 其中 $L_i = \overparen{M_{i-1}M_i}$，点 M_i 的坐标记为 (x_i, y_i)，$(i=1,2,\cdots n)$.

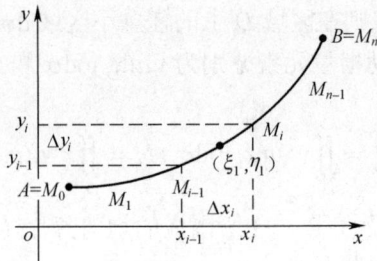

图 9-27

由于弧 $\overparen{M_{i-1}M_i}$ 光滑且很短，可用有向线段

$$\overline{M_{i-1}M_i} = \Delta x_i\, \boldsymbol{i} + \Delta y_j\, \boldsymbol{j} \quad (\Delta x_i = x_i - x_{i-1}, \Delta y_i = y_i - y_{i-1})$$

近似地代替它，其中 $\Delta x_i, \Delta y_i$ 分别是弧 $\overparen{M_{i-1}M_i}$ 在坐标轴上的投影.

又因为函数 $P(x,y), Q(x,y)$ 在 L 上连续，可用弧 $\overparen{M_{i-1}M_i}$ 上任意一点 (ξ_i, η_i) 处的力

$$F(\xi_i, \eta_i) = P(\xi_i, \eta_i)\, \boldsymbol{i} + Q(\xi_i, \eta_i)\, \boldsymbol{j}$$

近似地代替该小弧段上的变力.

于是，质点沿有向小弧段弧 $\overparen{M_{i-1}M_i}$ 移动时，变力所作的功可近似地取为

$$\Delta W_i \approx P(\xi_i, \eta_i)\Delta x_i + Q(\xi_i, \eta_i)\Delta y_i$$

从而

$$W \approx \sum_{i=1}^{n}[P(\xi_i, \eta_i)\Delta x_i + Q(\xi_i, \eta_i)\Delta y_i]$$

为得到 W 的精确值，令 $\lambda \to 0$（λ 是这 n 个小弧段长度的最大者），对上述和式取极限，即

$$W = \lim_{\lambda \to 0} \sum_{i=1}^{n}[P(\xi_i, \eta_i)\Delta x_i + Q(\xi_i, \eta_i)\Delta y_i] \tag{9.9}$$

如果该和式的极限存在，我们就称此极限为 $\boldsymbol{F}(x,y)$ 在曲线弧 L 上对坐标的曲线积分.

定义 1　设函数 $P(x,y)$ 在有向光滑曲线 L 上有界. 把 L 分成 n 个有向小弧段 $L_1, L_2, \cdots, L_n$，小弧段 L_i 的起点为 (x_{i-1}, y_{i-1})，终点为 (x_i, y_i)，$\Delta x_i = x_i - x_{i-1}$，$\Delta y_i = y_i - y_{i-1}$，$(\xi_i, \eta)$ 为 L_i 上任意一点，λ 为各小弧段长度的最大值. 如果极限

$$\lim_{\lambda \to 0} \sum_{i=1}^{n} P(\xi_i, \eta_i)\Delta x_i$$

总存在，则称此极限为函数 $f(x,y)$ 在有向曲线 L 上对坐标 x 的曲线积分，记作 $\int_L P(x,y)dx$，即

$$\int_L P(x,y)dx = \lim_{\lambda \to 0} \sum_{i=1}^n P(\xi_i, \eta_i)\Delta x_i$$

类似地，如果极限 $\lim\limits_{\lambda \to 0} \sum\limits_{i=1}^n Q(\xi_i, \eta_i)\Delta y_i$ 总存在，则称此极限为函数 $Q(x,y)$ 在有向曲线 L 上对坐标 y 的曲线积分，记作 $\int_L Q(x,y)dy$，即

$$\int_L Q(x,y)dx = \lim_{\lambda \to 0} \sum_{i=1}^n Q(\xi_i, \eta_i)\Delta x_i$$

其中 $P(x,y),Q(x,y)$ 叫做被积函数，L 叫做积分弧段.

由（9.9）可知，$F(x,y)$ 在曲线弧 L 上对坐标的曲线积分实质上是两个积分之和，即

$$\int_L P(x,y)dx + Q(x,y)dy = \int_L P(x,y)dx + \int_L Q(x,y)dy$$

根据上述曲线积分的定义，可以导出对坐标的曲线积分的一些性质：

性质 1　如果把 L 分成 L_1 和 L_2，则

$$\int_L Pdx + Qdy = \int_{L_1}(Pdx + Qdy) + \int_{L_2}(Pdx + Qdy)$$

性质 2　设 L 是有向曲线弧，$-L$ 是与 L 方向相反的有向曲线弧，则

$$\int_{-L} P(x,y)dx + Q(x,y)dy = -\int_L P(x,y)dx + Q(x,y)dy$$

9.4.2　对坐标的曲线积分的计算

由于曲线积分是定积分的推广，所以对坐标的曲线积分可化为定积分来进行计算.

定理 1　若 $P(x,y),Q(x,y)$ 是定义在光滑有向曲线

$$L:\quad x = \varphi(t), y = \psi(t)\ (\alpha \leqslant t \leqslant \beta)$$

上的连续函数，L 的方向与 t 的增加方向一致，则

$$\int_L P(x,y)dx = \int_\alpha^\beta P[\varphi(t),\psi(t)]\varphi'(t)dt$$

$$\int_L Q(x,y)dy = \int_\alpha^\beta Q[\varphi(t),\psi(t)]\psi'(t)dt$$

所以　$\int_L P(x,y)dx + Q(x,y)dy = \int_\alpha^\beta \{P[\varphi(t),\psi(t)]\varphi'(t) + Q[\varphi(t),\psi(t)]\psi'(t)\}dt$.

注意：下限 α 对应于 L 的起点，上限 β 对应于 L 的终点，但 α 不一定小于 β.

例 1　计算 $\int_L (2a - y)dx + xdy$，其中 L 是摆线

$$x = a(t - \sin t), y = a(1 - \cos t)$$

上对应 t 从 0 到 2π 的一段弧（见图 9-28）.

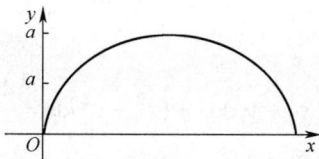

图 9-28

解 根据公式

$$\int_L (2a-y)dx + xdy = \int_0^{2\pi} \left[2a - a(1-\cos t)\right] \cdot a(1-\cos t)dt + \int_0^{2\pi} a(t-\sin t) \cdot a\sin t dt$$

$$= a^2 \int_0^{2\pi} \left[(1-\cos^2 t) + \sin t(t-\sin t)\right]dt$$

$$= a^2 \int_0^{2\pi} t\sin t dt = a^2 \left[-t\cos t + \sin t\right]_0^{2\pi}$$

$$= -2\pi a^2 .$$

推论 1 若曲线 L 的方程为 $y = y(x)$，$a \leqslant x \leqslant b$，则可把 L 的看成参数方程：$x = x$, $y = y(x)$，于是

$$\int_L P(x,y)dx + Q(x,y)dy = \int_a^b [P(x,y(x)) + Q(x,y(x))y'(x)]dx .$$

推论 2 若曲线 L 的方程为 $x = x(y)$，$c \leqslant y \leqslant d$，则可把 L 的看成参数方程：$y = y, x = x(y)$，于是

$$\int_L P(x,y)dx + Q(x,y)dy = \int_a^b [P(x(y),y)x'(y) + Q(x(y),y)]dy .$$

例 2 计算 $\int_L (x^2+y^2)dx + (x^2-y^2)dy$，其中 L 是曲线 $y = 1 - |1-x|$ 对应于 $x=0$ 的点到 $x=2$ 的点（见图 9-29）.

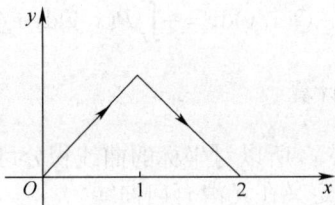

图 9-29

解 解法 1

$$\int_L (x^2+y^2)dx + (x^2-y^2)dy = \int_{L_1} (x^2+y^2)dx + (x^2-y^2)dy$$

$$+ \int_{L_2} (x^2+y^2)dx + (x^2-y^2)dy$$

取 x 为参数，L_1 的方程为 $y = x$ $(0 \leqslant x \leqslant 1)$

$$\int_{L_1} (x^2+y^2)dx + (x^2-y^2)dy = \int_0^1 2x^2 dx = \frac{2}{3}$$

L_2 的方程为 $y = 2 - x$ $(1 \leqslant x \leqslant 2)$

$$\int_{L_2} (x^2+y^2)dx + (x^2-y^2)dy = \int_1^2 \left[x^2 + (2-x)^2\right]dx + \int_1^2 \left[x^2 - (2-x)^2\right] \cdot (-1)dx$$

$$= \int_1^2 2(2-x)^2 dx = \frac{2}{3}$$

所以

$$\int_L (x^2+y^2)dx + (x^2-y^2)dy = \frac{4}{3} .$$

解法 2 取 y 为参数，L_1 的方程为 $x = y$ $(0 \leqslant y \leqslant 1)$

$$\int_{L_1}(x^2+y^2)dx+(x^2-y^2)dy=\int_0^1 2y^2 dy=\frac{2}{3}$$

L_2 的方程为 $x=2-y$，起点对应的参数值为 1，终点对应的参数值为 0．由于 $dx=-dy$，$\int_L x^2 dx+x^2 dy=0$，故有

$$\int_{L_2}(x^2+y^2)dx+(x^2-y^2)dy=\int_1^0 -2y^2 dy=\frac{2}{3}.$$

所以 $\qquad\int_L(x^2+y^2)dx+(x^2-y^2)dy=\frac{4}{3}.$

例 3　计算 $\int_L y^2 dx$，其中 L（见图 9-30）为：

（1）L 为按逆时针方向绕行的上半圆周 $x^2+y^2=a^2$；

（2）从点 $A(a,0)$ 沿 x 轴到点 $B(-a,0)$ 的直线段．

解　（1）L 的参数方程为

$$x=a\cos\theta,\ y=a\sin\theta\ (0\leqslant\theta\leqslant\pi)$$

因此 $\quad\int_L y^2 dx=\int_0^\pi a^2\sin^2\theta(-a\sin\theta)d\theta=a^3\int_0^\pi(1-\cos^2\theta)d\cos\theta=-\frac{4}{3}a^3.$

（2）L 的方程为 $y=0$，x 从 a 变到 $-a$，因此

$$\int_L y^2 dx=\int_a^{-a}0 dx=0.$$

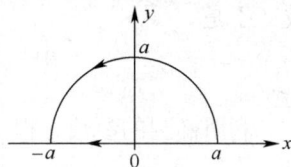

图 9-30

从例 3 可以看出，虽然两个曲线积分的被积函数相同，起点和终点也相同，但沿着不同路径得出的积分值并不相等．

例 4　计算 $\int_L 2xydx+x^2 dy$，其中 L（如图 9-31）为：

（1）抛物线 $y=x^2$ 上从 $O(0,0)$ 到 $B(1,1)$ 的一段弧；

（2）抛物线 $x=y^2$ 上从 $O(0,0)$ 到 $B(1,1)$ 的一段弧；

（3）从 $O(0,0)$ 到 $A(1,0)$，再到 $B(1,1)$ 的有向折线 OAB．

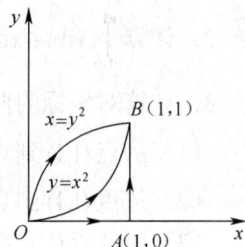

图 9-31

解　（1）$L:y=x^2\ (0\leqslant x\leqslant 1)$．所以

$$\int_L 2xydx+x^2 dy=\int_0^1(2x\cdot x^2+x^2\cdot 2x)dx=4\int_0^1 x^3 dx=1.$$

（2）$L:x=y^2\ (0\leqslant y\leqslant 1)$，所以

$$\int_L 2xydx+x^2 dy=\int_0^1(2y^2\cdot y\cdot 2y+y^4)dy=5\int_0^1 y^4 dy=1.$$

（3）$OA:y=0\ (0\leqslant x\leqslant 1)$；$AB:x=1\ (0\leqslant y\leqslant 1)$

$$\int_L 2xydx+x^2 dy=\int_{OA}2xydx+x^2 dy+\int_{AB}2xydx+x^2 dy$$

$$=\int_0^1(2x\cdot 0+x^2\cdot 0)dx+\int_0^1(2y\cdot 0+1)dy$$

$$=0+1=1.$$

从例 4 可以看出，虽然沿不同路径，曲线积分的值却可以相等．这并不是偶然的，其需要满足的条件我们将在下一节讨论．

例 5　设一个质点在点 $M(x,y)$ 处受到力 $\boldsymbol{F}$ 的作用，$\boldsymbol{F}$ 的大小与点 M 到原点 O 的距离成

正比，$\boldsymbol{F}$ 的方向恒指向原点．此质点由点 $A(a,0)$ 沿椭圆 $\dfrac{x^2}{a^2}+\dfrac{y^2}{b^2}=1$ 按逆时针方向移动到点 $B(0,b)$，求力 $\boldsymbol{F}$ 所作的功 W．

解　$\overrightarrow{OM}=x\boldsymbol{i}+y\boldsymbol{j}$，$\left|\overrightarrow{OM}\right|=\sqrt{x^2+y^2}$．由假设有 $\boldsymbol{F}=-k(x\boldsymbol{i}+y\boldsymbol{j})$，其中 $k>0$ 是比例常数．于是

$$W=\int_{\overset{\frown}{AB}}\boldsymbol{F}\mathrm{d}\boldsymbol{r}=\int_{\overset{\frown}{AB}}-kx\mathrm{d}x-ky\mathrm{d}y=-k\int_{\overset{\frown}{AB}}x\mathrm{d}x+y\mathrm{d}y．$$

利用椭圆的参数方程 $\begin{cases}x=a\cos t\\ y=b\sin t\end{cases}$，起点 A，终点 B 分别对应参数 $t=0,\dfrac{\pi}{2}$．于是

$$W=-k\int_0^{\frac{\pi}{2}}(-a^2\cos t\sin t+b^2\sin t\cos t)\mathrm{d}t$$

$$=k(a^2-b^2)\int_0^{\frac{\pi}{2}}\sin t\cos t\mathrm{d}t=\frac{k}{2}(a^2-b^2)．$$

习题 9.4

1．计算对坐标的曲线积分 $\displaystyle\int_L xy\mathrm{d}x$，其中 L 是 $y^2=x$ 从 $(-1,-1)$ 到 $(1,1)$ 上的一段弧．

2．计算 $\displaystyle\int_L y\mathrm{d}x+x\mathrm{d}y$，其中 L 是圆周 $x=R\cos t,y=R\sin t$ 上对应 t 从 0 到 $\dfrac{\pi}{2}$ 的一段弧．

3．计算对坐标的曲线积分 $\displaystyle\int_L(x+y)\mathrm{d}x+(x-y)\mathrm{d}y$，其中 L 是：

（1）从点 $(1,1)$ 到点 $(4,2)$ 的直线段；

（2）从点 $(1,1)$ 到点 $(4,2)$ 沿抛物线 $y^2=4x$ 的一段弧；

（3）先从点 $(1,1)$ 沿直线到点 $(4,2)$，然后再沿直线到点 $(4,2)$ 的折线；

（4）曲线 $x=2t^2+t+1,y=t^2+1$ 上从点 $(1,1)$ 到点 $(4,2)$ 的一段弧．

9.5　格林公式及其应用

当平面曲线 L 的起点和终点重合（此时称曲线 L 为闭曲线）时，沿着该曲线对坐标的曲线积分在力学、电学等方面有着诸多应用．本节将要介绍在积分学中占有重要地位的格林公式，这个公式给出了沿着一个平面区域 D 的边界闭曲线 L 的曲线积分与该区域上的二重积分之间的关系．

9.5.1　格林公式

由于对坐标的曲线积分与所沿的曲线 L 的方向有关，所以积分曲线 L 为闭曲线时，要先规定好正向．为此，我们先简要介绍平面单连通区域的概念．

设 D 为平面区域，如果 D 内任一闭曲线所围的部分都属于 D，则称 D 为平面单连通区域，否则称为复连通区域．通俗地说，平面单连通区域就是不含"洞"（包括点"洞"）的区域，复连通区域就是含有"洞"（包括点"洞"）的区域．例如，平面上的圆形区域是单连通区域，

而圆环形区域则是复连通区域.

对平面区域 D 的边界曲线 L，我们规定 L 的正向如下：当观察者沿 L 的这个方向行走时，D 内在他近处的那一部分总在他的左边. 例如，D 是边界曲线 L 及 l 所围成的复连通区域（见图 9-32），作为 D 的正向边界，L 的正向为逆时针方向，而 l 的正向则是顺时针方向.

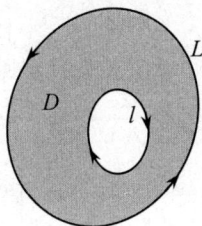

图 9-32

定理 1　设闭区域 D 由分段光滑的曲线 L 围成，函数 $P(x,y)$ 及 $Q(x,y)$ 在 D 上具有一阶连续偏导数，则有

$$\iint\limits_{D}(\frac{\partial Q}{\partial x}-\frac{\partial P}{\partial y})\mathrm{d}x\mathrm{d}y=\oint_{L}P\mathrm{d}x+Q\mathrm{d}y \tag{9.10}$$

其中 L 是 D 的取正向的边界曲线.

定理 1 证明从略，有兴趣的读者可参考相关文献. 该定理给出的公式（9.10）便是格林公式，它表明平面闭区域 D 上函数 $\dfrac{\partial Q}{\partial x}$ 和 $\dfrac{\partial P}{\partial y}$ 的二重积分可以通过它们的"原函数" Q 和 P 沿闭区域 D 的边界曲线 L 上的曲线积分来表达. 在这个意义下，格林公式可以看作一元函数定积分中牛顿-莱布尼茨公式的推广.

需要注意的是，对于复连通区域 D，格林公式右端应包括沿区域 D 的全部边界的曲线积分，且边界的方向对区域 D 来说都是正向. 下面说明格林公式的一个简单应用，设闭区域 D 的边界曲线为 L，取 $P=-y$，$Q=x$，则由格林公式有

$$2\iint\limits_{D}\mathrm{d}x\mathrm{d}y=\oint_{L}x\mathrm{d}y-y\mathrm{d}x .$$

设 A 为闭区域 D 的面积，则有

$$A=\iint\limits_{D}\mathrm{d}x\mathrm{d}y=\frac{1}{2}\oint_{L}x\mathrm{d}y-y\mathrm{d}x . \tag{9.11}$$

例 1　求椭圆 $x=a\cos\theta,\ y=b\sin\theta$ 所围成图形的面积 A.（见图 9-33）

解　设 D 是由椭圆 $x=a\cos\theta,\ y=b\sin\theta$ 所围成的区域，则由公式（9.11）有

$$\begin{aligned}A&=\iint\limits_{D}\mathrm{d}x\mathrm{d}y=\frac{1}{2}\oint_{L}x\mathrm{d}y-y\mathrm{d}x\\&=\frac{1}{2}\int_{0}^{2\pi}(ab\cos^{2}\theta+ab\sin^{2}\theta)\mathrm{d}\theta\\&=\frac{1}{2}ab\int_{0}^{2\pi}\mathrm{d}\theta=\pi ab .\end{aligned}$$

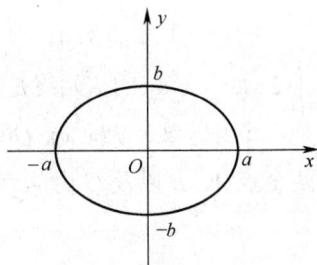

图 9-33

例 2　计算 $\iint\limits_{D}\mathrm{e}^{-y^{2}}\mathrm{d}x\mathrm{d}y$，其中 D 是以 $O(0,0)$，$A(1,1)$，$B(0,1)$ 为顶点的三角形闭区域（如图 9-34 所示）.

解　令 $P=0$，$Q=x\mathrm{e}^{-y^{2}}$，则 $\dfrac{\partial Q}{\partial x}-\dfrac{\partial P}{\partial y}=\mathrm{e}^{-y^{2}}$，于是由格林公式有

$$\iint\limits_{D}\mathrm{e}^{-y^{2}}\mathrm{d}x\mathrm{d}y=\int_{OA+AB+BO}x\mathrm{e}^{-y^{2}}\mathrm{d}y=\int_{OA}x\mathrm{e}^{-y^{2}}\mathrm{d}y=\int_{0}^{1}x\mathrm{e}^{-x^{2}}\mathrm{d}x=\frac{1}{2}(1-\mathrm{e}^{-1}) .$$

例3 计算 $\int_L (e^x \sin y - 2y)dx + (e^x \cos y - 2)dy$，其中曲线 L 为圆 $x^2 + y^2 = 4x$ 的上半圆周（从点 $A(4,0)$ 到原点 $O(0,0)$，如图 9-35）.

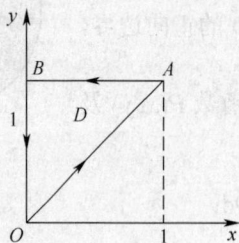

图 9-34

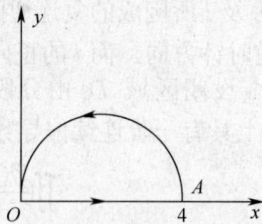

图 9-35

解 本题直接将曲线积分化为定积分计算比较困难，但若补充有向线段 $\overline{OA}$ 构成闭曲线 $L+\overline{OA}$，便可使用格林公式.

由于 $P = e^x \sin y - 2y$，$Q = e^x \cos y$，从而

$$\frac{\partial P}{\partial y} = e^x \cos y - 2, \frac{\partial Q}{\partial x} = e^x \cos y, \frac{\partial Q}{\partial x} - \frac{\partial P}{\partial y} = 2$$

于是由格林公式有

$$\int_{L+\overline{OA}} (e^x \sin y - 2y)dx + (e^x \cos y - 2)dy = 2\iint_D dxdy = 4\pi.$$

而对于有向线段 $\overline{OA}$，其方程为 $y = 0$，x 从 0 变到 4. 于是

$$\int_{\overline{OA}} (e^x \sin y - 2y)dx + (e^x \cos y - 2)dy = \int_0^4 0dx = 0$$

从而得到所求曲线积分的值为

$$\int_{L+\overline{OA}} (e^x \sin y - 2y)dx + (e^x \cos y - 2)dy - \int_{\overline{OA}} (e^x \sin y - 2y)dx + (e^x \cos y - 2)dy = 4\pi.$$

9.5.2 平面上曲线积分与路径无关的条件

回顾 9.4 节的例 4，从起点 $(0,0)$ 到终点 $(1,1)$，虽然沿着三条不同的路径，但曲线积分 $\int_L 2xydx + x^2dy$ 的值始终是 1. 也就是说，该曲线积分与积分的路径没有关系. 一般地，设 G 是一个开区域，$P(x,y)$，$Q(x,y)$ 在区域 G 内具有一阶连续偏导数. 如果对于 G 内任意指定的两个点 A、B 以及 G 内从点 A 到点 B 的任意两条曲线 L_1, L_2，等式

$$\int_{L_1} Pdx + Qdy = \int_{L_2} Pdx + Qdy$$

恒成立，就说曲线积分 $\int_L Pdx + Qdy$ 在 G 内与路径无关，否则说与路径有关.

设曲线积分 $\int_L Pdx + Qdy$ 在 G 内与路径无关，L_1 和 L_2 是 G 内任意两条从点 A 到点 B 的曲线，则有

$$\int_{L_1} Pdx + Qdy = \int_{L_2} Pdx + Qdy,$$

因为

$$\int_{L_1} Pdx + Qdy = \int_{L_2} Pdx + Qdy \Leftrightarrow \int_{L_1} Pdx + Qdy - \int_{L_2} Pdx + Qdy = 0$$

$$\Leftrightarrow \int_{L_1} Pdx + Qdy + \int_{L_2^-} Pdx + Qdy = 0 \Leftrightarrow \oint_{L_1+(L_2^-)} Pdx + Qdy = 0 .$$

所以有以下结论：

曲线积分 $\int_L Pdx + Qdy$ 在 G 内与路径无关相当于沿 G 内任意闭曲线 C 的曲线积分 $\oint_L Pdx + Qdy$ 等于零.

定理 2 设开区域 G 是一个单连通域，函数 $P(x,y)$ 及 $Q(x,y)$ 在 G 内具有一阶连续偏导数，则曲线积分 $\int_L Pdx + Qdy$ 在 G 内与路径无关（或沿 G 内任意闭曲线的曲线积分为零）的充分必要条件是等式

$$\frac{\partial P}{\partial y} = \frac{\partial Q}{\partial x}$$

在 G 内恒成立.

这个定理给出了平面上曲线积分与路径无关需满足的条件. 对于上一节的例 3，正是因为 $\frac{\partial P}{\partial y} = \frac{\partial Q}{\partial x} = 2x$ 在整个 xOy 面内恒成立，而整个 xOy 是单连通域，因此该曲线积分与路径无关.

注意：定理要求区域 G 是单连通区域，且函数 $P(x,y)$ 及 $Q(x,y)$ 在 G 内具有一阶连续偏导数. 如果这两个条件之一不能满足，那么定理的结论不能保证成立. 破坏函数 P、Q 及 $\frac{\partial P}{\partial y}$、$\frac{\partial Q}{\partial x}$ 连续性的点被称为**奇点**.

根据定理 2，当满足曲线积分与积分路径无关的条件时，可以取与所给积分路径有对应相同起点和终点的简便路径来计算曲线积分.

例 4 计算 $\int_L (1+xe^{2y})dx + (x^2e^{2y}-y)dy$，其中 L 是上半圆周 $x^2+y^2=4x$，顺时针方向为正（见图 9-36）.

解 由 $P = 1+xe^{2y}$，$Q = x^2e^{2y}-y$ 有

$$\frac{\partial P}{\partial y} = \frac{\partial Q}{\partial x} = 2xe^{2y}$$

从而曲线积分与路径无关. 故可取沿 x 轴上的线段 $\overline{OA}$ 进行积分. 由于 $\overline{OA}$ 的方程为 $y = 0$，x 从 0 变到 4. 于是有

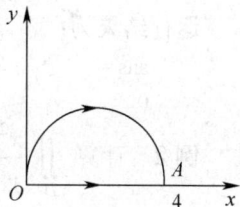

图 9-36

$$\int_L (1+xe^{2y})dx + (x^2e^{2y}-y)dy = \int_{\overline{OA}} (1+xe^{2y})dx + (x^2e^{2y}-y)dy$$

$$= \int_0^4 (1+x)dx = 12 .$$

习题 9.5

1. 计算下列曲线积分，并验证格林公式的正确性.

（1）$\oint_L (2xy-x^2)dx + (x+y^2)dy$，其中 L 是由抛物线 $y = x^2$ 和 $y^2 = x$ 所围成的区域的正

向边界曲线；

（2）$\oint_L (x^2 - xy^3)dx + (y^2 - 2xy)dy$，其中 L 是四个顶点分别为(0,0)、(2,0)、(2,2)和(0,2) 的正方形区域的正向边界.

2．利用曲线积分，求下列曲线所围成的图形的面积：

（1）椭圆 $9x^2 + 16y^2 = 144$；

（2）圆 $x^2 + y^2 = 2ax$.

3．证明曲线积分 $\int_{(1,1)}^{(2,3)} (x+y)dx + (x-y)dy$ 在整个 xOy 面内与路径无关，并计算积分值.

9.6 多元函数积分学问题的 MATLAB 求解

命令 int 也可以用来计算重积分，例如要计算 $\int_1^2 dx \int_x^{2x} xydy$，输入命令：

```
>> syms x y ;
>> int(int(x*y,y,x,2*x),x,1,2)
```

运行结果为：

```
ans =
45/8
```

利用 MATLAB 计算重积分，关键是要确定各个变量的积分上下限.

9.6.1 二重积分的计算

例 1 计算 $\iint_D xyd\sigma$，其中 D 是由 $y=1, x=-1$ 及 $y=x$ 所围成的区域.

解 先作出积分区域的草图，就可以确定 x 的积分区间为[−1,1]，y 的积分区间为[x,1]，输入：

```
>> syms x y ;
>> int(int(x*y,y,x,1),x,-1,1)
```

运行结果为：

```
ans =
0
```

例 2 计算 $\iint_D \dfrac{x^2}{y^2}d\sigma$，其中 D 是由 $y=1/x$、$x=2$ 及 $y=x$ 所围成的区域.

解 先作出积分区域的草图，就可以确定 x 的积分区间为[1,2]，y 的积分区间为[1/x, x]，输入：

```
>> syms x y ;
>> int(int(x^2/y^2,y,1/x,x),x,1,2)
```

运行结果为：

```
ans =
9/4
```

例 3 计算 $\iint_D e^{-x^2-y^2}dxdy$，其中 D 是由中心在原点，半径为 R 的圆周所围成的闭区域.

解 因为积分区域是个圆，我们采用极坐标来计算，极径 r 的积分区间为[0,R]，极角的积分区间为[0,2pi]，于是输入：

```
>> syms r s R;
>> f=exp(-r^2)*r;
>> int(int(f,r,0,R),s,0,2*pi)
```

运行结果为：

```
ans =
-exp(-R^2)*pi+pi
```

9.6.2　二重积分的应用

例 4　求球面 $x^2+y^2+z^2=a^2$ 含在柱面 $x^2+y^2=ax,(a>0)$ 内部的面积.

解　因为 $a>0$，所以曲面方程可化为 $z=\sqrt{a^2-x^2-y^2}$，计算曲面面积的公式为：

$$A=\iint_D\sqrt{1+f_x^2(x,y)+f_y^2(x,y)}\mathrm{d}\sigma$$

输入：

```
>> syms x y a;
>> z='sqrt(a^2-x^2-y^2)';
>> f=sqrt(1+diff(z,x)^2+diff(z,y)^2)
```

运行结果为：

```
f =
(1+1/(a^2-x^2-y^2)*x^2+1/(a^2-x^2-y^2)*y^2)^(1/2)
```

这里我们可以利用 $x^2+y^2+z^2=a^2$ 将 f 化简为：f=a/sqrt(a^2-x^2-y^2)

我们采用极坐标来计算，极径 r 的积分区间为$[0,a\cos s]$，极角 s 的积分区间为$[-\pi,\pi]$，于是输入：

```
>> syms r s;
>> f='a/sqrt(a^2-r^2)*r';
>> A=int(int(f,r,0,a*cos(s)),s,-pi,pi)
```

运行结果为：

```
A =
2*a^3*(-2+pi)/(a^2)^(1/2)
```

可以输入：simple(A)化简为：ans = 2*a^2*(-2+pi)

例 5　求由抛物线 $y=x^2$ 及直线 $y=1$ 所围成的均匀薄片（面密度为常数 ρ）对于 x 轴的转动惯量.

解　转动惯量的计算公式为：$I=\iint_D y^2\rho\mathrm{d}\sigma$，作出积分区域的草图，就可以确定 x 的积分区间为$[-1,1]$，y 的积分区间为$[x^2,1]$，输入：

```
>> syms x y r;
>> I=int(int(y^2*r,y,x^2,1),x,-1,1)
```

运行结果为：

```
I =
4/7*r
```

9.6.3　对弧长的曲线积分计算

利用 MATLAB 计算曲线积分，关键是要利用公式将曲线积分化为定积分.

例 6　计算 $\int_L y\mathrm{d}s$，其中 L 是抛物线 $y^2 = x$ 上点 $O(0,0)$ 与点 $B(1,1)$ 之间的一段弧.

解　把 x 看成参量，在该段弧上，$y = \sqrt{x}$，$0 \leqslant x \leqslant 1$，因此 $\int_L y\mathrm{d}s = \int_0^1 \sqrt{x}\sqrt{1+(\sqrt{x})'^2}\,\mathrm{d}x$，这里先把被积函数化简，输入：

```
>> syms x;
>>a=diff(sqrt(x));
>> a^2
```

运行结果为：

```
ans =
1/4/x
```

再输入：

```
>> f='sqrt(x)*sqrt(1+1/4/x)';
>> int(f,x,0,1)
```

运行结果为：

```
ans =
5/12*5^(1/2)-1/12
```

9.6.4　对坐标的曲线积分计算

例 7　计算 $\int_L (2a-y)\mathrm{d}x + x\mathrm{d}y$，其中 L 是摆线

$$x = a(t-\sin t), \quad y = a(1-\cos t)$$

上对应 t 从 0 到 2π 的一段弧.

解　根据公式：$\int_L P(x,y)\mathrm{d}x = \int_\alpha^\beta P[\varphi(t),\psi(t)]\varphi'(t)\mathrm{d}t$ 有：

$$\int_L (2a-y)\mathrm{d}x + x\mathrm{d}y = \int_0^{2\pi}\left[2a-a(1-\cos t)\right]\cdot a(1-\cos t)\mathrm{d}t + \int_0^{2\pi} a(t-\sin t)\cdot a\sin t\,\mathrm{d}t$$

$$= a^2 \int_0^{2\pi}\left[(1-\cos^2 t) + \sin t(t-\sin t)\right]\mathrm{d}t$$

输入：

```
>> syms t a;
>> f='(a^2)*(1-(cos(t))^2+sin(t)*(t-sin(t)))';
>> int(f,t,0,2*pi)
```

运行结果为：

```
ans =
-2*pi*a^2
```

上机练习：利用 MATLAB 解总习题九中的偏二重积分、曲线积分问题.

总习题九

1. 交换积分次序:

（1） $\int_0^1 \mathrm{d}x \int_x^{\sqrt{x}} f(x,y)\mathrm{d}y$

（2） $\int_{-1}^0 \mathrm{d}x \int_{-x}^1 f(x,y)\mathrm{d}y + \int_0^1 \mathrm{d}x \int_{1-\sqrt{1-x^2}}^1 f(x,y)\mathrm{d}y$

2. 计算下列二重积分

（1） $I = \iint\limits_D (x^2 + y^2)\mathrm{d}\sigma$，其中 D：$\{(x,y) \mid -1 \leqslant x \leqslant 1, \ -1 \leqslant y \leqslant 1\}$；

（2） $I = \iint\limits_D x\cos(x+y)\mathrm{d}\sigma$，其中 D 是以 $O(0,0), A(\pi,0), B(\pi,\pi)$ 为顶点的三角形区域.

3. 将下列积分化为极坐标形式的二次积分:

（1） $\int_0^a \mathrm{d}x \int_0^x \sqrt{x^2 + y^2}\,\mathrm{d}y$ （2） $\int_0^a \mathrm{d}y \int_0^{\sqrt{a^2-y^2}} (x^2 - y^2)\mathrm{d}x$

4. 选用适当的坐标系计算二重积分 $\iint\limits_D \ln(1 + x^2 + y^2)\mathrm{d}\sigma$，其中 D：$x^2 + y^2 \leqslant 1$，$x \geqslant 0, y \geqslant 0$.

5. 设平面薄片所占闭区域 D 由 $y = x^2, y = x$ 所围成，它在点 (x,y) 处的面密度为 $\mu(x,y) = x^2 y$，求该薄板的质心.

6. 有一密度为 $\mu = 1$ 的均匀薄片，它由 $y^2 = \dfrac{9}{2}x$ 与 $x = 2$ 围成，求它绕 x 轴和 y 轴的转动惯量.

7. 计算 $\int_L (x^2 - y^2)\mathrm{d}x$，其中 L 是抛物线 $y = x^2$ 上从点 $(0,0)$ 到点 $(2,4)$ 的一段弧.

8. 计算 $\oint_L xy\mathrm{d}x$，其中 L 为圆周 $(x-a)^2 + y^2 = a^2 (a > 0)$ 及 x 轴所围成的在第一象限内的区域的整个边界（按逆时针方向绕行）.

9. 利用格林公式，计算曲线积分 $\oint_L (2x - y + 4)\mathrm{d}x + (5y + 3x - 6)\mathrm{d}y$，其中 L 为三顶点分别为 $(0,0)$、$(3,0)$ 和 $(3,2)$ 的三角形正向边界.

10. 证明曲线积分 $\int_{(1,2)}^{(3,4)} (6xy^2 - y^3)\mathrm{d}x + (6x^2 y - 3xy^2)\mathrm{d}y$ 在整个 xOy 面内与路径无关，并计算积分值.

第 10 章　无穷级数

无穷级数是研究函数的性质、表示函数以及进行数值计算的重要工具，随着电子计算机的普及和发展，作为处理各种数据及信息的理论和方法的无穷级数是工程技术和从事经济工作人员的必具工具之一．本章先介绍数项级数的基本内容，然后讨论函数项级数，重点讨论幂级数的收敛域与和函数．

10.1　数项级数

10.1.1　数项级数的的收敛与发散

设有一个无穷的数列 $\{u_n\}$：$u_1, u_2, u_3, \cdots u_n, \cdots$，作出"和"的形式
$$u_1 + u_2 + u_3 + \cdots + u_n + \cdots$$

或者简记成 $\sum_{n=1}^{\infty} u_n$．这仅仅是一种符号表达式，因为关于无穷多个数的"加法"的内涵，还需要给予合理的定义，称这种形式上的"和"

$$\sum_{n=1}^{\infty} u_n = u_1 + u_2 + u_3 + \cdots + u_n + \cdots \tag{10.1}$$

为无穷级数或简称级数，其中 u_n 称为级数的通项或一般项．例如

$$\sum_{n=1}^{\infty} \frac{1}{n} = 1 + \frac{1}{2} + \frac{1}{3} + \frac{1}{4} + \frac{1}{5} + \ldots + \frac{1}{n} + \ldots ; \quad \sum_{n=1}^{\infty} \frac{n}{n+1} = \frac{1}{2} + \frac{2}{3} + \frac{3}{4} + \frac{4}{5} + \ldots + \frac{n}{n+1} + \ldots$$

与 $\{u_n\}$ 相联系，可作出新的数列 $\{S_n\}$：

$$S_1 = u_1, \ S_2 = u_1 + u_2, \ S_3 = u_1 + u_2 + u_3, \ldots S_n = u_1 + u_2 + u_3 + \cdots u_n, \ldots$$

数列 $\{S_n\}$ 称为级数（10.1）的部分和数列，它的每一个元素 S_n 称为级数（10.1）的第 n 次部分和或简称部分和．如此，对于任一级数（10.1），总是相应地有一个部分和数列 $\{S_n\}$；反之，对任一部分和数列 $\{S_n\}$，也总可以作出一个级数，使这个级数的部分和数列正好就是 $\{S_n\}$，事实上，只要令

$$u_1 = S_1, \ u_2 = S_2 - S_1, \ldots u_n = S_n - S_{n-1}, \ldots$$

定义 1　如果级数 $\sum_{n=1}^{\infty} u_n$ 的部分和数列 $\{S_n\}$ 收敛于有限数 S，即 $\lim_{n \to \infty} S_n = S$，则称级数 $\sum_{n=1}^{\infty} u_n$ 收敛，且收敛于 S，S 也称为级数的和，并记作

$$\sum_{n=1}^{\infty} u_n = u_1 + u_2 + u_3 + \cdots + u_n + \cdots = S \tag{10.2}$$

如果部分和数列 $\{S_n\}$ 发散，就称级数 $\sum_{n=1}^{\infty} u_n$ 发散．

由此可见，当一个级数收敛时，它确定了一个数，此时无穷多个数的"加法"是有意义的，因而也称数列 $\{u_n\}$ 是可加的. 这样，称数列 $\{u_n\}$ 是可加的当且仅当其相应的部分和数列 $\{S_n\}$ 是收敛的. 于是要讨论级数是否有"和"或是否收敛的问题实质上就是数列是否收敛的问题，因而数列极限的一些性质就可以相应地转换成级数的某些性质，这是讨论级数的一个基本手段.

当级数（10.1）收敛于 S 时，称

$$r_n = S - S_n = u_{n+1} + u_{n+2} + \cdots$$

为级数的余项，实际上它仍是一个级数. 显然，级数（10.1）有和 S 当且仅当 $\lim_{n\to\infty} r_n = 0$.

例 1 证明：$\sum_{n=1}^{\infty} \dfrac{1}{n(n+1)} = 1$.

证 （逐项相消法）因为一般项 $u_n = \dfrac{1}{n(n+1)} = \dfrac{1}{n} - \dfrac{1}{n+1}$，所以

$$S_n = \frac{1}{1\cdot 2} + \frac{1}{2\cdot 3} + \cdots + \frac{1}{n(n+1)} = \left(1 - \frac{1}{2}\right) + \left(\frac{1}{2} - \frac{1}{3}\right) + \cdots + \left(\frac{1}{n} - \frac{1}{n+1}\right) = 1 - \frac{1}{n+1}$$

故 $\lim_{n\to\infty} S_n = 1$，所以级数收敛，且 $\sum_{n=1}^{\infty} \dfrac{1}{n(n+1)} = 1$.

例 2 证明等比级数（几何级数）

$$\sum_{n=0}^{\infty} aq^n = a + aq + aq^2 + \cdots + aq^n + \cdots \ (a \neq 0) \tag{10.3}$$

当 $|q| < 1$ 时收敛，当 $|q| \geqslant 1$ 时发散.

证 当 $q \neq 1$ 时，其前 n 项和 $S_n = a + aq + aq^2 + \cdots + aq^{n-1} = a \cdot \dfrac{1-q^n}{1-q}$

当 $|q| < 1$ 时，因为 $\lim_{n\to\infty} q^n = 0$，所以 $\lim_{n\to\infty} S_n = \lim_{n\to\infty} a\dfrac{1-q^n}{1-q} = \dfrac{a}{1-q}$，即当 $|q| < 1$ 时等比级数收敛，且其和为 $\dfrac{a}{1-q}$；

当 $|q| > 1$ 时，因 $\lim_{n\to\infty} q^n = \infty$，所以 $\lim_{n\to\infty} S_n = \infty$，故级数发散；

当 $q = 1$ 时，$\sum_{n=0}^{\infty} aq^n = a + a + a + \cdots$，其前 n 项和 $S_n = na$，因为 $\lim_{n\to\infty} S_n = \infty$，故级数发散；

当 $q = -1$ 时，则 $\sum_{n=0}^{\infty} aq^n = a - a + a - a + \cdots$，其前 n 项和 $S_n = \begin{cases} a, & n\text{ 为奇数} \\ 0, & n\text{ 为偶数} \end{cases}$，从而

$$\lim_{n\to\infty} S_n = \begin{cases} a, & n\text{ 为奇数} \\ 0, & n\text{ 为偶数} \end{cases}$$

因此极限不存在，故级数发散.

综上所述，等比级数 $\sum_{n=0}^{\infty} aq^n$ 当 $|q| < 1$ 时收敛于 $\dfrac{a}{1-q}$；当 $|q| \geqslant 1$ 时发散.

例 3 某人每天摄入的食品中，有 5 毫克是对人体有害的食品添加剂，该添加剂每天以

2%的比率连续排出．试问，从长期来看，每天结束时有多少食品添加剂积累在人体中？

解　设在某一时刻 t 有害物质量是 $Q(t)$，人体排出毒素速度与 $Q(t)$ 成正比，令 $t=0$ 时，$Q(0)=5$．于是建立微分方程

$$\begin{cases} \dfrac{\mathrm{d}Q}{\mathrm{d}t} = -\lambda Q(t) \\ Q(0) = 5 \end{cases}$$

解之得 $Q(t)=5\mathrm{e}^{-\lambda t}, t \in [0,+\infty)$．其中 λ 是变化率．

依题设条件，以一天作为计量单位，有 $\lambda = 2\% = 0.02$，其有害毒物变化量是

$$Q(t) = 5\mathrm{e}^{-0.02}$$

由于该毒素每天以 2%的比率连续排出，那么，前一天摄入了 5 毫克的量将下降为 $5\mathrm{e}^{-0.02}$，两天前摄入的 5 毫克的量将下降为 $5\mathrm{e}^{-0.02} \cdot \mathrm{e}^{-0.02}$，以此类推．从长期来看，每天结束时，毒素总累积量为

$$5 + 5\mathrm{e}^{-0.02} + 5(\mathrm{e}^{-0.02})^2 + 5(\mathrm{e}^{-0.02})^3 + \cdots$$

这是一个以 $\mathrm{e}^{-0.02}$ 为公比的几何级数，且 $0 < \mathrm{e}^{-0.02} < 1$，所以毒素总累积量是

$$\frac{5}{1-\mathrm{e}^{-0.02}} = 252.5 \text{（微克）}.$$

10.1.2　收敛级数的基本性质

由级数收敛性的概念以及极限运算法则，可得如下 5 个性质：

性质 1（级数的每一项同乘一个不为零的常数后，收敛性不变） 若级数 $\sum\limits_{n=1}^{\infty} u_n$ 收敛，其和为 S，k 为常数，则 $\sum\limits_{n=1}^{\infty} ku_n$ 也收敛，且 $\sum\limits_{n=1}^{\infty} ku_n = k\sum\limits_{n=1}^{\infty} u_n = kS$．

例如，级数 $\sum\limits_{n=1}^{\infty} \dfrac{1}{2^n}$ 收敛于 1，则级数 $\sum\limits_{n=1}^{\infty} \dfrac{3}{2^n}$ 也收敛，并且收敛于 3．

性质 2（两个收敛级数可以逐项相加或逐项相减） 若级数 $\sum\limits_{n=1}^{\infty} u_n = S$，$\sum\limits_{n=1}^{\infty} v_n = \sigma$ 均收敛，则

$$\sum\limits_{n=1}^{\infty} (u_n \pm v_n) = S \pm \sigma.$$

性质 3　改变级数的有限项的值不改变级数的收敛性．

性质 4　收敛级数中的各项（按其原来的次序）任意合并（即加上括号）以后所成的新级数仍然收敛，而且其和不变．

性质 5（级数收敛的必要条件） 若级数 $\sum\limits_{n=1}^{\infty} u_n$ 收敛，则 $\lim\limits_{n\to\infty} u_n = 0$．

证　设 $\sum\limits_{n=1}^{\infty} u_n = S$，因为级数 $\sum\limits_{n=1}^{\infty} u_n$ 收敛，故 $\lim\limits_{n\to\infty} S_n = S$，那么 $\lim\limits_{n\to\infty} S_{n-1} = S$，所以

$$\lim\limits_{n\to\infty} u_n = \lim\limits_{n\to\infty}(S_n - S_{n-1}) = \lim\limits_{n\to\infty} S_n - \lim\limits_{n\to\infty} S_{n-1} = S - S = 0.$$

推论　若级数 $\sum\limits_{n=1}^{\infty} u_n$ 的通项 u_n 满足 $\lim\limits_{n\to\infty} u_n \neq 0$，则此级数必发散.

例如，级数 $\sum\limits_{n=1}^{\infty} n = 1 + 2 + 3 + \dots$ 的通项 $n \to \infty$，所以级数 $\sum\limits_{n=1}^{\infty} n$ 发散.

注意：级数的一般项趋于零只是级数收敛的必要条件，而不是的充分条件. 也就是说，一般项趋于零的级数也不一定收敛，例如调和级数 $\sum\limits_{n=1}^{\infty} \dfrac{1}{n} = 1 + \dfrac{1}{2} + \dfrac{1}{3} + \dots + \dfrac{1}{n} + \dots$，它的一般项 $u_n = \dfrac{1}{n} \to 0 (n \to \infty)$，但是它是发散的，这个结论将在下一节证明.

习题 10.1

1．求下列级数的通项：

（1）$-1 + \dfrac{1}{2} - \dfrac{1}{4} + \dfrac{1}{8} - \dots$

（2）$-\dfrac{3}{1} + \dfrac{4}{4} - \dfrac{5}{9} + \dfrac{6}{16} - \dfrac{7}{25} + \dfrac{8}{36} + \dots$

（3）$\sin\dfrac{1}{2} + 2\sin\dfrac{1}{4} + 3\sin\dfrac{1}{8} + 4\sin\dfrac{1}{16} + \dots$

（4）$-x + \dfrac{x^2}{2} - \dfrac{x^3}{3} + \dfrac{x^4}{4} - \dots$

2．判断下列级数的收敛性：

（1）$\sum\limits_{n=1}^{\infty} \dfrac{1}{(2n-1)(2n+1)}$

（2）$\sum\limits_{n=1}^{\infty} \dfrac{(-1)^n}{2^n}$

（3）$\sum\limits_{n=1}^{\infty} \dfrac{2^n + 3^n}{5^n}$

（4）$\sum\limits_{n=1}^{\infty} \dfrac{n}{2n+1}$

（5）$\sum\limits_{n=1}^{\infty} (-1)^n \cdot 2$

3．求下列无穷级数的和：

（1）$\sum\limits_{n=1}^{\infty} \dfrac{1}{(5n-4)(5n+1)}$

（2）$\sum\limits_{n=1}^{\infty} \left(\dfrac{1}{2^n} + \dfrac{1}{3^n}\right)$

（3）$\sum\limits_{n=1}^{\infty} \left(\dfrac{1}{3}\right)^{2n+1}$

10.2　正项级数

从这节开始，我们把注意力放在数项级数的敛散性上. 先讨论一类特殊的数项级数，常称之为正项级数，它与一般数项级数的敛散性的判定有着密切关系.

10.2.1　正项级数收敛的基本判定定理

如果 $u_n \geqslant 0 \, (n = 1, 2, \dots)$，则称级数 $\sum\limits_{n=1}^{\infty} u_n$ 是**正项级数**. 它的部分和数列 $\{S_n\}$ 是一个单调递增的数列：$S_1 \leqslant S_2 \leqslant S_3 \leqslant \dots \leqslant S_n \leqslant \dots$，如果数列 $\{S_n\}$ 有上界，那么由单调有界数列收敛准

则知正项级数 $\sum\limits_{n=1}^{\infty} u_n$ 收敛，因而有如下结论：

定理 1（基本判定定理） 正项级数 $\sum\limits_{n=1}^{\infty} u_n$ 收敛的充分必要条件是：它的部分和数列 $\{S_n\}$ 有上界.

由定理 1 可知，如果正项级数 $\sum\limits_{n=1}^{\infty} u_n$ 发散，则它的部分和数列 $\lim\limits_{n \to \infty} S_n = +\infty$ ，此时 $\sum\limits_{n=1}^{\infty} u_n = +\infty$.

例 1 判断级数 $\sum\limits_{n=0}^{\infty} \dfrac{2 + (-1)^n}{5^n}$ 的敛散性.

解 级数 $\sum\limits_{n=0}^{\infty} \dfrac{2 + (-1)^n}{5^n}$ 是正项级数，其部分和 $S_n = \sum\limits_{k=0}^{n} \dfrac{2 + (-1)^k}{5^k} \leqslant \sum\limits_{k=0}^{n} \dfrac{3}{5^k} < 4$ ，故级数 $\sum\limits_{n=0}^{\infty} \dfrac{2 + (-1)^n}{5^n}$ 是收敛的.

例 2 证明调和级数 $\sum\limits_{n=1}^{\infty} \dfrac{1}{n} = 1 + \dfrac{1}{2} + \dfrac{1}{3} + \cdots + \dfrac{1}{n} + \cdots$ 是发散的.

证 利用函数的单调性判定法，有：当 $x > 0$ 时， $x > \ln(1 + x)$. 于是

$$S_n = 1 + \frac{1}{2} + \frac{1}{3} + \cdots + \frac{1}{n} > \ln\left(1 + \frac{1}{1}\right) + \ln\left(1 + \frac{1}{2}\right) + \ln\left(1 + \frac{1}{3}\right) + \cdots + \ln\left(1 + \frac{1}{n}\right)$$

$$= \ln 2 + \ln\frac{3}{2} + \ln\frac{4}{3} + \cdots + \ln\frac{n+1}{n} = \ln\left(2 \cdot \frac{3}{2} \cdot \frac{4}{3} \cdots \frac{n+1}{n}\right) = \ln(1 + n) .$$

而 $\lim\limits_{n \to \infty} \ln(n + 1) = \infty$ ，故 $\lim\limits_{n \to \infty} S_n = \infty$. 从而级数 $\sum\limits_{n=1}^{\infty} \dfrac{1}{n}$ 发散，且 $\sum\limits_{n=1}^{\infty} \dfrac{1}{n} = +\infty$.

例 3 讨论 p – 级数： $\sum\limits_{n=1}^{\infty} \dfrac{1}{n^p} = 1 + \dfrac{1}{2^p} + \dfrac{1}{3^p} + \cdots + \dfrac{1}{n^p} + \cdots$ 的收敛性，其中常数 $p > 0$.

解 当 $p \leqslant 1$ 时， $\dfrac{1}{n^p} \geqslant \dfrac{1}{n}$ ，则 $\sum\limits_{n=1}^{\infty} \dfrac{1}{n^p} \geqslant \sum\limits_{n=1}^{\infty} \dfrac{1}{n} = +\infty$ ，所以 p – 级数 $\sum\limits_{n=1}^{\infty} \dfrac{1}{n^p}$ 当 $p \leqslant 1$ 时发散；

当 $p > 1$ 时，若 $n - 1 \leqslant x \leqslant n$ ，则 $\dfrac{1}{n^p} \leqslant \dfrac{1}{x^p}$ ，从而

$$\frac{1}{n^p} = \int_{n-1}^{n} \frac{1}{n^p} \mathrm{d}x \leqslant \int_{n-1}^{n} \frac{1}{x^p} \mathrm{d}x = \frac{1}{p-1}\left[\frac{1}{(n-1)^{p-1}} - \frac{1}{n^{p-1}}\right] \quad (n = 2, 3, \cdots)$$

考察级数

$$\sum_{n=2}^{\infty}\left[\frac{1}{(n-1)^{p-1}} - \frac{1}{n^{p-1}}\right] \tag{10.4}$$

其部分和

$$S_n = \left[1 - \frac{1}{2^{p-1}}\right] + \left[\frac{1}{2^{p-1}} - \frac{1}{3^{p-1}}\right] + \cdots + \left[\frac{1}{n^{p-1}} - \frac{1}{(n+1)^{p-1}}\right] = 1 - \frac{1}{(n+1)^{p-1}} < 1$$

故级数（10.4）收敛，从而 $p-$ 级数 $\sum\limits_{n=1}^{\infty}\dfrac{1}{n^p}$ 当 $p>1$ 时收敛.

综上所述：$p-$ 级数 $\sum\limits_{n=1}^{\infty}\dfrac{1}{n^p}$ 当 $p>1$ 时收敛；当 $p\leqslant 1$ 时发散.

例如，级数 $\sum\limits_{n=1}^{\infty}\dfrac{1}{n^2}$ 收敛（$p=2>1$），而级数 $\sum\limits_{n=1}^{\infty}\dfrac{1}{\sqrt{n}}$ 发散（$p=\dfrac{1}{2}<1$）.

虽然定理 1 简单实用，但通过证明正项级数的部分和数列的有界性来判定正项级数的敛散性往往是一件很困难的事情. 受例 1 的启发，判定某个正项级数敛散性的一个简单可行的方法是：利用已知的正项级数（称之为标准级数）的敛散性，将需要判定的级数与之比较，从而可以判定其敛散性. 常称这种方法为正项级数的**比较原理**. 在应用上，其极限形式比较方便.

定理 2　设正项级数 $\sum\limits_{n=1}^{\infty}u_n$ 和 $\sum\limits_{n=1}^{\infty}v_n$，如果

$$\lim_{n\to\infty}\frac{u_n}{v_n}=l\qquad(0\leqslant l\leqslant +\infty)\tag{10.5}$$

则

（1）当 $0\leqslant l<+\infty$ 时，级数 $\sum\limits_{n=1}^{\infty}v_n$ 收敛，则级数 $\sum\limits_{n=1}^{\infty}u_n$ 也收敛，即级数 $\sum\limits_{n=1}^{\infty}u_n$ 和 $\sum\limits_{n=1}^{\infty}v_n$ 同时收敛；

（2）当 $0<l\leqslant +\infty$ 时，级数 $\sum\limits_{n=1}^{\infty}v_n$ 发散，则级数 $\sum\limits_{n=1}^{\infty}u_n$ 也发散，即级数 $\sum\limits_{n=1}^{\infty}u_n$ 和 $\sum\limits_{n=1}^{\infty}v_n$ 同时发散.

证明略.

例 4　证明级数 $\sum\limits_{n=1}^{\infty}\dfrac{1}{\sqrt{n(n+1)}}$ 是发散的.

证　取 $v_n=\dfrac{1}{n}$，因为 $\lim\limits_{n\to\infty}\dfrac{u_n}{v_n}=\lim\limits_{n\to\infty}\dfrac{1\left/\sqrt{n(n+1)}\right.}{1\left/n\right.}=\lim\limits_{n\to\infty}\dfrac{n}{\sqrt{n(n+1)}}=1$，又级数 $\sum\limits_{n=1}^{\infty}\dfrac{1}{n}$ 发散，故

级数 $\sum\limits_{n=1}^{\infty}\dfrac{1}{\sqrt{n(n+1)}}$ 发散.

例 5　判定下列级数的敛散性：

（1）$\sum\limits_{n=1}^{\infty}\sin\dfrac{1}{n}$；$\qquad\qquad\qquad\qquad$（2）$\sum\limits_{n=1}^{\infty}\ln\left(1+\dfrac{1}{n^2}\right)$.

解　（1）当 $n\to\infty$ 时，$\sin\dfrac{1}{n}\sim\dfrac{1}{n}$，即 $\lim\limits_{n\to\infty}\dfrac{\sin\dfrac{1}{n}}{\dfrac{1}{n}}=1$，而级数 $\sum\limits_{n=1}^{\infty}\dfrac{1}{n}$ 为调和级数，是发散的，

所以由定理 2 知级数 $\sum\limits_{n=1}^{\infty}\sin\dfrac{1}{n}$ 发散.

（2）当 $n \to \infty$ 时，$\ln(1+\frac{1}{n^2}) \sim \frac{1}{n^2}$，即 $\lim\limits_{n \to \infty} \dfrac{\ln(1+\frac{1}{n^2})}{\frac{1}{n^2}} = 1$，而级数 $\sum\limits_{n=1}^{\infty} \dfrac{1}{n^2}$ 收敛，所以由定

理 2 知级数 $\sum\limits_{n=1}^{\infty} \ln(1+\frac{1}{n^2})$ 收敛.

10.2.2　正项级数的其他审敛法

基于几何级数和 $p-$ 级数为标准级数的比较判别法，是应用最广泛的正项级数的审敛法. 此外，还可以利用正项级数本身的后项与前项之比的极限或通项开 n 次方的极限以判断其敛散性，应用起来十分方便.

定理 3（比值判定法） 设 $\sum\limits_{n=1}^{\infty} u_n$ 为正项级数，如果

$$\lim\limits_{n \to \infty} \dfrac{u_{n+1}}{u_n} = \rho \tag{10.6}$$

则

（1）当 $0 < \rho < 1$ 时，级数 $\sum\limits_{n=1}^{\infty} u_n$ 收敛；

（2）当 $\rho > 1$ 时，级数 $\sum\limits_{n=1}^{\infty} u_n$ 发散；

（3）当 $\rho = 1$ 时，级数 $\sum\limits_{n=1}^{\infty} u_n$ 可能收敛也可能发散.

证明略.

例 6 判定下列级数的敛散性：

（1）$\sum\limits_{n=1}^{\infty} \dfrac{3^n}{n \cdot 4^n}$；　　　　　（2）$\sum\limits_{n=1}^{\infty} \dfrac{n!}{2^n}$；　　　　　（3）$\sum\limits_{n=1}^{\infty} \dfrac{3^n \cdot n!}{n^n}$.

解　（1）$u_n = \dfrac{3^n}{n \cdot 4^n}$，由于

$$\lim\limits_{n \to \infty} \dfrac{u_{n+1}}{u_n} = \lim\limits_{n \to \infty} \dfrac{\frac{3^{n+1}}{(n+1) \cdot 4^{n+1}}}{\frac{3^n}{n \cdot 4^n}} = \lim\limits_{n \to \infty} \dfrac{n}{n+1} \cdot \dfrac{3}{4} = \dfrac{3}{4} < 1$$

所以级数 $\sum\limits_{n=1}^{\infty} \dfrac{3^n}{n \cdot 4^n}$ 收敛.

（2）$u_n = \dfrac{n!}{2^n}$，由于

$$\lim\limits_{n \to \infty} \dfrac{u_{n+1}}{u_n} = \lim\limits_{n \to \infty} \dfrac{\frac{(n+1)!}{2^{n+1}}}{\frac{n!}{2^n}} = \lim\limits_{n \to \infty} \dfrac{n+1}{2} = \infty > 1$$

所以级数 $\sum\limits_{n=1}^{\infty} \dfrac{n!}{2^n}$ 发散.

（3）$u_n = \dfrac{3^n \cdot n!}{n^n}$，由于

$$\lim_{n \to \infty} \frac{u_{n+1}}{u_n} = \lim_{n \to \infty} \frac{3^{n+1} \cdot (n+1)!}{(n+1)^{n+1}} \cdot \frac{n^n}{3^n \cdot n!} = \lim_{n \to \infty} 3 \cdot \left(\frac{n}{n+1}\right)^n = \lim_{n \to \infty} 3 \cdot \frac{1}{\left(1+\dfrac{1}{n}\right)^n} = \frac{3}{e} > 1$$

所以级数 $\sum\limits_{n=1}^{\infty} \dfrac{3^n \cdot n!}{n^n}$ 发散.

由上面的例子我们可以看到，当正项级数的通项中含有**幂**或**阶乘**时，可用比值判定法来判定级数的收敛性. 但要注意的是，当 $\rho = 1$ 时，比值判定法失效. 例如，对于级数 $\sum\limits_{n=1}^{\infty} \dfrac{1}{n}$ 和 $\sum\limits_{n=1}^{\infty} \dfrac{1}{n^2}$，分别有

$$\lim_{n \to \infty} \frac{\dfrac{1}{n+1}}{\dfrac{1}{n}} = \lim_{n \to \infty} \frac{n}{n+1} = 1 \; ; \quad \lim_{n \to \infty} \frac{\dfrac{1}{(n+1)^2}}{\dfrac{1}{n^2}} = \lim_{n \to \infty} \frac{n^2}{(n+1)^2} = 1$$

但 $\sum\limits_{n=1}^{\infty} \dfrac{1}{n}$ 发散，而 $\sum\limits_{n=1}^{\infty} \dfrac{1}{n^2}$ 收敛，因此，如果 $\rho = 1$，需要另寻其他方法.

定理 4（根值判定法） 设 $\sum\limits_{n=1}^{\infty} u_n$ 为正项级数，如果

$$\lim_{n \to \infty} \sqrt[n]{u_n} = \rho$$

则

（1）当 $\rho < 1$ 时，级数收敛；

（2）当 $\rho > 1$（或 $\lim\limits_{n \to \infty} \sqrt[n]{u_n} = +\infty$）时级数发散；

（3）当 $\rho = 1$ 时，级数可能收敛也可能发散.

证明略.

例 7 判定下列级数的敛散性：

（1）$\sum\limits_{n=1}^{\infty} \left(\dfrac{n}{2n+1}\right)^n$；　　　　　　　　（2）$\sum\limits_{n=1}^{\infty} \left(1-\dfrac{1}{n}\right)^{n^2}$.

解　（1）$u_n = \left(\dfrac{n}{2n+1}\right)^n$，因为 $\lim\limits_{n \to \infty} \sqrt[n]{u_n} = \lim\limits_{n \to \infty} \dfrac{n}{2n+1} = \dfrac{1}{2} < 1$，所以级数 $\sum\limits_{n=1}^{\infty} \left(\dfrac{n}{2n+1}\right)^n$ 收敛.

（2）$u_n = \left(1-\dfrac{1}{n}\right)^{n^2}$，因为 $\lim\limits_{n \to \infty} \sqrt[n]{u_n} = \lim\limits_{n \to \infty} \left(1-\dfrac{1}{n}\right)^n = \dfrac{1}{e} < 1$，所以级数 $\sum\limits_{n=1}^{\infty} \left(1-\dfrac{1}{n}\right)^{n^2}$ 收敛.

习题 10.2

1．判断下列级数的收敛性：

（1）$\displaystyle\sum_{n=1}^{\infty}\frac{10}{n}$　　　　　　　　　（2）$\displaystyle\sum_{n=1}^{\infty}\frac{10}{\sqrt{n}}$

（3）$\displaystyle\sum_{n=1}^{\infty}\frac{1}{n\sqrt{n+1}}$　　　　　　　（4）$\displaystyle\sum_{n=1}^{\infty}(\frac{n}{2n+1})^{n}$

（5）$\displaystyle\sum_{n=1}^{\infty}\sin\frac{\pi}{2^{n}}$　　　　　　　（6）$\displaystyle\sum_{n=1}^{\infty}(1-\cos\frac{\pi}{n})$

（7）$\displaystyle\sum_{n=1}^{\infty}\frac{2^{n}}{n!}$　　　　　　　　　（8）$\displaystyle\sum_{n=1}^{\infty}\frac{3^{n}}{n^{2}}$

（9）$\displaystyle\sum_{n=1}^{\infty}\frac{n}{2^{n}}$　　　　　　　　　（10）$\displaystyle\sum_{n=1}^{\infty}(\frac{n}{n+1})^{n}$

10.3　任意项级数

所谓任意项级数 $\displaystyle\sum_{n=1}^{\infty}u_{n}$，是指通项 u_{n} 可正可负，例如级数

$$\sum_{n=1}^{\infty}(-1)^{n-1}\frac{1}{n}\,,\quad\sum_{n=1}^{\infty}\frac{\cos n}{n}\,,\quad\sum_{n=1}^{\infty}\frac{1}{2^{n}}\sin nx\,(x\in\mathbf{R})\,.$$

都是任意项级数.

10.3.1　交错级数

交错级数是任意项级数中较为特殊的一种级数，它的通项正负交错地出现，例如

$$\sum_{n=1}^{\infty}(-1)^{n-1}\frac{1}{n}=1-\frac{1}{2}+\frac{1}{3}-\frac{1}{4}+\cdots$$

通常将交错级数记成

$$\sum_{n=1}^{\infty}(-1)^{n-1}u_{n}=u_{1}-u_{2}+u_{3}-u_{4}+\cdots\quad(u_{n}>0,\,n=1,2,\cdots)\qquad(10.7)$$

对于交错级数，有一个简单的审敛法则：

定理 1（莱布尼兹判定法） 如果交错级数 $\displaystyle\sum_{n=1}^{\infty}(-1)^{n-1}u_{n}$ 满足下列条件：

（1）$u_{n}\geqslant u_{n+1}\,(n=1,2,\cdots)$；

（2）$\displaystyle\lim_{n\to\infty}u_{n}=0$，

则交错级数 $\displaystyle\sum_{n=1}^{\infty}(-1)^{n-1}u_{n}$ 收敛.

证　先证 $\lim\limits_{n\to\infty} S_{2n}$ 存在．将 $\sum\limits_{n=1}^{\infty}(-1)^{n-1}u_n$ 的前 $2n$ 项的部分和 S_{2n} 写成如下两种形式：

$$S_{2n}=(u_1-u_2)+(u_3-u_4)+\cdots+(u_{2n-1}-u_{2n})$$

及　　　　　　　　$S_{2n}=u_1-(u_2-u_3)-(u_4-u_5)-\cdots-(u_{2n-2}-u_{2n-1})-u_{2n}$

由条件（1）$u_n \geqslant u_{n+1}(n=1,2,\cdots)$ 可知：所有括号内的差均非负．第一个表达式表明：数列 S_{2n} 是单调增加的；而第二个表达式表明：$S_{2n}<u_1$，即数列 S_{2n} 有上界.

由单调有界收敛准则知，$\lim\limits_{n\to\infty} S_{2n}$ 存在，设其值为 S，即 $\lim\limits_{n\to\infty} S_{2n}=S$．

再证 $\lim\limits_{n\to\infty} S_{2n+1}$ 也存在并且等于 S．因为

$$S_{2n+1}=S_{2n}+u_{2n+1}$$

由条件（2）$\lim\limits_{n\to\infty} u_n=0$ 可知 $\lim\limits_{n\to\infty} u_{2n+1}=0$，从而

$$\lim\limits_{n\to\infty} S_{2n+1}=\lim\limits_{n\to\infty} S_{2n}+\lim\limits_{n\to\infty} u_{2n+1}=S+0=S.$$

由于级数的偶数项之和与奇数项之和都趋向于同一极限 S，故级数 $\sum\limits_{n=1}^{\infty}(-1)^{n-1}u_n$ 的部分和 S_n 当 $n\to\infty$ 时具有极限 S，这就证明了级数 $\sum\limits_{n=1}^{\infty}(-1)^{n-1}u_n$ 收敛于 S.

例 1　证明交错级数 $\sum\limits_{n=1}^{\infty}(-1)^{n-1}\dfrac{1}{n}=1-\dfrac{1}{2}+\dfrac{1}{3}-\dfrac{1}{4}+\cdots+(-1)^{n-1}\dfrac{1}{n}+\cdots$ 收敛.

证　$u_n=\dfrac{1}{n}>0$，因为 $u_n=\dfrac{1}{n}>\dfrac{1}{n+1}=u_{n+1}(n=1,2,\cdots)$，且 $\lim\limits_{n\to\infty} u_n=\lim\limits_{n\to\infty}\dfrac{1}{n}=0$．

所以由莱布尼兹判定法知级数 $\sum\limits_{n=1}^{\infty}(-1)^{n-1}\dfrac{1}{n}$ 收敛.

例 2　判定级数 $\sum\limits_{n=1}^{\infty}\dfrac{(-1)^n(n+1)}{n}$ 的收敛性.

解　虽然 $\sum\limits_{n=1}^{\infty}\dfrac{(-1)^n(n+1)}{n}$ 是交错级数，且 $u_n=\dfrac{n+1}{n}=1+\dfrac{1}{n}$ 单调递减，但

$$\lim\limits_{n\to\infty} u_n=\lim\limits_{n\to\infty}\dfrac{n+1}{n}=1\neq 0$$

所以级数 $\sum\limits_{n=1}^{\infty}\dfrac{(-1)^n(n+1)}{n}$ 发散.

10.3.2　绝对收敛与条件收敛

交错级数仅为任意项级数中十分特殊的一类级数，并可利用定理 1 判别其敛散性，而 10.2 节中有关正项级数的结论对于任意项级数自然是不适用的，但我们可以考虑每一项取绝对值以后的级数 $\sum\limits_{n=1}^{\infty}|u_n|$，这是一个正项级数，便可利用正项级数的有关判定定理来判定它的敛散性．如果级数 $\sum\limits_{n=1}^{\infty}|u_n|$ 收敛，则称任意项级数是**绝对收敛**．任意项级数 $\sum\limits_{n=1}^{\infty}u_n$ 的敛散性与 $\sum\limits_{n=1}^{\infty}|u_n|$ 的

敛散性有如下结论：

定理 2 若 $\sum_{n=1}^{\infty}|u_n|$ 收敛，则 $\sum_{n=1}^{\infty}u_n$ 也收敛.

证 令 $v_n=\dfrac{1}{2}(|u_n|+u_n),(n=1,2,\cdots)$，易知 $0\leqslant v_n\leqslant|u_n|$，而级数 $\sum_{n=1}^{\infty}|u_n|$ 收敛，故级数 $\sum_{n=1}^{\infty}v_n$ 收敛. 又 $2v_n-|u_n|=u_n$，由收敛级数的基本性质 2 知级数 $\sum_{n=1}^{\infty}u_n$ 收敛.

注意： 定理 2 的逆定理是不成立的. 例如，例 1 中的级数 $\sum_{n=1}^{\infty}(-1)^{n-1}\dfrac{1}{n}$ 收敛，但其绝对值级数 $\sum_{n=1}^{\infty}\dfrac{1}{n}$ 是发散的. 也就是说：如果 $\sum_{n=1}^{\infty}u_n$ 非绝对收敛，不能断言其是发散的. 当任意项级数收敛而非绝对收敛时，称此级数是**条件收敛**. 例如级数 $\sum_{n=1}^{\infty}(-1)^{n-1}\dfrac{1}{n}$ 条件收敛.

例 3 判定下列级数的敛散性，若收敛，指出是绝对收敛还是条件收敛？

（1）$\sum_{n=1}^{\infty}(-1)^n\dfrac{n^2}{2^n}$；   （2）$\sum_{n=1}^{\infty}\dfrac{(-1)^n}{\sqrt{n(n+1)}}$.

解 （1）$u_n=(-1)^n\dfrac{n^2}{2^n}$，由于

$$\lim_{n\to\infty}\left|\frac{u_{n+1}}{u_n}\right|=\lim_{n\to\infty}\frac{\dfrac{(n+1)^2}{2^{n+1}}}{\dfrac{n^2}{2^n}}=\lim_{n\to\infty}\left(\frac{(n+1)^2}{n^2}\cdot\frac{1}{2}\right)=\frac{1}{2}<1$$

所以，级数 $\sum_{n=1}^{\infty}(-1)^n\dfrac{n^2}{2^n}$ 绝对收敛.

（2）$\sum_{n=1}^{\infty}\left|\dfrac{(-1)^n}{\sqrt{n(n+1)}}\right|=\sum_{n=1}^{\infty}\dfrac{1}{\sqrt{n(n+1)}}$，由 10.2 节中的例 4 可知，它是发散的. 又级数 $\sum_{n=1}^{\infty}\dfrac{(-1)^n}{\sqrt{n(n+1)}}$ 为交错级数，$\dfrac{1}{\sqrt{n(n+1)}}>\dfrac{1}{\sqrt{(n+1)(n+2)}}$，且 $\lim_{n\to\infty}\dfrac{1}{\sqrt{n(n+1)}}=0$

由莱布尼兹判定法知，级数 $\sum_{n=1}^{\infty}\dfrac{(-1)^n}{\sqrt{n(n+1)}}$ 收敛，从而级数 $\sum_{n=1}^{\infty}\dfrac{(-1)^n}{\sqrt{n(n+1)}}$ 条件收敛.

习题 10.3

1. 判断下列交错级数的收敛性：

（1）$\sum_{n=1}^{\infty}(-1)^n\dfrac{1}{n^3}$ （2）$\sum_{n=1}^{\infty}(-1)^{n-1}\dfrac{1}{\sqrt{n(n+1)}}$

（3）$\displaystyle\sum_{n=1}^{\infty}\frac{(-1)^{n-1}n}{\ln(n+1)}$　　　　　　　（4）$\displaystyle\sum_{n=1}^{\infty}(-1)^{n-1}\frac{n}{2^n}$

（5）$\displaystyle\sum_{n=1}^{\infty}(-1)^{n-1}\frac{n}{2n-1}$

2．判断下列级数的收敛性，若收敛，说明是绝对收敛，还是条件收敛．

（1）$\displaystyle\sum_{n=1}^{\infty}\frac{\sin n}{n^2+1}$　　　　　　　　（2）$\displaystyle\sum_{n=1}^{\infty}(-1)^{n-1}\frac{1}{\sqrt{n}}$

（3）$\displaystyle\sum_{n=1}^{\infty}\frac{(-1)^n n}{n+1}$　　　　　　　　（4）$\displaystyle\sum_{n=1}^{\infty}(-1)^n\frac{n}{n^n}$

10.4　幂级数

前面我们讨论了每项均为常数的数项级数，这一节我们将讨论每项均为函数的函数项级数．

10.4.1　函数项级数的概念

定义 1　如果给定一个定义在区间 I 上的函数列 $\{u_n(x)\}$，由这函数列构成的表达式

$$\sum_{n=1}^{\infty}u_n(x)=u_1(x)+u_2(x)+u_3(x)+\cdots+u_n(x)+\cdots \tag{10.8}$$

称为定义在区间 I 上的函数项级数．

例如，$\displaystyle\sum_{n=1}^{\infty}\frac{x}{n}=x+\frac{x}{2}+\frac{x}{3}+\frac{x}{4}+\ldots(x\in\mathbf{R})$，就是函数项级数．

对于区间 I 内的一定点 x_0，函数项级数 $\displaystyle\sum_{n=1}^{\infty}u_n(x)$ 转化成数项级数 $\displaystyle\sum_{n=1}^{\infty}u_n(x_0)$，若数项级数 $\displaystyle\sum_{n=1}^{\infty}u_n(x_0)$ 收敛，则称点 x_0 是函数项级数 $\displaystyle\sum_{n=1}^{\infty}u_n(x)$ 的一个**收敛点**；反之，则称点 x_0 是级数 $\displaystyle\sum_{n=1}^{\infty}u_n(x)$ 的一个**发散点**．如果级数（10.8）在区间 I 上的每一点都收敛，就称级数（10.8）在区间 I 上收敛或逐点收敛．一般来说，级数（10.8）可能在 I 上的某些点收敛，而在另外一些点处发散．使级数（10.8）收敛（或发散）的那些点的全体称为级数（10.8）的收敛（或发散）域（或集）．

例 1　求函数项级数 $\displaystyle\sum_{n=1}^{\infty}\left[\frac{x(x+n)}{n}\right]^n$ 的收敛域和发散域．

解　函数项级数的定义区间是 $I=(-\infty,+\infty)$，任取 $x\in I$，因为

$$\lim_{n\to\infty}\sqrt[n]{|u_n|}=\lim_{n\to\infty}\left|\frac{x(x+n)}{n}\right|=|x|$$

所以当 $|x|<1$ 时，级数 $\displaystyle\sum_{n=1}^{\infty}\left[\frac{x(x+n)}{n}\right]^n$ 绝对收敛；当 $|x|>1$ 时，级数 $\displaystyle\sum_{n=1}^{\infty}\left[\frac{x(x+n)}{n}\right]^n$ 发散；当 $x=1$ 时，级数 $\displaystyle\sum_{n=1}^{\infty}\left[\frac{x(x+n)}{n}\right]^n$ 转化成 $\displaystyle\sum_{n=1}^{\infty}\left(1+\frac{1}{n}\right)^n$，而 $\displaystyle\lim_{n\to\infty}\left(1+\frac{1}{n}\right)^n=\mathrm{e}\neq0$，故级数发散；当 $x=-1$ 时，

级数 $\sum_{n=1}^{\infty}[\frac{x(x+n)}{n}]^n$ 转化成 $\sum_{n=1}^{\infty}(-1)^n(1-\frac{1}{n})^n$ ，这是交错级数，而

$$\lim_{n\to\infty}(1-\frac{1}{n})^n=\frac{1}{e}\neq 0 ,$$

故级数也发散.

综上所述，级数的收敛域是 $(-1,1)$ ，发散域是 $(-\infty,-1]\bigcup[1,+\infty)$.

对于收敛域上的每一个 x ，级数（10.8）都有一个与之对应的值，那么

$$S(x)=\sum_{n=1}^{\infty}u_n(x)$$

是确定在收敛域上的一个函数，称之为级数（10.8）的和函数，并具有以下性质：

（1）如果函数 $u_n(x)$ $(n=1,2,\cdots)$ 是连续函数，则函数 $S(x)$ 也是连续函数；

（2）如果函数 $u_n(x)$ $(n=1,2,\cdots)$ 是可微函数，则和函数 $S(x)$ 也是可微函数，且

$$\frac{d}{dx}S(x)=\sum_{n=1}^{\infty}\frac{d}{dx}[u_n(x)] .$$

（3）如果函数 $u_n(x)$ $(n=1,2,\cdots)$ 是可积函数，则和函数 $S(x)$ 也是可积函数，且

$$\int_{x_0}^{x}S(t)dt=\sum_{n=1}^{\infty}\int_{x_0}^{x}u_n(t)dt$$

其中 x_0,x 是级数（10.8）收敛域中的任意两点.

10.4.2 幂级数及其收敛性

下面考虑应用很广的一类函数项级数，就是每一项为幂函数的级数，称之为**幂级数**，其一般形式是

$$\sum_{n=0}^{\infty}a_n(x-x_0)^n=a_0+a_1(x-x_0)+a_2(x-x_0)^2+a_3(x-x_0)^3+\ldots \qquad （10.9）$$

这里， $a_0,a_1,a_2,\ldots$ 均为常数.

为了讨论方便，我们往往在（10.9）式中令 $x_0=0$ ，只讨论

$$\sum_{n=0}^{\infty}a_nx^n=a_0+a_1x+a_2x^2+\cdots+a_nx^n+\cdots \qquad （10.10）$$

的幂级数，一般形式的级数只需作变换 $y=x-x_0$ 即可.

我们首先关心的是幂级数（10.10）收敛域的结构，考察下面的例子.

例2 求函数项级数 $\sum_{n=0}^{\infty}x^n$ 的收敛域，发散域及和函数.

解 幂级数 $\sum_{n=1}^{\infty}x^n$ 的定义区间是实数集 $(-\infty,+\infty)$. 任取一点 $x\in(-\infty,+\infty)$ ，由

$$\lim_{n\to\infty}\left|\frac{u_{n+1}(x)}{u_n(x)}\right|=\lim_{n\to\infty}|x|=|x|$$

知，当 $|x|<1$ 时，级数收敛；当 $|x|>1$ 时，级数发散；当 $|x|=1$ 时，级数转化成 $\sum_{n=0}^{\infty}1$ 或 $\sum_{n=0}^{\infty}(-1)^n$ ，

均发散，因而幂级数 $\sum\limits_{n=0}^{\infty} x^n$ 的收敛域是 $|x|<1$ 或 $(-1,1)$，发散域是 $|x|\geqslant 1$ 或 $(-\infty,-1]\bigcup[1,+\infty)$ ．当 $x\in(-1,1)$ 时，其和函数

$$S(x)=\sum_{n=0}^{\infty} x^n=\frac{1}{1-x}$$

受例 2 的启发，对于幂级数（10.10），其收敛域是否是一个区间？答案是肯定的．

定理 1（阿贝尔定理）　如果幂级数 $\sum\limits_{n=0}^{\infty} a_n x^n$ 当 $x=x_0$ （ $x_0\neq 0$)时收敛，则对满足不等式 $|x|<|x_0|$ 的一切 x，幂级数绝对收敛．反之，如果级数 $\sum\limits_{n=0}^{\infty} a_n x^n$ 当 $x=x_0$ 时发散，则对满足不等式 $|x|>|x_0|$ 的一切 x，幂级数发散．

证　因为 x_0 是 $\sum\limits_{n=0}^{\infty} a_n x^n$ 的收敛点，所以 $\lim\limits_{n\to\infty} a_n x_0^n=0$，于是存在一个常数 M，使

$$|a_n x_0^n|\leqslant M \quad (n=0,\ 1,\ 2,\ \cdots).$$

从而

$$|a_n x^n|=|a_n x_0^n\cdot\frac{x^n}{x_0^n}|=|a_n x_0^n|\cdot|\frac{x}{x_0}|^n\leqslant M\cdot|\frac{x}{x_0}|^n$$

因为当 $|x|<|x_0|$ 时，等比级数 $\sum\limits_{n=0}^{\infty} M\cdot|\frac{x}{x_0}|^n$ 收敛，所以级数 $\sum\limits_{n=0}^{\infty}|a_n x^n|$ 收敛，从而原级数 $\sum\limits_{n=0}^{\infty} a_n x^n$ 绝对收敛．

定理的第二部分可用反证法证明．若存在一点 $x_1(|x_1|>|x_0|)$，使得 $\sum\limits_{n=0}^{\infty} a_n x_1^n$ 收敛，由定理的第一部分知 $\sum\limits_{n=0}^{\infty} a_n x^n$ 也收敛，与题设矛盾．定理得证．

定理 2　对于给定的幂级数 $\sum\limits_{n=0}^{\infty} a_n x^n$，记

$$R=\lim_{n\to\infty}\left|\frac{a_n}{a_{n+1}}\right| \tag{10.10}$$

则

（1）当 $0<R<+\infty$ 时，幂级数 $\sum\limits_{n=0}^{\infty} a_n x^n$ 在区间 $(-R,R)$ 内绝对收敛，在区间 $[-R,R]$ 之外发散；

（2）当 $R=+\infty$ 时，幂级数 $\sum\limits_{n=0}^{\infty} a_n x^n$ 在整个实数轴上都绝对收敛；

（3）当 $R=0$ 时，幂级数 $\sum\limits_{n=0}^{\infty} a_n x^n$ 仅在 $x=0$ 处收敛．

证 幂级数 $\sum\limits_{n=0}^{\infty} a_n x^n$ 的定义区间是 $(-\infty, +\infty)$．任取一点 $x \in (-\infty, +\infty)$，因为

$$\lim_{n \to \infty} \left| \frac{a_{n+1} x^{n+1}}{a_n x^n} \right| = \lim_{n \to \infty} \left| \frac{a_{n+1}}{a_n} \right| \cdot |x| = \frac{1}{R} |x|$$

所以，（1）当 $0 < R < +\infty$ 时，有 $\frac{1}{R}|x| < 1$ 或 $|x| < R$．由阿贝尔定理知，幂级数 $\sum\limits_{n=0}^{\infty} a_n x^n$ 在区间 $(-R, R)$ 内绝对收敛；在 $[-R, R]$ 之外任取一点 x_0，则 $|x_0| > R$，如果 $\sum\limits_{n=0}^{\infty} a_n x^n$ 收敛，那么对任意满足条件 $|x_0| > |x_1| > R$ 的 x_1，由定理 1，$\sum\limits_{n=0}^{\infty} a_n x_1^n$ 收敛，但

$$\lim_{n \to \infty} \left| \frac{a_{n+1} x_1^{n+1}}{a_n x_1^n} \right| = \lim_{n \to \infty} \left| \frac{a_{n+1}}{a_n} \right| \cdot |x_1| = \frac{|x_1|}{R} > 1$$

由正项级数的比值法判定级数 $\sum\limits_{n=0}^{\infty} a_n x_1^n$ 发散，这说明级数 $\sum\limits_{n=0}^{\infty} a_n x_0^n$ 发散，即幂级数在区间 $[-R, R]$ 之外发散．

（2）当 $R = +\infty$ 时，$\lim\limits_{n \to \infty} \left| \frac{a_{n+1} x^{n+1}}{a_n x^n} \right| = \lim\limits_{n \to \infty} \left| \frac{a_{n+1}}{a_n} \right| \cdot |x| = 0 \cdot |x| = 0 < 1$，这表明对于实轴上任何实数 x，幂级数 $\sum\limits_{n=0}^{\infty} a_n x^n$ 都收敛；

（3）当 $R = 0$ 时，当且仅当 $x = 0$ 时，幂级数 $\sum\limits_{n=0}^{\infty} a_n x^n$ 收敛，否则 $\lim\limits_{n \to \infty} \left| \frac{a_{n+1}}{a_n} \right| \cdot |x| > 1$．

由定理 2 可知，幂级数的收敛域是数轴上以原点为中心的对称区间，故存在非负实数 R，使得级数当 $|x| < R$ 时收敛，当 $|x| > R$ 时发散，R 为幂级数 $\sum\limits_{n=0}^{\infty} a_n x^n$ 的**收敛半径**．开区间 $(-R, R)$ 为幂级数 $\sum\limits_{n=0}^{\infty} a_n x^n$ 的**收敛区间**．再由幂级数在 $x = \pm R$ 处的敛散性就可以得到 $\sum\limits_{n=0}^{\infty} a_n x^n$ 的收敛域．幂级数 $\sum\limits_{n=0}^{\infty} a_n x^n$ 的收敛域可能是 $(-R, R)$ 或 $[-R, R)$、$(-R, R]$、$[-R, R]$ 之一．对于幂级数 $\sum\limits_{n=1}^{\infty} a_n (x - x_0)^n$ 的收敛区间是 $(x_0 - R, x_0 + R)$．定理 2 实际上给出了收敛半径的计算公式，其等价形式是：记

$$\lim_{n \to \infty} \left| \frac{a_{n+1}}{a_n} \right| = \rho \quad (0 \le \rho \le +\infty) \tag{10.11}$$

则

$$R = \begin{cases} +\infty, & \rho = 0 \\ \dfrac{1}{\rho}, & 0 < \rho < +\infty \\ 0, & \rho = +\infty \end{cases} \tag{10.12}$$

例 3　求幂级数 $\sum\limits_{n=1}^{\infty}\dfrac{x^n}{n}=x+\dfrac{x^2}{2}+\dfrac{x^3}{3}+\dfrac{x^n}{n}+\cdots$ 的收敛半径与收敛域.

解　设 $a_n=\dfrac{1}{n}$，因为 $\rho=\lim\limits_{n\to\infty}|\dfrac{a_{n+1}}{a_n}|=\lim\limits_{n\to\infty}\dfrac{\dfrac{1}{n+1}}{\dfrac{1}{n}}=1$，所以收敛半径为 $R=\dfrac{1}{\rho}=1$．收敛区间

为 $(-1,1)$，下面讨论在区间端点 $x=\pm 1$ 处的收敛性.

当 $x=1$ 时，幂级数成为 $\sum\limits_{n=1}^{\infty}\dfrac{1}{n}$，该级数发散；

当 $x=-1$ 时，幂级数成为 $\sum\limits_{n=1}^{\infty}\dfrac{(-1)^n}{n}$，该级数收敛．因此，级数的收敛域为 $[-1,1)$.

例 4　求幂级数 $\sum\limits_{n=0}^{\infty}\dfrac{1}{n!}x^n=1+x+\dfrac{1}{2!}x^2+\dfrac{1}{3!}x^3+\cdots+\dfrac{1}{n!}x^n+\cdots$ 的收敛域.

解　设 $a_n=\dfrac{1}{n!}$，因为

$$\rho=\lim\limits_{n\to\infty}|\dfrac{a_{n+1}}{a_n}|=\lim\limits_{n\to\infty}\dfrac{\dfrac{1}{(n+1)!}}{\dfrac{1}{n!}}=\lim\limits_{n\to\infty}\dfrac{n!}{(n+1)!}=\lim\limits_{n\to\infty}\dfrac{1}{n+1}=0,$$

所以收敛半径为 $R=+\infty$，从而收敛域为 $(-\infty,+\infty)$.

例 5　求幂级数 $\sum\limits_{n=0}^{\infty}n!x^n$ 的收敛半径.

解　设 $a_n=n!$，因为

$$\rho=\lim\limits_{n\to\infty}|\dfrac{a_{n+1}}{a_n}|=\lim\limits_{n\to\infty}\dfrac{(n+1)!}{n!}=\lim\limits_{n\to\infty}(n+1)=+\infty,$$

所以收敛半径为 $R=0$，即级数仅在 $x=0$ 处收敛.

例 6　求幂级数 $\sum\limits_{n=0}^{\infty}\dfrac{x^{2n}}{3^n}$ 的收敛半径.

解　级数缺少奇次幂项，定理 2 不能直接应用．可根据比值判定法来求收敛半径.

幂级数的一般项记为 $u_n(x)=\dfrac{x^{2n}}{3^n}$．因为

$$\lim\limits_{n\to\infty}|\dfrac{u_{n+1}(x)}{u_n(x)}|=\lim\limits_{n\to\infty}|\dfrac{\dfrac{1}{3^{n+1}}x^{2(n+1)}}{\dfrac{1}{3^n}x^{2n}}|=\lim\limits_{n\to\infty}\dfrac{1}{3}|x|^2=\dfrac{1}{3}|x|^2.$$

所以，由正项级数的比值法知，当 $\dfrac{1}{3}|x|^2<1$，即 $|x|<\sqrt{3}$ 时级数收敛；当 $\dfrac{1}{3}|x|^2>1$，即 $|x|>\sqrt{3}$

时级数发散，所以收敛半径为 $R=\sqrt{3}$.

例 7　求幂级数 $\sum\limits_{n=1}^{\infty}\dfrac{(x+1)^n}{2^n n}$ 的收敛域.

解 令 $t = x + 1$，级数 $\displaystyle\sum_{n=1}^{\infty} \frac{(x+1)^n}{2^n n}$ 成为 $\displaystyle\sum_{n=1}^{\infty} \frac{t^n}{2^n n}$．设 $a_n = \dfrac{1}{2^n n}$，因为

$$\rho = \lim_{n \to \infty} \left| \frac{a_{n+1}}{a_n} \right| = \frac{2^n \cdot n}{2^{n+1} \cdot (n+1)} = \frac{1}{2},$$

所以收敛半径 $R = 2$．

当 $t = 2$ 时，级数 $\displaystyle\sum_{n=1}^{\infty} \frac{t^n}{2^n n}$ 成为 $\displaystyle\sum_{n=1}^{\infty} \frac{1}{n}$，该级数发散；

当 $t = -2$ 时，级数 $\displaystyle\sum_{n=1}^{\infty} \frac{t^n}{2^n n}$ 成为 $\displaystyle\sum_{n=1}^{\infty} \frac{(-1)^n}{n}$，该级数收敛．

因此级数 $\displaystyle\sum_{n=1}^{\infty} \frac{t^n}{2^n n}$ 的收敛域为 $[-2, 2)$．因为 $-2 \leqslant x + 1 < 2$，即 $-3 \leqslant x < 1$，所以原级数的收敛域为 $[-3, 1)$．

10.4.3 幂级数的运算性质

设幂级数 $\displaystyle\sum_{n=0}^{\infty} a_n x^n$ 的收敛区间是 $(-R, R)$，R 为收敛半径，其和函数记为 $S(x)$，它在收敛区间内除了具有函数项级数的性质外，还具有：

（1）和函数 $S(x)$ 在 $(-R, R)$ 内有任意阶导数

$$S^{(k)}(x) = \left(\sum_{n=0}^{\infty} a_n x^n \right)^{(k)} = \sum_{n=0}^{\infty} (a_n x^n)^{(k)}$$

$$= \sum_{n=1}^{\infty} n(n-1)(n-2)\cdots(n-k+1) a_n x^{n-k}, \quad k = 1, 2, \cdots.$$

（2）对任意的 $x \in (-R, R)$，有

$$\int_0^x S(t)\mathrm{d}t = \int_0^x \left(\sum_{n=0}^{\infty} a_n t^n \right)\mathrm{d}t = \sum_{n=0}^{\infty} \int_0^x a_n t^n \mathrm{d}t = \sum_{n=0}^{\infty} \frac{a_n}{n+1} x^{n+1}$$

上面两个性质中的等式右端的幂级数的收敛半径仍为 R．

利用上面两个性质可求出一些幂级数的和函数，还可以把一些初等函数展开成幂级数．

例 8 求幂级数 $\displaystyle\sum_{n=0}^{\infty} (n+1)x^n$ 的和函数 $S(x)$．

解 幂级数的收敛域为 $(-1, 1)$，和函数

$$S(x) = \sum_{n=0}^{\infty} (n+1)x^n = 1 + 2x + 3x^2 + \ldots + (n+1)x^n + \ldots$$

对上式两边从 0 到 x 积分，得

$$\int_0^x S(x)\mathrm{d}x = x + x^2 + x^3 + \ldots + x^n + \ldots = \frac{x}{1-x}, \quad x \in (-1, 1).$$

两边再求导，得 $S(x) = \left(\dfrac{x}{1-x} \right)' = \dfrac{1}{(1-x)^2}$

所以幂级数 $\sum\limits_{n=0}^{\infty}(n+1)x^n$ 的和函数为 $S(x)=\dfrac{1}{(1-x)^2}$，$x\in(-1,1)$．

例 9 求幂级数 $\sum\limits_{n=1}^{\infty}\dfrac{x^n}{n}$ 的和函数 $S(x)$．

解 幂级数的收敛域为 $[-1,1)$．设和函数为 $S(x)$，即

$$S(x)=x+\frac{x^2}{2}+\frac{x^3}{3}+\frac{x^4}{4}+\cdots+\frac{x^n}{n}+\cdots$$

两边求导，得到

$$S'(x)=1+x+x^2+x^3+\cdots+x^n+\cdots=\sum_{n=0}^{\infty}x^n=\frac{1}{1-x}，\quad x\in[-1,1)$$

对上式从 0 到 x 积分，得

$$\int_0^x S'(x)\mathrm{d}x=\int_0^x\frac{1}{1-x}\mathrm{d}x=-\ln(1-x)，\quad 即\ S(x)=-\ln(1-x)，\quad x\in[-1,1)$$

所以幂级数 $\sum\limits_{n=1}^{\infty}\dfrac{x^n}{n}$ 的和函数为 $S(x)=-\ln(1-x)$，$x\in[-1,1)$．

由上面两个例子我们可以看出，在求幂级数的和函数时，几何级数

$$\sum_{n=0}^{\infty}x^n=1+x+x^2+x^3+\cdots+x^n+\cdots=\frac{1}{1-x}，\quad x\in(-1,1)$$

$$\sum_{n=0}^{\infty}(-1)^n x^n=1-x+x^2-x^3+\cdots+(-1)^n x^n+\cdots=\frac{1}{1+x}，\quad x\in(-1,1)$$

扮演着很重要的功能，须记住它们．

例 10 把 $\arctan x$ 展开成幂级数 $\sum\limits_{n=0}^{\infty}a_n x^n$．

解 当 $x\in(-1,1)$ 时，几何级数

$$\frac{1}{1+x^2}=\sum_{n=0}^{\infty}(-1)^n(x^2)^n=\sum_{n=0}^{\infty}(-1)^n x^{2n}，\quad x\in(-1,1)$$

上式两端逐项积分，有

$$\arctan x=\int_0^x\frac{1}{1+t^2}\mathrm{d}t=\sum_{n=0}^{\infty}(-1)^n\int_0^x t^{2n}\mathrm{d}t=\sum_{n=0}^{\infty}\frac{(-1)^n}{2n+1}x^{2n+1}，\quad x\in(-1,1)．$$

习题 10.4

1．求下列幂级数的收敛域：

（1）$\sum\limits_{n=1}^{\infty}\dfrac{2^n}{n+1}x^n$

（2）$\sum\limits_{n=1}^{\infty}\dfrac{(-1)^n}{(3n-1)\,2^n}x^n$

（3）$\sum\limits_{n=1}^{\infty}\dfrac{x^n}{2^n n^2}$

（4）$\sum\limits_{n=1}^{\infty}\dfrac{(x-1)^n}{n\cdot 2^n}$

（5）$\displaystyle\sum_{n=1}^{\infty}\frac{1}{n^2\cdot 5^n}(x+3)^n$ （6）$\displaystyle\sum_{n=1}^{\infty}\frac{(-1)^{n-1}}{3^n}x^{2n}$

（7）$\displaystyle\sum_{n=1}^{\infty}\frac{2^n}{n}x^{2n+1}$ （8）$\displaystyle\sum_{n=1}^{\infty}n(\frac{x}{4})^{2n}$

2．利用幂级数的性质求下列幂级数的和函数：

（1）$\displaystyle\sum_{n=1}^{\infty}\frac{(-1)^{n-1}}{2n-1}\cdot x^{2n-1}$ ，$|x|<1$ （2）$\displaystyle\sum_{n=1}^{\infty}n\cdot x^{n-1}$ ，$|x|<1$

3．将函数 $f(x)=\ln(1+x)$ 展开成的幂级数．

10.5　MATLAB 在函数的级数展开与级数求和问题中的应用

利用 MATLAB 可以求无穷级数的和、幂级数的收敛域及其和函数、将函数展开为幂级数．

10.5.1　级数求和

级数求和的命令为：

    symsum(s(k))　%结果为符号表达式 $s(k)$ 中的符号变量 k 从 0 到 k-1 的和值

    symsum(s(k),a,b)　%结果为符号表达式 $s(k)$ 中的符号变量 k 从 a 到 b 的和值

例 1　证明级数 $\displaystyle\sum_{n=1}^{\infty}\frac{1}{n(n+1)}=1$ ．

证　输入：

    >> syms n;

    >> symsum(1/(n*(n+1)),n,1,inf)

运行结果为：

    ans =

    1

如果运行结果为 inf，即表示该级数发散．

例 2　判断级数 $\displaystyle\sum_{n=1}^{\infty}\frac{3+(-1)^n}{2^n}$ 的收敛性．

解　输入：

    >> syms n;

    >> symsum((3+(-1)^n)/(2^n),n,1,inf)

运行结果为：

    ans =

    8/3

表示该级数收敛．

10.5.2　幂级数的收敛域

这里涉及到一个符号替换命令，调用格式为：

    subs(s,old,new)　%表示将表达式 s 中的符号变量 old 用 new 代替

例 3 求幂级数 $\sum\limits_{n=1}^{\infty}(-1)^n\dfrac{(2-x)^n}{2^n}$ 的收敛域.

解 先算 p 的表达式，输入：
```
>> syms n x;
>> u1=(2-x)^n/2^n;
>> u2=subs(u1,n,n+1);
>> p=limit(u2/u1,n,inf)
```
运行结果为：
```
p =1-1/2*x
```
显然 p 的绝对值小于 1 的时候，级数收敛. 为了求收敛域，我们先求出区间的端点，输入：
```
>> x=solve('abs(1-1/2*x)=1')
```
运行结果为：
```
x =
4
 0
```
表示级数在(0,4)收敛，下面再判断级数在两个端点处的收敛性，将 $x=4$ 代入级数，输入：
```
>> simplify(subs(u1,'x',4))
```
运行结果为：
```
ans =
    (-1)^n
```
因此级数在 $x=4$ 处发散，再将 $x=0$ 代入级数，输入：
```
>> simplify(subs(u1,'x',0))
```
运行结果为：
```
ans =
1
```
即级数在 $x=0$ 处也发散，所以级数的收敛域为(0,4)，最后求和函数，输入：
```
>> syms x n;
>> symsum((2-x)^n/2^n,n,1,inf )
```
运行结果为：
```
ans =
(2-x)/x
```
综上得，级数的收敛域为(0,4)，和函数为(2−x)/x.

10.5.3 函数的泰勒级数展开式

命令为：

taylor(f(x))　　　　　　　　　%求函数 $y=f(x)$的 5 阶麦克劳林展开式；

taylor(f(x),n)　　　　　　　　%求函数 $y=f(x)$的 $n-1$ 阶麦克劳林展开式；

taylor(f(x),n,x0)　　　　　　 %求函数 $y=f(x)$在 $x=x0$ 处的 $n-1$ 阶麦克劳林展开式；

例 4 将 $f(x)=\sin x$ 展开成 x 的 9 阶麦克劳林表达式.

解 输入：
```
>> syms x;
>> sinx=taylor(sin(x),10)
```

运行结果为：

> sinx =
>
> x-1/6*x^3+1/120*x^5-1/5040*x^7+1/362880*x^9

例5 求 $f(x) = \dfrac{1}{x^2 - 3x + 2}$ 在 $x = 3$ 处的的 9 阶麦克劳林展开式.

解 输入：

```
>> syms x;
>> fx=taylor(1/(x^2-3*x+2),10,3)
```

运行结果为：

> fx =
>
> 11/4-3/4*x+7/8*(x-3)^2-15/16*(x-3)^3+31/32*(x-3)^4-63/64*(x-3)^5+127/128*(x-3)^6-255/256*(x-3)^7+511/512*(x-3)^8-1023/1024*(x-3)^9

上机练习：利用 MATLAB 解总习题十中的级数收敛性问题以及求幂级数的收敛域.

总习题十

一、填空题

1. 级数 $1 - \dfrac{2}{3} + \dfrac{4}{5} - \dfrac{8}{7} + \cdots$ 的通项是_____.

2. 若级数 $\displaystyle\sum_{n=1}^{\infty} u_n$ 的前 n 项部分和 $S_n = \dfrac{1}{2} - \dfrac{1}{2n+1}$，则 $\displaystyle\sum_{n=1}^{\infty} u_n = $_____.

3. 级数 $\displaystyle\sum_{n=1}^{\infty} 2 \cdot (-1)^n$ 的前 n 项和 $S_n = $_____.

4. $\displaystyle\sum_{n=1}^{\infty} \dfrac{1}{n(n+2)} = $_____.

5. 若正项级数 $\displaystyle\sum_{n=1}^{\infty} u_n$ 收敛，则级数 $\displaystyle\sum_{n=1}^{\infty} (-1)^n u_n$ 的敛散性是_____.

二、计算题

1. 判别下列级数的敛散性：

（1）$\displaystyle\sum_{n=1}^{\infty} \dfrac{n+1}{2n+3}$

（2）$\displaystyle\sum_{n=1}^{\infty} \dfrac{(2n-1)!}{3^n n!}$

（3）$\displaystyle\sum_{n=1}^{\infty} \dfrac{\sin 3^n}{n^3}$

（4）$\displaystyle\sum_{n=1}^{\infty} \dfrac{1}{1+a^n}$ $(a > 0)$

2. 判别下列级数的敛散性，若收敛，判断是绝对收敛还是条件收敛.

（1）$\displaystyle\sum_{n=1}^{\infty} \dfrac{(-1)^n}{2^n n}$

（2）$\displaystyle\sum_{n=1}^{\infty} \dfrac{\sin \dfrac{n\pi}{2}}{n^3}$

（3）$\displaystyle\sum_{n=1}^{\infty}(-1)^{n-1}\frac{\ln n}{n}$

（4）$\displaystyle\sum_{n=1}^{\infty}\frac{(a+1)^{n}}{2^{n}n}$ （a 为常数）

3．求下列幂级数的收敛域：

（1）$\displaystyle\sum_{n=1}^{\infty}\frac{(-1)^{n}}{n^{2}+1}x^{n}$

（2）$\displaystyle\sum_{n=1}^{\infty}\frac{(3x-2)^{n}}{2n+1}$

（3）$\displaystyle\sum_{n=1}^{\infty}\frac{2^{n-1}x^{2n-1}}{n^{2}}$

（4）$\displaystyle\sum_{n=1}^{\infty}3^{n}x^{2n}$

4．求下列幂级数的和函数：

（1）$\displaystyle\sum_{n=1}^{\infty}(n+1)(n+2)x^{n}$

（2）$\displaystyle\sum_{n=1}^{\infty}\frac{x^{n+1}}{n(n+1)}$

第 11 章　数值计算

在科学研究与实际应用中需要用函数刻画其所遵循的数量关系．然而，作为反映和研究自然规律的数量关系的函数，在大量实际情况中是用函数表格的方式给定的．例如，根据实验和观测而得到一组离散的数据表示函数关系，很明显，直接用函数表去计算，进行数据处理来研究函数的性质不方便，最好要用函数的分析式子，哪怕只是一个近似的也好．其次，有的函数分析表达式比较复杂，不适合应用，所以也有必要去求出它的简单的近似表达式．

插值法是在这种要求下产生的寻求函数近似表达式的一种方法，由于代数多项式是最简单的函数，人们很早就用它近似地表示复杂的函数．代数插值法就是将代数多项式作为工具去近似表示函数的方法之一．

设函数 $y = f(x)$ 在区间 $[a,b]$ 上有定义，且已知在点 $a \leqslant x_0 < x_1 < \cdots < x_n \leqslant b$ 上的值是 $y_0, y_1, \cdots, y_n$，若存在一个代数多项式 $P_n(x)$，使

$$P_n(x_i) = y_i \qquad (i = 0,1,2,\cdots,n)$$

成立，便称 $P_n(x)$ 为函数 $f(x)$ 的插值多项式，点 $x_0, x_1, \cdots, x_n$ 称为插值节点，包含插值节点的区间 $[a,b]$ 称为插值区间，求插值多项式 $P_n(x)$ 的方法称为插值法．

从几何上看，插值法就是求曲线 $y = P_n(x)$，使其通过给定的 $n+1$ 个点 $(x_i, f(x_i))$，$i = 0,1,2,\cdots,n$，并用它近似代替已知曲线 $y = f(x)$，见图 11-1．

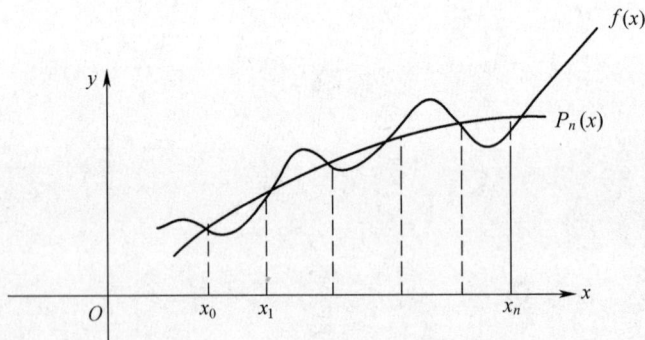

图 11-1

虽然，代数多项式是函数一种非常好的近似工具，但随着多项式次数的升高，会发生与函数产生很大偏差的问题，因此用插值多项式拟合一组数据非常困难．于是人们考虑函数曲线的全向（整体）近似方法，就这就是函数曲线的拟合法．

本章介绍插值法和曲线拟合法以及 Matlab 软件在插值法和拟合法中的应用．

11.1　拉格朗日（Lagrange）插值法

11.1.1　线性插值

问题　已知函数 $y = f(x)$ 在点 x_0, x_1 的函数值 $y_0 = f_0(x), y_1 = f_1(x)$，求一个一次多项式 $y = L_1(x)$，使之满足

$$L_1(x_0) = y_0, L_1(x_1) = y_1$$

或者，使之适合函数表：

x	x_0	x_1
$f(x)$	y_0	y_1

一个很自然的想法是经过两点 (x_0, y_0) 和 (x_1, y_1) 的直线（它是一个一次多项式函数）来近似代替 $f(x)$，因此两点插值也称线性插值．其几何意义如图 11-2 所示．

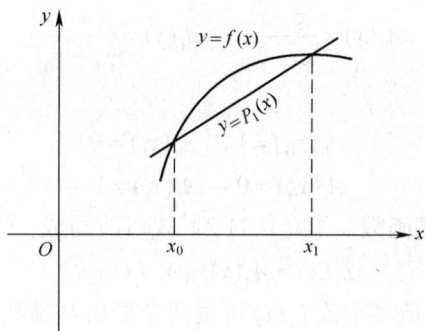

图 11-2

连接点 (x_0, y_0) 和 (x_1, y_1) 的直线的点斜式方程为

$$y = y_0 + \frac{y_1 - y_0}{x_1 - x_0}(x - x_0)$$

因此

$$L_1(x) = y_0 + \frac{y_1 - y_0}{x_1 - x_0}(x - x_0) \tag{11.1}$$

将其写成对称形式，得

$$L_1(x) = \frac{x - x_1}{x_0 - x_1}y_0 + \frac{x - x_0}{x_1 - x_0}y_1 \tag{11.2}$$

这就是**线性插值公式**，又称**一次插值公式**．

公式（11.1）与（11.2）两种形式是等效的，但使用的场合不同，进行理论分析时常用对称式（11.2），而实际计算时则用点斜式（11.1）．

例 1　已知 $\sqrt{100} = 10, \sqrt{121} = 11$，用线性插值计算 $\sqrt{115}$．

解 将 $x_0=100, x_1=121, y_0=10, y_1=11$ 代入（11.1）式，得

$$L_1(x) = 10 + \frac{11-10}{121-100}(x-100)$$

用 $x=115$ 代入上式得

$$\sqrt{115} \approx L_1(115) \approx 10.71429$$

与准确值 $\sqrt{115} = 10.723805\cdots$ 比较，具有三位有效数字.

例 2 求函数 $f(x) = e^{-x}$ 在 $[0,1]$ 上的线性插值多项式.

解 将 $x_0=0, x_1=1, y_0=f(0)=1, y_1=f(1)=e^{-1}$ 代入（11.1）式，得

$$L_1(x) = 1 + (e^{-1}-1)x$$

即

$$e^{-x} \approx 1 - 0.63212056x.$$

11.1.2 抛物线插值

为了导出一般的 n 次插值多项式 $L_n(x)$，我们研究一次插值多项式 $L_1(x)$ 的表达式（11.2）的结构. 令

$$A_0(x) = \frac{x-x_1}{x_0-x_1}, \quad A_1(x) = \frac{x-x_0}{x_1-x_0}$$

它们具有下列性质

$$A_0(x_0) = 1, \quad A_0(x_1) = 0$$
$$A_1(x_0) = 0, \quad A_1(x_1) = 1$$

称 $A_0(x)$，$A_1(x)$ 为**线性插值基函数**，于是（11.2）式可改写成

$$L_1(x) = A_0(x)y_0 + A_1(x)y_1 \tag{11.3}$$

（11.3）式说明，线性插值多项式 $L_1(x)$ 可用两个插值基函数 $A_0(x)$ 和 $A_1(x)$ 表示，所以当两个插值节点相距较远时，误差自然很大. 为了减少误差，我们考虑用二次多项式作为插值函数.

设已知 3 个插值节点及其函数值的数表如下所示：

x	x_0	x_1	x_2
$f(x)$	y_0	y_1	y_2

求一个二次多项式 $L_2(x)$，使之满足

$$L_2(x_0) = y_0, \quad L_2(x_1) = y_1, \quad L_2(x_2) = y_2$$

如图 11-3 所示，由于是采用通过三点 (x_0,y_0)、(x_1,y_1)、(x_2,y_2) 的抛物线来近似表示曲线 $y = f(x)$，所以这种插值称为**抛物线插值**，也称**二次插值**.

在上述构造一次插值多项式 $L_1(x)$ 的启发下，我们设想二次插值多项式 $L_2(x)$ 可表示成 3 个插值基函数 $A_0(x), A_1(x), A_2(x)$ 的线性组合，即

$$L_2(x) = A_0(x)y_0 + A_1(x)y_1 + A_2(x)y_2$$

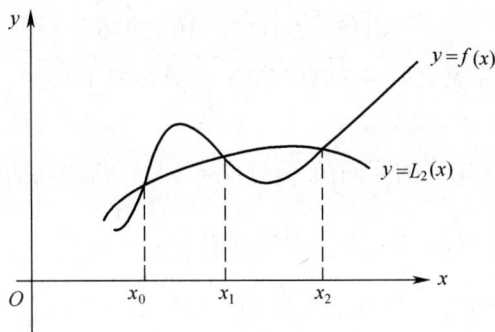

图 11-3

其中 $A_0(x)$，$A_1(x)$，$A_2(x)$ 均为二次函数，且具有性质

$$A_0(x_0)=1，\quad A_0(x_1)=0，\quad A_0(x_2)=0$$
$$A_1(x_0)=0，\quad A_1(x_1)=1，\quad A_1(x_2)=0$$
$$A_2(x_0)=0，\quad A_2(x_1)=0，\quad A_2(x_2)=1$$

因为 $A_0(x_1)=A_0(x_2)=0$，所以可设

$$A_0(x)=a(x-x_1)(x-x_2)$$

其中 a 为待定系数.

再由 $A_0(x_0)=1$，得

$$a(x_0-x_1)(x_0-x_2)=1$$

故

$$a=\frac{1}{(x_0-x_1)(x_0-x_2)}$$

从而

$$A_0(x)=\frac{(x-x_1)(x-x_2)}{(x_0-x_1)(x_0-x_2)}$$

类似地，可得

$$A_1(x)=\frac{(x-x_0)(x-x_2)}{(x_1-x_0)(x_1-x_2)}$$
$$A_2(x)=\frac{(x-x_0)(x-x_1)}{(x_2-x_0)(x_2-x_1)}$$

显然

$$L_2(x)=\frac{(x-x_1)(x-x_2)}{(x_0-x_1)(x_0-x_2)}y_0+\frac{(x-x_0)(x-x_2)}{(x_1-x_0)(x_1-x_2)}y_1+\frac{(x-x_0)(x-x_1)}{(x_2-x_0)(x_2-x_1)}y_2 \qquad (11.4)$$

这就是**抛物线插值公式**或**二次插值公式**.

例 3　已知 $\sqrt{100}=10$，$\sqrt{121}=11$，$\sqrt{144}=12$，用抛物插值计算 $\sqrt{115}$.

解　将 $x_0=100$，$x_1=121$，$x_2=144$，$y_0=10$，$y_1=11$，$y_2=12$ 代入（11.4）式，得

$$L_2(x)=\frac{(x-121)(x-144)}{(100-121)(100-144)}\times 10+\frac{(x-100)(x-144)}{(121-100)(121-144)}\times 11+\frac{(x-100)(x-121)}{(144-100)(144-121)}\times 12$$

用 115 代入，得

$$\sqrt{115} \approx L_2(115) \approx 10.72276$$

同准确值比较，这个结果具有 4 位有效数字．对比例 1 可知，抛物线插值的效果要好于线性插值的效果．

例4 将函数 $y = \cos x$ 定义的区间 $[0, \frac{\pi}{2}]$ 分成 n 等分，作线性插值函数 $L_1(x)$ 和抛物线插值函数 $L_2(x)$，分别用它们计算 $\cos\frac{\pi}{6}$（取 4 位有效数字）．

解 下面分别用线性插值和抛物线插值进行计算．

（1）若 $n=1$，则 $(x_0, y_0) = (0,1)$，$(x_1, y_1) = (\frac{\pi}{2}, 0)$，由（11.1）式，得

$$L_1(x) = 1 + \frac{0-1}{\pi/2 - 0}(x - 0) = 1 - \frac{2}{\pi}x$$

用 $x = \frac{\pi}{6}$ 代入得

$$\cos\frac{\pi}{6} \approx 0.6667;$$

（2）若 $n=2$，则 $(x_0, y_0) = (0,1)$，$(x_1, y_1) = (\frac{\pi}{4}, 0.7071)$，$(x_2, y_2) = (\frac{\pi}{2}, 0)$，由（11.4）式，得

$$L_2(x) = \frac{(x-\pi/4)(x-\pi/2)}{(0-\pi/4)(0-\pi/2)} \cdot 1 + \frac{(x-0)(x-\pi/2)}{(\pi/4-0)(\pi/4-\pi/2)} \cdot 0.7071 + \frac{(x-0)(x-\pi/4)}{(\pi/2-0)(\pi/2-\pi/4)} \cdot 0$$

即

$$L_2(x) = 8 \cdot \frac{(x-\pi/4)(x-\pi/2)}{\pi^2} - 16x\frac{(x-\pi/2) \cdot 0.7071}{\pi^2}$$

用 $x = \frac{\pi}{6}$ 代入得

$$\cos\frac{\pi}{6} \approx 0.8508.$$

与精确值 $\cos\frac{\pi}{6} = 0.8660$（4 位有效数字）比较，可见抛物线插值效果同样好于线性插值的效果．

11.1.3 拉格朗日插值公式

设已知 $n+1$ 个插值节点及其函数值的数表如下所示：

x	x_0	x_1	x_2	$\cdots$	x_k	$\cdots$	x_n
y	y_0	y_1	y_2	$\cdots$	y_k	$\cdots$	y_n

求一个 n 次多项式 $L_n(x)$，使之满足：

$$L_n(x_i) = y_i, \quad (i = 0,1,2,\cdots n)$$

依照线性插值和抛物插值多项式的构造方法，我们先找 n 次插值基函数 $A_0(x)$，$A_1(x)$，$A_2(x)$，$\cdots$，$A_n(x)$，它们具有性质

$$A_k(x_i) = \begin{cases} 1, & i = k \\ 0, & i \neq k \end{cases} \quad (k, i = 0, 1, 2, \cdots, n)$$

根据 $A_k(x)$ 的性质，可以求得

$$A_k(x) = \frac{(x - x_0)(x - x_1)\cdots(x - x_{k-1})(x - x_{k+1})\cdots(x - x_n)}{(x_k - x_0)(x_k - x_1)\cdots(x_k - x_{k-1})(x_k - x_{k+1})\cdots(x_k - x_n)}$$

可简记为

$$A_k(x) = \prod_{\substack{i=0 \\ i \neq k}}^{n} \frac{x - x_i}{x_k - x_i} \qquad (k = 0, 1, 2, \cdots, n)$$

用这些插值基函数作线性组合

$$A_0(x)y_0 + A_1(x)y_1 + A_2(x)y_2 + \cdots + A_n(x)y_n$$

显然它就是所求 n 次多项式 $L_n(x)$，即

$$L_n(x) = \sum_{k=0}^{n} A_k(x)y_k = \sum_{k=0}^{n} \left(\prod_{\substack{i=0 \\ i \neq k}}^{n} \frac{x - x_i}{x_k - x_i} \right) y_k \tag{11.5}$$

公式（11.5）称为**拉格朗日插值公式**，也称 n **次插值公式**．线性插值公式和抛物插值公式都是拉格朗日插值公式的特殊情况．

例 5　给出节点数据 $f(-2.00) = 17.00$，$f(0.00) = 1.00$，$f(1.00) = 2.00$，$f(2.00) = 17.00$，作三次拉格朗日插值多项式计算 $f(0.6)$．

解　取 $x_0 = -2.00$，$y_0 = 17.00$；$x_1 = 0.00$，$y_1 = 1.00$；$x_2 = 1.00$，$y_2 = 2.00$；$x_3 = 2.00$，$y_3 = 17.00$，则基函数分别为

$$A_0(x) = \frac{(x - x_1)(x - x_2)(x - x_3)}{(x_0 - x_1)(x_0 - x_2)(x_0 - x_3)} = -\frac{1}{24}x(x-1)(x-2)$$

$$A_1(x) = \frac{(x - x_0)(x - x_2)(x - x_3)}{(x_1 - x_0)(x_1 - x_2)(x_1 - x_3)} = \frac{1}{4}(x+2)(x-1)(x-2)$$

$$A_2(x) = \frac{(x - x_0)(x - x_1)(x - x_3)}{(x_2 - x_0)(x_2 - x_1)(x_2 - x_3)} = -\frac{1}{3}x(x+2)(x-2)$$

$$A_3(x) = \frac{(x - x_0)(x - x_1)(x - x_2)}{(x_3 - x_0)(x_3 - x_1)(x_3 - x_2)} = \frac{1}{8}x(x-1)(x+2)$$

根据（11.5）式，得

$$L_3(x) = \sum_{k=0}^{3} A_k(x)y_k$$

$$= -\frac{17}{24}x(x-1)(x-2) + \frac{1}{4}(x+2)(x-1)(x-2) - \frac{2}{3}x(x+2)(x-2) + \frac{17}{8}x(x-1)(x+2)$$

$$= x^3 + 4x^2 - 4x + 1$$

于是　　　$f(0.6) \approx L_3(0.6) = 0.256$．

11.1.4　分段线性插值

上面我们根据区间 $[a, b]$ 上给出的节点作出插值多项式 $L_n(x)$ 来近似表示函数 $f(x)$，一般

总认为 $L_n(x)$ 的次数 n 越高，则逼近 $f(x)$ 的程度越好，但实际上并非如此，这是因为对任意的插值节点，当 $n \to \infty$ 时，$L_n(x)$ 不一定收敛于 $f(x)$.

例如，函数 $f(x) = \dfrac{1}{1+x^2}$，$x \in [-5,5]$，其图形为图 11-4 中的实线，取等距节点：

$x_k = -5 + 10\dfrac{k}{10}, k = 0,1,2,\cdots,10$，得

$$L_{10}(x) = \sum_{n=0}^{10} \left(\prod_{\substack{i=0 \\ i \neq k}}^{10} \frac{x - x_i}{x_k - x_i} \right) f(x_k)$$

$L_{10}(x)$ 的图形为图 11-4 中的虚线.

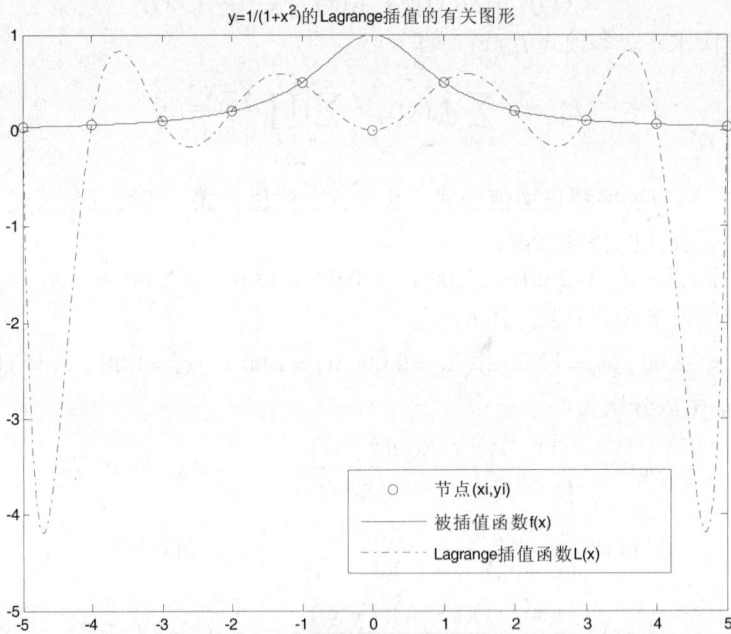

图 11-4

从图 11-4 中可观测到，在 $x = \pm 5$ 附近 $L_{10}(x)$ 与 $f(x)$ 偏离很远，例如，$L_{10}(4.8) = -3.8412$，$f(4.8) = 0.0416$. 这表明用高次插值多项式的效果并不好，比如，上述例子，我们在节点 $x = 0$，± 1，± 2，± 3，± 4，± 5 处用折线连起来显然比 $L_{10}(x)$ 逼近 $f(x)$ 要好得多！这正是我们下面将要介绍的分段线性插值.

所谓**分段线性插值**是指，首先在插值区间 $[a,b]$ 上插入若干个点

$$a = x_0 < x_1 < x_2 < \cdots < x_n = b,$$

然后在每个小的子区间 $[x_{i-1}, x_i]$（$i = 1,2,\cdots,n$）上构造低次插值多项式 $l_i(x)$，再将每个子区间 $[x_{i-1}, x_i]$（$i = 1,2,\cdots,n$）上的多项式 $l_i(x)$ 连接，作为插值区间 $[a,b]$ 上的插值函数 $P(x)$.

分段插值法不仅算法简单，而且具有良好的收敛性. 只要每两个相邻节点之间的间距充分小，分段插值法总能获得所要求的精度，而不会出现高次插值那样的振荡. 另外分段插值具有局部性，修改某个数据，插值曲线仅仅在某个局部范围内受到影响，而代数插值却影响到了整个插值区间.

分段插值法中最简单的方法是分段线性插值. 分段线性插值函数是将每两个相邻的节点用直线段连起来, 形成一条折线. 例如, 图 11-5 是函数 $y = \cos x$ 在节点 (x_i, y_i)（其中 $x_i = -6 + 1.5i$ $(i = 0,1,2,\cdots,12)$）处的分段线性插值函数和节点的图形, 小圆圈表示节点 (x_i, y_i), 实线表示分段线性插值函数.

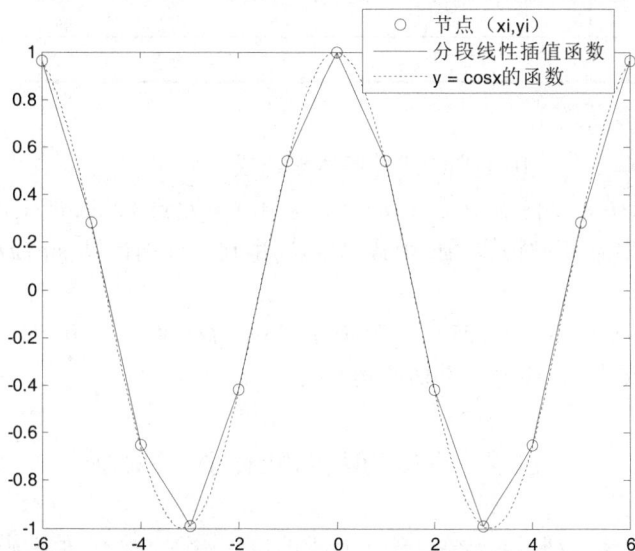

图 11-5

设函数 $f(x)$ 在 $[a,b]$ 上的 $n+1$ 个点 $a = x_0 < x_1 < x_2 < \cdots < x_n = b$ 处的函数值为 $f(x_i) = y_i$ $(i = 0,1,2,\cdots,n)$. 连接每两个相邻的节点 (x_i, y_i) 和 (x_{i+1}, y_{i+1}), 作一条折线函数 $S_n(x)$, 使得 $S_n(x)$ 满足如下条件:

（1）$S_n(x)$ 在 $[a,b]$ 上连续;

（2）$S_n(x_i) = y_i (i = 0,1,2,\cdots,n)$;

（3）$S_n(x)$ 在每个子区间 $[x_{i-1}, x_i]$ $(i = 1,2,\cdots,n)$ 上是线性函数 $l_i(x)$,

则称折线函数 $S_n(x)$ 为**分段线性插值函数**.

由线性插值公式, 很容易得到分段线性插值函数 $S_n(x)$ 在每个子区 $[x_{i-1}, x_i]$ $(i=1,2,...,n)$ 上的表达式

$$S_i(x) = \frac{x - x_i}{x_{i-1} - x_i} f(x_{i-1}) + \frac{x - x_{i-1}}{x_i - x_{i-1}} f(x_i) \quad (x_{i-1} \leqslant x \leqslant x_i, i = 1,2,...,n)$$

其计算方法和线性插值计算方法一样, 这里不再累述.

习题 11.1

1. 根据下表给出的平方根值:

x	1	4	9
$\sqrt{x}$	1	2	3

分别用线型插值和抛物插值计算 $\sqrt{5}$.

2．已知 $\sin 0.32 = 0.314567, \sin 0.34 = 0.333487, \sin 0.36 = 0.352274$，分别用线性插值和抛物线插值计算 $\sin 0.3367$ 的值.

3．根据下表：

x	-1	1	2
$f(x)$	-3	0	4

求 $f(x)$ 的二次插值多项式.

4．求函数 $f(x) = e^{-3x}$ 在 $[0,4]$ 上的线性插值多项式.

5．求将区间 $[\pi/6, \pi/2]$ 分成 n 等分 $(n = 1, 2)$，用 $y = f(x) = \sin x$ 产生 $n+1$ 个节点，然后分别作线性插值函数 $P_1(x)$ 和抛物线插值函数 $P_2(x)$. 用它们分别计算 $\sin(\pi/5)$ （取 4 位有效数字），并估计其误差.

6．给出节点数据 $f(-3.00) = 27.00$，$f(0.00) = 1.00$，$f(1.00) = 2.00$，$f(2.00) = 17.00$，作 3 次拉格朗日插值多项式计算 $f(1.4)$，并估计其误差.

11.2　曲线拟合的最小二乘法

前面所述的插值法是利用函数在一组节点上的值，构造一个代数多项式来逼近已知函数，并要求插值多项式与已知函数在节点处满足插值条件. 但是，在节点处的函数值一般都是通过观测或实验得到的数据，其本身往往不可避免地带有误差. 随着采集数据点的增加，且可能出现在个别节点上函数值误差较大，就会使插值多项式产生严重的波动，从而影响了逼近的精度. 为了尽可能减少观测数据带来的误差的影响，我们需另寻其他方法来构造逼近函数，使得在某一准则下尽量与所有的数据点吻合，换句话讲，希望求得的逼近函数与所要寻求的未知函数之间的误差按某个条件的度量方法达到最小，这就是本节将要介绍的最常用的曲线拟合法.

先考察一个例子：

例 1　某地区对工农业总产值和用电量的关系进行分析，得到 8 年中工农业总产值 x（亿元）与用电量 y（千瓦·时）的统计数据如下：

年份	1	2	3	4	5	6	7	8
x_i	381	420	486	549	623	674	737	823
y_i	98	107	124	140	158	170	184	204

试求该地区工农业总产值与用电量的近似关系式.

解　在坐标图上画出各数据点 (x_i, y_i) $(i = 1, 2, 3, \cdots, 8)$，如图 11-6 所示. 可以看出，这些数据点大致分布在一条直线附近，因此考虑用线性函数拟合所给数据. 设

$$S(x) = a_0 + a_1 x \tag{11.6}$$

其中 a_0, a_1 待定，从图 11-6 上观测到 $(x, s(x))$ 不是严格地在一条直线上，因此无论怎样选择 a_0, a_1，总是不能使所有的点都落在直线（11.6）上，也就是有

$$a_0 + a_1 x_j - s(x_j) = \delta_j (j = 1, 2, \cdots, 8)$$

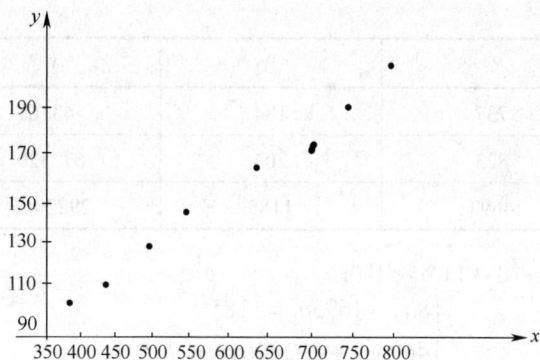

图 11-6

这里，δ_j 称为误差，且一般不为零. 我们希望选择常数 a_0, a_1，使 δ_j 的平方和尽可能地小，即求 a_0, a_1，使

$$\delta(a_0, a_1) = \sum_{j=1}^{8} \delta_j^2 = \sum_{j=1}^{8} (a_0 + a_1 x_j - s(x_j))^2$$

取得最小值，注意到 $\delta(a_0, a_1)$ 是关于变量 a_0, a_1 的二元函数，由多元函数求极值的方法，a_0, a_1 可以通过求偏导数的方法求得. 即有

$$\begin{cases} \dfrac{\partial \delta}{\partial a_0} = 2 \sum_{j=1}^{8} (a_0 + a_1 x_j - s(x_j)) = 0 \\ \dfrac{\partial \delta}{\partial a_1} = 2 \sum_{j=1}^{8} (a_0 + a_1 x_j - s(x_j)) x_j = 0 \end{cases} \tag{11.7}$$

方程组（11.7）称为**正规方程组**，经整理可得

$$\begin{cases} a_0 \sum_{j=1}^{8} x_j + a_1 \sum_{j=1}^{8} x_j^2 = \sum_{j=1}^{8} s(x_j) x_j \\ 8a_0 + a_1 \sum_{j=1}^{8} x_j = \sum_{j=1}^{8} s(x_j) \end{cases} \tag{11.8}$$

下面通过列表来计算 $\sum\limits_{j=1}^{8} x_j$，$\sum\limits_{j=1}^{8} x_j^2$ 和 $\sum\limits_{j=1}^{8} s(x_j) x_j$

年份	x_i	y_i	x_i^2	$x_i y_i$
1	381	98	145161	37338
2	420	107	176400	44940
3	486	124	236196	60264
4	549	140	301401	76860
5	623	158	388129	98434
6	674	170	454276	114580

年份	x_i	y_i	x_i^2	$x_i y_i$
7	737	184	543169	135608
8	823	204	677329	167892
Σ	4693	1185	2922061	735916

将以上数据代入方程组（11.8）中得

$$\begin{cases} 8a_0 + 4693a_1 = 1185 \\ 4693a_0 + 2922061a_1 = 735916 \end{cases}$$

解得 $a_0 = 6.647, a_1 = 0.241$，从而得到该地区工农业产值与用电量有近似关系式

$$S(x) = 6.647 + 0.241x \tag{11.9}$$

以上这种以误差的平方和最小为条件选择常数 a_0, a_1 的方法，称为**最小二乘法**，用几何语言，称之为**曲线拟合的最小二乘法**. 所求得的近似关系式（11.9）也称**经验公式**.

一般说，所求的经验公式可以是不同的函数类，例如三角函数类. 但应用最广泛，形式最简单的仍是代数多项式，所以我们在绝大多数情形下采用代数多项式作为曲线的拟合多项式.

定义 1 设有 N 对观测数据 (x_j, y_j) $(j = 1, 2, \cdots, N)$，若依据这些数据求得一个 $m(< N)$ 次代数多项式

$$S_m(x) = a_0 + a_1 x + \cdots + a_m x^m \tag{11.10}$$

使

$$\delta(a_0, a_1, \cdots, a_m) = \sum_{j=1}^{N} [S_m(x_j) - y_j]^2 \tag{11.11}$$

最小，则称（11.10）为**最小二乘拟合多项式**，或称为变量 x, y 之间的**经验公式**.

利用多元函数求极值方法（见第 8 章 8.6.1），令

$$\frac{\partial \delta}{\partial a_i} = 0 \qquad (i = 0, 1, 2, \ldots, m)$$

得到 $m + 1$ 个方程组

$$\begin{pmatrix} \sum_{i=1}^{N} 1 & \sum_{i=1}^{N} x_i & \sum_{i=1}^{N} x_i^2 & \cdots & \sum_{i=1}^{N} x_i^m \\ \sum_{i=1}^{N} x_i & \sum_{i=1}^{N} x_i^2 & \sum_{i=1}^{N} x_i^3 \cdots & \sum_{i=1}^{N} x_i^{m+1} \\ \cdots & \cdots & \cdots & \cdots & \cdots \\ \sum_{i=1}^{N} x_i^m & \sum_{i=1}^{N} x_i^{m+1} & \sum_{i=1}^{N} x_i^{m+2} \cdots & \sum_{i=1}^{N} x_i^{2m} \end{pmatrix} \begin{pmatrix} a_0 \\ a_1 \\ \vdots \\ a_m \end{pmatrix} = \begin{pmatrix} \sum_{i=1}^{N} y_i \\ \sum_{i=1}^{N} y_i x_i \\ \vdots \\ \sum_{i=1}^{N} y_i x_i^m \end{pmatrix} \tag{11.12}$$

方程组（11.12）称为**正规方程组**，其解存在且唯一，记

$$S_0 = \sum_{i=1}^{N} 1, S_k = \sum_{i=1}^{N} x_i^k, Y_k = \sum_{i=1}^{N} y_i x_i^k$$

那么（11.12）可表示为

$$\begin{pmatrix} S_0 & S_1 & S_2 & \cdots & S_m \\ S_1 & S_2 & S_3 & \cdots & S_{m+1} \\ \cdots & & \cdots & & \cdots \\ S_m & S_{m+1} & S_{m+3} & \cdots & S_{m+m} \end{pmatrix} \begin{pmatrix} a_0 \\ a_1 \\ \vdots \\ a_m \end{pmatrix} = \begin{pmatrix} T_0 \\ T_1 \\ \vdots \\ T_m \end{pmatrix}$$　　（11.13）

例 2　设有一组数据 (x_i, y_i) $(i = 1, 2, 3, \cdots 9)$ 如下：

x	1	3	4	5	6	7	8	9	10
y	2	7	8	10	11	11	10	9	8

试用多项式曲线来拟合这组数据.

解　在坐标图上画出各数据点 (x_i, y_i) $(i = 1, 2, 3, \cdots 9)$. 由图 11-7 可考虑用二次多项式函数拟合所给数据.

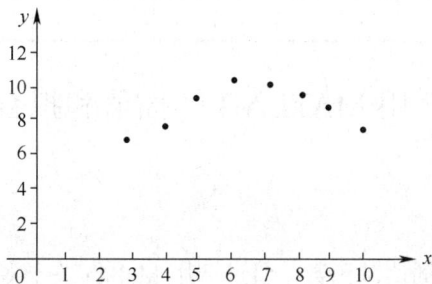

图 11-7

假设　　　$S(x) = a_0 + a_1 x + a_2 x^2$，这里 $N = 9, m = 2$，则正规方程组为

$$\begin{pmatrix} \sum_{i=1}^{9} 1 & \sum_{i=1}^{9} x_i & \sum_{i=1}^{9} x_i^2 \\ \sum_{i=1}^{9} x_i & \sum_{i=1}^{9} x_i^2 & \sum_{i=1}^{9} x_i^3 \\ \sum_{i=1}^{9} x_i^2 & \sum_{i=1}^{9} x_i^3 & \sum_{i=1}^{9} x_i^4 \end{pmatrix} \begin{pmatrix} a_0 \\ a_1 \\ a_3 \end{pmatrix} = \begin{pmatrix} \sum_{i=1}^{9} y_i \\ \sum_{i=1}^{9} y_i x_i \\ \sum_{i=1}^{9} y_i x_i^2 \end{pmatrix}$$

即

$$\begin{pmatrix} 9 & 53 & 381 \\ 53 & 381 & 3017 \\ 381 & 3017 & 25317 \end{pmatrix} \begin{pmatrix} a_0 \\ a_1 \\ a_3 \end{pmatrix} = \begin{pmatrix} 76 \\ 489 \\ 3547 \end{pmatrix}$$

解之得

$$a_0 = -1.4597，\quad a_1 = 3.6053，\quad a_2 = -0.2676$$

所以拟合多项式为

$$S(x) = -1.4597 + 3.6053x - 0.2676x^2.$$

一般地，用代数多项式拟合观测的数据的步骤为：

（1）画草图. 将所获得的数据在坐标图上画出来，并观测这些数据点的变化趋势；

（2）设拟合曲线的代数多项式，建立正规方程组；

（3）求解正规方程组，得到经验公式.

习题 11.2

1．已知实验数据

x	1	2	3	4	5
y	2.9	5.2	7.0	8.9	10.8

试用最小二乘法求近似公式 $y = a_0 + a_1 x$.

2．试求一个多项式拟合下列数据：

x	1	3	5	6	7	8	9	10
y	10	5	2	1	1	2	3	4

11.3 用 MATLAB 解插值和拟合问题

11.3.1 多项式插值

多项式插值主要是求出插值基函数，通过调用 Matlab 关于多项式的相关命令来进行计算.

例 1 用 Matlab 求解 11.1 节中的例 2，即求函数 $f(x) = e^{-x}$ 在 $[0,1]$ 上的线性插值多项式.

解 输入程序：

```
>> X = [0,1]; Y = exp(-X),
   a0 = poly(X(2)) / (X(1) – X(2)),
   a1 = poly(X(1)) / (X(2) – X(1)),
   A0= poly2sym(A0),
   A1= poly2sym(A1),
   P = a1 * Y(1) + a2 * Y(2), L = poly2sym(P),
```

运行后输出插值基函数 $A_0(x)$，$A_1(x)$ 及其插值多项式的系数向量 P、插值多项式 L 为

```
>> A0,A1,P
A0 =
-x+1
A1 =
-x
P =
-0.6321    1.0000
>> L
L =
-1423408956596761/2251799813685248*x+1
```

例 2 用 Matlab 求解 11.1 节中的例 4.即将区间 $[0, \frac{\pi}{2}]$ 分成 n 等分 $(n = 1, 2)$，用 $y = f(x) = \cos x$ 产生 $n+1$ 个节点，然后分别作线性插值函数 $L_1(x)$ 和抛物线插值函数 $L_2(x)$，

并分别用它们计算 $\cos\dfrac{\pi}{6}$（取四位有效数字）.

解　Matlab 程序如下：

（1）输入程序：

```
>> X=[0,pi/2],Y=cos(X),
    a0=poly(X(2))/(X(1)-X(2)),a1=poly(X(1))/(X(2)-X(1)),
    A0=poly2sym(a0),A1=poly2sym(a1), P=a0*Y(1)+a1*Y(2),L=poly2sym(P),
```

运行后输出插值基函数 $A_0(x)$，$A_1(x)$ 及其插值多项式的系数向量 P、插值多项式 L 为

```
>>A0,A1,P,L
A0 =
-5734161139222659/9007199254740992*x+1
A1 =
5734161139222659/9007199254740992*x
P =
    -0.6366    1.0000
L =
-5734161139222659/9007199254740992*x+1
```

输入程序：

```
>> x=pi/6,y=polyval(P,x);
```

运行后得到函数值：

```
y =
0.6667
```

（2）输入程序：

```
>>X=0:pi/4:pi/2;Y=cos(X),
a0=conv(poly(X(2)),poly(X(3)))/((X(1)-X(2))*(X(1)-X(3))),
a1=conv(poly(X(1)),poly(X(3)))/((X(2)-X(1))*(X(2)-X(3))),
a2=conv(poly(X(1)),poly(X(2)))/((X(3)-X(1))*(X(3)-X(2))),
A0=poly2sym(a0),A1=poly2sym(a1), A2=poly2sym(a2),
P=a0*Y(1)+a1*Y(2)+a2*Y(3),L=poly2sym(P),
x=pi/6,y=polyval(P,x);
>>A0,A1,A2,P,L,y
A0 =
228155022448185/281474976710656*x^2-2150310427208497/1125899906842624*x+1
A1 =
-228155022448185/140737488355328*x^2+5734161139222659/2251799813685248*x
A2 =
228155022448185/281474976710656*x^2-5734161139222659/9007199254740992*x
P =
    -0.3357    -0.1092    1.0000
L =
-6048313895780875/18014398509481984*x^2-7870612110600739/72057594037927936*x+1
y =
0.8508
```

例 3　用 Matlab 求解 11.1 节中的例 5.即给出节点数据 $f(-2.00)=17.00$，$f(0.00)=1.00$，$f(1.00)=2.00$，$f(2.00)=17.00$，用 Matlab 作三次拉格朗日插值多项式计算 $f(0.6)$.

解 （Matlab 程序计算）输入程序：

```
>>   X= [-2,0,1,2]; Y = [17,1,2,17];
     p1 = poly(X(1));p2 = poly(X(2));p3 = poly(X(3));p4 = poly(X(4));
>> a0=conv(conv(p2,p3),p4)/((X(1)-X(2))*(X(1)-X(3))*(X(1)-X(4)));
>> a1=conv(conv(p1,p3),p4)/((X(2)-X(1))*(X(2)-X(3))*(X(2)-X(4)));
>> a2=conv(conv(p1,p2),p4)/((X(3)-X(1))*(X(3)-X(2))*(X(3)-X(4)));
>> a3=conv(conv(p1,p2),p3)/((X(4)-X(1))*(X(4)-X(2))*(X(4)-X(3)));
>> A0= poly2sym(a0);A1 = poly2sym(a1);A2 = poly2sym(a2);A3 = poly2sym(a3);
>> P = a0 * Y(1) + a1 * Y(2) +a2* Y(3) + a3 * Y(4);
```

运行后输出基函数 $A_0(x)$，$A_1(x)$，$A_2(x)$，$A_3(x)$ 及其插值多项式的系数向量 P 为

```
>>A0,A1,A2,A3,P
A0=
     -1 / 24 * x ^ 3 + 1 / 8 * x ^ 2 – 1 / 12 * x,
A1 =
     1 / 4 * x ^ 3 - 1 / 4 * x ^ 2 – x + 1,
A2 =
     -1 / 3 * x ^ 3 + 4 / 3 * x,
A3 =
     1 / 8 * x ^ 3 + 1 / 8 * x ^ 2 – 1 / 4 * x,
P =
      1      4      -4       1
```

输入程序

```
>> L = poly2sym(P),x = 0.6,Y = poly2sym(P,x);
```

运行后输出插值多项式 L 和插值 Y 为

```
>>L,Y
L=
     x ^ 3 + 4 * x ^ 2 – 4 * x +1
Y=
0.2560
```

11.3.2 拉格朗日插值及其 Matlab 程序

设 $f(x)$ 在 $[a,b]$ 上具有 $n+1$ 阶连续导数，对于 $n+1$ 个节点 (x_j, y_j)，$j = 0,1\cdots,n$，其中 x_j 互不相同，满足 $f(x_i) = y_j$，$j = 0,1\cdots,n$．则按照（11.5）式，改写求拉格朗日插值及其误差的主程序，保存名为 lagran.m 的 M 文件．

拉格朗日插值多项式和基函数的 Matlab 主程序

输入的量：X 是 $n+1$ 个节点 (x_i, y_i) $(i = 1,2\cdots,n+1)$ 横坐标向量，Y 是纵坐标向量．

输出的量：n 次拉格朗日插值多项式 L 及其系数向量 C，基函数 A 及其系数矩阵 $A1$、y 为 m 个插值构成的向量．

```
function[C,L,A1,A] = lagran(X,Y)
m= length(X); L=ones(m,m);
for   k= 1:m
```

```
            V=1;
        for i= 1:m
            if k ~= i
                V=conv(V,poly(X(i)))./(X(k)-X(i));
            end
        end
    A1(k,:)=V;
    A(k,:)=poly2sym(V);
    end
    C=Y*A1;
    L=Y*A;
```

例 4　给出节点数据 $f(-2.15)=17.03$，$f(-1.00)=7.24$，$f(0.01)=1.05$，$f(1.02)=2.03$，$f(2.03)=17.06$，$f(3.25)=23.05$，作 5 次拉格朗日插值多项式和基函数.

解　（1）保存名为 lagran.m 的 M 文件.

（2）在 Matlab 工作窗口输入程序

```
>>X=[-2.15 -1.00 0.01 1.02 2.03 3.25];
>>Y=[17.03 7.24 1.05 2.03 17.06 23.05];
>> [C,L,A1,A]=lagran(X,Y)
```

（3）运行后输出 5 次拉格朗日插值多项式 L 及其系数向量 C，基函数 A 及其系数矩阵 A1 如下：

```
C =
    -0.2169    0.0648    2.1076    3.3960    -4.5745    1.0954
```

```
L =
-26370266994304203933/5764607523034234880*x+6074829094003330407/2882303761517117440*x^
3+59786195406624056511/92233720368547758080800*x^4+250583041507482409925 7/737869762948382064
640*x^2-12501150855594615669/5764607523034234880*x^5+40413252709423345694 37/36893488147419
10323200
```

```
A1 =
    -0.0056    0.0299    -0.0323    -0.0292    0.0382    -0.0004
    0.0331    -0.1377    -0.0503    0.6305    -0.4852    0.0048
    -0.0693    0.2184    0.3961    -1.2116    -0.3166    1.0033
    0.0687    -0.1469    -0.5398    0.6528    0.9673    -0.0097
    -0.0317    0.0358    0.2530    -0.0426    -0.2257    0.0023
    0.0049    0.0004    -0.0266    0.0001    0.0220    -0.0002
```

```
A =
-810828223906671/144115188075855872*x^5+8610995737888845/2882303761517117 44*x^4-46509917751
51055/144115188075855872*x^3-4213727519734441/144115188075855872*x^2+1374 756517088505/36028
797018963968*x-6984227828951997/18446744073709551616
```

```
4769881729349199/144115188075855872*x^5-4960676998523167/36028797018963968*x^4-906516022662
815/18014398509481984*x^3+709886368310431/1125899906842624*x^2-273125284536263/562949953421
312*x+5520973063813861/1152921504606846976
```

```
-2498370729616149/36028797018963968*x^5+7869867798290867/36028797018963968*x^4+35676109426
```

23621/9007199254740992*x^3-5456540046829147/4503599627370496*x^2-5703652334213775/180143985
09481984*x+4518402618599137/4503599627370496

2473383841528011/36028797018963968*x^5-5293041420869943/36028797018963968*x^4-4862177955675
763/9007199254740992*x^3+1469958296723413/2251799813685248*x^2+8712694771287091/9007199254
740992*x-5613443563701481/576460752303423488

-2285747602968293/72057594037927936*x^5+5165789582708347/144115188075855872*x^4+4556809277
587513/18014398509481984*x^3-383321301610035/9007199254740992*x^2-4065563545718827/18014398
509481984*x+5213150273041843/2305843009213693952

2849557011386447/576460752303423488*x^5+4103362096396511/9223372036854775808*x^4-9595705138
53065/36028797018963968*x^3+3421109758502557/36893488147419103232*x^2+6343314943593383/2882
30376151711744*x-8118802820940845/36893488147419103232

11.3.3 分段线性插值

分段线性插值在 Matlab 函数库中有现成的程序，在计算时直接调用即可，详细的调用方
法见下表和例题.

表分段线性插值的 Matlab 函数

命令	功能
YI=interp1 (X,Y,XI)	interp1(X,Y,XI)命令的主要功能是计算函数 Y 在插值点向量 XI 的元素处的内线性插值所对应的向量 YI. （1）如果输入的节点 $(X(i),Y(i))$ 的横坐标向量 X 是 n 维向量. 插值点向量 XI 是 m 维，则运行后输出的插值向量 YI 也是 m 维. （2）如果输入的节点 $(X(i),Y(i))$ 的横坐标向量 X 是 n 维向量，纵坐标矩阵 $Y_{n \times t}$ 的行数必须是 X 的维数 n，插值点向量 XI 是 m 维，则按矩阵 Y 的每列进行插值运算，运行后输出的插值向量 YI 也是 m 行 t 列.
YI=interp1 (Y,XI)	interp1(Y,XI)命令与查表的作用相同. 这表指的是 $[X,Y]$，要查在 X 的元素之间位置处 XI 的元素插值 YI 的元素，即返回值. interp1(Y,XI)命令的主要用于节点 $(X(i),Y(i))$ 的纵坐标向量 X 的元素是 1 到 n 得自然数. 由于 YI interp1(Y,XI)是 interp1(X,Y,XI)的特例，所以两者输入和输出的向量或矩阵的大小类似. 即 （1）如果输入的节点 $(X(i),Y(i))$ 的横坐标向量 X 是 n 维向量，则纵坐标向量 Y 也也该是 n 维. 插值点向量 XI 是 m 维，则运行后输出的插值向量 YI 也是 m 维. （2）如果输入的节点 $(X(i),Y(i))$ 的横坐标向量 X 是 1 到 n 得自然数，纵坐标矩阵 $Y_{n \times t}$ 的行数必须是 X 的维数 n，插值点向量 XI 是 m 维，则按矩阵 Y 的每列进行插值运算，运行后输出的插值向量 YI 也是 m 行 t 列.

例 5 给定节点 $(X(i),Y(i))$ 的横坐标向量 X，纵坐标向量或矩阵 Y，插值点向量 XI 如下，
计算分段线性插值向量 YI.

（1）$X=(-5,-3,-2,5)$，$Y=(2,3,4,5)$，$XI=1.375$；

（2）X=(-5,-3,-2,5)，$Y=\begin{bmatrix} 2 & 3 & 4 \\ -5 & -3 & -2 \\ -5/2 & -21/10 & -19/10 \\ -1 & 2 & 5 \end{bmatrix}$，$XI$ 是-4 到 4 的整数.

解　（1）输入语句如下：

>>X=[-5,-3,-2,5];Y=[2,3,4,5];XI=1.375;

>> YI=interp1(X,Y,XI)

运行后结果为

YI =

4.4821

（2）输入语句如下：

>>X=[-5,-3,-2,5];Y=[2,3,4;-5,-3,-2;-2.5,-2.1,-1.9;-1,2,5];

>> XI=-4:4;

>> YI=interp1(X,Y,XI)

运行后结果为

YI =

-1.5000	0	1.0000
-5.0000	-3.0000	-2.0000
-2.5000	-2.1000	-1.9000
-2.2857	-1.5143	-0.9143
-2.0714	-0.9286	0.0714
-1.8571	-0.3429	1.0571
-1.6429	0.2429	2.0429
-1.4286	0.8286	3.0286
-1.2143	1.4143	4.0143

例 6　设函数 $f(x)=\dfrac{1}{1+25x^2}$，在区间[-1,1]上取等距节点 (x_i,y_i)，$i=0,1,2,\cdots,10$，求 $f(x)$ 的分段线性插值函数 $S_n(x)$，并用 Matlab 计算由相邻节点构成的子区间$[x_{i-1},x_i]$ 的中点处 $S_n(x)$ 的值.

解　（1）记节点横坐标为 x_i=-1+ih,h=0.2，i=0,1,2,...,10，插值点 $x_{i-\frac{1}{2}}=\dfrac{1}{2}(x_{i-1}+x_i)$，$i$=0,1,2,…,10.则

①分段线性插值函数 $S_n(x)$为

$$S_n(x)=\frac{x-x_i}{x_{i-1}-x_i}f(x_{i-1})+\frac{x-x_{i-1}}{x_i-x_{i-1}}f(x_i)\quad(x_{i-1}\leqslant x\leqslant x_i,i=1,2,...,10)$$

② $S_n(x)$在小区间$[x_{i-1},x_i]$，$i=0,1,2,\cdots,10$ 的中点 $x_{i-\frac{1}{2}}=\dfrac{1}{2}(x_{i-1}+x_i)$，$i=0,1,2,\cdots,10$ 处的插值为

$$S_n(x_{i-\frac{1}{2}})=\frac{1}{2}[f(x_{i-1})+f(x_i)],\quad i=0,1,2,\cdots,10$$

（2）下面用 Matlab 程序计算各小区间的中点处插值 $S_n(x_{i-\frac{1}{2}})$]

输入语句如下

```
>> x0=-1:0.2:1;y0=1./(1+25.*x0.^2);
>> xi=-0.9:0.2:0.9;fi=1./(1+25.*xi.^2);
>> yi=interp1(x0,y0,xi);
>> xi,fi,yi
```

运行结果如下

xi =

-0.9000	-0.7000	-0.5000	-0.3000	-0.1000	0.1000	0.3000	0.5000	0.7000	0.9000

fi =

0.0471	0.0755	0.1379	0.3077	0.8000	0.8000	0.3077	0.1379	0.0755	0.0471

yi =

0.0486	0.0794	0.1500	0.3500	0.7500	0.7500	0.3500	0.1500	0.0794	0.0486

下面给出作出有关分段线性插值图形的 Matlab 程序.

如果能在同一个坐标系中作出插值区间 $[a,b]$ 上的节点 $(x_i,f(x_i))$，被插函数 $f(x)$，$f(x)$ 的分段线性插值函数 $S_n(x)$ 和插值点 $(x_j,S_n(x_j))$ 等图形，则更有利于我们进一步直观地研究我们关心的问题，为此编写下面的 Matlab 程序.

作出有关分段线性插值图形的 Matlab 程序

输入的量：$n+1$ 个节点 $(x_i,f(x_i))$ $(i=0,1,2,\cdots,n+1)$ 横坐标向量 x_0，纵坐标向量 y_0，插值点 $(x_j,S_n(x_j))$ 纵坐标向量 x 和函数 $y=f(x)$ 的值.

输出的量：插值 $s=S_n(x_j)$.

输出的图形：在插值区间 $[a,b]$ 上的节点 $(x_i,f(x_i))$，被插值函数 $f(x)$，$f(x)$ 的分段线性插值函数 $S_n(x)$ 和插值点 $(x_j,S_n(x_j))$.

```
function s = fdxxcz(x0,y0,xi,x,y);
s = interp1(x0,y0,xi);
Sn = interp1(x0,y0,x0);
plot(x0,y0,'o',x0,Sn,'-',xi,s,'*',x,y,'-.')
legend('节点(xi,yi)','分段线性插值函数 Sn(x)','插值点(x,s)','被插值函数 y')
```

我们也可以在 Matlab 工作窗口编程序. 例如，

```
>>x0 = -6:6;y0 = sin(x0);
xi = -6:.25:6;
yi = interp1(x0,y0,xi);
x = -6:0.001:6; y = sin(x);
plot(x0,y0,'o',xi,yi,x,y,':');
legend('节点（xi,yi）','分段线性插值函数','y = sinx 的函数')
>>x0 = -6:6; y0 = cos(x0);
xi = -6:.25:6;
yi = interp1(x0,y0,xi);
x = -6:0.001:6; y = cos(x);
plot(x0,y0,'o',xi,yi,x,y,':');
legend('节点（xi,yi）','分段线性插值函数','y = cosx 的函数')
```

例 7 设函数 $f(x) = \dfrac{1}{1+25x^2}$，在区间[-1,1]上取等距节点 (x_i, y_i)，$i = 0,1,2,\cdots,10$，构造分段线性插值函数 $S_n(x)$，用 Matlab 计算由相邻节点构成的子区间$[x_{i-1}, x_i]$的中点处 $S_n(x)$ 的值，作出节点，插值点，$f(x)$ 和 $S_n(x)$ 的图形.

解 节点的横坐标和插值点等取值和例 6 相同. 输入语句如下：

```
>> x0=-1:0.2:1;y0=1./(1+25.*x0.^2);
>> xi=-0.9:0.2:0.9;
>> b=max(x0);a=min(x0);
>> x=a:0.001:b;
>> y=1./(1+25.*x.^2);
>>s=fdxxcz(x0,y0,xi,x,y),
>> title('y=1/(1+25*x^2)的分段线性插值的有关图形')
```

运行后结果如下，图形如图 11-8.

s =

| 0.0486 | 0.0794 | 0.1500 | 0.3500 | 0.7500 | 0.7500 | 0.3500 | 0.1500 | 0.0794 | 0.0486 |

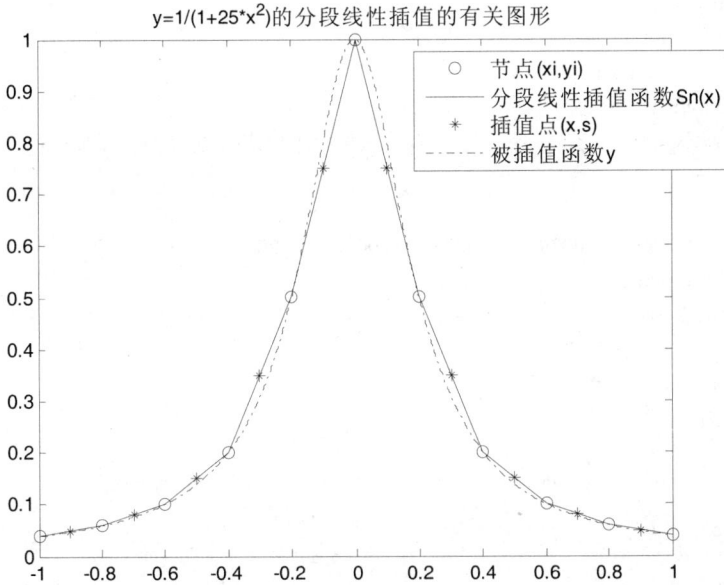

图 11-8

11.3.4 多项式拟合

Matlab 的 polyfit 函数提供了从一阶到高阶多项式的拟合，其调用方法有两种：

$$p = \text{polyfit}(x,y,n) \quad \text{或} \quad [p,s]=\text{polyfit}(x,y,n)$$

其中 x, y 为已知的数据组，n 为要拟合的多项式的阶次，向量 p 为返回的要拟合的多项式的系数，向量 s 为调用函数 polyfit 获得的错误预估计值. 一般说来，多项式拟合中阶数 n 越大，拟合的精度就越高.

假设由 polyfit 函数所建立的多项式为 $f(x) = a_n x^n + a_{n-1} x^{n-1} + \cdots + a_1 x + a_0$，从 polyfit 函数得到的输出值就是上述的各项系数 $a_n, a_{n-1}, \cdots, a_1, a_0$，这些系数组成向量 p. 注意：n 阶的多项

式会有 $n+1$ 个系数.

函数 polyfit 常与函数 polyval 结合起来使用，由 polyfit 计算出多项式的各个系数 $a_n, a_{n-1}, \cdots, a_1, a_0$ 后，再利用 polyval 求出多项式在输入向量处的值.

例 8 拟合下列数据

x	0.1	0.2	0.15	0.0	-0.2	0.3
y	0.95	0.84	0.86	1.06	1.50	0.72

解

```
>>clear;
>>x=[0.1, 0.2, 0.15, 0.0, -0.2, 0.3];
>>y=[0.95, 0.84, 0.86, 1.06,1.50, 0.72];
>>p=polyfit(x,y,2)                    %二次拟合多项式 p(1)*x^2+p(2)*x+p(3)
  p=
1.7432      -1.6959      1.0850
>>xi=-0.2:0.01:0.3;
>>yi=polyval(p,xi);
>>subplot(2,2,1);
>> plot(x,y,'x',xi,yi,'k');
>>title('polyfit');
>>p=polyfit(x,y,5)                    %五次拟合多项式(等价于多项式插值)
  p=
1.0e+003 *
-1.8524   0.7560   0.0079   -0.0275   0.0010   0.0011
>>yi=polyval(p,xi);
>>subplot(2,2,2);
>>plot(x,y,'x',xi,yi,'k');
>>title('polyinterp');
```

运行结果如图 11-9：

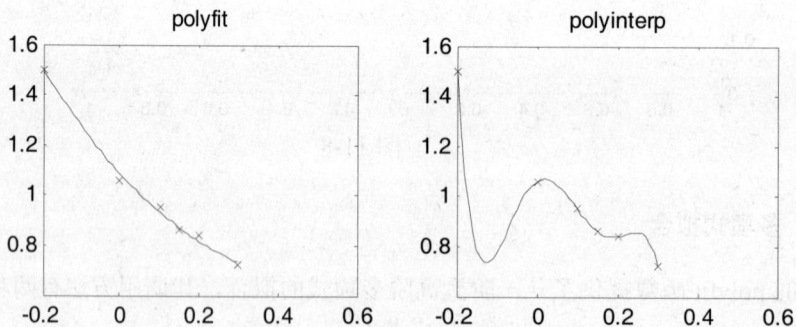

图 11-9

例 9 对向量 $X = [-2.8\ -1\ 0.2\ 2.1\ 5.2\ 6.8]$ 和 $Y = [3.1\ 4.6\ 2.3\ 1.2\ 2.3\ -1.1]$ 分别进行阶数为 3、4、5 的多项式拟合，并画出图形进行比较.

```
>> x=[-2.8 -1.0 0.2 2.1 5.2 6.8];
>> y=[3.1 4.6 2.3 1.2 2.3 -1.1];
```

```
>> p3=polyfit(x,y,3);                      %用不同阶数的多项式拟合 x 和 y
>> p4=polyfit(x,y,4);
>> p5=polyfit(x,y,5);
>>xcurve= -3.5:0.1:7.2                     %生成 x 值
>>p3curve=polyval(p3,xcurve);              %计算在这些 x 点的多项式
>>p4curve=polyval(p4,xcurve);
>>p5curve=polyval(p5,xcurve);
>> plot(xcurve,p3curve,'--',xcurve,p4curve,'-.',xcurve,p5curve,'-',x,y,':');
```

不同阶数的多项式拟合曲线如图 11-10 所示.

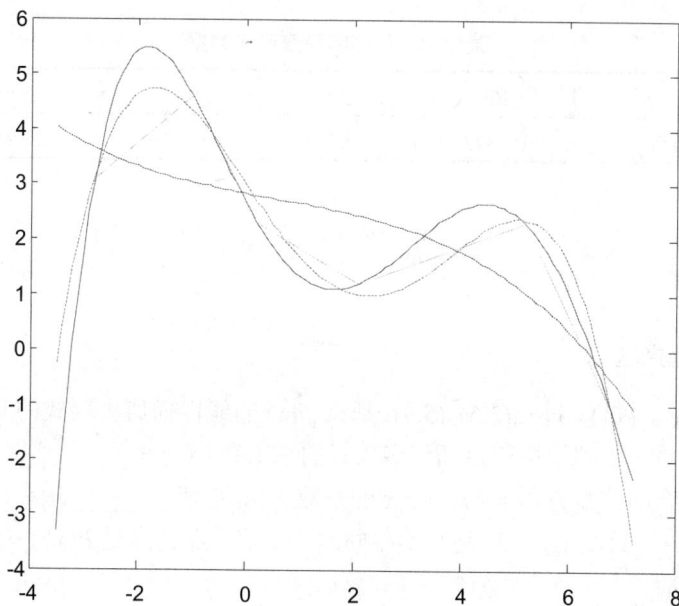

图 11-10

习题 11.3

1．已知数据点如下：

$x_0 = (-5.0 \quad -4.1 \quad -3.2 \quad -2.3 \quad -1.1 \quad 0.0 \quad 1.2 \quad 2.3 \quad 3.1 \quad 4.2 \quad 5.0)$

$y_0 = (0.04 \quad 0.06 \quad 0.09 \quad 0.16 \quad 0.45 \quad 1.00 \quad 0.41 \quad 0.16 \quad 0.09 \quad 0.05 \quad 0.04)$

（1）在 $[-5,0,5.0]$ 上对数据点进行线性插值，三次多项式插值.

（2）在同一坐标平面上用不同颜色将这三种插值曲线绘制出来，最好再给加上适当的标注.

2．设函数 $f(x) = \sin(\dfrac{3-\cos 4x}{1+25x^2})$ 定义在区间 $[-\pi,\pi]$ 上，取 $n = 13$，按等距节点求分段线性插值函数 $S_n(x)$，并用 Matlab 程序计算各小区间中点 x_i 处 $S_n(x)$ 的值及其相对误差.

3．设函数 $f(x) = \dfrac{1}{1+x^2}$ 定义在区间 $[-5,5]$ 上，取 $n = 10$，按等距节点求分段线性插值函数 $S_n(x)$，并用 Matlab 程序计算各小区间中点 x_i 处 $S_n(x)$ 的值，作出节点，插值点，$f(x)$ 和 $S_n(x)$ 的图形.

4．已知数据点如第 1 题的 x_0, y_0，

（1）在[-5,5]上对所给数据分别进行 3 次，4 次，9 次，10 次多项式拟合，求出相应的拟合多项式.

（2）将这些拟合曲线在同一坐标平面上用不同颜色绘制出来.

（3）经过分析比较，你能挑选出一条比较好的拟合曲线来吗？

5．大气压强 p 随高度 x 变化的理论公式为 $p = 1.0332e^{-(x+500)/7756}$，为验证这一公式，测得某地大气压强随高度变化的一组数据如下表所示，试用插值法和拟合法进行计算并绘图，看哪种方法较为合适，且总误差最小.

某地大气压强随高度变化数据

高度/m	0	300	600	1000	1500	2000
压强/Pa	0.9689	0.9322	0.8969	0.8519	0.7989	0.7491

总习题十一

一、填空与选择题

1．已知函数 $y = f(x)$，过点 $(2,5), (5,9)$，那么 $f(x)$ 的线性插值多项式的基函数为_____．

2．过 6 个插值节点的拉格朗日插值多项式的基函数 $l_4(x) = $_____．

3．求数据拟合的直线方程 $y = a_0 + a_1 x$ 的系数 a_0, a_1 是使_____最小．

4．设 $y = f(x)$，只要 x_0, x_1, x_2 是互不相同的 3 个值，那么满足 $P(x_k) = y_k (k = 0,1,2)$ 的 $f(x)$ 的插值多项式 $P(x)$ 是_____（就唯一性回答问题）．

5．数据拟合的直线方程为 $y = a_0 + a_1 x$，如果记

$$\bar{x} = \frac{1}{n}\sum_{k=1}^{n} x_k, \quad \bar{y} = \frac{1}{n}\sum_{k=1}^{n} y_k, \quad l_{xx} = \frac{1}{n}\sum_{k=1}^{n} x_k^2 - n(\bar{x})^2, \quad l_{xy} = \frac{1}{n}\sum_{k=1}^{n} x_k y_k - n\bar{x}\bar{y}$$

那么常数 a_0, a_1 满足的方程组是（　　）．

A. $\begin{cases} na_0 + \bar{x}a_1 = \bar{y} \\ \bar{x}a_0 + l_{xx}a_1 = l_{xy} \end{cases}$

B. $\begin{cases} a_1 = \dfrac{l_{xy}}{l_{xx}} \\ a_0 = \bar{y} - a_1\bar{x} \end{cases}$

C. $\begin{cases} a_0 + a_1\bar{x}_1 = \bar{y} \\ n\bar{x}a_0 + l_{xx}a_1 = l_{xy} \end{cases}$

D. $\begin{cases} a_0 + a_1\bar{x} = \bar{y} \\ \bar{x}a_0 + l_{xx}a_1 = l_{xy} \end{cases}$

二、计算题

1．求过三个点 $(0,1), (1,2), (2,3)$ 的拉格朗日插值多项式.

2．已知数据对 $(7,3.1), (8,4.9), (9,5.3), (10,5.8), (11,6.1), (12,6.4), (13,5.9)$．试用二次多项式拟合这组数据.

3．已知 $\ln 3.1 = 1.1314, \ln 3.2 = 1.1632$，试用线性插值求 $\ln 3.16$ 的值.

4．已知 $f(x)$ 在 $x = -1, 0, 1$ 处的值分别为 1，-1，1，求 $f(x)$ 的二次插值多项式.

5．已知函数 $y = f(x)$ 的观测数据为 $f(1) = 1, f(4) = 2, f(2) = 1$．试求以 1，4，2 为节点的 Lagrange 插值多项式，并求 $f(1.5)$ 的近似值.

6．已知函数 $f(x)$ 的观测数据为 $f(-1) = 3, f(0) = 1, f(1) = 3, f(2) = 9$．试求以 -1，0，1，2 为节点的 Lagrange 插值多项式，并求 $f(1/2)$ 的近似值.

7．试利用 100、121、144 的平方根，用二次插值多项式求 $\sqrt{115}$ 的近似值．用其中的任意两点，构造线性插值函数，用得到的三个线性插值函数，计算 $\sqrt{115}$ 的近似值，并分析结果不同的原因.

8．已知函数值 $f(-2) = 4, f(-1) = -3, f(0) = 2, f(1) = 0, f(2) = 4$．试用抛物线插值计算 $f(0.4)$ 和 $f(0.6)$ 的近似值.

附录 1　微积分学的建立及数学家简介

从微积分成为一门学科来说，是在十七世纪，但是，微分和积分的思想在古代就已经产生了.

作为微分学基础的极限理论来说，早在古代已有比较清楚的论述. 比如我国的庄周所著的《庄子》一书的"天下篇"中，记有"一尺之棰，日取其半，万世不竭". 三国时期的刘徽在他的割圆术中提到"割之弥细，所失弥小，割之又割，以至于不可割，则与圆周和体而无所失矣."这些都是朴素的、也是很典型的极限概念.

到了十七世纪，有许多科学问题需要解决，这些问题也就成了促使微积分产生的因素. 归结起来，大约有四种主要类型的问题：第一类是研究运动的时候直接出现的，也就是求即时速度的问题. 第二类问题是求曲线的切线的问题. 第三类问题是求函数的最大值和最小值问题. 第四类问题是求曲线长、曲线围成的面积、曲面围成的体积、物体的重心、一个体积相当大的物体作用于另一物体上的引力等问题.

十七世纪的许多著名的数学家、天文学家、物理学家都为解决上述几类问题作了大量的研究工作，如法国的费马、笛卡尔、罗伯瓦、笛沙格；英国的巴罗、瓦里士；德国的开普勒；意大利的卡瓦列利等人都提出许多很有建树的理论，为微积分的创立做出了贡献.

十七世纪下半叶，在前人工作的基础上，英国大科学家牛顿和德国数学家莱布尼茨分别在自己的国度里独自研究和完成了微积分的创立工作，虽然这只是十分初步的工作. 他们的最大功绩是把两个貌似毫不相关的问题联系在一起，一个是切线问题（微分学的中心问题），一个是求积问题（积分学的中心问题）.

牛顿和莱布尼茨建立微积分的出发点是直观的无穷小量，因此这门学科早期也称为无穷小分析，这正是现在数学中分析学这一大分支名称的来源. 牛顿研究微积分着重于从运动学来考虑，莱布尼茨却是侧重于几何学来考虑的.

牛顿在 1671 年写了《流数法和无穷级数》，这本书直到 1736 年才出版，他在这本书里指出，变量是由点、线、面的连续运动产生的，否定了以前自己认为的变量是无穷小元素的静止集合. 他把连续变量叫做流动量，把这些流动量的导数叫做流数. 牛顿在流数术中所提出的中心问题是：已知连续运动的路径，求给定时刻的速度（微分法）；已知运动的速度求给定时间内经过的路程（积分法）.

德国的莱布尼茨是一个博才多学的学者，1684 年，他发表了现在世界上认为是最早的微积分文献，这篇文章有一个很长而且很古怪的名字《一种求极大极小和切线的新方法，它也适用于分式和无理量，以及这种新方法的奇妙类型的计算》. 就是这样一篇说理也颇含糊的文章，却有划时代的意义，它已含有现代的微分符号和基本微分法则. 1686 年，莱布尼茨发表了第一篇积分学的文献. 他是历史上最伟大的符号学者之一，他所创设的微积分符号，远远优于牛顿创设的符号，这对微积分的发展有极大的影响. 现在我们使用的微积分通用符号就是当时莱布尼茨精心选用的.

微积分学的创立，极大地推动了数学的发展，过去很多初等数学束手无策的问题，运用微积分，往往迎刃而解，显示出微积分学的非凡威力.

前面已经提到，一门科学的创立决不是某一个人的业绩，他必定是经过多少人的努力后，在积累了大量成果的基础上，最后由某个人或几个人总结完成的. 微积分也是这样.

不幸的是，由于人们在欣赏微积分的宏伟功效之余，在提出谁是这门学科的创立者的时候，竟然引起了一场悍然大波，造成了欧洲大陆的数学家和英国数学家的长期对立. 英国数学在一个时期里闭关锁国，囿于民族偏见，过于拘泥在牛顿的"流数术"中停步不前，因而数学发展整整落后了一百年.

其实，牛顿和莱布尼茨分别是自己独立研究，在大体上相近的时间里先后完成的. 比较特殊的是牛顿创立微积分要比莱布尼茨早 10 年左右，但是正式公开发表微积分这一理论，莱布尼茨却要比牛顿发表早 3 年. 他们的研究各有长处，也都各有短处. 那时候，由于民族偏见，关于发明优先权的争论竟从 1699 年始延续了一百多年.

应该指出，这是和历史上任何一项重大理论的完成都要经历一段时间一样，牛顿和莱布尼茨的工作也都是很不完善的. 他们在无穷和无穷小量这个问题上，说法不一，十分含糊. 牛顿的无穷小量，有时候是零，有时候不是零而是有限的小量；莱布尼茨的也不能自圆其说. 这些基础方面的缺陷，最终导致了第二次数学危机的产生.

直到 19 世纪初，法国科学学院的科学家以柯西为首，对微积分的理论进行了认真研究，建立了极限理论，后来又经过德国数学家维尔斯特拉斯进一步的严格化，使极限理论成为了微积分的坚定基础，才使微积分进一步的发展开来.

任何新兴的、具有无量前途的科学成就都吸引着广大的科学工作者. 在微积分的历史上也闪烁着这样的一些明星：瑞士的雅科布·贝努利和他的兄弟约翰·贝努利、欧拉，法国的拉格朗日、柯西……

欧氏几何也好，上古和中世纪的代数学也好，都是一种常量数学，微积分才是真正的变量数学，是数学中的大革命. 微积分是高等数学的主要分支，不只是局限在解决力学中的变速问题，它驰骋在近代和现代科学技术园地里，建立了数不清的丰功伟绩.

在微积分的发展史上作出重要贡献的数学家有：

约翰·伯努利（Johann Bernoulli，1667—1748）：瑞士数学家，老尼古拉·伯努利（Nikolaus Bernoulli）的第三个儿子，雅格布·伯努利（Jakob Bernoulli）的弟弟. 约翰生活在 17 世纪下半叶到 18 世纪上半叶，这一时期数学上最突出的成就就是微积分的发明与发展. 由微积分的创立，又产生了数学的一些重要分支，如微分方程、无穷级数、微分几何、变分法等. 18 世纪数学家的主要任务是致力于这些学科分支的发展，而要完成这些任务，首先必须发展、完善微积分本身. 约翰就是一个对微积分和与其相关的许多数学分支都做过重要贡献的人，是 18 世纪分析学的重要奠基者之一.

欧拉（Leonhard Euler，1707—1783）：18 世纪最优秀的数学家，也是历史上最伟大的数学家之一，被称为"分析的化身". 欧拉 1707 年出生在瑞士的巴塞尔城，小时候他就特别喜欢数学，不满 10 岁就开始自学《代数学》. 13 岁就进巴塞尔大学读书，这在当时是个奇迹，曾轰动了数学界. 在大学里得到当时最有名的数学家微积分权威约翰·伯努利（Johann Bernoulli）的精心指导，并逐渐与其建立了深厚的友谊. 两年后的夏天，欧拉获得巴塞尔大学的学士学位，次年，欧拉又获得巴塞尔大学的哲学硕士学位. 1725 年，欧拉开始了他的数学生涯. 他从 19 岁开始发表论文，直到 76 岁，半个多世纪写下了浩如烟海的书籍和论文. 可以说欧拉是科学史上最多产的一位杰出的数学家，据统计，他那不倦的一生共写下了 886 本书籍和论文，到今几乎每一个数学领域都可以看到欧拉的名字，从初等几何的欧拉线，多面体的欧拉定理，立体解析几何的欧拉变换公式，四次方程的欧拉解法到数论中的欧拉函数，微分方程的欧拉方程，级数论的欧拉常数，变分学的欧拉方程，复变函数的欧拉公式等等，数也数不清．他对数学分析的贡献更独具匠心，《无穷小分析引论》一书便是他划时代的代表作．

狄利克雷（**Dirichlet，Peter Gustav Lejeune，1805－1859**）：德国数学家．对数论、数学分析和数学物理有突出贡献，是解析数论的创始人之一．中学时曾受教于物理学家 G．S．欧姆；1822～1826 年在巴黎求学，深受 J．-B．-J．傅里叶的影响．回国后先后在布雷斯劳大学、柏林军事学院和柏林大学任教 27 年，对德国数学发展产生巨大影响．1839 年任柏林大学教授，1855 年接任 C．F．高斯在哥廷根大学的教授职位．在分析学方面，他是最早倡导严格化方法的数学家之一，也正是他最早提出函数是 x 与 y 之间的一种对应关系的现代观点．1863 年狄利克雷撰写了《数论讲义》，1837 年，他构造了狄利克雷级数．1838～1839 年，他得到确定二次型类数的公式．1846 年，使用抽屉原理．阐明代数数域中单位数的阿贝尔群的结构

康托尔（**Georg Cantor，1845－1918**）：德国数学家，集合论的创始者．康托尔出生于圣彼得堡，11 岁时移居德国，在德国读中学．1862 年 17 岁时进入瑞士苏黎世大学学习，翌年转入柏林大学，主修数学．大学期间康托尔主修数论，但受维尔斯特拉斯的影响，对数学推导的严格性和数学分析感兴趣．他于 1870、1871、1872 年发表了三篇关于三角级数的论文．在 1872 年的论文中提出了以基本序列（即柯西序列）定义无理数的实数理论，并初步提出以高阶导出集的性质作为对无穷集合的分类准则．康托尔肯定了无穷数的存在，并对无穷问题进行了哲学的讨论，最终建立了较完善的集合理论，为现代数学的发展打下了坚实的基础．

罗尔（**Rolle，1652－1719**）：法国数学家，在数学上的成就主要是在代数方面，专长于丢番图方程的研究．罗尔于 1691 年在题为《任意次方程的一个解法的证明》的论文中指出了：在多项式方程的两个相邻的实根之间，方程至少有一个根．在一百多年后的 1846 年，尤斯托（Giusto Bellavitis）将这一定理推广到可微函数，并把此定理命名为罗尔定理．罗尔定理的诞生是十分有趣的，他只是做了一个小小的发现，而且并没有证明．但现在，他的定理却出现在每一本微积分教材上．更有趣的是，他本人曾是微积分的强烈攻击者．罗尔所处的时代正当牛顿、莱布尼兹的微积分诞生不久，由于这一新生事物存在逻辑上的缺陷，从而遭受多方面的非议，其中也包括罗尔，并且他是反对派中最直言不讳的一员．直到 1706 年秋天，罗尔才承认他已经放弃了自己的观点，并且充分认识到无穷小分析新方法价值．

拉格朗日（**Joseph-Louis Lagrange，1735－1813**）：法国数学家，拉格朗日在数学上最突出的贡献是使数学分析与几何与力学脱离开来，使数学的独立性更为清楚，从此数学不再仅仅是其他学科的工具．他总结了 18 世纪的数学成果，同时又为 19 世纪的数学研究开辟了道路，堪称法国最杰出的数学大师．在探讨数学难题"等周问题"的过程中，他以欧拉的思路和结果为依据，用纯分析的方法求变分极值，发展了欧拉所开创的变分法，为变分法奠定了理论基础．他曾试图寻找五次方程的预解函数，希望这个函数是低于五次的方程的解，但未获得成功．然而，他的思想已蕴含着置换群概念，对后来的研究者起到启发性作用，最终解决了高于四次的一般方程为何不能用代数方法求解的问题，因而也可以说拉格朗日是群论的先驱．在数论方面，拉格朗日也显示出非凡的才能．他的很多研究成果丰富了数论的内容．同

时，他为微积分奠定理论基础方面作了独特的尝试，企图把微分运算归结为代数运算，从而抛弃自牛顿以来一直令人困惑的无穷小量，并想由此出发建立全部分析学．但是由于他没有考虑到无穷级数的收敛性问题，他自以为摆脱了极限概念，其实只是回避了极限概念，并没有能达到他想使微积分代数化、严密化的目的．不过，他用幂级数表示函数的处理方法对分析学的发展产生了影响，成为实变函数论的起点．近百余年来，数学领域的许多新成就都可以直接或间接地溯源于拉格朗日的工作，所以他在数学史上被认为是对分析数学的发展产生全面影响的数学家之一．

柯西（**Cauchy**，**1789－1857**）：法国数学家、物理学家．19 世纪初期，微积分已发展成一个庞大的分支，内容丰富，应用非常广泛，与此同时，它的薄弱之处也越来越暴露出来．为解决新问题并澄清微积分概念，数学家们展开了数学分析严谨化的工作，做出卓越贡献的要首推伟大的数学家柯西．

1821 年柯西提出极限定义的方法，把极限过程用不等式来刻画，后经魏尔斯特拉斯改进，成为现在所说的柯西极限定义．当今所有微积分的教科书都还（至少是在本质上）沿用着柯西等人关于极限、连续、导数、收敛等概念的定义．他对微积分的解释被后人普遍采用．柯西对定积分作了最系统的开创性工作，他把定积分定义为和的"极限"．在定积分运算之前，强调必须确立积分的存在性．他利用中值定理首先严格证明了微积分基本定理．通过柯西以及后来魏尔斯特拉斯的艰苦工作，使数学分析的基本概念得到严格的论述，从而结束微积分二百年来思想上的混乱局面，把微积分及其推广从对几何概念，运动和直观了解的完全依赖中解放出来，并使微积分发展成现代数学最基础最庞大的数学学科．

洛必达（**L'Hospital**，**1661－1704**）：法国数学家，洛必达早年就显露出数学才能，在他15 岁时就解出帕斯卡的摆线难题，以后又解出约翰伯努利向欧洲挑战"最速降曲线"问题．后来师从约翰·伯努利学习微积分，并成为法国新解析的主要成员．洛必达的著作尚盛行于 18 世纪的圆锥曲线的研究．他最重要的著作是 1696 年出版的《阐明曲线的无穷小于分析》，这本书是世界上第一本系统的微积分学教科书．他由一组定义和公理出发，全面地阐述变量、无穷小量、切线、微分等概念，这对传播新创建的微积分理论起了很大的作用．在书中第九章记载着约翰·伯努利在 1694 年 7 月 22 日告诉他的一个用于求一个分式当分子和分母都趋于零时的极限的法则，这便是如今总所周知的洛必达法则．后人误以为是他的发明，故"洛必达法则"之名沿用至今．

牛顿（**Isaac Newton**，**1643－1727**）：英国伟大的数学家、物理学家、天文学家和自然哲学家，同时他也是一个神学爱好者，晚年曾着力研究神学，被誉为人类历史上最伟大的科学家之一．牛顿在数学上最卓越的成就是创建微积分．他超越前人的功绩在于，他将古希腊以来求解无限小问题的各种特殊技巧统一为两类普遍的算法——微分和积分，并确立了这两类运算的互逆关系．微积分方法上，牛顿所作出的极端重要的贡献在于，他不但清楚地看到，而且大胆地运用了代数所提供的大大优越于几何的方法论．他以代数方法取代了几何方法，完成了积分的代数化．从此，数学逐渐从感觉的学科转向思维的学科．同时，牛顿还发现了二项式定理，这对于微积分的充分发展是必不可少的一步．二项式级数展开式是研究级数论、函数论、数学分析、方程理论的有力工具．牛顿在代数方面也作出了经典的贡献，他的《广义算术》大大推动了方程论．他发现实多项式的虚根必定成双出现，求多项式根的上界的规则，他以多项式的系数表示多项式的根 n 次幂之和公式，给出实多项式虚根个数的限制的笛卡儿符号规则的一个推广. 牛顿在还设计了求数值方程的实根近似值的对数和超越方程都适用的一种方法，该方法的修正，现称为牛顿方法.

莱布尼茨（Gottfriend Wilhelm von Leibniz，1646－1716）： 德国最重要的自然科学家、数学家、物理学家、历史学家和哲学家，一位举世罕见的科学天才，他博览群书，涉猎百科，对丰富人类的科学知识宝库做出了不可磨灭的贡献. 莱布尼茨在数学上最大的成就无疑是创立了微积分. 微积分思想最早可以追溯到希腊由阿基米德等人提出的计算面积和体积的方法. 1665 年牛顿创始了微积分，莱布尼茨在 1673－1676 年间也发表了微积分思想的论著. 关于微积分创立的优先权，在数学史上曾掀起了一场激烈的争论. 实际上，牛顿在微积分方面的研究虽早于莱布尼茨，但莱布尼茨成果的发表则早于牛顿. 牛顿在 1687 年出版的《自然哲学的数学原理》中曾写道："十年前在我和最杰出的几何学家莱布尼茨的通信中，我表明我已经知道确定极大值和极小值的方法、作切线的方法以及类似的方法，但我在交换的信件中隐瞒了这方法，……这位最卓越的科学家在回信中写道，他也发现了一种同样的方法. 他并诉述了他的方法，它与我的方法几乎没有什么不同，除了他的措词和符号而外". 因此，后来人们公认牛顿和莱布尼茨是各自独立地创建微积分的. 莱布尼茨在数学其它方面的成就也是巨大的，他的研究及成果渗透到高等数学的许多领域. 他的一系列重要数学理论的提出，为后来的数学理论奠定了基础. 莱布尼茨曾讨论过负数和复数的性质，得出复数的对数并不存在，共扼复数的和是实数的结论. 在后来的研究中，莱布尼茨证明了自己结论是正确的. 他还对线性方程组进行研究，对消元法从理论上进行了探讨，并首先引入了行列式的概念，提出行列式的某些理论，此外，莱布尼茨还创立了符号逻辑学的基本概念.

勒奈·笛卡尔（Rence Descartes，1596－1650）： 法国哲学家、物理学家和数学家. 笛卡儿最杰出的成就是在数学发展上创立了解析几何学. 在笛卡儿时代，代数还是一个比较新的学科，几何学的思维还在数学家的头脑中占有统治地位. 笛卡儿致力于代数和几何联系起来的研究，于 1637 年，在创立了坐标系后，成功地创立了解析几何学. 他的这一成就为微积分的创立奠定了基础. 解析几何直到现在仍是重要的数学方法之一.

在《几何学》卷一中，他用平面上的一点到两条固定直线的距离来确定点的距离，用坐标来描述空间上的点. 他进而创立了解析几何学，表明了几何问题不仅可以归结成为代数形式，而且可以通过代数变换来实现发现几何性质，证明几何性质. 笛卡儿把几何问题化成代数问题，提出了几何问题的统一作图法.

在卷二中，笛卡儿用这种新方法解决帕普斯问题时，在平面上以一条直线为基线，为它规定一个起点，又选定与之相交的另一条直线，它们分别相当于 x 轴、原点、y 轴，构成一个斜坐标系. 那么该平面上任一点的位置都可以用(x,y)唯一地确定. 帕普斯问题就化成了一个含两个未知数的二次不定方程. 笛卡儿指出，方程的次数与坐标系的选择无关，因此可以根据方程的次数将曲线分类.

在卷三中，笛卡儿指出，方程可能有和它的次数一样多的根，还提出了著名的笛卡儿符号法则：方程正根的最多个数等于其系数变号的次数；其负根的最多个数（他称为假根）等于符号不变的次数. 笛卡儿还改进了韦达创造的符号系统，用 a，b，c，…表示已知量，用 x，y，z，…表示未知量.

达朗贝尔（J.d'Alembert，1717－1783）： 法国著名的物理学家、数学家和天文学家，他一生研究了大量课题，完成了涉及多个科学领域的论文和专著，其中最著名的有 8 卷巨著《数学手册》、力学专著《动力学》、23 卷的《文集》、《百科全书》的序言等等. 达朗贝尔生前为人类的进步与文明做出了巨大的贡献, 也得到了许多荣誉. 但在他临终时, 却因为教会的阻挠而没有举行任何形式的葬礼.

达朗贝尔是数学分析的主要开拓者和奠基人. 达朗贝尔为极限作了较好的定义, 但他没有把这种表达公式化. 他是当时几乎唯一 一位把微分看成是函数极限的数学家.

达朗贝尔是十八世纪少数几个把收敛级数和发散级数分开的数学家之一, 并且他还提出了一种判别级数绝对收敛的方法——达朗贝尔判别法, 即现在还使用的比值判别法.

《动力学》是达朗贝尔最伟大的物理学著作. 他提出了三大运动定律, 第一运动定律是给出几何证明的惯性定律; 第二定律是力的分析的平行四边形法则的数学证明; 第三定律是用动量守恒来表示的平衡定律.

达朗贝尔在数学领域的各个方面都有所建树, 但他并没有严密和系统的进行深入的研究, 他甚至曾相信数学知识快穷尽了. 但无论如何, 十九世纪数学的迅速发展是建立在他们那一代科学家的研究基础之上的, 达朗贝尔为推动数学的发展做出了重要的贡献.

附录 2 常用的初等数学公式

1. 三角函数公式

（1）诱导公式

函数 角 A	sin	cos	tan	cot
$-\alpha$	$-\sin\alpha$	$\cos\alpha$	$-\tan\alpha$	$-\cot\alpha$
$90°-\alpha$	$\cos\alpha$	$\sin\alpha$	$\cot\alpha$	$\tan\alpha$
$90°+\alpha$	$\cos\alpha$	$-\sin\alpha$	$-\cot\alpha$	$-\tan\alpha$
$180°-\alpha$	$\sin\alpha$	$-\cos\alpha$	$-\tan\alpha$	$-\cot\alpha$
$180°+\alpha$	$-\sin\alpha$	$-\cos\alpha$	$\tan\alpha$	$\cot\alpha$
$270°-\alpha$	$-\cos\alpha$	$-\sin\alpha$	$\cot\alpha$	$\tan\alpha$
$270°+\alpha$	$-\cos\alpha$	$\sin\alpha$	$-\cot\alpha$	$-\tan\alpha$
$360°-\alpha$	$-\sin\alpha$	$\cos\alpha$	$-\tan\alpha$	$-\cot\alpha$
$360°+\alpha$	$\sin\alpha$	$\cos\alpha$	$\tan\alpha$	$\cot\alpha$

（2）和差角公式

$$\sin(\alpha \pm \beta) = \sin\alpha\cos\beta \pm \cos\alpha\sin\beta$$

$$\cos(\alpha \pm \beta) = \cos\alpha\cos\beta \mp \sin\alpha\sin\beta$$

$$\tan(\alpha \pm \beta) = \frac{\tan\alpha \pm \tan\beta}{1 \mp \tan\alpha \cdot \tan\beta}$$

$$\cot(\alpha \pm \beta) = \frac{\cot\alpha \cdot \cot\beta \mp 1}{\cot\beta \pm \cot\alpha}$$

（3）和差化积公式和积化和差公式

$$\sin\alpha + \sin\beta = 2\sin\frac{\alpha+\beta}{2}\cos\frac{\alpha-\beta}{2}$$

$$\sin\alpha - \sin\beta = 2\cos\frac{\alpha+\beta}{2}\sin\frac{\alpha-\beta}{2}$$

$$\cos\alpha + \cos\beta = 2\cos\frac{\alpha+\beta}{2}\cos\frac{\alpha-\beta}{2}$$

$$\cos\alpha - \cos\beta = -2\sin\frac{\alpha+\beta}{2}\sin\frac{\alpha-\beta}{2}$$

$$\sin\alpha \cdot \cos\beta = \frac{1}{2}[\sin(\alpha+\beta) + \sin(\alpha-\beta)]$$

$$\cos\alpha \cdot \sin\beta = \frac{1}{2}[\sin(\alpha+\beta) - \sin(\alpha-\beta)]$$

$$\cos\alpha \cdot \cos\beta = \frac{1}{2}[\cos(\alpha+\beta)+\cos(\alpha-\beta)]$$

$$\sin\alpha \cdot \sin\beta = -\frac{1}{2}[\cos(\alpha+\beta)+\cos(\alpha-\beta)]$$

（4）倍角公式和降幂公式

$$\sin 2\alpha = 2\sin\alpha\cos\alpha$$

$$\cos 2\alpha = 2\cos^2\alpha - 1 = 1 - 2\sin^2\alpha = \cos^2\alpha - \sin^2\alpha$$

$$\cot 2\alpha = \frac{\cot^2\alpha - 1}{2\cot\alpha}$$

$$\tan 2\alpha = \frac{2\tan\alpha}{1-\tan^2\alpha}$$

$$\sin^2\alpha = \frac{1-\cos 2\alpha}{2}$$

$$\cos^2\alpha = \frac{1+\cos 2\alpha}{2}$$

（5）同角三角函数的关系

$$\sin\alpha \cdot \csc\alpha = 1$$

$$\cos\alpha \cdot \sec\alpha = 1$$

$$\tan\alpha \cdot \cot\alpha = 1$$

$$\sin^2\alpha + \cos^2\alpha = 1$$

$$1 + \tan^2\alpha = \sec^2\alpha$$

$$1 + \cot^2\alpha = \csc^2\alpha$$

（6）反三角函数性质

$$\arcsin x + \arccos x = \frac{\pi}{2} \qquad \arctan x + \operatorname{arc cot} x = \frac{\pi}{2}$$

（7）正弦定理

$$\frac{a}{\sin A} = \frac{b}{\sin B} = \frac{c}{\sin C} = 2R$$

（8）余弦定理

$$c^2 = a^2 + b^2 - 2ab\cos C$$

2．乘法公式与二项式定理

（1）$(a+b)^3 = a^3 + 3a^2b + 3ab^2 + b^3 ; (a-b)^3 = a^3 - 3a^2b + 3ab^2 - b^3$

（2）$(a+b)^n = C_n^0 a^n + C_n^1 a^{n-1}b + C_n^2 a^{n-2}b^2 + \cdots + C_n^k a^{n-k}b^k + C_n^{n-1}ab^{n-1} + C_n^n b^n$

（3）$a^3 + b^3 = (a+b)(a^2 - ab + b^2) ; \quad a^3 - b^3 = (a-b)(a^2 + ab + b^2)$

（4）$a^n - b^n = (a-b)(a^{n-1} + a^{n-2}b + \ldots + b^{n-1})$

3．指数运算

（1）$a^{-n} = \dfrac{1}{a^n} \ (a \neq 0)$

（2）$a^0 = 1 (a \neq 1)$

（3）$a^{\frac{m}{n}} = \sqrt[n]{a^m} \ (a \geqslant 0)$

（4）$a^m a^n = a^{m+n}$

（5）$a^m \div a^n = a^{m-n}$

（6）$(a^m)^n = a^{mn}$

（7）$\left(\dfrac{b}{a}\right)^n = \dfrac{b^n}{a^n} (a \neq 0)$

（8）$(ab)^n = a^n b^n$

（9）$\sqrt{a^2} = |a|$

4．对数运算

（1）$a^{\log_a^N} = N$

（2）$\log_a^{b^n} = n \log_a^b$

（3）$\log_a^{\sqrt[n]{b}} = \dfrac{1}{n} \log_a^b$

（4）$\log_a^a = 1$

（5）$\log_a^1 = 0$

（6）$\log_a^{MN} = \log_a^M + \log_a^N$

（7）$\log_a^{\frac{M}{N}} = \log_a^M - \log_a^N$

（8）$\log_a^b = \dfrac{1}{\log_b^a}$

（9）$\lg a = \log_{10}^a$，$\ln a = \log_e^a$

5．排列组合

（1）$P_n^m = n(n-1)\cdots[n-(m-1)] = \dfrac{n!}{(n-m)!}$　（约定 $0! = 1$）

（2）$C_n^m = \dfrac{P_n^m}{m!} = \dfrac{n!}{m!(n-m)!}$

（3）$C_n^m = C_n^{n-m}$

（4）$C_n^m + C_n^{m-1} = C_{n+1}^m$

（5）$C_n^0 + C_n^1 + C_n^2 + \cdots + C_n^n = 2^n$

附录3　常用积分公式

1. 含有 $ax+b$ 的积分（$a \neq 0$）

（1）　$\displaystyle\int \frac{\mathrm{d}x}{ax+b} = \frac{1}{a}\ln|ax+b| + C$

（2）　$\displaystyle\int (ax+b)^{\mu}\mathrm{d}x = \frac{1}{a(\mu+1)}(ax+b)^{\mu+1} + C \ (\mu \neq -1)$

（3）　$\displaystyle\int \frac{x}{ax+b}\mathrm{d}x = \frac{1}{a^2}(ax+b-b\ln|ax+b|) + C$

（4）　$\displaystyle\int \frac{x^2}{ax+b}\mathrm{d}x = \frac{1}{a^3}\left[\frac{1}{2}(ax+b)^2 - 2b(ax+b) + b^2\ln|ax+b|\right] + C$

（5）　$\displaystyle\int \frac{\mathrm{d}x}{x(ax+b)} = -\frac{1}{b}\ln\left|\frac{ax+b}{x}\right| + C$

（6）　$\displaystyle\int \frac{\mathrm{d}x}{x^2(ax+b)} = -\frac{1}{bx} + \frac{a}{b^2}\ln\left|\frac{ax+b}{x}\right| + C$

（7）　$\displaystyle\int \frac{x}{(ax+b)^2}\mathrm{d}x = \frac{1}{a^2}\left(\ln|ax+b| + \frac{b}{ax+b}\right) + C$

（8）　$\displaystyle\int \frac{x^2}{(ax+b)^2}\mathrm{d}x = \frac{1}{a^3}\left(ax+b-2b\ln|ax+b| - \frac{b^2}{ax+b}\right) + C$

（9）　$\displaystyle\int \frac{\mathrm{d}x}{x(ax+b)^2} = \frac{1}{b(ax+b)} - \frac{1}{b^2}\ln\left|\frac{ax+b}{x}\right| + C$

2. 含有 $\sqrt{ax+b}$ 的积分

（1）　$\displaystyle\int \sqrt{ax+b}\,\mathrm{d}x = \frac{2}{3a}\sqrt{(ax+b)^3} + C$

（2）　$\displaystyle\int x\sqrt{ax+b}\,\mathrm{d}x = \frac{2}{15a^2}(3ax-2b)\sqrt{(ax+b)^3} + C$

（3）　$\displaystyle\int x^2\sqrt{ax+b}\,\mathrm{d}x = \frac{2}{105a^3}(15a^2x^2 - 12abx + 8b^2)\sqrt{(ax+b)^3} + C$

（4）　$\displaystyle\int \frac{x}{\sqrt{ax+b}}\mathrm{d}x = \frac{2}{3a^2}(ax-2b)\sqrt{ax+b} + C$

（5）　$\displaystyle\int \frac{x^2}{\sqrt{ax+b}}\mathrm{d}x = \frac{2}{15a^3}(3a^2x^2 - 4abx + 8b^2)\sqrt{ax+b} + C$

（6）　$\displaystyle\int \frac{\mathrm{d}x}{x\sqrt{ax+b}} = \begin{cases} \dfrac{1}{\sqrt{b}}\ln\left|\dfrac{\sqrt{ax+b}-\sqrt{b}}{\sqrt{ax+b}+\sqrt{b}}\right| + C & (b>0) \\[4mm] \dfrac{2}{\sqrt{-b}}\arctan\sqrt{\dfrac{ax+b}{-b}} + C & (b<0) \end{cases}$

（7） $\displaystyle\int \frac{\mathrm{d}x}{x^2\sqrt{ax+b}} = -\frac{\sqrt{ax+b}}{bx} - \frac{a}{2b}\int \frac{\mathrm{d}x}{x\sqrt{ax+b}}$

（8） $\displaystyle\int \frac{\sqrt{ax+b}}{x}\mathrm{d}x = 2\sqrt{ax+b} + b\int \frac{\mathrm{d}x}{x\sqrt{ax+b}}$

（9） $\displaystyle\int \frac{\sqrt{ax+b}}{x^2}\mathrm{d}x = -\frac{\sqrt{ax+b}}{x} + \frac{a}{2}\int \frac{\mathrm{d}x}{x\sqrt{ax+b}}$

3. 含有 $x^2 \pm a^2$ 的积分

（1） $\displaystyle\int \frac{\mathrm{d}x}{x^2+a^2} = \frac{1}{a}\arctan\frac{x}{a} + C$

（2） $\displaystyle\int \frac{\mathrm{d}x}{(x^2+a^2)^n} = \frac{x}{2(n-1)a^2(x^2+a^2)^{n-1}} + \frac{2n-3}{2(n-1)a^2}\int \frac{\mathrm{d}x}{(x^2+a^2)^{n-1}}$

（3） $\displaystyle\int \frac{\mathrm{d}x}{x^2-a^2} = \frac{1}{2a}\ln\left|\frac{x-a}{x+a}\right| + C$

4. 含有 $ax^2+b\ (a>0)$ 的积分

（1） $\displaystyle\int \frac{\mathrm{d}x}{ax^2+b} = \begin{cases} \dfrac{1}{\sqrt{ab}}\arctan\sqrt{\dfrac{a}{b}}\,x + C & (b>0) \\[3mm] \dfrac{1}{2\sqrt{-ab}}\ln\left|\dfrac{\sqrt{a}x-\sqrt{-b}}{\sqrt{a}x+\sqrt{-b}}\right| + C & (b<0) \end{cases}$

（2） $\displaystyle\int \frac{x}{ax^2+b}\mathrm{d}x = \frac{1}{2a}\ln\left|ax^2+b\right| + C$

（3） $\displaystyle\int \frac{x^2}{ax^2+b}\mathrm{d}x = \frac{x}{a} - \frac{b}{a}\int \frac{\mathrm{d}x}{ax^2+b}$

（4） $\displaystyle\int \frac{\mathrm{d}x}{x(ax^2+b)} = \frac{1}{2b}\ln\frac{x^2}{\left|ax^2+b\right|} + C$

（5） $\displaystyle\int \frac{\mathrm{d}x}{x^2(ax^2+b)} = -\frac{1}{bx} - \frac{a}{b}\int \frac{\mathrm{d}x}{ax^2+b}$

（6） $\displaystyle\int \frac{\mathrm{d}x}{x^3(ax^2+b)} = \frac{a}{2b^2}\ln\frac{\left|ax^2+b\right|}{x^2} - \frac{1}{2bx^2} + C$

（7） $\displaystyle\int \frac{\mathrm{d}x}{(ax^2+b)^2} = \frac{x}{2b(ax^2+b)} + \frac{1}{2b}\int \frac{\mathrm{d}x}{ax^2+b}$

5. 含有 $ax^2+bx+c\ (a>0)$ 的积分

（1） $\displaystyle\int \frac{\mathrm{d}x}{ax^2+bx+c} = \begin{cases} \dfrac{2}{\sqrt{4ac-b^2}}\arctan\dfrac{2ax+b}{\sqrt{4ac-b^2}} + C & (b^2<4ac) \\[3mm] \dfrac{1}{\sqrt{b^2-4ac}}\ln\left|\dfrac{2ax+b-\sqrt{b^2-4ac}}{2ax+b+\sqrt{b^2-4ac}}\right| + C & (b^2>4ac) \end{cases}$

（2） $\displaystyle\int \frac{x}{ax^2+bx+c}\mathrm{d}x = \frac{1}{2a}\ln\left|ax^2+bx+c\right| - \frac{b}{2a}\int \frac{\mathrm{d}x}{ax^2+bx+c}$

6. 含有 $\sqrt{x^2+a^2}$ ($a>0$)的积分

（1） $\displaystyle\int\frac{\mathrm{d}x}{\sqrt{x^2+a^2}}=\ln(x+\sqrt{x^2+a^2})+C$

（2） $\displaystyle\int\frac{\mathrm{d}x}{\sqrt{(x^2+a^2)^3}}=\frac{x}{a^2\sqrt{x^2+a^2}}+C$

（3） $\displaystyle\int\frac{x}{\sqrt{x^2+a^2}}\mathrm{d}x=\sqrt{x^2+a^2}+C$

（4） $\displaystyle\int\frac{x}{\sqrt{(x^2+a^2)^3}}\mathrm{d}x=-\frac{1}{\sqrt{x^2+a^2}}+C$

（5） $\displaystyle\int\frac{x^2}{\sqrt{x^2+a^2}}\mathrm{d}x=\frac{x}{2}\sqrt{x^2+a^2}-\frac{a^2}{2}\ln(x+\sqrt{x^2+a^2})+C$

（6） $\displaystyle\int\frac{x^2}{\sqrt{(x^2+a^2)^3}}\mathrm{d}x=-\frac{x}{\sqrt{x^2+a^2}}+\ln(x+\sqrt{x^2+a^2})+C$

（7） $\displaystyle\int\frac{\mathrm{d}x}{x\sqrt{x^2+a^2}}=\frac{1}{a}\ln\frac{\sqrt{x^2+a^2}-a}{|x|}+C$

（8） $\displaystyle\int\frac{\mathrm{d}x}{x^2\sqrt{x^2+a^2}}=-\frac{\sqrt{x^2+a^2}}{a^2x}+C$

（9） $\displaystyle\int\sqrt{x^2+a^2}\,\mathrm{d}x=\frac{x}{2}\sqrt{x^2+a^2}+\frac{a^2}{2}\ln(x+\sqrt{x^2+a^2})+C$

（10） $\displaystyle\int\sqrt{(x^2+a^2)^3}\,\mathrm{d}x=\frac{x}{8}(2x^2+5a^2)\sqrt{x^2+a^2}+\frac{3}{8}a^4\ln(x+\sqrt{x^2+a^2})+C$

（11） $\displaystyle\int x\sqrt{x^2+a^2}\,\mathrm{d}x=\frac{1}{3}\sqrt{(x^2+a^2)^3}+C$

（12） $\displaystyle\int x^2\sqrt{x^2+a^2}\,\mathrm{d}x=\frac{x}{8}(2x^2+a^2)\sqrt{x^2+a^2}-\frac{a^4}{8}\ln(x+\sqrt{x^2+a^2})+C$

（13） $\displaystyle\int\frac{\sqrt{x^2+a^2}}{x}\mathrm{d}x=\sqrt{x^2+a^2}+a\ln\frac{\sqrt{x^2+a^2}-a}{|x|}+C$

（14） $\displaystyle\int\frac{\sqrt{x^2+a^2}}{x^2}\mathrm{d}x=-\frac{\sqrt{x^2+a^2}}{x}+\ln(x+\sqrt{x^2+a^2})+C$

7. 含有 $\sqrt{x^2-a^2}$ ($a>0$)的积分

（1） $\displaystyle\int\frac{\mathrm{d}x}{\sqrt{x^2-a^2}}=\ln\left|x+\sqrt{x^2-a^2}\right|+C$

（2） $\displaystyle\int\frac{\mathrm{d}x}{\sqrt{(x^2-a^2)^3}}=-\frac{x}{a^2\sqrt{x^2-a^2}}+C$

（3） $\displaystyle\int\frac{x}{\sqrt{x^2-a^2}}\mathrm{d}x=\sqrt{x^2-a^2}+C$

（4） $\int \dfrac{x}{\sqrt{(x^2-a^2)^3}}dx = -\dfrac{1}{\sqrt{x^2-a^2}}+C$

（5） $\int \dfrac{x^2}{\sqrt{x^2-a^2}}dx = \dfrac{x}{2}\sqrt{x^2-a^2}+\dfrac{a^2}{2}\ln\left|x+\sqrt{x^2-a^2}\right|+C$

（6） $\int \dfrac{x^2}{\sqrt{(x^2-a^2)^3}}dx = -\dfrac{x}{\sqrt{x^2-a^2}}+\ln\left|x+\sqrt{x^2-a^2}\right|+C$

（7） $\int \dfrac{dx}{x\sqrt{x^2-a^2}} = \dfrac{1}{a}\arccos\dfrac{a}{|x|}+C$

（8） $\int \dfrac{dx}{x^2\sqrt{x^2-a^2}} = \dfrac{\sqrt{x^2-a^2}}{a^2x}+C$

（9） $\int \sqrt{x^2-a^2}\,dx = \dfrac{x}{2}\sqrt{x^2-a^2}-\dfrac{a^2}{2}\ln\left|x+\sqrt{x^2-a^2}\right|+C$

（10） $\int \sqrt{(x^2-a^2)^3}\,dx = \dfrac{x}{8}(2x^2-5a^2)\sqrt{x^2-a^2}+\dfrac{3}{8}a^4\ln\left|x+\sqrt{x^2-a^2}\right|+C$

（11） $\int x\sqrt{x^2-a^2}\,dx = \dfrac{1}{3}\sqrt{(x^2-a^2)^3}+C$

（12） $\int x^2\sqrt{x^2-a^2}\,dx = \dfrac{x}{8}(2x^2-a^2)\sqrt{x^2-a^2}-\dfrac{a^4}{8}\ln\left|x+\sqrt{x^2-a^2}\right|+C$

（13） $\int \dfrac{\sqrt{x^2-a^2}}{x}dx = \sqrt{x^2-a^2}-a\arccos\dfrac{a}{|x|}+C$

（14） $\int \dfrac{\sqrt{x^2-a^2}}{x^2}dx = -\dfrac{\sqrt{x^2-a^2}}{x}+\ln\left|x+\sqrt{x^2-a^2}\right|+C$

8. 含有 $\sqrt{a^2-x^2}$ $(a>0)$ 的积分

（1） $\int \dfrac{dx}{\sqrt{a^2-x^2}} = \arcsin\dfrac{x}{a}+C$

（2） $\int \dfrac{dx}{\sqrt{(a^2-x^2)^3}} = \dfrac{x}{a^2\sqrt{a^2-x^2}}+C$

（3） $\int \dfrac{x}{\sqrt{a^2-x^2}}dx = -\sqrt{a^2-x^2}+C$

（4） $\int \dfrac{x}{\sqrt{(a^2-x^2)^3}}dx = \dfrac{1}{\sqrt{a^2-x^2}}+C$

（5） $\int \dfrac{x^2}{\sqrt{a^2-x^2}}dx = -\dfrac{x}{2}\sqrt{a^2-x^2}+\dfrac{a^2}{2}\arcsin\dfrac{x}{a}+C$

（6） $\int \dfrac{x^2}{\sqrt{(a^2-x^2)^3}}dx = \dfrac{x}{\sqrt{a^2-x^2}}-\arcsin\dfrac{x}{a}+C$

（7）　$\displaystyle\int\frac{\mathrm{d}x}{x\sqrt{a^2-x^2}}=\frac{1}{a}\ln\frac{a-\sqrt{a^2-x^2}}{|x|}+C$

（8）　$\displaystyle\int\frac{\mathrm{d}x}{x^2\sqrt{a^2-x^2}}=-\frac{\sqrt{a^2-x^2}}{a^2x}+C$

（9）　$\displaystyle\int\sqrt{a^2-x^2}\,\mathrm{d}x=\frac{x}{2}\sqrt{a^2-x^2}+\frac{a^2}{2}\arcsin\frac{x}{a}+C$

（10）　$\displaystyle\int\sqrt{(a^2-x^2)^3}\,\mathrm{d}x=\frac{x}{8}(5a^2-2x^2)\sqrt{a^2-x^2}+\frac{3}{8}a^4\arcsin\frac{x}{a}+C$

（11）　$\displaystyle\int x\sqrt{a^2-x^2}\,\mathrm{d}x=-\frac{1}{3}\sqrt{(a^2-x^2)^3}+C$

（12）　$\displaystyle\int x^2\sqrt{a^2-x^2}\,\mathrm{d}x=\frac{x}{8}(2x^2-a^2)\sqrt{a^2-x^2}+\frac{a^4}{8}\arcsin\frac{x}{a}+C$

（13）　$\displaystyle\int\frac{\sqrt{a^2-x^2}}{x}\,\mathrm{d}x=\sqrt{a^2-x^2}+a\ln\frac{a-\sqrt{a^2-x^2}}{|x|}+C$

（14）　$\displaystyle\int\frac{\sqrt{a^2-x^2}}{x^2}\,\mathrm{d}x=-\frac{\sqrt{a^2-x^2}}{x}-\arcsin\frac{x}{a}+C$

9. 含有 $\sqrt{\pm ax^2+bx+c}\ (a>0)$ 的积分

（1）　$\displaystyle\int\frac{\mathrm{d}x}{\sqrt{ax^2+bx+c}}=\frac{1}{\sqrt{a}}\ln\left|2ax+b+2\sqrt{a}\sqrt{ax^2+bx+c}\right|+C$

（2）　$\displaystyle\int\sqrt{ax^2+bx+c}\,\mathrm{d}x=\frac{2ax+b}{4a}\sqrt{ax^2+bx+c}$
$$+\frac{4ac-b^2}{8\sqrt{a^3}}\ln\left|2ax+b+2\sqrt{a}\sqrt{ax^2+bx+c}\right|+C$$

（3）　$\displaystyle\int\frac{x}{\sqrt{ax^2+bx+c}}\,\mathrm{d}x=\frac{1}{a}\sqrt{ax^2+bx+c}$
$$-\frac{b}{2\sqrt{a^3}}\ln\left|2ax+b+2\sqrt{a}\sqrt{ax^2+bx+c}\right|+C$$

（4）　$\displaystyle\int\frac{\mathrm{d}x}{\sqrt{c+bx-ax^2}}=-\frac{1}{\sqrt{a}}\arcsin\frac{2ax-b}{\sqrt{b^2+4ac}}+C$

（5）　$\displaystyle\int\sqrt{c+bx-ax^2}\,\mathrm{d}x=\frac{2ax-b}{4a}\sqrt{c+bx-ax^2}+\frac{b^2+4ac}{8\sqrt{a^3}}\arcsin\frac{2ax-b}{\sqrt{b^2+4ac}}+C$

（6）　$\displaystyle\int\frac{x}{\sqrt{c+bx-ax^2}}\,\mathrm{d}x=-\frac{1}{a}\sqrt{c+bx-ax^2}+\frac{b}{2\sqrt{a^3}}\arcsin\frac{2ax-b}{\sqrt{b^2+4ac}}+C$

10. 含有 $\sqrt{\pm\dfrac{x-a}{x-b}}$ 或 $\sqrt{(x-a)(b-x)}$ 的积分

（1）　$\displaystyle\int\sqrt{\frac{x-a}{x-b}}\,\mathrm{d}x=(x-b)\sqrt{\frac{x-a}{x-b}}+(b-a)\ln(\sqrt{|x-a|}+\sqrt{|x-b|})+C$

（2）　$\displaystyle\int\sqrt{\dfrac{x-a}{b-x}}\mathrm{d}x=(x-b)\sqrt{\dfrac{x-a}{b-x}}+(b-a)\arcsin\sqrt{\dfrac{x-a}{b-x}}+C$

（3）　$\displaystyle\int\dfrac{\mathrm{d}x}{\sqrt{(x-a)(b-x)}}=2\arcsin\sqrt{\dfrac{x-a}{b-x}}+C\quad(a<b)$

（4）　$\displaystyle\int\sqrt{(x-a)(b-x)}\mathrm{d}x=\dfrac{2x-a-b}{4}\sqrt{(x-a)(b-x)}+\dfrac{(b-a)^2}{4}\arcsin\sqrt{\dfrac{x-a}{b-x}}+C\quad(a<b)$

11．含有三角函数的积分

（1）　$\displaystyle\int\sin x\mathrm{d}x=-\cos x+C$

（2）　$\displaystyle\int\cos x\mathrm{d}x=\sin x+C$

（3）　$\displaystyle\int\tan x\mathrm{d}x=-\ln|\cos x|+C$

（4）　$\displaystyle\int\cot x\mathrm{d}x=\ln|\sin x|+C$

（5）　$\displaystyle\int\sec x\mathrm{d}x=\ln\left|\tan\left(\dfrac{\pi}{4}+\dfrac{x}{2}\right)\right|+C=\ln|\sec x+\tan x|+C$

（6）　$\displaystyle\int\csc x\mathrm{d}x=\ln\left|\tan\dfrac{x}{2}\right|+C=\ln|\csc x-\cot x|+C$

（7）　$\displaystyle\int\sec^2 x\mathrm{d}x=\tan x+C$

（8）　$\displaystyle\int\csc^2 x\mathrm{d}x=-\cot x+C$

（9）　$\displaystyle\int\sec x\tan x\mathrm{d}x=\sec x+C$

（10）　$\displaystyle\int\csc x\cot x\mathrm{d}x=-\csc x+C$

（11）　$\displaystyle\int\sin^2 x\mathrm{d}x=\dfrac{x}{2}-\dfrac{1}{4}\sin 2x+C$

（12）　$\displaystyle\int\cos^2 x\mathrm{d}x=\dfrac{x}{2}+\dfrac{1}{4}\sin 2x+C$

（13）　$\displaystyle\int\sin^n x\mathrm{d}x=-\dfrac{1}{n}\sin^{n-1}x\cos x+\dfrac{n-1}{n}\int\sin^{n-2}x\mathrm{d}x$

（14）　$\displaystyle\int\cos^n x\mathrm{d}x=\dfrac{1}{n}\cos^{n-1}x\sin x+\dfrac{n-1}{n}\int\cos^{n-2}x\mathrm{d}x$

（15）　$\displaystyle\int\dfrac{\mathrm{d}x}{\sin^n x}=-\dfrac{1}{n-1}\cdot\dfrac{\cos x}{\sin^{n-1}x}+\dfrac{n-2}{n-1}\int\dfrac{\mathrm{d}x}{\sin^{n-2}x}$

（16）　$\displaystyle\int\dfrac{\mathrm{d}x}{\cos^n x}=\dfrac{1}{n-1}\cdot\dfrac{\sin x}{\cos^{n-1}x}+\dfrac{n-2}{n-1}\int\dfrac{\mathrm{d}x}{\cos^{n-2}x}$

（17）　$\displaystyle\int\cos^m x\sin^n x\mathrm{d}x=\dfrac{1}{m+n}\cos^{m-1}x\sin^{n+1}x+\dfrac{m-1}{m+n}\int\cos^{m-2}x\sin^n x\mathrm{d}x$

$\displaystyle\qquad\qquad=-\dfrac{1}{m+n}\cos^{m+1}x\sin^{n-1}x+\dfrac{n-1}{m+n}\int\cos^m x\sin^{n-2}x\mathrm{d}x$

（18）$\int \sin ax \cos bx dx = -\dfrac{1}{2(a+b)}\cos(a+b)x - \dfrac{1}{2(a-b)}\cos(a-b)x + C$

（19）$\int \sin ax \sin bx dx = -\dfrac{1}{2(a+b)}\sin(a+b)x + \dfrac{1}{2(a-b)}\sin(a-b)x + C$

（20）$\int \cos ax \cos bx dx = \dfrac{1}{2(a+b)}\sin(a+b)x + \dfrac{1}{2(a-b)}\sin(a-b)x + C$

（21）$\int \dfrac{dx}{a+b\sin x} = \dfrac{2}{\sqrt{a^2-b^2}}\arctan\dfrac{a\tan\dfrac{x}{2}+b}{\sqrt{a^2-b^2}} + C \ (a^2 > b^2)$

（22）$\int \dfrac{dx}{a+b\sin x} = \dfrac{1}{\sqrt{b^2-a^2}}\ln\left|\dfrac{a\tan\dfrac{x}{2}+b-\sqrt{b^2-a^2}}{a\tan\dfrac{x}{2}+b+\sqrt{b^2-a^2}}\right| + C \ (a^2 < b^2)$

（23）$\int \dfrac{dx}{a+b\cos x} = \dfrac{2}{a+b}\sqrt{\dfrac{a+b}{a-b}}\arctan\left(\sqrt{\dfrac{a-b}{a+b}}\tan\dfrac{x}{2}\right) + C \ (a^2 > b^2)$

（24）$\int \dfrac{dx}{a+b\cos x} = \dfrac{1}{a+b}\sqrt{\dfrac{a+b}{b-a}}\ln\left|\dfrac{\tan\dfrac{x}{2}+\sqrt{\dfrac{a+b}{b-a}}}{\tan\dfrac{x}{2}-\sqrt{\dfrac{a+b}{b-a}}}\right| + C \ (a^2 < b^2)$

（25）$\int \dfrac{dx}{a^2\cos^2 x + b^2\sin^2 x} = \dfrac{1}{ab}\arctan\left(\dfrac{b}{a}\tan x\right) + C$

（26）$\int \dfrac{dx}{a^2\cos^2 x - b^2\sin^2 x} = \dfrac{1}{2ab}\ln\left|\dfrac{b\tan x + a}{b\tan x - a}\right| + C$

（27）$\int x\sin ax dx = \dfrac{1}{a^2}\sin ax - \dfrac{1}{a}x\cos ax + C$

（28）$\int x^2\sin ax dx = -\dfrac{1}{a}x^2\cos ax + \dfrac{2}{a^2}x\sin ax + \dfrac{2}{a^3}\cos ax + C$

（29）$\int x\cos ax dx = \dfrac{1}{a^2}\cos ax + \dfrac{1}{a}x\sin ax + C$

（30）$\int x^2\cos ax dx = \dfrac{1}{a}x^2\sin ax + \dfrac{2}{a^2}x\cos ax - \dfrac{2}{a^3}\sin ax + C$

12. 含有反三角函数的积分（其中 $a > 0$）

（1）$\int \arcsin\dfrac{x}{a}dx = x\arcsin\dfrac{x}{a} + \sqrt{a^2-x^2} + C$

（2）$\int x\arcsin\dfrac{x}{a}dx = \left(\dfrac{x^2}{2} - \dfrac{a^2}{4}\right)\arcsin\dfrac{x}{a} + \dfrac{x}{4}\sqrt{a^2-x^2} + C$

（3）$\int x^2\arcsin\dfrac{x}{a}dx = \dfrac{x^3}{3}\arcsin\dfrac{x}{a} + \dfrac{1}{9}(x^2+2a^2)\sqrt{a^2-x^2} + C$

（4）$\int \arccos\dfrac{x}{a}dx = x\arccos\dfrac{x}{a} - \sqrt{a^2-x^2} + C$

（5） $\int x \arccos \dfrac{x}{a} dx = \left(\dfrac{x^2}{2} - \dfrac{a^2}{4} \right) \arccos \dfrac{x}{a} - \dfrac{x}{4} \sqrt{a^2 - x^2} + C$

（6） $\int x^2 \arccos \dfrac{x}{a} dx = \dfrac{x^3}{3} \arccos \dfrac{x}{a} - \dfrac{1}{9} (x^2 + 2a^2) \sqrt{a^2 - x^2} + C$

（7） $\int \arctan \dfrac{x}{a} dx = x \arctan \dfrac{x}{a} - \dfrac{a}{2} \ln(a^2 + x^2) + C$

（8） $\int x \arctan \dfrac{x}{a} dx = \dfrac{1}{2} (a^2 + x^2) \arctan \dfrac{x}{a} - \dfrac{a}{2} x + C$

（9） $\int x^2 \arctan \dfrac{x}{a} dx = \dfrac{x^3}{3} \arctan \dfrac{x}{a} - \dfrac{a}{6} x^2 + \dfrac{a^3}{6} \ln(a^2 + x^2) + C$

13. 含有指数函数的积分

（1） $\int a^x dx = \dfrac{1}{\ln a} a^x + C$

（2） $\int e^{ax} dx = \dfrac{1}{a} e^{ax} + C$

（3） $\int x e^{ax} dx = \dfrac{1}{a^2} (ax - 1) e^{ax} + C$

（4） $\int x^n e^{ax} dx = \dfrac{1}{a} x^n e^{ax} - \dfrac{n}{a} \int x^{n-1} e^{ax} dx$

（5） $\int x a^x dx = \dfrac{x}{\ln a} a^x - \dfrac{1}{(\ln a)^2} a^x + C$

（6） $\int x^n a^x dx = \dfrac{1}{\ln a} x^n a^x - \dfrac{n}{\ln a} \int x^{n-1} a^x dx$

（7） $\int e^{ax} \sin bx dx = \dfrac{1}{a^2 + b^2} e^{ax} (a \sin bx - b \cos bx) + C$

（8） $\int e^{ax} \cos bx dx = \dfrac{1}{a^2 + b^2} e^{ax} (b \sin bx + a \cos bx) + C$

（9） $\int e^{ax} \sin^n bx dx = \dfrac{1}{a^2 + b^2 n^2} e^{ax} \sin^{n-1} bx (a \sin bx - nb \cos bx)$

$\qquad\qquad\qquad + \dfrac{n(n-1)b^2}{a^2 + b^2 n^2} \int e^{ax} \sin^{n-2} bx dx$

（10） $\int e^{ax} \cos^n bx dx = \dfrac{1}{a^2 + b^2 n^2} e^{ax} \cos^{n-1} bx (a \cos bx + nb \sin bx)$

$\qquad\qquad\qquad + \dfrac{n(n-1)b^2}{a^2 + b^2 n^2} \int e^{ax} \cos^{n-2} bx dx$

14. 含有对数函数的积分

（1） $\int \ln x dx = x \ln x - x + C$

（2） $\int \dfrac{dx}{x \ln x} = \ln |\ln x| + C$

（3）$\displaystyle\int x^n \ln x \mathrm{d}x = \frac{1}{n+1} x^{n+1} \left(\ln x - \frac{1}{n+1} \right) + C$

（4）$\displaystyle\int (\ln x)^n \mathrm{d}x = x(\ln x)^n - n \int (\ln x)^{n-1} \mathrm{d}x$

（5）$\displaystyle\int x^m (\ln x)^n \mathrm{d}x = \frac{1}{m+1} x^{m+1} (\ln x)^n - \frac{n}{m+1} \int x^m (\ln x)^{n-1} \mathrm{d}x$

15. 含有双曲函数的积分

（1）$\displaystyle\int \mathrm{sh} x \mathrm{d}x = \mathrm{ch} x + C$

（2）$\displaystyle\int \mathrm{ch} x \mathrm{d}x = \mathrm{sh} x + C$

（3）$\displaystyle\int \mathrm{th} x \mathrm{d}x = \ln \mathrm{ch} x + C$

（4）$\displaystyle\int \mathrm{sh}^2 x \mathrm{d}x = -\frac{x}{2} + \frac{1}{4} \mathrm{sh} 2x + C$

（5）$\displaystyle\int \mathrm{ch}^2 x \mathrm{d}x = \frac{x}{2} + \frac{1}{4} \mathrm{sh} 2x + C$

16. 定积分

（1）$\displaystyle\int_{-\pi}^{\pi} \cos nx \mathrm{d}x = \int_{-\pi}^{\pi} \sin nx \mathrm{d}x = 0$

（2）$\displaystyle\int_{-\pi}^{\pi} \cos mx \sin nx \mathrm{d}x = 0$

（3）$\displaystyle\int_{-\pi}^{\pi} \cos mx \cos nx \mathrm{d}x = \begin{cases} 0, & m \neq n \\ \pi, & m = n \end{cases}$

（4）$\displaystyle\int_{-\pi}^{\pi} \sin mx \sin nx \mathrm{d}x = \begin{cases} 0, & m \neq n \\ \pi, & m = n \end{cases}$

（5）$\displaystyle\int_{0}^{\pi} \sin mx \sin nx \mathrm{d}x = \int_{0}^{\pi} \cos mx \cos nx \mathrm{d}x = \begin{cases} 0, & m \neq n \\ \dfrac{\pi}{2}, & m = n \end{cases}$

（6）$\displaystyle I_n = \int_{0}^{\frac{\pi}{2}} \sin^n x \mathrm{d}x = \int_{0}^{\frac{\pi}{2}} \cos^n x \mathrm{d}x$

$I_n = \dfrac{n-1}{n} I_{n-2}$

$I_n = \dfrac{n-1}{n} \cdot \dfrac{n-3}{n-2} \cdot \cdots \cdot \dfrac{4}{5} \cdot \dfrac{2}{3}$ （n 为大于 1 的正奇数），$I_1 = 1$

$I_n = \dfrac{n-1}{n} \cdot \dfrac{n-3}{n-2} \cdot \cdots \cdot \dfrac{3}{4} \cdot \dfrac{1}{2} \cdot \dfrac{\pi}{2}$ （n 为正偶数），$I_0 = \dfrac{\pi}{2}$

参考答案

第 1 章

总习题一

4. $a/b = \left[\dfrac{1}{2}, \dfrac{1}{2}, 1\right]$，$a\backslash b = [2,2,1]$，$a/b = 0.6552$，$a\backslash b = \begin{bmatrix} 0 & 0 & 0 \\ 0 & 0 & 0 \\ \dfrac{2}{3} & \dfrac{4}{3} & 1 \end{bmatrix}$

a/b 是一元方程组 $x[2,4,3]=[1,2,3]$ 的近似解.

$a\backslash b$ 是矩阵方程 $[1,2,3][x_{11},x_{12},x_{13}; \ x_{21},x_{22},x_{23}; \ x_{31},x_{32},x_{33}] = [2,4,4]$ 的特解.

5. $AB = \begin{bmatrix} 22 & 7 & 12 \\ 16 & 8 & 7 \\ 14 & 5 & 7 \end{bmatrix}$，$A \times B - B \times A = \begin{bmatrix} 18 & 4 & 2 \\ 13 & 0 & -6 \\ 7 & -9 & -18 \end{bmatrix}$，$A' \times B = \begin{bmatrix} 8 & 3 & 3 \\ 11 & 8 & 2 \\ 22 & 13 & 5 \end{bmatrix}$

7. （1）5，6　　　　（2）[3,7,11]，[1,1,1]，[3,7,11]　　　　（3）0.866

8. 0.618 和 −1.618

第 2 章

习题 2.1

1. （1）$[-3,3]$　　（2）$[1,3]$　　　（3）$(a-\varepsilon, a+\varepsilon)$　　　（4）$(-\infty,-5]\cup[5,+\infty)$

2. （1）$(-5,-1)$　　（2）$(-1,1)\cup(3,5)$

3. $g(-1)=4$，$g(0)=3$，$g(1)=4$，$g(5)=28$，$g(u)=u^2+3$，$g(x+1)=x^2+2x+4$，

$g\left(\dfrac{1}{x}\right) = \dfrac{1}{x^2}+3$.

4. 相同
   （1）不相同，定义域不同
   （2）不相同，定义域不同
   （3）不相同，值域不同
   （4）相同.

5. （1）$(-\infty,-5)\cup(-5,2)\cup(2,+\infty)$　　（2）$(2,+\infty)$　　　（3）$[-2,1)$
   （4）$(-\infty,-1)\cup(1,3)$　　　　　　（5）$(-\infty,+\infty)$　　（6）$(10,+\infty)$
   （7）$[1,4]$　　　　　　　　　　　　　（8）$[-1,7]$

6. $f(\frac{\pi}{6}) = \frac{1}{2}$, $f(-\frac{\pi}{4}) = \frac{\sqrt{2}}{2}$, $f(2\pi) = 0$, $f(-2) = 0$.

7. $V(x) = x(a - 2x)^2$, $x \in (0, \frac{a}{2})$.

8. $R(x) = \begin{cases} 130x & 0 \leqslant x \leqslant 700 \\ 117x + 9100 & 700 < x \leqslant 1000 \end{cases}$.

9. （1）有界   （2）无界   （3）有界

  （4）无界   （5）有界   （6）无界

10. （1）单调递增   （2）单调递增

   （3）单调递减   （4）单调递增

11. （1）非奇非偶函数   （2）奇函数   （3）偶函数

   （4）奇函数   （5）奇函数   （6）奇函数

   （7）偶函数   （8）非奇非偶函数   （9）偶函数

   （10）奇函数

12. （1）$T = 2\pi$ （1）$T = \pi$ （3）$T = 1$

   （4）不是周期函数   （5）$T = \pi$

13. （1）$y = \sqrt[3]{x+1}$ （2）$y = (x-2)^2$

   （3）$y = \dfrac{2x+2}{x-1}$ （4）$y = 10^{x-1} - 2$

习题 2.2

1. （1）$\dfrac{\pi}{6}$ （2）$-\dfrac{\pi}{6}$ （3）$\dfrac{\pi}{3}$ （4）$\dfrac{5\pi}{6}$

  （5）$\dfrac{\pi}{4}$ （6）$-\dfrac{\pi}{3}$ （7）$\dfrac{\pi}{3}$ （8）$\dfrac{2\pi}{3}$

  （9）$\dfrac{1}{2}$ （10）$-\dfrac{\sqrt{3}}{3}$

2. （1）$y = \sqrt{2^x}$ （2）$y = \arctan(1 + x^2)$

  （3）$y = (\ln \dfrac{x}{2})^4$ （4）$y = \arcsin\sqrt{x+2}$

3. （1）$y = \sqrt{u}, u = \tan v, v = e^x$ （2）$y = \ln u, u = \ln v, v = \ln x$

  （3）$y = a^u, u = v^2, v = \sin x$ （4）$y = \arctan u, u = e^v, v = \sqrt{x}$

4. $f(x) = x^2 - x + 1$, $f(x^2 + 1) = x^4 + x^2 + 1$.

5. $f(x^2) = 1 + x^6$, $f[g(x)] = x$, $g[f(x)] = x$.

6. $f(x) = 2 - 2x^2$.

7. 已知 $f(x)$ 的定义域为 $[0,1]$，求下列函数的定义域：

（1）$[1,10]$ （2）$[2k\pi, 2k\pi + \pi]$ （$k \in \mathbf{Z}$）

（3）$[-1,1]$ （4）当 $a > \dfrac{1}{2}$ 时，$x \in \phi$ 当 $a \leqslant \dfrac{1}{2}$ 时，$x \in [a, 1-a]$.

习题 2.3

1. 25 分钟.

2. 设想有两个人，一个人上山，另一个人下山，同一天同时出发，沿同一路径，必定相遇.

3. 可以过河，总共需要渡河 11 次.

总习题二

一、填空题

1. $(2,3) \cup (3,5)$ 2. $[-2,3]$ 3. $[\frac{1}{e},1]$ 4. $[\sqrt{3},+\infty)$ 5. 递增，递减

6. π 7. 1   8. e^{x-2} 9. $y = \dfrac{1-x}{1+x}$ 10. $y = e^{\sin(3+x)}$

二、单项选择题

1. D   2. D   3. B   4. C   5. B   6. B   7. A   8. B   9. B   10. C

三、解答题

1. $y = \begin{cases} 4+2x & x < \dfrac{1}{2} \\ 6-2x & x \geqslant \dfrac{1}{2} \end{cases}$

2. $f(x) = \begin{cases} (x-1)^2 & 1 \leqslant x \leqslant 2 \\ 2(x-1) & 2 < x \leqslant 3 \end{cases}$, $f(x-1) = \begin{cases} (x-2)^2 & 2 \leqslant x \leqslant 3 \\ 2(x-2) & 3 < x \leqslant 4 \end{cases}$

3. $[-\sqrt{2},\sqrt{2}]$.

4. 偶函数.

5. $W = 4k\sqrt{Vh} + \dfrac{2kV}{h}$, $(h>0)$. 其中 k 为四壁单位面积的造价.

6. $S = 2\pi r^2 + \dfrac{2V}{r}$, $(r>0)$.

第 3 章

习题 3.1

1. （1）0   （2）2   （3）0   （4）1.

2. （1）0   （2）0   （3）$+\infty$ （4）-6

   （5）-5 （6）0.

3. $\lim\limits_{x \to 0^{-}} f(x) = \lim\limits_{x \to 0^{+}} f(x) = \lim\limits_{x \to 0} f(x) = 1$

4. $\lim\limits_{x \to 0} f(x)$ 不存在，$\lim\limits_{x \to 1} f(x) = 2$，$\lim\limits_{x \to 2} f(x) = 1$

5. （1）$\sqrt{5}$　　　（2）$\dfrac{5}{3}$　　　（3）2　　　（4）$-\dfrac{2}{3}$　　　（5）0

（6）∞　　　（7）$\dfrac{1}{2}$　　　（8）$\dfrac{2}{3}$　　　（9）$\dfrac{1}{2}$　　　（10）$2x$

（11）$3x^2$　　　（12）-2　　　（13）$\dfrac{2\sqrt{2}}{3}$　　　（14）-1　　　（15）∞

（16）$\dfrac{1}{3}$　　　（17）0　　　（18）∞　　　（19）$\dfrac{2}{3}$　　　（20）0

（21）$+\infty$　　　（22）-1　　　（23）0　　　（24）$(\dfrac{3}{2})^{20}$　　　（25）0

（26）3　　　（27）$\dfrac{3}{2}$　　　（28）2　　　（29）$\dfrac{1}{2}$　　　（30）1

6. $k = 3$

7. $a = -7,\ b = 6$

8. $a = 1,\ b = -1$

习题 3.2

1. （1）3　　　（2）$\dfrac{2}{3}$　　　（3）2　　　（4）$\dfrac{1}{2}$

（5）1　　　（6）$\sqrt{2}$　　　（7）2　　　（8）1

2. （1）e^{-3}　　　（2）e^{-1}　　　（3）e^2　　　（4）e^{-3}　　　（5）e^2

（6）e^3　　　（7）e　　　（8）$e^{-\frac{2}{3}}$　　　（9）e^3　　　（10）e^5

3. （1）$x^2 = o(\sin x)$　　　　（2）$x^2 - x^3 = o(2x - x^2)$

（3）同阶无穷小　　　　（4）$\dfrac{1}{x^2} = o(\dfrac{1}{x})$

4. （1）0　　　（2）0　　　（3）1　　　（4）0

5. （1）$-\dfrac{2}{5}$　　　（2）10　　　（3）$\dfrac{9}{2}$　　　（4）1

（5）$\dfrac{1}{2}$　　　（6）$\dfrac{1}{2}$　　　（7）1　　　（8）1

6. $m = n = 2$

习题 3.3

1. （1）不连续　　　　（2）连续

2. $(-\infty, 0) \cup (0, +\infty)$

3. $k = 2$

4. $a = 2,\ b = \ln 2$

5.（1）$x=0$，跳跃间断点　　　　（2）$x=1$，跳跃间断点
　（3）$x=1$，可去间断点　　　　（4）$x=-1$，第二类间断点 $x=2$，可去间断点

习题 3.4

1. $v=\dfrac{\mathrm{d}T}{\mathrm{d}t}$

2.（1）1　　　　　（2）-20

3. $k=f'(0)$

4.（1）$-k$　　　　（2）$-2k$

5.（1）$-\dfrac{1}{2}x^{-\frac{3}{2}}$　　（2）$\dfrac{16}{3}x^{\frac{13}{3}}$　　　（3）$\dfrac{1}{x\ln 5}$　　　　（4）$10^x\cdot\ln 10$

6. $12\,\mathrm{m/s}$

7.（1）$y=-4x+4$　　　　　　　（2）$y=-x+\dfrac{\pi}{2}$

8. $y=6x-9$

9. $x=\dfrac{2}{3}$

10. $f'_+(0)=0$，$f'_-(0)=0$，$f'(0)$ 存在，且 $f'(0)=0$

11. $f'(0)=1$

12. 连续，不可导

13. $a=2,b=-1$

习题 3.5

1.（1）$y'=3x^2-4x+\dfrac{1}{2\sqrt{x}}-\dfrac{1}{x^2}+\dfrac{2}{x^3}$　　　　（2）$y'=x-\dfrac{4}{x^3}$

　（3）$y'=4x+\dfrac{5}{2}x^{\frac{3}{2}}$　　　　　　　　（4）$y'=\dfrac{7}{2}x^{\frac{5}{2}}+\dfrac{3}{2}x^{\frac{1}{2}}-\dfrac{1}{2}x^{-\frac{3}{2}}$

　（5）$y'=\dfrac{a}{a+b}$　　　　　　　　　　　（6）$y'=2x-a-b$

2.（1）$y'=3x^2\cdot 3^x+x^3\cdot 3^x\cdot\ln 3$　　　（2）$y'=\mathrm{e}^x\cdot\ln x+\dfrac{\mathrm{e}^x}{x}$

　（3）$y'=2x\cdot\ln x+x$　　　　　　　　（4）$y'=\dfrac{1-2\ln x}{x^3}$

　（5）$y'=\dfrac{\sin x}{2\sqrt{x}}+\sqrt{x}\cos x$　　　　　（6）$y'=\mathrm{e}^x\cos x-\mathrm{e}^x\sin x$

　（7）$y'=\arctan x+\dfrac{x}{1+x^2}$　　　　　（8）$y'=\mathrm{e}^x(x^2+2x)$

　（9）$y'=\dfrac{2}{(1-x)^2}$　　　　　　　　　（10）$y'=\dfrac{5(1-x^2)}{(1+x^2)^2}$

（11）$y' = \dfrac{2-4x}{(1-x+x^2)^2}$ （12）$y' = \dfrac{xe^x - 2e^x}{x^3}$

3.（1）$s' = \dfrac{1+\sin t + \cos t}{(1+\cos t)^2}$ （2）$y' = x\cos x$

（3）$y' = \dfrac{1-\cos x - x\sin x}{(1-\cos x)^2}$ （4）$y' = \dfrac{5}{1+\cos x}$

（5）$y' = \sin x\cos x + x\cos^2 x - x\sin^2 x$ （6）$y' = 2x\ln x\cos x + x\cos x - x^2\ln x\sin x$

4.（1）$f'(\dfrac{\pi}{4}) = \sqrt{2}$，$f'(\dfrac{\pi}{6}) = \dfrac{\sqrt{3}+1}{2}$ （2）$\dfrac{\sqrt{2}\pi + 2\sqrt{2}}{8}$

（3）$f'(0) = \dfrac{3}{25}$，$f'(2) = \dfrac{17}{15}$

5.（1）$y' = 15(3x+7)^4$ （2）$y' = 12\cos(4x+5)$

（3）$y' = 2x\cos x^2$ （4）$y' = 2\sin x\cos x$

（5）$y' = 2^{\sin x}\cdot\cos x\cdot\ln 2$ （6）$y' = \cos 2^x\cdot 2^x\cdot\ln 2$

（7）$y' = -6x^2\cdot e^{-2x^3}$ （8）$y' = \dfrac{2x}{1+x^2}$

（9）$y' = \dfrac{-x}{\sqrt{a^2-x^2}}$ （10）$y' = -\tan x$

（11）$y' = \dfrac{2\arcsin x}{\sqrt{1-x^2}}$ （12）$y' = \dfrac{e^x}{1+e^{2x}}$

6.（1）$y' = \dfrac{2x\cos 2x - \sin 2x}{x^2}$ （2）$y' = x(1-x^2)^{-\frac{3}{2}}$

（3）$y' = \dfrac{1}{2\sqrt{x-x^2}}$ （4）$y' = \dfrac{-1}{\sqrt{x-x^2}}$

（5）$y' = -\dfrac{1}{2}e^{-\frac{x}{2}}\cos 3x - 3e^{-\frac{x}{2}}\sin 3x$ （6）$y' = \dfrac{-1}{\sqrt{x^4-x^2}}$

7.（1）$y' = 2\arcsin\dfrac{x}{2}\cdot\dfrac{1}{\sqrt{4-x^2}}$ （2）$y' = 4(x+\sin^2 x)^3(1+\sin 2x)$

（3）$y' = \csc x$ （4）$y' = \dfrac{\ln x}{x\sqrt{1+\ln^2 x}}$

（5）$y' = \dfrac{e^{\arctan\sqrt{x}}}{2(1+x)\sqrt{x}}$ （6）$y' = \dfrac{1}{\ln(\ln x)}\cdot\dfrac{1}{\ln x}\cdot\dfrac{1}{x}$

8.（1）$\dfrac{dy}{dx} = \dfrac{e^{x+y}-y}{x-e^{x+y}}$ （2）$\dfrac{dy}{dx} = \dfrac{x^2-y}{x-y^2}$

（3）$\dfrac{dy}{dx} = \dfrac{y}{y-1}$ （4）$\dfrac{dy}{dx} = \dfrac{1}{(x+y)\cos y - 1}$

9. $\left.\dfrac{\mathrm{d}y}{\mathrm{d}x}\right|_{x=0} = \mathrm{e} - \mathrm{e}^2$

10. $y = -\dfrac{1}{2}x + 1$

11. （1）$y' = x^{\sqrt{x}}\left(\dfrac{\ln x}{2\sqrt{x}} + \dfrac{1}{\sqrt{x}}\right)$ （2）$y' = (\ln x)^x\left(\ln\ln x + \dfrac{1}{\ln x}\right)$

    （3）$y' = \left(\dfrac{x}{1+x}\right)^x\left(\ln\dfrac{x}{1+x} + \dfrac{1}{1+x}\right)$

    （4）$y' = \dfrac{\sqrt{x+2}\,(3-x)^4}{(x+1)^3}\left[\dfrac{1}{2(x+2)} - \dfrac{4}{3-x} - \dfrac{3}{x+1}\right]$

12. （1）$\dfrac{\mathrm{d}y}{\mathrm{d}x} = \dfrac{3bt}{2a}$ （2）$\dfrac{\mathrm{d}y}{\mathrm{d}x} = -\dfrac{b}{a}\cot t$

    （3）$\dfrac{\mathrm{d}y}{\mathrm{d}x} = \dfrac{3t^2 - 1}{2t}$ （4）$\dfrac{\mathrm{d}y}{\mathrm{d}x} = \dfrac{\cos\theta - \theta\sin\theta}{1 - \sin\theta - \theta\cos\theta}$

13. $\sqrt{3} - 2$

14. 切线方程：$y = -8x + 24$，法线方程：$y = \dfrac{1}{8}x + \dfrac{127}{8}$

15. （1）$y'' = 90x^8 + 3^x(\ln 3)^2 - 18\sin 3x$ （2）$y'' = 12(x+3)^3$

    （3）$y'' = -2\sin x - x\cos x$ （4）$y'' = \dfrac{-4}{(1+2x)^2}$

    （5）$y'' = (x^2 + 4x + 2)\mathrm{e}^x$ （6）$y'' = (4x^3 + 6x)\mathrm{e}^{x^2}$

    （7）$y'' = \dfrac{\mathrm{e}^x(x^2 - 2x + 2)}{x^3}$ （8）$y'' = \dfrac{-x}{\sqrt{(1+x^2)^3}}$

    （9）$y'' = 2\arctan x + \dfrac{2x}{1+x^2}$ （10）$y'' = x^x\left[(\ln x + 1)^2 + \dfrac{1}{x}\right]$

16. （1）$v = 9$ m/s，$a = 12$ m/s^2 （2）$v = \dfrac{8}{9}$ m/s，$a = \dfrac{2}{27}$ m/s^2

习题 3.6

1. $\Delta y = 0.130601$，$\mathrm{d}y = 0.13$

2. （1）$\mathrm{d}y = \left(-\dfrac{1}{x^2} + \dfrac{1}{\sqrt{x}}\right)\mathrm{d}x$ （2）$\mathrm{d}y = (\sin 2x + 2x\cos 2x)\mathrm{d}x$

    （3）$\mathrm{d}y = \dfrac{(1-x^2)\mathrm{d}x}{(1+x^2)^2}$ （4）$\mathrm{d}y = (2x^2 + 2x)\mathrm{e}^{2x}\mathrm{d}x$

    （5）$\mathrm{d}y = \dfrac{2\ln(1-x)}{x-1}\mathrm{d}x$ （6）$\mathrm{d}y = \dfrac{3x^2\mathrm{d}x}{2(x^3 - 1)}$

    （7）$\mathrm{d}y = \mathrm{e}^{-x}[\sin(3-x) - \cos(3-x)]\mathrm{d}x$ （8）$\mathrm{d}y = \dfrac{-x}{|x|}\cdot\dfrac{\mathrm{d}x}{\sqrt{1-x^2}}$

3. （1）$2x+C$

（2）$\dfrac{3}{2}x^2+C$

（3）$-\dfrac{1}{x}+C$

（4）$\dfrac{3}{2}x^{\frac{2}{3}}+C$

（5）$\dfrac{2^x}{\ln 2}+C$

（6）$\arcsin x+C$

（7）$\arctan x+C$

（8）$-\dfrac{1}{3}e^{-3x}+C$

4. （1）$\cos 29^0\approx 0.87476$

（2）$\sqrt[3]{996}\approx 9.9867$

5. $3a^2h$

总习题三

一、填空题

1. 既非充分也非必要　　　　2. 必要　　　　　　3. 充要

4. 必要　　　　　　　　　5. 必要　　　　　　6. 充要

7. 1　　　　　　　　　　　8. 1，-2　　　　　9. $-3,4$

10. 0　　　　　　　　　　11. 第二类，可去　　12. $(2x+1)^2$

13. $\dfrac{-\mathrm{d}x}{\arctan(1-x)[1+(1-x)^2]}$

14. -6

15. $(-1)^{n-1}\cdot(n-1)!$，0

二、选择题

1. A　2. B　3. B　4. D　5. C　6. D　7. B　8. A　9. D　10. D

三、计算应用题

1. （1）$\dfrac{3}{7}$

（2）$\dfrac{1}{3}$

（3）$\dfrac{1}{2}$

（4）e^{-4}

（5）-1

（6）$-\dfrac{3}{2}$

2. （1）$a\in R$，$b=1$

（2）$a=1$，$b=1$

3. （1）$y'=-\dfrac{1}{1+x^2}$

（2）$y'=\sin x\cdot\ln\tan x$

（3）$y'=\dfrac{e^x}{\sqrt{1+e^{2x}}}$

（4）$y'=\sqrt[x]{x}\cdot\dfrac{1-\ln x}{x^2}$

4. （1）$y''=-2\cos 2x\cdot\ln x-\dfrac{2}{x}\sin 2x-\dfrac{1}{x^2}\cos^2 x$

（2）$y''=\dfrac{3x}{\sqrt{(1-x^2)^5}}$

5. $\left.\dfrac{\mathrm{d}y}{\mathrm{d}x}\right|_{x=0}=1$

6．（1）$\dfrac{dy}{dx} = -\tan t$　　　　　　　（2）$\dfrac{dy}{dx} = \dfrac{1}{t}$

第 4 章

习题 4.1

1．（1）$\xi = \dfrac{1}{4}$　　　　　　　　　　（2）不满足条件

2．（1）$\xi = \dfrac{9}{4}$　　　　　　　　　　（2）$\xi = \dfrac{1}{\ln 2}$

3．$\xi = \dfrac{14}{9}$

4．三个根，$x_1 \in (0,1)$，$x_2 \in (1,2)$，$x_3 \in (2,3)$

习题 4.2

1．（1）4　　　　　（2）$\dfrac{1}{6}$　　　　　（3）2　　　　　（4）$\dfrac{2}{5}$

　　（5）$\dfrac{5}{3}$　　　　（6）1　　　　　（7）$\dfrac{1}{2}$　　　　（8）1

　　（9）2　　　　　（10）$-\dfrac{1}{2}$　　　（11）0　　　　　（12）$\dfrac{1}{2}$

　　（13）1　　　　（14）1　　　　（15）e　　　　（16）e^a

　　（17）1　　　　（18）$e^{-\frac{1}{3}}$

2．$k = \dfrac{1}{2}$

习题 4.4

2．单调递减

3．（1）单调增区间：$(-\infty,-2]$，单调减区间 $[-2,+\infty)$

　　（2）单调增区间：$[2,+\infty)$，单调减区间 $(0,2]$

　　（3）单调增区间：$[\dfrac{1}{2},+\infty)$，单调减区间 $(0,\dfrac{1}{2}]$

　　（4）单调增区间：$[0,2]$，单调减区间 $(-\infty,0]$，$[2,+\infty)$

　　（5）单调增区间：$(-\infty,0]$，$[1,+\infty)$，单调减区间 $[0,1]$

　　（6）单调增区间：$[\dfrac{1}{2},1]$，单调减区间 $(-\infty,0)$，$(0,\dfrac{1}{2}]$，$[1,+\infty)$

5．（1）极大值 $f(0) = 0$，极小值 $f(1) = -1$

　　（2）极小值 $f(0) = 0$

　　（3）极大值 $f(\dfrac{3}{4}) = \dfrac{5}{4}$

（4）极大值 $f(1)=\dfrac{1}{2}$，极小值 $f(-1)=-\dfrac{1}{2}$

（5）极大值 $f(\dfrac{2}{3})=\mathrm{e}^{-\frac{2}{3}}\cdot\sqrt[3]{\dfrac{4}{9}}$，极小值 $f(0)=0$

（6）极大值 $f(0)=-1$，极小值 $f(\dfrac{2}{5})=-\dfrac{3}{5}\cdot\sqrt[3]{\dfrac{4}{25}}$

6. $a=2$，极大值 $f(\dfrac{\pi}{3})=\sqrt{3}$

7. 极大值 $f(\dfrac{\pi}{4})=\dfrac{\sqrt{2}}{2}\mathrm{e}^{\frac{\pi}{4}}$，极小值 $f(\dfrac{5\pi}{4})=-\dfrac{\sqrt{2}}{2}\mathrm{e}^{\frac{5\pi}{4}}$

8. （1）$[b,d]$

（2）$[a,b]$，$[d,e]$

（3）极大值 $f(d)$，极小值 $f(b)$

9. （1）最大值 $f(-\dfrac{1}{3})=\dfrac{59}{27}$，最小值 $f(-1)=1$

（2）最大值 $f(\dfrac{\pi}{4})=\sqrt{2}$，最小值 $f(\dfrac{5\pi}{4})=-\sqrt{2}$

（3）最大值 $f(\dfrac{3}{4})=\dfrac{5}{4}$，最小值 $f(-5)=-5+\sqrt{6}$

（4）最大值 $f(2)=\ln 5$，最小值 $f(0)=0$

10. 长 32m，宽 16m

11. $r=\sqrt[3]{\dfrac{V}{2\pi}}$，$h=2\sqrt[3]{\dfrac{V}{2\pi}}$，$d:h=1:1$

12. $\dfrac{a}{6}$，最大容积为 $\dfrac{2a^3}{27}$

13. $r=\sqrt[3]{\dfrac{150}{\pi}}\,(\mathrm{m})$，$h=2\sqrt[3]{\dfrac{150}{\pi}}\,(\mathrm{m})$

14. 距离其中一座烟囱的距离为 $\dfrac{40}{3}\,(\mathrm{m})$

习题 4.5

1. （1）凹区间 $[0,\dfrac{1}{2}]$，凸区间 $(-\infty,0],[\dfrac{1}{2},+\infty)$，拐点 $(0,0),(\dfrac{1}{2},\dfrac{1}{16})$

（2）凹区间 $[2,+\infty)$，凸区间 $(-\infty,2]$，拐点 $(2,2\mathrm{e}^{-2})$

（3）凹区间 $[\dfrac{\sqrt{2}}{2},+\infty)$，凸区间 $(0,\dfrac{\sqrt{2}}{2}]$，拐点 $(\dfrac{\sqrt{2}}{2},\dfrac{1}{2}-\ln\dfrac{1}{\sqrt{2}})$

（4）凹区间 $[-1,1]$，凸区间 $(-\infty,-1],[1,+\infty)$，拐点 $(1,\ln 2)$，$(-1,\ln 2)$

2. $a=-\dfrac{3}{2}$，$b=\dfrac{9}{2}$

3. $a=3$，凹区间 $[1,+\infty)$，凸区间 $(-\infty,1]$，拐点 $(1,-7)$

4. $a = -\dfrac{1}{16}$，$b = \dfrac{3}{16}$，$c = \dfrac{9}{16}$，$a = \dfrac{5}{16}$

习题 4.6

1．（1）水平渐近线：$y = 1$，垂直渐近线：$x = 0$

（2）水平渐近线：$y = 0$，垂直渐近线：$x = -1$

（3）水平渐近线：$y = 0$

（4）垂直渐近线：$x = 1$，斜渐近线：$y = x + 2$

总习题四

一、填空题

1．$a > 0$　　　　2．$x = 1$　　$[1, +\infty)$　　$(-\infty, 1]$　　$x = 1$　　小　　　　3．-8

4．$f(a)$　　　　　5．极大值　　　　　　　　　　　　　　　　　　　6．$f''(x) > 0$

7．$f''(x_0) = 0$　　8．$(0, 2)$　　　　　　　　　　　　　　　　　9．$x = 1$

二、选择题

1．A　　2．C　　3．A　　4．D　　5．A　　6．D　　7．C　　8．B　　9．B　　10．D

三、计算与证明题

1．$(2, 0)$

2．（1）$\dfrac{2}{\pi}$　　　（2）$\dfrac{1}{2}$　　　（3）6

3．单调增区间 $(-\infty, -2], [0, +\infty)$，单调减区间 $[-2, -1), (-1, 0]$，极大值 $f(-2) = -4$，极小值 $f(0) = 0$

4．单调增区间 $(-\infty, -\sqrt{3}], [\sqrt{3}, +\infty)$，单调减区间 $[-\sqrt{3}, -1] \cup (-1, 1) \cup (1, \sqrt{3})$，极大值 $f(-\sqrt{3}) = -\dfrac{3\sqrt{3}}{2}$，极小值 $f(\sqrt{3}) = \dfrac{3\sqrt{3}}{2}$，凹区间 $(-1, 0), (1, +\infty)$，凸区间 $(-\infty, -1), [0, 1)$，拐点 $(0, 0)$，垂直渐近线 $x = \pm 1$，斜渐近线 $y = x$

5．1800 元

第 5 章

习题 5.1

1．略

2．$\displaystyle\int_a^b [f(x) - g(x)]\mathrm{d}x$

3．（1）$I_1 > I_2$　　　　　　　　　　　　　　　　（2）$I_1 < I_2$

（3）$I_1 > I_2$ （4）$I_1 < I_2$

（5）$I_1 \geqq I_2$ （6）$I_1 \geqq I_2$

4．（1）$0 < \int_1^4 (x^2 - 1)\mathrm{d}x < 45$ （2）$\pi < \int_{\frac{\pi}{4}}^{\frac{5\pi}{4}} (1 + \cos^2 x)\mathrm{d}x < 2\pi$

习题 5.2

1．（1）$\sqrt{1+x}$ （2）$-x\mathrm{e}^{-x^2}$

（3）$3x^2\sqrt{1+x^6}$ （4）$4x^3 \sin(x^4 + 1) - 2x \sin(x^2 + 1)$

2．（1）a^3 （2）$\mathrm{e}^2 - \mathrm{e}$

（3）1 （4）$-\dfrac{\pi}{6}$

习题 5.3

1．（1）$-\dfrac{1}{2x^2} + C$ （2）$-\dfrac{2}{3x\sqrt{x}} + C$

（3）$\dfrac{8}{15} x^{\frac{15}{8}} + C$ （4）$\dfrac{m}{m+n} x^{\frac{m+n}{m}} + C$

（5）$\dfrac{x^5}{5} - \dfrac{2}{3} x^3 + x + C$ （6）$\dfrac{x^3}{3} + \dfrac{2}{3} x^{\frac{3}{2}} + \dfrac{2}{5} x^{\frac{5}{2}} + x + C$

（7）$\dfrac{t^2}{2} + 3t + 3\ln|t| - \dfrac{1}{t} + C$ （8）$x - \arctan x + C$

（9）$2\mathrm{e}^x - 3\ln|x| + C$ （10）$2x + \dfrac{5}{\ln 2 - \ln 3} \cdot \left(\dfrac{2}{3}\right)^x + C$

（11）$\tan x + \sec x + C$ （12）$\sin x + \cos x + C$

（13）$\ln|\tan x| + C$ （14）$\dfrac{u}{2} - \dfrac{\sin u}{2} + C$

2．$f(x) = \dfrac{3^x}{\ln 3} + 2 - \dfrac{1}{\ln 3}$

3．$y = \ln x + 1$

4．$P(t) = \dfrac{a}{2} t^2 + bt$

5．（1）$\dfrac{1}{25}(5x + 4)^5 + C$ （2）$-\dfrac{1}{4}\ln|3 - 4x| + C$

（3）$-\dfrac{1}{4} \cdot \dfrac{1}{3 + 4x} + C$ （4）$-\dfrac{1}{3}(1 - 2x)^{\frac{3}{2}} + C$

（5）$\dfrac{1}{5}\mathrm{e}^{5x} + C$ （6）$2\sin\sqrt{t} + C$

（7）$-\mathrm{e}^{\frac{1}{x}} + C$ （8）$-\dfrac{1}{2}\cos x^2 + C$

（9） $-\dfrac{1}{3}\sqrt{2-3x^2}+C$

（10） $\dfrac{1}{3}\ln^3 x+C$

（11） $\dfrac{2}{3}(1+\ln x)^{\frac{3}{2}}+C$

（12） $\arcsin(\ln x)+C$

（13） $\dfrac{1}{2\cos^2 x}+C$

（14） $\sin x-\dfrac{1}{3}\sin^3 x+C$

（15） $\dfrac{3}{8}x-\dfrac{1}{4}\sin 2x+\dfrac{1}{32}\sin 4x+C$

（16） $\dfrac{1}{2}\cos x-\dfrac{1}{10}\cos 5x+C$

（17） $\dfrac{3}{2}(\sin x-\cos x)^{\frac{2}{3}}+C$

（18） $\ln|x+\cos x|+C$

（19） $\dfrac{1}{2}(\arctan x)^2+C$

（20） $-\dfrac{1}{\arcsin x}+C$

（21） $\dfrac{10^{\arcsin x}}{\ln 10}+C$

（22） $\dfrac{1}{2}\arctan(x^2)+C$

（23） $\dfrac{1}{2}\arctan(\sin^2 x)+C$

（24） $\dfrac{1}{6}\arctan\dfrac{2}{3}x+C$

（25） $\dfrac{1}{12}\ln\left|\dfrac{3x-2}{3x+2}\right|+C$

（26） $\dfrac{1}{3}\ln\left|\dfrac{x-1}{x+2}\right|+C$

（27） $\dfrac{2}{\sqrt{3}}\arctan\dfrac{2x+1}{\sqrt{3}}+C$

（28） $\dfrac{1}{2}\ln(x^2+x+1)+\dfrac{1}{\sqrt{3}}\arctan\dfrac{2x+1}{\sqrt{3}}+C$

6.（1） $\sqrt{2x}-\ln(1+\sqrt{2x})+C$

（2） $\dfrac{3}{2}\sqrt[3]{(x+1)^2}-3\sqrt[3]{x+1}+3\ln|1+\sqrt[3]{x+1}|+C$

（3） $2\arcsin\dfrac{x}{2}-\dfrac{x}{2}\sqrt{4-x^2}+C$

（4） $\arccos\dfrac{1}{|x|}+C$

（5） $\dfrac{x}{\sqrt{x^2+1}}+C$

（6） $\sqrt{x^2-4}-2\arccos\dfrac{2}{|x|}+C$

7.（1） $-x\cos x+\sin x+C$

（2） $\dfrac{1}{4}\sin 2x-\dfrac{1}{2}x\cos 2x+C$

（3） $2x\sin\dfrac{x}{2}+4\cos\dfrac{x}{2}+C$

（4） $\mathrm{e}^{-x}(-x-1)+C$

（5） $-(x^2+2x+2)\mathrm{e}^{-x}+C$

（6） $\dfrac{x^4}{4}\ln x-\dfrac{x^4}{16}+C$

（7） $(x+1)\ln|x+1|-(x+1)+C$

（8） $\dfrac{1}{2}(x^2+1)\ln(x^2+1)-\dfrac{1}{2}(x^2+1)+C$

（9） $x\tan x+\ln|\cos x|-\dfrac{1}{2}x^2+C$

（10） $x\arccos x-\sqrt{1-x^2}+C$

（11） $\dfrac{1}{4}(\arcsin x)(2x^2-1)+\dfrac{x}{4}\sqrt{1-x^2}+C$

（12） $x(\arcsin x)^2+2\sqrt{1-x^2}\arcsin x-2x+C$

（13） $2\mathrm{e}^{\sqrt{x}}(\sqrt{x}-1)+C$

（14） $\dfrac{x}{2}(\sin\ln x-\cos\ln x)+C$

8.（1）$xe^{-x}+C$　　　（2）$-x^2e^{-x}+C$　　　（3）$(x^2+x+1)e^{-x}+C$

习题 5.4

1.（1）$\dfrac{3}{2}$　　　（2）$\dfrac{21}{8}$　　　（3）$-\dfrac{16}{15}$

　（4）$1-\dfrac{\pi}{4}$　　　（5）4　　　（6）$\dfrac{5}{2}$

2.（1）$\dfrac{1}{6}$　　　（2）$\dfrac{\pi}{2}$　　　（3）$1-2\ln 2$

　（4）$-\dfrac{152}{35}+\dfrac{3}{2}\pi$　　　（5）0　　　（6）$\dfrac{51}{512}$

　（7）$\dfrac{1}{4}$　　　（8）$\dfrac{\pi}{6}-\dfrac{\sqrt{3}}{8}$　　　（9）$\dfrac{1}{2}(1-e^{-1})$

　（10）$2(\sqrt{3}-1)$　　　（11）$\dfrac{4}{3}$　　　（12）$\dfrac{2}{3}\sqrt{2}$

3．提示：令 $t=a+b-x$

4．$1+\ln(1+\dfrac{1}{e})$

5.（1）-2π　　　（2）$8\ln 2-4$　　　（3）$\ln\dfrac{27}{4}-1$

　（4）$\dfrac{\pi}{4}-\dfrac{1}{2}$　　　（5）$(\dfrac{\sqrt{3}}{9}-\dfrac{1}{4})\pi+\dfrac{1}{2}\ln\dfrac{3}{2}$　　　（6）$\dfrac{2}{5}e^{\pi}+\dfrac{1}{5}$

习题 5.5

1.（1）$\dfrac{1}{2}$　　　（2）发散　　　（3）$\dfrac{1}{4}$

　（4）π　　　（5）1　　　（6）发散

2．当 $k>1$ 时收敛于 $\dfrac{1}{(k-1)(\ln 2)^{k-1}}$ 当 $k\le 1$ 时发散

总习题五

一、选择题

1．D　2．C　3．D　4．B　5．D　6．D　7．C　8．D　9．B　10．A

二、填空题

1．$2\sqrt{x}+C$

2．$y=\ln x$

3. $\dfrac{1-\ln x}{x^2}$ $\dfrac{2\ln x-3}{x^3}$ $\dfrac{1-2\ln x}{x}+C$

4. $(-\infty,0],[2,+\infty)$ $[0,2]$ $0-\dfrac{4}{3}$ $(-\infty,1]$ $[1,+\infty)$ $(1,-\dfrac{2}{3})$

5. $\dfrac{5}{2}$

6. 必要 充分

7. 充要

8. $\dfrac{2}{\pi}$

三、计算题

1. （1） $\dfrac{3}{10}x^{\frac{10}{3}}+C$ （1） $5x-\dfrac{(\frac{5}{3})^x}{\ln\frac{5}{3}}+C$

    （3） $x-2\arctan\dfrac{x}{2}+C$ （4） $-\dfrac{1}{3}\cos^3 x+C$

    （5） $\arctan e^x+C$ （6） $x\ln 2x-x+C$

    （7） $-2\sqrt{x}\cos\sqrt{x}+2\sin\sqrt{x}+C$ （8） $(\dfrac{1}{2}x^2-x)\ln x-\dfrac{1}{4}x^2+x+C$

2. （1） $4\ln 2-2\ln 3$ （2） $\dfrac{\pi}{4}$

    （3） $2(e^2+1)$ （4） $\arctan(1+\dfrac{\pi}{2})$

3. （1） π （2） $\dfrac{\sqrt{5}\pi}{5}$

第 6 章

习题 6.1

1. （1） $\dfrac{1}{6}$ （2） 1

    （3） $\dfrac{3}{2}-\ln 2$ （4） $e+e^{-1}-2$

2. （1） $\dfrac{15\pi}{2}$ （2） $\dfrac{64\pi}{5}$

    （3） $\dfrac{\pi}{6}$ （4） $\dfrac{13\pi}{6}$

习题 6.2

1. 0.01 亿元

2. （1） $b \approx 15.82$ （2） $\int_0^{10} 20 \cdot e^{-rt} dt = 100 \cdot e^{0.1 \times 10}$ （3） 26.42 万元

习题 6.3

1. 7302.6 百万吨

2. 0.18 J

3. 14.373 kN

4. 取 y 轴通过细直棒，

$$F_y = Gm\mu\left(\frac{1}{a} - \frac{1}{\sqrt{a^2 + l^2}}\right), \quad F_x = -\frac{Gm\mu l}{a\sqrt{a^2 + l^2}}$$

总习题六

1. （1） $\dfrac{32}{3}$ （2） $b - a$

2. $C(x) = 1000 + 7x + 50\sqrt{x}$

3. 500

4. （1） $k = 1.56\%$ （2） 37.3×10 亿桶 （3） 28.8 年（2029）

5. $\dfrac{7}{27} kc^{\frac{2}{3}} a^{\frac{7}{3}}$ （其中 k 为比例常数）

6. $\dfrac{4}{3}\pi r^4 g$

第 7 章

习题 7.1

1. （1）4 阶 （2）2 阶 （3）2 阶 （4）1 阶

2. （1）不是 （2）通解 （3）解 （4）通解 （5）通解

3. （1） $C_1 = -1$ （2） $C_1 = 2, C_2 = 1$

4. （1） $y' = x^2$ （2） $xy' + y = 0$

5. $y' = \dfrac{2(y-1)}{xy^3}$

习题 7.2

1. （1） $y = Ce^{-x}$ （2） $y = Cx$

（3） $y^2 = x^2 + C$

（4） $\mathrm{e}^y = \mathrm{e}^x + C$

（5） $\mathrm{e}^{-y} = -\mathrm{e}^x + C$

（6） $y = \mathrm{e}^{Cx}$

（7） $\arctan y = x - \ln|x+1| + C$

（8） $(x-4)y^4 = Cx$

2.（1） $x^2 y = 4$

（2） $\ln|y| = 1 + x + \dfrac{1}{2}x^2 + \dfrac{1}{3}x^3$

（3） $\ln y = \csc x - \cot x$

（4） $y^2 = 1 + 2\ln(1 + \mathrm{e}^x) - 2\ln 2$

3.（1） $\ln|x| + \mathrm{e}^{-\frac{x}{y}} = C$

（2） $2xy - y^2 = C$

（3） $y = x\mathrm{e}^{Cx+1}$

（4） $\csc\dfrac{y}{x} - \cot\dfrac{y}{x} = Cx$

4.（1） $(\dfrac{y}{x})^2 = \ln x^2 + 4$

（2） $y^2 + 2xy = 8$

（3） $\sin\dfrac{y}{x} = \dfrac{x}{2}$

（4） $y = \ln x + 1$

5. $M = M_0 \mathrm{e}^{-0.000433t}$ ，时间以年为单位

6. $T = 20 + 80 \cdot (\dfrac{1}{2})^{\frac{t}{5}}$ ， $t \geqslant 0$

习题 7.3

1.（1） $y = -\dfrac{1}{2}\mathrm{e}^{-x} + C\mathrm{e}^x$

（2） $y = \mathrm{e}^x(x^2 + C)$

（3） $y = \mathrm{e}^{-x^2}(x^2 + C)$

（4） $y = (x^2 + C)\sin x$

2.（1） $y = \dfrac{2}{3}(4 - \mathrm{e}^{-3x})$

（2） $y = \dfrac{1}{x}(\pi - \cos x - 1)$

（3） $y = \dfrac{4}{x^2} + \dfrac{x^2}{4}$

（4） $y = \dfrac{\mathrm{e}^x}{x}$

3.（1）无关　　　　（2）相关　　　　（3）无关

（4）无关　　　　（5）相关　　　　（6）无关

4. $y_1 = C_1 \mathrm{e}^{4x} + C_2 \mathrm{e}^{-x}$

5.（1） $y = C_1 \mathrm{e}^{-x} + C_2 \mathrm{e}^{2x}$

（2） $y = C_1 \mathrm{e}^{-2x} + C_2 x \mathrm{e}^{-2x}$

（3） $y = C_1 + C_2 \mathrm{e}^{-4x}$

（4） $y = C_1 \cos 2x + C_2 \sin 2x$

（5） $y = \mathrm{e}^{-2x}(C_1 \cos x + C_2 \sin x)$

（6） $y = C_1 \mathrm{e}^{-x} + C_2 \mathrm{e}^{-2x}$

（7） $y = \mathrm{e}^{-3x}(C_1 \cos\sqrt{2}x + C_2 \sin\sqrt{2}x)$

（8） $x = C_1 \mathrm{e}^{\frac{5}{2}x} + C_2 x \mathrm{e}^{\frac{5}{2}x}$

6.（1） $y = 7\mathrm{e}^{2x} - 6\mathrm{e}^{3x}$

（2） $y = \mathrm{e}^{2x}\sin 3x$

（3） $y = 1 + \mathrm{e}^{-x}$

（4） $y = 2\cos 5x + \sin 5x$

习题 7.4

1.（1）$y = \dfrac{1}{24}x^4 + \dfrac{1}{8}\cos 2x + C_1 x^2 + C_2 x + C_3$　　（2）$y = x\ln x + C_1 x^2 + C_2 x + C_3$

　　（3）$y = C_1 e^x - \dfrac{1}{2}x^2 - x + C_2$　　　　　　　（4）$y = \arcsin C_2 e^x + C_1$

2.（1）$y = \dfrac{1}{3}x^2 + x + 1$　　　　　　　　　　（2）$y = \tan x$

3.　$y = \dfrac{1}{3}x^3 - \dfrac{2}{3}x^2 + \dfrac{1}{3}$

总习题七

一、填空题

1. 未知函数最高阶导数的阶数
2. 含有若干个独立常数，且独立常数的个数与微分方程的阶数相同的解
3. $y = e^{-\int P(x)\mathrm{d}x}\left[\int Q(x)e^{\int P(x)\mathrm{d}x}\mathrm{d}x + C\right]$
4. 3
5. $y_1(x), y_2(x)$ 线性无关
6. $y = C\sqrt{1+x^2}$，　$y = 2\sqrt{1+x^2}$
7. 分离变量
8. 齐次
9. $y' = \dfrac{2y}{x}$
10. $y'' - 3y' = 0$

二、计算题

1.（1）$y = Ce^{-\frac{1}{2}x^2}$　　　　　　　　　　　（2）$y = -\dfrac{3}{x^3 + c}$

　　（3）$y = Ce^{\arcsin x}$　　　　　　　　　　（4）$\ln\dfrac{x+y}{x} = Cx$

　　（5）$Cx^2 = y + \sqrt{x^2 + y^2}$　　　　　　（6）$y = Ce^x - 1$

　　（7）$y = \dfrac{\sin x + C}{x}$　　　　　　　　　（8）$y = C_1 + C_2 e^{2x}$

　　（9）$y = (C_1 + C_2 x)e^{5x}$　　　　　　　（10）$y = e^{-2x}(C_1 \cos 3x + C_2 \sin 3x)$

2.（1）$y^2 - 1 = 3(x-1)^2$　　　　　　　　（2）$2xy + x^2 = 1$

　　（3）$x^3 = e^{\frac{y^3}{x^3}}$　　　　　　　　　　　（4）$y = \dfrac{\sin x - x\cos x}{x^2}$

（5）$x = y(e - \ln y)$ （6）$y = e^x + e^{-2x}$

3. $y^3 = x$

4. $y = -\cos x - \sin x$

5. $T = 24 + 126e^{-kt}(k = \dfrac{1}{10}\ln\dfrac{63}{38})$，$t = 20$ 时，$T = 69.8\,℃$

第 8 章

习题 8.1

1. 第四卦限，$(-2,1,-3)$，$(2,1,-3)$，$(-2,-1,-3)$，$(-2,1,3)$

2. 略

3. $4x + 4y + 10z - 63 = 0$

习题 8.2

1. （1）$\{(x,y)\mid 1 < x^2 + y^2 \leqslant 9\}$ （2）$\{(x,y)\mid x \in R, y > 0\}$

   （3）$\{(x,y)\mid y > 4x^2\}$

2. $f(3,4) = -7$，$f(x,3) = \sqrt{x^2 + 9} - 3x$，$f(x+y, x-y) = \sqrt{2x^2 + 2y^2} - x^2 + y^2$

3. （1）1   （2）$\dfrac{1}{2}$

4. （1）不存在   （2）不存在

习题 8.3

1. （1）$z_x = 1 + ye^x$，$z_y = e^x$

   （2）$z_x = \dfrac{-2y}{(x-y)^2}$，$z_y = \dfrac{2x}{(x-y)^2}$

   （3）$z_x = \dfrac{y}{x^2 + y^2}$，$z_y = \dfrac{-x}{x^2 + y^2}$

   （4）$z_x = \dfrac{x}{x^2 + y^2}$，$z_y = \dfrac{y}{x^2 + y^2}$

   （5）$z_x = -\dfrac{y}{x^2}e^{\frac{y}{x}}$，$z_y = \dfrac{1}{x}e^{\frac{y}{x}}$

   （6）$u_x = \dfrac{1}{x + \sqrt{y^2 + z^2}}$，$u_y = \dfrac{1}{x + \sqrt{y^2 + z^2}} \cdot \dfrac{y}{\sqrt{y^2 + z^2}}$，$u_z = \dfrac{1}{x + \sqrt{y^2 + z^2}} \cdot \dfrac{z}{\sqrt{y^2 + z^2}}$

2. （1）$f_x(0,0) = 0, f_y(0,0) = 1$ （2）$f_y(1,1) = 1$

3. （1）$z_{xx} = 12x^2 - 6xy^3$，$z_{xy} = z_{yx} = -9x^2y^2$，$z_{yy} = -6yx^3 - 12y^2$

（2） $z_{xx} = 6xy$ ， $z_{xy} = z_{yx} = 3x^2 - 3y^2$ ， $z_{yy} = -6xy$

（3） $z_{xx} = -\dfrac{1}{(x+y)^2}$ ， $z_{xy} = z_{yx} = -\dfrac{1}{(x+y)^2}$ ， $z_{yy} = -\dfrac{1}{(x+y)^2}$

4. $\dfrac{\partial^3 u}{\partial x \partial y \partial z} = e^{xyz}(x^2 y^2 z^2 + 3xyz + 1)$ ， $\dfrac{\partial^3 u}{\partial x \partial y^2} = e^{xyz} xz^2(xz + 2)$ ， $\dfrac{\partial^3 u}{\partial z \partial y^2} = e^{xyz} x^2 z(xyz + 2)$

习题 8.4

1. $dz = -0.04, \Delta z = -0.040396$

2. $dz = \dfrac{dx + dy}{2}$

3. （1） $dz = (y - \dfrac{y}{x^2})dx + (x + \dfrac{1}{x})dy$ （2） $dz = \ln y dx + \dfrac{x}{y} dy$

（3） $du = \dfrac{2xdx + 2ydy + 2zdz}{x^2 + y^2 + z^2}$

4. 1.08

习题 8.5

1. $\dfrac{dz}{dt} = \dfrac{2t + 3}{\sqrt{1 - (t^2 + 3t)^2}}$

2. $\dfrac{\partial z}{\partial x} = 4x, \dfrac{\partial z}{\partial y} = 4y$

3. $\dfrac{\partial z}{\partial x} = ye^{xy} \sin(x + y) + e^{xy} \cos(x + y), \dfrac{\partial z}{\partial y} = xe^{xy} \sin(x + y) + e^{xy} \cos(x + y)$

4. $\dfrac{\partial z}{\partial x} = f_1' + yf_2', \quad \dfrac{\partial z}{\partial y} = f_1' + xf_2'$

5. （1） $y' = -\dfrac{e^x + y^2}{2xy + \cos y}$ （2） $y' = \dfrac{y^2}{1 - xy}$

6. （1） $z_x = -\dfrac{x}{z}$ ， $z_y = -\dfrac{y}{z}$ （2） $z_x = \dfrac{yz}{e^z - xy}$ ， $z_y = \dfrac{xz}{e^z - xy}$

习题 8.6

1. 极大值： $f(0,0) = 0$ ，极小值： $f(2,2) = -8$

2. 极小值： $f(\dfrac{1}{2}, -1) = -\dfrac{e}{2}$

3. 最大值为 1，最小值为 0

4. （1）120，80   （2）70，30

5. $\dfrac{a^2 b^2}{a^2 + b^2}$

6. 当两边都是 $\dfrac{l}{\sqrt{2}}$ 时，最大周长为 $(\sqrt{2}+1)l$

7. 2m，2m，1m

总习题八

一、填空题

1. 四纵坐标横坐标和纵坐标   2. $\{(x,y)\,|\,1<x^2+y^2\leqslant 2\}$

3. $\dfrac{2}{x+y}$ 4. xy 5. 2   6. 1

7. 2 e   8. 2 0 0 0

二、计算题

1. $(0,0,\dfrac{14}{9})$ 2. $x^2+y^2+z^2-2x-6y+4z=0$

3. $u_x=\dfrac{z}{y}(\dfrac{x}{y})^{z-1}$，$u_y=-\dfrac{xz}{y^2}(\dfrac{x}{y})^{z-1}$，$u_z=(\dfrac{x}{y})^z\ln\dfrac{x}{y}$

4. $z_{xx}=-\sin x\cos y$，$z_{xy}=z_{yx}=-\cos x\sin y$，$z_{yy}=-\sin x\cos y$

5. $\dfrac{\mathrm{d}z}{\mathrm{d}t}=-\sin 2t+3t^2\cos t^3$

6. $\dfrac{\partial z}{\partial x}=\mathrm{e}^{xy}[y\cos(2x-y)-2\sin(2x-y)]$，$\dfrac{\partial z}{\partial y}=\mathrm{e}^{xy}[x\cos(2x-y)+\sin(2x-y)]$

7. $\mathrm{d}z=a\mathrm{e}^{ax+by}\mathrm{d}x+b\mathrm{e}^{ax+by}\mathrm{d}y$

8. $\dfrac{\partial z}{\partial x}=yf(x+y,x-y)+xy(f_1'+f_2')$，$\dfrac{\partial z}{\partial y}=xf(x+y,x-y)+xy(f_1'-f_2')$

9. （1）$\dfrac{\mathrm{d}y}{\mathrm{d}x}=\dfrac{x+y}{x-y}$ （2）$\dfrac{\partial z}{\partial x}=\dfrac{z}{x+z},\dfrac{\partial z}{\partial y}=\dfrac{z^2}{y(x+z)}$

10. 证明略   11. 极大值 $f(0,0)=1$

12. $P_1=80$，$P_2=120$，最大利润为 605

第9章

习题 9.1

1. （1）π （2）$\dfrac{2}{3}\pi R^3$

2. （1）$\iint\limits_D(x+y)^2\mathrm{d}\sigma\geqslant\iint\limits_D(x+y)^3\mathrm{d}\sigma$ （2）$\iint\limits_D(x+y)^2\mathrm{d}\sigma\leqslant\iint\limits_D(x+y)^3\mathrm{d}\sigma$

3. （1）$6\pi\leqslant I\leqslant 15\pi$ （2）$2\leqslant I\leqslant 8$

习题 9.2

1. （1） $I = \int_0^1 \mathrm{d}x \int_{x-1}^{1-x} f(x, y) \mathrm{d}y$ 或者 $I = \int_{-1}^0 \mathrm{d}y \int_0^{1+y} f(x, y) \mathrm{d}x + \int_0^1 \mathrm{d}y \int_0^{1-y} f(x, y) \mathrm{d}x$

   （2） $I = \int_{\frac{1}{2}}^2 \mathrm{d}x \int_{\frac{1}{x}}^2 f(x, y) \mathrm{d}y$

   （3） $I = \int_0^1 \mathrm{d}x \int_{x^2}^{\sqrt{x}} f(x, y) \mathrm{d}y$

   （4） $I = \int_{-1}^1 \mathrm{d}y \int_{y^2}^{\sqrt{2-y^2}} f(x, y) \mathrm{d}x$

2. （1） $\dfrac{3}{2}$ （2） -2 （3） $\dfrac{13}{6}$ （4） $\dfrac{64}{15}$

3. （1） $\int_0^1 \mathrm{d}y \int_{\mathrm{e}^y}^{\mathrm{e}} f(x, y) \mathrm{d}x$ （2） $\int_0^1 \mathrm{d}x \int_x^1 f(x, y) \mathrm{d}y$

   （3） $\int_0^4 \mathrm{d}x \int_{\frac{x}{2}}^{\sqrt{x}} f(x, y) \mathrm{d}y$ （4） $\int_0^2 \mathrm{d}x \int_{\frac{x}{2}}^{3-x} f(x, y) \mathrm{d}y$

4. （1） $I = \int_{-\frac{\pi}{2}}^{\frac{\pi}{2}} \mathrm{d}\theta \int_0^{2\cos\theta} f(r\cos\theta, r\sin\theta) r \mathrm{d}r$

   （2） $I = \int_0^{\frac{\pi}{4}} \mathrm{d}\theta \int_0^{\frac{\sin\theta}{\cos^2\theta}} f(r\cos\theta, r\sin\theta) r \mathrm{d}r$

   （3） $I = \int_0^{2\pi} \mathrm{d}\theta \int_2^3 f(r\cos\theta, r\sin\theta) r \mathrm{d}r$

   （4） $I = \int_0^{\frac{\pi}{4}} d\theta \int_0^{\sec\theta} f(r\cos\theta, r\sin\theta) r \mathrm{d}r + \int_{\frac{\pi}{4}}^{\frac{\pi}{2}} \mathrm{d}\theta \int_0^{\csc\theta} f(r\cos\theta, r\sin\theta) r \mathrm{d}r$

5. （1） $\dfrac{\pi}{2}$ （2） $-6\pi^2$ （3） $\dfrac{3}{64}\pi^2$

习题 9.3

1. $\sqrt{2}\pi$

2. （1） $\dfrac{4}{3}$, $\left(\dfrac{4}{3}, 0\right)$ （2） 6, $\left(\dfrac{3}{4}, \dfrac{3}{2}\right)$

3. $\dfrac{ab^3}{3}, \dfrac{a^3b}{3}$

习题 9.4

1. $\dfrac{4}{5}$

2. 0

3. （1） 11 （2） $\dfrac{34}{3}$ （3） 14 （4） $\dfrac{32}{3}$

习题 9.5

1. （1）$\dfrac{1}{30}$ （2）8

2. （1）12π （2）πa^2

3. $\dfrac{5}{2}$

总习题九

1. （1）$\displaystyle\int_0^1 dy \int_{y^2}^y f(x,y)dy$ （2）$\displaystyle\int_0^1 dy \int_{-y}^{\sqrt{2y-y^2}} f(x,y)dx$

2. （1）$\dfrac{8}{3}$ （2）$-\dfrac{3\pi}{2}$

3. （1）$\displaystyle\int_0^{\frac{\pi}{4}} d\theta \int_0^{a\sec\theta} r^2 dr$ （2）$\displaystyle\int_0^{\frac{\pi}{2}} d\theta \int_0^a r^3 dr$

4. $\dfrac{\pi}{2}\ln 2 - \dfrac{\pi}{4}$

5. $(\dfrac{35}{48}, \dfrac{35}{54})$

6. $I_x = \dfrac{72}{5}, I_y = \dfrac{96}{7}$

7. $-\dfrac{56}{15}$

8. $-\dfrac{\pi}{2}a^3$

9. 12

10. 236

第 10 章

习题 10.1

1. （1）$(-1)^n (\dfrac{1}{2})^{n-1}$ （2）$(-1)^n \dfrac{n+2}{n^2}$

  （3）$n\sin(\dfrac{1}{2})^n$ （4）$(-1)^n \dfrac{x^n}{n}$

2. （1）收敛 （2）收敛 （3）收敛 （4）发散 （5）发散

3. （1）$\dfrac{1}{5}$ （2）$\dfrac{3}{2}$ （3）$\dfrac{1}{24}$

习题 10.2

1.（1）发散　　（2）发散　　（3）收敛　　（4）收敛　　（5）收敛
　（6）收敛　　（7）收敛　　（8）发散　　（9）收敛　　（10）发散

习题 10.3

1.（1）收敛　　　（2）收敛　　　（3）发散　　（4）收敛　　（5）发散
2.（1）绝对收敛　　（2）条件收敛　　（3）发散　　（4）绝对收敛

习题 10.4

1.（1）$[-\frac{1}{2},\frac{1}{2})$　　（2）$(-2,2]$　　（3）$[-2,2]$

　（4）$[-1,3)$　　（5）$[-8,2]$　　（6）$(-\sqrt{3},\sqrt{3})$

　（7）$(-\frac{\sqrt{2}}{2},\frac{\sqrt{2}}{2})$　　（8）$(-4,4)$

2.（1）$x-\arctan x$，$|x|<1$　　　　　（2）$\frac{1}{(1-x)^2}$，$|x|<1$

3.$\ln(1+x)=x-\frac{x^2}{2}+\frac{x^3}{3}-\frac{x^4}{4}+\cdots+(-1)^n\frac{x^{n+1}}{n+1}$，$x\in(-1,1]$

总习题十

一、填空题

1.$(-1)^{n+1}\frac{2^{n-1}}{2n-1}$　　　　　2.$\frac{1}{2}$　　　　3.$S_n=\begin{cases}0,&n\text{ 为偶数}\\2,&n\text{ 为奇数}\end{cases}$

4.$\frac{3}{4}$　　　　　5.收敛

二、计算题

1.（1）发散　　　　　　（2）发散
　（3）收敛　　　　　　（4）$0<a\leqslant1$时发散，$a>1$时收敛
2.（1）绝对收敛　　　　（2）绝对收敛　　　（3）条件收敛
　（4）$-3<a<1$时绝对收敛，$a<-3,a\geqslant1$是发散，$a=-3$时条件收敛
3.（1）$[-1,1]$　　　　　（2）$[\frac{1}{3},1)$

　（3）$(-1,3]$　　　　　（4）$(-\frac{\sqrt{3}}{3},\frac{\sqrt{3}}{3})$

4. （1） $-\dfrac{2}{(1-x)^3}-2$ （2） $(1-x)\ln(1-x)+x$

第十一章

习题 11.1

1. $L_1(5)=2.2$ ，$L_2(5)=2.267$

2. $L_1(0.3367)=0.330365$ ，$L_2(0.3367)=0.330374$

3. $L_2(x)=\dfrac{5}{6}x^2+\dfrac{3}{2}x-\dfrac{7}{3}$

4. $L_1(x)=(\dfrac{e^{-12}}{4}-4)x+16$

5. 当 $n=1$ 时，$L_1(x)=\dfrac{3}{2\pi}x+\dfrac{1}{4}$ ，$\sin(\dfrac{\pi}{5})\approx L_1(\dfrac{\pi}{5})=0.55$

   当 $n=2$ 时，$L_2(x)=\dfrac{9}{\pi^2}(x-\dfrac{\pi}{3})(x-\dfrac{\pi}{2})-\dfrac{18\sqrt{3}}{\pi^2}(x-\dfrac{\pi}{6})(x-\dfrac{\pi}{2})+\dfrac{18}{\pi^2}x(x-\dfrac{\pi}{6})(x-\dfrac{\pi}{3})$ ，

   $\sin(\dfrac{\pi}{5})\approx L_2(\dfrac{\pi}{5})=0.5918$

6. $L_3(x)=-\dfrac{17}{24}x(x-1)(x-2)+\dfrac{1}{4}(x+2)(x-1)(x-2)-\dfrac{2}{3}x(x+2)(x-2)+\dfrac{17}{8}x(x-1)(x+2)$

   $f(0.6)\approx L_3(0.6)=0.256$

习题 11.2

1. $y=1.11+1.95x$ 　　　　2. $y=13.43-3.68x+0.28x^2$

习题 11.3

1. $L_1(x_1)=0.265$ ，$L_1(x_2)=0.1495$ ，$L_1(x_3)=0.0280$

   $L_2(x_1)=0.2719$ ，$L_2(x_2)=0.1461$ ，$L_2(x_3)=0.0232$

2. $y_i=(-0.9555,\ -0.0192,\ 0.2556,\ 0,\ -0.2556,\ 0.0192,\ 0.9555)$

   $y_i=(-0.0588,\ 0.1,\ 0.2,\ 0.5,\ 1,\ 0.5,\ 0.2,\ 0.1,\ 0.0588)$

4. $p_1(x)=0.39109x-2.2864$ 　　　$p_2(x)=0.8957x^2+0.3282x-0.1367$

   $p_3(x)=-0.1119x^3+1.5671x^2-0.6960x+0.1211$

总习题十一

一、填空与选择题

1. （1） $\dfrac{x-5}{-3},\dfrac{x-2}{3}$ 　　　　（2） $\dfrac{(x-x_0)(x-x_1)\cdots(x-x_5)}{(x_4-x_0)(x_4-x_1)(x_4-x_2)(x_4-x_3)(x_4-x_5)}$

（3）$\displaystyle\sum_{k=1}^{n}(y_k-a_0-a_1x_k)^2$ （4）唯一的

（5）B

二、计算题

1. $x+1$

2. $y=-0.145x^2+3.324x-12.794$

3. 1.1505

4. $L_1(x)=\dfrac{\sqrt{2}}{2}+\dfrac{\sqrt{3}-\sqrt{2}}{30}(x-40)$，$\sin 50^\circ\approx L_1(50)\approx 0.7601$

 $L_2(x)=\dfrac{1}{900}(x-45)(x-60)-\dfrac{\sqrt{2}}{450}(x-30)(x-60)+\dfrac{\sqrt{3}}{900}(x-30)(x-45)$，

 $\sin 50^\circ\approx L_2(50)\approx 0.7654$

5. 4.1854

6. 0.54713

7. $L_2(x)=\dfrac{1}{3}(x-4)(x-2)+\dfrac{1}{3}(x-1)(x-2)-\dfrac{1}{2}(x-1)(x-4)$ $f(1.5)\approx\dfrac{17}{24}\approx 0.7083$

8. $L_3(x)=-\dfrac{1}{2}x(x-1)(x-2)+\dfrac{1}{2}(x+1)(x-1)(x-2)-\dfrac{3}{2}(x+1)x(x-2)+\dfrac{3}{2}x(x+1)(x-1)$

 $f\left(\dfrac{1}{2}\right)\approx L_3\left(\dfrac{1}{2}\right)=1.125$

参考文献

[1] Marvin L.Bittinger. 微积分极其应用. 杨奇, 毛云英译. 北京: 机械工业出版社, 2006.

[2] 宋兆基, 徐流美等. MATLAB6.5 在科学计算中的应用. 北京: 清华大学出版社, 2005.

[3] 龚昇. 简明微积分（第四版）. 北京: 高等教育出版社, 2006.

[4] 吴传生. 经济数学-微积分. 北京: 高等教育出版社, 2006.

[5] 李天然. 高等数学. 北京: 高等教育出版社, 2008.

[6] 林益, 刘国钧. 微积分（经管类）. 武汉: 武汉理工大学出版社, 2006.

[7] 齐民友. 微积分学习指导. 武汉: 武汉大学出版社, 2004.

[8] 姚志扬, 马军, 尤正书. 高等数学. 武汉: 华中师范大学出版社, 2006.

[9] 同济大学应用数学系. 高等数学（第六版）. 北京: 高等教育出版社, 2007.

[10] 蔡光兴, 李德宜. 微积分（经管类）. 北京: 科学出版社, 2004.

[11] 邵汉强. 机械类高等数学. 北京: 高等教育出版社, 2006.

[12] 张金河. 信息类高等数学. 北京: 高等教育出版社, 2006.

[13] 王卫群, 胡铁城等. 高等数学习题课教程. 北京: 清华大学出版社, 2009.

[14] 盛祥耀. 高等数学. 北京: 高等教育出版社, 2004.

[15] 李亚杰, 黄根隆. 简明高等数学. 北京: 高等教育出版社, 2004.

[16] 顾静相. 经济数学基础. 北京: 高等教育出版社, 2004.

[17] 李颖, 侯谦民. 新编工程数学. 大连: 大连理工大学出版社, 2005.

[18] 薛定宇, 陈阳泉. 高等应用数学问题的 MATLAB 求解. 北京: 清华大学出版社, 2008.

[19] 李尚志, 陈发来等. 数学实验（第二版）. 北京: 高等教育出版社, 2004.

[20] 胡良剑, 孙晓君. MATLAB 数学实验. 北京: 高等教育出版社, 2006.

[21] 章栋恩, 马玉兰等. MATLAB 高等数学实验. 北京: 电子工业出版社, 2008.

[22] 陈怀琛. MATLAB 及其在理工课程中的应用指南（第三版）. 西安: 西安电子科技大学出版社, 2007.

[23] 许波, 刘征. MATLAB 工程数学应用. 北京: 清华大学出版社, 2000.

[24] 阳明盛, 熊西文等. MATLAB 基础及数学软件. 大连: 大连理工大学出版社, 2003.

[25] 任玉杰. 数值分析及其 MATLAB 实现. 北京: 高等教育出版社, 2007.